[美] 威廉 · 坎宁安 William Cunningham
[美] 玛丽 · 安 · 坎宁安 Mary Ann Cunningham —————— 著

黄润华 孙颖 —————— 译
谢承劼 —————— 校译

环境的科学

Principles of Environmental Science

（全彩插图第6版）

浙江教育出版社 · 杭州

作者简介：

威廉·坎宁安（William Cunningham），美国明尼苏达大学的名誉教授，他在植物学、遗传学、细胞生物学以及生物保护计划方面持续了36年的教学工作。1963年，他获得得克萨斯大学植物学博士学位，并在普渡大学担任博士后研究员两年。他曾多次在瑞典、挪威、印度尼西亚和中国做访问学者。坎宁安博士致力于生物学的本科阶段的教育和教学发展。他从结构生物学开始了他的教学生涯，他还长期专注于环境科学和教学课程，并获得了明尼苏达大学授予的两项最高荣誉——杰出教学奖和“Amoco”校友奖。

玛丽·安·坎宁安（Mary Ann Cunningham），一直致力于地理和地理信息系统（GIS）以及瓦萨学院的环境研究。她的研究包括使用GIS来评估保护和生物多样性的景观级问题。她对了解草地环境破坏的本质和对鸟类群落构成的影响感兴趣。她研究的农业景观涉及工作景观、资源使用、遗迹野生动物栖息地和景观美学。玛丽·安明尼苏达大学、俄勒冈大学获得了地理学博士学位，还有卡尔顿学院（Carleton College）地质学学士学位。

译者简介：

黄润华，北京大学城市与环境学院教授，地理学名词审定委员会委员。长期从事土壤地理学、自然地理学、环境科学教学和研究，曾获国家科学技术进步奖二等奖。主要译有《重新发现地理学》《当代地理学要义——概念、思维与方法》《美国环境科学百科全书》和《地理学与生活》等。

孙颖，1998年毕业于北京大学城市与环境学系，获得人文地理学硕士学位。现任职于北京联合大学应用文理学院城市科学系，任讲师。曾参与翻译《当代地理学要义——概念、思维与方法》和《地理学与生活》等著作。

谢承劼，就读于福建农林大学资源与环境学院，主要研究方向为土壤环境污染防治、城市生态学等。曾在《环境科学研究》《森林与环境学报》等刊物发表过学术论文。担任本书的校译工作。

内容简介：

生命离不开环境，而我们现在却面临越来越多的环境危机。人类又该如何挑起拯救环境的重任？本书共15章，每一章的主题都明确独立，又互相联系。第1章让我们了解了地球环境，认识环境科学；第2至6章从生物群落、人口和自然方面描述了地球的生态系统与问题；第7至14章，主要讲述人类活动与生产需要对环境资源的影响；最后的第15章，介绍现存的环境政策，并提出可持续发展的目标和可行性方法。

本书涉及生态学、地质学、气候学和经济学等方面的课题，并融合了大量的实际案例和精确数据，对环境科学进行了全球化且清晰全面的讨论，还特设专栏提出解决措施，让读者深切感受到环境危机的紧迫性。本书为读者提供了一个最新的关于环境科学基本主题的全球概论。

前　言

变革年代的科学

2009年，一个由25位跨学科杰出科学家组成的小组发出警告，人类已经接近或者超过地球生态系统10个至关重要组成部分的极限或阈值。他们报告称，最直接的危机是气候变化、生物多样性丧失和氮污染，这几项均已超过可持续的变化速率。他们警告，我们不能逾越的其他界线还有平流层臭氧消耗、海洋酸化、全球淡水使用和化学污染。发生在2010年世界地球日的墨西哥湾大规模溢油事件说明了我们依赖化石燃料的环境代价。新近在太平洋中心发现两个得克萨斯州面积大小的塑料垃圾漩涡，同样提醒我们要审视我们的生活方式。所有这些征兆都发出这样的警示，需要采取新的态度来对待我们的星球。为我们集体对地球的影响而自鸣得意，这不再是一种安全的态度。

与此同时，尽管有这些没完没了的危机，但是也存在希望的迹象。几乎各地的人口增长都在放慢。新技术提供了化石燃料的替代品。太阳能、风能、生物质能和地热能等可再生能源，有可能满足我们的全部能源需求。保护与节约措施正在减少对能源、水、土壤和其他其他各种物料的浪费。各地区与各国都在减少碳排放，较好的公共卫生条件结合饮食情况，改善，显著地增加了世界范围内儿童的成活率。

公民行动正在帮助改善环境状况。2007年，美国学生领导的小组“行动起来”组织了1 400起示威活动，要求采取行动延缓全球气候变暖；其后继者，名为“350.org”的小组发起了几千次附加的集会和协作小组活动，并在181个国家采取实际行为参与全球变化方面的工作。所有这些事件表明，世界各地的人们都在关心自己的社区，并有帮助人类及其他物种生存的愿望。

环境科学能够给予你了解这些问题的知识，并帮助你找到解决办法的工具。你将在本书中发现对环境科学原理方面简明而全面的讨论。你将研讨生态学、地质学、气候学和经济学等方面的基本课题，以及在保护生物多样性、地景[①]保护和可持续资源利用等方面的实际应用。世界前途由你塑造。希望本书有助于你成长为一位合格的环境公民，并为子孙后代保护地球的资源。

本书有何与众不同之处

积极而公正的观点

① landscape一般译作景观。鉴于scape强大的构词功能，本书译者倾向于改作地景，便于与月景（moonscape）、海景（seascape）、土景（soilscape），乃至音景（soundscape）和嗅景（smellscape）相呼应。见黄润华：《“景观”及相关术语译法探讨》，《中国科技术语》，2009，vol 11:1——译者注

如果想让人们把环境科学的概念牢记于心，就必须得到所有人都能够为更可持续的世界做贡献的途径的积极信息。本书通过每一章开篇的案例研究，举例说明当前的重大问题如何与实际的环境问题相联系。这些案例研究大部分展示的是正面例子，说明人们正在为寻找解决环境问题的方法而努力。它们还揭示了科学研究的方法，帮助读者了解科学家如何研究复杂的问题。除了这些介绍性的故事，书中各处还不时出现其他科学家如何研究环境问题的实例，反复阐释这些问题的现实意义。

强调可持续性的综合途径

环境问题及其解决办法存在于管控着自然界的自然系统与人文系统的交点上。本书提出一套综合途径，用以研究自然科学——生物学、生态学、地质学、空气和水资源，以及影响自然界的人文系统——粮食与农业、人口增长、城镇化、环境健康、资源经济与政策。虽然强调纯自然系统很具吸引力，但是我们认为，如果读者对形成决策的文化、经济和政治一无所知，他们就永远都不会明白为什么珊瑚礁会受到威胁，为什么热带雨林中的林木正在被砍伐。

精确的数据

本书全部图表选用可得到的精确数据。希望这些数据能让读者感受到可用于环境科学方面的各类信息。书中引用的数据源包括地理信息系统（GIS）数据和地图、最新人口普查数据、国际新闻与数据源，以及联邦数据收集部门的数据。本书每一章都有反映能源、粮食、气候、人口趋势和其他重要事务等方面事件的许多资料。

主动学习与批判性思维

向科学家学习如何处理问题，能帮助大家养成独立、有序和客观思考的习惯，不过需要积极参与才能掌握这些技巧。本书融入了许多辅助资料，鼓励读者独立思考。数据与理论并非永远不变的真理，而是有待检查与测试的证据。

- “科学探索”专栏通过展示科学家用以探索复杂环境问题的方法论，提升学生的科学素养。
- “你能做些什么？”专栏通过对环境友好的决策承担个人责任，鼓励读者“另辟蹊径”。正文中提供了科学家和市民在基础理论与实践两方面如何为解决环境问题而努力的许多实例。
- “问题与讨论”专栏是各章开篇挑战性的开放式问题，鼓励读者对该章所述的问题与原理进行更深入的独立思考。

本版更新了哪些内容

本版最精彩的部分是增强了正文的可读性与信息传授，每章增加了一个突出关键概念的双页面专栏“延伸观察”。这些专栏将照片、图解与拓展性说明结合起来，让读者可以更密切地关注这些核心概念。“主动学习”栏目鼓励读者运用批判性思维和本章所了解的概念提出解决措施。图解、数字和表格提供了环境科学中重要主题的清晰与全新的讨论。

各章的新内容

- 第1章更新了全球环境问题与改善、批判性思考、概率与统计等方面的讨论。新增加“科学探索”专栏，讨论了解了用以通贯全书的各种趋势的公用数据库。
- 第2章展开了对科学怀疑论关键因素不确定性的讨论。关于大沼泽生态系统新的开篇案例研究，为讨论生态系统中的系统、养分、能流和物流提供了一种结构。
- 第3章新的开篇案例是关于达尔文及进化论的解释。“科学探索”专栏还探讨了蒂尔曼等人关于生物多样性与稳定性的研究。两页的“延伸观察”集中讨论了进化的含义以及它为什么是一个重要概念。
- 第4章大部分统计学和人口数据已经更新。“延伸观察”中着重讨论生态足迹。
- 第5章纳入了关于生态系统与生物多样性经济利益的新段落，强调经济与生物多样性的利益未必相互冲突，还讨论了濒危物种的保护问题。
- 第6章新专栏介绍了北方斑点鸮的振兴计划。新的数据分析专栏对读者在当地环境进行边缘效应，勘查野外工作给予具体指导。两页的“延伸观察”探索了保护热带雨林的REDD机制。
- 第7章更新了关于粮食生产、营养、肥胖症和健康方面的研究。更新了图解和数据，扩展了对农药与其他农业投入评论的讨论。
- 第8章关于调控基因表达的表观基因组及其作用的新专栏。本章“延伸观察”专栏举例说明了家庭装修庭装修的有毒物质。
- 第9章是本书更新最彻底的章节之一，包括气候变化最新的证据和争论。其中新增加的一节讨论了关于气候变化证据的辩论，还有一个新专栏讨论了我们如何得知气候正在发生的变化。哥本哈根气候大会和欧洲80万年冰芯记录（EPICA）的新数据和图表也进行了更新。对气候变化的机制与效应也做了进一步的解释。
- 第10章从米德湖变干和美国西北部缺水的案例研究了入手。本章“延伸观察”的重点是水处理策略。
- 第11章以海地地震的新案例开始。有几节新内容研究了稀土金属和美国东部煤田甲烷气开发的战略重要性。“延伸观察”专栏讲述家用电子产品物料资源的复杂性以及电子垃圾处置的问题。
- 第12章的开篇用日照市作为案例，说明中国在可再生能源方面的领先地位，日照是世界上第一个碳平衡的城市。专栏中关于乙醇生产的内容已经更新，还更新了有关燃料供应的讨论，包括新近美国环保署对移除山顶采矿法的限制。对现实事件的讨论包括美国东部的马塞勒斯页岩甲烷气田和2010年墨西哥湾溢油事件。还讨论了智能电表和节能问题，以及美国建立核电站的新推动力。本章重要的增补是雅各布森（Jacobseon）和德卢基（Delucchi）提出的提供美国全部能源使用的实用性建议。本章的“延伸观察”说明了我们如何能完成这项任务。
- 第13章包括对塑料垃圾、海洋垃圾涡旋、堆肥和甲烷产生的讨论。更新了垃圾产生的数据并增加了我们如何消费、处置与回收利用城市废物流各组成部分的考察。
- 第14章强调城市既是具有可持续性机会的地方，也是面临重大挑战的地方。本章开篇的新案例研究是德国弗莱堡的一个无汽车郊区沃邦。“延伸观察”举例说明绿色城市规划的原理。
- 第15章用凯霍加河的新案例研究强调环境立法的效益。新增加的一节回顾了几项重要的环境法。更新了对政策制定的讨论，包括最高法院重要性的新形象。最后强调将可持续性作为政策的目标结束本章。

致 谢

我们向辛迪·肖表示感谢，她为本版新的“延伸观察”制作了专家水平的插图与平面设计，和她合作非常愉快。麦格劳希尔集团团队全体为本书编排做了出色的工作。感谢贾妮思·勒里希－宝龙（Janice Roerig–Blong，发行人）和温迪·朗格拉德（Wendy Langerud，策划编辑），她们指导了本书的发展阶段并做出许多创造性贡献。凯茜·康洛伊（Cathy Conroy）为审稿、改正错误和改进我们的行文做了超凡的工作。萝莉·汉考克（Lori Hancock）和劳安·威尔逊（LouAnn Wilson）为我们找到了精美的照片。我们感谢艾普丽·索斯伍德（April Southwood）和米歇尔·惠特克（Michelle Whitaker），他们从撰写到审查新设计进行项目管理。我们感谢希瑟·瓦格纳（Heather Wagner，市场部经理）以其热忱与创造性思维支持本项目。还要特别感谢玛吉·肯普（Marge Kemp，执行编辑），由于她多年来一如既往地支持和高度的重视，使本书得以如此顺利地出版。

本书受益于400多位研究人员、专业人员和教师的投入，他们评阅了本书和作者另一本更大的著作《环境科学：全球关注》（*Environmental Science: A global Concern*）。这些评论家帮助我们保持内容新颖，重点突出。衷心感谢他们提出许多有益的建议和评论。虽然因篇幅所限，未能吸纳他们所提供的所有卓越理念，但是我们将继续尽可能把评阅人向我们提供的理念结合进来。此外，我们对许多学者也心存感激，他们的工作是环境科学知识的基础，我们只是站在这些巨人的肩上做了一些工作。尽管我们竭尽全力消除可能存在的错误，但本书仍难免存在一些个人讹误，不足之处，请各位读者多加包涵。

以下是评阅本书的人士，我们感谢他们的建议。

评阅者：

Eugene Beckham
Northwood University

Joanne Brock
Kennesaw State University

Huntting Brown
Wright State University

Kelly Cartwright
College of Lake County

Michelle Cawthorn
Georgia Southern University

Richard Clements
Chattanooga State Technical Community College

Danielle DuCharme
Waubonsee Community College

John B. Dunning, Jr.
Purdue University

William Ensign
Kennesaw State University

Brook E. Hall
Folsom Lake College

Suzanne Holt
Cabrillo Community College

Shane Jones
College of Lake County

Kurt Leuschner
College of the Desert

Heidi Marcum
Baylor University

Neil M. Mulchan
Broward College

Natalie Osterhoudt
Broward College

Barry Perlmutter
College of Southern Nevada
Neal Phillip
Bronx Community College of City University of New York
Robert Remedi
College of Lake County
Robert Ruliffson
Minneapolis Community and Technical College
Bruce Schulte
Georgia Southern University
Roy Sofield
Chattanooga State Technical Community College
Stinnett Danny
Dakota County Technical College
Michael Tveten
Pima College–Northwest Campus
Richard Waldren
University of Nebraska–Lincoln
Phillip Watson
Ferris State University
Amanda Zika
Kishwaukee Community College

简 目

目 录

第 3 章

进化、物种相互作用与生物群落 51

第 4 章

人口 79

第 10 章

水资源与水污染 251

第 11 章

环境地质学与地球资源 283

第 12 章

能　量　303

第 13 章

固体垃圾与危险废物　333

第 14 章

经济与城镇化　355

第 15 章

环境政策与可持续性　381

1 了解我们的环境

对菲律宾和其他大多数热带岛国居民而言，鱼和珊瑚礁在他们的生活中不可或缺。

问题与讨论

- 介绍世界面临的几个最重大的环境问题。
- 为解决这些问题我们能做些什么？可持续性和可持续发展是什么意思？
- 有人声称已找到绝对的证据支持某些理论，而为什么科学家对此持谨慎态度？
- 为什么批判性思维对理解环境科学至关重要？
- 我们应怎样用图解和数据回答科学问题？
- 谁帮助我们形成资源保育与保护思想？为什么他们要倡导这些思想？

目前我们面临着
改变思维的挑战，
以使人类停止对生命
支持系统的威胁。

——旺加里·马塔伊（Wangari Maathai）
2004 年诺贝尔和平奖得主

拯救阿坡岛的珊瑚礁

在清早的捕鱼活动之后，村民们乘着带支架的独木舟优雅地滑过阿坡岛（Apo Island）海滩，他们相互询问所获如何。得到的回答是："Tunay mabuti!（非常好！）"几乎每条独木舟上都有一篮子鱼，足够一家人几天之需，而且还有富余可以供应市场。岛上的生活曾经如此美好。30年前，这个岛和菲律宾的其他许多岛屿一样，作为居民食物和生计支柱的渔业遭遇了灾难性的衰退。急剧增长的人口，加上使用毁灭性的捕鱼方法，诸如使用炸药或氰化物、小网眼刺网、深海拖网和敲震法（muroami[①]，用重物敲击珊瑚礁把鱼赶进渔网的捕鱼技术）等，损害了珊瑚礁生境，耗尽了鱼类资源。

1979年，附近内格罗岛上的西里曼大学（Silliman University, Negros Island）的科学家访问了阿坡岛，并向岛民解释如果建立海洋避难所就可能扭转这种衰退局面。散布海岛四周的珊瑚礁对渔民捕捉的许多海洋物种起着食物来源和孵化场的作用。他们提出，保护这些繁殖场是维持健康渔业的关键（图1.1）。科学家们把村民从阿坡岛带到无人居住的苏米龙岛（Sumilon Island），那里的禁渔保留区里鱼虾成群。

几经商讨之后，有若干家庭决定沿一段海岸建立一个海洋庇护所。最初该海域有高质量的珊瑚礁，但没多少鱼。参与者的家庭轮番看守，以确保无他人侵入该禁渔区。几年之后，庇护区内鱼的数量和大小都增加、增大了很多，鱼群多得"向外流"，渔获量超过了周围海域。到1985年，阿坡岛的村民通过投票，决定在岛的四周建立一个宽达500米的海洋庇护所。

现在该保护区内已允许捕鱼，但仅限于使用影响小的捕鱼方法，例如手持鱼竿、竹罗网、大眼网、手抛网和不带水下呼吸装置的捕鱼叉等。禁止使用会破坏珊瑚礁的方法，例如炸药、氰化物、拖网和敲震法等。村民们通过保护珊瑚礁，守护着作为整个海洋生态系统基础的孵化场。鱼苗在珊瑚礁庇护所长大后，扩散到相邻水域，形成种类丰富的水产品。渔民反映，他们省却去远处捕鱼的时间，在小岛周围就能大获丰收。

阿坡岛庇护所取得了极大的成功。受此启发，不仅是菲律宾，世界各地共建立了400多处海洋庇护所。并非所有庇护所都发挥了应有的作用，不过有许多庇护所像阿坡岛一样，在恢复附近水域的鱼类种群方面取得了令人瞩目的进展。

全世界对鱼类产卵场重要性的认识亦在增长。来自联合国环境规划署（UNEP）的报告称，世界上75%的渔场已处于或超过最大可捕捞量的水平。联合国环境规划署鼓励世界各国建立海洋保护区，以保障各自可持续发展的渔业。

现在阿坡岛上丰富的海洋资源和澄清透明的海水中美丽的珊瑚礁吸引着国际游客。两家小旅店和一家潜水店为岛民提供了就业岗位。其他村民向游客提供住宿、出售食物、推销T恤。海岛政府收取潜水费，用于建立学校、改善海岛供水和为145户家庭供电。男人们大多依然以捕鱼为主业，但事实上他们无须远航或辛劳地工作就能捕获所需的鱼，这就意味着他们有时间从事其他活动，例如指导潜水或完成家务。

家庭收入的增加使大多数少年能到内格罗上中学。许多孩子继续进入大学或修习技术课程。有些学生还在菲律宾其他地方找到工作，他们寄回家的钱能使阿坡岛家庭保持富足。其他学生回到故乡，担任教师、开设餐馆或潜水用品商店。由于他们能够做一些更为积极的事来改善环境和生活状况，村民们就有可能参加提升个人技能的项目，这是他们在过去不可能奢求的。

寻求以有限的可利用资源为基础的可持续生活方式，而不损害生态系统为我们提供的生命支持系统，是对环境科学提出的不寻常的挑战。应对这些挑战，如果要想取得长远的成功，必须是生态上健康的、经济上可持续的并能为社会所接受的。有时候，如同本案例所示，基于生态学知识的行动和局部行动会在全球范围内得到推广，取得积极的效果。在人类与环境问题上，经济部门、政策部门、规划部门和社会机构都起着重要作用。本书后面将会讨论上述规则，不过作为了解地球环境的基础，我们得首先从生态学的基本原理着手。

图1.1 珊瑚礁是地球上最美丽、含有物种最丰富和产量最多的生态系统之一。珊瑚礁是许多海域物种的繁殖场。全世界的珊瑚礁至少有一半被污染，受到全球气候变化影响、破坏性捕鱼方法和其他人类活动的威胁，但如果能得到我们的照料和保护，它们就能够得到修复。

① 无确切译名，本书译为敲震法。——译者注

1.1 了解我们的环境

要了解阿坡岛渔业的衰退状况，找到问题的症结所在，需要理解环境的许多方面。种群生物学、珊瑚生态学、渔业文化史乃至渔业经济学方面的知识，所有这些都有助于了解环境、资源问题。环境科学领域涵盖的很多学科可以帮助我们了解紧迫的资源供应、生态系统的稳定性和可持续生活等方面的问题。通常，环境科学还研究如何解决影响我们现在以及未来生活的问题。

我们在本书中将会了解到严重的环境问题，还会发现解决这些问题有希望的、令人激动的方法。我们应该学会如何获取某些大问题的相关知识、某些可能的解决方法，以及如何利用知识与技能，提出未来在这个星球生活的策略。

我们生活在一个无与伦比的星球上

在开始讨论当前的两难境地和科学家如何试图解决这些困难之前，我们最好先稍做停顿，想一想我们居住的非凡的自然界，以及我们希望将其完好地甚至更好地留给后代。

假设你是一位在月球或火星长途旅行后回到地球的航天员，在经历了外太空恶劣的环境后，回到这个美丽富饶的星球（图1.2）。虽然这里也有危险和困境，但我们还是生活在一个极其富饶友善的世界上，而且据我们所知，这是宇宙间独一无二的。与太阳系其他行星的条件相比，地球上温度适中且较为稳定，可以充分提供清新空气、淡水和肥沃的土壤，这些资源能够通过生物化学循环和生物群落无穷无尽地自发再生。

图1.2　迄今所知，我们赖以生存的生命支持系统是宇宙中唯一的。

也许我们星球的最迷人之处在于丰富的生命多样性。千百万美丽迷人的物种定居在地球上，帮助我们维持适宜居住的环境（图1.3）。众多生命创造了复杂的相互联系的群落——高耸的树木，同大型动物，也同病毒、细菌和真菌这样微小的生命形式生活在一起。所有有机体一起构成了可爱多样、自我维持的生态系统，包括茂密潮湿的森林、广阔无垠阳光灿烂的萨瓦纳（稀树草原）和丰富多样的珊瑚礁。

尽管在地球上生存也存在种种挑战和困难，但是有时候我们应该暂时忘记它们，而感叹自己是何其幸运能生活在这里。我们应该扪心自问：人类在自然界中适当的位置是什么？为了保护造就并支持着我们的无可替代的生境，我们应该做些什么并且能够做些什么？这些都是环境科学的核心问题。

图1.3　也许地球的最迷人之处就是丰富的生命多样性。

环境科学

我们居住在两个世界上：一个是自然界，包括动植物、土壤、空气和水，它在人类出现之前的几十亿年前就已存在，而且我们也是其中的一部分；另一个是作为社会组织和人工产物的世界，是我们利用科学技术、文化和政治组织创造的。这两种要素都是**环境**（英语environment源自法语environner，即包围或环绕）的组成部分。自然界与“建造”的世界（技术的、社会的、文化的世界）构成了我们的环境。

环境科学（environmental science）是研究我们所处的环境以及人类在其中的位置的一门学科。由于环境问题的复杂性，环境科学利用了许多领域的知识（图1.4），生物学、化学、地球科学和地理学等自然科学都提供了重要信息，而从政治学、经济学到文学、艺术等社会科学和人文学科，则帮助我们理解社会如何对环境危机和机遇做出反应。环境科学也是任务导向的：我们通常试图了解问题，提出公众健康问题和环境问题的解决方案。

杰出的生态经济学家芭芭拉·沃德（Barbara Ward）指出，难点常常不在于确定补救的方法，而在于令其在社会上、经济上和政治上能被接受。林学家知道如何种树，但是不知道如何创造一些条件，让发展中国家的村民能够自主植树造林。工程师知道如何控制污染，但不知道如何说服工厂安装必需的设备。城市规划师知道如何设计城市小区，但不知道如何让人人都买得起房子。这些问题的答案更多地牵涉自然科学与社会制度两方面。我们的任务之一可能是去发现，哪些方面的知识和兴趣点有助于理解环境科学中的问题。

图1.4 环境科学需要多种知识，图中只给出几个例子。

1.2 问题与机遇

了解环境问题的第一步是认识我们面临的一些主要环境问题，以及环境质量与环境健康方面的近期变化。我们将要谈到的大多数问题是复杂的，既有积极的方面，也有不利的影响。阅读的时候，请考虑是什么因素造成这些问题，以及可以采取哪些方法解决其中的某些问题。

我们面临的持久挑战

现在全世界大约有70亿人，每年增加约8 000万人。尽管人口学家指出，大多数教育和医疗卫生条件得到改善的国家的人口增长率变得更低，但是据目前的趋势预测，到2050年，世界人口仍将达到80亿至100亿之间（图1.5）。如此庞大的人口数量对自然资源和生态系统造成的压力令人担忧，将使我们面临的许多其他问题复杂化。

气候变化 大气圈一直在吸收近地面的热量，这就是为什么那里比太空温暖（图1.6a）。不过，使用化石燃料、砍伐森林、开垦农田和养殖反刍动物等人类活动，已经大大增加了二氧化碳和其他“温室气体”的浓度。200年来，大气圈二氧化碳的浓度上升了30%。气候模型表明，如果按目前的趋势发展，到2100年，全球平均温度可能比1990年升高2℃～6℃。相比之下，上个冰期的平均温度比现在低4℃。气候变化已导致许多物种分布区发生变化和种群衰退。许多地区将越来越频繁地出现严重干旱和热浪，而其他地区却很可能经常遭受水灾。正在消失的高山冰川和雪原威胁着美国西部和亚洲许多地区人们所仰仗的淡水供应。加拿大环境部前任部长大卫·安德森（David Anderson）指出，全球气候变化是比恐怖主义更大的威胁，因为它迫使千百万人背井离乡，造成经济和社会灾难。

饥馑 20世纪全球粮食增产的速度超过了人口的增长，但是因为粮食资源分配不均，饥馑仍然是一个长期问题。同时，据土壤学家报告，大约2/3的农用地出现了退化的迹象。目前依靠生物技术和集约耕作取得的

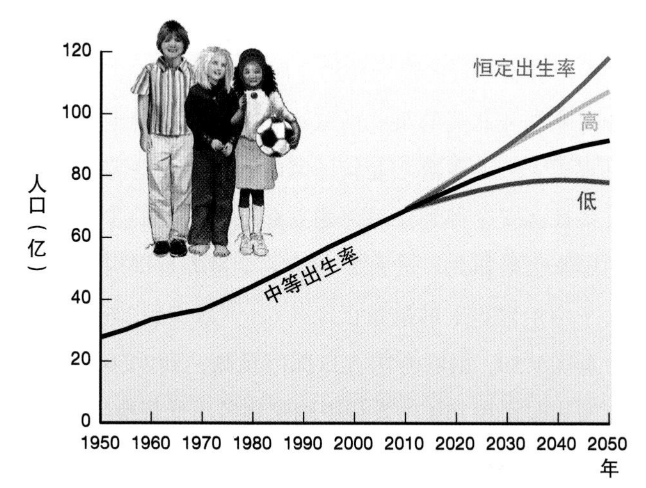

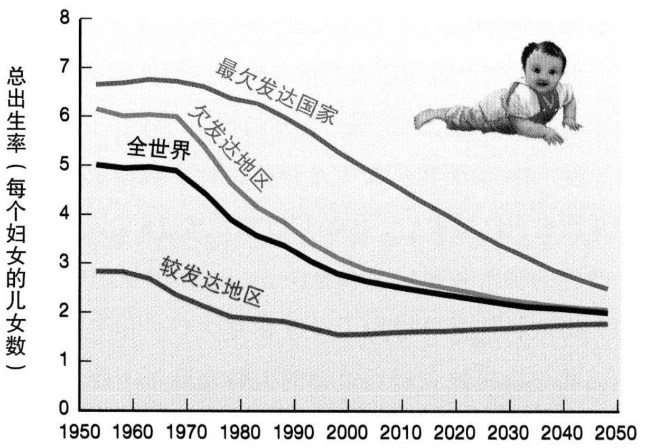

图 1.5 好消息和坏消息：全球范围内人口继续增长，但增长率已下降。有些国家人口已低于每个妇女两个儿女的替换率。

资料来源：联合国人口计划，2007。

收成，对许多贫穷农户而言过于昂贵。能否找到获得生产所需的粮食的同时又不造成环境退化的途径？能否更公平地分配粮食？在这个粮食“过剩”的世界，目前仍超过8.5亿人长期营养不良，至少有6亿人因气候、政治或战争的原因面临严重的粮食短缺问题。

清洁的饮用水 水极可能是21世纪最关键的资源。至少有11亿人无法获得安全的饮用水，两倍于此的人口没有安装足够的卫生设备。水污染每年导致超过1 500万人死亡，其中大多数是5岁以下的儿童。世界上约有40%的人口居住在需水量超过供水量的国家，联合国预测，到2025年，将有3/4的人口可能生活在这样的境况中。

能源 在未来的环境问题中，如何获取和使用能源很可能起着决定性作用。目前工业化国家中，化石燃料（石油、煤和天然气）提供的能量约占消耗总能量的80%。然而，这些燃料的供应正在减少，同时，获取和使用这些燃料导致相关的问题——空气污染、水污染、矿业伤害、海运事故、地缘政治，也可能限制着我们对剩余储量的处理。更清洁的、可再生的能源——太阳能、风能、地热能、生物能源及其保护资源，如果结合一定的技术，就有可能为我们提供清洁的能源和对环境破坏性较小的选择。

空气质量 很多地区的空气质量已严重变差。以南亚为例，卫星影像最近显示，一条厚达3千米的由灰尘、酸性物质、气溶胶和光化学烟雾形成的毒霾，全年大部分时间覆盖整个印度次大陆。诺贝尔奖获得者保罗·克鲁岑（Paul Crutzen）估计，每年至少有300万人死于空气污染引发的疾病。据联合国推算，世界各地每年排放的空气污染物（不包括二氧化碳和扬尘）超过20亿吨。空气污染还存在远距离传播问题。汞、

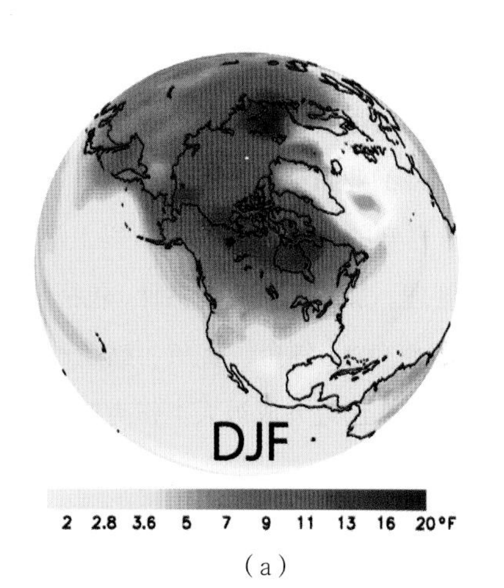

（a）

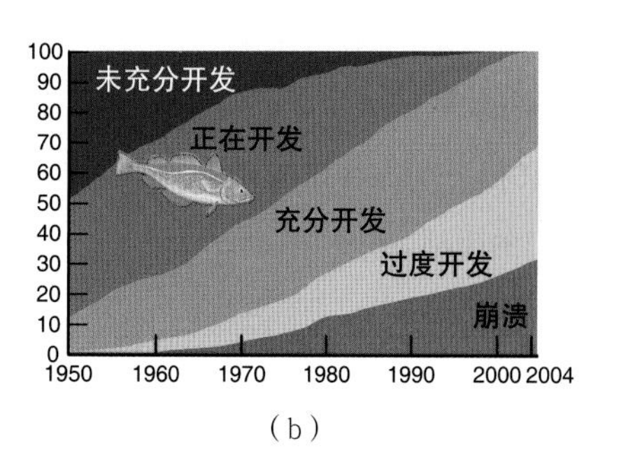

（b）

图 1.6 环境与政治挑战 (a) 据预测，气候变化会导致气温升高，北半球冬季尤其明显。(b) 包括海洋物种在内的生物多样性下降。

资料来源：NOAA（美国国家海洋和大气管理局）2010，WWF（世界自然基金会）2008.

多氯联苯（PCBs）、DDT[①]和其他长效污染物，被气流从千里之外的南方工业化地区搬运至北极，集聚在当地的生态系统中。某些时候，北美西海岸记录到的烟雾和颗粒污染物可以追溯到亚洲。

生物多样性遭到破坏 生物学家指出，生境破坏、过度开发、污染、外来生物引进等因素正在消灭许多物种，其速率堪比以恐龙时代终结为标志的大灭绝（图1.6b）。联合国环境规划署称，已有800多个物种在20世纪消失，至少10 000个物种的生存受到威胁；其中包括约一半的灵长类和淡水鱼类，以及10%的植物种。全世界包括大型猫科动物在内的顶级捕食者尤其稀少，而且陷于濒危的境地。2004年，英国一项全国范围内展开的调查发现，大多数鸟类和蝴蝶种群在过去20年中减少了50%～75%。引进农业之前存在的森林至少有一半已经被清除，作为许多物种栖息地的多样“原始林”被砍伐，取而代之的是次生林或单一树种的人工林。

海洋资源 正如本章开篇的案例研究揭示的，海洋是许多人无可替代的食物来源。发展中国家中有超过10亿人以海产品作为动物蛋白的主要来源，但是世界各地的大多数商业性渔业目前正急剧衰落。根据世界资源研究所的数据，已知的441种鱼类有3/4以上被捕捞殆尽或急需更好的管理。加拿大研究者估计，包括蓝鳍金枪鱼、马林鱼（四腮旗鱼）、剑鱼、鲨鱼、鳕鱼和大比目鱼在内的大型捕食者，已近九成被人类作为捕捞对象。

希望尚存

我们面临的问题看起来相当严峻，但是人们日益提高的认识促进了许多领域的新发展。如同阿坡岛，环境科学家和公众都在研制新的策略以保护自然环境并改善人们的生活。

人口与污染 如同本书后面各章所述，人类在减少污染和管控资源浪费使用方面都取得了进展。例如，今天欧洲和北美的某些国家远比一个世纪前干净，也更宜居了。大多数工业化国家的人口已经稳定，甚至有些社会安全得到保障并建立起现代制度的非常贫穷的国家也是如此。过去25年来，全世界范围内每个妇女平均生育孩子的数量已经从6.1个减少到2.6个（见上页图1.5）。据联合国人口部门预测，到2050年，所有发达国家和75%的发展中国家将经历低替换生育率，平均每个妇女只生育2.1个孩子。如果这样，世界人口将稳定在约89亿，而不是先前预测的93亿。

健康 一个世纪以来，危及生命的传染病在大多数国家的发生率已急剧下降，而平均预期寿命几乎翻了一番（图1.7a）。天花已被完全根除，除少数国家外，脊髓灰质炎也已被根治。1990年以来，超过8亿人口获得了改善的供水和现代下水道设备。尽管20世纪90年代的人口增长使世界增加了将近10亿人口，但是这一时期面临粮食短缺和慢性饥馑的人数实际上下降了大约4 000万。

可再生能源 在向使用可再生能源过渡方面，我们也取得了令人鼓舞的进展。尤其是中国和欧盟，正在开发风能、太阳能、波浪能和潮汐能，并提高能效以减少对化石燃料的依赖。在2009年的哥本哈根气候峰会上，发达国家同意为发展中国家研发替代能源技术提供援助，这将有助于在取得经济增长的同时，减少世界各国对化石燃料的依赖。

信息与教育 很多环境问题会因为新概念、新技术与新对策的提出而得到解决，因此，扩大知识面对取得进步至关重要。现在信息在全世界加速传播，为思想共享提供了前所未有的可能性。与此同时，世界大多数地区民众的读写能力与受教育机会日益提高增加（图1.7b）。虽然我们还面临许多挑战，但是我们仍可能实现可持续发展，在提高每个人的生活水平的同时，减少对环境的负面影响。

森林保育与自然保护区 亚洲森林的破坏已在减速，从20世纪80年代的8%降低到90年代的1%以下。全球毁林速率居前的巴西，正在为保护森林而奋斗。

① 化学名为双对氯苯基三氯乙烷，是有机氯类杀虫剂。20世纪上半叶，在防止农业病虫害，减轻疟疾、伤寒等蚊蝇传播的疾病危害方面发挥了重要作用。60年代，以美国海洋生物学家蕾切尔·卡森的著作《寂静的春天》为代表，DDT对环境和生态的严重破坏被广泛披露。因此许多国家禁止使用DDT等有机氯杀虫剂。不过，由于后来一些非洲国家再次爆发疟疾，导致每年上百万人死亡。基于此，世界卫生组织于2002年宣布，重新将DDT用于控制蚊子的繁殖以及预防疟疾、登革热、黄热病等疾病的全球性蔓延。——编者注

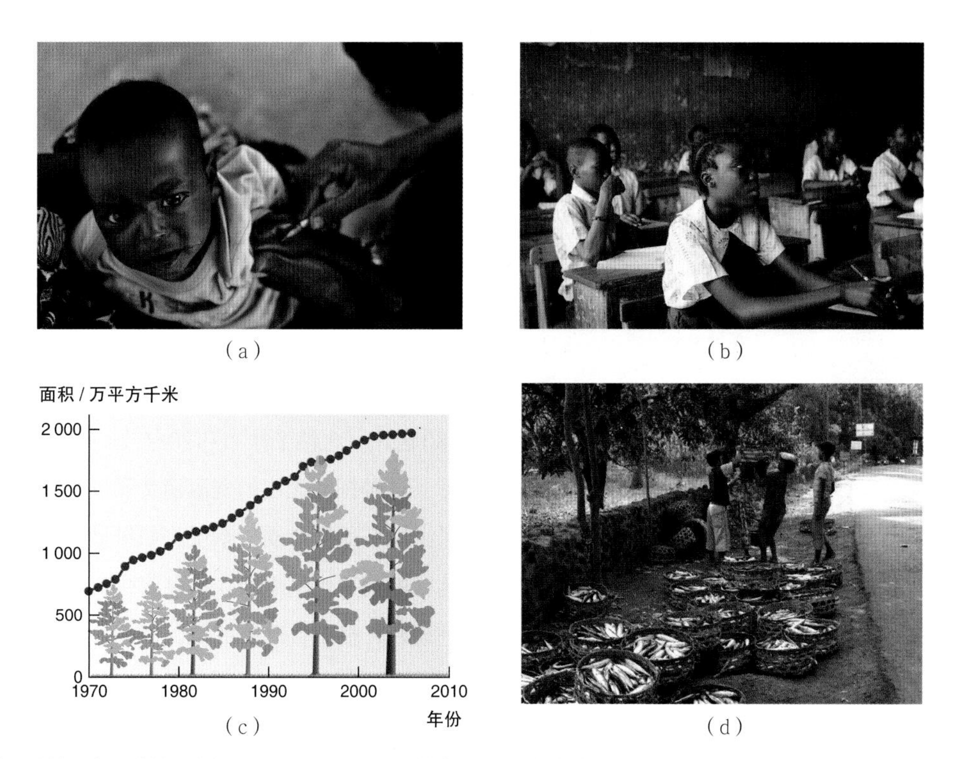

图 1.7 许多地区的情况有所改善，包括（a）医疗保健、(b) 教育、(c) 正在改善的可持续资源利用、(d) 海洋保护区网络。
资料来源：IUCN（世界自然保护聪明）、UNEP（联合国环境规划署）2010.

近几十年来，自然保护区和保护地的数量实现了大幅增长。2010年，全世界有超过10万个公园和自然保护区，总面积达2 000万平方千米，占世界陆地面积的13.5%（图1.7c）。但生态区和生境保护依然不均衡，有些地区的保护只停留在纸面上。不过，在生物多样性保护方面，还是有显著的进展。

海洋资源保护 在经历了数个世纪的海洋资源无控制的工业化开发之后，全世界对海洋保护区重要性的认识在不断提高。渔业监测与海洋保护区网络的改进，促进了物种的保护以及人类的发展（图1.7d）。更大的进展还在等着我们，但保护鱼类产卵场代表了一种新的保护海洋的系统，并为人类改变靠海吃海的习惯提供了全新途径。除菲律宾以外，美国的加利福尼亚、夏威夷，新西兰、英国和其他许多国家和地区，都在建立海洋渔业保护区。

1.3 环境科学中的人文因素

由于我们既生活在自然界又生活在社会中，也因为人类和科技已经成为地球上强大的支配力量，所以环境科学必须研究人类的各种制度和状况。我们生活在一个既有富国又有穷国的世界上，少数人生活富裕，而其他许多人则缺乏体面、健康、富裕生活所必需的基本条件。世界银行估计，至少有14亿人——约占世界人口的1/5——生活在极端贫困之中，每天的收入不足1美元。这些穷人中最穷的，一般都缺乏充足的饮食、体面的住所、基本卫生设施、清洁饮水、教育、医疗以及其他生存的必需品，其中70%的是妇女和儿童。事实上，全世界每五个人中，就有四个生活在富裕国家认定的贫穷状态中（图1.8）。

越来越多的决策者认识到，消灭贫穷与保护环境二者难以分割，因为世界上最穷的人既是环境退化的受害者，也是环境退化的发动者。最穷的人常常不得不牺牲长期的可持续性以满足其生存的短期需要。许多人迫切需要耕地以养活自己和家人，移居到原始森林中，或者开垦易遭侵蚀的陡坡，几年以后土壤养分就被耗尽。发展中国家的另一些人则移居到大城市周边肮脏拥挤的贫民窟和东倒西歪的棚户区中。那里的居民无法处理生活废弃物，而污物只能进一步弄脏他

图1.8 虽然许多人生活富裕，但仍有超过14亿人缺少粮食、住房、清洁用水、卫生设备、教育、医药和为健康生活所必需的其他条件。帮助他们实现这些需求的不仅是人道主义，也是保护自然环境的根本。

们的环境，污染他们呼吸的空气和使用的生活用水。

贫穷、疾病、有限的机会构成的循环演变为一种自我维持的过程，代代相传。营养不良者和病人不能从事生产性工作，不能为自己、为同样营养不良且患病的儿女赚得粮食、住所或医药。大约有2.5亿儿童（主要在亚洲和非洲，其中有的只有4岁）被迫在骇人听闻的条件下从事地毯编织、陶瓷和珠宝制造等工作或者从事色情交易。在这样的状况下成长会导致教育、心理和发育的缺陷，而这些儿童却因陷入这种循环而遭到责难。

这些不幸的人面临眼前的生存需要，除了过度开采资源，没有别的选择；然而这样做不仅减少了自己的选项，也减少了其后代的选择。而且在一个相互联系的世界上，被贫穷和无知伤害的环境与资源直接联系着我们生存所必需的那些条件。

富裕所需的环境成本

富裕国家中许多人享受富足的生活，消耗着超额的世界资源，同时产生比例高得骇人的污染物和废弃物。例如，美国以不足世界人口总数5%的人口，消费着1/4最具商业价值的商品，如石油；还产生了1/4到1/2的工业废物，如温室气体、杀虫剂和其他持久性污染物。

折算下来，一个普通美国人每天要消耗大约450千克原材料，包括18千克化石燃料、13千克其他矿物、12千克农产品、10千克木材和纸张，还有450升水。每年，美国人大约丢弃1.6亿吨垃圾，包括5 000万吨纸张、6 700万吨罐头和瓶子、2 500万吨聚苯乙烯泡沫杯、180亿片一次性纸尿布和20亿支一次性剃须刀（图1.9）。

这种挥霍无度的资源消费和废弃物处置行为几乎耗尽了地球的生命支持系统。如果世界上每个人都试图按这样的消费水平生活，结果将是灾难性的。除非我们找到途径，控制自己的欲望，以破坏性较小的方式生产确实需要的东西，否则地球上人类的生命持续性将堪忧。

可持续性是主旋律

可持续性（sustainability）追求的是生态稳定性与人类的长远发展。当然没有哪个生态系统，也没有哪种人类制度能够延续千秋万代。然而，我们能够努力保护这两个领域最好的方面，增强二者的弹性与适应性。世界卫生组织前总干事布伦特兰（Gro Harlem Brundtland）把**可持续发展**（sustainable development）定义为“满足当前需要又不损耗后代满足其需要的能力”。如此说来，发展意味着使人们生活得更好。此外，可持续发展是人类福祉，能够给予或延伸到许多世

图1.9 “我们还能不成比例地消费地球资源吗？”

我们如何知晓人口、贫穷与其他问题？

我们从何得知饥饿、粮食生产或健康这一类大到无法直接观察的全球性问题的变化？我们通常使用由政府收集的数据库，例如国家人口普查、农业普查，或一些组织，如联合国粮农组织、世界银行的数据库。如果你有一个问题而且时间充裕，你还能使用这些数据库细究其发展趋势。

一般而言，调查机构会接触国家中尽可能多的个人。他们按标准调查表所列的问题提问（如你的年龄和家里有几口人等）。你可能回答过人口普查的一些问题，这种调查每隔几年就进行一次。人口调查机构把所有回答录入一个巨大的数据表，任何人只需几步操作就能看到这些数据。像联合国这样的国际机构虽然不能接触世界上所有个人，但它们可以向各国政府发出调查申请，并试图把调查结果收集到一套标准问题集中（如每年有多少公民、今年有多少儿童死亡、人均有多少清洁用水等）。当然，没有哪个国家能够完全回答所有问题，因此，全球数据中有时就有“无数据”的表值。

从这些表中，我们能够计算平均值、高值和低值，研究上次调查以来的变化或对各地区进行比较。本书中各种图表和地图就来源于此类数据，数据的来源都加注于图表的下方。

报纸和时事刊物同样依靠这些大数据库。只要看一下你常看的报纸中的地图和图表，就能知道它们所用数据的来源。

你自己就能找到这些数据库。有些很好用，另一些则需要一点耐心和毅力。多数发布数据的机构还提供数据中重要结果的摘要。很多教育部门和商业机构还从公共数据库中汇编和重组数据。例如，盖普计划用有趣的动漫帮助你了解某一数据或问题发展全球趋势。中学和大学图书馆也存有数据，受过训练的馆员可以帮你利用这些数据。

这样的数据库为我们提供了关于饥饿、贫穷、教育或医疗卫生等问题的跨时空的大范围视野。案例研究可以做到细致和很复杂，但同时也有缺乏全局性和不够直观的缺点，而这些数据图表正是对这些的补充。例如，阿坡岛的案例研究为不同因素的相互作用和个人对发展的影响提供了详尽的分析。为了描述环境科学的发展趋势，局部的和全球的观点二者常常都是必要的。

这些数据和图表提供了你感兴趣的丰富而有价值的信息与全新的视角。

代的发展，而不是局限于几年。为了能持久，可持续发展的利益必须惠及所有人，而不仅限于特权集团的成员。

富人和穷人的居住地

世界1/5左右的人口住在20个最富裕的国家，人均年收入约25 000美元。这些国家大部分位于北美或西欧。不过，日本、新加坡、新西兰、阿联酋和以色列亦在此列。然而，几乎每个国家，即使是最富裕的，例如美国和加拿大，也有穷人。大约3 500万美国人——其中1/3是儿童，生活在饮食无着的家庭中。

世界上80%的人口生活在中等或低收入国家。30多亿人生活在最穷的国家，那里的人均年收入低于620美元。发展中国家以中国和印度为最大，共有27亿人口。此外的其他41个国家，33个在撒哈拉以南的非洲，剩下的低收入国家，除海地以外，都在亚洲。中国和印尼等国家的贫困率近年来已不断下降，但是大多数撒哈拉以南的非洲国家和许多拉丁美洲国家进展并不大。历史上殖民主义造成的不稳定和贫困化对这些国家现存的问题依然有着重要影响。同时，富国与穷国之间的相对差距还在不断拉大。

最富裕和最贫穷国家之间的鸿沟影响着许多生活质量指标（表1.1）。收入最高国家人均年收入是收入最低国家的100多倍。由于婴儿死亡率高，最贫穷国家家庭的孩子数量是富国的3倍。如果不考虑移民，现在大多数富国人口都会下降，而较穷国家总人口继续以每年2.6%的速率在增长。

从个人的维度看，富国与穷国之间的差距更大。世界上最富有的200人的财产合计达1万亿美元，比世界上最穷人口的一半（30亿人）所拥有的还多（图1.10）。

表 1.1 生活质量指标		
	最不发达国家	最发达国家
GDP/人[1]	329美元	30 589美元
贫困指数[2]	78.1%	～0
预期寿命	43.6岁	76.5岁
成年人识字率	58%	99%
女性中等教育	11%	95%
总生育率[3]	5.0	1.7
婴儿死亡率[4]	97%	5%
改良卫生设备	23%	100%
改良用水	61%	100%
CO_2/人[5]	0.2吨	13吨

1 一年国内生产总值。
2 每日低于2美元生活费的人口百分数。
3 平均每个妇女生育数。
4 每千个婴儿活产数。
5 每人每年排放CO_2吨数。
资料来源：联合国人类发展指数，2006。

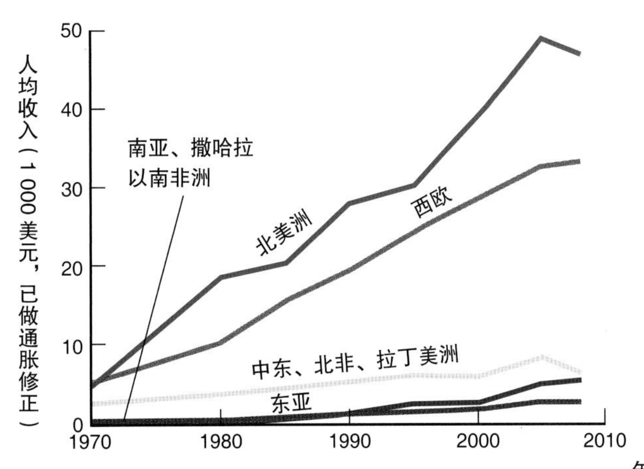

图 1.10 各地区人均收入（2008年，美元）。总体上收入爬升，但富国与穷国之间差距增幅更大。

土著民族是世界生物多样性的主要保护者

无论富国或穷国，原住民［或称**土著人**（indigenous people）］都是世界上最弱小、最被忽视的族群。原住民后代的居住地被更强有力的外来者占据，他们的语言、文化、宗教和种族社区均有别于主流社会。全世界近6 000种被发现的文化中，有5 000种是土著文化，而其人口仅占世界总人口的10%。许多国家传统的等级体制、法律、经济或偏见，都对土著民族不甚友好。当天然生境为满足工业化世界对资源的欲望而被毁时，他们独特的文化连同生物多样性正在一起消失。

世界上6 000种独特的语言中至少有一半因不再向儿童传授而行将消亡。当最后几个仍旧讲这种语言的长者去世时，以这种语言为源泉的文化亦将随之消亡。和那些文化一起消失的，将是有关其自然知识的全部精华以及对特殊环境与生活方式的深切了解（图1.11）。

尽管如此，在很多地方，留在传统家园的5亿土著人依然拥有宝贵的生态智慧，依然是不受破坏的生境的保卫者，那里有稀有濒危物种的庇护所和完好的生态系统。杰出的生态学家爱德华·威尔逊（E. O. Wilson）在著作《生命的未来》（*The Future of Life*）一书中指出，最廉价、最有效的保护物种的方式是保护我们生活在其中的自然生态系统。尤其是，仅仅12个国家就拥有

图 1.11 土著民族是否对自然有独特的认识？他们对传统领域有不可剥夺的权利吗？

全人类语言的60%（图1.12）；其中7国还属于“巨大多样性”国家，共同拥有全部动植物特有种的一半以上。支持许多特有种进化的条件似乎也同样有利于人类多样文化的发展。

承认故土权并促进政治多元主义可能是保护生态进程与濒危物种的最好途径之一。正如巴拿马的库娜印第安人所说：“有森林的地方就有土著人，而有土著人的地方就有森林。”有几个国家，例如巴布亚新几内亚、斐济、厄瓜多尔、加拿大和澳大利亚，都承认土著人对广大地区的权利。

遗憾的是，其他国家并不重视土著民族的权利。例如，印度尼西亚主张拥有其林地近3/4和所有水体与近海的捕鱼权，而不顾原居民的权利。同样地，菲律宾政府主张拥有领土内所有未开垦土地，而喀麦隆和坦桑尼亚根本不承认代表世界最古老文化之一的生活在森林中的俾格米人[①]的权利。

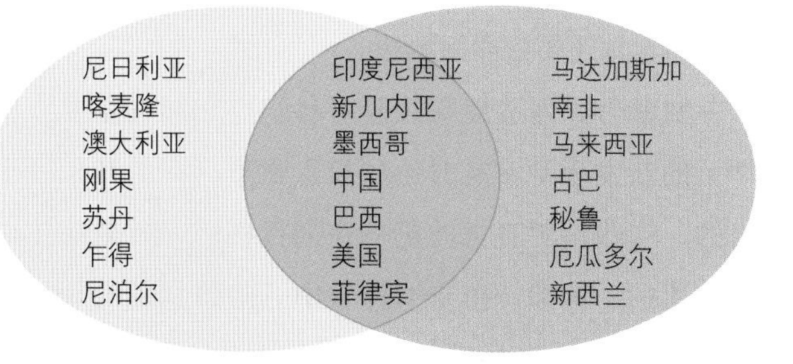

图1.12 文化多样性与生物多样性常常如影随形。世界上文化多样性最高的七国因其特有生物数量（按重要性降序排列）最多而名列“巨大多样性”国家。

资料来源：诺曼·迈尔斯（Norman Myers），Conservation International and Cultural Survival Inc.，2002.

1.4 科学帮助我们了解环境

由于环境问题的复杂性，我们需要通过有序的方法仔细观察和理解环境问题。环境科学提供了这样的途径。本节将探讨什么是科学、什么是科学方法、为什么这种方法很重要等问题。

科学是什么？**科学**（science，来自拉丁文scire，“知道”）是通过观察自然现象产生经验性知识的过程。我们利用这些观察提出或检验理论（对过程如何运行提出的解释）。“科学”也是许多科学家开创的知识体系的积累。科学由于帮助我们了解世界并满足实践的需要而具有价值，例如发现新药、新能源或新食物。我们将在本节探讨为什么需要科学以及如何遵循标准法则。

科学依靠这样的假设，即世界是可知的，而且通过细心的观察和逻辑推理就能够掌握（见表1.2）。对早期的科学哲学家而言，这种假设代表与宗教和哲学方法彻底决裂。在中世纪，像庄稼如何生长、疾病如何传播或星体如何运行这样的问题，神权和文化传统是知识的终极来源。虽然这些来源提供了许多有用的见解，但是无法独立客观地检验其解释的科学性。科学

表1.2 基本科学原理

经验主义：我们能够通过对现象主观的（真实的、可观察的）仔细观察了解世界；可以期望通过观察，了解基本过程和自然规律。

均变论：基本模式和过程在时空中达到均衡；今天起作用的力也就是往日塑造世界的力，而且将来也是如此。

简约性：当存在两个貌似有理的解释都合乎情理时，较简单的（更简约的）一个更为可取。这项原理又称为“奥卡姆剃刀定律”[①]，因提出这项原理的英国哲学家而得名。

不确定性：知识随着新证据的出现而改变，解释（理论）随新证据而改变。基于现有证据的理论应该用另外的证据进行检验，须知新证据可能推翻最好的理论。

重复性：检验和试验应能重复；如果不能重现同一结果，那么结论很可能不正确。

证据隐蔽性：由于新证据可能一直在完善目前的解释，我们很难指望科学提供绝对的证明。即使作为现代生物学、生态学和其他科学基石的进化论，由于该原理，也只是被称为一种“理论”。

可检验的问题：为了确认一种理论正确与否，必须进行检验；我们制订可测试的清单（研究假设）来检验理论。

① 俾格米人（pygmies），主要分布于非洲中部热带森林地区，是史前桑加文化的继承人，是居住在非洲中部最原始的民族。成年人平均身高1.30～1.40米。他们崇尚森林，男子狩猎，女子采集，没有私有观念，财产归集体所有。虽然有的国家鼓励俾格米人离开原始森林，进入现代社会，但绝大多数俾格米人仍然倾向于继承祖先的生活方式。——编者注

① 奥卡姆剃刀定律（Ockham's razor）由逻辑学家奥卡姆的威廉（William of Occam，约1285—1349）提出。这个原理称为“如无必要，勿增实体”（Entities should not be multiplied unnecessarily）。——编者注

思维的好处在于它寻求可检验的证据。随着证据的增加，我们就能找到重要问题的更好答案。

科学依靠精确（接近真值）的研究，而精确度需要谨慎精密的测量（图1.14）和一丝不苟的记录保存。

怀疑论和准确性是科学的基础

科学家都是怀疑论者。要接受一种别人提出的解释，直到得到确实证据的支持以前，他们都会小心谨慎。即使如此，每项解释只是被认为暂时正确，因为总存在新增证据将其推翻的可能性。科学家还力图做到条理分明和不偏不倚，毕竟难以避免偏见与方法上的错误，科学实验要经得住同行的复核——他们能够对实验结果和结论进行评估（图1.13）。同行审核是保证科学家在研究设计、数据收集和结果解释方面维持良好标准的必要组成部分。

科学家要求**再现性**（reproducibility），因为他们对结论的接受十分谨慎。单纯的一次观察或一个结论无关宏旨，你必须得到始终一致的结果以保证你的第一个成果绝非侥幸。尤其重要的是，你必须详述你的研究条件，以便他人能够重复你的观察结果。反复进行研究或实验叫作**"重复"**（replication）。

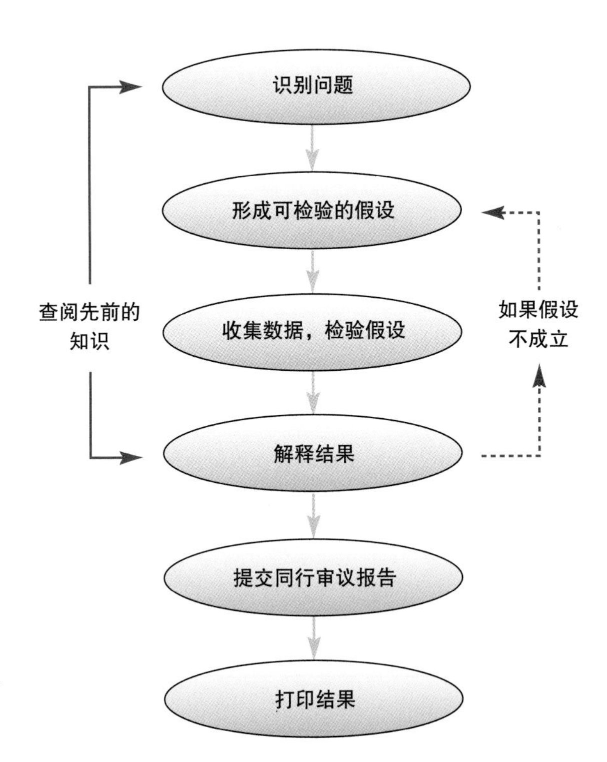

图 1.13 理论上科学研究要遵循一系列合乎逻辑、有序的步骤来提出和验证假设。

演绎法和归纳法是有效的方式

原则上，科学家从他们认为正确的一般规律中推导结论。例如，如果我们知道物体相互吸引是因为万有引力，于是就得出这样的结论：一个苹果从树上脱落时就会落到地面。这种从一般到具体的逻辑推理叫作**演绎法**（deductive reasoning）。不过，我们常常并未掌握支配着自然系统的一般法则，于是就必须依靠观察发现一般规律。例如，我们观察到一年四季一些鸟类飞来又飞去。通过在不同地方的多年反复观察，就可以推断鸟类从此处飞往彼处，并因此提出候鸟季节性迁徙的一般规律。从许多观察得到的推理得出一般性规律就是**归纳法**（inductive reasoning）。尽管演绎法比归纳法在逻辑上更合理，但是只有当一般规律正确时演绎法才有效；当然并没有什么规律是永恒不变的，因此我们常常还要依靠归纳法。

洞察力、创造性与经验对科学可能同样重要。科学上的新发现常常是对论题投入强烈兴趣的开拓者提出的，这些人对直觉的重视在同行科学家看来往往也是荒唐的。例如，植物遗传学中一些最基础的理解就来自芭芭拉·麦克林托克（Barbara McClintock）直觉的

图 1.14 科学研究依靠重复、细心的观察以使调查结果可信。

猜测。麦氏是一位遗传学家，她发现玉米基因能自由组合。当其他玉米遗传学家认为玉米颜色和颗粒大小是以随机形式呈现时，麦克林托克凭借她在玉米繁殖方面的多年经验和不可思议的直觉，发现了新的模式，以前人不曾想象的方式推测出基因有可能重新组合的结论。

科学方法是有序探究问题的途径

你可能已经使用了科学方法而没有意识到。假如你的手电筒坏了，可能损坏的有若干元件（开关、灯泡、电池），你可以同时更换所有元件而使手电筒恢复工作；但更有序的试验将会告诉你该系统出现了什么问题——这些知识在下次手电筒损坏时也许能派上用场。所以你决定遵循下列标准科学步骤：

1. 观察不亮的手电筒，该照明系统有三个主要元件（电池、灯泡和开关）。
2. 提出**假设**（hypothesis），一种实验性解释："手电筒不亮是因为没电了。"
3. 针对假设进行检验，预测一个能证明假设成立的结论："更换电池，灯泡就能点亮。"
4. 收集从检验获得的数据："更换电池后灯泡是否被点亮了？"
5. 解释你的结论："如果灯泡亮了，你的解释正确；否则就要提出新的假设，也许是灯泡坏了，并提出对此解释的新检验。"

在比手电筒更复杂的系统中，在大多数情况下要证明假设错误总是比证明其正确更容易。这是因为我们通常都是用观察来检验我们的假设的，但是我们无法验证全部的可能情况。哲学家路德维希·维特根斯坦（Ludwig Wittgenstein）曾说，假如我们看见几百只天鹅，都是白的，这些观察可能引导我们假设所有天鹅都是白的。你可能会通过观察几千只天鹅来检验你的假设，即使每次观察都支持你的假设，你也不能彻底确信这是正确的。相反，只要你看到一只黑天鹅，就知道你的假设是错误的。

在本章，你将会发现环境政策和法律中难以获得确凿证据是一个经常出现的问题。你很难确切证明抛弃在街道上的有毒垃圾会使你生病。不过，你可以收集证据表明，这种垃圾很可能使你和你的邻居生病。难以确定的证据常常影响到你是否决定要发起环境责任的诉讼（图1.15）。

当一种解释能被大量实验所支持而且大多数专家也认为这是一种可靠的描述或解释的时候，我们就称之为**科学理论**（scientific theory）。请注意，科学家对该术语的用法与公众截然不同。对许多人来说，理论有其不确定性并不被事实支持；而对科学家而言，该词语的意义正好相反：一切解释都是试验性的并允许被修订或纠正，被视为科学理论的解释都是被海量数据和实验支持的，并被科学家普遍接受，至少迄今为止是这样的。

了解概率，减少不确定性

面临不确定性问题时，增强信心的对策是把重点放在概率上。**概率**（probability）是估量某种事物存在多大可能性的方法。概率的估算一般基于先前的一组观测或标准统计的方法。概率并不能告诉你将会发生什么，只是告诉你可能发生什么。如果你从媒体得知今冬你有20%的可能患感冒，这意味着每100人中

图1.15 你怎样证明谁造成了河中橙色淤泥那样的环境污染？必须进行准确的反复测量和合理的推测

可能有20人会感冒，但这并不意味着你会得感冒。事实上，更大的概率是你有80%的可能不会患感冒。如果你听说每100人中有80人会患感冒，你依然不知道你会不会得病，不过患病的可能性要高得多。

由于经常会涉及概率问题，因此熟悉这个概念非常重要。有时候概率与随机因素有关：如果你抛硬币，出现正面或反面的机会是随机的。你每一次抛掷，出现正面的可能性都是50%。连续10次得到正面的概率很小［事实上这种机会是 $(1/2)^{10}$，即1/1024］，但是每一次抛掷，你都会有50%的机会，所以这就是一种随机试验。有时概率可用机遇来衡量：假定一个班级一学期有大约10%的学生成绩是A。一名学生是否能跻身这10%，很大程度上有赖于他花费多少时间用于学习、在课堂上提出多少问题和其他因素。有时候需要把机会和境况相结合：今冬你患感冒的概率部分取决于你接触某个患感冒的人（大的随机因素），还取决于你是否采取了保持健康的措施（充分休息、常洗手、健康饮食等）。

概率是一种比验证更有用的方法。这是因为绝对验证难以实现，而我们常常可以证明一种强烈的倾向或关系，而仅靠机会不可能得出这种倾向或关系。例如，假设你抛掷一枚硬币，连续20次得到正面。这可能偶然做得到，不过这种情况确实很罕见。你可能会认为可能存在一种因果性解释，比如这枚硬币正面加重了。我们常常认为，如果随机发生的概率低于5%，那么因果性解释就值得信赖（或者“有意义”）。

实验设计能减小偏差

渔业成功的研究（案例）是观察性实验的一个例子，从中观察到自然事件，也解释了各种变量之间的因果关系。这种研究亦称为**自然实验**（natural experiments），即对业已发生的事件的观察。很多科学家依赖自然实验，例如，地质学家要研究山脉的形成，或者生物学家想知道物种如何进化，但是他们无法用几百万年来观察过程的发生。同样地，毒理学家也不能仅仅为了了解疾病如何致命就让人生病。

其他科学家能够通过**控制变量实验**（manipulative experiments），谨慎调整实验条件，而其他变量保持不变。大多数控制变量实验都在实验室进行，实验条件被精确地控制。假设你对草坪使用的化学品是否会造成蝌蚪畸形的问题感兴趣，你就可以把两组蝌蚪置于鱼缸中，并让一组接触化学品。在实验室中，可以保证两个鱼缸都能保持同样的温度、光照、食物和氧气。把处理（接触）组和对照（非接触）组进行对比，就使这项实验成为一项**对照研究**（controlled study）。

发生实验偏差是时刻存在的。假设研究人员看见有只蝌蚪长了个小瘤，看起来或许会变成另一条腿。研究人员是否将其称为畸形，取决于他是否知道这只蝌蚪是在处理组还是在对照组。为了避免产生偏差，通常要采用**盲法实验**（blind experiments），研究人员直到数据分析以后才能知道哪一组是处理组。在诸如新药试验等医疗卫生研究中，还使用**双盲实验**（double-blind experiments），即无论实验对象（接受药物或安慰剂的人）还是研究人员都不知道谁在处理组、谁在对照组。

此类研究中都有一个**因变量**和一个或多个**自变量**（或称**独立变量**）。因变量，亦称反应变量，受自变量

主动学习

计算概率

在多数现代科学领域，了解概率（事件发生的可能性）都是必要的。使用这些概念对理解科学信息的能力至关重要。

每次抛掷一枚钱币，正面朝上的机会是每两次中有一次（即50%，前提是你用的是一枚正常的钱币）。连续两次抛掷都正面朝上的概率为1/2×1/2，即1/4。

1. 连续5次都正面朝上的概率是多少？

2. 当你第五次抛掷时，正面朝上的概率是多少？

3. 如果班上有100个学生，每人抛掷5次，有多少人可能得到全部正面朝上的结果？

答案：1. 1/2×1/2×1/2×1/2×1/2=1/32　2. 1/2　3. 100学生×1/32≈3

的影响。按照惯例，图表中的垂直（Y）轴代表因变量。自变量很少有真正独立的（例如，可能和因变量受同一环境条件的影响）。很多人喜欢称之为**解释变量**（explanatory variables），因为我们希望能解释因变量中的差异。

科学是积累的过程

图1.13所述的科学方法是进行单项研究的过程。科学知识的大量积累需要无数人的合作与贡献。杰出的科学成果很少是单独一人在与世隔绝的状态下完成的；相反，科学家群体通过累积的、自我调整的方式合作。我们经常听到的那些一夜之间改变旧认识的大突破和大发现，事实上是许多人辛勤劳动的结晶，他们各自研究同一问题的不同方面，每个人都为解决问题添砖加瓦。他们交换思想和信息，辩论，一次又一次试验，最后取得**科学共识**（scientific consensus），即资深学者间的一致看法。

共识很重要。对那些关于某个问题知之不深的人而言，种种相互矛盾的结论常令人感到困惑：珊瑚礁是在衰退吗？若衰退，影响大吗？气候在变化吗？若在变化，变化大吗？而那些对此做过大量研究并读过许多报告的人，倾向于对问题的状况有一致的看法。目前的科学共识是，许多珊瑚礁处于危险中，不过对问题严重性的判断有所不同。"全球气候正处于变化之中"是已经达成的共识，不过关于不同政策背景下变化速度的模型存在差异。

有时新概念的出现会导致科学共识产生巨大改变。研究科学思想革命的托马斯·库恩（Thomas Kuhn，1967）把解释性框架中的这些大变化称为**范式转移**（paradigm shifts）。库恩提出，当大多数科学家认为旧的解释不再能很好地解释新的观察时，就会出现范式转移。例如，约在两个世纪之前，许多科学家用诺亚洪水解释地球的种种外貌。那些优秀的科学家认为，洪水使海滩高出目前的海平面，散乱的漂砾杂乱无章地凿出现今的无水谷地（图1.16）。后来瑞士地质学家路易斯·阿加西（Louis Agassiz）和其他学者则认为，地球在过去要比现在寒冷很多，当时冰川覆盖了广大地区。周期性冰期较之"洪水说"能更好地解释地质特征，这种新概念完全改变了地质学家解释他们研究对象的方式。同样地，大陆在地球表面缓慢移动的板块运动概念（第11章）完全改变了地质学家、生物地理学家、生态学家和其他学者解释地球发育和生命起源的方法。

图1.16 范式转移改变了我们解释世界的方法。现在地质学家把约塞米蒂谷地（Yosemite's Valleys）的形成归因于冰川，而过去一度认为是诺亚洪水之类的灾变雕刻出两边的峭壁。

真科学

环境科学常常面对充满感情或政治色彩的问题。对气候变化的科学研究可能威胁着销售煤炭的公司；对农药健康代价的研究可能让这些化学品使用者或商家感到忧虑。围绕着科学的争论，常常引起对**真科学**（sound science）的呼吁和对**"伪科学"**（junk science）[①]的谴责。这些词语是什么意思？你如何判断谁对谁错？

当你听到关于"谁的科学是真的"争论时，要切记科学的基本原理：那些有争议的研究是否能够重现？那些结论是不是经质疑后慎重得出的？样本是否够大并且是随机的？结论是否得到研究过这些问题的大多数学者的支持？这些专家中是否有人与此项成果有经济纠葛？

电视和广播等媒体上的数字常常是有悖科学的。

① 与英文中sound和junk相对应的中文词语有很多。考虑到sound和junk这两个词的韵律和中文的习惯，将其译为"真科学"和"伪科学"。——译者注

为何科学家用数字回答问题?

对许多人来说，一点点证据就足以令人信服。假如你生活在阿坡岛（本章开篇故事中心地点），而且有一天渔获甚丰，你可能就会断定渔业大有前途。但是你如何确信自己的观察是正确的?或者那一天仅仅是某个人捕鱼的幸运日?科学家尽力做到小心谨慎并避免直接得出结论，因此他们在估量证据时，依靠的是数据反映的趋势，而不是道听途说的观察。

发现数据的趋势需要收集很多观察结果，而通常把那些观察结果标绘到图表上能更好地看出趋势。要看出我们所关心事物的格局和变化，图表是最容易最有效的方法。下面是用图表和数据论证结论的几种方法。

平均值可以描述该小组的中间状态。要了解渔获率的实际情况，可以研究每日捕获的数目。当然，有些日子运气不好，而且渔民捕鱼的能力也有差别。一种方法是通过计算若干人的**平均值**（mean）来描述总渔获率：每日的渔获量除以每人捕鱼消耗的时间（person-hours）。按此法试计算下表所列假设的4条渔船的数据。

渔获率

渔船	捕获的鱼（尾）	时间（小时）
1	10	1
2	15	4
3	5	2
4	20	3
合计	______	______

每小时捕获鱼的数量（尾）______

直方图可以直观呈现分类数据。如果不局限于一个村子的情况，就能对全局有更多了解。毕竟，你的村子也许是离群值或一个不寻常的案例。10个或50个村子的记录所反映的情况会更加完整。在科学上，更多的观察总能增加我们对结论的信心。

你无法调查菲律宾所有的数千个村庄，但是可以研究其中一个随机的子集或样本。样本应该是随机的，以避免造成结论的偏差。例如，你选择了一些离大城市较近的村庄，这些村庄的渔业可能发展得并不好。这可能使你的村庄看起来很棒，但是这种信息是无用的。一旦取得样本，就可以把观察分类并做出**直方图**（histogram），呈现渔获量大和渔获量小的村子（图Ⅰ）。图中有许多村子每小时的渔获量为6～12尾，而只有几个村子为2或20尾。像这样的钟形分布称为**正态分布**（normal distribution），因为随机选取观察的大数据集倾向于具有这种分布。

图表可以呈现各种关系。假设你认为海洋保护区的大小会影响捕鱼率，你可以把两个变量点绘到直角坐标系中以检验这个假设。这里的自变量是海洋保护区的大小（图Ⅱ水平轴），因变量是渔获率（图Ⅱ的垂直轴）。图上圆点的格局表明，随着保护区面积的增加，渔获率确实增加了。现在你可以确信，保护区大小和渔业成就之间存在正相关。

用数字回答问题能够给你这样的信心：你的合理结论是从数据中得到的。作为一个批判性思考者，你还可以从新闻报道和政策中检验你的数据。政策立场是基于道听途说的证据还是基于许多观察的趋势?当你听到新闻时，进行此类发问，能帮助你成为一名见多识广的公民。提出此类问题也可帮助你学好这门课。

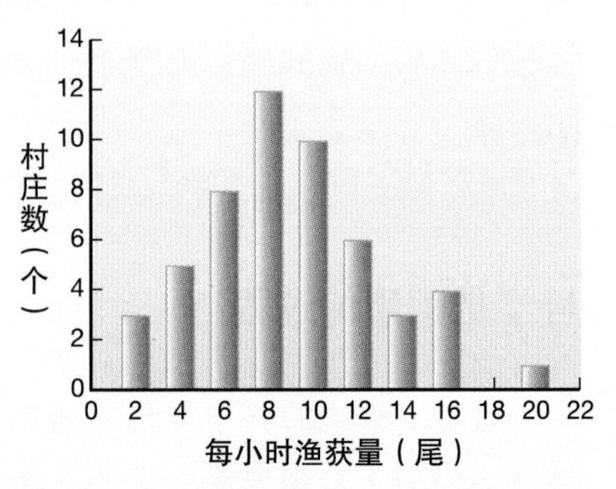

图Ⅰ 柱状图可以表示各组或各类别的数值。

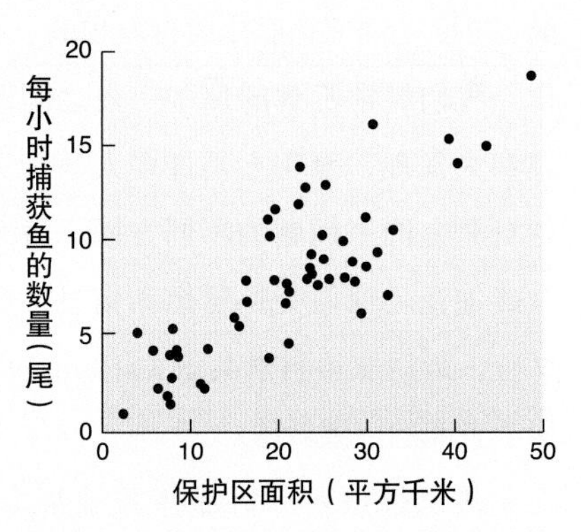

图Ⅱ 散点图表明许多观察的保护区和渔获率之间的关系。图中每个点表示一个村子。

叛逆者的姿态常使他们得到公众的关注。这种策略用于气候变化之类的重大事务时尤其常见。几十年来，几乎所有气象学家都一致认为，化石燃料的使用和植被破坏等人类活动是导致气候变化的主要原因。不过也不难找到持相反意见的科学家，他们乐于否认大部分证据。涉及政策主张、宣传或金钱问题时尤其如此，总能找到“专家”证人，证实案例的反面。

科学上的不确定性常常被大多数资深科学家认为是明智的政策被推迟或失败的原因。在考虑化学品安全、能源保护、气候变化或空气污染控制等问题上，反对派认为证据不能得到绝对验证，从而无须采取任何行动。在本书第8章（环境健康）、第9章（空气质量与气候）和其他章节，你都能看到这样的例子。

同样地，对进化论的争议也常常来自不确定性的概念与科学上的证据。在国外，反对在公立学校讲授进化论的人常常批评：科学家把进化论称为理论，而进化论不过是一种推测。这是一个经常被混淆使用的术语。尽管进化论得到了压倒性的证据支持，但是我们仍称之为一种理论，毕竟科学家倾向于对证据持小心谨慎的态度。

如果你看到真科学和伪科学的主张，你将如何进行评价？你如何才能鉴别满口伪科学术语但缺乏客观性的虚假分析？这个问题非常重要，以致天文学家卡尔·萨根（Carl Sagan）提出了一个“检测鬼话的问题”（表1.3）。

环境科学与环境主义

环境科学是用科学方法研究我们所生活的环境的过程和系统，环境主义致力于研究影响有关环境的态度和政策。二者常常有各自不同的目标。例如，石油地质学家是研究地质学以寻找石油资源的环境科学家，他们的目的在于增加资源的获取，为公司牟利，也许还可以提高人们的生活水平，但通常并不会保护他们工作、生活的环境；也有其他环境科学家同时是环境主义者。许多生态学家为保卫他们研究的生态系统而努力。许多环境科学家为公共利益——例如，为提高公众健康水平而工作，但不一定对自然界或其他物种感兴趣。

无论我们把科学用于提高公众健康、经济成就、环境质量还是实现其他目标，都取决于科学之外的许多事务，这与世界观和伦理有关，对此我们将在本章后面讨论。

1.5 批判性思维

在科学上我们常常提出这样的问题：“我怎么知道你所说的是真实的？”这部分依赖于证据或者数据，部分依赖于对证据的批判性评价。

清晰、有条理地思考问题的能力可能是你能够从课堂上学到的最有价值的技能。迄今，如你所知，许多环境科学话题都存在激烈争论，争论双方都有坚定的观点和充分的论据。你如何评价相互矛盾的证据和观点？我们用**批判性思维**（critical thinking）一词描述对思想、证据和争论进行合乎逻辑的、有序的、分析性的评价。它在日常生活中也是一项极其重要的技能，你可以应用于评估汽车销售员报价、信用卡报价，也可以应用于政治候选人的竞选言辞。

一种很复杂的情况是一些杰出的学术权威对某个论题持强烈相左的看法。不一致的意见可能是基于相互矛盾的数据，或者是对相同数据的不同解释，或者

表1.3 检测鬼话的问题

1. 这项主张的来源是否可靠？是否有理由相信在这种情况下他们有推进该项工作的计划？
2. 有没有其他来源证实该项主张？提出了什么数据支持这种观点？
3. 在这个问题上科学界大多数人持什么立场？
4. 这项主张和我们所知的世界运作方式是否吻合？这是一项合理的主张，还是和已确立的理论相悖？
5. 论据是否平衡、合理？特殊观点的提出者是否考虑了可供选择的观点，还是为某些利益而只选择支持性证据？
6. 你对特殊观点的资金来源有何了解？这些研究是否由带有党派目的的团体提供资助？
7. 相矛盾理论的证据分别登载于何处？该观点是否经过同行评议，或仅仅只是专有出版物？

资料来源：Carl Sagan.

是基于不同的优先度。某一专家可能认为，经济健康具有压倒一切的优先度，而另一位则可能更看重环境质量，其他人也许只担心可能受环境政策辩论结果所左右的上市公司股票价格。通过反复实践批判性思维，就能辨别相互矛盾的主张孰是孰非。

批判性思维帮助我们分析资料

批判性思维包括很多不同的方面。许多过程大概都会产生这样的问题："我在这里想达到什么目的？我如何知道何时可以达到目的？"你还需要问："我的信息源是什么又和那件事有多大关系？"**分析性思维**（analytical thinking）问："我如何将这个问题分解为它的各个组成部分？"**创造性思维**（creative thinking）问："我如何用新的创造性方法解决这个问题？"**逻辑性思维**（logical thinking）问："我的论据结构有意义吗？"**反省性思维**（reflective thinking）问，"这一切是什么意思？"

所有这些思维策略都会对你有所帮助。这些思维要求我们以一种系统的、有目的的和负责任的方式对信息进行检验。这些方法使我们发现隐藏其中的思想和意义，研究策略以评估论据中的理由和结论，认识事实与价值之间的差别，避免匆忙得出结论（表1.4）。

请注意，许多批判性思维过程包含自我反省和自我修正。批判性思维的目的不在于发现错误，而在于识别未言明的假设、信念或动机（图1.17）。发现这些因素往往也有助于你维持诚信与谦逊：假如你问"我如何才能知道我刚才所说是正确的？"那么你就正在进行批判性思维，而且这个问题可能引领你得出新的有意义的见解。

表1.4　批判性思维的步骤
1. 我思考的目的是什么？
2. 我想要回答什么明确的问题？
3. 我思考的观点是什么？
4. 我使用了哪些资料？
5. 我如何解释那些资料？
6. 哪些概念或思想是我的思维核心？
7. 我心目中的结论是什么？
8. 我认为什么是理所当然的？我为此做了哪些假设？
9. 如果我接受这些结论，那意味着什么？
10. 如果把我的想法付诸行动，会有什么后果？

资料来源：全国批判性思维委员会R. 保罗（R. Paul, National Council for Critical Thinking.）

为什么需要具备批判性思维

我们有时会使用批判性或反思性思维。假设某电视广告说，新的早餐谷类食物不仅美味而且对你有好处，你可能会产生怀疑并问自己几个问题：广告中说的好处是什么？对谁或对哪方面有好处？美味是否意味着高糖多盐？发布这则信息除了你的健康幸福，是否可能还有其他动机？你可以经常进行此类批判性思维。

下面是进行批判性思维时可以参考的一些步骤：

1. **验证、评估论题的前提和结论。**提出该论点的基础是什么？支持这些论点的证据是什么？可从证据中得出什么结论？如果前提与证据合理，结论是否确实由此产生？
2. **承认并阐明不确定性、模棱两可和矛盾。**所使

图1.17　批判性思维对前提、矛盾和假设进行评估。芝加哥附近公共河滩中间的标牌是减少人们接触细菌的唯一方法吗？是否还有其他什么对策？为什么选择这种方法？这种方法可能对什么人有影响？
（注：图中文字——因小溪中细菌含量频频超标，严禁游泳、涉水和在水中游玩。）

用的词汇是否有歧义？如果是，辩论各方是否使用了同一含义？含糊与模棱两可是否有意为之？所有论点是否同时都有事实根据？

3. **辨别事实与价值。**这些论点能否得到检验？（如果能，这些论点就是对事实的陈述并应该能用所收集的证据去验证）这些论点是否能对某事物做出有价值或无价值的判断？（如果是，这些论点就是一些有价值的主张或看法，而且有可能不能做出客观的验证。）
4. **确认假设并对其进行评估。**考虑到主要人物的背景和看法，他提出的前提、证据和结论背后可能有什么深层原因？在此事项中有没有人"别有所图"或存在个人的动机？他或她对你的所知、所需、所求或所信做何感想？有无基于种族、性别、民族、经济或信念系统的隐藏信息以致曲解这种假设？
5. **辨别数据源的可靠性。**专家们在这个问题上有什么资历？他们拥有什么专门知识或信息？他们提出了什么证据？我们怎能确定其所提供的信息是精确、正确或是有可靠依据的？
6. **确认和了解概念框架。**个人、群体或社会所持的基本信念、态度和价值观是什么？何种哲学或伦理控制他们的看法和行动？这些信念和价值观如何影响人们看待自己和周围世界的方法？如果有相矛盾或相反的信念和价值观，应如何解决？

批判性思维有助于学习环境科学

在本书中你将有很多机会练习批判性思维的技能。每一章都有事实、图表和理论。所有这一切都是正确的吗？很可能不是。编写本书时这些都是最准确的信息，但是新的证据总是不断涌现，数据总在变化，我们对数据的解释也是如此。

阅读本书期间、听新闻或看电视时，尝试区别对事实和观点的阐述。问问自己那些前提条件是否支持从其中得出的结论。尽管大多数人都试图做到公正公平地提出争论，但是个人的偏见和价值观——其中有些我们甚至没有认识到——影响着我们如何看待这些问题及怎样提出论据。请留心你自己要思考的案例，运用批判性思维和反省性思维技能去发现真相。

1.6 关于环境的概念从何而来

历史上许多阶段的人们都曾使他们所依赖的资源退化，但有些阶段的人们则过着与其环境和谐共处的生活。今天迅速增长的人口和加速开采资源的技术使资源退化程度日益严重。

我们对这些变化的反应根植于近代环境思想家的著作。为简明起见，他们的著作大约可分为四个阶段：①为了合理利用的资源保护；②出自道德和美学原因的自然保育；③对健康与污染生态后果的关切；④全球环境的个人品德表现。这几个阶段并不互相排斥。你可以同时信奉四者。阅读本段的时候，考虑一下你为何认同对自己最具吸引力的那些观点。

自然保护有其历史根源

认识到人类对自然的滥用并非现代所独有。公元前4世纪，柏拉图就曾抱怨，希腊人享有肥沃土壤和林木覆盖，然而，树木被砍伐用以建房和造船以后，暴雨就把土壤冲到海里，只留下岩石嶙峋的"被疾病毁坏躯体的骨骼"。泉水和河流干涸，变得对农耕毫无用处。尽管有历史上的观察，但大多数现代的环境思想是基于近代农业与工业革命有关的资源耗竭的反应。

对环境伤害进行科学研究最早是法国和英国的官员所做的，当时英国殖民地的行政官员其中许多人是知识渊博的科学家，目击了殖民地因食用糖和其他商品的集约生产造成了土壤迅速流失和水井干涸。一些殖民地官员把负责任的环境管理视为美学和道德上的优先之事，而且也属于经济之必需。这些早期的保护主义者观察到并了解了毁林、水土流失和地方气候变化之间的联系。例如，英国植物生理学家先驱斯蒂芬·黑尔斯（Stephen Hales）提出，应保护绿色植物以保存雨水。1764年，他在加勒比多巴哥岛把想法付诸实践，那里约有20%的土地被标志为“雨水保存林地”。

曾任印度洋海岛毛里求斯总督的法国人皮埃尔·蒲瓦福（Pierre Poivre），震惊于早期欧洲移民对环境与社会的破坏，以致野生动物（如不会飞的渡渡鸟）的灭绝和黑檀林遭滥伐。1769年，蒲瓦福命令将该岛1/4的土地划为保护森林，尤其是山地陡坡和沿河地带。毛里求斯至今依然是平衡自然环境与人类需求的典范。岛上的森林保护区的原始动植物群的百分比远高于其他人类占据的岛屿。

资源浪费引发务实的资源保护（第一阶段）

许多历史学家认为，地理学家乔治·珀金斯·马什（George Perkins Marsh）撰写的于1864年出版的《人类与自然》（*Man and Nature*）一书是北美洲环境保护思想和行为的源泉。马什还是律师、政治家和外交家，作为其在土耳其和意大利履行外交使命的一部分，广泛施行于环地中海地区。他大量阅读经典名著（包括柏拉图的著作），并观察到因山羊和绵羊过度放牧和陡坡被毁造成的损害。他震惊于当时美国边境内仍然存在对资源的恣意破坏和挥霍行为，并对其生态后果提出警告。1873年美国建立国家森林保护区很大程度上是由于他的书，以保障日益减少的木材供应和充满危险的流域安全。

受到马什影响的人当中，有美国前总统罗斯福及其前首席自然保护顾问吉尔福德·平肖（Gifford Pinchot）。1905年，共和党领袖罗斯福推进自然保护运动，把森林管理从贪腐盛行的内政部拨归农业部。美国本土出生的林学家平肖成为首任新的林业局局长。他在美国历史上第一次把资源管理置于公正、合理和科学的基础之上。约翰·缪尔（John Muir）、罗斯福和平肖与博物学家和活动家一起建立了国家森林、国家公园和野生动物庇护所系统。他们通过了保护性法律，并尝试阻止对公有土地肆无忌惮的滥用行为。1908年，平肖组织了白宫自然资源大会并任主席，这或许是美国举行的最具声望和影响力的环境会议。平肖还是宾夕法尼亚州州长和田纳西流域管理局首任局长，该管理局向美国西南部提供了廉价电力。

罗斯福和平肖政策的基础是务实的**功利主义保护**（utilitarian conservation）。他们主张森林之所以应该被保护，“不是因其美丽或因其庇护着野生动物，而仅仅是因为森林为人们提供住房和工作”。资源应该用以“谋求最大的好处、最多的数量、最长的时间”。平肖写道：“曾有一种根本错误的想法，认为保护意味着为后代节省资源而别无其他。没有什么比这种想法离真理更远了。保护的第一原则是，开发并利用大陆上现存的自然资源，以满足现在生活在此地的当代人的利益。忽视某些自然资源的开发利用可能跟破坏一样，都是浪费。”这种务实方针依然见诸美国林业局的多重利用政策。

伦理与美学的关切激励着保育运动（第二阶段）

业余地质学家、著名作家、塞拉俱乐部（Sierra Club）[①]首任主席约翰·缪尔竭尽全力反对平肖的功利政策。缪尔坚决主张自然为自身原因而存在，而不管其对我们是否有用。美学和精神价值形成了其自然保育哲学的核心。这种观点把**保育**（preservation）[②]置于优先地位，因为它强调其他生物——和整个自然界——生存和追求本身利益的基本权利（图1.18）。缪尔认为：“我们被告知，世界是为人类定造的。这是一种全然得不到事实支持的傲慢……大自然造就动植物的目的很可能首先是为了它们自身的幸福……为什么人类会认为自己会比大千世界中一个无限小的单元更重要？”

缪尔很早之前便开始对加利福尼亚的内华达山脉进行勘察和解释，为约塞米蒂和国王谷国家公园的建立进行了长期艰苦的奋斗。1916年成立的国家公园管

① 美国环保组织，相当于山峦协会。——译者注

② 为便于区别，译者倾向于把conservation和protection译作保持或保护（例如将soil conservation按我国习惯译作水土保持），而把preservation译作保育。——译者注

图 1.18 保护主义者认为森林因其作为有用资源（包括木材和淡水）的提供者而有价值。保育主义者坚称这种生态系统因其本身的缘故而有价值。有些人同时认同这两种观点。

理处首任领导人就是缪尔的弟子斯蒂芬·马瑟（Stephen Mather），并将公园定位为自然保护，而不是消费性利用。缪尔的保护主义思想与平肖的功利主义常常途径相左。缪尔和平肖最大一次冲突是关于约塞米蒂的赫奇赫奇河谷（Hetch Hetchy Valley）的建坝之争。缪尔认为，淹没该河谷是对自然的亵渎，而以公用事业至上的平肖却认为，水坝是从贪婪的水电垄断控制中解救旧金山居民的有效方法。

1935年，野生生物生态学先驱奥尔多·利奥波德（Aldo Leopold）在威斯康星州中部购买了一个破旧的小农庄。唯一的残存建筑是一处荒废的鸡舍，后被改建为简陋的小屋。利奥波德和他的孩子们栽种了几千棵树，作为恢复土地健康与美丽的试验。他写道："保护是有技能、有悟性的积极做法，而不仅仅是节制欲望或谨小慎微的消极做法。"鸡舍小屋成了作家笔下的世外桃源，也成了备受拥戴的人与自然关系随笔《沙乡年鉴》（*Sand County Almanac*）的主要关注点。利奥波德在该书中写道："我们滥用土地，因为我们将它看作属于我们的商品。当我们视土地为我们所从属的社区的一员时，我们就可能开始对其满怀爱戴和尊敬。"利奥波德、鲍勃·马歇尔（Bob Marshall）以及另两人是旷野协会（Wilderness Society）的创立者。

污染不断加重，引发当代环境保护运动（第三阶段）

人类自有炊烟之日就可能认识到了污染的后果。1723年，伦敦刺激性的煤烟污染非常严重，以致国王爱德华一世威胁要吊死城里任何燃烧煤炭的人。其实早在1661年，英国作家约翰·伊夫林（John Evelyn）就曾抱怨煤火和工厂造成了讨厌的空气污染，并建议栽种散发香味的树木以净化城市空气。1880年，日益严重的危险烟雾袭击英国，促使英国成立全英烟雾委员会以解决这个问题。不过在近一个世纪之后，伦敦空气（和其他城市一样）依然恶劣不堪。1952年，一个特别严重的事件使伦敦中午的天空如同黑夜，并可能造成12 000人死亡。虽然该事件是一个极端事例，但是很多大城市中有毒空气却屡见不鲜。

"二战"期间及战后，化学工业的巨大发展提高了人们对环境问题的关注度。1962年，蕾切尔·卡森（Rachel Carson）的专著《寂静的春天》（*Silent Spring*）的出版，唤起了公众对有毒化学品污染对人类以及其他物种威胁的关注。由她引发的运动被称为当代环境保护主义（modern environmentalism），其关注点涵盖自然资源与环境污染两方面。

可持续发展

可持续发展是什么意思？它和环境科学有什么关系？

可持续发展是一个目标。其目的是既满足当代人的需求又不损害后代的资源与环境系统。此处“发展”一词，是指改善医疗保健、教育和其他为了健康和富有成效的生活所需的条件。既满足当代人的需求，又保卫子子孙孙的资源。既是严峻的挑战，也是一项很好的主张。

现在哪些方面实现了？又是如何实现的？一般来说，发展意味着均衡的经济增长，以获得更好的教育、居住与医疗卫生条件。发展常常涉及矿产、森林等自然资源的加速开采，或者把森林和湿地转变为农田。发展有时还包括资源的更有效利用，或不依赖资源开采的经济部门的增长，例如教育、医疗卫生以及经济活动等。

有些资源能够增长，例如通过植树造林、维护鱼种场或土壤管理等，使用资源而无损于后代。

根据联合国关于发展的《21世纪议程》所列，可持续发展必备的10个关键因素如下：

1. 消灭贫困是中心目标，因为贫困会导致医疗卫生、教育和其他必要发展的落后。

2. 减少资源消费是一种全球性的考虑，但是富裕地区应对全世界大部分消费负责。例如，美国和欧洲人口不及世界人口的15%，但这两个地区消费的肉类、粮食、能源和其他资源总量占世界的一半左右。

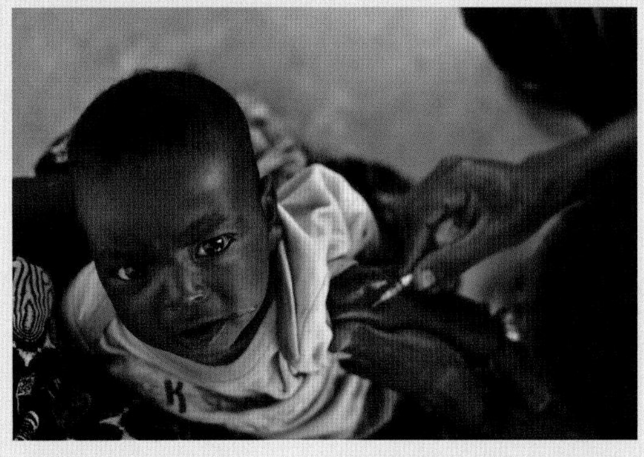

3. 人口增长导致越来越多的资源需求，因为所有人都需要特定的资源。做好家庭生育规划，确保每个孩子都在计划之内，事关公平、资源供应以及国家的经济与社会稳定，对家庭亦如此。

4. 医疗卫生，尤其是对儿童和母亲的医疗保健，对有保障的生活至关重要。如上所示，欠发达地区很容易出现疾病、意外事故等。没有健康，经济安全就处于危险中，而贫困就会代代相传。

5. 可持续发展的城市是关键，因为今天超过一半的人住在城市里。可持续发展要保证城市是能健康生活的地方，并只造成最小的环境影响。

环境科学对可持续发展至关重要，因为它帮助我们了解环境系统如何工作，环境如何退化，什么因素有助于环境修复。学习环境科学能让你做好准备，通过良好的政策、资源保护和规划，帮助人类发展并改善全球的环境质量。

6. 环境政策可以指导地方和国家政府的决策，确保环境质量在遭到破坏之前即得到保护，并商定一致同意的资源利用规则。

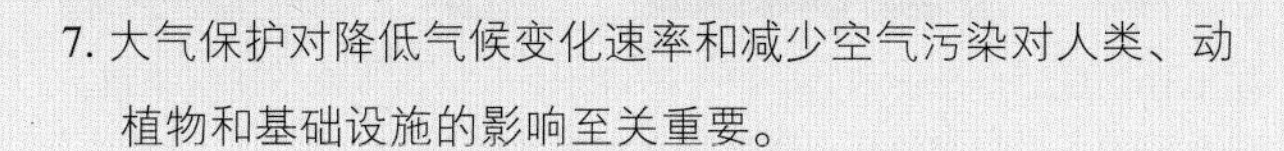

7. 大气保护对降低气候变化速率和减少空气污染对人类、动植物和基础设施的影响至关重要。

8. 反对滥伐森林与保护生物多样性是一致的，因为世界上大部分的生物多样性体现在森林中。我们也依靠森林保护水源、调节气候以及提供食物、木材、药品和建筑材料等资源。生物多样性丰富的其他地带包括珊瑚礁、湿地和海岸地区。

9. 抗击荒漠化与干旱，改善水资源管理能够挽救农场、生态系统和生命。砍伐植被和水土流失常常使干旱加剧，几个少雨的年份就会使原有环境转向荒漠。

上述10项就是1992年在巴西里约热内卢召开的联合国环境与发展大会（“地球峰会”）通过的《21世纪议程》中所描述的观点。该文件提出了资源管理的优先顺序和公平发展，是对指导发展政策原则的陈述；虽然没有法律效力，但是代表了1992年参会的200多个国家的原则性协议。

10. 农业和乡村的发展影响着不居住在城镇里的那部分人口的生活。通过更可持续的农耕制度和稳定产量的土壤管理，加上有权使用土地，可以改善几十亿人的生活条件，有助于减少城市贫民区的人数。

请解释：

环境质量与健康之间有什么联系？

为什么可持续发展是富裕国家的国民要考虑的问题？

仔细研究图片，哪些健康风险可能会影响你身边的人？你能推测那里的物质消耗的速率是多少吗？和你的邻居相比有什么不同？为什么？

这项运动的另两位先锋是活动家戴维·布劳尔（David Brower）和学者巴里·康芒纳（Barry Commoner）。塞拉俱乐部、地球之友和地球岛学会（Earth Island Institute）执行理事布劳尔引进了许多进行环境游说和行动的技巧，包括诉讼、规章听证会作证、出版书籍和日历，以及利用大众媒体发起宣传运动等。分子生物学家康芒纳曾经是分析科学技术与社会联系的领导者。激进主义和科学研究二者都保留着当代环境保护运动的特征。

20世纪70年代，在其他许多杰出的有奉献精神的活动家和科学家的领导下，环境议程扩展至本书所述的大多数问题，如人口增长、核武器实验与核污染问题、化石燃料开采使用与再循环、空气污染和水污染以及野外环境保护等。1970年，第一个世界地球日以来，环境保护主义在公众议程中发展良好。现在大多数美国人都认为自己是环境保护主义者，尽管该术语的含义变化相当大。

环境质量系于社会进步（第四阶段）

目前许多人认为，环境运动的根源是精英分子激起了有能力到户外度假的少数富人的兴趣。事实上，大多数环境保护运动领袖都明白社会正义与环境公正的紧密联系。在公有土地、森林和水道日益被少数有钱人和私人公司控制的时候，平肖、罗斯福和缪尔都致力于谋求自然界为人人共享。旷野协会创始人利奥波德鼓励农民、渔民和猎人担任土地管家。旷野协会另一位创始人罗伯特·马歇尔（Robert Marshall）则毕生致力于争取低收入群体的社会与经济公正。卡森和康芒纳主要关心环境健康，这也是低收入、少数族群和市中心平民区的居民面临的尤其迫切的问题：他们大多来自工薪家庭，对社会关注点感同身受。

环境激进分子在全球层面上日益将环境质量与社会进步联系起来（图1.19）。当代环境思想核心概念之一是**可持续发展**，即不破坏环境也能改善世界最穷困人口的经济状况。1992年巴西里约热内卢联合国峰会后，这种思想得到广泛的宣传。里约会议是其中的关键性事件，因为那次会议把许多不同的团体聚到一起。来自富裕国家的环境专家、政治家，为权利与土地而斗争的土著人和工人，以及来自发展中国家的政府代表走到一起，更清醒地意识到他们的共同需求。

图1.19 环境科学家不断尝试着手解决公共卫生与环境质量问题。最贫穷的人口常常是受环境退化之害最甚者。

当前更有一批来自发展中国家的杰出的环境思想家，因为当地的贫困和环境退化折磨着千百万人。肯尼亚的旺加里·马塔伊博士就是典型的例子。1977年，马塔伊博士以组织乡村贫民妇女和恢复环境为主要目的，在她的祖国发起了绿带运动（Green Belt Movement），先是开始于很小的局部地区，后该组织逐渐发展到遍及肯尼亚的600多个基层网络，共栽种了3 000多万棵树，同时促进了社区的自主、公正、平等、脱贫和环境保护。马塔伊博士曾被选为肯尼亚国会议员，并担任环境与自然资源部长助理。她的领导能力帮助肯尼亚创建了民主和良好的体制，并因此获颁2004年诺贝尔和平奖，是因环境行动而得到诺贝尔奖的首例。她在获奖演说中谈道："事实证明，只要普通市民能够知情，并敏锐、积极参与环保行动，就有可能做到可持续发展，有可能做到在退化的土地上造林绿化，有可能做到示范管理。"

空中拍摄的地球照片（见图1.2）为被称为**全球环保主义**（global environmentalism）的第四波生态关怀提供了强有力的证据。这样的照片提醒我们，我们的星球和家园是多么微小、脆弱而又美丽、珍贵。在全球层面上，我们共享一个环境。正如阿德莱·斯蒂文森（Adlai Stevenson）在1965年卸任联合国大使时所说，现在我们必须担心地球整体的生命支持系统，“我们不能保持这样的状态：半幸运半悲惨、半自信半绝望、半是远古人类敌人的奴隶、半是基于资源掠夺得到迄今梦想不到的自由。带着如此巨大的矛盾，没有哪艘飞船、哪个机组能够前行。我们所有人的安全都有赖于这些问题的解决”。

总 结

环境科学为我们提供了有效的工具和思想以了解环境问题和解决问题的新途径。我们面临着许多严重而持久的问题，包括人口增长、水污染与空气污染、气候变化与生物多样性损失等。同时，我们也看到了令人鼓舞的例子：人口增长速率已经降低，近年来生境保护区大幅扩大，大有希望的新能源选择项开始出现，此外许多地区改善了空气和水的质量。

贫穷与富裕都和环境退化有关。贫困的人口和对耕地的渴望，常常导致砍伐森林和破坏野生动物栖息地的行为，缺乏处理的污水会污染水源，而遭污染的水带来的疾病又常常导致环境退化、其他疾病和贫困。富裕同样会有巨大的环境代价。富裕的人口有财力消耗资源或使海量的资源退化，包括能源、水、纸张、粮食和土壤。贫富差距的衡量标准除了收入水平，还包括预期寿命、婴儿死亡率和其他幸福尺度。

科学能帮助我们分析和解决这些问题，因为它提供了一种有序的、系统的途径。理论上，科学家对证据持怀疑态度并谨慎对待结论。科学方法包括提出假设并收集数据进行检验。人们在分析数据时常常用到统计学，它提供了一些简单的方法以评估、对比观察。

批判性思维同样提供了有序的步骤以对假设和论据的逻辑性进行分析。批判性思维不论在哪都是一种重要的技能。

基于对环境退化作出反应，产生了环境保护意识。保护的重点是保有可利用资源，保育的重点是为自然本身而维护自然。纵观全部历史，这些思想都紧密地与社会关切相联系，例如社会平等、低收入人群获取资源以及拥有健康环境的权利。近年来，这些关注已经扩展到发展中国家，使其认识到变革的紧迫性以及可能性，以及全球环境与社会的联系。

2 环境系统：联系、循环、环流与反馈环路

大沼泽生态系统为许多物种——包括大白鹭，提供了关键的繁殖生境。

大多数机构要求
无条件的信任，
但是科学机构视怀疑论
为美德。

——罗伯特·金·莫顿
（Robert King Merton）
美国社会学家

问题与讨论

- 什么是系统？反馈环路对系统有什么影响？
- 解释热力学第一定律和第二定律。
- 生态学家说东西没有“别处”可扔，而宇宙万物均趋向于减速和崩溃。这是什么意思？
- 描述光合作用和呼吸作用的过程。
- 水的什么特质使我们明白它如此独特且对生命至关重要？
- 为什么大型猛兽如此稀少？
- 碳、氮、磷、硫等元素如何在生态系统中循环？为什么会如此？

为挽救生态系统而工作

一切生物皆需要养分才能生长。其中一种关键养分是磷（元素周期表上的元素符号是P）。植物在光合作用中通过磷来转化能量，而且该元素也是所有蛋白质、细胞、油类、脂肪和糖的重要成分，其中几种我们大家都爱吃。如果给家里或花园里的植物施肥，磷可能是我们在化肥中找到的三种主要元素之一（其他两种是氮和钾）。化肥中之所以含磷，是因为土壤中通常缺磷，而缺磷会使植物生长变慢，即使在阳光和水分充足的条件下也是如此。

这种普通元素还使佛罗里达州花费近5亿美元，用于从生态灾难中挽救大沼泽生态系统和大沼泽国家公园。

大沼泽是美国最壮观的湿地之一。这条“草之河”是一片流动缓慢的水域，发源于奥尔良附近的泉群，流经奥基乔比湖（Lake Okeechobee）向南注入墨西哥湾。众多的树岛成为白鹭、朱鹭、鹳和苍鹭的栖息地。美洲鳄漫游于池沼和小河间，濒危的美洲黑豹潜伏在树林中。在旱季，涉禽很容易从缩小的池沼中捕获鱼虾和青蛙；而在雨季，遍地洪水又使湿地恢复活力。

大沼泽是美国国家公园的瑰宝，然而它也是一处濒临消亡的生态系统。该地区的首要威胁是作为地区特征的浩瀚的排水系统。半个多世纪前，种植甘蔗的农民发现，大沼泽丰富的黑色淤泥异常肥沃，湿地底部半分解的植物储存着丰富的养分。为了帮助大沼泽农业区的农民，美国工兵团挖掘了长达1 600千米的排水渠，还修建了1 000千米的防洪堤以及200座控水构筑物，将水分从湿地引向海洋。排水使土地转化为农田和城镇。随着城镇的发展，人们呼吁重视水流改道

历史上的水流

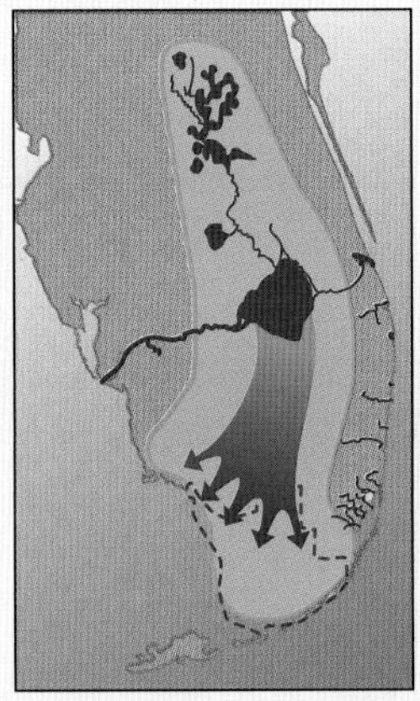

目前的水流

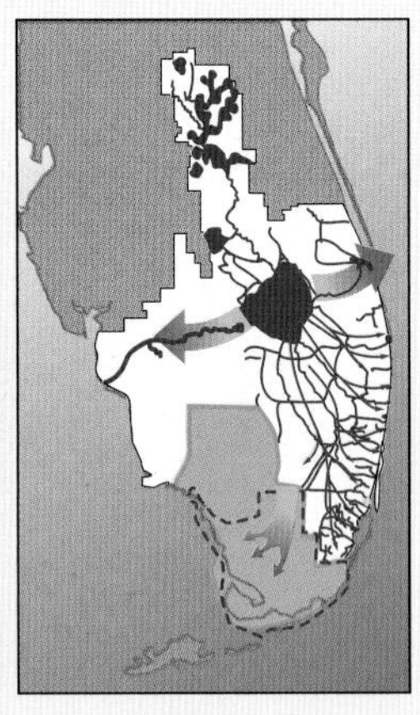

图2.1　过去大沼泽是一片缓慢流动的广阔湿地，但是开发在很大程度上使水流改向并遭到污染。

和防洪工程。然而一段时间之后，那些城市居民发现他们需要已被排放到海洋里的宝贵淡水，而且大沼泽正在走向死亡。大沼泽国家公园90%以上的涉禽因为缺少食物而消失，因为缩小了的湿地中鱼虾和青蛙太少。在25年内，政治家、农民和生态学家倡议恢复自然水流的项目（图2.1）。自然水流项目曾经计划投入120亿美元的修复资金，不过从未真正完成湿地、供水或生态系统的修复工作。

大沼泽农业开垦的第二个后果是增加了磷的负荷。农民施肥以保证糖蔗丰产，而耕耘则释放了储存在古老泥炭里的氮和磷（这两种养分都很重要，但在淡水系统中，磷通常是起限制作用的养分。而在墨西哥湾等海洋系统中，氮通常是限制性养分）。过量的磷进入通常养分贫乏的大沼泽中，有助于香蒲和其他野草的入侵。传统的大沼泽锯齿草正在被浓密的香蒲群丛取代，致使鸟类难以觅食。

养分控制的进展

通过管理养分来挽救大沼泽，是佛罗里达州很容易就提出来的解决方法。第一步，该州已经帮助蔗农减少过量化肥的使用并控制农田径流，这些努力减少了数量可观的磷。第二步，2009年该州同意从联邦与州政府资金中拨款5亿多美元向当地最大的糖蔗种植者之一——美国糖业公司购买约295.42平方千米土地。其中部分土地设计为容留养分的水库和加强管理的湿地。该生态系统还将重新获得原来水源的一部分。

5亿美元的费用仅是原先所建议的220亿美元的一部分，用以购买美国糖业公司全部约728.44平方千米的土地。评论家指出，成本更低的选择是减免食糖的保护性进口税，该税项使巴西和古巴的食糖不能进入美国，或者降低帮助食糖生产者留在大沼泽的蔗糖生产联邦津贴。即便如此，大沼泽的养分控制行动也不失为朝向修复珍贵而濒危环境的非常重要的第一步。

了解磷、氮和其他元素的功能是环境科学的一项中心主题。本章将考察生物利用的一些常见元素。可重点浏览一下系统如何工作，以及考虑关键养分不平衡为何造成这个生态系统和许多其他生态系统的不稳定。

2.1 系统意味着相互作用

大沼泽的水肥管理致力于修复一个稳定系统，即输入与输出等量，且动植物种群平衡的系统。这种平衡维持着总体确定性，并避免系统出现急剧变化或崩溃。一般来说，**系统**是由一些相互依赖的组成部分和过程组成的网络，物种和能量从系统的一个组成部分流向另一组成部分。你可能熟悉“生态系统”一词，这个简明的词语代表动物、植物及其所在环境的复杂聚合体，而物质与能量在其中运动。在某种意义上，你就是一个由亿万个细胞和复杂器官组成的，并有能量和物质通过的系统。

系统的概念非常有用，因为它帮助我们形成自己的想法，以了解周围所存在的无比复杂的现象。例如，一个生态系统可能由无数动植物及其自然环境组成，要了解系统中所有要素的动态和相互关系可能是一件无法完成的任务。不过，如果我们后退一步，根据各组成部分，比如植物、食草动物、食肉动物和分解者的作用以及彼此的关系进行思考，我们就可能理解系统是如何运作的（图2.2）。

我们可以用一些一般性术语来描述系统的组成部分。一个简单的系统包含一些状态变量（亦称作隔间，compartment），它们负责储存能量、物质或水分，也包括各种“流”——可能是那些资源从一种状态变量移动到另一状态变量的通道。在图2.2中，植物和动物代表状态变量，植物还有多种类型，所有类型都可以储存太阳能，并用碳、水和阳光创造碳水化合物。兔子通常代表食草动物，它们吃掉植物，并储存能量、水分和碳水化合物，直至被食肉动物捕食、转化和消费。我们可以通过草食性、肉食性或光合作用等词汇来描述各种流。在这些过程中，能量和物质从一种状态变量转化为另一种状态变量。

图 2.2 可以用非常简单的方式描述一个系统。

把兔子或花卉描述成一个状态变量似乎过于冷漠无情，但这样做也是有益的。当我们以简单的系统词汇讨论自然界的复杂性时，就能够定义其中的共同特性了。了解这些特性能帮助我们判断系统中的干扰或变化，例如，如果兔子数量太多，植物就会被过快地消耗而无法持续再生。放牧过度可能导致该系统大面积崩溃。对大沼泽而言，过量的磷已导致植物爆炸性生长，从而严重影响到捕食者（鸟类）。下面将考察系统中能见到的一些共同特性。

系统能够根据其特性来加以描述

开放系统（open systems）是指从周边环境获得输入并对外输出的系统。几乎所有自然系统都是开放系统。一般而言，**封闭系统**（closed system）与其周边环境没有能量和物质交换，不过这种系统很少见。我们通常想到的是一些伪封闭系统，即与其周边环境有少量能量交换而无物质交换。**吞吐量**（throughput）用来描述能量和物质流入、通过和流出系统的多少。较大的吞吐量可能会增大状态变量。例如，可以根据吞吐量来考察你的家庭经济情况。如果收入增加，你就有可能选择增大你的状态变量（银行存款、汽车、电视机等）。通常收入增加也同支出增加相联系（花钱购买新汽车和电视机）。较大的系统往往有较大的耐受力，或者较大的需求以及吞吐量。一处大湿地能够在几十年内吸收和处理过量的养分而不至于彻底崩溃。只不过，该系统的一些要素会开始消失。系统还可能存在某些**阈限**（thresholds）或“临界点”，会突然发生急剧的变化。生态学家正在为大沼泽可能会发生这样的急剧变化而担心。

湿地是一种开放系统，它从上游吸收水分养分。植物和藻类把养分转化到植被中，然后变成鱼类的一部分，继而又到了捕食鱼类的苍鹭身上。养分增加支持着植物的繁殖生长，又能吸收更多的养分，从而又支持更多的植物生长，循环往复。这种增长的反应，即状态变量的增长导致同一变量进一步的增长，称为**正反馈**（positive feedback，图2.3）。

当正反馈加速到失控时，系统就可能变得不稳定而发生突变。由于湿地中丰富的养分造成的植物疯长，被称为富营养化（第10章）。植物疯长导致湿地系统生物的崩溃或大部分生物死亡。相反，**负反馈**（negative feedback）具有阻尼效应：池塘里鱼太多导致食物不足，进而造成鱼类死亡（图2.3）。人体是一个具有许多活跃负反馈机制的系统：例如，在运动时，你会觉得热，所以皮肤会出汗以散发热量。

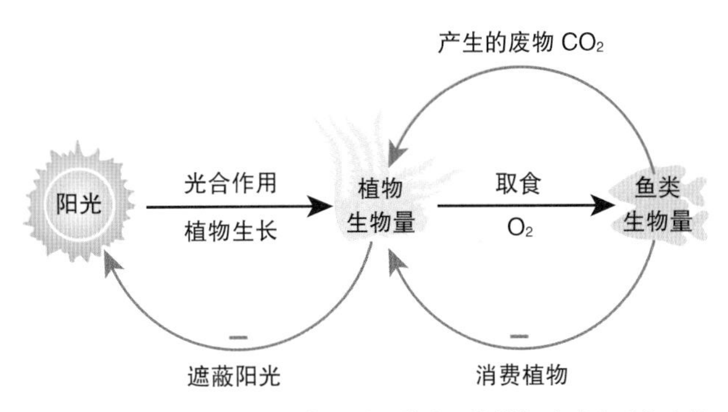

图2.3 正反馈（红线）和负反馈（蓝线）能增加或减少系统中状态变量（或间室）的大小。

系统能显示稳定性

负反馈环路趋向于维持系统的稳定性。我们时常会发现系统表现出**自稳态**（homeostasis），即保持稳定或不变的趋势。即使你的活动水平发生激烈变化，但你的体温仍然保持恒定，因为哪怕仅仅几摄氏度的变化也极其不寻常——体温上升几摄氏度都会被诊断为发高烧了。像湿地这样的自然系统亦趋向于稳定，至少在几年或几十年的跨度内如此。不过，从长时段看来，则可能发生相当大的变化。系统也可能有波动：一个湿地种群的数量可能有波动，也可能出现循环，而循环可能就是系统正常波动的一部分。

干扰（disturbances），就是那些导致系统不稳定或变化的事件，可能造成种群波动。例如，湿地中的季节性干旱会周期性地使某些种群减少，而使另一些种群增加。大的干扰足以导致更激烈更持久的变化。干旱可能引起火灾，高大树木被烧毁，却在几年、几十年或更长时间内促进低矮灌木的生长。养分的大量输入、飓风来袭或挖掘排水渠等都属于干扰。

有时生态系统会表现出**恢复力**（resilience），即在干扰后回归原先状态的能力。其他时间系统经历着**状态转移**（state shift），即状态无法恢复“正常”。例如，海平面上升可能使沿岸淡水沼泽（有立木）变成潮间盐沼。在很多情况下我们担心状态的改变：森林砍伐后能否恢复原样？或者变成全新的状况？这取决于很多因素。

突现属性（emergent properties）是系统另一个有趣的方面。有时系统远不止其各部分的总和。湿地有着复杂的各式生物体、多彩的面貌、错综复杂的关系网，凭借其复杂性使彼此相得益彰。这个系统产生的巨大影响超越了边界的局限——有助于稳定当地的温度和湿度，催生周围地区的生物多样性，为迁徙的候鸟提供支持。湿地作为一个系统，还具有与其功能不相关的美丽景色和声音，而这些都是我们很欣赏的（图2.4）。同理，你也是一个多部件组成的系统，但你具有很多

图2.4 研究系统的一些突现属性令人激动，包括美丽的风景和声音等。

突变性质，包括思考的能力、分享观点的能力、建立关系的能力、唱歌跳舞的能力等。

2.2 元素与生命

流过像大沼泽这样的生态系统的物质究竟有哪些？如果此类湿地的主要目的是控制养分，诸如NO_3、PO_4，并维持O_2水平，那么这些元素具体指什么？又为何如此重要？“O_2”和“NO_3”是什么意思？本节将考察大家生活所依赖的物质、元素和化合物。你在下面几段文字中需要思考，生物如何利用这些元素和化合物来获取和储存能量，物质如何在地球系统以及生态系统中循环。

为了了解这些化合物的形式和运动，需要从物质和能量的一些基本性质入手。

物质循环不灭

占据空间并具有质量的任何东西都是**物质**（matter）。物质因其组成粒子排列方式不同而以三种不同状态存在——固态、液态和气态。例如，水就能以冰（固态）、液体水（液态）和水蒸气（气态）的状态存在。

物质遵循**守恒原理**（conservation of matter）：在正常情况下，物质不生不灭，循环不息。物质能够变形和重组，但不会消失，万物皆有去处。构成你身体的某些分子可能含有恐龙身体的某些原子，也可能是许多史前小型生物的一部分，因为化学元素曾被生物反复利用和再利用。

这项原理如何应用于人类与生物圈的关系？尤其在富裕社会中，我们利用自然资源以生产数量大到不可思议的一次性消费品。如果万物皆有去处，那么我们所弃置的物件在垃圾车离开后去往何方？随着“被丢弃的东西”变得越来越多，要找到弃置垃圾的地方就成了大问题。最后，就没有“别处”能放置我们不再需要的东西了。

元素具有可预测的特性

物质由磷（P）和氮（N）之类的元素组成，这些元素都不能用正常的化学反应将其分解为更简单的物质。已知的118种元素（92种天然元素加上23种在特殊条件下创造的元素）各有其自身独特的化学特性。

仅仅四种元素——氧、碳、氢、氮（元素符号分别为O、C、H、N）就构成了大多数生物的96%。水由两个氢原子和一个氧原子组成（写作H_2O）。所有元素都列在元素周期表里。不过，通常只要注意少数几种元素就足够了（表2.1）。

表2.1

	元素	功能注释
化肥	N 氮 P 磷 K 钾	蛋白质、细胞、其他生物化合物的主要成分；植物的基本肥料
有机化合物	C 碳 O 氧 H 氢	与其他多种元素结合，构成生物细胞和其他化合物的基本结构
金属	Fe 铁 Al 铝 Au 金	一般具有延展性；大多数（并非所有）容易与其他元素起反应
有毒元素	Pb 铅 Hg 汞 As 砷	许多为金属，能干扰神经系统

原子（atoms）是显示元素特征的最小粒子。原子由原子核和永恒绕核旋转的带负电的电子组成，而原子核由带正电荷的质子和电中性的中子构成（图2.5）。

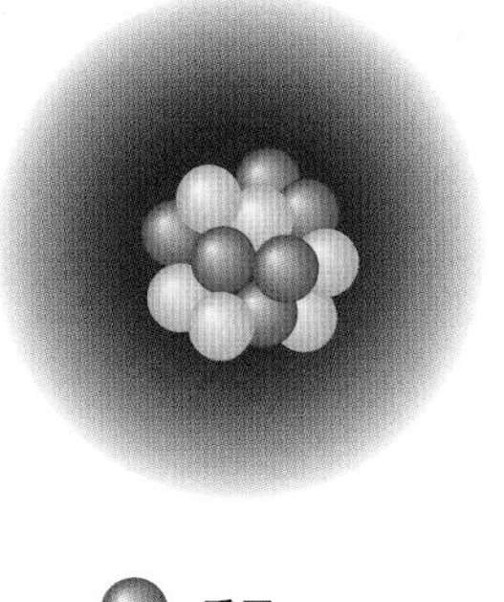

图2.5 当看到一个固体时我们可能难以想象，所有物质都是由运动着的微小颗粒构成的，这些颗粒彼此分开又被能量结合在一起。模型图表示碳12原子，原子核有6个质子和6个中子；6个电子代表的不是单个颗粒，而在其可能的位置上用模糊的云状表示。

与其他粒子相比，十分微小的电子，以光速绕核旋转。

每种元素都按照每个原子中质子的数目——称为**原子序数**（atomic number），排列在周期表中。元素的中子数目可能有微小的变化。因此，原子的质量，即每个原子核里质子和中子的数目之和，也可能有变化。一种元素有不同原子量的几种形态称为**同位素**（isotopes）。例如，最轻的元素氢，原子核中通常只有一个质子（没有中子）。少量的氢原子有一个质子和一个中子，这种同位素称为氘（^2H）。更少量叫作氚（^3H）的天然氢具有一个质子和两个中子。重的氮（^{15}N）原子核中比通常的^{14}N多一个中子。这两种氮的同位素都是稳定的，但有些同位素不稳定——可能放射电磁能，或放射亚原子颗粒，或者同时放射二者。不稳定的同位素会产生放射性废物和核能，例如铀和钚。

为什么要了解同位素？尽管你可能并非经常关注这些事情，但是每天的新闻里都有稳定和不稳定同位素的消息。放射性废物（可能来自核电站）和核弹，都可能把不稳定同位素散布到环境中。每当我们听到有关核电站（它所产生的能量可能就用于你现在正在用以照明的电力）或国际政治家关于核武器的辩论时，其核心问题就是放射性同位素。因为放射性微粒对活细胞有害，因此了解其危险性对你关于这些政策问题持何种观点是十分重要的。

稳定同位素（不因失去中子而改变质量的那些同位素）十分重要，这些同位素有助于我们了解气候史和其他许多环境过程。这是因为较轻的同位素的移动不同于较重的同位素。例如，氧有两种同位素^{16}O（较轻）和^{18}O（较重）。有些水分子（H_2O）含有较轻的氧同位素。这些较轻的分子与较重的相比，特别是在凉爽的气候条件下，更容易蒸发并转化为雨雪。结果，地球历史上寒冷期储存在冰川中的冰，就含有较高比例^{16}O的水，温暖期的冰含有较高比例的^{18}O。气候学家通过测定古代冰层中氧同位素的比例，就能推断出地球千万年前的温度（第9章）。

因此，虽然原子、元素和同位素似乎有点晦涩难懂，不过这些概念对了解气候变化、核武器和能源政策——所有这些几乎每天都能在新闻里听到的事件确实是必要的。

电荷使原子结合在一起

原子频频发生电子得失，从而获得负电荷或正电荷。带电原子（或原子组合）称为**离子**（ions）。带负电的离子（带有一个或多个额外的电子）是阴离子，带正电的离子是阳离子。例如，一个钠（Na）原子能释放一个电子变为钠离子（Na^+），氯（Cl）很容易得到电子形成氯离子（Cl^-）。

原子常常相互连接形成**化合物**（compounds）或由不同原子组成物质（图2.6）。能作为一个单元存在的一对或一组原子叫作**分子**（molecule）。有些元素常以分子的形式出现，例如氧分子（O_2）或氮分子（N_2），还有一些以分子形态存在的化合物，如葡萄糖（$C_6H_{12}O_6$）。氯化钠（NaCl）与这些分子不同，是不能以原子组成的化合物。相反，它以大质量的钠原子和氯原子出现或以钠离子和氯离子的形态出现在溶液中。大多数分子只由几个原子组成，但像蛋白质一类的分子，则可能含有几百万甚至几十亿个原子。

当带相反电荷的离子形成化合物时，使它们结合在一起的化学引力是离子键。有时候几个原子通过公用电子成键。例如，两个氢原子能够通过共用一个电子键合——这个电子均匀地环绕两个氢核运动，把两个

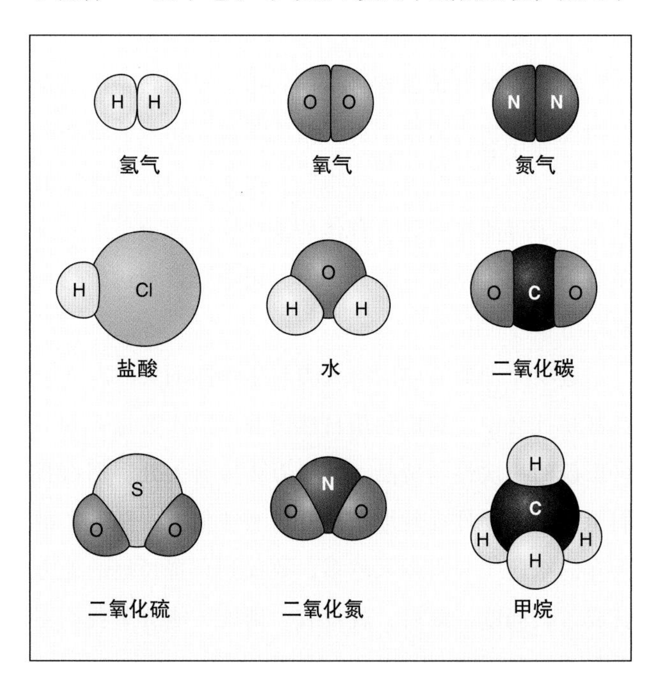

图2.6 这些常见分子由通过共价键结合的原子构成，是大气或主要污染物的组成成分。

原子结合在一起。这种共用电子的键叫作共价键。碳(C)能够同时与4个其他原子形成共价键，因此碳能够形成糖和蛋白质一类复杂的结构。共价键的原子并非总是平等地共用电子。环境科学中一个重要的例子就是水(H_2O)的共价键。氧原子对共用电子的吸引力强于氢原子。因此，分子中的氢就带有微弱的正电荷，而氧则带微弱的负电荷。这些电荷造成了水分子之间轻微的吸引力。这个事实解释了水的某些不寻常的性质。

一个原子放弃一个或几个电子的过程称作被氧化(因为通常是氧取得了这些电子，这个非常普通又高度活泼的元素就是以这种方式键合的)。当一个原子获得电子时，称为被还原。生命所需的化学反应包括氧化还原反应。例如，糖和淀粉分子的氧化就是从食物获得能量的重要部分。

打破化学键需要能量，而形成化学键一般释放能量。壁炉里燃烧木材，破坏纤维素之类的大分子而形成许多二氧化碳和水之类的较小分子，最终结果是释放能量(热)。一般启动这些反应需要一些能量输入(活化能)。在壁炉中，火柴可能提供必要的活化能。在汽车里，电池的火花提供活化能以启动汽油的氧化反应(燃烧)。

酸和碱电离释放氢离子和氢氧根离子

在水中容易释放氢离子的物质叫作**酸**(acids)。例如,盐酸在水中离解为氢离子和氯离子。在后面各章中，还会提到酸雨(带有大量氢离子)、矿山排出的酸性水和许多与酸有关的环境问题。一般来说，由于氢离子容易与活组织(如人的皮肤或鱼幼虫的组织)以及非生物物质(如建筑物上受酸雨侵蚀的石灰岩)发生反应，从而造成环境损害。

容易与氢离子键合的物质叫作**碱**(bases)或碱性物质。例如，氢氧化钠(NaOH)释放氢氧根离子(OH^-),与水中的氢离子(H^+)键合。碱可能非常活跃，也可能造成重大环境问题。酸和碱对生物都很重要：例如，你胃中的酸帮助你消化食物，土壤中的酸使养分能用于植物生长。

酸碱性可以用氢离子浓度的负对数pH来描述(图2.7)。酸的pH小于7，碱的pH大于7。溶液pH恰好等于7为“中性”。由于pH为对数比例，因此pH为6的溶液中的氢离子浓度为pH为7的溶液的10倍。

可以在溶液中加入缓冲剂(即能接受或释放氢离子的物质)使之中和。例如，在环境中，碱性岩石能缓冲酸沉降从而降低酸度。具有酸性基岩(如花岗岩)的湖泊对酸雨特别敏感，因其缓冲量极小。

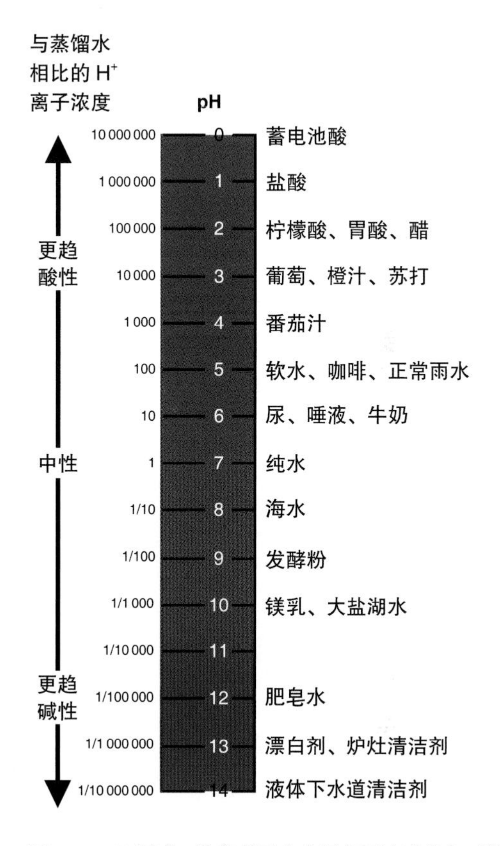

图2.7 pH标度。数字表示水中氢离子浓度的负对数。碱(碱性)溶液的pH大于7，酸(pH小于7)中活性氢离子浓度较高。

具有碳骨架的有机化合物

生物能利用储量丰富的某些元素，也能利用某些微量元素，有些元素则完全不被利用。有些至关重要的物质集中在细胞内，而其他物质则被主动排除在外。碳是特别重要的元素，因为碳原子链或原子环形成了**有机化合物**(organic compounds)的骨架，从而制造了生物分子并由此组成生物的物质。

生物体内四大类有机化合物(生物有机化合物)

是脂肪、碳水化合物、蛋白质和核酸。脂肪（包括油脂和油类）储存细胞所需要的能量，并提供细胞膜和其他结构的核心。很多激素也是脂肪，脂肪不易溶于水，这种结构使其成为烃类的一部分（图2.8a）。碳水化合物（包括糖、淀粉和纤维素）也能储存能量供构成细胞之用。糖类和脂肪一样，也具有碳原子的基本结构，不过基本结构中羟基（-OH）的一半被氢原子所取代，而且通常由单糖长链组成。葡萄糖（图2.8b）就是简单单糖的例子。

蛋白质由称为氨基酸（图2.8c）的亚单元链组成。蛋白质堆叠成复杂的三维形状，为细胞提供结构并用以执行无数的细胞功能。那些从脂肪和糖类中释放能量的酶，也是蛋白质。蛋白质还有助于识别致病微生物、使肌肉运动、为细胞输氧、调节细胞活动等多种功能。

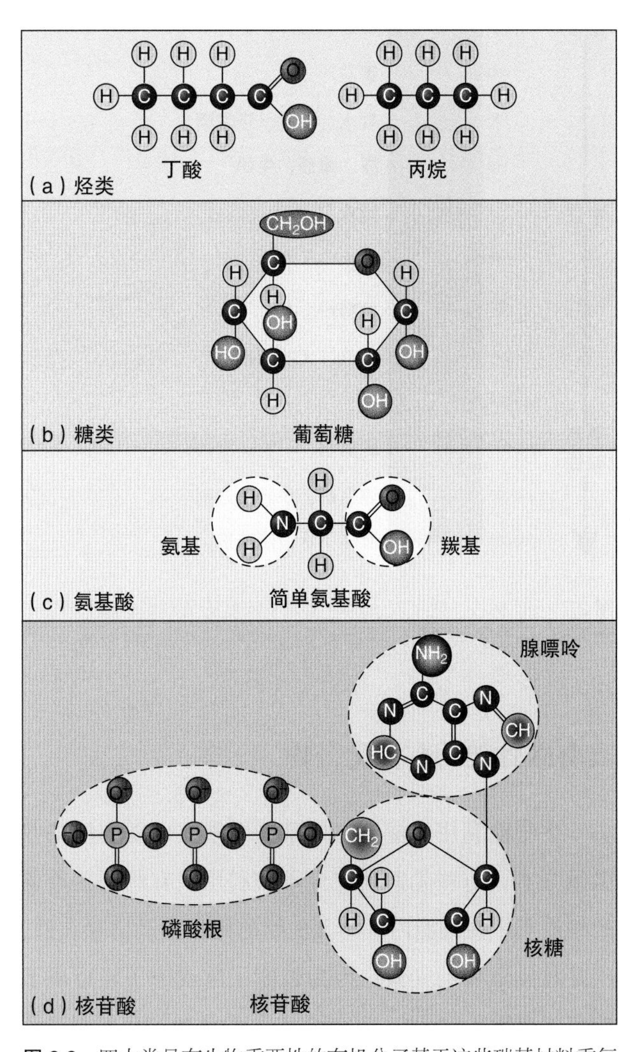

图 2.8 四大类具有生物重要性的有机分子基于这些碳基材料重复的亚单元。图中表示的基本结构是（a）丁酸（脂肪的构件）和烃类，（b）单一碳水化合物，（c）蛋白质，（d）核酸。

核苷酸是由五碳糖（核糖或脱氧核糖）、一个或多个磷酸基和含有机氮基团组成的复杂分子（图2.8d）。核苷酸作为一个信号分子（携带细胞、组织和器官之间的信息）以及细胞内部的能源，起着极其重要的作用。核苷酸还形成称作**核糖核酸**（RNA）或**脱氧核糖核酸**（DNA）的长链，对储存和表现遗传信息至关重要。DNA中只有4种核苷酸（腺嘌呤、鸟嘌呤、胞嘧啶和胸腺嘧啶），但是DNA含有几百万个这种分子，以非常特殊的序列排布。RNA的这些序列为细胞提供遗传信息或指令。这些指令除了掌控生物的生长发育，还掌控着蛋白质和其他化合物（例如黑色素，即保护皮肤免受日照的色素）的信息。

DNA长链绞在一起形成双螺旋结构（双股螺旋，图2.9）。细胞分裂时这些长链自行复制，因此随着你的成长，你的DNA在细胞中——从血液细胞到头发细胞——反复再生。由于几乎每个个体(除了同卵双胞胎)

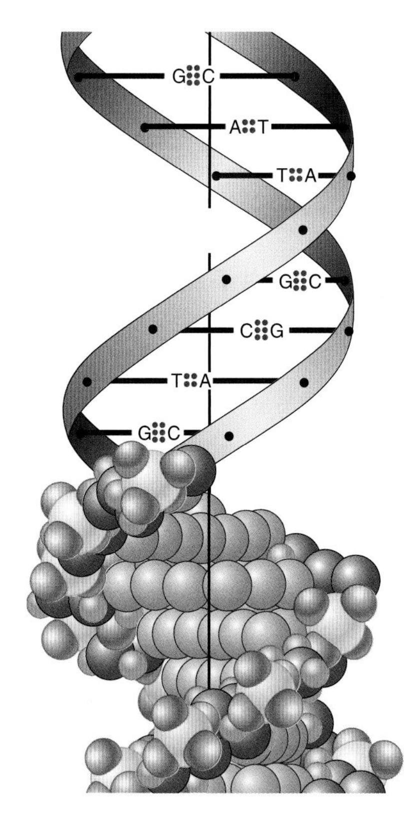

图 2.9 复合DNA分子模型。下半部表示单个原子，上半部予以简化以表示相配的核苷酸之间被氢键（小圆点）结合在一起的双螺旋串（A，T，G，C）。DNA分子包含数百万个核苷酸，携带着许多独特的遗传特性信息。

都有独特的DNA模式，这在法医学对个体鉴定中已被证实非常有帮助。因为个人的DNA中含有先辈的记录，科学家可以借此建立某些关系，例如恐龙和鸟类的关系就比蜥蜴的关系更密切。又比如，了解DNA的结构使我们能够把有抗病特质的基因嵌入粮食作物中（第7章）。

细胞是生命的基本单元

一切生物皆由**细胞**（cells）组成，细胞是很微小的单位，其内部执行各种生命过程（图2.10）。细菌、藻类和原生动物之类的微生物由单个细胞组成。大多数较高级的生物都是多细胞的，通常具有很多不同的细胞。例如，人体是由大约200种不同类型的100万亿个细胞组成的。每个细胞都有一层很薄但有活力的脂质和蛋白质膜包围，细胞膜接收外部世界的信息并调控细胞与环境之间的物质流。细胞内部又细分为提供生命组织的微小的细胞器和亚细胞颗粒。有的细胞器负责储存并释放能量，而另一些负责管理和分配信息，还有一些负责创建内部结构，赋予细胞形状并使其发挥作用。

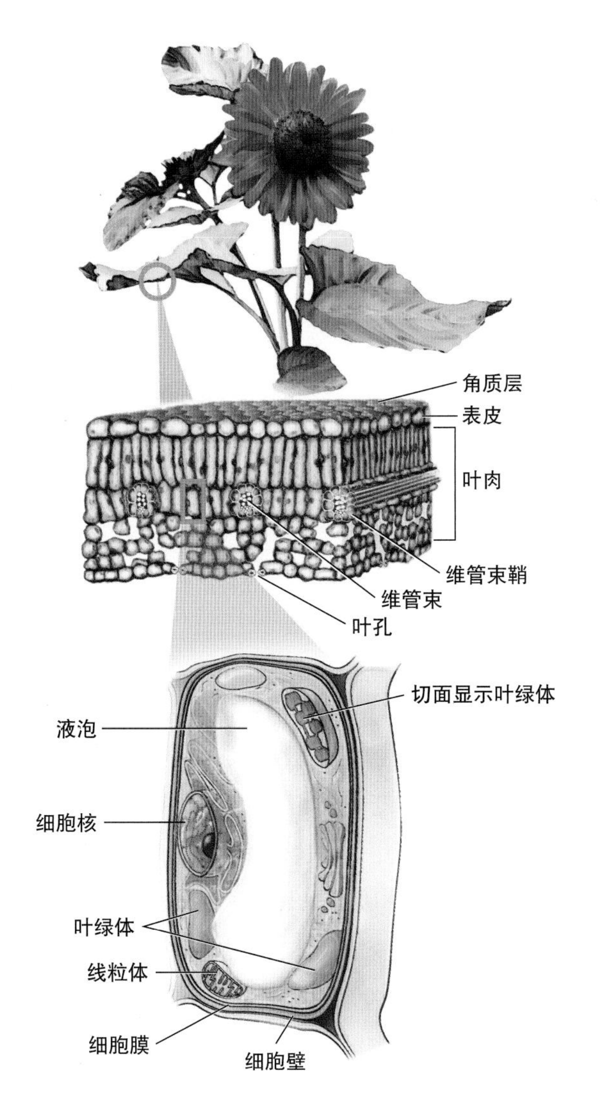

图2.10 植物组织和单个细胞的内部。细胞的组分包括纤维素细胞壁、细胞核和若干执行光合作用的叶绿体。

氮和磷是关键养分

从开篇提供的案例研究可知，氮和磷是生态系统的关键成分。两者都是限制性元素，因为它们对动植物生长至关重要，不过通常在生态系统中并不丰富。

请注意图2.8中只有少数几种元素是特别常见的。碳（C）是绿色植物从空气中吸收的，而氧（O）和氢（H）则来自空气或水中。最重要的附加元素氮（N）和磷（P），是维持生命的复杂的蛋白质、脂肪、糖和核酸的必要组成部分。人类的细胞当然还要利用许多其他元素，不过这些元素都很丰富。人类通过消费绿色植物生产的各种分子得到这些元素。生态系统中氮和磷含量过低将导致植物生长发育缓慢，而氮和磷太丰富又会造成植物疯长。在化肥中，这些元素常以硝酸盐（NO_3^-）、铵根（NH_4^+）和磷酸盐（PO_4^{3-}）的形态存在。下文将向大家介绍环境中碳、水、氮和磷循环的情况。

2.3 能　量

如果说物质是构成事物的材料，那么能量就是将各种结构聚合在一处或将其分解并从一处移至另一处的力量。本节将讲述组成世界的这些成分的基本特性。

能量以不同的形式及性质存在

能量（energy）就是物理系统做功的能力，例如将物体移动一段距离，或在两个温度不同的物体之间传

“水球”

假如一群外星旅行者探访我们这个可爱、凉爽的蓝色行星，他们会因为其显著的特点而称之为水球——充满液态水的众多河川、湖泊和海洋，而不是地球。地球是我们所知唯一存在着大量液态水的星球。水覆盖着近3/4的地球表面，并通过蒸发、降水和径流而永恒地运动，分配养分、补充淡水供应并塑造陆地的面貌。水在大多数生物重量中占比60%～70%。水充满细胞，给予组织形状与支撑。水独特的、近乎神奇的品质如下：

1. 水分子是具有极性的，即一端带有少量正电荷，而另一端带有少量负电荷。因此，水容易溶解糖和养分等极性或离子物质，并能携带物质进出细胞。
2. 在自然界适宜生命存活的正常温度条件下，水是唯一的无机液体。大多数物质以固态或气态的形式存在，液态的温度范围十分狭窄。生物合成油类和脂类在室温下保持液态，它们是对生命而言极其宝贵的有机化合物，不过自然界中最初最主要的液态物质是水。
3. 水分子具有黏着性，趋向于紧密结合在一起的状态。如果你曾经做过腹部先着水的跳水动作，就能体验到这种性质。水具有普通天然液态物质最大的表面张力，还能黏附在各种表面上。于是水就受到毛细管作用的支配：能被吸入细管中。如果没有毛细管作用，水和养分就不可能进入地下储水层以及透过生命体。
4. 水在结成冰时膨胀这一点很独特，大多数物质从液态转变为固态时体积都会缩小。冰漂浮在水上是因为其密度小于液态水。温度下降到冰点以下时，河流、湖泊和海洋中的表层变冷较快，而且先于下层水结冰。浮冰隔绝了空气与下层水，使大部分地区在冬季绝大多数水体保持液态（并使水生生物存活）。若无此项特点，许多生态系统在冬季会冻结成固体。
5. 水具有很高的汽化热，即用大量热能把液态水变成水蒸气。所以，蒸发水分是生物释放多余热量的有效途径。许多动物通过喘气或出汗使体表潮湿，以蒸发散热。为什么湿热的日子感觉比干热时难受？因为充满水蒸气的空气抑制了水分从你的皮肤蒸发的速率，因此减弱了你释放热量的能力。
6. 水还有很高的比热，即在温度改变之前可以吸收大量的热。水对温度的慢反应有助于调节地球的温度，使环境冬暖夏凉。这种效应在沿海地区尤为明显，在全球各地也很重要。

所有这些性质使水成为生态循环中独特而极其重要的组成部分，使物质和能量得以运动，并使地球可能出现生命。

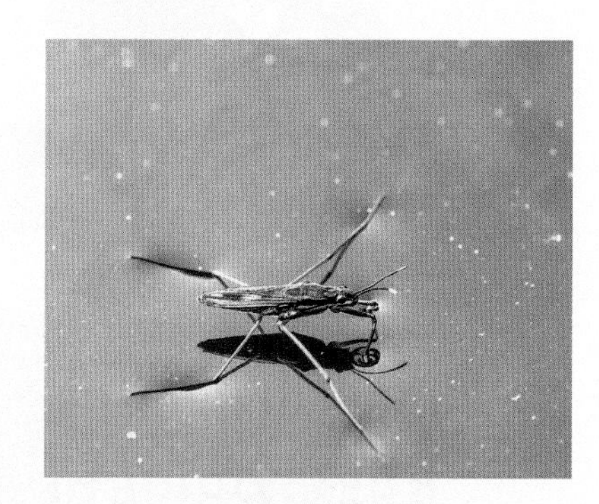

表面张力使水面不会被水黾的脚穿透，这就是为什么这种昆虫能在水上行走。

导热量。能量可能有多种形式，热、光、电和化学能都是我们可以体验的例子。运动物体中蕴含的能量叫作**动能**（kinetic energy）。岩石滚下山坡，风吹过树林，水流过水坝（图2.11），或者原子内电子绕核超速运转，这些都体现了动能。**势能**（potential energy）是一个系统的储存的能量。岩石静置于山顶、水储存在水库，都是势能的例子。你吃下的食物和你加入汽车的汽油都储存着**化学能**（chemical energy），这也是势能的例子，也能被释放出来做有用的功。能量常用热量单位（卡路里）或功的单位（焦耳）来衡量。1焦耳（J）是指把1千克的物体以1米/秒^{2}的加速度运动1米所做的功。1卡路里是指把1克纯水加热1摄氏度所需的热量。1卡路里约等于4.184焦耳。

热量（heat）用以描述能够在温度不同的物体之间传导的能量。物体吸热时其分子的动能增加，或者可能改变状态：固态变成液态，液态变成气态。由于温度的变化（物质状态发生变化者除外），我们侦测到热焓（heat content）的变化。

物体可能热焓较高而温度较低，例如秋天缓慢结冰的湖泊；而另一些物体，例如燃烧的火柴，温度很高

图 2.11 水库中的蓄水蕴含势能。水流过水坝向下就具有动能，其中部分转化为热。

而热焓很小。储存在湖泊和海洋里的热量对调节气候与维持生物群落意义重大。热量的吸收对物体状态的变化也起到关键作用。在第9章我们将会谈到大气中水的蒸发和凝结促进了全球的热量分配。

分散而低温的能量被认为是低质量能，因为难以获取以供生产使用。例如，虽然储存在海洋中的热能非常巨大，但很难被收集利用，因此属于低质量能。反之，高度集中且高温的能量是高质量能，因为能做有用功。烈焰或高压电是易于利用的高质量能的例子。许多替代能源（如风能）相对于高质量能源是分散的，而石油、煤炭和天然气里则有更浓缩的化学能。

热力学对能量的转换与消散的描述

原子和分子通过生物及其环境永无休止地循环，但是能量流却是一条单行道。能量恒定的供给（对地球而言几乎全部来自太阳）是保持生物运行所必需的。能量从生态系统中流过，并能暂时储存在有机分子的化学键中，因而能被反复利用，但是最终还是被释放消散。

热力学主要研究自然过程中能量如何转化，更具体地说，就是研究一种形式或质量的能量流动、转化为另一种能量的速率。热力学是一门复杂、定量的学科，不过你无须学习高深的数学去了解塑造世界和我们的生活的某些一般原理。

热力学第一定律（first law of thermodynamics）提出，能量是守恒的。就是说，在正常状况下，能量既不会被创造，也不会被消灭，而是可能从一种形式转变为另一种形式，例如从化学键中的能变为热能，但是总量保持不变。

热力学第二定律（second law of thermodynamics）提出，系统中能量的每次转移或转化，用以做功的能量就减少。就是说在使用中，能量退化为较低质量的形式，或者消散损失。例如，你开车的时候，汽油的化学能转变为动能以及最终散失到大气中的热量。第二定律认为，一切自然系统都趋向于增加混乱或**熵**（entropy）。结果，当你完成一个过程时，可获得的有用能量永远比这个过程开始之前少。由于这种损失，宇宙万物趋向于崩解、减速并更加混乱。

如何将热力学第二定律应用于生物和生态系统？生物体无论在结构上还是在新陈代谢方面都是高度有组织的。要保持这种组织不仅需要精心照料和维护，还需要有能量的持续供应以保持这些过程。细胞每一次做功都使用能量，部分能量就消散或以热的形式损失。如果细胞的能量供应中断或耗竭，或迟或早，其结果就是死亡。

2.4 维持生命的能量

生物体所需的能量来自何处？能量如何获得并在生物体之间转移？对地球上几乎所有生命而言，太阳是最终的能量来源，而太阳能被绿色植物获取。绿色植物常被称为**初级生产者**（primary producers），因为它们只需阳光、空气和水就能制造出碳水化合物和其他化合物。

有些生物体则用其他方法取得能量，这些生物体很有意义，因为它们超越常规。我们能够从地壳深处、海床底部，甚至美国黄石国家公园的温泉里找到一些极端生物，即能进行**化学合成**（chemosynthesis）或从硫化氢（H_2S）之类的无机化合物中获取能量的生物体。直到30年前，我们对这些生物体及其生态系统还几乎一无所知。最近的深海探测表明，在几百米深的海床上有着令人咋舌的多样且丰富的生命。这些生态系统聚集在热液出口的周围。热液出口就是从海底涌出的被地壳下的岩浆加热的沸水裂隙。这里的微生物以将硫化氢氧化为生；细菌供养着包括盲虾、巨型管蠕虫、蟹类、蛤蚌和其他生物体的生态系统（图2.12）。

这些迷人的系统既令人兴奋又不可思议，因为我们直到最近才发现它们。同时这些生物也非常有趣，与存在于地球表面的基于光合作用生存的大量生命形成了鲜明对比。

图 2.12 墨西哥湾寒冷深海甲烷渗出点上聚集的管蠕虫和贻贝丛。

绿色植物从太阳处获取能量

太阳是一颗恒星，一个爆炸氢气的火球。它的热核反应发射出几种强大的辐射，包括可能致命的紫外线和核辐射（图2.13），不过地球上的生命却孕育于而且依赖于这种灼热的能源。

太阳能对于生命而言不可或缺有两大理由。

首先，太阳提供温暖。大多数生物体适宜存活的温度范围较窄。事实上，每个物种都有自己可以维持正常活动的温度范围。在高温下（40℃以上），大多数生物分子开始瓦解或变形，并丧失功能。在低温下（接近0℃），有些代谢作用的化学反应极为缓慢，使得生物体无法生长和繁殖。太阳系的其他行星不是太热就是太冷，在那里我们所知的生命无法存活。地球上的水和大气有助于调节、维持与分配来自太阳的热量。

其次，地球表面上几乎所有生物体在维持生命时，都依靠绿色植物、藻类和一些细菌在**光合作用**（photosynthesis）过程中捕获的太阳辐射。光合作用把辐射能转变为有效的高质量化学能，并把它储存在将有机分子保持在一起的化学键中。

实际上，可利用的太阳能中有多少能被生物体利用？到达地球表面的太阳辐射量异常巨大，在大气层顶部约为1 372w/m^2。不过，一半以上的入射太阳能被大气的云层、灰尘和各种气体反射或吸收，尤其是有害的短波在大气层上部被气体（如臭氧）所过滤；因此，

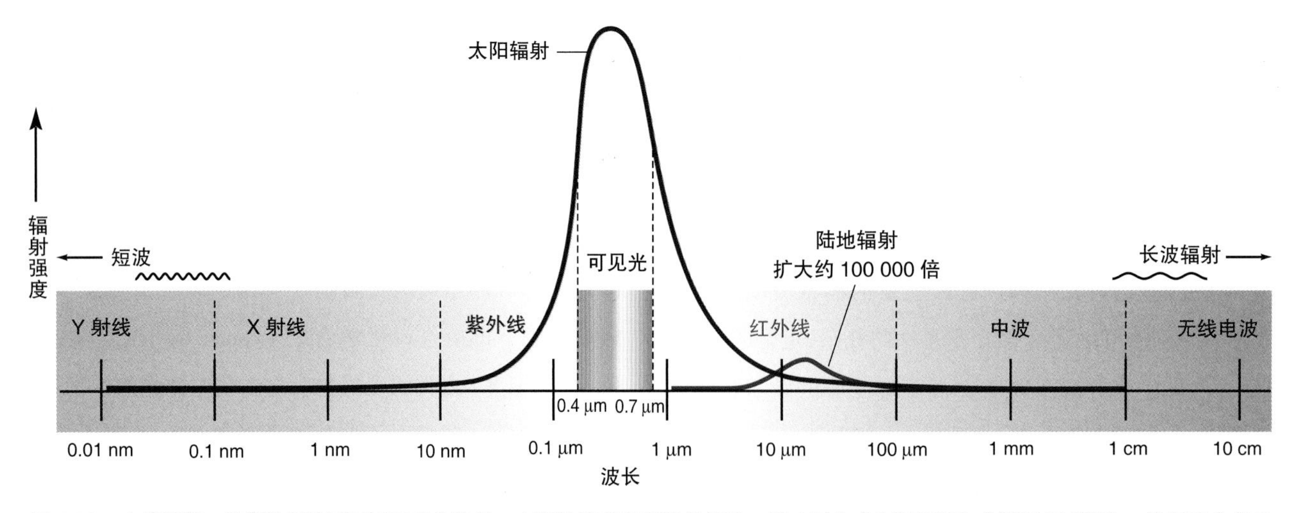

图 2.13 电磁波谱。我们的眼睛感受可见光的波长，占到达地球表面能量的近一半（图中“太阳辐射”曲线下的面积）。进行光合作用的植物利用最充足的日光波长（可见光和红外光）。地球再放射低能量的长波（图中以“陆地辐射”曲线表示），主要为光谱的红外线部分。

大气层是一个有效的盾牌，保护生命免受紫外线和其他形式辐射的伤害。尽管削弱了一些能量，但太阳能所提供的能量仍然超过生物圈的利用量，只要在技术上能够有效地开发，就足以满足人类的一切能量需求。

到达地球表面的太阳辐射中，大约10%是紫外线，45%是可见光，另外45%是红外线。大部分能量被土地或水体吸收，或被水面、雪地和地面反射回空中（从外太空看，地球发光的亮度类似于金星）。

在到达地球表面的能量中，光合作用只利用一些具有特定波长的光，主要是红光和蓝光。大部分植物都反射绿光，因此这也是我们看到的大部分植物的颜色。植物吸收能量的一半用于蒸发水分。落到植物上的太阳光最终只有1%～2%被光合作用所利用。占比这么小的能量正是生物圈中一切生命的能量来源！

光合作用如何捕获能量

光合作用发生在植物细胞内被称为叶绿体的微小细胞器中（图2.10）。光合作用过程中至关重要作用的是叶绿素，即一种独特的绿色分子，能够吸收光能并用以制造化合物中的高能化学键，用作随后一切细胞代谢所用的燃料。不过，叶绿素并非独自完成这些重要任务，它还需要一大群其他分子的协助，例如脂肪、糖类、蛋白质和核苷酸分子。这些成分共同完成两套相互联系的反应（图2.14）。

光合作用从称为“依光性反应”（light-dependent reaction）的一系列步骤开始：这些反应只有在叶绿体接受光线时才会发生。一些酶分解水分子，并释放出氧气。这是大气层之内所有动物赖以生存的几乎所有氧气的来源。依光性反应还能制造出活性高能分子，即三磷酸腺苷（ATP）、磷酸酰胺腺嘌呤二核苷酸（NADPH），这两种分子为下一阶段的非依光性反应过程提供能量。一些酶从ATP和NADPH里提取能量，从二氧化碳中把碳原子加到葡萄糖之类的单糖分子中。这些分子为更大更复杂的有机分子提供建筑模块。

可以将大多数温带植物的光合作用概括为以下这个方程式：

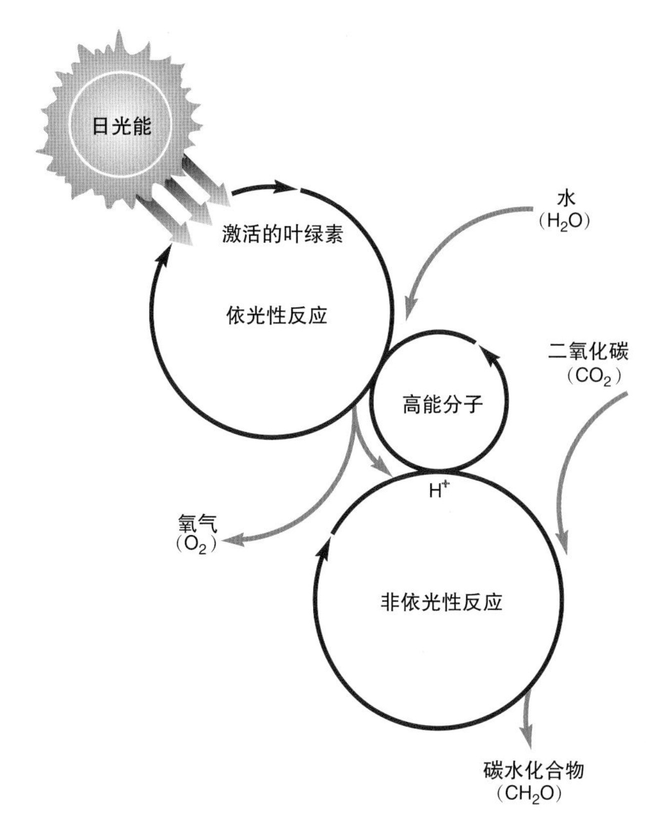

图 2.14 光合作用包括一系列反应，其中叶绿素捕获光能并生成高能分子ATP和NADPH。然后非依光性反应利用ATP和NADPH中的能量（从空气中）把碳固定到有机分子中。

$$6H_2O + 6CO_2 + \text{太阳能} \xrightarrow{\text{叶绿素}} C_6H_{12}O_6\text{（糖）} + 6O_2$$

这个方程式读作“水加二氧化碳加能量，产生糖类加氧气”。这个过程需要使用6个水分子和6个二氧化碳分子，是因为需要6个碳原子制造糖。如果仔细观察，你会发现反应物中的所有原子和生成物中的原子相等，这就是一个物质守恒的例子。

你可能想知道，一个单糖怎么使植物受益。答案是，葡萄糖是一种高能化合物，用作细胞一切代谢过程的主要燃料。其化学键——光合作用所创建中的能量被其他酶释放，用以制造其他分子（脂肪、蛋白质、核酸和其他碳水化合物），它还能驱动一些动力学过程，例如离子通过膜的运动、信息传输、细胞核形状或结构变化，以及某些情况下细胞本身的运动等。释放化学能的这类过程被称为**细胞呼吸作用**（cellular respiration），从糖分子中分解出碳原子和氢原子，并重新与氧结合产生二氧化碳和水。最终的化学反应就是光合作用的逆反应：

$$C_6H_{12}O_6 + 6O_2 \longrightarrow 6H_2O + 6CO_2 + \text{能量释放}$$

请注意，光合作用中能量被捕获，而呼吸作用中能量则被释放。同样地，光合作用使用水和二氧化碳制造出糖和氧气，而呼吸作用则恰恰相反。在两套反应中，能量都暂时储存在化学键中，它构成细胞使用的能量流。植物同时进行光合作用和呼吸作用，但在白天，如果有光、水和二氧化碳可用，最终产物就是氧气和碳水化合物。

动物没有叶绿素，不能进行光合作用产生能量。不过，我们的细胞在进行呼吸作用。事实上，这是我们获取生存所需一切能量的方法。我们吃植物或其他吃植物的动物，通过细胞呼吸作用分解食物中的有机分子获取能量（图2.15）。在此过程中，我们也消耗氧气并释放出二氧化碳，从而完成光合作用与呼吸作用的循环。本章后文还将呈现这些食物链关系是如何工作的。

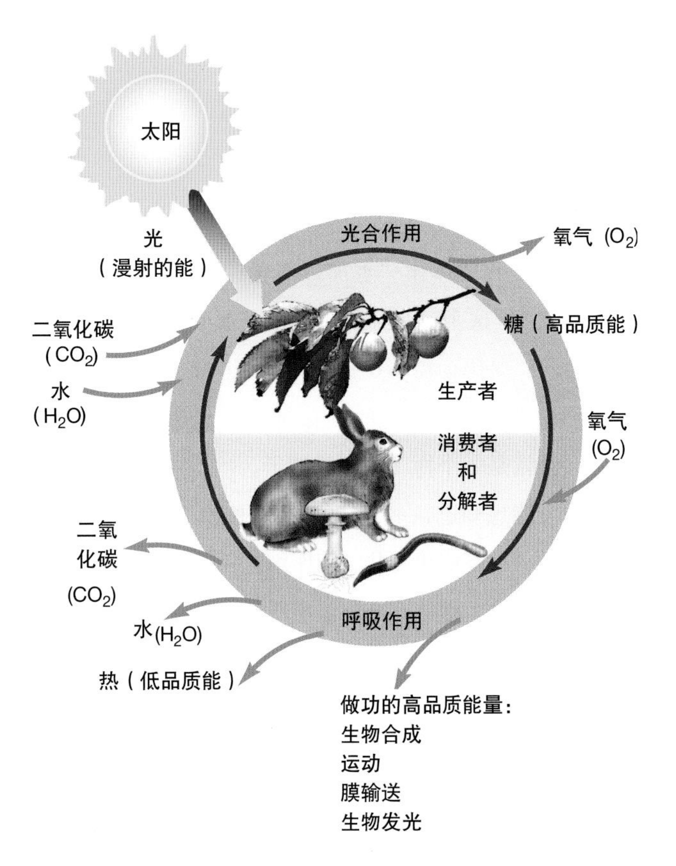

图2.15 生态系统中的能量交换。植物利用太阳光、水和二氧化碳生产糖类和其他有机分子。消费者呼吸时利用氧气并分解糖类。植物也进行呼吸，不过在白天，如果有光、水和二氧化碳可用，就会生产出氧气和碳水化合物。

2.5 从物种到生态系统

许多生物学家在细胞和分子层面上研究生命，而生态学家则在物种、种群、生物群落或生态系统层面上研究它们的相互关系。在拉丁文中，“种”的含义是“种类”。生物学上的**物种**（species）是指，具有足够遗传学相似性，且可以自然繁殖并产生有生殖能力后代的所有生物。这个物种的定义（尤其是在细菌和植物之间）有若干限制性条件和例外，不过就我们的目的而言，这仍是一个有效的工作定义。

存在于种群、群落和生态系统中的生物体

种群（population）由同时生活在某一地区同一物种的所有成员组成。我们在第4章将进一步讨论种群的生长和动态。生活在某一特别地区并相互作用的所有生物种群组成**生物群落**（biological community）。你有观察过你所在的生物群落由哪些种群组成吗？标志着你所在城市范围内的人口符号只是代表了住在那里的人口数量，而忽略了其他动植物、真菌和微生物的种群，不要忘了它们也是城市边界内生物群落的一部分。有关生物群落的特征我们将在第3章做更详细的讨论。

生态系统（ecosystem）由生物群落及其所在的自然环境组成。例如，大沼泽生态系统是一个依靠水分、阳光和来自周围环境的养分的各物种组成的复杂的群落。把生物群落及其环境放在一起考察是有效的方法，因为能量和物质在二者间流动。了解这些流如何运动是生态学的研究主题之一。

联系着不同物种的食物链、食物网和营养级

光合作用（以及罕有的化学合成作用）是生态系统的基石。通过光合作用生产有机物的主要是绿色植物和藻类，因此它们被称为**生产者**（producers）。生态系统最重要的性质之一是**生产力**（productivity）。某地区某时段产出生物质的总量，称为**生物量**（biomass）。光合作用被描述为初级生产力，因为它是生态系统中

几乎所有其他生物生长的基础。依靠摄食植物制造生物量的生物叫作次级生产力。某生态系统可能具有很高的总生产力，但是如果分解者分解有机物质的速度与其形成的速度一样快，则净初级生产力也就很低。航空遥感或卫星遥感技术使我们能估量大系统的生产力。

生态系统中有些消费者以单个物种为食，但是大多数消费者都有多种食物来源。同样地，某些物种只被一种捕食者捕食，但生态系统中许多物种周围都有若干种捕食者和寄生生物。这样，单个食物链就变成了相互联系的**食物网**（food web）。图2.16表示林地和湖泊群落中某些较大型生物的供养关系。假如将属于这幅图的所有昆虫、蠕虫和微生物的关系都添加进来，就会变得无比复杂。你可以想象一下，如果生态学家想把自然生态系统中精确的物质流和能流转移予以量化并进行解释，他们将面临怎样的挑战。

生态系统中一种生物的供养状态可以用**营养级**（trophic level，来自希腊语*trophe*一词，即食物）来表示。在我们的第一个例子中，玉米位于生产者营养级，它将太阳能转化为化学能，产生食物分子。生态系统中的其他生物称为**消费者**（consumers），它们消费那些被生产者固定下来的化学能。摄食初级消费者的生物是次级消费者，它又可能被第三级消费者捕食，以此类推。大多数的陆地食物链都较短（如种子→老鼠→猫头鹰），而水生食物链可能相当长（如微小的藻类→桡足动物→鲦鱼→小龙虾→鲈鱼→鹗）。食物链的长度也可能反映某种特定生态系统的自然特性。严酷的极地环境的食物链一般都比温带或热带地区的食物链短很多。

可以用两种方法识别生物：一种是根据其摄食的营养级，另一种是根据其食物的类型（图2.17）。**食草动物**（herbivores）是植食者，**食肉动物**（carnivores）是肉食者，而**杂食者**（omnivores）既吃植物也吃动物。人类是什么？人类是天然的杂食者。这点不难明白，因为我们的牙齿既能撕咬（像猫），又能咀嚼（像马）。

最重要的营养级之一是消费其他生物的死亡躯体和废物并将其再循环的多种生物。乌鸦、豺狼和秃鹫等**食腐动物**（scavengers）会摄食大型动物的尸体，蚂蚁、甲虫等**食碎屑者**（detritivores）消费植物残落物、碎肉和粪便，而真菌、细菌等**分解者**（decomposer）则完成有机物最后的分解和再循环。有人提出，这些微生物的重要性仅次于生产者，因为没有它们，养分就封存

图2.16 生物的每次摄食，都是食物链中的一环。在生态系统中，当捕食者摄食不止一种被捕食者时，食物链就交织在一起形成食物网。图中箭头指示物质和能量通过捕食关系转移的方向。

遥感、光合作用与物质循环

在了解植物和区域环境时，估测初级生产力是十分重要的。了解初级生产力的速率对了解物质循环和生物活动之类的全球性过程也很关键：

在全球碳循环中，有多少碳被储存在植物中？储存的速率有多快？在极地和热带这样迥然不同的环境里，如何比较碳的储存？

碳的储存对全球气候有何影响（第9章）？

在全球养分循环中，有多少氮和磷被冲刷到近海？主要分布在哪里？

环境科学家如何估测全球尺度的初级生产力（光合作用）？在池塘之类相对较小的封闭生态系统中，生态学家能够收集和分析所有营养级的样本。但是这种方法不可能用于大型生态系统，尤其是约占全球70%面积的海洋。量化生物生产力的最新方法之一是遥感技术，或者利用收集反射到地面数据的卫星传感器。

正如本章提到的，一方面，绿色植物中的叶绿素吸收光波中红色和蓝色的波长而反射绿色波长。另一方面，白色沙滩反射来自太阳的几乎全部光波，因此你眼中的沙滩看起来是白色的，甚至是耀眼的。与此相似，不同的地表反射特有的波长。白雪覆盖的地表反射光的各种波长；叶绿素含量丰富的暗绿色森林、富含能进行光合作用的藻类和植物的海面，反射绿色和近红外波长，而相比之下，含有极少活跃叶绿素的棕色的干旱森林则反射红光较多，反射近红外能量较少（图Ⅰ）。

为了探测地球表面土被的模式，可以把传感器安放在地球轨道卫星上。卫星运行时，传感器接收一系列“快照”并传输回地球上。最著名的地球影像卫星之一——地球资源卫星7号（Landsat 7），产生的图像覆盖面积宽度为185千米，每个像素代表地面30米×30米的面积。地球资源卫星大体环绕南北两极的轨道运行，当地球在卫星下转动时，每16天便收到整个地表的影像。另一卫星“SeaWiFS”主要是为了探测海洋生物活动（图Ⅱ），其运行路径与地球资源卫星相同，但是每天都重新访问地球上每个地点，产生像素分辨率大于1 000米的图像。

由于卫星所探测到的波长范围远大于人眼，因此能够检测叶绿素的丰度并进行制图，这对估测海洋中生态系统的健康度和二氧化碳的摄入量极其有效。通过对海洋初级生产力的量化和制图，气候学家正在估测海洋生态系统对减缓气候变化的作用。例如，它们能够估测北太平洋寒冷富氧水体中生物生产量的大小（图Ⅱ）。海洋学家还能探测出亚马孙河口或密西西比河口等近岸地区，从陆地上冲刷下来的养分使海洋生态系统变得富有营养，从而刺激生产力的提升。对这些模式进行检测和制图，有助于估测人类活动对陆地向海洋养分流的影响。

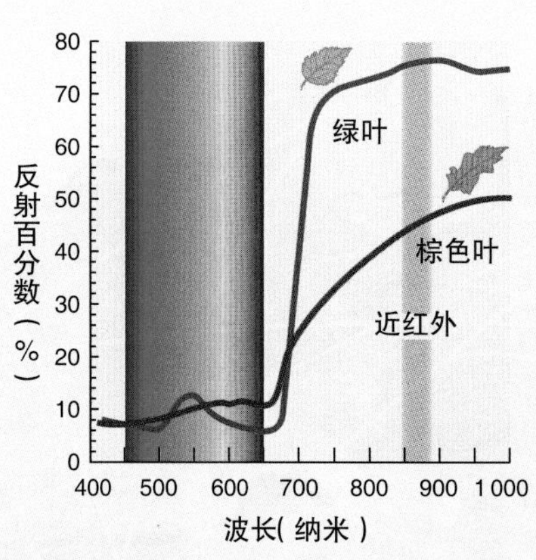

图Ⅰ　绿色和棕色叶子所反射的能量波长。

图Ⅱ　“SeaWiFS”影像显示海洋中叶绿素的丰度和陆地上植物的生长情况（归一化植被指数）。

主动学习

食物网

你属于什么食物网？列出你今天吃了什么，将其中所含的能量追溯至其光合作用来源。在你所在的所有食物网中，你是否处于同一营养级？有没有改变你生态角色的方法？那样是否可以让其他人得到更多食物？为什么可以？为什么不可以？

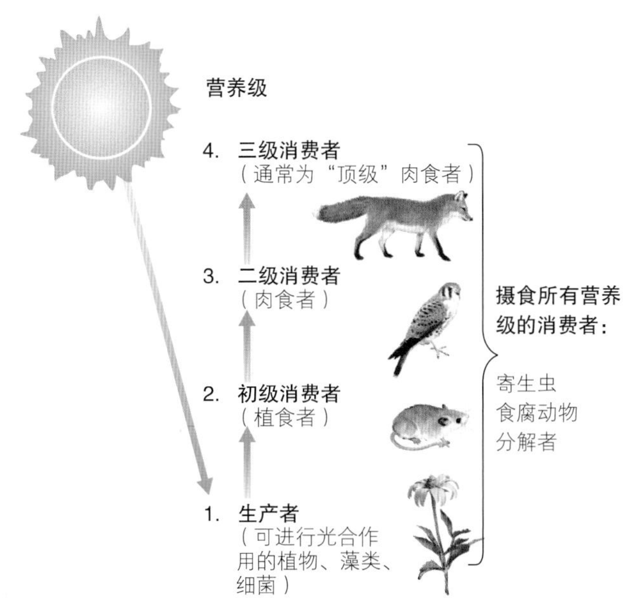

图 2.17　营养级描述一种生物在食物链中的位置。有些消费者摄食所有营养级。

在死亡生物和弃置粪便的有机化合物中，而不能被后代生物所利用。

描述营养级的生态金字塔

如果按照营养级研究生物，则这些营养级会形成一个金字塔，具有宽阔的初级生产者基底，而在最高营养级只有少数个体。虽然生态系统组织变化无穷，但是金字塔的概念有助于我们大体描述能量和物质如何通过生态系统。

2.6　生物地球化学循环与生命过程

供养我们的元素和化合物通过生物与环境不断循环。正如伟大的博物学家约翰·缪尔所说：“当你专注于自然界的某个事物时，就会发现它附属于世界万物。”在全球范围内，这种运动被称为地球生物化学循环。物质运动或快或慢：碳可能停留在植物中几天或几周，在大气圈中几天或几个月，在你身体中几小时、几天或几年。地球把碳（如煤或石油）储存几百万年。当人类活动加快其流动的速率或减少其停留时间时，这些物质就可能变成污染物。下文将探讨几种涉及循环的重要物质——水、碳、氮、硫和磷的循环途径。

水循环

水通过环境的途径也许是我们最熟悉的物质循环（图 2.18），这将在第 10 章中更详细地说明。地球上的大部分水储存在海洋中，不过太阳能持续地使水蒸

图 2.18　水循环。大部分交换发生在海面蒸发又降落回海洋中。从海洋蒸发的水分大约有 1/10 降落到陆地上，通过陆地系统的循环，最终经河流流回海洋。

能量和物质如何通过生态系统进行转化和迁移?

能量和物质通过运动把系统各部分结合在一起。在大沼泽（开篇案例）中，水分和养分的运动支持着光合作用，而光合作用又支持着生态系统。近年来大沼泽增多的养分输入加强了光合作用和生物量（如侵略性香蒲）的积累，使生态系统失去平衡。

对生态系统来说，将各种生物按营养级（摄食水平）分组是有益的。一般而言，初级生产者（生产有机物的生物，主要是绿色植物）被食草动物（植食者）消费，后者被初级食肉动物（肉食者）消费，而初级食肉动物又被次级食肉动物消费。分解者消费所有营养级的生物，并向生产者提供能量和物质。

我们为什么会发现生物量金字塔?

每个营养级都需要下一级大量的生物，因为生长、加热、呼吸和运动都要损失能量。这种低效率符合热力学第二定律，即能量通过生态系统运动时会有损失和降级。

一般经验法则是一个营养级的能量只有大约10%重现在下一营养级中。例如，大约需要100千克苜蓿喂养10千克兔子，而大约10千克兔子喂养1千克狐狸。

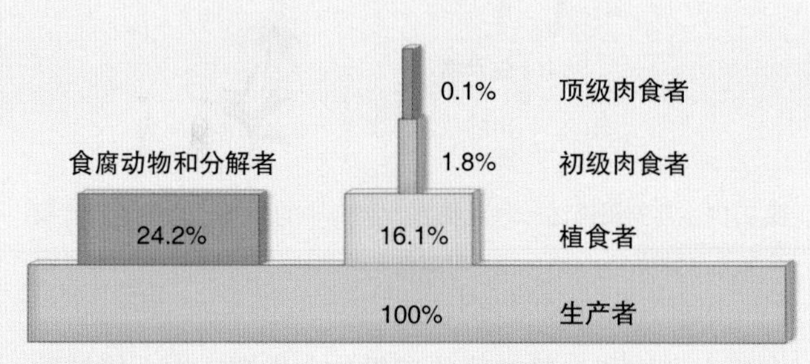

本例中数字表示传递到下一营养级生物中能量的百分数。图中分解者归入生产者。

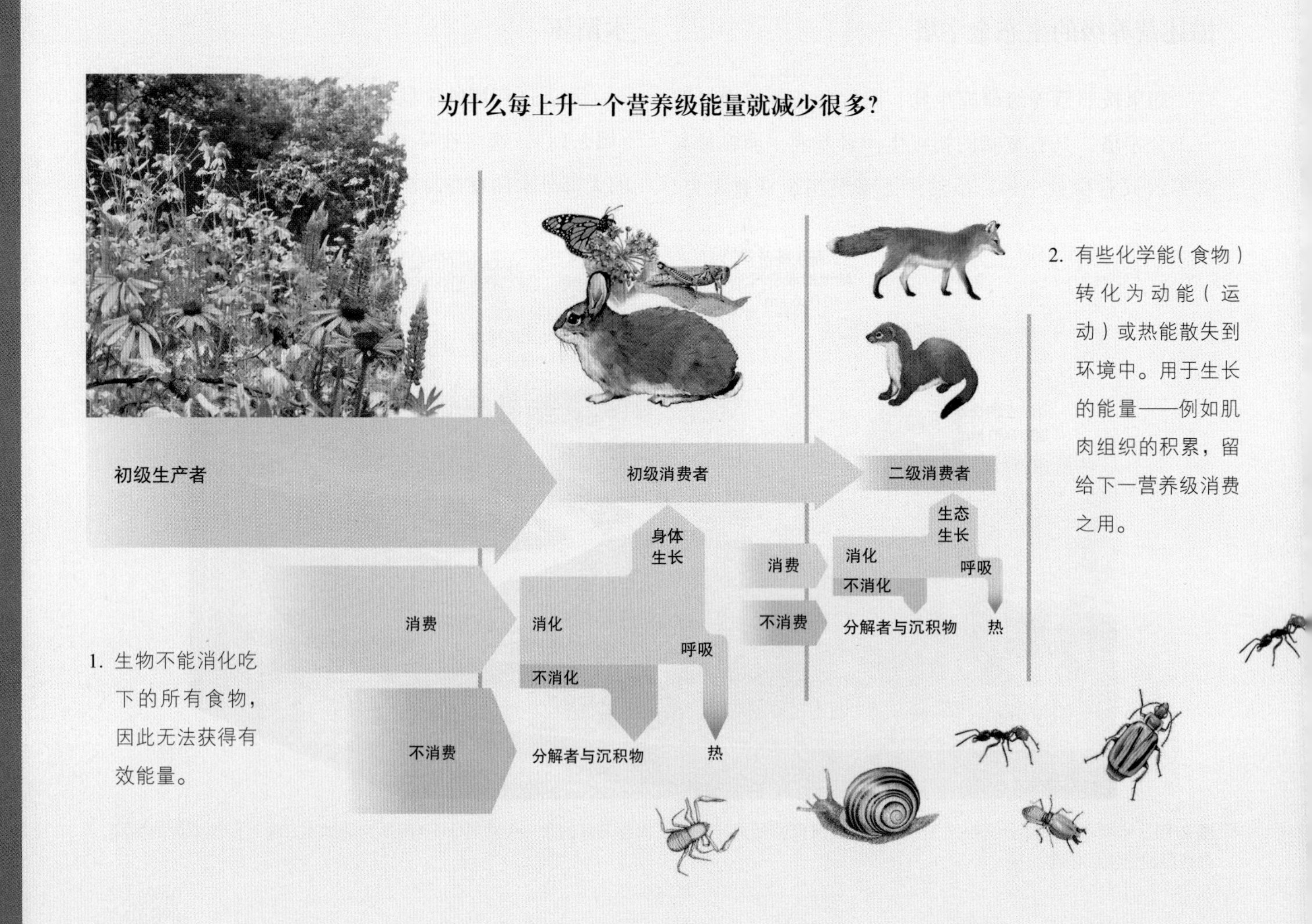

如果金字塔被破坏会发生什么

生态系统经受到种种干扰与破坏，但通常都能恢复，有时也会转变为一种新的系统结构类型。林火（下图）是在短时间内消灭初级生产力的一种干扰，火灾却加速养分通过系统的运动，因此过去存储在树木中的养分可以用于支持爆发性的新增长。

其他营养级的消失会干扰生态系统。如果捕食者太多，被捕食物种就会减少或消失。例如，狐狸过多就可能使兔子种群灭绝。兔子太少，狐狸就会相继死亡，或转而寻找替代的猎物，进一步加剧系统不稳定。

另一方面，较高营养级的消失也会使系统不稳定：如果狐狸灭绝，兔子就可能繁殖过多，而对初级生产者（植物）啃食过度。

有时金字塔可能暂时倒置。比如，生物量金字塔可能因生产者种群的周期性波动而倒置，再比如，冬季温带水生生态系统植物和藻类生物量会变低。

用数字说话

我们常常根据生物的数目而不是各营养级的生物量来考察金字塔。右面的金字塔是一般模式。在该金字塔中，众多较小生物体供养下一营养级的一个生物。大约1 000平方米的草地上可能有1 500 000个生产者（植物），供养着200 000个草食者，这些草食者供养90 000个初级食肉动物，而它们供养一个顶级食肉动物。

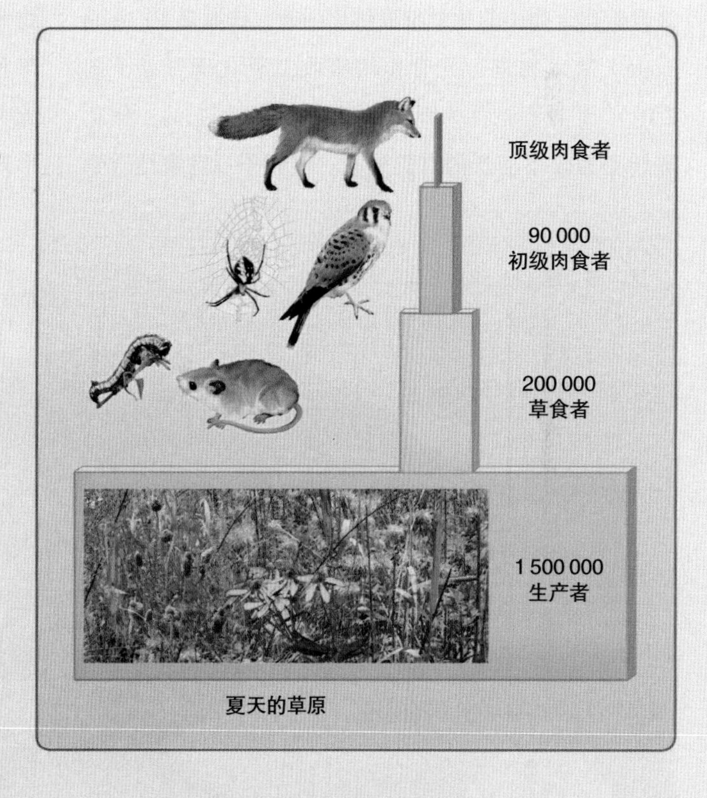

不要忽略小生物

每1克土壤中都含有成千上万的细菌、藻类、真菌和昆虫。

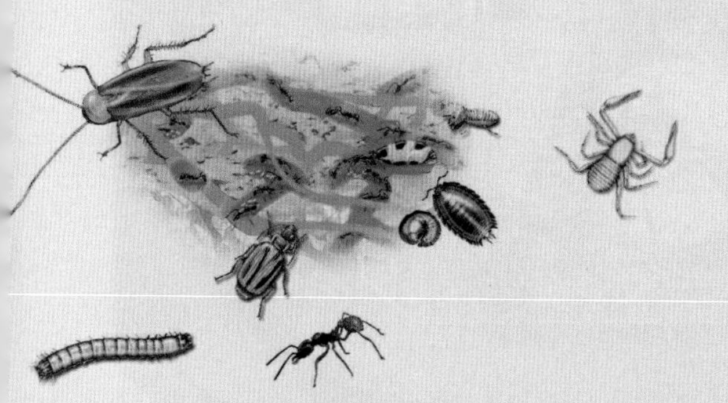

请解释：

你大体上摄入过几个营养级？你的食物金字塔是大还是小？
就你所处生态系统的结构和稳定性而言，你的营养级重要吗？
根据热力学的两条原理解释食物金字塔。

发，风又将水蒸气带到全球。以雨、雪或雾的形式凝结成地表水，供养着全部陆地（陆基）生态系统。生物体通过呼吸作用和流汗，排放其消费的水分，最后这些水分重新进入大气圈、湖泊和河流中，最终回到海洋。

当水分通过生物和大气圈时，就参与细胞内的代谢过程，维持关键养分通过生态系统的流动，并负责全球范围内的热量与能量的分配（第9章）。水以其非凡的性质执行着无数服务功能。水对生命是如此重要，以至于天文学家探寻遥远行星中的生命迹象时，水的踪迹是他们搜索的关键证据。

碳循环

碳为生物提供双重功用：①碳是有机分子的构件；②含碳化合物中的化学键提供代谢能。**碳循环**（carbon cycle）从生物进行光合作用吸收二氧化碳开始（图2.19）。此过程被称为固碳作用——碳从气态的二氧化碳转变为较不活跃的有机分子。碳原子一旦被结合到有机化合物中，其再循环的途径可能很短，也可能极长。试想一个单糖分子被你从一杯果汁中喝下后会怎样？糖分子被吸收到你的血液之中，为你的细胞的呼吸提供能量，或组成更复杂的生物分子。如果糖分子被用于呼吸，你可能在一小时或更短时间内就把碳原子以二氧化碳的形式呼出来，而当天下午，植物就有可能吸收了你呼出的二氧化碳。

或者，你的身体可能利用那个糖分子制造出更大的有机分子，成为你的细胞结构的一部分。糖分子中的碳原子可能部分地保留在你的身体里，直至该细胞衰败死亡。同样地，生长千百年的古树中的碳原子，只有被真菌和细菌消化，成为其呼吸作用副产物的二氧化碳，才能被释放出来。

再循环有时耗时很长。煤和石油是千百万年前植物和微生物的遗体经压缩并发生了化学变化而成的。煤和石油只有在燃烧后，其碳原子（以及氢、氧、氮、硫等）才能释放出来。巨量的碳以碳酸钙（$CaCO_3$）的形式被固定下来，构成微小的海洋原生动物和珊瑚等

图 2.19 碳循环。数字表示每年碳交换的近似值，单位为10亿吨（Gt）。自然界的交换量一直保持平衡，但是人类活动导致了大气层中二氧化碳含量的增加。

生物的甲壳和骨骼。世界上大面积的石灰岩层源自古海洋中生物形成的碳酸钙，经地质事件而露出地表。石灰岩中的碳已被封存了几千年，很可能是目前海洋中正在沉积的碳的最终结果。最后，甚至深海沉积物也被拖入深处的熔岩层，经火山活动被释放而重新加入循环。地质学家估算，过去40亿年间，地球上的每个碳原子业已经历了30次这样的循环。

储存碳的物质，包括地质建造与林木中的碳，称为碳汇。一方面，当碳从这些碳汇中释放出来，也就是我们燃烧化石燃料并把二氧化碳释放到大气圈，或者当我们砍伐大片森林时，就不可能继续保持这一自然循环系统。这就是第9章将要讨论的全球变暖问题的根源。另一方面，大气层中额外的二氧化碳可能帮助植物生长更快，加速某些循环进程。

氮循环

没有氨基酸、多肽类和蛋白质，生物体就不能存在，所有这些物质都是含氮有机分子。因此，氮是生物体最重要的养分。这就是为什么氮是家用和农用肥料的首要成分。氮占我们周围空气的比例约为78%。

植物不能直接利用空气中这种最普通的双原子形态稳定的氮气。因此，植物从生活在根系周围的固氮细菌（包括某些蓝绿藻或蓝细菌）中获取氮。这些细菌能“固定”氮，或将气态氮与氢结合，形成氨（NH_3）或铵（NH_4^+）。氮被细菌固定是氮循环中关键的一环（图2.20）。

然后其他细菌把氨和氧结合形成亚硝酸盐（NO_2^-）。另一组细菌将亚硝酸盐转变为能被绿色植物吸收利用的硝酸盐（NO_3^-）。植物细胞把硝酸盐还原为铵（NH_4^+），用以建造氨基酸，后者成为多肽类和蛋白质的构造模块。

各种豆科植物和其他几种植物在农业上发挥着重要作用，因为固氮细菌生活在其根系组织中（图2.21）。豆科植物和相关的细菌把氮加入土壤中，因此，将豆科植物与玉米等作物（这些作物使用硝酸盐但不能将

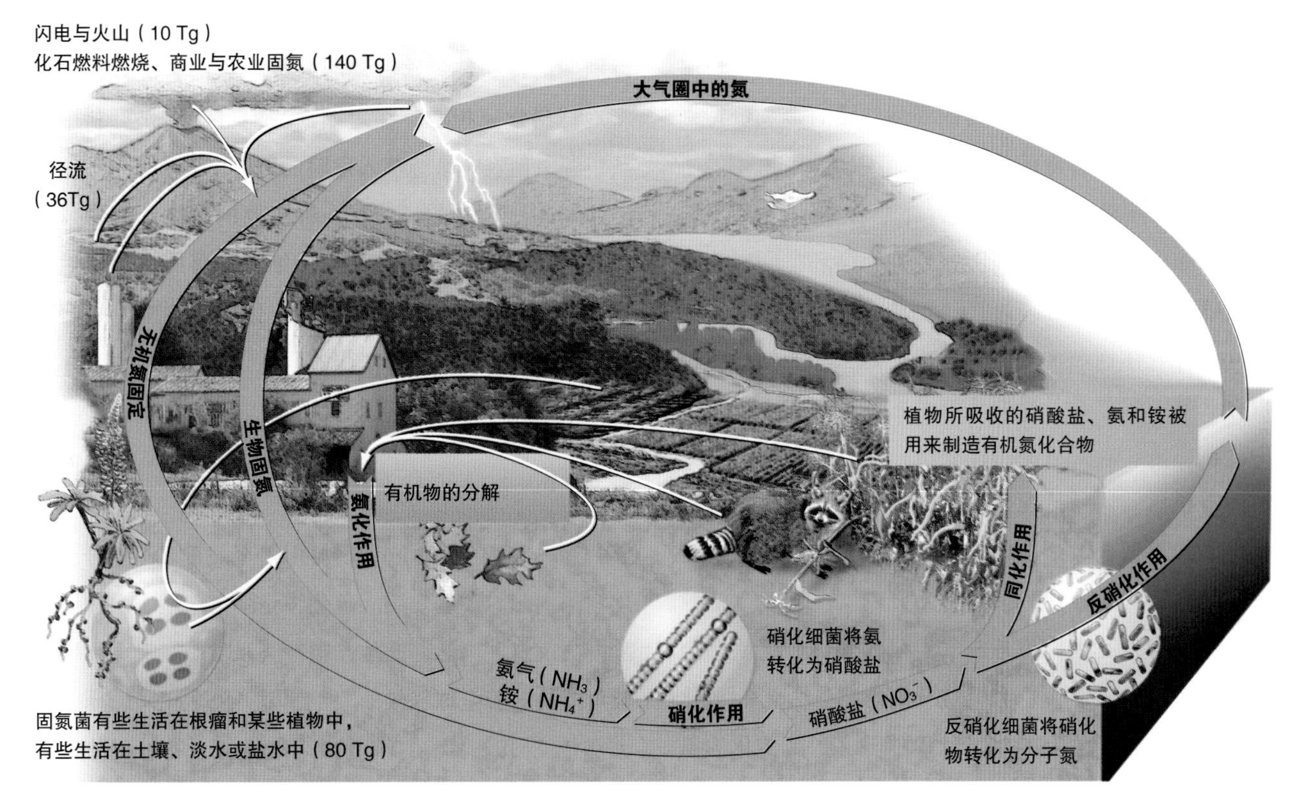

图 2.20 氮循环。今天人为源的固氮作用（将分子氮转化为氨或铵）比天然源高出50%以上。细菌将氨转化为硝酸盐，植物用其制造有机氮。最后，氮被储存在沉积物中或转化为分子氮（$1Tg=10^{12}g$）。

图 2.21 这种豆科植物根的肿块（根瘤）中的氮分子（N_2）被转化为可利用的形式。每个根瘤都是一团根的组织，其中含有许多细菌，帮助土壤中的氮转化为能被豆科植物吸收的形式，并用以制造氨基酸。

其返还给土壤）实行间作和轮作，是利用这种关系比较有效的耕作方式。

氮通过几种途径重新进入环境。最明显的途径是通过死亡的有机体。真菌和细菌分解死亡有机体，释放氨和铵离子，随后被用以形成硝酸盐。然而，有机体不一定非要死亡才能向环境贡献其蛋白质。植物凋落叶片、针叶、花、果实和球果，动物脱落毛发、羽毛、皮肤、外骨骼、蛹壳和丝状物等，都可实现这一目标。动物还会排出含有氮化合物的粪尿，尿的含氮量特别高，因为其中有解毒的蛋白质代谢废物。生物体的所有这些副产品都可以通过分解，补充土壤的肥力。

氮如何重新进入大气圈完成这个循环？反硝化细菌把硝酸盐（NO_3^-）分解为氮（N_2）和一氧化二氮（N_2O），使这两种气体回归大气圈。这样反硝化细菌就和植物根夺有效的硝酸盐。反硝化细菌主要出现在渍水土壤中，在那里，氧的可利用性很低，而且含有大量未分解的有机质。这种情况适合沼泽中的许多野生植物种生存，却不适合大多数农作物的生长，只有被人工培育的湿地草本植物水稻是例外。

近年来人类大幅度地改变了氮循环。通过使用合成肥料、栽种固氮作物和燃烧化石燃料，人为制氧比陆地上所有自然发生的制氮过程更多地把氮转化为氨和硝酸盐。这些过量的氮输入，造成水体的藻华（过多的水体一污染物会刺激水中藻类和光合细菌群落的爆炸性生长）和植物疯长，即富营养化，我们将在第10章详细讨论。过量的氮还会造成钙和钾等土壤养分严重流失、河流湖泊酸化和大气中温室气体氧化氮的浓度升高。北美草原等地区的乡土植物已经适应了贫氮的环境，而过量的氮助长了野草的蔓延。

完成一次磷循环需要数百万年

矿物从岩石或盐类（古代海底沉积物）中被释放出来后可以被生物体利用。对生物体特别重要的两种矿物循环是磷和硫。在细胞水平上，高能的含磷化合物是能量转化反应的主要参与者。

磷通常在水中传递。生物中的生产者摄入无机磷，将其结合到有机分子中，然后传递给消费者。磷就这样通过生态系统进行循环（图2.22）。

岩石和矿物化合物中的磷的释放通常十分缓慢，但是磷肥的开采大大加速了磷的使用及其在环境中的运动。用于洗涤剂和无机化肥的大部分磷酸盐，来自古代浅海底部的盐类沉积物。农业上所用的大部分的磷，从农田径流或通过人类和动物的粪便排入河流中，以回归海洋告终。这些磷将变成矿床的一部分，但许多地球科学家担心，在短期内我们可能用光可利用的磷资源，使农业系统落入危险的境地。

如你所学过的，磷是一种主要的水体污染物，因为过多的磷会刺激藻类和光合细菌群落的爆炸性生长（藻华），扰乱生态系统稳定性。你能想到减少我们输入环境中磷的数量的方法吗？

硫循环

硫作为蛋白质中一种次要但仍至关重要的组分，在生物体中起着关键作用。硫化物是降水、地表水和土壤酸度的决定性因素。此外，颗粒物和微小空气飞沫中的硫可能扮演着全球气候的关键调节者的角色。地球上的大部分硫都牢固地结合在地下岩石和矿物中，例如硫化铁（黄铁矿）和硫酸钙（石膏）。风化作用、深海床通气孔发散和火山喷发把无机磷释放到空气和水中（图2.23）。

图 2.22 磷循环。在自然界中，磷的运动较轻微，包括生态系统内部的循环和含磷岩石的侵蚀与沉积。磷酸盐化肥和洗涤剂的使用，使水生系统中的磷增多，导致富营养化。图中单位为 Tg（17g=10^{12}g/ 每年）。

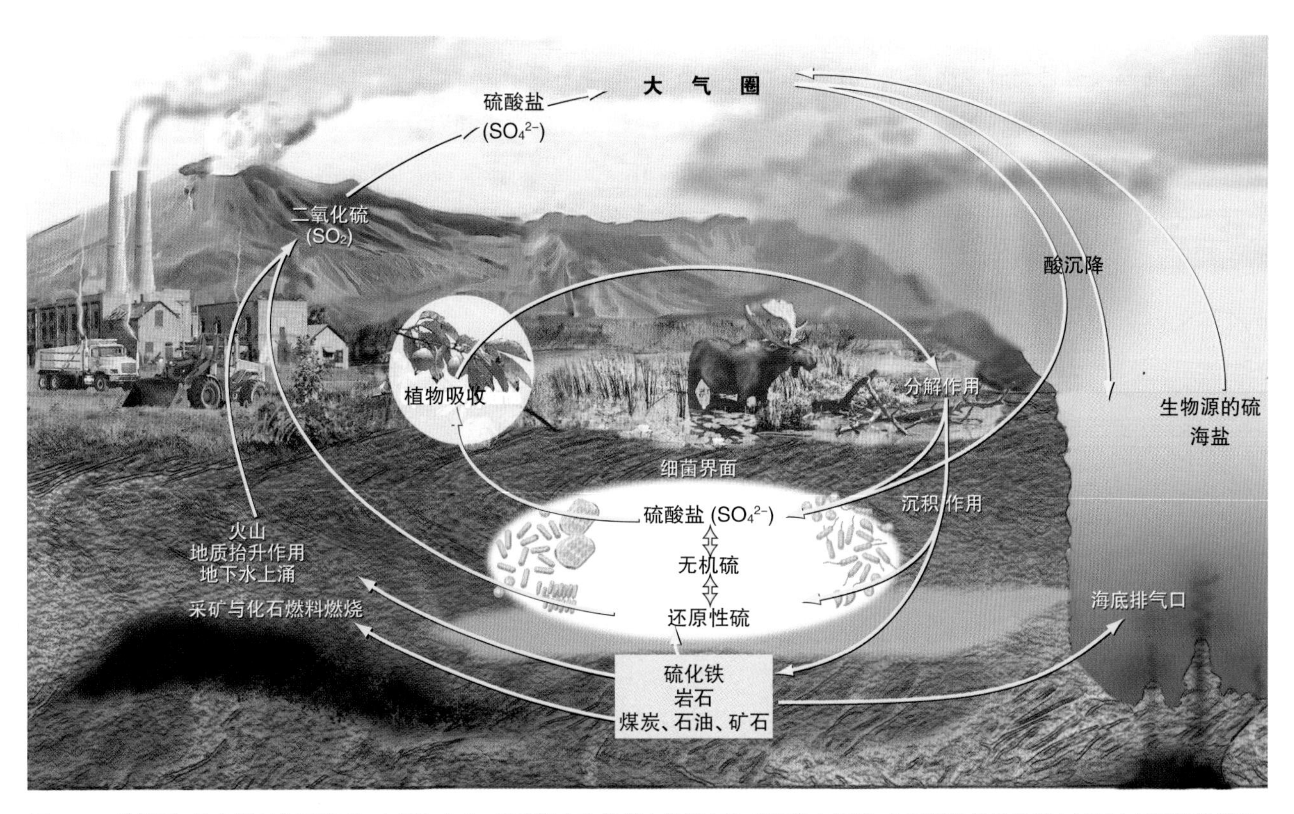

图 2.23 硫循环。硫主要存在于岩石、土壤和水中。当硫被生物体摄入时就在生态系统中循环。化石燃料的燃烧使大气层中的硫化物增加，导致与酸沉降有关的问题。

硫循环因硫具有多种氧化态而变得很复杂，其能生成硫化氢（H_2S）、二氧化硫（SO_2）、硫酸根离子（SO_4^{2-}）等。无机过程是这些变化的原因，但是生物体，特别是细菌也把硫隔离在生源沉积物中，或释放到环境中。在任何给定的 情况下，各种硫细菌中何者占优势，将取决于氧的浓度、pH水平和光照水平。

人类活动，主要是燃烧化石燃料，也释放了大量的硫。每年人为的硫的排放总量堪与自然过程排出的相匹敌，而（因使用化石燃料产生的硫酸造成的）酸雨是许多地区都面临的严重问题。二氧化硫和硫酸盐气溶胶损害人类健康、建筑物和植被，并降低能见度。这些物质还吸收紫外线（UV）辐射并增加云量，使城市降温，也可能抵消因二氧化碳浓度上升造成的温室效应。

有趣的是，海洋浮游植物排放的生源硫可能在全球气候调节中起一定作用。当海水水温较温暖时，极小的单细胞生物释放出二甲硫醚（DMS），且被氧化为二氧化硫（SO_2），随后进一步在大气圈被氧化为硫酸根离子（SO_4^{2-}）。这些硫酸盐气溶胶作为云滴的凝结核，提高了地球的反照率（反射率），从而使地球变凉。随着海洋温度因入射日光较少而降低，浮游植物活动减少，二甲硫醚产量下降，而云也随之消散。因此，可能占生物硫排放一半的二甲硫醚，或许是温度保持在适合所有生命范围内的一种反馈机制。

总 结

物质和能量通过系统的运动，维持着全世界的生活环境，大沼泽就是一个典型的例子。物质由原子组成，原子又构成分子和化合物。在主要物质中，我们考虑了水、碳、氮、磷和硫，尤其是氮和磷，它们是生物的关键养分。能量可以穿过系统；热力学定律告诉我们，能量不生不灭（第一定律），但是它穿过系统会造成降级和消散（第二定律）。例如，食物分子中的化学能是浓缩的势能，当我们使用时，便降级为较分散的形式，例如热能或动能。同样地，物质也不生不灭且能够不断被重复利用。

在生态系统中，初级生产者供养数量较少的消费者。因此，大沼泽湿地植物供养着数百种鸟类、鱼虾和昆虫。类似于美国佛罗里达美洲豹的顶级捕食者通常很少，因为每个营养级都需要有大量的生物来供养。我们可以按照能量、生物量或个体数量来考虑营养级的金字塔结构，也可以由此理解作为系统一员的生物，输送着碳、水和养分。

3 进化、物种相互作用与生物群落

年轻而贫瘠的加拉帕戈斯群岛因强大的寒流和大风而孤立于南美洲海外，这里孕育了独特的动植物群落。

问题与讨论

- 物种多样性是如何出现的？
- 为何各物种生活在不同地方？
- 物种之间的相互作用如何影响自身以及群落的命运？
- 假若一个物种具有无限制增长的能力，为什么它不能遍布全球？
- 一个物种的群落有着什么特殊性质？这些性质为什么重要？
- 物种多样性与群落稳定性之间是什么关系？
- 何谓干扰？干扰如何影响群落？

我不把所有生物看作特殊的造物，它们是远在寒武系岩层沉积之前就已存在的一些生物的直系后代，对于我而言无比崇高。

——查尔斯·达尔文（Charles Darwin）
英国生物学家、进化论奠基人

达尔文的发现之旅

1831年，当查尔斯·达尔文（Charles Darwin，1809—1882）登上“贝格尔号”轮船（H.M.S. Beagle）开始为期5年史诗般的环球航行时，他年仅22岁。那是一次千载难逢的探险机会，他将提出令生物学领域彻底变革的一些观点。达尔文在大学低年级时算不上一个出色的学生，但在高年级时遇到了几位恩师，其中一位帮助他在“贝格尔号”上谋得了一个不带薪的博物学家职位。最终，达尔文成长为一个敏锐的观察家、热心的标本收集者和一位非凡的科学家。

当“贝格尔号”沿南美洲海岸缓缓航行、船员绘制沿岸地图和海图时，达尔文可以上岸进行长时间的野外考察以探究自然史。巴西的热带雨林和巴塔哥尼亚已灭绝的大型哺乳类动物化石使他着迷。有许多化石看来似曾相识，但与现在的哺乳类动物又不完全相同，这让他迷惑不解。难道是物种会随时间而改变吗？在达尔文的时代，大多数西方人认为世间万物和上帝几千年前创造它们时一模一样。但是达尔文读过查尔斯·莱伊尔（Charles Lyell，1797—1875）的著作，莱伊尔认为世界远较人们先前所想的古老得多，而且有可能随时间推移经历过渐进而深刻的变化。

经过4年的考察与制图之后，达尔文随“贝格尔号”到达厄瓜多尔外海900千米的加拉帕戈斯群岛。这些偏远岛屿严酷的火山景观拥有独特动植物的非凡组合。巨大的陆龟以乔木般大小的仙人掌为食；能下海的鬣蜥从水下浅滩刮食藻类；海鸟毫不怕人，达尔文甚至可以从鸟巢中将其拎起。许多雀鸟尤其有趣：每个海岛都有自己的物种，以其独特的鸟喙为标志，分成从鹦鹉状大嘴到刺嘴莺状小嘴等不同等级。各种鸟的解剖学特征和行为都与其生境中可得到的特定食物来源相适应。这些鸟类看起来显然彼此相关，但是为了在不同条件下生存而又有某种程度差异。

达尔文并未能立即理解这些观察结果的意义。回到伦敦后，他开始了对所收集的标本进行编目和描述的漫长过程。在随后的40年内，他撰写了各种题材的重要书籍，包括从珊瑚礁到形成海岛的过程、南美洲地质和藤壶的分类与自然史。在那段时间里，他对生物体如何适应特殊的环境状况苦苦思索。

帮助他理解的关键是托马斯·马尔萨斯（Thomas Malthus，1766—1833）的论文《人口学原理》（*Principle of Population*，1798）。达尔文从马尔萨斯的著作中看到，大多数生物产生后代的潜力远远超过实际生存下来的后代数量。那些具有优秀属性的个体比那些天赋较差的个体生存下来的可能性更大并产生更多的后代。由于较健康个体能成功地将其有利的特质传递给后代，因此整个种群就会变得更适应其特定环境。达尔文把这个过程称作“自然选择”，以将其与人工选择（种植者和畜牧者用以培育各种农作物和家畜的选择）过程区分开来。

1842年，达尔文完成了概述由自然选择（物种渐变）引发进化的理论的手稿，但是在之后的16年内未发表，因为他担心会引发争论。1859年，当他的杰作《物种起源》出版时，他既受到一些人的强烈批评，也受到一些人的高度赞誉。尽管达尔文小心地不去质疑“神圣造物主”的存在，但许多人还是把他的自然渐变理论解释为对他们信仰的挑战。其他人则把他的“适者生存”理论推广到达尔文的原意之外，应用到人类社会、经济和政治等领域。

在达尔文的年代，认可进化论的最大的困难之一是对遗传的机制知之甚少。没有人能够解释自然群落中如何发生遗传变异，也不能解释遗传基因如何分离并重组到后代之中。生物学家要把对分子遗传学的了解和能澄清这些细节的现代进化论结合到一起，还需要将近一百年的时间。

现在绝大多数生物学家都把通过自然选择的进化论看作生物科学的基石。进化论解释了生物的特性如何从单个分子中产生，如何决定细胞结构、组织和器官直至复杂的行为和种群特质。在本章中，我们将浏览进化的证据和进化过程如何塑造各物种以及生物群落。我们还将仔细观察物种之间和生物之间相互作用的方式、环境给予各物种适应特定条件的方式，以及各物种既改变了环境又改变了其竞争者的方式。

3.1 进化导致多样性

为什么不同物种栖息场所有所不同？对环境科学家更重要的问题是：促进地球上物种有巨大多样性的机制是什么？决定物种生存在某一环境而不在另一环境的机制又是什么？本节内容将使我们了解：①依靠自然选择和适应（进化）的物种形成理论背后的概念；②令某些物种泛滥而另一些物种濒危的物种特征；③物种在其环境中所面临的限制因素和这些因素对其存活的影响。首先，我们将从这个基本问题开始：物种如何产生？

图 3.1 按进化论观点，长颈鹿本来没有长脖子去吃树顶的叶子，但是那些碰巧有较长脖子的长颈鹿能得到更多食物并有更多后代，因此这种特质就在种群中得到固化。

自然选择与适应塑造物种

北极熊如何忍受阴暗又极度寒冷的漫长冬季？树形仙人掌如何在荒漠酷热的天气和极度的干旱环境中生存？我们通常说每个物种都适应其生活的环境，但这是什么意思？**适应**（adaption），即物种获得能够在其环境中生存的特质，是最重要的生物学概念之一。

适应有别于顺应，即生物个体对环境变化的反应。如果你把一株盆栽植物放在室内过冬，到了春天把它放回灿烂的阳光中，叶子就会受伤。如果伤势不严重，你的植物就可能长出表皮较厚和颜色较深的新叶。不过，这种变异不是永久性的。再次将它拿回室内越冬后，第二年春天依然会被晒伤。叶子的变异不是永久性的，即使把去年的变异继承下来，也不能传给后代。尽管顺应的能力是通过遗传得来的，但是每一代盆栽植物都必须发育出自己的保护性叶子表皮。

适应影响种群而不是影响个体。遗传特质在种群内代代相传，使物种在其环境中更成功地生存（图3.1）。进化论解释了这种对环境适应的过程。查尔斯·达尔文基于他对加拉帕戈斯群岛和其他地方的研究、阿尔弗雷德·华莱士（1823—1913）基于对马来群岛的生物学研究同时提出了这种理论。进化论的基本思想是由于个体对稀少资源的竞争，使物种的变异世代相传。种群中优秀的竞争者得以存活——得到较大的繁殖潜力或更健康，而且其后代继承了那些有利的特质。通过若干世代，那些特质就普遍存在于该种群中。

最适宜生存的个体将其特质更成功地传递到下一代的过程叫作**自然选择**（natural selection）。这些特质被编码在物种的DNA中，但是使一些个体在生存斗争中更成功的特质从何而来？每种生物的DNA中都有一套令人眼花缭乱的遗传多样性。通过实验和对自然种群的观察，人们业已证明一些个体会出现DNA编码程序的改变，而且改变了的程序会被后代所继承。生物繁殖以及接触电离辐射或有毒物质时，DNA 双链复制过程中进行的随机重组和错误是基因突变的主要原因。有时单个突变具有很强大的效应，但是进化的改变通常是由许多突变的积累引起的。只有遗传细胞（配子）的突变才具有重要性；而体细胞的改变——例如恶性肿瘤，则不会遗传。

大多数突变对健康没有影响，但有些突变则具有负面效应。在一个物种的存续过程中（百万年或更长），人们认为有些突变会使某些个体在当时环境的**选择压力**（selection pressure）下占优势，结果是形成一个有别于其无数先辈的种群。

近年来遗传学家已经认识到控制基因表达的调节因素的重要性。被称为表观基因组的系统常常是由不直接为蛋白质编码的部分DNA组成的，这一部分原来被认为是无用且无意义的物质。现在我们知道，这些调控用的组成部分能够与环境因素相互作用，以在基因表达上引起遗传变异的方式，例如通过甲烷化作用，即增加一个碳原子和三个氢原子，引起化学变化或DNA结构改变。这虽不是永久性突变，但也能够影响许多世代。了解表观基因组复杂的相互作用可能有助于解释环境对生物令人困惑的影响。对表观基因组更深入的讨论参见第8章。

一切物种均生存在一定范围内

环境因素对个体及其后代施加选择压力并影响其健康。为此，物种被限制在能够生存的范围内。这些限制性因素包括以下几类：①因某些临界环境要素（如水分、光照、温度、pH或特殊养分等）不适当的水平所造成的生理应力；②与其他物种的竞争；③采食，包括寄生与疾病；④运气。在某些情况下，种群中的个体之所以能在环境灾难中得以存活或找到新的栖息地而再造新种群，可能只是由于好运气而不是比其同辈更适于生存。

一个生物体的生理特征和行为使其只能存活于某种特定环境中。温度、水分、养分供应、土壤和水的化学性质、生活空间和其他环境因素必须适合生物存活的适当水平。1840年化学家贾斯特斯·冯·李比希（Justus von Liebig）提出，相对于需求而言，供应最不足的单个因素是决定物种生存的**关键因素**（critical factor）。生长在美国亚利桑那州南部和墨西哥州北部干热的索诺兰（Sonoran）荒漠的巨仙人掌（Carnegiea Gigantea）即是一例（图3.2）。仙人掌对低温极为敏感，温度低于冰点的一个夜晚就会使其枝端生长锥死亡，妨碍其进一步生长。因此，仙人掌分布的北界与任何时候冰点温度不超过半天的地带相一致。

稍后，生态学家维克多·谢尔福德（Victor Shelford，1877—1968）补充了李比希的理论，他指出每个环境因素都具有最高水平和最低水平两方面，叫作**耐受极限**（tolerance limits），超过此极限时某个物种就不能存活或不能繁殖（图3.3）。谢尔福德认为，最接近这些生

图3.2 一个关键因素——低温——部分地限制了仙人掌的北界。有些情况下，可能看不见成年植物的冻伤，但是会因为减少繁殖而限制其分布。

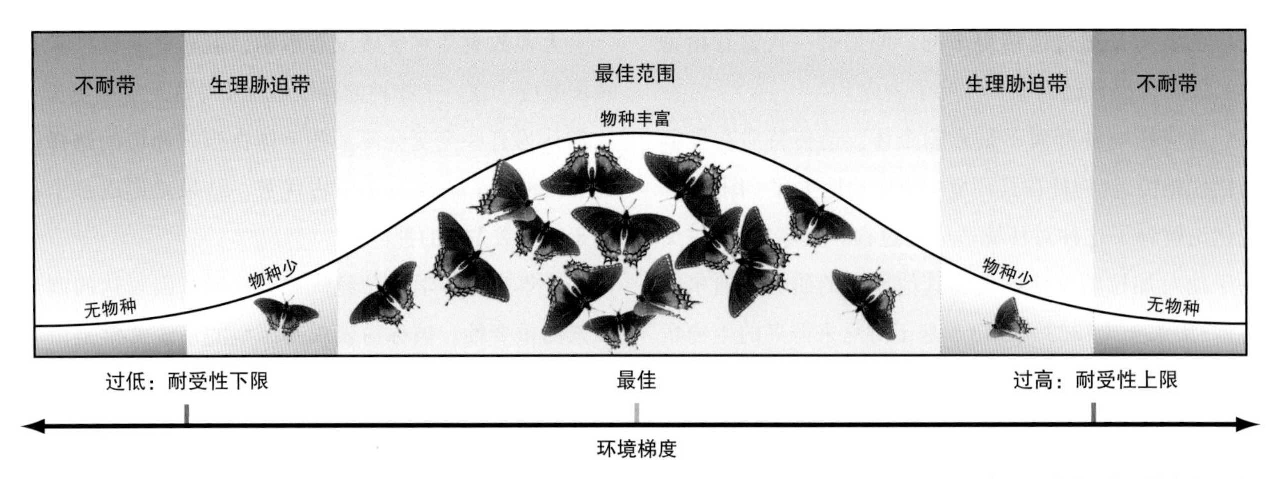

图3.3 影响物种种群的耐受极限。每种环境因素都有一个物种最丰富的最适范围。一个生物体离开其最适条件的地点，生活就变得艰难。在该因素环境梯度的某一点上，个体受到生理应力，没有多少（如果有的话）个体能在那种条件下存活。

存极限的单个因素就是限制特定物种能够在何处生存的关键因素。生态学家曾经试图确定每个动植物种群生存的唯一关键因素。现在我们知道，通常是由几种因素共同起作用来决定物种的分布，即使像仙人掌那样简单的案例也是如此。如果你考察过美国新英格兰或太平洋西北部的岩岸，你就可能注意到贻贝和藤壶在潮间带密集地生长。不是一种因素决定了这种格局。相反，这些动物的分布取决于极端温度、两次潮汐之间干燥的时间、盐分浓度、竞争对手和食物可获性。

对有些物种而言，耐受极限对年轻个体分布的影响有别于成年个体。例如，索诺兰荒漠北部温泉中生活着荒漠鳉鱼孤立的小种群。成年鳉鱼能在0℃～42℃（对鱼类而言属于极高的温度）的范围内存活，也能耐受同样幅度的盐分浓度变化。但是，其幼体和鱼卵却只能在20℃～36℃的范围内存活，盐分浓度较高就会使其死亡。因此，成年鳉鱼中只有一小部分个体能够成功繁殖。

物种的需求和耐受性有时是某些环境特征有用的**指示器**（indicator）。此类物种的有无就表明群落和整个生态系统的某些特征。例如，地衣和北美白松都是空气污染的指示植物，因为两者分别对二氧化硫和臭氧特别敏感。矛叶蓟以及其他一些草类则会生长在被破坏过的土地上，但牲畜不吃它们，因此大量出现的矛叶蓟或其他特定植物往往表明存在过度放牧现象。同样地，垂钓者知道鲑鱼需要凉爽、清洁、富含氧气的水，有无鲑鱼出现可用作水质优良与否的指示器。

生态位

生境（habitat）是描述某种生物生存的地方或赖以生存的一组环境条件。更具功能性的术语**生态位**（ecological niche）则描述了物种在生物群落中所起的作用，以及决定物种分布的整套环境条件两方面。生态位的概念是1927年英国生物学家查尔斯·埃尔顿（Charles Elton, 1900—1991）首先定义的。对埃尔顿来说，每个物种在一个物种群落中都起一定的作用，而生态位则限定了该物种获取食物的方法、与其他物种的关系及其为该群落提供的服务。哈钦森（G. E. Hutchinson，1903—1991）提出了更具生物物理学色彩的生态位定义。他指出，每个物种都出现在一定范围的物理条件和化学条件中，诸如温度、光照水平、酸度、湿度和盐碱度等，还包括一些生物的相互作用，诸如捕食者和被捕食者的存在、防御和可用营养资源等（图3.4）。生态位比关键因素的概念更加复杂。一个物种生态位的图形是多维度的，同时展示很多因素。

老鼠和蟑螂这类生物的生态位很宽。换言之，泛化种对许多环境因素具有宽泛的耐受力。而像大熊猫（*Ailuropoda melanoleuca*）之类的其他物种，只能存在于狭窄的生态位中（图3.5）。虽然竹子的营养价值很低，但它为大熊猫提供了95%的食物，因此大熊猫一般每天需要花费长达16小时的时间进食。尽管事实上除大熊猫自身外，基本没有食用竹子的竞争者，但是由于生境缩小，该物种仍然处于濒危状态。大熊猫和世界上许多其他物种一样，属于生境特化种。特化种对生境有更严格的要求，繁殖率常较低，抚育幼崽时间较长。特化种对环境变化适应性较弱。植物中也有生境特化种，例如有些生存在蛇纹岩和其他不常见岩石露头上，而他处罕见的植物种。**特有种**（endemic species）是仅见于特定生境的特化种。

随着时光流逝，物种形成了适应环境资源的新对策，其生态位也随之改变。智能水平较高或社会结构复杂的物种，如大象、黑猩猩和海豚等，从其社群中

图3.4 在非洲萨瓦纳地区，每个物种都有决定其在何处生活和如何生活的生态位。

图 3.5 虽然大熊猫具有像肉食动物一样的消化系统，却是一种主要食用竹子的动物。

学会了如何行事，而且当出现新的机会或挑战时，能够发现新的行为方式。事实上，这些物种通过文化行为的代代相传改变了它们的生态位。然而，大多数生物由于其取决于基因的躯体和本能行为而被局限于其生态位内。当这样的两个物种竞争有限的资源时，其中一个取得较大份额，而另一个要么找到另外的生境，要么逐渐消失，要么经受行为或生理的变异以便使竞争最小化。

“一山不容二虎”的概念由俄罗斯生物学家高斯（G. F. Gause）提出，用以解释物种竞争的数学模型为何总是以一个物种的消失作结。**竞争排斥原理**（competitive exclusion principle），正如其名，说明没有两个物种能长期占据同一生态位。能更有效地利用可用资源的一方迟早会打败另一方，我们把这个过程叫作生态位进化的**资源分割**（resource partitioning）。资源分割使几个物种能够利用同一资源的不同部分，而共存于一个生境之内（图 3.6）。

物种还能在时间方面特化出各自的特点。燕子和食虫蝙蝠都捕捉昆虫，但是同一生境内有些种类昆虫在日间活动而另一些在夜间活动，这为昼行性的燕子和夜行性的蝙蝠提供了在同一生境中不构成竞争关系的取食机会。但是，竞争排斥原理不能解释所有情况。例如，很多相似的植物种共同存在于大多数森林和草地中。这些植物是否以一种我们未能观察到的方式避免竞争？或者是由于资源丰富以至于无须竞争？

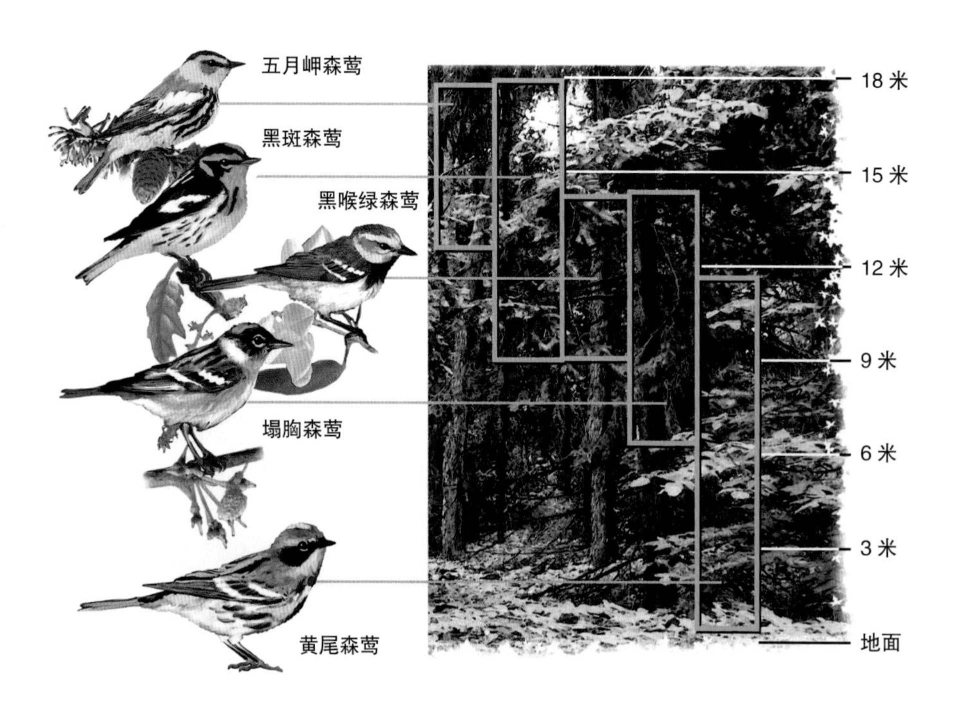

图 3.6 美国东北部几种食虫的林柳莺占据着同一片森林。竞争排斥原理预测，这几种林柳莺应分割资源（作为食物的昆虫）以减少竞争。而事实上，这些林柳莺分别在森林的不同部分采食。

资料来源：Original observations by R. H. MacArthur (1958) *Ecology* 39:599–619.

物种的形成可以保持物种多样性

由于杂交种的群落更能适应生态位，其基因的遗传（包括从双亲向后代传递的突变）给予该物种随环境影响而进一步改变的潜力。在因达尔文而闻名的加拉帕戈斯地雀的案例中，体型、行为与基因的证据使人们产生了这样一种想法，即现在这些地雀的外貌、行为与DNA都同某种食种子的原初地雀有关，这些原初地雀可能是被风从南美大陆吹到这些海岛上的，而今相似的物种仍然存在于南美大陆。现在该群岛有13个特有雀种，其外观、食物喜好和生境均有明显的差别。食果实者具有粗大的鹦鹉状鸟喙，食种子者具有碾压用的厚重鸟喙，食虫者具有尖嘴以捕捉猎物。最不寻常的物种是拟䴕树雀，能啄开树皮采食隐藏的昆虫。拟䴕树雀没有啄木鸟那样的长舌，而用仙人掌刺作为工具取出虫子。

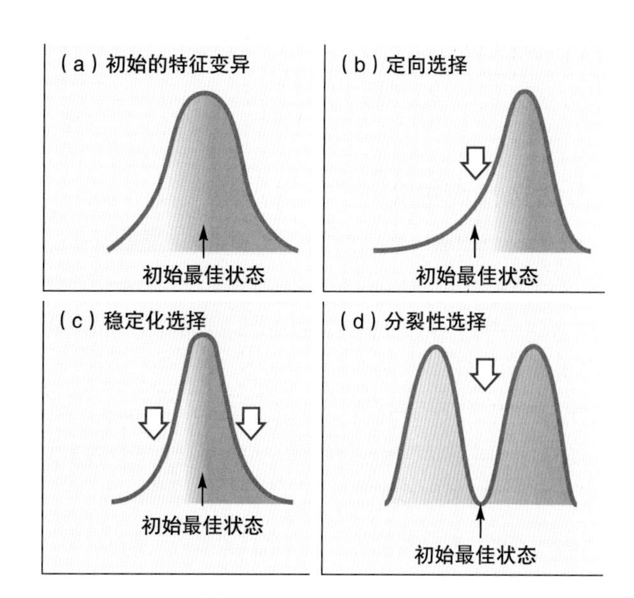

图3.7 像鸟喙之类的特质会因选择压力而变化。（a）因选择压力（箭头所示）引起最初的变异（b）沿一个方向改变某种特质，或（c）达到一种中间状态。（d）歧化选择使特质两极分化。哪种选择类型更可能造成达尔文地雀的两种不同的鸟喙——树栖雀的窄喙和地栖雀的粗大喙？

一个新物种的产生过程叫作**物种形成**（speciation）。这种情况也出现在加拉帕戈斯地雀当中，因为它们产生**地理隔离**（geographic isolation），不能进行异种交配，也不能与大陆的亲缘地雀交配，因此由于独特的环境而逐渐变得与众不同，这称为**异域物种形成**（allopatric speciation）——不交叉的地理区位中产生的新变种。

分隔亚种群的屏障不一定是自然因素。例如，有两种几乎完全相同的树蛙（*Hyla versicolor*）生活在北美洲东部相同的生境中，但具有不同的求偶鸣叫方式，这就是行为隔离的例子。在这种情况下能够发生**同域物种形成**（sympatric speciation），即在同一地点产生成为祖亲种的新物种。蕨类物种和其他植物似乎更具同域物种形成的倾向，通过将其祖先染色体数目成倍或四倍增长使其在繁殖方面不相容。

一旦产生了隔离，两个种群在基因方面和身体特性方面就会发生改变。选择压力塑造了个体在身体上、行为上和遗传上的特征，使种群特征随时间而改变（图3.7）。这种改变可能将种群特征推向极端（定向选择）、使某种特质的范围变窄（稳定化选择），或造成一些特质两极分化（歧化选择）。通过对许多害虫和病原体对杀虫剂和抗生素抗性增强的观察就可以体会到定向选择。如果少数个体具有可以解毒杀虫剂或抗生素的可遗传适应，它们就得以存活并繁殖出具有抗性的新后代。

一个小种群在新地点——岛屿、山顶等独特生境——遇到了有利于一些个体而不利于其他个体的环境条件（图3.8）。这些个体所具有的身体与行为特征就会传递到下一代，而这些特征的出现率就会在种群中发生变化。在一个物种可能存在过但现在已经灭绝的地方，另一些物种就可能出现，使自然界形成惊人的丰富多彩的生命形式。尽管不同地层中记录着多次灾变，每次都彻底消灭了地球上大部分物种，但是化石依然是一份物种多样性不断增加的记录。

我们一般认为物种的形成过程比较缓慢，但是有些生物的进化却非常迅速。例如每个季度都会出现新的流感病毒。夏威夷果蝇频繁突变，几年就形成新种。在美国的新墨西哥州，蜥蜴通常是黑色的，而生活在雪白的沙丘上的蜥蜴就会变成几乎纯白色以融入环境中。沙丘上的蜥蜴存在仅有6 000年，因此，其生成时间应在此时间尺度之内。

即使加拉帕戈斯群岛的达尔文地雀，也显示出对环境变化较强的适应能力。干旱时它们只有硬壳的种

物种来自何方?

因自然选择而进化

查尔斯·达尔文以阐释进化著称，但是他只是在19世纪仔细思考“新物种如何出现”这个大问题的许多人之一。达尔文的贡献是他与生物地理学家阿尔弗雷德·华莱士同时提出“自然选择”的概念。达尔文注意到，种马场和种狗场会选择具有某些优秀特质——速度快、力量大等的动物，使具有这些特质的动物得以繁殖。育种者会注意避免繁育具有不良特质的个体。

达尔文认为自然界的机遇也可能起同样作用。例如，一个鸟类种群在翅膀形状、大小、鸟喙的形状及其他特性方面一般都有微小的变异。有时候环境条件有利于其中某些特征的形成与保持：例如，如果可利用的食物主要是硬壳种子，拥有更有力的鸟喙就可能更容易得到食物，并因此较易繁殖后代。随着时间的推进，具有强健鸟喙的个体就可能在种群中占据优势，而那些鸟喙较弱者则可能完全消失。

另一方面，如果大多数的食物来自小而软的蠕虫，则更可能有利具有薄而灵活鸟嘴的鸟类存活，而具有厚重鸟喙的个体可能从种群中消失。

自然选择的核心概念是什么?

当环境对一种特性特别有利时，具有这种特性的个体比其他个体更频繁地或更成功地繁殖，就出现了自然选择。

种群通过繁殖可能随机地出现突变（变化）。例如，有些鸟具有较长或较短的鸟喙。

基因漂变，也称种群中的特质转移，较可能出现在小种群或隔离种群中。如果一种不寻常的特质（如人类中红头发的人种）在小种群中比较普遍，这种特质就有较高概率传递到后代。

隔离，分离的种群较有可能发生基因漂变。加拉帕戈斯群岛的隔离意味着该岛屿系统的鸟类物种和食物来源都很少。物种已特化为适应不同岛屿的食物。地理隔离还减少了与较大种群的杂交机会。

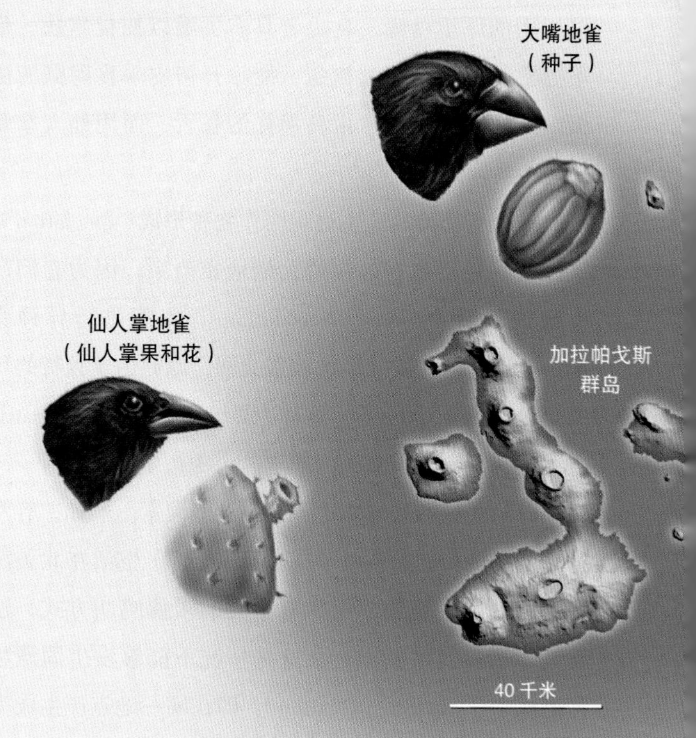

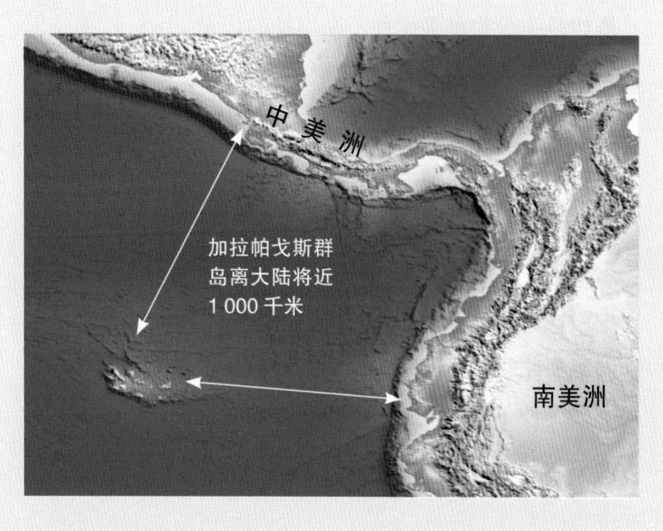

加拉帕戈斯群岛距离南美洲近1 000千米，其非凡的物种帮助达尔文形成了自然选择的思想，也因此而闻名。这些隔离小岛上的地雀、嘲鸫和其他物种显示出对不同食物来源和环境条件的适应性。不过这些物种仍然具有指向共同祖先的相似性。

环形火山口表明这些小岛是火山形成的，自从升上海面后就被隔离。从大陆到达加拉帕戈斯群岛的物种较少，因此较易发现其与共同祖先的差异。

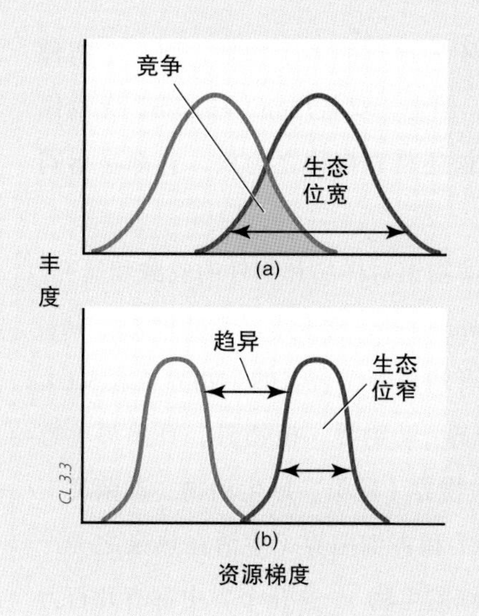

选择压力泛指所有改变物种特质的因素。各物种对资源的竞争能产生选择压力，进而导致对资源的分配或分割。在资源利用有交叠的地方（左图），分享资源的个体（图a中橙色阴影）处于不利地位，而特化个体数目较多。最后，种群特质偏离，造成特化，生境宽度缩小、种间竞争减少。竞争或隔离可能造成特化，或者说完全变成不同的物种（图b）。

两种涉禽瓜分一片泥滩：美洲水雉用短喙捕捉地面的昆虫；黑颈长脚鹬用长喙探入深处。▶

啄木鸟地雀利用仙人掌刺啄取树皮下的昆虫。▼

◀ 加拉帕戈斯象龟被这些岛屿的干旱气候塑造成现在的样子。

种内竞争（在一个物种之内）能产生令人惊讶而多彩的特质。▶

这种概念为什么重要?

自从1859年达尔文的《物种起源》一书出版以后，即有无数研究支持进化论。因自然选择而进化，即达尔文称之为"后代渐变"的概念，使我们能够描述周围千百万种生物的进化关系，了解为什么它们像现在这样采食、呼吸、繁殖和生存。右侧的分类树枝图表示了这些关系的一部分。

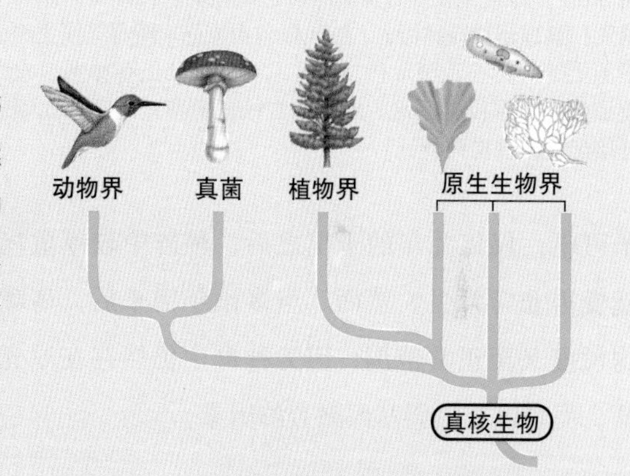

现在我们根据自然选择的机制了解了大部分生物过程。你每一次进行流感疫苗注射时，该疫苗都是通过对快速进化的流感病毒的适应性进行仔细观察研制出来的，以便尽量使其适用于最新的病毒变种。▶

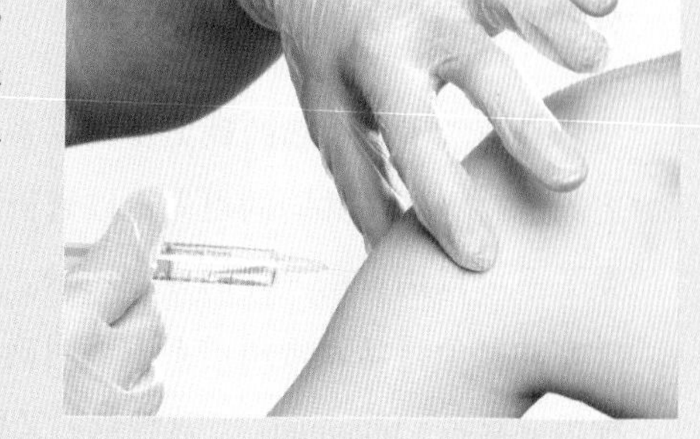

请解释：

什么因素使自然选择较大可能发生在加拉帕戈斯群岛?

想一想你住地附近的几种鸟。哪种食物来源或采食策略可能导致鸟类长出长喙？哪些又会导致鸟类长出短而厚的喙?

想出一个你熟悉的两种生物进行资源分割的例子。

图 3.8 地理隔离是一种异域物种形成机制。在冷湿的冰期中，美国亚利桑那州被森林覆盖，红松鼠自由交配。随着气候变暖变干，平原上的森林被荒漠取代，但较凉爽的山顶仍有林木，成为亚利桑那州红松鼠仅存之地。山顶的红松鼠群落繁殖时彼此隔离，就开始形成新的物种特征。

子可吃，仅仅几年的干旱之后，种群中较厚重鸟喙者就变得非常常见。然而，当多雨年回来后，鸟喙的平均尺度又至正常范围，因为种群中仍然存在原先的特征，而且没有阻碍基因融合的因素。

分类学描述物种之间的关系

分类学研究生物的种类及其关系。根据分类可以追溯生物如何从共同的祖先得以繁衍。物种之间的分类关系可以用家谱一样的方式展示。生物学家、生态学家和其他科学家常用谱系中最明确的等级——属和种组成**双名**（binomials）。这种双名又称学名或拉丁名，用拉丁文或拉丁化的名词和形容词或人名、地方名来确定和描述物种。科学家用这些物种的学名而不是俗名（例如金凤花或铃兰）进行交流以避免混淆。一个俗名可能用来指代不同地点的多个物种，而一个物种也可能有多个俗名。但是，双名*Pinus resinosa*，无论你称之为红松、挪威松还是直接称之为松，它都是指同一种树。

分类还有助于博物馆对样品和物件的收藏和研究。人属于智人*Homo sapiens*种，食玉米之类的种*Zea mays*制成的食物。这两者均属两个著名的生物界（表3.1）。科学家区分出六个界：动物界、植物界、真菌界（霉菌和蘑菇）、原生生物界（藻类、原生动物、黏菌类）、细菌界（或真细菌）和古细菌界（生活在热泉之类严酷环境中的古老单细胞生物）。这几个界中都有几百万个不同的种，你将在第5章中对此有更多的了解。

表 3.1 两个普通物种的分类

分类等级	人	玉米
界	动物界	植物界
门	脊索动物门	被子植物门
纲	哺乳动物纲	单子叶植物纲
目	灵长目	莎草目
科	人科	禾本科
属	人属	玉蜀黍属
种	智人种	玉蜀黍种
亚种	现代人亚种	玉蜀黍亚种

3.2 物种相互作用造就物种群落

我们已经知道，对环境的适应、生态位的确定乃至物种形成，不仅受生物自身身体条件和行为的影响，而且还受到竞争与捕食的影响。不要对此感到绝望，并不是所有生物的相互作用都是对抗性的，事实上，许多相互作用也包括合作，或者至少是良性互动和相互容忍。在有些情况下，不同的生物会相互依赖以获取资源。现在我们来看一看物种之间所存在的影响其生存成功与否并形成生物群落的相互作用。

竞争导致资源分配

竞争是生物群落内部的一种对抗性关系。生物竞争有限的资源：可利用的能量和物质、生活空间、进行生命活动的特定场所。植物竞争根系和叶子生长的空间，以便吸收与加工阳光、水分和养分（图3.9）。动物竞争生存、筑巢和觅食的场所，还要竞争配偶。同一物种成员之间的竞争称为**种内竞争**（intraspecific competition），而不同物种成员之间的竞争称为**种间竞争**（interspecific competition）。这里回忆一下竞争排斥原理，它适用于种间竞争。种间竞争使个体和物种将其关注点从一种资源类型转向另一种，从而塑造物种种群和生物群落。因此，竞争针叶林昆虫的刺嘴莺就趋向于专攻树木的不同部位，以减少或避免竞争。20世纪50年代以来，已有上百项关于自然种群种间竞争的研究证明了进化适应的广泛多样性。

在种内竞争中，同一物种的成员为资源进行直接竞争。在一个物种群落里，有减少竞争的若干渠道。首先，同年出生的幼体可以分散开。即使植物也能分散：种子依靠风、水和动物从其母本植物所在地传播到相对不那么拥挤的远方。其次，许多动物有强烈的领地意识，这会迫使其后代或其他入侵者离开自己的领地。通过这种方法，包括熊、各种鸣禽、有蹄类和鱼类在内的领地性物种减少了个体之间和世代之间的竞争。第三种减少种内竞争的方法是世代之间的资源分割。一些物种的成体与幼体占据不同的生态位。例如，帝王蝶的幼虫吃乳草叶，而化蝶后则吸吮花蜜。蟹类的幼体善于游泳，不与底栖生活的成年蟹竞争。

我们认为动物之间的竞争是为资源而战，俗话说“自然界充斥着血雨腥风”。事实上，许多动物都尽可能地避免争斗，相互以声音或可预测的动作对峙。例如，大角羊和许多其他偶蹄类动物会进行仪式性战斗，使较弱一方本能地知晓何时撤退——失败总比受伤强。反之，竞争常常不过是为了优先得到或更有效地利用食物或栖息地。我们曾讨论过，每个物种都对非生物因素有耐受极限。研究经常表明，当两个物种竞争时，生活在耐受极限中心的那个物种更具优势，而且在竞争中多半比生活在其最佳环境条件以外的物种更易获胜。

图3.9 在印度尼西亚层层叠叠的雨林中，空间和光线弥足珍贵。生长在林冠下的植物的适应性有助于它们获取有限的资源。像蕨类、苔藓和凤梨之类的附生植物，栖息在树干和枝丫上以便获得空间和阳光。藤本植物攀爬到立木的树干上而不必自己长出树干。群落中五花八门的特化导致极其丰富的物种形成。

采食影响物种关系

一切生物皆需要食物才能生存。生产者自己制造食物，而消费者吃其他生物制造的有机质。如同我们在第2章所见，大多数群落中，能进行光合作用的植物和藻类是生产者。消费者包括食草动物、食肉动物、杂食动物、食腐动物、食碎屑者和分解者。你可能只把食肉动物看作采食者，但是生态学上的采食者是指直接以其他活生物为食的任何生物，而跟其是否捕杀猎物无关（图3.10）。采食活物的食草动物、食肉动物和杂食动物都是采食者，而采食死物的食腐动物、食碎屑生物和分解者则不是。在此意义上，寄生生物（从宿主生物体内采食或从中窃取其中资源而不必杀死宿主者）乃至病原体（致病生物）也可被认为采食生物。植食生物是指采食植物的一种采食生物。

采食对群落中的物种种群而言是一种有力而复杂的影响。它影响：①采食者和被采食物种生命循环的各

图 3.10 植食昆虫和狮子、老虎一样都是采食者。事实上，世界上的绝大部分生物都被昆虫消费掉的。作为采食者的昆虫与被采食的植物之间发展出了复杂的采食与防卫的模式。

个阶段；②许多特化的觅食机制；③行为上和身体特征上的进化调整，以帮助被采食者逃避被捕获、让采食者更有效地捕获猎物。采食还与竞争相互作用。在**捕食者介导竞争**（predator-mediated competition）中，生境中的优势竞争者建立起大于其竞争物种的种群；捕食者注意到这一点并增加其对优势物种的采食压力，减少其数量并让较弱对手的数量增加。科学家为了检验这种思想，将捕食者从物种相互竞争的群落中清除，结果常常是优秀的竞争对手从该生境中消灭其他物种。一个经典实例是从太平洋潮间带清除赭色海星（Pisaster ochraceus），结果其主要猎物紫贻贝（Mytilus californicus）数量猛增，把其他潮间物种排挤出去。

了解捕食者对猎物种群的影响，可以直接应用到人类的需求上，例如用于农田害虫控制。仙客来螨（Phytonemus Pallidus）是加利福尼亚草莓上的害虫，它对草莓叶子的伤害可以因自然或人为引进的两种捕食螨而降低。喷洒杀虫剂以控制害虫实际上增加了虫害，因为杀虫剂同时杀死了有益的捕食螨。

采食关系可能因生物的生命阶段不同而改变。在海洋生态系统中，甲壳动物、软体动物和蠕虫把卵直接产在水中，这些卵和孵化出的幼虫加入浮游动物群落。浮游动物相互吞食，它们又都是更大食肉动物（包括鱼类）的食物。随着被捕食物种的长大，其捕食者也改变了。藤壶幼体属于浮游生物，被小鱼而非海星或腹足类捕食。捕食者常随着其生命进程而变换猎物。成年的食肉性青蛙在其生命开始阶段通常是植食性蝌蚪。猎物变少或其他猎物变多时，捕食者也会改变猎物。许多捕食者具有几种形态和行为，使其高度适应猎物的变化。但是有些捕食者，例如北极熊，对猎物的偏好是高度特化的。

有些适应性有助于避免被采食

采食者-被采食者的关系对进化适应施加了有利的选择压力。采食者在搜寻和摄食时变得更高效，而被采食者在逃跑和躲避时也变得更高效。有毒化学物质、甲壳、非凡的速度和藏匿的能力是生物用以自我保护的几种策略。一些植物具有厚皮、棘突、体刺或怪味乃至组织中含有害化学物质，例如毒葛和荨麻。节肢动物、两栖动物、蛇和一些哺乳类会产生糟糕的气味或有毒分泌物，使其他物种远离它们。作为被捕食者的动物则一般擅长藏匿、逃逸或还击。在东非塞伦盖蒂平原，速度很快的汤普森瞪羚和速度更快的猎豹进行着速度、耐力与快速反应的竞赛。瞪羚常能逃脱，因为猎豹缺乏耐力，但猎豹能在2秒钟内从时速0加速到72千米，取得奇袭的优势。在成千上万年的时间长河里，采食者与被采食者的相互反应，使两者产生了身体和行为上的变化，这个过程称为**协同进化**（coevolution）。共同进化可能是双赢的：许多植物和传粉者拥有互惠的形态和行为。一个经典案例是给热带植物授粉并传播果实种子的果蝠。

有化学防御手段的物种常常具有独特的颜色与图案以警告敌人（图3.11）。某些无害的物种可以通过进化变异，使自己与另一种有毒或味道不好的物种相似，使捕食者记起从真正有毒生物处得到的教训，从而使自己得到保护。这叫作**贝氏拟态**（Batesian mimicry），因阿尔弗雷德·华莱士的旅伴英国博物学家贝茨（Bates，1825—1892）而得名。例如，许多黄蜂有着黑黄两色条纹夸张的图案以吓退潜在捕食者（图3.12a）。有一种数量罕见的天牛没有毒刺，但是相貌与动作都很像黄蜂，可以欺骗捕食者而免遭捕食（图3.12b）。味道不佳的黑脉金斑蝶和味道不错的北美副

图 3.11 箭毒蛙科的箭毒蛙具有醒目的图案和绚丽的色彩，以警告潜在的捕食者其皮肤上带有毒性极强的分泌物。拉美原住民用这种毒素涂抹吹箭。

王蛱蝶也是贝氏拟态的经典案例。另一种拟态是**缪氏拟态**［Müllerian mimicry，为纪念生物学家弗里茨·缪勒（Fritz Müller）而得名］，指两种看起来相似的难吃或危险的物种。当捕食者学会避开两者中任一个物种时，双方都会因此受益。有些物种还带有有助于隐蔽的形状、颜色或图案。看起来像枯枝或树叶的昆虫就是最出色的例子（图3.13）。捕食者埋伏起来等待下一餐美食时也会伪装隐蔽，这就是猎物的不幸了。

共生：物种间的亲密关系

与采食和竞争不同，生物之间有些相互作用可能是非对抗性乃至互惠的（表3.2）。在这种称为**共生**（symbiosis）的关系中，两个或多个物种亲密地生活在一起，祸福与共。共生关系往往会增强一方或双方存活的可能性。在地衣的例子中，一种真菌和一种光合作用的同伴（藻类或蓝细菌）结成组织，以达到互利的关系（图3.14a）。这种伙伴关系称为**互利共生**（mutualism）。有些生态学家认为，合作互利的关系在进化中比一般所想的要重要得多。适者生存也可能意味着能够共同生活的生物的生存方式（图3.14b）。

共生关系往往在一定程度上引起伙伴的共同进化，塑造（至少部分地）它们结构上和行为上的特征。例如，珊瑚虫与藻类之间的相互关系创造了珊瑚礁。中美洲

（a）

（b）

图 3.12 贝氏拟态的明显例证，危险的黄蜂（a）带有粗大的黄色和黑色斑纹，被非常罕见而无害的天牛（b）模仿。天牛甚至连行为也像黄蜂，欺骗受到黄蜂教训的捕食者，使其回避天牛。

图 3.13 这只竹节虫彻底加以伪装以便融入林床中。自然选择和进化造就了这种物种非凡的形状和颜色。

和南美洲肿刺金合欢（*Acacia collinsii*）和照顾这种金合欢的蚂蚁（*Pseudomyrmex ferruginea*）也印证了这种共生的相互适应。金合欢蚁群居住在金合欢树枝的肿刺里，以叶基腺体产生的花蜜为食，也摄食叶尖生成的富含蛋白质的特殊物质。因此金合欢为蚂蚁提供住所和食物。虽然金合欢消耗能量提供这些服务，但不会被蚂蚁伤害。那么金合欢得到了什么回报呢？蚂蚁

表 3.2　物种相互作用的类型

两个物种的相互作用	对第一个物种的影响	对第二个物种的影响
互利共生	+	+
偏利共生	+	0
寄生	+	-
捕食	+	-
竞争	±	±

（+有利；-有害；0不明确；±不定）

积极地保卫领地，驱赶企图以金合欢为食的植食性昆虫。蚂蚁还剪除金合欢树周围的植被，减少其他植物因对水分与养分需求而带来的竞争。你可以看到互利共生正如竞争或采食一样，在居住着蚂蚁的金合欢周围构建着生物群落。

共生关系能迅速发展。2005年，哈佛大学的昆虫学家威尔逊整理了一些证据，解释新世界里最古老的西班牙殖民地伊斯帕尼奥拉岛500年间的农业秘密。威尔逊博士利用文史资料和当代研究，推断美洲本土的热带火蚁（*Solenopsis geminata*）很可能与1516年从加那利群岛装运大蕉时引进的一种吸液昆虫存在互利共生关系。种植大蕉后，吸液昆虫遍布伊斯帕尼奥拉岛，1518年大蕉相继死亡。很显然本土火蚁发现了外来的吸液昆虫，摄食其含糖和蛋白质的排泄物，并保护这些昆虫免遭捕食，使得这些外来昆虫种群爆发性增长。当时西班牙人以为是火蚁造成农业歉收，其实人们只要稍具生态学知识就能找到真凶。

偏利共生（commensalism）是指在共生关系中，其中一方明显获益，而另一方既不受益也不受害。很多种苔藓、凤梨科植物和生长在湿润热带树木上的其他植物被认为是偏利共生（图3.14c）关系。这些附生植物依靠降雨获取水分，又从落叶和降尘中获得养分，它们对所附生的树木既无益也无害。栖居在近郊庭院里的知更鸟和麻雀与人类之间也是偏利共生关系。**寄生**（parasitism）是捕食的一种形式，由于存在寄生虫对寄主的依赖，也可以认为是共生关系。

关键种：完全不成比例的影响

关键种（keystone species）在生物群落中起着与其数量不成比例的至关重要的作用。最初人们认为关键种只是顶级捕食者——狮子、狼和老虎，它们限制着植食者的数量，从而减少对植物的采食。现在科学家认识到一些不甚引人注目的物种也起着关键作用。例如，热带无花果全年结果，产量虽低但速率稳定。如果从森林中去除无花果，旱季时其他果实稀少时，许多吃果实的动物（食果动物）就会挨饿。接着，食果动物的消失就会影响到依靠它们授粉和传播种子的植物的生长。显然，关键种对群落的影响往往引起营养级之间的波动。

有文献记录了植被杀手大象、捕食者赭海星和美

（a）共生关系

（b）互利共生

（c）偏利共生

图 3.14　共生关系。（a）地衣代表真菌与藻类或蓝细菌之间的强制性共生。（b）水牛与牛背鹭之间的互利共生。（c）热带乔木与“不劳而获”的凤梨之间的偏利共生。

国北卡罗来纳海岸的食蛙蝾螈的关键种功能，甚至连微生物也能起到关键种的作用。在许多温带森林生态系统中，与树根有关的真菌群（菌根）有利于重要矿物质的吸收。缺乏真菌的时候，树木就营养不良或根本不能生长。总体上，关键种在水生生境中似乎比陆生生境更加普遍地存在。

关键种的作用可能难以从与其他物种的相互作用中区分出来。北太平洋海岸外一种巨型褐藻（*Macrocystis pyrifera*）形成浓密的“巨藻森林”，庇护鱼类和贝类免遭捕食，使其定居在群落中（图3.15）。然而，后来人们发现，海獭会捕食生活在巨藻林中的海胆，一旦没有了海獭，海胆就会大量采食并进而彻底消灭巨藻林。更为复杂的情况是，1990年前后，由于海豹和海狮的减少，逆戟鲸开始捕杀海獭，从而引发一系列反应。此处的关键种是褐藻、海獭还是逆戟鲸？无论是何种情况，关键种都通过改变竞争关系来施加影响。在有些群落中，也许我们应该称之为“一系列关键种”。这些物种的相互作用有助于维持正常情况下的生态系统的平衡。

3.3 物种种群的增长

如果环境条件合适，许多生物都能够产生数目多得难以置信的后代。让我们细想一下普通家蝇（*Musca domestica*）。每只母蝇一次约生产卵120只（假定一半

图 3.15 海獭吃海胆，保护了北太平洋的海藻林，否则海藻就会遭到破坏。但这只是一幅不完全的图景，海獭又被逆戟鲸所吃。到底谁才是这个群落的关键种还是存在一系列关键种？

为雌性）。那些卵在约56天后就变为成虫，并具有繁殖能力。一年之内，就产生约7代家蝇并均具有繁殖能力，那么这对家蝇元老就有56万亿只后代。按此繁殖率持续10年，整个地球就会被几米厚的家蝇所覆盖。幸而家蝇的繁殖也和大多数其他生物一样，受到种种制约——资源短缺、竞争、捕食、疾病和事故，等等。家蝇仅展示了生物无限制繁殖的非凡倍增能力——**生物潜能**（biotic potential）。种群动力学描述了一个种群中生物数量随时间推移产生的这些变化。

无限制的指数增长

你在第 2 章学到过，种群由同时生活在某个地区的一个物种的所有成员组成。上文所述家蝇种群的增长是**指数增长**（exponential），没有极限，对时间作图时具有独特形状。指数增长率（每单位时间增加的数目）以恒定分数即指数表示，可用作现存种群的乘子（*r*）。指数增长的数学方程式是：

$$\frac{dN}{dt} = rN$$

式中，“*d*”表示“变化”，因此在单位时间（*dt*）内个体数目的变化（*dN*）等于增长率（*r*）乘以种群中个体的数目（*N*）。*r*（内在的增长能力）是一个分数，代表个体对种群增长的平均贡献率。如果*r*为正值，则种群增长；如果*r*为负值，则种群萎缩；如果*r*为0，则种群无变化，而$dN/dt = 0$。

指数增长的曲线图因其形状而被称为**J形曲线**（J curve）。如你所见，指数增长曲线开始时种群中个体增加的数目可能较少，但是在很短时间内，数目开始快速增加，因为随着种群规模增大，固定的增长百分比导致大得多的增加值（例如，100的2%等于2，而10 000的2%等于200）。

指数增长方程是一个非常简单的模型，是对现实世界理想化的简单描述。银行存款由复利引起的增长也用同样的方程计算。要发挥储蓄增长的全部潜力就不能提款。这就如种群会损失个体、生物潜能会降低一样。

承载力与增长的极限有关

现实世界中的增长是有极限的。1970年前后，生态学家提出了**承载力**（carrying capacity）的概念，用以描述某一生境面积内能支持存活（在不人为捕杀的情况下）的动物数量或生物量。现在这个概念一般指一处环境所具有的与某一种群大小有关的可持续性的极限。承载力有助于理解某些物种乃至人类的种群动力学。

当一个种群超过其环境的承载力时，资源变得短缺而种群的死亡率上升。如果死亡数超过出生数，增长率变为负值，种群可能突然减少，这种变化称为种群崩溃或种群陨灭（图3.16）。种群可能在生境承载力水平附近上下摆动，这时如果生境受损，就有可能降低生境的承载力。驼鹿和其他吃嫩叶的动物或食草动物有时会过度啃食植物，结果，同一生境内供养其后代的适口食物就比较少，至少在生境得到恢复之前就会如此。如果只涉及几种简单的要素，有些物种会呈可预期的周期性变化，例如，湖泊中湖泊中的藻华依赖季节性光照和温度变化。如果存在复杂的环境与生物学关系，则可能出现不规则周期。不规则的周期包括撒哈拉飞蝗或温带森林黄褐天幕毛虫的爆发——这些情况都代表突发性的种群增长。种群动力学还因生物从过分拥挤的生境迁出或个体迁入新生境而受到影响，例如2005年因为加拿大栖息地食物短缺，猫头鹰突然入侵美国北部。

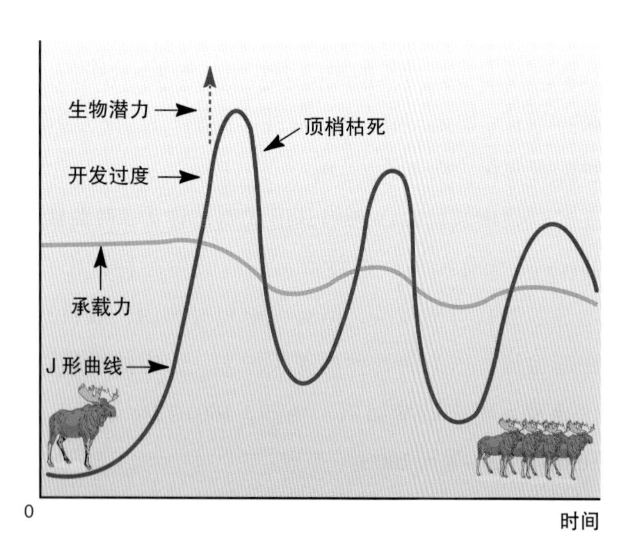

图3.16　J形曲线，又称指数增长曲线，带有超出承载力的部分。一个不受种群限制的指数增长（曲线左方）导致种群崩溃并降低至原有水平以下。超载之后，栖息地的资源受到了损害，承载力可能降低。地处北美洲的苏必利尔湖罗亚尔岛的驼鹿可能表现出了在环境变化之下的此种增长模式。

有时捕食者和猎物种群彼此同步波动（图3.17）。这项经典研究采用了加拿大哈得孙湾公司交易站200年间的皮毛销售记录（该图只表示部分记录）。提出多样化稳定性假说的查尔斯·埃尔顿是一位生态侦探，他的研究表明加拿大猞猁（*Lynx canadensis*）的数量以10年左右的周期波动，这也反映了北美野兔（*Lepus americanus*）种群的峰值（稍有错位）。当野兔种群很大而且食物充沛时，猞猁生活健康，繁衍正常，种群增长。最后，野兔过度采食，食物供给减少，野兔种群缩小。短期内猞猁因垂死的野兔比健康野兔更易于捕获而受益;然而，当野兔最终变少时，猞猁也变少了。当野兔数量较少时，其食物供给恢复，整个循环重新启动。洛特卡–沃尔泰拉模型（Lotka-Volterra model，以建立该模型的科学家命名）在数学上描述了这个捕食者–猎物波动关系。

反馈导致逻辑斯谛增长

并非所有的生物种群都要经过指数式暴涨和灾难性毁灭的循环。许多物种都受到内部和外部因素两个

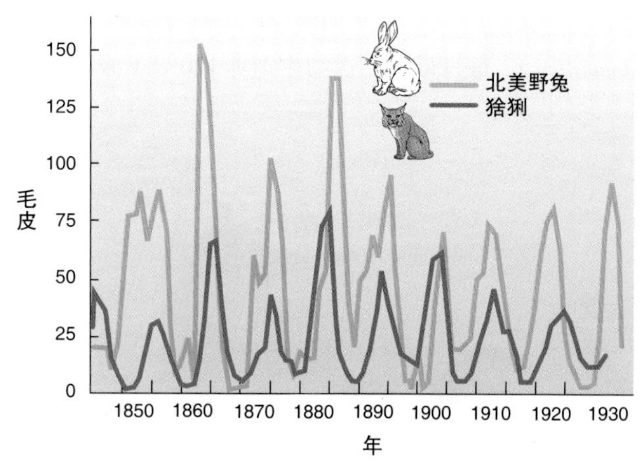

图3.17　加拿大北美野兔和猞猁种群的10年周期波动表明了捕食者与猎物之间的紧密联系，但这可能未能反映全部事实。

资料来源：D. A. MacLulich. Fluctuations in the Numbers of the Varying Hare (*Lepus americanus*). Toronto:University of Toronto Press, 1937, reprinted 1974.

方面的调控，达到与环境资源的平衡，从而维持相对稳定的种群规模。即便当资源无限制时种群可能呈指数增长，但是当逼近环境的承载力时，增长就会减慢。这样的种群动力学叫作**逻辑斯谛增长**（logistic growth），因为其增长率随时间而变化。

在数学上，这种增长模式可用下述方程描述，即在指数增长方程中对承载力（K）加上一个反馈项：

$$\frac{dN}{dt}=rN\left(1-\frac{N}{K}b\right)$$

逻辑斯谛增长方程假设，数量变化除以时间（dN/dt）等于指数增长（rN）乘以未被现有种群大小（N）摄取的部分承载力（K）。$\left(1-\frac{N}{K}b\right)$ 项建立了任一时间段种群大小与环境能支持个体数目的关系。增长率为正还是为负，取决于N小于K还是大于K。

逻辑斯谛增长曲线的形状不同于指数增长曲线，是一条反曲线，或称**S形曲线**（S curve，图3.18）。它描述这样的种群：如果其数量接近或超过环境承载力时，其增长率就会降低。

种群增长率受外部和内部因素影响。外部因素有生境质量、食物可得性以及和其他生物的相互作用。随着种群增长，食物变得短缺，对资源的竞争更激烈。对大种群而言，危险会增加：疾病或寄生生物传播，或把捕食者吸引到该地区。当空间拥挤时，有些生物在生理上受到胁迫，而成熟度、身体大小和激素状态等其他内部因素可能令其减少繁殖产出。例如，过分拥挤的家鼠（大于每立方米1 600只），平均产仔5.1只，而不拥挤的（每立方米34只）平均产仔6.2只。所有

主动学习

K对种群增长率（rN）的影响

反馈项（$1-N/K$）创建了一个影响增长率（rN）的分数。当分数接近1时增长放慢，而接近0时继续指数增长。承载力（K）限制着增长。如果$N>K$，增长为负还是为正？如果$N<K$会怎样？如果$N=K$增长又会怎样？

答案：负；正；无增长。

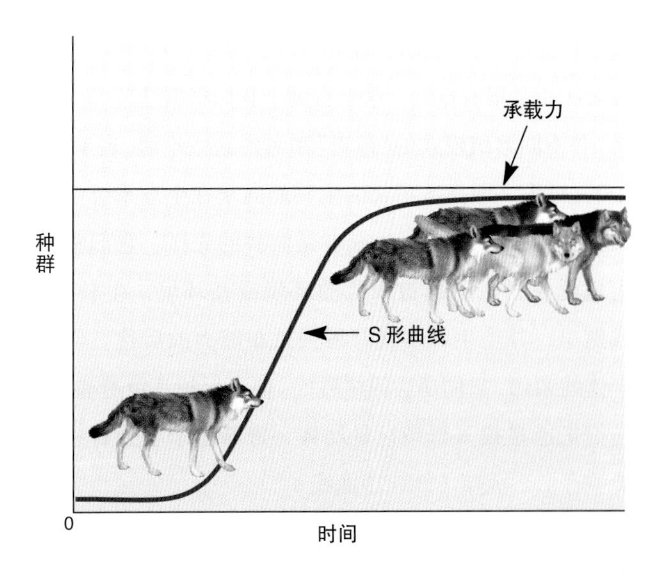

图3.18 S形曲线，或称逻辑斯谛增长曲线，描绘种群数量响应环境或种群自身密度的反馈而随时间的变化。从长期看，一个保守且可预测的种群动态可能赢得与指数种群动态的竞争。物种的这种增长模式叫作"K对策"。

这些都是**密度制约**（density dependent）因素，即随着种群增大，这种影响加强。就密度制约因素而言，不管其大小如何，种群均受到影响。干旱、早到的严霜、洪水或人为生境破坏——无论种群大小这些因素都会导致死亡率增加。对种群的密度产生制约的因素往往是非生物学的、变化无常的自然力量。

物种对限制因素的响应各不相同：r对策物种和K对策物种

龟兔赛跑的故事与物种对付其环境限制因素的方式相似。有些生物，如蒲公英和藤壶，依靠高繁殖率和高增长率（r）确保其在环境中的位置。这些生物叫作**r对策物种**（r-selected species），因为它们采用高繁殖率来克服后代死亡率高缺陷，这些后代事实上根本没得到任何照顾。这些物种甚至可能超越承载力并遭受种群陨灭，但是只要能产生大量幼体，总有少数能存活下来。另一些生物的繁殖较为保守——世代较长、性成熟较晚、幼体较少被称为**K对策物种**（K-selected species），因为它们适应了接近其环境承载力（K）的较慢增长。

有些物种融合了指数（r）增长和逻辑斯谛（K）增

长的特征。尽管如此，将两种极端类型生物的优缺点进行对比还是很有益的，这也有助于我们根据适应的“策略”和不同繁殖模式的“逻辑”来考虑这些差别(表3.3)。

*r*对策，即指数增长的生物趋向于在生态系统中占据低营养级（第2章），或者是演替的先锋。它们常是生境泛化种，占据被干扰的环境或新环境，生长快，成熟早，并产生许多具有很强散布能力的后代。作为个体的亲代，它们还会照顾后代，但不保护其免遭捕食。它们把能量投入繁殖巨量幼体，寄希望于至少有一些能够存活到成年（图3.19曲线d）。

例如，一只雌蛙在其短暂的一生中能产下一百万个卵。绝大部分幼蛙未达成年即已死亡，不过即使只有少量幼蛙存活，该物种就能延续下去。很多海洋中的无脊椎动物、寄生虫、昆虫和一年生植物都采用这种繁殖策略。大多数入侵生物和先锋生物、野草、害虫也属于。

所谓*K*对策生物通常体型较大、寿命较长、成熟慢、每一代生产后代少、天敌少（图3.19曲线a）。例如，大象在18～20岁之前在生殖方面尚未成熟。幼年和青春期的小象属于一个大家庭，这个大家庭照顾、保护和教育它们，并教它们如何行事。雌象一般每四五年怀孕一次，孕期大约18个月。因此，所有象群每年产仔都不多。由于大象没有敌人而且寿命很长（60～70

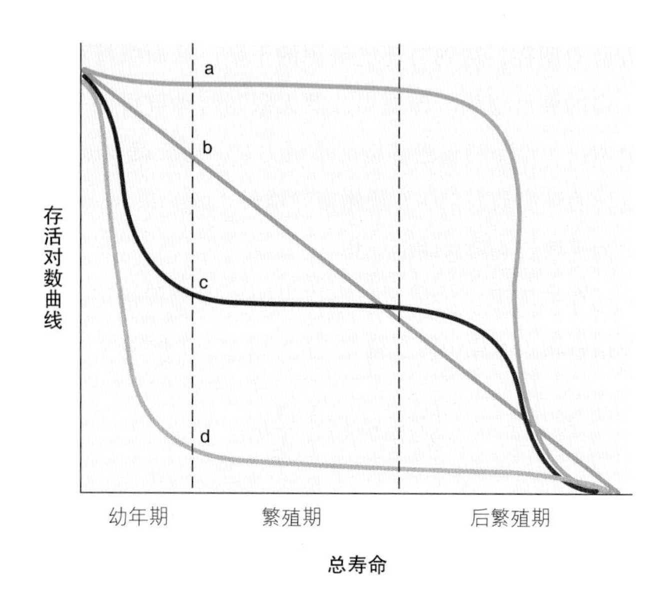

图3.19 具有不同生活史生物的四种基本存活曲线类型。曲线（a）表示像人类或大象一类的生物，如果幼年能存活，一般就能活过整个生理学寿命。曲线（b）表示像海鸥之类的生物，各个生命阶段的死亡率大体恒定。曲线（c）代表羚羊之类的生物，幼年和老年死亡率高。曲线（d）代表蛙和红杉树之类的生物，幼年死亡率高，但达到成年后就能全寿。

年），因此，只要环境状态良好且没有偷猎者，这种低繁殖率也能使种群保持稳定。

你能否将你所认识的物种划分为*r*对策或*K*对策物种（图3.20）？蚂蚁、秃鹰、猎豹、蛙、长颈鹿、熊猫、鲨鱼，这些动物采取哪种繁殖对策？你心底里可能有一个重要问题：人类的位置在何处？在种群增长策略方面，我们像狼和大象，还是更像蛙和兔子？

表3.3 繁殖策略

*r*对策物种	*K*对策物种
1. 寿命短	1. 寿命长
2. 生长快	2. 生长慢
3. 成熟早	3. 成熟晚
4. 很多小个体后代	4. 少量大个体后代
5. 亲代抚育保护少	5. 亲代抚育保护多
6. 对单个后代投入少	6. 对单个后代投入多
7. 适应不稳定的环境	7. 适应稳定的环境
8. 先锋、开拓者	8. 演替较晚的阶段
9. 生境泛化种	9. 生境特化种
10. 被捕食者	10. 捕食者
11. 主要被内在因素调控	11. 主要被外部因素调控
12. 低营养级	12. 高营养级

3.4 群落特征取决于物种多样性

没有哪个物种是一座孤岛。物种总是要在特定环境中与其他物种共存于一个生物群落之中。你已经看到了物种之间的互动如何影响生物群落。在本节，你会学到物种如何通过互动确立生物群落和生态系统的基本特征：①多样性和多度；②群落结构和斑块性；③复杂性、恢复性、生产力和稳定性。

多样性和多度

在本章开篇的案例研究中，多样性产生生态恢复

（a）存活至老年

（b）随机死亡

（c）幼崽死亡率高

（d）成年寿命长

图 3.20 这些生物的繁殖策略哪一种是 r 型，哪一种是 K 型？（a）大多数大象寿命长但生育较晚；（b）海鸥在各年龄段均有死亡，多死于事故；（c）羚羊幼崽期死亡率高，但此后存活较好；（d）红杉幼苗大量死亡，但最老的树已经至少活了 2 200 年。

力，但是到底什么是多样性？**多样性**（diversity）就是单位面积上物种的种类。非洲稀树草原每平方米草本植物的种类、哥斯达黎加鸟类的种类、地球上全部昆虫的种类（数千万种！）——这些描述的都是多样性。多样性之所以重要，是因为它标志着群落中多种多样的生态位和遗传变化。**多度**（abundance）是指一个地区中一个物种个体的数量，以一个或多个物种个体的密度表示：漂浮在每立方米海水中硅藻的数量、每公顷城镇生境中麻雀的数量。多样性和多度往往相关联。多样性高的群落中任何一个物种的个体数常常很少。大多数群落中包括少数常见物种及很多较不常见的物种。

在一般情况下，赤道地区多样性最高，并向两极递减。对很多物种而言，个体多度一般以同一斜率增加。北极地区蚊子很多，但是总体上昆虫种类不多。热带地区千万种昆虫进化成匪夷所思的形态与行为，但是在任何一处只能见到某种昆虫的少量个体。高纬度北方针叶林和热带雨林的树木和鸟类也有着同样的模式。格陵兰岛有56种繁殖鸟，而面积仅为其1/5的哥伦比亚就有1 395种。为什么哥伦比亚有如此之多的物种？气候和历史起着重要作用。格陵兰岛气候严酷，生长季短而冷，限制了生物活动。有限的能量压倒了其他一切因素，阻止了特化作用与生态位的发展，因此物种较少。而且，直至一万年前格陵兰岛仍被冰川所覆盖，新物种几乎没有时间演进。

相反，热带许多地区从未被冰川覆盖，而且雨量充沛、全年温暖，因此生态系统非常高产。全年可得的食物、水分和温暖的气候支持着繁茂的生命，并使其外观与行为得以高度特化。在很小的面积上就存在很多生态位和与之对应的高度物种多样性。珊瑚礁也同样稳定而高产，有利于多样的奇特生物的繁衍。珊瑚礁群落里生活着很多色彩斑斓、形态奇特的鱼类，珊瑚，海绵和节肢动物。尽管从前热带气候可能迥异于今日，但是起码冰川从未覆盖过热带雨林或珊瑚礁。

物种形成的机制造成群落结构

物种种群和群落的边界像拼图一样组成整体模式：①个体和物种以各种方式遍布群落各处；②群落本身排布在广阔的地理区域或景观上；③群落具有相对一致的内部（核心）和与其相对应的“边缘”。**群落结构**（community structure）是指个体、物种和群落空间分布的模式。

群落中个体以多种方式分布 即使在比较均一的环境中，物种种群中个体的分布也可能是随机的、均

你能做些什么?

为本地的生态多样性添砖加瓦

你可能认为生态系统的多样性和复杂性问题对你来说太大、太抽象而没有什么影响。事实上你能协助构建一个复杂、恢复性强而且有趣的生态系统，无论你住在城市、郊区或农村。

- 把猫关在室内。可爱的家猫也是非常成功的捕食者。候鸟，尤其是在地面营巢的鸟类，没有防卫这些捕食者的能力。
- 培育一个蝴蝶园。利用能支持各种昆虫群落的本土植物。有浆果或果实的木本植物也能支持鸟类（确保避免非本土的入侵物种）。让结构多样性（开放空间、灌木和树木）支持一系列物种。
- 参加当地环境组织。起作用最好的方法往往是把你的努力集中在房前屋后。城市公园和社区如同耕地和农村地区一样可以支持生态系统。参加一个为维护生态系统健康而工作的组织。
- 散步。了解你所在地区生态系统最好的方法是去散步，练习观察环境。和朋友一起散步并尝试鉴定一些物种和当地的营养关系。
- 住在城里。郊区的发展影响了许多特有的动植物的生长，毁灭了野生动物栖息地，减少生态系统的复杂性。把森林和草地变成草坪和街道，这是最能简化或消灭生态系统的途径。

匀的或丛生的。在随机分布的群落中，个体生活在有资源可用和偶发事件允许其定居之处（图3.21a）。均匀模式也能因自然环境而产生，但经常是因竞争和领土权所致。例如，企鹅或海鸟激烈竞争其群体的营巢区。每个鸟巢趋向于刚好够不着相邻巢穴中的邻居。频繁发生的冲突会产生高度规则的模式（图3.21b）。植物也有竞争，产生均匀分布的模式。蒿属植物从根部和落叶中释放毒素，抑制竞争者的生长，并在每丛灌木周围造成一小片圆形裸地。邻居们在这个化学屏障范围外生长，形成整齐的间距。

另有一些物种为了保护、互相帮助、繁殖或使用同一种环境资源而群聚在一起。海洋鱼类和淡水鱼形成稠密的鱼群，增加了发觉敌人和逃避捕食者的机会（图3.21c）。同时许多捕食者——无论是狼还是人类，都以集群捕猎。当黑鹂涌入玉米地或狒狒群穿越非洲稀树草原的时候，其群体规模帮助它们逃脱捕食者，而且能更有效地觅食。严酷环境中的植物也群聚在一起以求保护。高山树线附近或滨海沙丘后面常常见到被风修剪过的常绿小树林。这些树线保护植物免遭大风的伤害，顺便为其他动植物提供庇护所，形成一组群落。

群落中的个体也有垂直分布的。例如，森林有很多层，每一层都有不同的环境条件和物种组合。树顶、树冠中部和近地层生活着不同的动植物和微生物群落。这种垂直分层在热带雨林中发育得最好（图3.22）。水生群落因物种对光照、温度、盐度、养分和压力的不同反应，也常常分成不同的层次。

出现在景观中的群落有各种分布模式 如果乘坐飞机，你可能会注意到土地由各种颜色和形状的斑块组成。有些斑块形状狭长（绿篱或河流），有的呈矩形（草地或农田），或者夏季为绿色且波状起伏（森林）。每个斑块代表一种生物群落和一套物种与环境条件。群落在景观中的这种分布模式称为斑块或生境斑块。最大的

（a）随机的

（b）均匀的

（c）丛生的

图 3.21 某空间中种群成员的分布可能是（a）随机的，（b）均匀的，或（c）丛生的。个体分布的这些模式产生了种群的结构。

图 3.22 热带雨林中动植物垂直分层是一种群落结构。

斑块包含**核心生境**（core habitat），即面积足够大、能支持该群落代表性动植物的大体均一的环境。例如，太平洋东北地区原始针叶林的最大斑块中就长期存在最稳定的北方斑点鸮（濒危种）群落。在较小斑块中这种猫头鹰境遇不佳，可能是由于大林鸮的竞争。一对北方斑点鸮可能需要10平方千米的核心生境才能存活。

生境核心以外的地方，物种被生态学家称为**群落交错区**（ecotone），即两个群落边界的地方会遇到不同的生境（图3.23）。有时一个群落的边缘看起来很清晰，但是有时一种生境类型会渐变为另一种类型。群落交错区物种一般都很丰富，因为两个环境的生物个体都能占据这个边界地区。偏爱生态过渡区并能同时利用两方面资源的物种叫作**边缘种**（edge species）。白尾鹿就是边缘种，在田野吃草而栖身于森林中。

在群落交界之处，环境条件相融合，一个群落的物种和微气候能够渗入另一群落。被称为**边缘效应**（edge effect）的这种渗透可能延伸到相邻群落几百米远。草原使相邻的森林边缘地带阳光充足、气候干燥、温度较高，但是比森林内部更易受风暴侵袭。包括野草和捕食者在内的特化草原种迁移入森林中，对森林物种产生消极影响。群落斑块的形状取决于边缘效应深入的距离（图3.24），差别很大。一个形状不规则的狭窄斑块中，深入的边缘效应会导致没有核心生境；而在大小近似的方形斑块中，核心生境中仍可找到内部种。

图 3.23 边缘地带在物种方面往往丰富多彩，但是核心区对很多物种也至关重要。如图所示的复杂地景包括内陆森林的边缘和廊道，所有这一切都可能支持不同的物种。

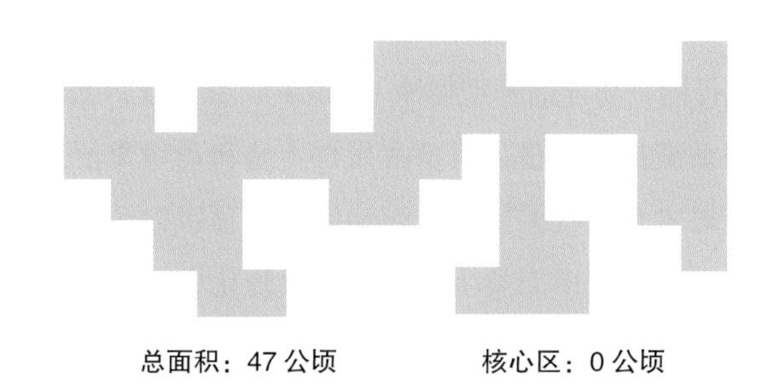

总面积：47 公顷　　核心区：20 公顷

图 3.24 小保护区中斑块的形状可能和大小一样重要。当这些区域大小相近时，上图中没有任何地方离边缘足够远而能具有核心生境的特征，而下图具有显著的核心。

城市化和其他人为因素造成的生境碎裂，导致边缘效应增强，并使核心生境缩小或丧失。

生态过渡区中的狩猎对象（鹿和野鸡等）最为丰富，也较好地适应了人类干扰。20世纪30年代，具备这种知识的北美狩猎管理者，通过削减林窗和在草地上栽树和灌木的做法，增加了猎物的种群。然而，1980年以后，野生动物学家认识到随处创造边缘效应对一个地区的生物群系有害，而保留核心生境作为庇护所对边缘种有利。这种生境管理观点认为，大的群落斑块被保存下来，互相连接，并与较小的斑块连接（图3.24）。

多样性与结构体现群落的特征

本章开篇案例研究表明，较多样的群落能从干扰中较快得到恢复。但是对恢复力而言，有比多样性与结构更重要的因素，这就是群落的复杂性。**复杂性**（complexity）是指群落中营养级的数目和每个营养级中物种的数目。如果所有物种都聚集在几个营养级上并形成一条简单的食物链，则一个多样的群落也可能不是很复杂。只要移去一个营养级或一个物种，群落就可能解体。

一个复杂的、相互联系的群落可能有很多营养级和执行同一功能的若干物种（表3.4）。在南极，太阳为生态系统提供能量，但是由死亡生物和动物粪便组成的碎屑才是关键的能源。鲸和海豹是顶级捕食者，而磷虾（微小的甲壳类生物）在能量转化中起着关键性作用。在热带雨林和其他许多群落中，食草动物基于其以植物为食的特化方式组成共位群。其中可能有食果群、食叶群、食根群、食种群和吸液群——每个群均由大小、形状甚至所属生物界各不相同的物种组成，但都以同样方式摄食。

表3.4　南冰洋的群落复杂性

功能类型	功能组成员
顶级海洋捕食者	抹香鲸和逆戟鲸、豹海豹和象海豹
空中捕食者	信天翁、贼鸥
其他海洋捕食者	威德尔海豹和罗斯海豹、王企鹅、远洋鱼类
磷虾/浮游生物捕食者	小鰛鲸、座头鲸、长须鲸、蓝鲸和鰛鲸
海洋植食动物	磷虾、多种浮游动物
海洋底栖捕食者	多种章鱼和底栖鱼类
海洋底栖植食动物	多种棘皮动物、甲壳动物和软体动物
光合作用者	多种浮游植物和藻类

1955年，当时还是耶鲁大学研究生的罗伯特·麦克阿瑟（Robert McArthur，1930—1972）提出，群落越复杂，就越能迅速地从干扰、打击中恢复。他推断，如果每个营养级都由多个物种占据，那么若某个物种受到威胁或被外部因素所消灭时，其他物种就能填补空白。群落的**恢复性**（resilience），能够抵御干扰或者能够迅速恢复。一些有关恢复性和多样性之间关系的重要实验证据来自生态学家戴维·蒂尔曼（David Tilman）及其同事在明尼苏达州雪松溪自然历史区（Cedar Creek Natural History Area）所做的研究。

在海藻林或潮间带那样的复杂生态系统中，关键种使情况变得复杂。例如，砍伐热带森林中所有无花果树，就可能对传粉者和果实传播者造成毁灭性影响。我们可以重栽无花果树，但是还能够恢复原先存在的整个关系网吗？在这种情况下，复杂性似乎使群落恢复性降低而不是提高。尽管多样性和复杂性产生恢复性的想法不完美，但是有助于解释关于群落的许多观察结果，并促使我们以尽可能多样和复杂的程度保护群落。［讨论题目：如果热带雨林是如此复杂和多样（图3.22），我们为何又对毁林如此敏感？］

当我们说某物多产时，是指它的产出量很多。群落把太阳能转化为化学能储存在活着（或曾经活着）的生物体中而产生生物量。群落每年的生物量或能量产出，即**初级生产力**（primary productivity），以单位面积每年产出的生物量或能量单位表示。因为生物细胞的呼吸作用消耗了大部分能量，因此更有用的概念是**净初级生产力**（net primary productivity），即呼吸作用后储存在生物体中的生产力。生产力取决于光照水平、温度、水分和养分可获性。大多数生态系统在生产生物量的快慢方面存在差别（图3.25）。因为资源供应丰富，所以热带雨林、珊瑚礁、海湾和河海汇合处的溺谷（河口湾）生产力高，沙漠欠缺水分，限制了光合作用，所以生产力低。极地苔原或高山,低温抑制了植物生长,也抑制了生产力。远洋缺乏养分,降低了藻类对丰富的阳光和水的利用。

即使光合作用最活跃的生态系统,也只是捕获可用太阳光中很小的一部分用以制造高能化合物。温带橡树林的树叶在仲夏白天也仅吸收可用光线的一半。其所吸收的能量,99%用于呼吸和蒸腾水分使树叶降温。在温暖干燥的晴天,一棵大橡树一天就能蒸腾(蒸发)几千升水,而只制造几千克糖类和其他高能化合物。

稳定性(stability)是一个复杂的概念。当我们说一个群落或生态系统稳定的时候,意思是这个系统受到干扰时也能抵御变化,能够恢复,并能支持与受干扰前大体同样多的物种。不过有时只能满足以上几种情况中的一种。20世纪30年代至40年代初期,美国大平原经历了毁灭性的干旱,生产力全部下降,有些物种种群实际上消失了,其他物种虽然渡过难关,但多数生产力较低。当降雨恢复时,植物群落已经有所不同,其原因主要是旱灾发生之前、当中和之后,成千上万牲畜的过度放牧。今日大平原已经迥异于19世纪著名的拉科塔酋长"疯马"(Lakota Chief Crazy Horse,1840—1877)时期的草原。不过这里依旧是草原,依旧生产草料,放牧牲畜。是否由于大草原仍然相对高产而说它稳定?或者由于过去一个半世纪里物种多度和多样性改变而说它不稳定?如果该牧场按照生态学原理放牧,会不会恢复原有物种多样性和多度而提高生产力?按此思路思考稳定性使我们想出如何最好地利用资源的方法,而不是简单地说多样性等于稳定性——这样说可能对也可能错,这取决于你对稳定性的定义。

3.5 群落是动态的并随时间而变化

如果野火席卷一个生物群落,那么这个生物群落就遭到了毁坏,对吗?不一定。火烧对群落可能有好处。迄今为止,我们专注于生物与其环境日复一日的相互作

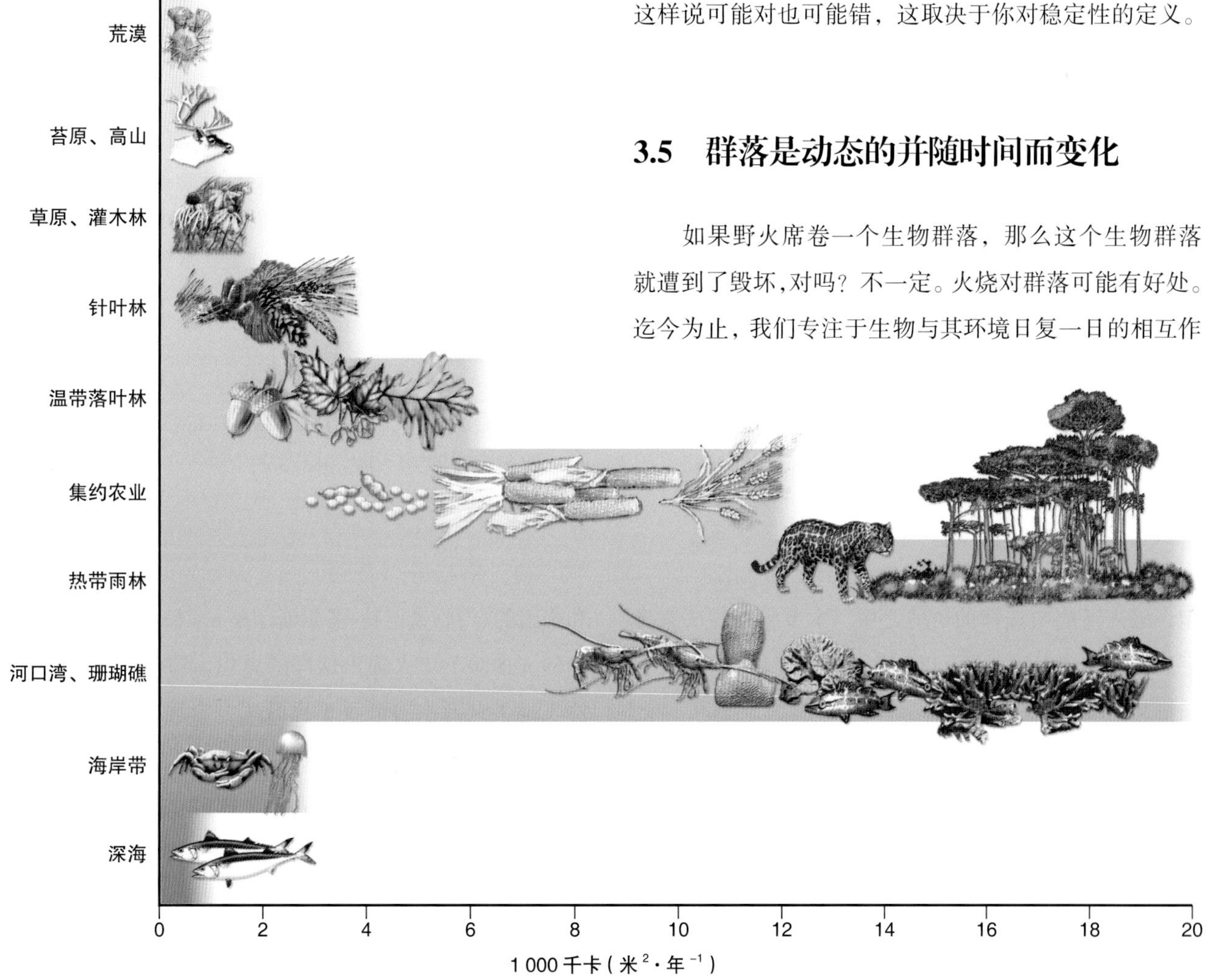

图3.25 世界主要生态系统以不同速率积累生物量。生态系统之间净初级生产力的差异主要是受限制植物生长的因素(温度、降水、养分、海拔高度、土壤有机质等)影响,但也受到提升生产力的物种之间相互作用的影响。

科学探索

物种多样性促进群落恢复

多样性重要吗？长期以来生态学家相信，群落中的物种多样性不仅美丽迷人，而且在功能上也很重要。遇到干扰时，如果一个群落中包含许多物种，它是否能迅速复原？换言之，它们是否更稳定？20世纪50年代提出的这个问题提出了保护地区生物多样性的有力理由。不过直至1994年才有人给出有助于回答这个问题的数据。在对北美草原的长期研究中，生态学家戴夫·蒂尔曼及其同事在雪松溪自然历史区种植了几十个实验地块，每个地块包含数目不等的物种。1988年明尼苏达州中部经历了50年来最酷热干燥的夏天。蒂尔曼团队在地块从干旱中恢复后，他们仔细地剪下、清点每种植物并称量它们的重量。到了1992年，物种数小于等于五的地块恢复明显较慢，而多样性较高的地块则达到或超过其旱灾前的生产力。

由于多样性和恢复力问题有互相矛盾的结果，蒂尔曼研究成果的长处在于依靠一模一样的（重复的）地块和长期研究。如果每个物种多样性水平只有一个地块，生产力的降低就可能只是源自偶然因素。任何实验都存在的另一个问题是，实验结果能够在多大程度上代表其他条件和其他样品。蒂尔曼团队通过报告平均恢复率上下的一系列值（本案例中就是标准误差）大致解决了这个问题。这种标准统计学方法及其所涉数值（置信区间）表明，如果其他人做同样的实验，几乎所有平均值都应该落入该范围。这样，我们就有信心说这些结果能适用于其他条件。

后来在雪松溪的实验表明，旱灾后物种丰富的地块恢复得较完全，因为有些物种受到干旱的严重伤害，另一些进入休眠，还有一些仍旧生长，只是生长缓慢。当雨水回归，未死亡的植物复苏并长出新的枝叶充满实验地块。物种贫乏的地块包含能迅速恢复物种的可能性低于物种丰富的地块。结果，多样性低的地块即使能恢复，大概也只能缓慢地达到其原有的生产力水平。这种解释得到另一实验性发现的支持：物种丰富地块中氮——贫瘠沙质土壤地块的限制因素的利用比物种贫乏地块更完全。

雪松溪美洲草原的实验数据激励了其他生态系统的实验。物种丰富的植物群落——比如中美洲和南美洲的热带雨林受干扰后的恢复力是否总是较强？（初步结果表明，这取决于干扰有多大和多严重。）像沙丘草地和盐沼这样物种贫乏的植物群落受干扰后只能缓慢恢复吗？事实上，经常有风、波浪和风暴干扰的地方，有些简单的植物群落似乎更稳定。

蒂尔曼的研究对栽种单一农作物的农田意味着什么？一种重要的应用可能是在生物燃料生产方面。用淀粉或纤维素制造乙醇（一种生物燃料）可能是替代基于石油的燃料的有吸引力的选择（第12章）。蒂尔曼的研究提出，考虑到多年来多变的气候，多种生物量作物比单品种作物更能够取得经济的净能量产出，同时提供较大的环境效益。总体上的结论是作为人类生存的背景，保持物种多样性能更好地长期为我们服务；若能维持物种多样性，自然界可能比我们所想象的更有恢复力。

更多信息请见

Tilman & Dowling (1994), *Nature*, 367: 363-365.

用，陷入适应与选择的语境之中。本节将回过头来考虑群落更为动态的方面，以及其随时间变化的问题。

关于群落的本质有争论

1900年以来的几十年间，北美和欧洲的生态学家一直在争论群落的本质。这不是有趣的派对交谈（除非你是一位生态学家），那些讨论影响到我们如何了解和研究群落、如何看待群落中发生的变化并最终如何加以利用。丹麦的沃明（J.E.B.Warming, 1841—1924）和美国的亨利·钱德勒·考尔斯（Henry Chandler Cowles, 1869—1939）二人提出这样的思想，即群落要么从新的土地上，要么自严重干扰后按一定顺序发展。他们在沙丘上工作，观察植物在裸沙上扎根，随着进一步发展，最后形成森林。最后发育和持续最长的群落称为**顶极群落**（climax community）。

顶极群落的重要性得到生物地理学家克莱门茨（F. E. Clements, 1874—1945）的支持。他把这种过程看作接力——物种以一种可预见的群组和固定有规律的顺序相互取代。他认为每种景观都有典型的、主要取决于气候的顶极群落。如果不受干扰，该群落就会成熟，形成一套典型的生物，每种生物都履行其最佳的功能。对克莱门茨而言，顶极群落代表某种状态下可能的最大复杂性和稳定性。他和其他学者将顶极群落的发展比作生物的成熟过程。他们认为，无论群落还是生物体，都是从简单和原始开始，成熟到高度整合、复杂为止。

这种群落的有机体理论遭到克莱门茨的同代人格里森（H. A. Gleason，1882—1975）的反对，他把群落史看作一种不可预知的过程。他认为物种是利己主义的，每个物种根据自身能力各自进入一种环境中，耐受那种环境条件并在那里繁殖。这种思想考虑到了当今由千百万种动植物形成、崩溃和重组成略有不同的形式，这取决于环境条件和相邻的物种。想象一下用快进拍摄一个繁忙候机楼：乘客来来往往，一会聚集一会散去。看似有意义的格局和集合体在一年之后就可能没有多大意义了。格里森提出，我们认为生态系统是均衡稳定的，只不过是由于我们寿命太短，而且我们的地理视野太有限，无法了解其真实的动态本质。

生态演替描述了群落发育的历史

在任何景观中，你都能读出生物群落的历史。这个历史由生态演替过程揭示。演替的时候，生物占据一个地点并改变环境条件。在**原生演替**（primary succession）的裸地——沙洲、泥流、岩面、火山熔岩流——上面，生物定居在从前没有生物生活过的地方（图3.26）。现存的群落受到干扰时，从先前的群落遗存中发育新的群落，这个过程叫作**次生演替**（secondary succession）。在这两种演替中，生物体通过改变土壤、光照水平、食物和水的供应以及微气候而使环境发生变化。这种变化使新物种得以定居并最终取代原先的物种，这个过程被称为**生态发育**（ecological development）或**演进**（facilitation）。

在陆地的原生演替中，首先定居的是坚强的先锋物种，往往是能够在几乎没有资源的严酷环境下生活的微生物、苔藓和地衣。这些生物死亡后，其遗体形成了有机质的小斑块。有机物和其他碎屑积累在小凹陷和缝隙中，保住水分并生成种子得以栖身和生长的土壤。随着演替发展，群落变得更多样，同时出现种间竞争。当环境有利于具有竞争力且更适合新环境的定居者时，先锋生物就消失了。

你在四周的撂荒地、皆伐林地、受干扰的郊区和地块上都能看到次生演替。这些地方有土壤，可能还有植物根和种子。由于翻动过的土壤上缺少植被，一年生和两年生的植物生长良好。这些植物轻盈的种子随风远飘，幼苗忍受曝晒和高温。先锋生物死亡后，留下改良土壤肥力的有机质和保护其他幼苗的遮蔽物。很快就有长寿和深根的多年生禾草、杂草、灌木和乔木接替，积累土壤有机质，并增强保持水分的能力。

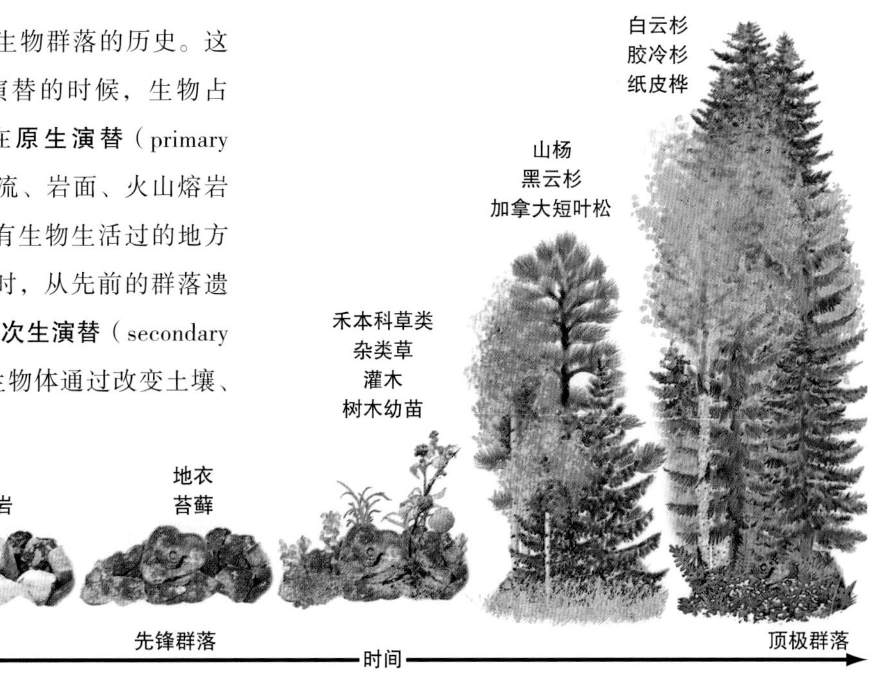

图 3.26 北方森林的原生演替包括5个阶段（从左到右）。裸岩上有地衣和苔藓定居，潴留水分并生成土壤供草本植物、灌木，然后是乔木生长。昆虫周期性的自然爆发使乔木死亡或生病，野火往往尾随而至，开始次生演替。杨树从根部重新萌发，野火的加热使北美短叶松的球果打开、松子散出，开始长出新的森林。

在裸露、干燥、阳光充足地面上不能存活的森林物种，终于找到了丰富的食物、多样性的群落结构和免受干旱风和低湿度侵袭的庇护所。

早期演替中泛化种异常突出。然而，几千年后，随着生态位增加和特化种出现，竞争应会减少。理论上，长期的群落发育导致较高的群落复杂性、较高的养分保存度和再循环、稳定的生产力及更大的抗干扰能力——成为当厄运来临时的一种理想状态。

适当的干扰对群落有益

地球上有大量的干扰：滑坡、泥石流、冰雹、地震、飓风、龙卷风、风暴潮、野火和火山等——这只是最突出的一些而已。**干扰**（disturbance）是指对物种多样性和多度的既定格局、群落结构或群落性质起破坏作用的任何力量。使雪松溪自然历史区植物生产力下降的旱灾就是一个很好的例子。动物也可以带来干扰。非洲象采食和游走时拔除小树、践踏灌木、扯下树枝，打通了森林群落并形成了稀树草原。

人类也以多种方式造成干扰。原住民在许多地方纵火、引进新物种、采集各种资源或改变群落。这些干扰有时会造成很大的生态效应。考古证据表明，当人类在新西兰、夏威夷和马达加斯加等岛屿定居时，随之而来的是许多物种的大规模灭绝。虽然人们对最近一次冰期结束时美洲是否发生了同样的事情仍有争论，但是大约在人类到来的同一时期，许多大型哺乳类物种确实消失了。有些情况下，原住民创造的景观可能持续如此久远，以致我们想当然地认为那些地方一直就是这样。例如，北非东部原住民纵火维持多草的开阔稀树草原景观，使早期开拓者认为这就是东非的天然状态。

现代技术社会造成的干扰往往更明显，而且更不可逆。你无疑见过修路、采矿、林木皆伐或其他破坏性活动留下的痕迹。显然，一处景观变成公路、停车场或地上的一个大洞，要恢复原状将需要很长时间——如果真能恢复。但是，有时即使是很轻微的干扰，也可能造成深远的影响。

例如，我们可以考虑一下密歇根州北部半岛金斯顿平原（Kingston Plain）的情况。19世纪末林木皆伐清除了从前生长在此地的白松林。想要建设农场的拓荒者反复纵火，从沙质土壤中去除养分，改变了生态条件，以致一个世纪以后，森林依然无法重生（图3.27）。无论是人类还是自然造成的广泛变化，都需要几百年时间才能回归到干扰前的状态，如果同时发生气候或其他条件的改变，也可能永远不能恢复。

生态学家常常发现干扰有益于许多物种，其作用几乎和捕食者的作用一样。因为干扰可以使最重要的对手受挫，使竞争力较小的物种得以持续。在北温带森林中，枫树（尤其是糖枫）是最多产的播种者，而且在各生长阶段都比任何其他树种耐阴更强。经过几十年演替，枫树就在林冠下的竞争中胜出。大多数橡树、山核桃树和其他需要阳光的物种大量减少，林中灌木也是如此。枫树浓密的阴影基本上剥夺了其他物种获得阳光照射的权利。当风暴、龙卷风、野火或暴风雪袭来时，枫树被推倒，树枝断裂，阳光重新照射林下地被物，唤醒橡树、山核桃树和林下灌木的幼苗。干扰通常能起到的帮助作用是打破超级对手的钳制。1988年黄石公园大火打击了在公园中面积不断扩张的美国黑松（*Pinus contorta*）。几年以后，演替过程在某些地方形成了茂密的森林，另一些地方形成开阔的稀树草原（图3.28）。这个过程造就了更多样的植物物种，野生动物对更多样的生境也做出了积极的响应。

图 3.27 密歇根州北部半岛东部金斯顿平原荒芜的群落，是茂密的白松林被砍伐造成的，同时还有人类几次毁灭性的纵火。请注意这些树桩是100多年前砍伐时所留下的。

图 3.28 1988 年（有记录以来最干旱的一年）雷电点燃的野火在大黄石地区烧毁了 1.4 万平方千米植被。火灾以前，黄石公园 80% 面积主要为美国黑松林。火灾后，有些森林变成稀树草原，另一些地方长成茂密的灌木丛。

有些地景永远不能达到传统意义上的最佳状态，因为这些地方以周期性干扰为特征，由**干扰适应物种**（disturbance-adapted species）组成。这些物种依靠隐藏在地下或耐火性强以逃过火灾，火灾过后迅速重生。草地、加利福尼亚和地中海地区的查帕拉尔灌木丛（chaparal scrubland）、稀树草原和一些类型的针叶林是由周期性火灾（这种火灾早已成为其历史的一部分）塑造和维持的。事实上，这些群落中许多优势植物种需要通过火灾抑制其竞争对手，为种子萌发准备条件，或爆开松果，或打破厚实的种皮释放种子。如果没有火灾，群落结构会截然不同。

人们从这类群落的生物视角出发，认为干扰有害。20世纪初的这种观点和保护木材供应免遭无处不在的野火之害以及筑坝防洪保水的愿望相结合。20世纪大部分时间内，灭火与防洪（加上捕食者控制）变成美国自然资源管理的核心政策。近年来，关于自然干扰的新概念正在进入土地管理的讨论，导致土地管理政策的改变。现在认为草地和有些森林是“适应火烧的”，如果气候条件适宜，就允许火烧。为了维持冲积平原和河流的健康，洪水也被看作是至关重要的。决定修建新水坝和防洪堤工程时，决策者和管理者越来越多地考虑生态信息。

从另一角度看，干扰重置了每个群落中一直运行的演替时钟。即使干扰后似乎一切均陷于混乱，但是放任自然干扰（或明智地实行人为干扰）可能保护了物种多样性，从长远看确实保证了稳定性，就像多样化的北美草原从大旱之后的火灾中恢复那样。

总　结

进化是关键的生物学组织原则之一。进化解释了物种多样性如何产生和生物如何能够生活在高度组织的生态生境中。进化的机制是有利的特质从现存的世代传递给其后裔的自然选择。物种相互作用——竞争、捕食、共生和协同进化，是自然选择的重要因素。生态系统中生物与环境条件的独特组合决定了重要的群落特征，诸如生产力、多度、多样性、结构、复杂性、连通性、恢复性和进化等。人类引进新物种和去除现存物种会造成生物群落的深刻变化，危害我们所有人赖以保障生命的生态服务。了解这些群落生态原理是成为有知识的环境公民至关重要的一步。

4 人口

泰国非常成功的计划生育政策充满趣味并与教育和经济发展相结合。

对于任何复杂问题

都有一个清楚、简单却错误的答案。

——门肯（H. L. Mencken）

美国作家

问题与讨论

- 我们为什么要关心人口增长？
- 21世纪的人口会不会像20世纪那样增加两倍？
- 人口增长和环境影响之间有什么关系？
- 20世纪人口增长为什么这样快？
- 世界各地人口增长有何变化？
- 人口增长如何随社会发展而发生变化？
- 什么因素使人口增长减缓或加速？

泰国计划生育政策：一个成功的案例

在曼谷热闹的素坤逸路（Sukhumvit Road）边的一条窄巷里，有一家非同寻常的咖啡馆，名叫“卷心菜与安全套”。它不仅以辛辣的泰国菜肴著称，而且还是世界上唯一致力于计划生育的餐馆。旁边的一家礼品店里，盛着安全套的篮子立在北方山地部落装饰性手工艺品旁边。成堆的T恤上印着这样的信息：“每天一个安全套，医生不找你和我”，还有“我们的菜肴保证不会造成怀孕”。这两家店都是泰国最大、最有影响力的非政府组织人口与社区发展协会（PDA）经营的。

PDA在1974年由和蔼风趣的泰国前卫生部部长米猜·威拉瓦亚（Mechai Viravaidya）创立，他是公共关系和群众动员方面的天才。20世纪70年代，米猜在泰国各地旅行时，认识到人口快速增长是社区发展的障碍，尤其是贫困地区。米猜不想对人们的行为指手画脚，而是决定用幽默的方式推行计划生育。PDA工作人员在人群密集的场所，如剧场和堵车的地方发放安全套。他们和政府官员进行吹安全套比赛，并教年轻人唱米猜的安全套歌：“孩子太多必受穷。”PDA甚至付钱给农民在水牛身上漆上计划生育的广告。

1974年PDA建立之初，泰国人口年增长率为3.2%。仅仅15年之后，已婚夫妇避孕率从15%提高到70%，人口增长率下降到1.6%，这是有史以来出生率下降幅度最大的一次。现在泰国的人口增长率为0.7%，远低于美国。泰国的生育率（每个妇女生出孩子的平均数）从1974年的7个降低到2006年的1.7个。PDA认为，如果按原来的趋势发展，现在泰国人口要多出2 000万。

除了米猜的创造性才能与表演天赋外，这个案例的成功还有其他几个原因。泰国老百姓比大多数发展中国家的人多了一些幽默感，而且泰国夫妇在生儿育女、家庭生活与避孕方面共同决策。政府承认计划生育的必要性，并愿意同PDA等志愿者组织合作。95%泰国人信奉的佛教也提倡计划生育。

PDA本身并不局限于宣传计划生育与发放安全套，还把活动扩展到各种经济开发项目。PDA的微型贷款为购买几只小猪、自行车或者提供少量商品到集市上出售而提供资金。PDA分发了成千上万只水罐，建造收集雨水的混凝土水池。较大规模的社区开发项目包括修筑道路、农村电气化和灌溉项目。米猜相信，人类发展和经济安全是人口计划成功的关键。

本案例研究引出了本章几个重要主题。人口的指数性增长可能产生什么影响？如何控制生育率和人口增长？贫困、出生率和我们共有的环境之间有什么联系？在阅读本章的时候，请记住，资源的限制不仅仅是本星球总人口数的问题，而且还取决于消费水平和用以生产我们所使用物品的技术类型。

4.1　当前和过去的人口增长速度迥然不同

平均每一秒钟有四五个孩子出生在地球的某地。同一秒钟，还有一两个人死亡。出生和死亡之差，意味着全世界每一秒钟平均净增加约2.5个人。据统计，21世纪前十年的中期世界人口约为70亿，并以每年1.13%的速率增长。目前人类是地球上数量最多的哺乳类物种，也是比其他任何物种分布更广、对全球环境影响更大的物种。对于家庭而言，孩子的出生可能是盼望已久的喜事（图4.1）。但是从长远看，持续的人口增长真是人类的福音吗？

许多人担心，人口过多会造成（也许已经造成）资源耗竭和环境退化，威胁所有人赖以为生的生态系统。这种担心常常导致有人要求立即实行全球性的生育控制计划，降低生育率，最终稳定乃至减少总人口数量。

也有人认为，人类的才智、技术与进取心能够增加世界的承载力，让我们能够克服所遇到的任何问题。从这个角度看，人多可能有益而不是有害。人口多意味着劳动力多、天才多、想法多，新增一张嘴的同时也会新增一双手。这种观点的支持者认为，持续的经济与技术增长既能养活全世界几十亿人口，也能够使人人富足到自愿终止人口爆炸的程度。

还有一种观点从社会公正的角度出发考虑这个问题。根据这种观点，资源足够每个人使用。目前资源的短缺仅仅是贪婪、浪费与压迫导致的。这种观点认为，环境退化的根本原因是财富与权力的不公平分配，而

图 4.1 一个家庭选择要几个孩子取决于很多因素，包括可以获得的各种生育控制的方法。

不仅仅是人口规模。培育民主观念、增加女性和少数民族的权利、改善世界最贫穷人群的生活标准，是保持可持续性必不可少的条件。对人口问题的短视在很大程度助长了种族主义，并把责任归咎于穷人，而罔顾富国对资源的大量消耗。

无论人口是否以当前的速率继续增长，也无论这种增长对环境质量与人们的生活意味着什么，人口问题始终是环境科学中最核心和最紧迫的问题。我们将在本章考察人口增长的一些原因，以及如何对人口进行度量与描述。计划生育与生育控制对稳定人口非常重要。不过，一对夫妇决定要几个孩子和他们使用采取什么方法控制生育，强烈地受到文化、宗教、政策，以及基本生物学与医药等方面的影响。我们将考察其中一些因素如何影响人口统计特征的因素。

近代之前人口增长缓慢

历史上，人类与其他许多物种相比数目不算很多。对狩猎-采集社会的研究表明，大约1万年前发明农业与动物驯养之前，世界人口很可能只有几百万。农业革命带来了更多更安全的粮食供应，使人口增长，到公元前5000年时达到5 000万人。几千年来，人口增长非常缓慢。考古学证据和历史描述表明，公元经年伊始时期的人口也只有约3亿人（表4.1）。

从图4.2可见，公元1600年以后人口开始迅速增长。造成这种迅速增长的因素有很多：日益增强的航海技术刺激了各国间的贸易与交流；农业发展、更好的动力源和医疗卫生的改进也起了很大作用。我们目前处于一种指数增长或J形曲线形式的增长，如第3章所述。

表4.1 世界人口增长与倍增时间

年代	人口	倍增时间
公元前5000年	5 000万	?
公元前800年	1亿	4 200年
公元前200年	2亿	600年
公元1200年	4亿	1 400年
公元1700年	8亿	500年
公元1900年	16亿	200年
公元1965年	32亿	65年
公元2000年	61亿	51年
公元2050年（估计）	89.2亿	215年

资料来源：联合国人口署。

到了1804年世界人口才达到10亿，但是仅仅过了156年——1960年就达到30亿。而我们只经过一个10年——从2000年到2010年，世界人口就增加了7亿。用另一种方法来看人口增长，20世纪里人口就增加了3倍。21世纪里还会不会这样？如果是这样，我们会不会超

主动学习

人口倍增时间

如果世界人口每年增长1.14%并以这个速率继续增长，人口倍增需要多长时间？对指数增长而言，“70律”对计算倍增的大约年数是一种有用的方法。例如，一个储蓄账户（或生物种群）以每年1%的利率增长，倍增年数约为70年。用下面的公式计算世界人口（增长率=1.14%/年），以及乌干达（3.2%）、尼加拉瓜（2.7%）、印度（1.7%）、美国（0.6%）、日本（0.1%）、俄罗斯（−0.6%）的倍增时间。

例如：70年/（增长百分数）=倍增时间（年）

答案：全世界≈61年；乌干达≈22年；尼加拉瓜≈26年；印度≈41年；美国≈117年；日本≈700年；俄罗斯=永不

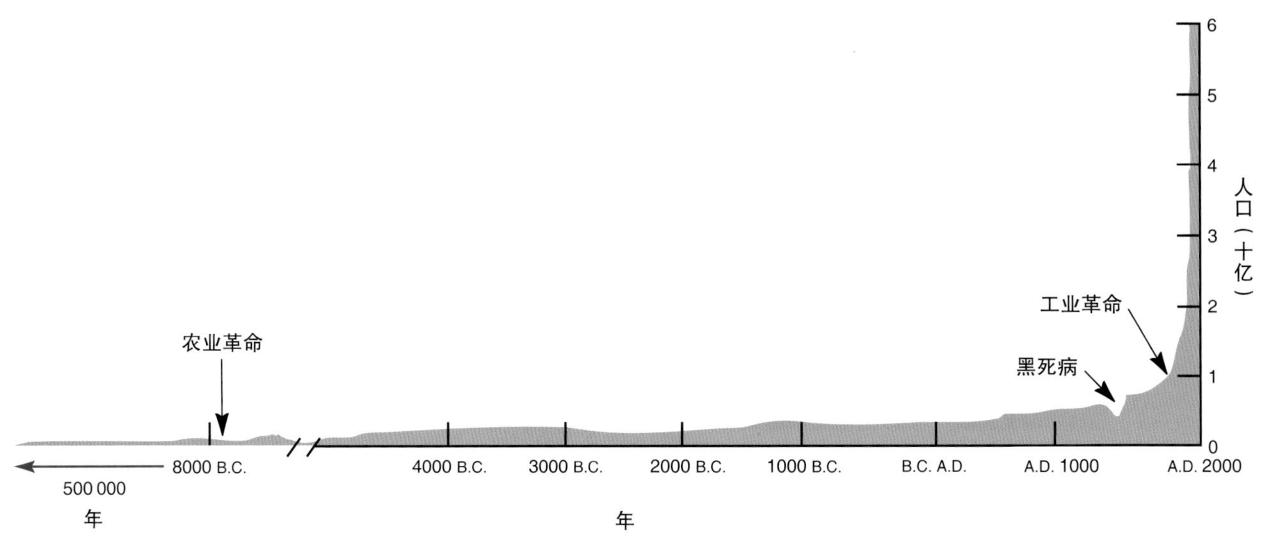

图 4.2 历史各时期部分人口水平。从 J 形曲线可以明显看出，人口呈指数增长。何时曲线才能呈现 S 形使人口增长持平？这将取决于人类在未来 50 年所做的选择。

越环境承载力，像第3章所描述的那样经历灾难性的顶枯病？本章后面还要谈到，已经有了人口增长业已减缓的证据，但是无论我们如何迅速地达到平衡，人口是否能长期维持在可持续的规模仍然是一个困难且生死攸关的问题。

4.2　人口增长展望

和环境科学中很多议题一样，人们对人口与资源问题有着各种各样的观点。有些人认为人口增长是贫穷与环境退化的根本原因。另一些人则争辩说，贫困、环境退化和人口过多只不过是更深层社会因素和政治因素的表现。我们所持的世界观将会深刻影响我们处理人口问题的方法。我们将在本节研究辩论中的一些主要人物及其论点。

是环境还是文化控制人口增长

工业革命以后，世界人口开始急速增长，人人都在争论人口增长的原因和后果。1798年，托马斯·马尔萨斯（1766—1834）撰写了《人口学原理》一文，改变了欧洲领导人关于人口增长的想法。马尔萨斯收集证据，表明人口呈现指数性增长；而粮食生产或保持稳定，或增长缓慢。他认为，人口最终会超过粮食供应，并因饥饿、犯罪和贫困而崩溃。他改变了大多数经济学家认为高繁殖率会增加工业产出与国民财富的看法，转而相信随着人口快速增长，人均产量会下降的事实。

按马尔萨斯的话说，人口增长只能被疾病、饥荒或强制降低出生率的社会约束（晚婚、资源匮乏、独身和“道德约束”）所限制。

有些人认为，我们正在接近甚至可能超过了地球的承载力。洛克菲勒大学的数学生物学家乔尔·科恩（Joel Cohen）评述了已出版的对地球能供养人口最大数量的估计数。这些跨越300年的估计结果中，中位数集中于100亿至120亿。今天我们的人口已多达70亿而且仍在增长中[①]，对一些人而言，这种前景令人担忧（图4.3）。例如，康奈尔大学昆虫学家戴维·皮门特尔（David Pimental）说过：“到2100年，如果照现在的趋势继续发展下去，地球上120亿苦不堪言的人将要忍受艰难的生活。”按照这种观点，生育控制应该是我们最优先的考虑。

技术提高了人口承载力

乐观主义者辩称，马尔萨斯是不对的，因为200年

① 据统计，截止到2019年5月16日，世界总人数已达75.79亿。——编者注

图4.3 究竟是世界已经过分拥挤了，还是说人口是一种资源？在很大程度上，答案有赖于我们所使用资源的种类和使用它们的方法，还有赖于社会制度的民主、平等与正义。

前他对饥荒与灾难的预测中，并没有考虑到科学技术的进步。事实上，在马尔萨斯的时代以后，粮食供应已超过人口增长的速度。例如，根据联合国粮农组织的数据，1970年世界粮食为每人每日提供了2 435卡路里热量，而2010年每人足有3 130卡路里。即使较贫穷的发展中国家也见证了增长，从1970年的每日平均2 135卡路里提高到2010年的2 730卡路里。同一时期，世界人口从37亿增加到将近70亿。过去200年来，可怕的饥荒确实侵袭了不同的地点，但是造成饥荒的原因更多的是政治与经济因素，而不是资源短缺或人口规模。世界是否能够继续养活不断增长的人口仍有待观察，但是技术进步业已极大地提高了人口承载力——至少迄今为止是这样（第7章）。

200年前开始的世界人口的爆发性增长是受技术与工业革命激励的。农业生产、工程、信息技术、商业、医药卫生等方面的进步以及现代生活其他方面的成就，使得在单位面积上有可能养活比一万年前多大约一千倍的人口。华盛顿特区凯托研究所（Cato Institute）经济学家斯蒂芬·穆尔（Stephen Moore）把这些成就看作“一种对人类独创性和我们创新能力的真正礼物”。他提出，没有理由认为人类在未来找到解决问题的技术方法的能力会变小。

不过，过去200年来，我们生活水准的提升大半基于容易获得的自然资源，尤其是廉价而丰富的化石燃料。许多人关心这些燃料有限的储量或者其使用的负面效应是否会造成粮食生产、交通运输或人类社会其他关键因素的危机。

而且，技术可能是一把双刃剑。环境效益不完全是人口规模问题；还要取决于我们使用何种资源以及如何利用这些资源。这个概念可以概括为一个公式：$I=PAT$。公式表示我们对环境的影响（Impact）是人口规模（Population）乘以富足程度（Affluence）和用以生产我们所消费的商品与服务的技术（Technology）。依靠高水平能耗和物耗过着富裕生活、同时产生过量污染物的一个美国人，对环境的影响就很可能超过亚洲或非洲整个村子的农民。从理论上讲，美国人将开始使用无污染、可再生的能源和物料。更进一步，我们要把环境友好型技术推广到亚非农村，使每个人都能享受生活标准提高而环境又不退化的好处。

估量我们对环境影响的方法之一，是将消费选择用相当于生产商品与服务所需土地的数量来表示。这种方法可以得出一个简单的数字，叫作**生态足迹**（ecological footprint），即用以支持每个人所需的有生产力土地数量的估算值。自然界提供的服务构成了生态足迹的大部分。例如，森林和草地储存碳、保护水源、净化空气和水，并提供野生生物栖息地。

生态足迹的计算并不完善，但是确实为我们提供了比较生活方式影响的一种方法。例如，美国平均每个居民的消费水平需要9.7万平方米有生物生产力的土地来维持，而每个马拉维人平均的生态足迹却低于5 000平方米。在全世界范围内，人类目前超额使用了地球在可持续基础上能提供的资源的1/3左右。这就意味着我们正在亏欠一笔后代不得不替我们偿还的生态债务。或者换一种方式看，如果全世界都遵循美国的生活方式，那么就要有另外三个半地球才够用。相反，如果每个人都像马拉维人那样生活，地球就能居住200多亿人口。

人口增长可能带来益处

想象一下美国和中国等大国所代表的超级经济引

擎。较多的人口意味着较大的市场、较多的劳动者和大规模商品生产的规模性效率。而且，增加的人口提升了人的创造力和智力，通过发现新材料和新方法而创造新的资源。经济学家朱利安·西蒙（Julian Simon，1932—1998）是对人类历史持这种乐观看法的斗士，他认为人口是“终极资源”，而且没有证据表明，污染、犯罪、失业、拥挤、物种损失或其他资源约束会随人口增长而变得更糟。

在1980年一次著名的打赌中，西蒙挑战《人口炸弹》（*The Population Bomb*）一书的作者保罗·埃尔利希（Paul Ehrlich），让他选出十年后将会升值的5种商品。埃尔利希选择了一组金属，然而实际上却变得更便宜了，因而输了这次赌局。许多发展中国家的领导人坚持以为，与其纠缠于人口增长，不如把重点放在富裕国家人民对世界资源的过度消费。对埃尔利希而言，他本不想选金属，而是想选一些可再生资源或与环境健康有关的特定关键指标。他和西蒙商量在西蒙离世之前进行第二次打赌。

4.3 人口增长取决于许多因素

人口学［英文为demography，源自希腊语demos（人）和graphein（书写或测量）］包括人口动态统计，例如出生、死亡、人口住在哪里和总人口规模等。我们将在本节研究对人口进行测量和描述的方法，并讨论造成人口增长的人口学因素。

地球上有多少人

美国人口调查局曾经预估2010年世界人口为70亿，这不过是一种有根据的推测（2010年世界人口约为68亿）。即使在今天这个通信发达的信息技术时代，计算世界人口的总数也还是如同射击一个移动靶一样。人口不断出生不断死亡。而且，有些国家从未进行人口调查，有些国家做了调查但可能不够准确。有些政府可能过高或过低表述其人口，使他们的国家显得更大更重要，或者比真实情况更小更稳定。有些个人，尤其是那些无家可居者、难民或非法外侨，也可能不愿意纳入统计或不愿意被认定。

从人口学的角度讲，我们确实生活在两个差异很大的世界。一个是贫穷、年轻、人口增长迅速的世界，而另一个则是富裕、老龄化、人口规模日益缩小的世界。贫穷世界住着的世界人口绝大多数来自非洲、亚洲和拉丁美洲中的较不发达国家（图4.4）。这些国家代表着世界人口的80%，而且对预期未来人口增长的贡献率将超过90%。富裕国家由美国、英国、德国、法国、日本、澳大利亚和新西兰等国家组成。富裕国家的平均年龄为40岁，而到2050年，他们的预期寿命将在90岁以上。由于许多夫妇选择只要一个孩子或不要孩子，这些国家的人口在下一世纪预期会明显下降。

人口增长率最高的国家出现在发展中国家的几个“热点”地区，例如撒哈拉以南的非洲和中东，这些地方的经济、政治和国内动荡及避孕措施使用率偏低，使人口增长率持续偏高。例如，乍得和刚果民主共和国的人口年增长率在3.2%以上。使用节育措施的夫妇不足10%，每个妇女平均生育7个儿女。阿曼和巴勒斯坦的出生率甚至更高，那里人口倍增时间仅为18年。

有些发展中国家人口增长非常迅速，以至于这些国家到21世纪中叶将达到极大的人口规模（表4.2）。

表4.2 部分国家人口增长预测

2009		2050	
国家	人口/百万	国家	人口/百万
中国	1 339	印度	1 628
印度	1 166	中国	1 437
美国	308	美国	420
印度尼西亚	240	尼日利亚	299
巴西	199	巴基斯坦	295
孟加拉国	156	印度尼西亚	285
尼日利亚	149	孟加拉国	231
俄罗斯	140	刚果民主共和国	183
日本	127	埃塞俄比亚	145

资料来源：美国人口调查局，2009。

图4.4 我们生活在两个人口世界里：一个富裕、技术先进并有着缓慢增长（也许无增长）的老龄人口，另一个贫穷、拥挤、欠发达并且人口增长迅速。

虽然中国在整个20世纪都是人口最多的国家，但是印度有望在21世纪内超过中国。1950年只有3 300万居民的尼日利亚，据预测到2 050年将有2.99亿人。50年前埃塞俄比亚人口约为1 800万，在100年内可能增长10倍。此类国家中，有很多国家快速增长的人口对粮食供应和国家稳定提出巨大挑战。面积相当于美国艾奥瓦州的孟加拉国人口已经过多，达到1.53亿。到2050年，如果如同气候学家预测的那样，正在上升的海水将淹没该国土地的1/3，而人口还要增加8 000万，这将使局势无可挽回。

相反，人口缩减成为一些富国的特征。现有1.28亿居民的日本，到2050年可能减少到9 000万人。占世界人口12%的欧洲，如果现行趋势持续下去，50年后将占不足7%。即使美国和加拿大，如果停止移民迁入，人口也只能保持稳定。目前，美国人口仍在增长。2010年美国人口约为3.11亿，并以每年1%的速率增长。

不仅富裕国家的人口在下降。例如俄罗斯，随着死亡率飙升和出生率骤降，目前每年人口缩减近100万。经济崩溃、恶性通货膨胀、犯罪、腐败和绝望都使人口陷入萎缩状态。

许多非洲国家的情况更糟，在这些地方，艾滋病和其他传染病以可怕的速度导致大量死亡。例如，在赞比亚、博茨瓦纳和纳米比亚，高达39%的成年人口感染了艾滋病或HIV阳性。卫生官员预测，博茨瓦纳2/3现年15岁的人将在50岁之前死于艾滋病。如果没有艾滋病，平均预期寿命应接近70岁。现在，艾滋病使博茨瓦纳的预期寿命已经降低到只有31.6岁。由于可怕的疾病，许多非洲国家的人口目前都在下降（图4.5）。总体上，2050年非洲人口预计要比没有艾滋病的情况下少2亿。

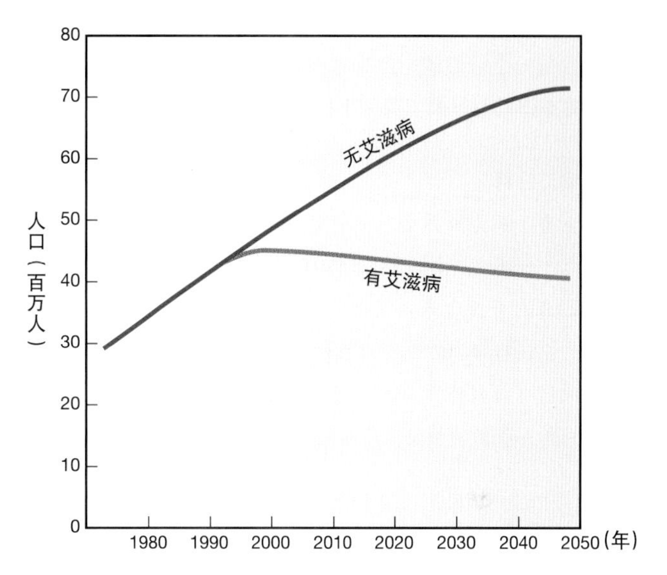

图4.5 有艾滋病和没有艾滋病情况下南非地区人口预测。
资料来源：联合国人口署，2006。

生育力在各种文化背景下以及不同时期有所不同

繁殖力是进行繁衍的物理能力，而生育力是实际上繁衍的后代。没有儿女的那些人可能有旺盛的繁殖力但没有生育。最容易得到的衡量繁殖力的人口统计指标通常是粗出生率（crude birth rate），即一年中每千人生育的数目。这个比率在统计上是“粗”的，意思是不对育龄妇女人数之类的人口特征进行校正。

总生育率（total fertility rate）是人口中平均每个妇女在其整个育龄期间的生育数。17世纪和18世纪欧洲上层社会妇女在婴儿出生后立即给乳母抚养，在其整个育龄常常怀孕25至30次。有记录的劳动人口最高生育率出现在北美洲的一些再洗礼派教徒的农业社群中，每个妇女平均生育达12个孩子。在大多数部落或传统社会中，即使没有现代节育方法，粮食短缺、健康问题和文化习俗也会将总生育率限制在每个妇女6至7个孩子。

你的足迹有多大？

人口在增长，人均使用的资源也在增长。我们如何评估资源消费对世界的影响？其中一种方法是生态足迹分析——估算为了支持你对粮食、纸张、电脑、能量、水和其他资源消费所需的地域面积。这种分析显然将你的实际消费简单化，而且只是一个近似值，但是这种笼统的估量使我们能够对不同地方或不同时段的资源使用状况进行比较。

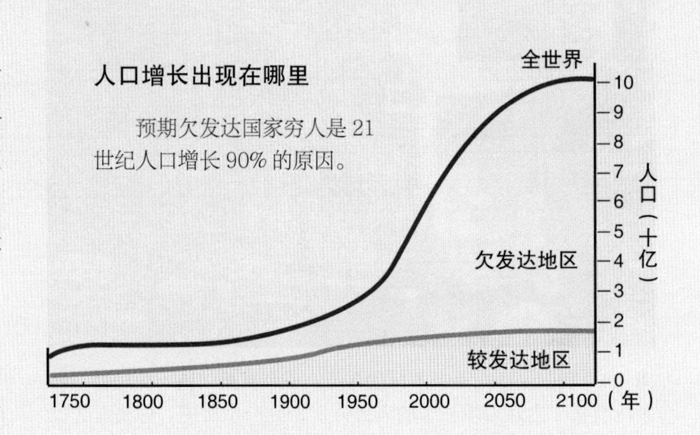

词汇注释

生态承载力就是生态系统对我们的需求的承载力。生态承载力和全球生态足迹可以以10亿公顷(gha)[①]为单位来衡量。1公顷=0.01平方千米。根据世界自然基金会的计算，平均每公顷土地能够储存的碳相当于1 450升汽油。

我们以超过资源更新的速度开采化石能源、开发土地和其他资源，我们的消费已经超过了地球的生态承载力。

① 目前碳足迹有面积和质量两个度量单位，一个是全球公顷（gha），另一个是二氧化碳质量。——编者注

我们的平均生态足迹是多少

高消费国家每人的生态足迹约为10公顷。WWF估算的171个国家中有半数人均足迹少于2公顷。如果每个人都实行典型美国生活方式，就还要有3.5个地球才足以支持。

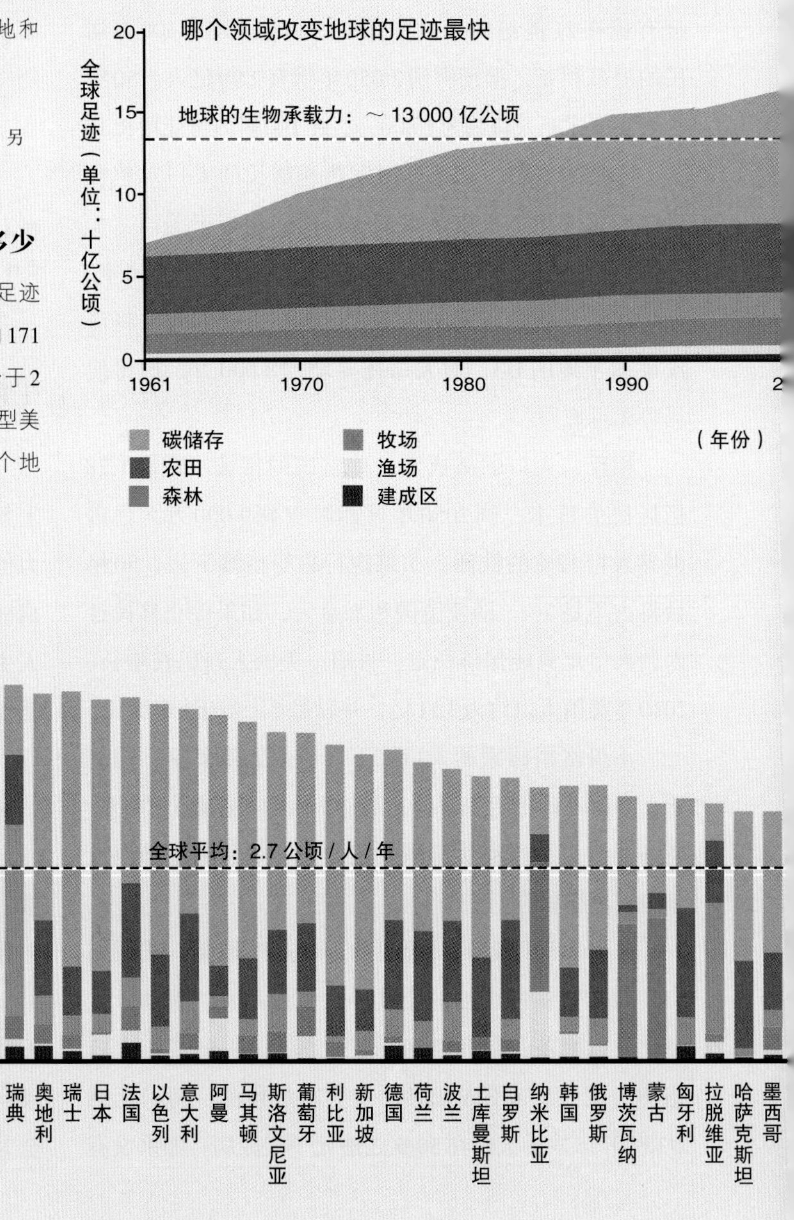

◀ **碳储量** 为什么碳排放是我们生态足迹中最大的部分？燃烧化石燃料、砍伐森林和农业土壤氧化会放出引起气候变化的气体。50年来碳足迹的不断增大几乎全部是这些气体造成的。富国之间碳排放差异很大：例如，富裕程度和生活方式相近的瑞典和美国的碳排放就差别很大。仅我们将近全球公顷的碳足迹一项，就占用了全球生态承载力的大部分。

▲ **农田** 用于耕作的资源是什么？不同资源成本差异很大。有些耕作方式耗竭了土壤，还依赖化石燃料；另一些培肥土壤，几乎不用投入。用粮食喂养的牛肉可能是成本最高的农产品。

▶ **林地** 我们从林地中得到什么好处？森林为我们提供木材和纸制品，还有许多其他有用产品。森林还能保护水源，净化和储存水，为野生动物提供栖息地。

◀ **放牧地** 放牧会耗竭土壤吗？放牧需要广阔的区域。过度放牧会使生物多样性严重退化。不太集约的放牧可能是将草类转变为蛋白质的有效途径。

▶ **渔场** 我们要依靠多大面积的海洋？渔业对有些国家影响很深。全球90%的大型海洋捕食动物已经消失，17个主要渔场中有13个已经耗尽（第9章）。

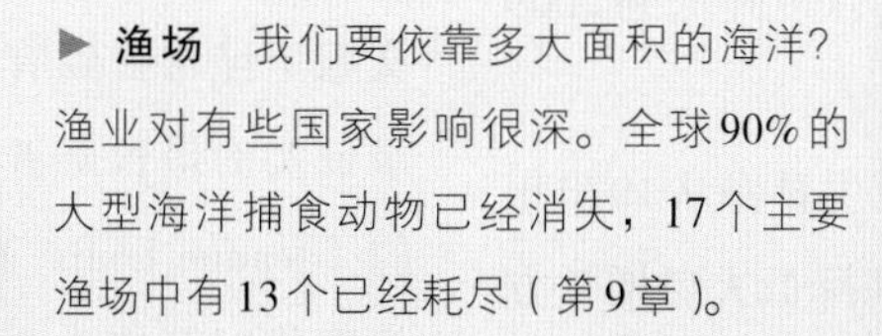

▲ **建成区** 道路和建筑物占据了多少土地？比其他方面占地较少，但是不能提供重要的生态服务。

请解释：

在林业、渔业、碳、放牧等方面，分别是哪个国家的人均生态足迹最大？为什么？

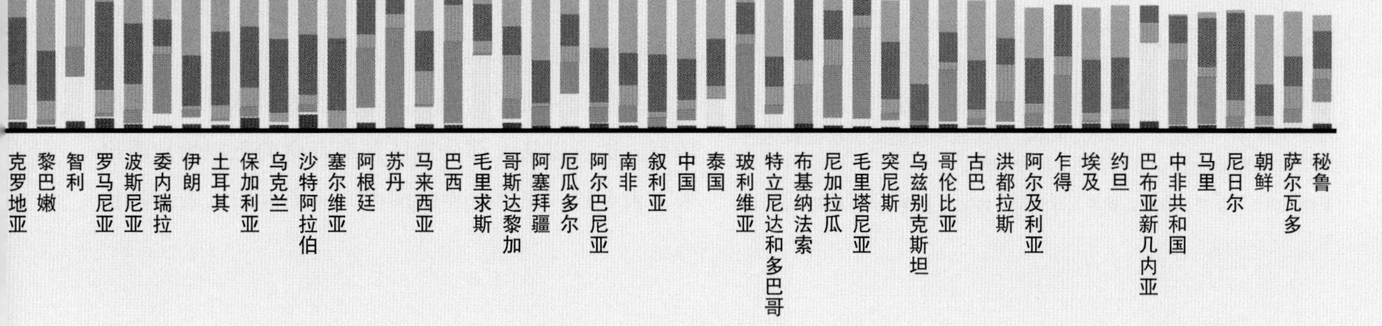

当出生人口加上入境移民刚好等于死亡人口加上出境移民时就出现**人口零增长**（ZPG）。从替代水平生育率（人口刚好自行替代）到人口零增长需要经过几个世代。在婴儿死亡率高的地方，可能需要每对夫妇生育5个或更多孩子才能达到替代水平。然而，在发达国家，这个比率通常约为每对夫妇2.1个孩子，因为有些人可能不能生育、有孩子但未存活，或者选择不要孩子。

近50年来，除非洲外世界各国的生育率都出现了大幅下降（图4.6）。20世纪60年代，许多国家的总生育率超过6，例如，1975年，墨西哥家庭平均有7个孩子。然而，到2010年，墨西哥妇女平均只有2.3个孩子。同样地，伊朗的生育率也从1976年的6.5下降到2010年的2.04。世界卫生组织的数据显示，目前全世界192个国家中有1/3的**替代率**（replacement rate）为每对夫妇2.1个孩子。如同本章的开篇案例所述，生育率降低幅度最大的是一些东南亚国家，几十年内生育率减少了一半以上。与许多人口学家的预测相反，有些贫穷的国家业已非常成功地降低了人口增长率。例如，孟加拉国每个妇女的生育率从1980年的6.9降低到2009年的2.8。

中国一对夫妇一个孩子的政策使生育率从1970年的6减少到2010年的1.7。这项计划在降低人口增长方面非常成功。

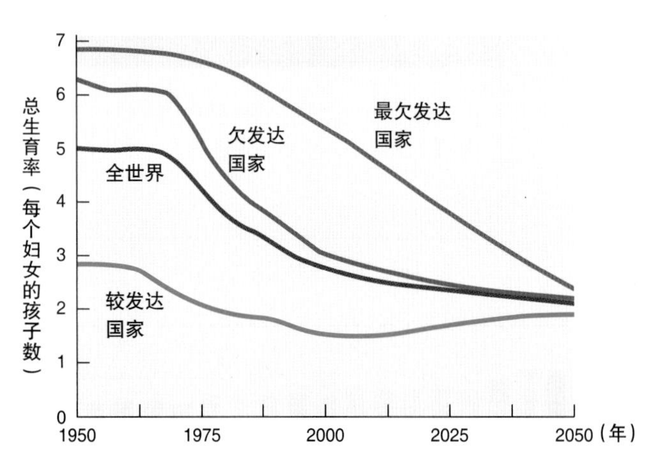

图4.6 近50年来，主要是由于计划生育，发展中国家平均总生育率下降了一半以上。到2050年，甚至最不发达的国家也会达到每个有生育能力妇女2.1个孩子的替代率。

资料来源：联合国人口署，世界人口预测，1996和美国人口资料局，2004。

死亡人数抵消出生人数

从前一个旅行者到外国，问当地居民："这里的死亡率是多少？"回答是："哦，到处都一样，大约每人死一次。"但是，在人口统计资料中，**粗死亡率**（crude death rates或crude mortality rates）是以给定年份每千人死亡人数来表示的。医疗卫生条件有限的非洲国家死亡率可能达到20‰或更高。较富裕的国家死亡率一般约为10‰。人口的死亡率受到人口年龄结构的影响。人口增长迅速的发展中国家，例如伯利兹或哥斯达黎加，即使其预期寿命较短，但是其粗死亡率（4‰）比丹麦（12‰）等人口增长缓慢的国家还要低。这是因为人口增长迅速的国家年轻人多于人口增长较缓慢的国家。死亡率下降而不是生育率上升，才是近300年来人口增长的主要原因。粗死亡率从18世纪末的西欧开始下降。

世界各地预期寿命攀升

寿命就是一个物种能存活的最大年龄。尽管古代文献里经常提到有些国王活了上千岁，不过有文字记录证实的最长寿者是法国阿尔勒市的让娜·露易丝·卡门（Jeanne Louise Calment），1997年去世时122岁。虽然现代医药使许多人活得比我们的先辈长很多，但是最长寿命似乎并没有增加很多。显然，我们身体的细胞修复伤害与产生新组件的能力是有限的。细胞迟早会筋疲力尽，那时我们就会成为疾病、退化、事故或衰老的牺牲品。

预期寿命（life expectancy）是给定的社会中一个新生婴儿可望达到的平均年龄。这是平均死亡年龄的另一种表示法。人类历史上大部分时期，大多数社会的平均寿命是35～40岁。这个数字并不意味着没有人活过40岁，而是有许多人夭折（主要在幼儿期），抵消了那些活得更长的人。

20世纪见证了历史上无与伦比的全球性人类健康转型。这可以从大部分地区预期寿命的急剧增加看出来（表4.3）。在全世界范围内，一个世纪以来平均预

表4.3 1900年和2009年几个选定国家的出生时预期寿命（岁）				
	1900年		2009年	
国家	男性	女性	男性	女性
印度	23	23	67	73
俄罗斯	31	33	59	73
美国	46	48	76	81
瑞典	57	60	79	83
日本	42	44	79	86

资料来源：美国人口咨询局，2010。

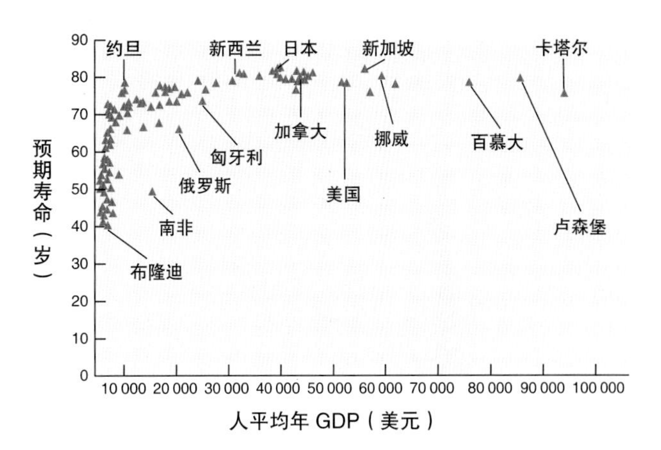

图4.7 收入40 000美元以下时，随着收入上升预期寿命也增加。40 000美元以上曲线趋平。像南非和俄罗斯这样的国家，其预期寿命远低于其GDP对应的水平。相反，约旦的人均GDP只有美国的1/10，但是事实上其预期寿命较高。

资料来源：美国中央情报局（CIA）年鉴，2009。

期寿命从40岁增长到67.2岁。最大的进步是在发展中国家。例如，1900年印度男人预期活不到23岁，妇女可能刚刚超过23岁。到2005年，尽管印度的人均年收入不足440美元，但是男人和女人的平均预期寿命都增长了近两倍，非常接近收入水平10倍于它的那些国家。寿命延长主要是由于营养较好、卫生改善、清洁饮用水和教育水平提高，而不是特效药或高科技医学。尽管工业化国家（例如美国、瑞典和日本）的居民没有取得印度那样巨大的成就，但是现在他们的预期寿命也比20世纪之初多了一半，而且生命中的大多数时候要相对更健康。生活在日本的人，其**伤残调整寿命**（Disability Adjusted Life Years，缩写DALYs，即把夭折与因病或致残造成的健康寿命损失结合起来，用以衡量疾病造成的负担）目前预期为74.5岁，而20年前仅为64.5岁。

图4.7表明，在人均年收入约40 000美元以下的情况下，收入与预期寿命高度相关。超过这个收入水平后，大多数人一般都有足够的粮食、住所和医疗卫生服务，预期寿命就呈平稳状态，男性约为75岁，女性约为85岁。

现代化与社会事业投资利益在各国内部分配的巨大差异也反映在各群体寿命长短的差异上。根据记录，美国妇女预期寿命最长的地方是新泽西州，她们的平均寿命为91岁。相反，南达科他州派恩岭印第安保留地的北美原住民男性平均寿命仅有45岁，只有少数几个非洲国家的预期寿命比这个低。派恩岭保留地是美国最贫穷的地区，失业率将近75%，而贫困、酗酒、吸毒和精神错乱的比率很高。同样，华盛顿特区非洲裔美国人的平均寿命只有57.9岁，低于莱索托和斯威士兰的预期寿命。

寿命延长具有深刻的社会影响

因自然增加而迅速增长的人口比稳定的人口有更多的年轻人。表现这种差别的方法之一是年龄组柱状图，如图4.8所示。年增长率3.5%的尼日利亚，有47.8%的人口处于生育前期（15岁以下）的年龄组。即使总生育率急剧下降，生育总数和人口规模仍将会持续增长若干年，因为这些年轻人将进入育龄。这种现象叫作人口惯性。

相反，人口相对稳定的国家大多数年龄组人口数量近乎相等。请注意由于性别间寿命的差异，瑞典老龄组中女性数目超过男性。像新加坡这样人口急剧下降的地方，由于出生的孩子少于其双亲的那个世代，中年各组人口明显膨大。

无论是人口增加迅速还是增长缓慢的国家，都可能存在**抚养比**（dependency ratio）——人口中不工作与工作人数之比的问题。例如尼日利亚，每个在工作的人要赡养多个儿童。而美国，不断减少的工作人口要赡养空前大量的退休人员。

年龄结构与抚养比的变化在世界范围普遍存在

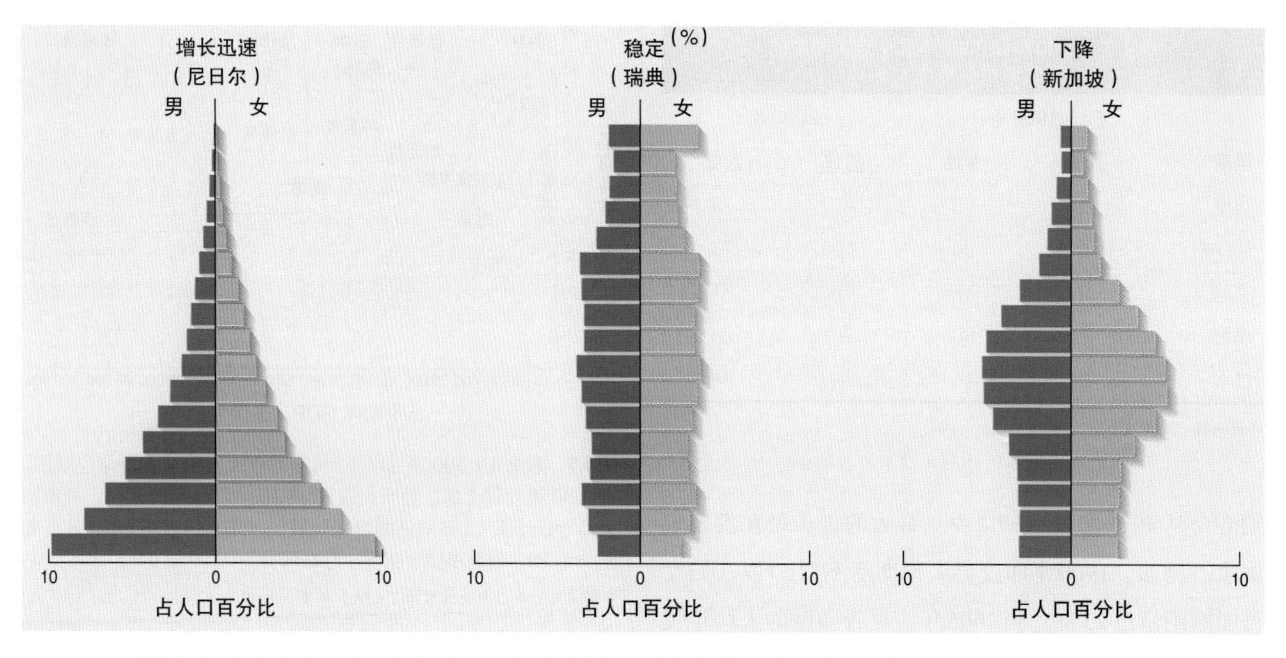

图 4.8 人口迅速增长（尼日尔）、稳定（瑞典）和下降（新加坡）的年龄组柱状图外形差别很大。各水平杠代表各国连续年龄组（0～5 岁、6～10 岁等）人口的百分数。

资料来源：美国人口调查局，2003。

（图 4.9）。1950 年，全世界 65 岁以上老人只有 1.3 亿。2010 年达到这个年龄的人口超过了 5.4 亿。而到 2150 年，超过 65 岁的人口将可能占全球总人口的 25%。日本、法国和德国等国家，已经开始担心可能没有足够的年轻人参加工作，并支持延迟退休制度。这些国家鼓励夫妇生育更多孩子。外来移民能够降低人口的平均年龄，给工作者队伍补充生力军。但是许多国家的本地社群抵制与外来移民的融合，称这些移民可能不能和他们共享文化、宗教和语言。不过，其他人认为，外来移民能够使一个老龄化社会年轻化并充满活力。

4.4 生育率受文化影响

许多社会和经济压力影响家庭规模的决策，反过来家庭规模又影响整个人口。我们将在本节中研究对生育的正面和负面压力。

人们想要孩子有许多理由

能增加人们要孩子欲望的因素叫作**鼓励生育压力**（pronatalist pressures）。养育一个大家庭可能是许多人生活中最大的享受和回报。孩子能够成为快乐、骄傲和慰藉的源泉。在许多没有社会保障制度的国家里，孩子还可能是赡养双亲的唯一资源。在婴儿死亡率高的地方，夫妇必须生多个孩子以保证至少有几个存活，为自己养老。在社会向上流动性微弱的地方，孩子带来社会地位、表现双亲的创造性、提供一种生活中其他事物无法带来的连贯性和成就感。孩子对家庭的价

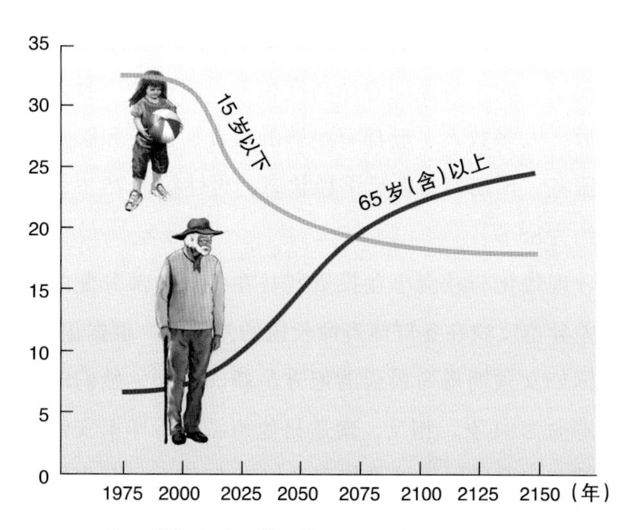

图 4.9 到 21 世纪中叶，世界人口中 15 岁以下儿童所占比例将会降低，而 65 岁以上人口占人口的份额将不断增加。

值不只是未来的收入，更是当下收入的来源和家务劳动的助手。很多发展中国家里，儿童照看家畜和弟妹、挑水、拾柴、帮助种庄稼和到市场上出售产品（图4.10）。许多情况下，影响人口增长最重要的因素，可能是父母想要孩子，而不是无法满足避孕需求。

（a）（b）

图4.10 农业机械化程度很低的农村地区：(a)需要儿童照料家畜、看管弟妹并帮助父母做家务活。在农业机械化程度高的地区：(b)农村家庭对孩子的看法和城市家庭一样——有帮助，但不是生存的关键。这些会对家庭要多少孩子产生影响。

社会也需要代偿死亡或失能的成员。在鼓励生育孩子的文化或宗教中，这种代偿需求被视为一种义务。有些社会对少子女或无子嗣的家庭表示同情甚至蔑视。有意控制生育的概念可能令人震惊甚至视作大忌。怀孕或带小孩的妇女拥有特殊身份并受保护。男孩继承姓氏而且可望赡养年老的双亲，因而常常比女孩更有价值。有些夫妇会因为想生儿子而生育了许多并不想生的孩子。

男人的自尊心往往和多子有关。例如，在尼日尔和喀麦隆，两国的男人分别平均想要12.6和11.2个孩子。这些国家的妇女平均只想要五六个孩子。不过，尽管妇女不想要那么多孩子，但是她们可能没什么选择余地，或者没法控制自己的生育能力。在很多社会，妇女除了当妻子和母亲外并没有其他社会地位。此外，如果没有孩子，她到年迈时就可能无法获得赡养。

教育与收入影响生育需求

在较发达的国家，有很多减少生育的压力。妇女受教育程度较高与更多的个人自由常常导致限制生育的决策发生。把时间和金钱用于其他商品和活动上的愿望，抵消了对孩子的需求。妇女有了赚取工资的机会，就不太愿意留在家里养育很多儿女。妇女们不仅感受到了职业吸引力的挑战和多样化，而且她们的工作收入成为家庭收入的重要部分。因此，在较富裕国家中，受教育程度和社会经济地位通常和生育率呈负相关。然而，在一些发展中国家，随着妇女受教育程度和社会经济地位的提高，生育率首先会上升。收入提高意味着家庭能较好地养活他们想要的孩子。更多的钱也意味着妇女更健康，因此更有可能怀孕和保胎。要减少孩子的出生可能需要一代人的时间。

较不发达国家中，儿童的衣食耗费极低，一个家庭多一个孩子通常所费无几。相反，发达国家儿童在完成学业达到独立前可能要花几十万美元。在这种情况下，很多父母更可能选择生一两个孩子，这样他们就能集中时间、精力和财力抚养。

图4.11表示1910年到2000年间美国的出生率。

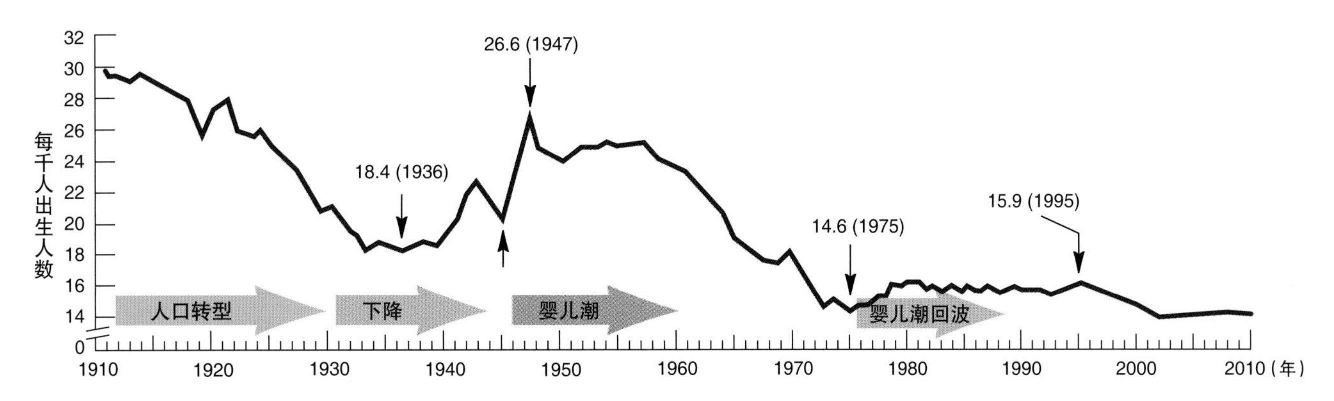

图4.11 1910—2000年美国的出生率。1910—1929年出生率的下降代表从农业社会向工业社会的人口学转变。第二次世界大战后的婴儿潮从1945年延续到1965年。1980年有一个小得多的“回潮”，因为婴儿潮出生的一代人开始生儿育女。

资料来源：美国人口咨询局和美国人口调查局。

图中可见，出生率的变化呈不规则状态。1910年至1930年之间是工业化和城市化的时代，妇女比以前受到更多的教育并大量进入劳动力市场。20世纪30年代的大萧条使许多家庭难以养育孩子，出生率低迷。第二次世界大战开始时（和战时常常发生的那样）出生率上升。由于尚不清楚的原因，战争年代出生的男孩比例较高。

第二次世界大战后夫妻团聚而且建立了许多新家庭，随之出现“婴儿潮”。这时政府鼓励妇女放弃战时的工作岗位回归家庭。在整个繁荣与乐观的20世纪50年代里，出生率持续走高，但60年代开始下降，这是由于30年代出生的人比较少。50年代妇女大多想要4个孩子或更多，而70年代一般下降到一两个（或不要）孩子。随着战后婴儿潮时期出生的人开始进入育龄，在80年代出现了一个小的“回潮”，不过经济状况与生育态度的转变似乎永久地改变了美国人对理想家庭规模的看法。

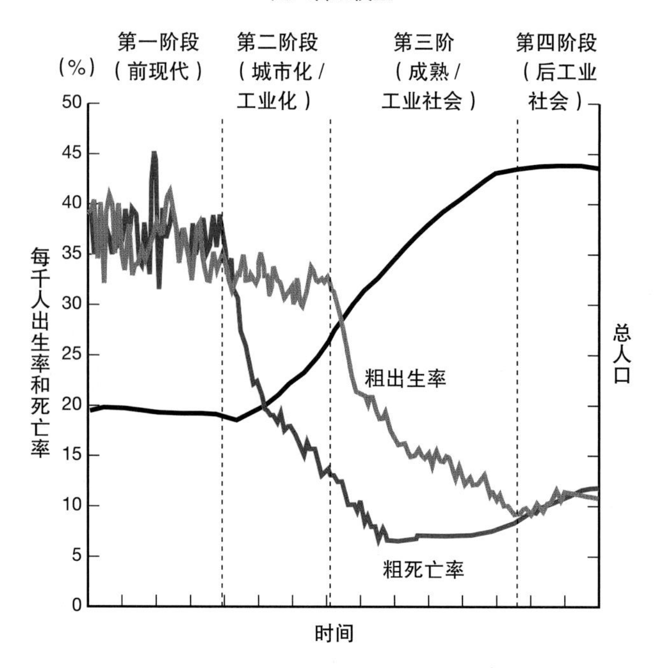

图4.12 理论上伴随经济与社会发展出现的人口转型中，出生率、死亡率和人口增长率的变化情况。在达到发达社会之前，出生率与死亡率都较高，而总人口保持相对稳定。随着社会发展，死亡率首先趋于下降，一两个世代后出生率随之下降。总人口迅速增长，直到达到出生率与死亡率稳定的充分发达社会为止。

4.5 人口转型导致稳定的人口规模

1945年人口学家弗兰克·诺特斯坦（Frank Notestein）指出，因生活状况改善导致死亡率和出生率下降的典型模式通常与经济发展相关。他把这种模式叫作从高出生率和高死亡率向低出生率和低死亡率转变的**人口转型**（demographic transition）。图4.12表示人口转型的理想模型。该模型常用以解释人口增长与经济发展之间的联系。

经济与社会条件改变死亡率和出生率

图4.12的第一阶段表示现代化之前的社会状况。粮食短缺、营养不良、医疗卫生条件缺乏、意外事故与其他伤害使这种社会的死亡率约为30‰。出生率相应地较高以保持人口密度相对恒定。在第二阶段，经济发展带来较好的工作条件、医疗卫生条件和总体生活水平的改善，死亡率常常迅速下降。由于有更多的钱而且营养较好，人们可以养育他们一直想要的孩子，出生率实际上可能首先上升。不过，一两个世代以后，人们看到他们所有的孩子都可能存活，而且把更多家庭资源集中到较少孩子身上更为有利，出生率就随之下降。请注意第三阶段，死亡率已然下降但出生率仍较高时，人口迅速增长。人口可能要经过一轮或数轮增长才能重新达到平衡，这取决于这个阶段持续多长时间。

第四阶段是发达国家的情况，转型已经完成，出生率和死亡率都较低，常常只及此前的1/3甚至更低。大多数北欧和西欧国家在19世纪或20世纪初期经历了类似于图4.12中曲线那样的人口转型。意大利等国家的生育率业已下降到低于替换率的水平，现在出生人数少于死亡人数，总人口曲线开始下降。

达到人口转型最终阶段的国家面临的巨大挑战是取得最具生产力的人口与已退休或垂暮之年人口之间的平衡。美国国会对如何为社会保障制度融资而争论不休，这是由于这样的事实：当这项制度确立时，美国处在人口转型的中期，年轻人多于老龄人。10年到15年之内，形势将会改变，许多年长者更长寿，而赡养他们的年轻劳动力却更少。

世界上许多人口增长迅速的国家如肯尼亚、利比亚和约旦，目前处于人口转型的第三阶段。其死亡率已下降到接近充分发达的国家，但是出生率并未相应降低。事实上，他们的出生率和总人口均高于300年前工业化时期的大多数欧洲国家。出生率与死亡率的巨大差距意味着许多发展中国家的人口目前正以每年3%～4%的速率增长。发展中国家如此高的人口增长率会在21世纪末把世界总人口推向90亿。这种情况提出了两个可能是本章中最重要的问题：为什么这些国家的出生率还不下降？我们为此能做些什么？

许多国家处于人口转型期

有些人口学家宣称，大多数发展中国家的人口转型已经有所进展。他们认为，人口普查和死亡率及出生率下降之间存在正常的滞后，这可能在一段时间内掩盖了发展中国家人口转型的情况，不过世界人口应该在21世纪某个时期达到稳定。

有些国家在人口控制方面取得了非凡的成就。例如泰国、中国和哥伦比亚，20年间总出生率下降了一半多。摩洛哥、牙买加、秘鲁和墨西哥的生育率在一个世代的时间里下降了30%～40%。

下列因素有助于人口稳定：

- 发展带来的繁荣与社会改革在大多数国家里减少了对大家庭的需要与愿望。
- 发展中国家比一个世纪前能更迅速得到推动其发展的技术，技术交流的速度也比欧美国家发展时快得多。
- 较不发达国家有历史模式可循，它们能够从较发达国家的错误中获益，从而较快地制订人口稳定进程的计划。
- 现代通信（尤其是电话和互联网）提供了社会变革带来的好处与社会变革方法方面的信息。

完成人口转型的两条途径

印度喀拉拉邦和安得拉邦给出了控制人口增长的两条截然不同的途径。在喀拉拉邦，政府公平地向每个人提供社会福利被认为是计划生育的关键。这种社会正义策略假定世界上有足够资源供每个人消费，但是不平等的社会与经济制度造成资源分配不公。饥饿、贫困、暴力、环境退化以及人口过多是因为缺乏公正，而不是缺乏资源。虽然人口过多加剧了其他问题，但是单独关注人口增长率会催生种族主义和对穷人的敌意。这种观点的支持者提出，富人应该认识到他们的过分消费对其他人的影响（图4.13）。

另一方面，安得拉邦的领导人不是通过提升社会正义，而是采取一种积极进取性策略来控制生育。将这种胡萝卜（经济上奖励少生）加大棒（强制执行计划生育外加超生处罚）的策略作为控制人口规模唯一有效的途径。

两个邦都明显地减缓了人口增长。虽然他们采取大相径庭的政策，但目的都是为了避免因人口迅速增长而超过当地森林、草地、农田与水资源可持续产出水平的“人口陷阱”。资源短缺造成的环境恶化、经济衰退和政治动乱可能会让国家落入这个陷阱，从而使其无法完成现代化进程。其人口可能会继续增长，直到大祸临头为止。

你是怎么想的？如果你对发展中国家人口政策提出建议，你会采用哪种途径？

改善妇女的生活有助于降低出生率

喀拉拉邦领导人认为，帮助妇女是使人口稳定的关键。1994年在埃及开罗召开的人口与发展国际会议在人口问题上支持这一途径。180个与会国广泛的民意调查一致认为，如果要减缓人口增长，可靠的经济发展、教育和高质量医疗保健（包括计划生育服务）必须惠及每个人。要稳定人口，儿童成活率是最关键因素之一。如果像大多数发展中国家那样婴儿与儿童死亡率居高不下，父母就常常要生很多孩子以保证有几个能

图 4.13 我们是应该通过控制发展中国家的人口，还是限制发达国家对资源的使用来减轻对环境的压力？这取决于你向谁提问。

注：经亚洲发展文化论坛允许引用。

活到成年。如不能首先实现婴儿与儿童死亡率持续下降，就永无出生率的持续下降。

然而，家庭收入增加并不总能转化为较好的儿童福利，因为在很多文化里，男人掌控着大部分资产。正如联合国开罗会议所指出的，提高儿童成活率最好的方法是保证母亲的权益。例如，妇女受教育的机会，以及土地改革、政治权利、挣得独立收入的机会和改善妇女健康状况等，往往是比国民生产总值更好的家庭福利指标（图4.14）。

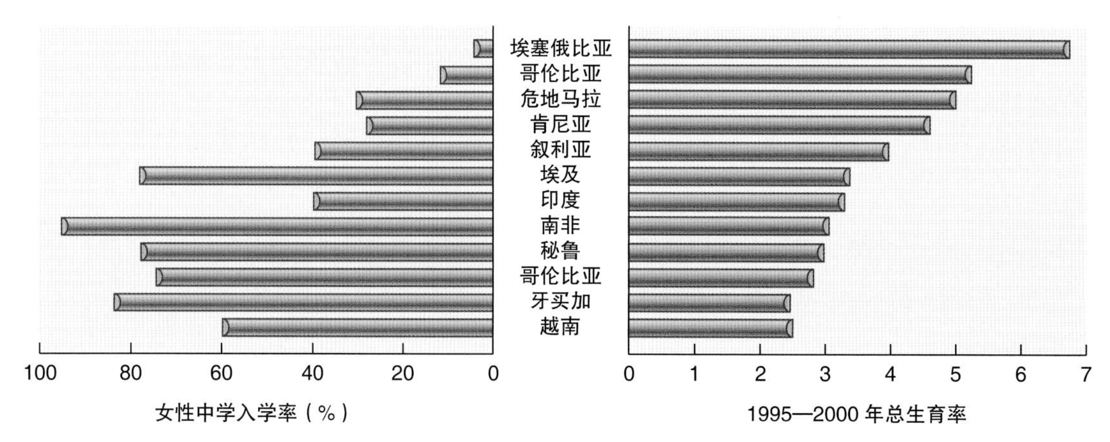

图 4.14 随着妇女受教育水平提高，总生育率下降。

资料来源：世界观察研究所，2003。

4.6 计划生育给予我们选择权

计划生育（family planning）使夫妻能决定生育儿女的数目和时间间隔。这并不一定意味着少生——人们可以通过计划生育生尽可能多的孩子，却确实意味着父母将控制他们的育龄，并对要生几个孩子和何时生孩子做出合理自觉的决定，而不是顺其自然。随着人们普遍有了小家庭的愿望，节育就常常变成计划生育的主体。本部分讨论的**节育**（birth control）通常指使用任何方法减少生育，包括独身、晚婚、防止胚胎着床的各种方法和人工流产。

人类一直管控着自己的生育能力

与之前几百万年的人类史相比，近两百年人类的高出生率并非常规。有证据表明，各种文化和各历史时期，人们都用各种方法控制人口规模。对狩猎-采集民族（例如非洲西南部卡拉哈里沙漠的库族或桑族人）的研究表明，我们的先人有着稳定的人口密度，这不是由于他们互相残杀或因定期的饥馑致死，而是由于他们控制了生育。

例如，桑族妇女用母乳抚育儿童至三四岁。在卡路里有限的条件下，哺乳消耗了身体的脂肪储备并抑制排卵。哺乳期夫妻禁忌性交，这是加大产子间隔的有效方法。（不过，现代社会营养良好的妇女不一定能抑制排卵或防止受孕。）控制人口规模的其他方法还有独身、使用草药、堕胎。我们可能觉得有些方法或所有这些方法令人感到不快或道德上不可接受，但是我们不应认为，在生育决策方面其他民族太愚昧或太原始。

当代的诸多选择

现代医药为控制生育提供了比我们的先辈多得多的选择。生育控制的主要方法有：①受孕期避免性事（例如禁欲，或利用体温或子宫颈黏液的变化以判断排卵时间）；②防止精子与卵子接触的物理障碍（例如安全套、杀精剂、隔膜、子宫帽和阴道海绵）；③阻止精子或卵子释放的外科方法（例如女性输卵管结扎和男性输精管切除）；④使用激素类药品防止精子、卵子成熟或防止胚胎在子宫着床（例如女性用雌性激素加黄体酮或单独用黄体酮；男性用棉籽酚）；⑤着床的物理障碍（例如宫内节育器）；⑥人工流产。

现在正在研究100多种新的避孕方法，其中有些大有前途。几乎所有方法都是基于生物学（例如激素），而不是机械的（例如安全套和宫内避孕器IUD）。最近美国食品药品监督管理局批准了5种新的计划生育产品，其中4种是通过不同方法调控防止怀孕的雌激素。其他方法还需要数年才能投入使用，但选取了全新的方向，如正在开发妇女用的疫苗，使免疫系统排斥绒毛膜促性腺激素，该激素的作用是维护子宫内膜并让卵子着床，或者造成对抗精子的免疫反应。针对男性的方法偏重于减少精子产生，并已在小鼠中证明有效。毫无疑问，现在的夫妇有着比他们的祖父母多得多的避孕选择。

4.7 我们正在造就怎样的未来

由于一个社会达到替代出生率和人口停止增长之间存在时间上的滞后，100年后世界的面貌取决于我们现在的决定。一个世纪以后世界上有多少人？大多数人口学家相信，世界人口将会在21世纪的某个时候稳定下来。当我们达到那种平衡时，世界总人口可能为80亿到100亿左右，这取决于计划生育的成就以及影响人口的其他众多因素。联合国人口署预测了4种人口情景（图4.15）。乐观的（低值）预测表明，2030年世界人口可能达到稳定，然后下降到现有水平之下。这或许不可能。中间值预测表明40年内人口大约会达到90亿，而高值预测在21世纪中叶达到120亿。

我们会遵循哪种情景？我们在本章中已经看到，人口是一个复杂的问题。人口稳定或下降需要一如既往的实质性转变。障碍之一是美国多年来一直拒绝向联合国计划生育基金缴款，其理由是有些接受联合国资助的国家把人工流产纳入人口控制项目。联合国计

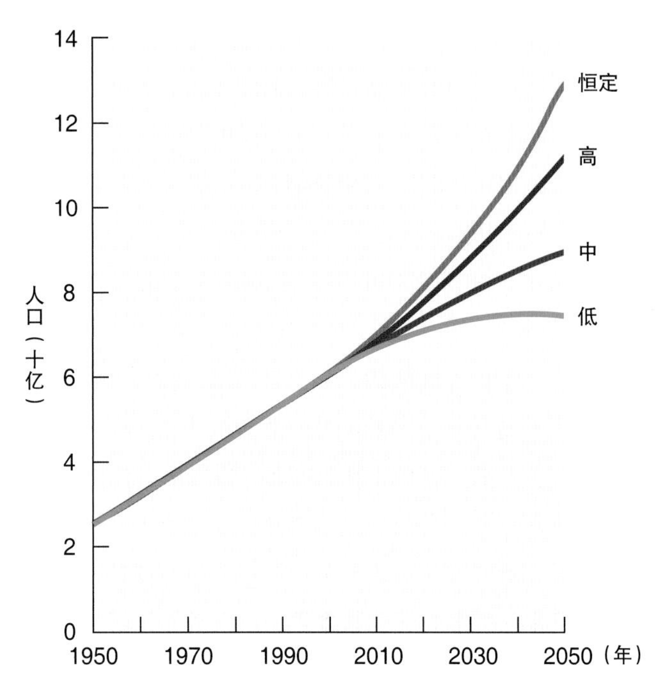

图 4.15 不同增长情景的人口预测。与前些年相比，当前计划生育的进步与经济发展显著地降低了预测值。中间值预测是 2050 年为 89 亿人，而先前的估测为 100 亿以上。

资料来源：联合国人口署，2008。

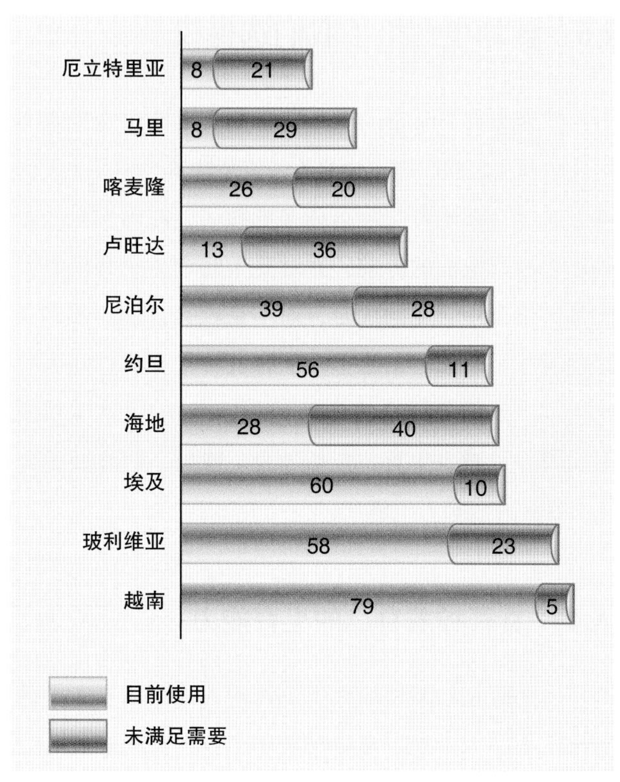

图 4.16 未能满足计划生育需求的几个国家。世界上发展中国家 100 多万妇女愿意避免怀孕，但是无法进行计划生育。

资料来源：美国国际开发署，2007。

划生育基金（UNFPA）是计划生育与生殖健康项目基金的主要提供者。自从联合国计划生育基金于1969年开始运作以来，发展中国家的生育率已经从每个妇女生育6个孩子下降到3个。

一个令人鼓舞的迹象是近年来世界范围内避孕药具的使用急剧增长。2000年全世界大约有一半的已婚夫妇使用某种计划生育方法，而30年前只有10%，不过现在还有100万对夫妇说，虽然他们愿意，但是没有计划生育方法可资利用。如有可能选择，人们愿意有较小规模的家庭。

有些国家已婚妇女中未能满足计划生育需要的比例很高（图4.16）。发展中国家的人被问及他们最想要的是什么时，男人说想要较好的职位，而大多数妇女的首选是计划生育帮助。大体上，使用避孕措施者增加15%等于每个妇女一生中少生一个孩子。例如，马里只有8%的妇女采取避孕措施，平均生育率为每个妇女7.34个孩子。相反，越南79%的妇女愿意采取避孕措施避免怀孕，平均生育率为1.86。

成功的计划生育策略往往需要明显的社会变革。其中最重要的变革是：①改善妇女的社会、教育与经济地位；②改善儿童的地位（如果儿童不是廉价的劳动力资源就会少生孩子）；③把有计划的取舍作为日常生活中的重要元素，在生育率方面尤其如此（对生命不加控制的观念会使人丧失责任感）；④社会安全与稳定能赋予人们规划未来的手段与信心；⑤计划生育的知识、可获性以及使用有效和可接受的手段节育。齐心合力才能有效地实现这些社会变革。例如，赞比亚经过20年的经济发展与计划生育志愿者的工作，使每个妇女的平均生育率从8.0下降到5.5。调查结果表明，理想的家庭规模降低了一半（从9.0降至4.6），几乎所有赞比亚妇女及80%男性采用避孕措施。

目前全世界每个妇女的平均生育率为2.6，不及50年前的一半。如果这样的进展能持续半个世纪，生育率就会下降到每个妇女2.1个孩子的替换率。这种情景能否实现，取决于我们全体人类做出的抉择。在人口问题的处理上，喀拉拉邦人已经为世界上其他人指明了有效而至为人道的方向。

总　结

几十年前，有人警告称，人口爆炸将要席卷全球。人口指数增长被看成是一切重大环境问题的根源。现在还有人警告说，21世纪末世界总人口可能增长到三四百亿。然而，几乎各国的出生率都在下降，现在大多数人口学家相信，2050年前后世界人口将在90亿左右达到平衡。有些人宣称，如果我们推进平等、民主、人的发展和现代计划生育技术，50年内人口也许甚至下降到目前水平的70亿以下。我们应该如何推行计划生育仍然是一个有争议的话题。我们是否应集中于政治与经济改革，并寄希望于人口转型自然到来？或者我们应该采取更直接的行动（或任何一种行动）减少出生率？

我们的星球在长期能支持多少人口依然是一个至关重要的问题。如果人人都使用陈旧的高污染低效率技术，还要享受最富裕国家居民目前那种物质上舒适与丰富的生活，几乎可以肯定，即使只有70亿人口也难以持久。但是，如果我们找到更可持续的方式，即使地球有更多的人，也能享有幸福、有作为的生活。但是和我们共享这个星球的其他物种又会如何？在我们努力寻求舒适与安全时，还会给野生物种和自然生态系统留下空间吗？本书后面各章将会讨论污染、能源和可持续性问题。

5 生物群系与生物多样性

重新引进黄石公园的狼群可能有助于恢复生物多样性。

问题与讨论

- 什么是九大陆地生物群系？其分布受什么环境条件控制？
- 海洋的垂直分层如何构成不同的生物带？
- 为什么珊瑚礁、红树林、河口湾和湿地在生物学上地位重要？
- 生物多样性丰富是什么意思？列举几个生物多样性高的地区。
- 生物多样性高有哪些重大好处？
- 人类对生物多样性造成的主要威胁有哪些？
- 我们如何减少这些对生物多样性的威胁？

归根结底，我们只保存我们所爱之物，我们只爱我们了解之物，我们只了解我们所学到之物。

——门肯

捕食者有助于恢复黄石公园的生态多样性

过去几十年间，在生物多样性管理方面，黄石国家公园曾经是一个重要的试验场。该公园以野生生物和荒野著称。但是在1930—1990年，公园的管理者和生态学家目睹了不断增长的鹿群过度啃食柳树和杨树。树木的健康状况和多样性不断下降，同时河狸等小型哺乳类动物也逐渐减少。大多数生态学家把这种变化归咎于该地区的主要捕食者之一——灰狼被捕杀。目前一项恢复狼群的项目提供了一个难得的观察环境变化的机会。

大黄石生态系统中曾经有很多灰狼（图5.1）。19世纪90年代，美国西部大概有10万头灰狼在游荡。在政府项目的支持下，农民和牧民开始消灭捕食者，不断毒杀、射杀和诱捕全国所有的灰狼。由于失去了捕食者对其数目的限制，落基山北部的鹿的种群迅速扩大。黄石公园北部鹿群增长到2万头。有些生态学家警告，在缺少捕食者控制的情况下，野牛和鹿会破坏我们钟爱的这个公园。经过长期争论之后，1995—1996年从加拿大落基山捕获了31头灰狼，放归黄石国家公园。

狼群在新家园里迅速繁衍。有大量的鹿可供捕食，不时还会捕食驼鹿和野牛，仅仅3年内灰狼的种群就增长了3倍。目前在20多个狼群中已有100多头灰狼，远远超过恢复10个狼群的目标。

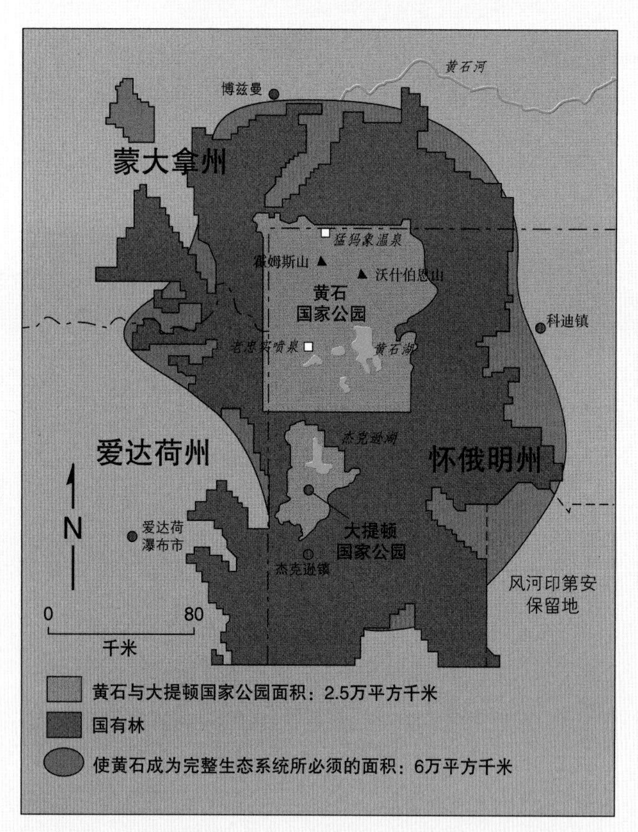

图5.1 本图表示黄石生态系统复合体，或者说生物地理区。该区域远远超出公园边界。公园管理层和生态学家认为，想要保留公园本身的生态学价值，就必须对整个地区进行管理。

随着狼群的引进，鹿的数量已经下降，新生的柳树和杨树的高度与数量也呈现增长的迹象。被灰狼捕食后遗留的尸体为食腐动物提供了盛宴，而狼群似乎还减少了以小型哺乳类动物为食的郊狼的数目。许多生态学家收集到鸣禽、老鹰、狐狸、田鼠和地松鼠数量增加的证据，这些动物的增加也归功于灰狼的重新引入。还有一些生态学家注意到，黄石公园是一个复杂的系统，而灰狼可能是影响到系统再生的众多因素之一。例如，目前的暖冬可能使鹿找到替代的食物来源，而减少对柳树和杨树的采食，干旱则可能会造成鹿的数量减少。关于狼群确切影响的争论增加了解释生态系统变化的难度。无论狼群是否导致生态系统的变化，大多数生态学家一致认为，狼群有助于维护一个多样而健康的生态系统。

新技术

生态学家如何研究这些变化？多年来，生态学家靠滑雪和穿着雪靴踏遍偏远的观察点，记录灰狼的捕猎活动，观察狼的行为。但是这种野外工作的困难限制了能够收集到的数据量。激动人心的新方法之一是使用遥控摄像机，这使研究人员能够在不干扰狼群的情况下监测狼的生态与行为。

明尼苏达大学生态学家丹·麦克纳尔蒂（Dan MacNulty）和国家公园管理局的格伦·普拉姆（Glenn Plumb）在温泉附近的开阔草原安装了一对由计算机控制的摄像机，那里是冬季野牛聚集起来寻找裸露在外的青草的地方，也是想要猎取野牛的狼群经常光顾的地区。现在麦克纳尔蒂不必冒着严寒长途滑雪数千米去该地点，只需在办公室桌面上就能打开摄像机（图5.2）。摄像机扫描17平方千米的面积，而且能够放大鉴定9.5千米以外的单个动物。从前他的团队一年中能有几个星期观察狼群越冬的机会就算幸运，而现在只要光线充足，他的12个本科生科研助手就能够在全年任何时刻对狼群进行观察。团队轮班工作，记录灰狼、熊、鹿、野牛、郊狼和狐狸的出没及其行为。

由于麦克纳尔蒂小组能够在不干扰动物的情况下进行观察，他们得到了一些有趣的观察结果。灰狼能熟练地发现野牛何时处于劣势。它们很少攻击大牛，除非它已离群或陷入迅速下沉的深雪之中。野牛还会合作防卫狼群的攻击——如果它们能够不离开无雪区域的话。狼群还惊人地执着，麦克

图 5.2　麦克纳尔蒂在办公室里观察狼群。

纳尔蒂提到这样一个例子：狼群反复袭击一头羸弱的野牛长达36小时，最后将其杀死。所有这些观察结果帮助生态学家了解了狼群如何狩猎、选择猎物和避免在追逐时受伤。

黄石公园狼群的恢复令人兴奋，因为这个大型生态恢复项目几乎是唯一的。该公园作为一个自然实验室，使研究人员能够探索生态系统的功能、稳定性和恢复力等问题。我们将在本章中考察地球生物多样性所寄寓的主要生命系统，还要研究生物多样性的好处、威胁多样性的活动，以及维持多样性的机会。

5.1　陆地生物群系

黄石公园的狼群作为顶级捕食者似乎有助于维持其占据的生态系统的**生物多样性**（物种的数量和多样化程度）。由于生物多样性有助于维持系统的稳定性，或者说有助于一个系统从干扰中恢复过来，因此十分重要。物种多样性同样有助于满足人类对资源的需求。生物多样性取决于当地情况，诸如捕食者的数量或气候变化，还取决于较大区域内温度和降水的模式。例如，黄石公园生态系统夏季温暖而经常干旱，冬季寒冷而积雪很深。结果，黄石公园拥有能够耐受寒冷的针叶树，以及冬季能从雪下（特别是温泉附近）找到足够植物来越冬的鹿、驼鹿和野牛。这些食草动物供养着狼群，而狼群的合作狩猎与家庭结构使它们能捕食大型食草动物。

要了解生物多样性的变化，重要的是认识不同温度和降水条件下出现的环境特征类型。我们把这些生物群落的大类型叫作**生物群系**（biomes）。如果知道了某一地区温度和降水的概况，我们就能预测那里在没有人类干扰的情况下可能出现何种生物群落（图5.3）。识别这些大类有助于我们将无穷无尽的局部环境分门别类。夏季温暖冬季寒冷、以针叶林为主的黄石公园，可以看作温带森林生物群系的一部分。图5.3中可以找到温带森林的年平均温度与降水量的范围。温带森林的年平均温度是多少？降水量的范围是多少？如果降水量变少，比如每年低于100厘米，黄石公园可能变成什么生物群系？

了解全球生物群系的分布，知道那里生长着什么和为什么生长在那里，对全球环境科学的研究至关重要。例如，从温暖气候到寒冷气候，从干旱环境到湿润环境，生物生产力（能进行光合作用的植物产生的生物量）变化巨大。我们能够获取的资源量，例如木材或农作物，在很大程度上取决于生物群系的生物生产力。同样，一个生态系统从干扰中恢复的能力，或者我们恢复生态系统的能力（第6章），也取决于生物群系的多样性与生产力。在美国西南部佐治亚州温暖

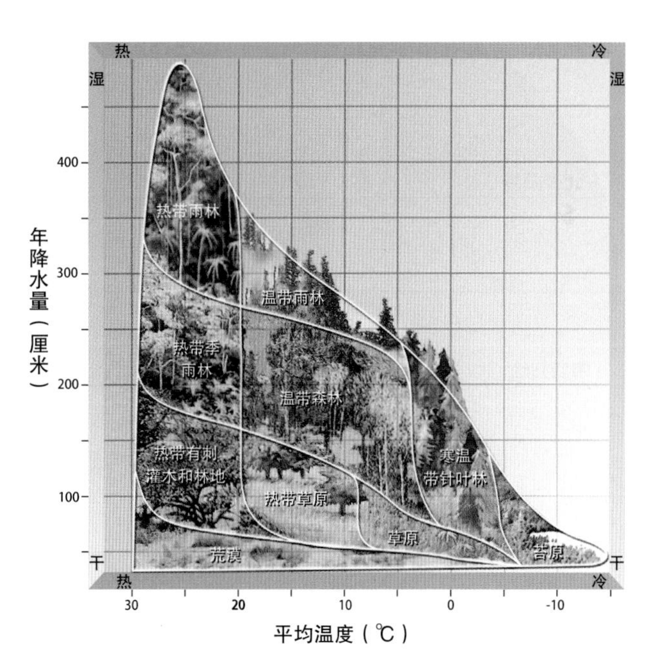

图 5.3　根据年平均温度和降水量，在没有人类干扰或其他破坏的条件下最可能存在的生物群系。
请注意：本图解不考虑土壤类型、地形、风速或其他重要环境要素。尽管如此，本图仍是对生物群系位置很有用的一般性指南。
资料来源：*Communities & Ecosystems, 2e* by R. H. Whitaker, 1975. 经普伦蒂斯·霍尔出版社（Prentice Hall, Upper Saddle River, New Jersey）允许重印。

湿润的温带森林生物群系中，森林被砍伐后再生较快。西伯利亚森林再生则非常缓慢，这片北方针叶林还是世界上伐木产业扩展最快的地区。

我们将在下文研究9个主要生物群系类型。这些生物群系能够进一步划分为子类群：例如，有些温带森林主要由针叶树组成（松树或冷杉）；而另一些温带森林则主要为阔叶树（枫树或橡树）（图5.4）。许多受温度影响的生物群系按纬度呈环形分布。北方针叶林环带横贯加拿大和西伯利亚，热带森林出现在赤道附近，而广阔的草原则靠近南北回归线（或略有偏离）。许多生物群系的名字本身甚至和纬度有关：热带雨林位于北回归线和南回归线之间；极地苔原则位于北极圈附近或以北。

除了纬度之外，温度和降水还会随着海拔高度变化而变化。在山区，随着高度增加，通常温度降低而降水增加。**垂直分布**（vertical zonation）这个术语被用来描述因高度造成的植被分布。例如，从加利福尼亚中央谷地到惠特尼峰的100千米长的横断面，所穿越的植被带和从南加利福尼亚到加拿大北部一样多（图5.5）。

研究陆地生物群系的时候，可以比较一下各群系所在地的年平均温度与降水量。首先看看图5.6 的3个气候图。这些图表示一年中温度和降水（降雨和降雪）的变化趋势。图中还指出潜在蒸发量（取决于温度）与降水量之间的关系。蒸发量超过降水量时就出现旱象（黄色记号）。潮湿气候下的降水量可能有大有小，但是蒸发量超过降水量的情况却很罕见。气温在零摄氏度以上的月份（棕色标记）蒸发最旺盛。比较这些气候图有助于了解不同生物群系中控制动植物生长的不同季节性状况。

热带湿润森林（常年温暖潮湿）

湿润的热带地区有着世界上最复杂和最丰富的生物群系（图5.7）。虽然热带湿润森林不止一种，但是

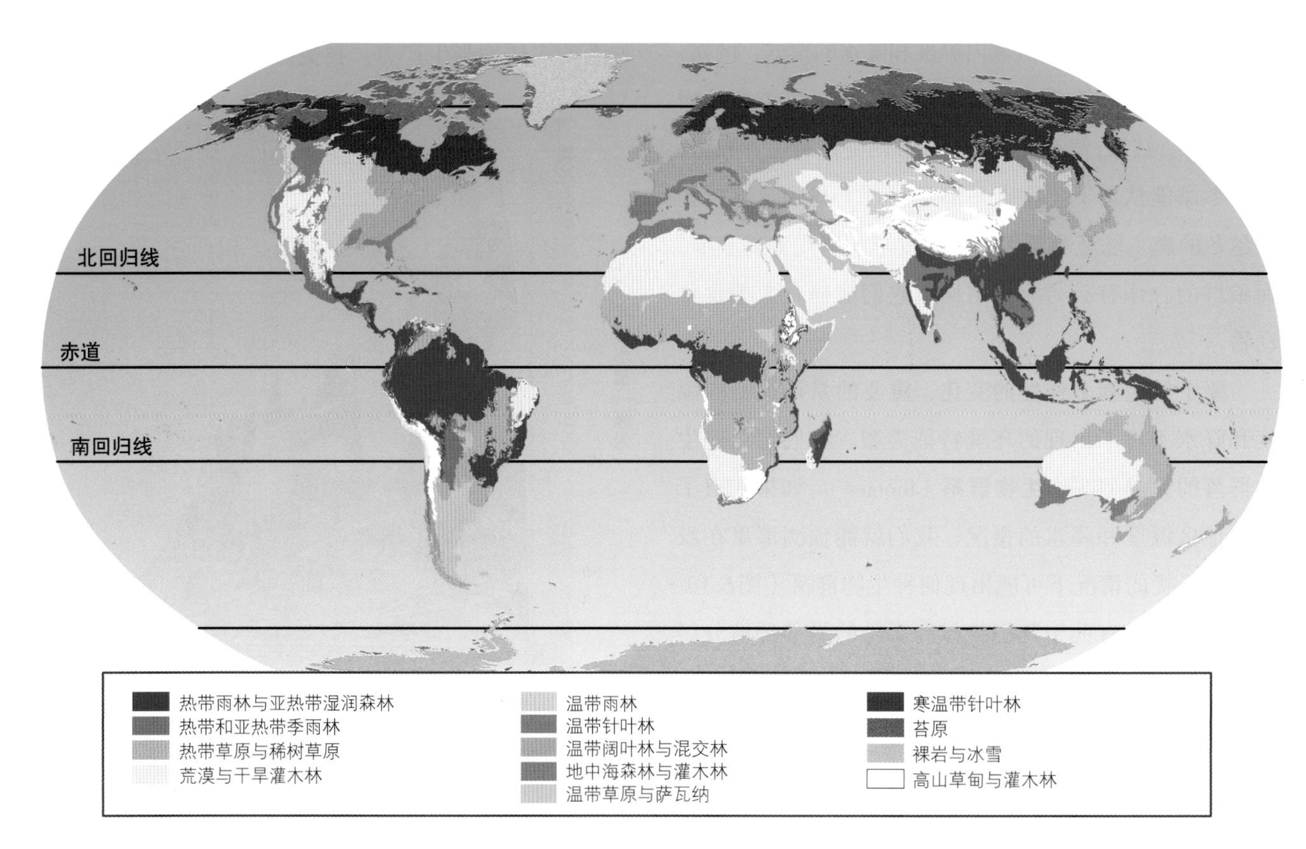

图5.4 世界主要生物群系。为了理解控制生物群系的温度与湿度条件，请将本图与图5.3相对比。还可以与生物生产力的卫星影像（图5.15）相比较。

资料来源：世界自然基金会生态区。

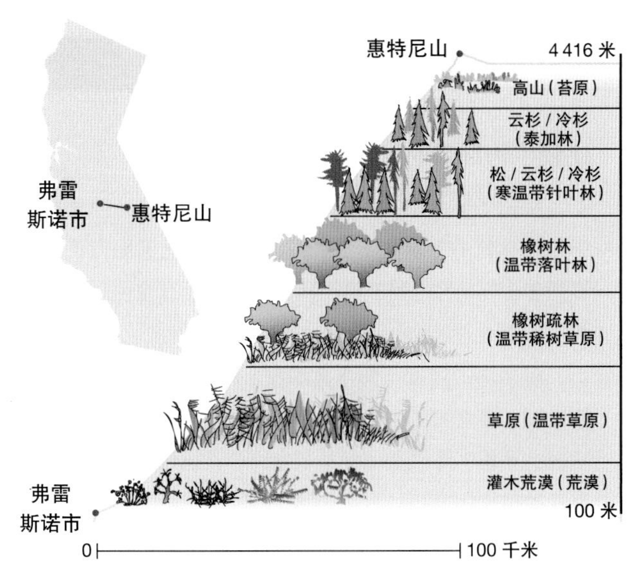

图 5.5 山坡上随着高度增加、温度降低、降水量增多造成的植被变化。从加利福尼亚弗雷斯诺至惠特尼峰（加利福尼亚最高点）100 千米长的横断面，穿越了相当于 7 种不同生物群系类型的植被带。

每种都有着大量降雨与基本一致的温度。在云雾缭绕使植被经常保持湿润的高山上有凉爽的**云雾林**（cloud forests）。在年降雨量超过 200 厘米、全年温暖甚至炎热的地方有**热带雨林**（tropical rainforests）。

这两种热带湿润森林的土壤通常都较薄、呈酸性、缺乏营养，但是这两种森林的物种之多令人难以置信。例如，热带雨林林冠上昆虫的种类估计达数百万种！另据统计，全部陆地植物和昆虫物种的 1/2 至 2/3 生活在热带森林中。

这些森林的养分循环也与众不同。系统中几乎全部养分（90%）都包含在生物体内，这与温带森林截然不同，那里的养分保持在土壤中供新植物生长之用。热带森林的繁茂生长取决于死亡有机体的迅速分解和再循环。落在林床上的枯枝落叶腐烂后几乎立即就被吸收回到活生物体中。

森林因伐木、农耕和采矿被清除后，浅薄的土壤不能继续支持农作物的生长，在大量降雨之下也不能抵御侵蚀。如果砍伐面积过大，雨林群落就不能再生。

热带季节性森林（每年都有旱季）

许多热带地区虽然全年保持高温，但是却有明显的雨季和旱季。这些地区孕育着**热带季雨林**（tropical seasonal forests）：耐旱的森林在干季变成棕色休眠状态，而雨季则绽放出翠绿色。由于这些森林一年中大部分时间干燥，因此常被称为热带干燥森林；然而，必定有周期性的降雨供树木生长。季雨林中有许多旱季

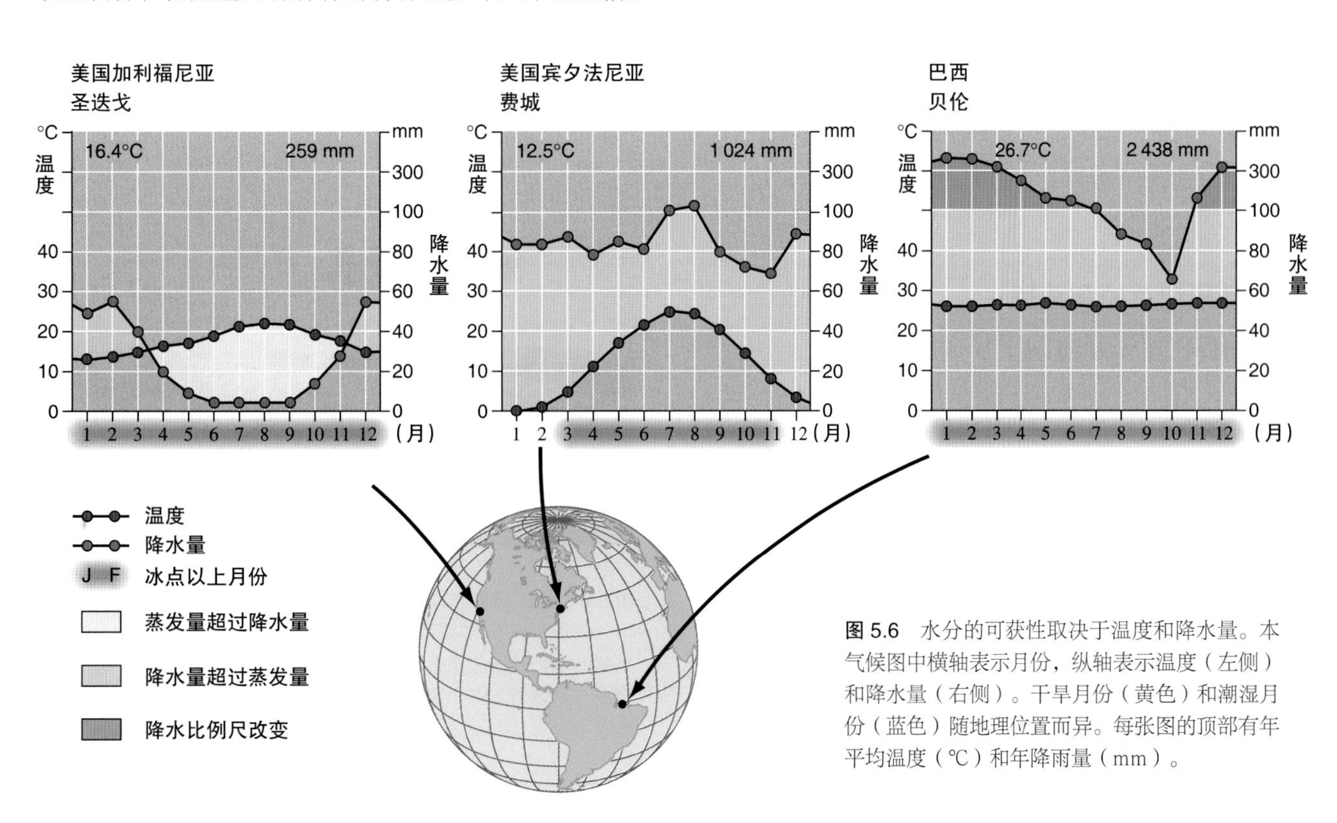

图 5.6 水分的可获性取决于温度和降水量。本气候图中横轴表示月份，纵轴表示温度（左侧）和降水量（右侧）。干旱月份（黄色）和潮湿月份（蓝色）随地理位置而异。每张图的顶部有年平均温度（℃）和年降雨量（mm）。

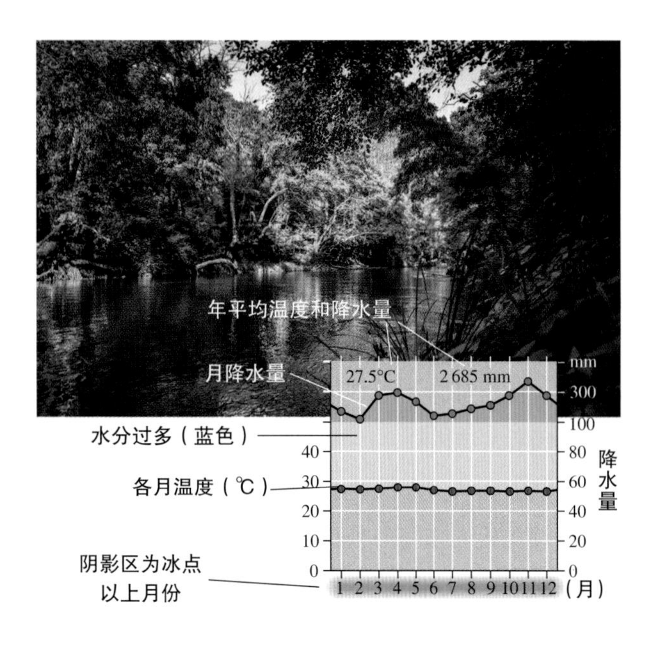

图 5.7　热带雨林生长着繁茂多样的植物。气候图表明多数月份里雨量充沛，支持植物生长。

主动学习

比较生物群系的气候

回顾干旱地区加利福尼亚州圣迭戈和亚马孙雨林中巴西贝伦的气候图（图5.6）。1月份圣迭戈比贝伦气温低多少？7月份呢？哪个地区一年中温度变化幅度更大？最潮湿的月份中两地降水量有多大差别？

将两地的温度与降水量和图5.7中的其他生物群系相比较，最潮湿的生物群系有多潮湿？哪些生物群系有明显的旱季？降雨量和暖季长度为什么能解释这些生物群系的植被状况？

答案：圣迭戈在1月气温大约低13摄氏度，7月比贝伦大约低6摄氏度；圣迭戈温度变化幅度更大；12月到2月之间两地降水量差异大约为250毫米。

落叶的乔木和灌木：无水可用时就会落叶并停止生长。季雨林是比较开阔的林地，会逐渐变成稀树草原。

热带干燥森林一般比湿润森林更吸引人类定居，也遭受更大程度的退化。干季放火清除干燥森林比较容易。干燥森林较之雨林，土壤养分水平较高，农业上产量也较高。昆虫、寄生虫和真菌性病害较少，也使干燥森林和季雨林可以为人类提供较健康的生活场所。因此，这种森林在许多地方处于高度濒危之中。例如，中美洲太平洋沿岸和南美洲大西洋沿岸只有不到1%的热带干燥森林保持未受干扰的原始状态。

热带稀树草原和草原（一年中大部分时间干旱）

降水太少不足以养育森林的地方，会有**草原**(grasslands)或**稀树草原**（savannas）（图5.8）。大多数热带稀树草原和草原也像热带季雨林一样，有一个雨季，不过雨量一般不如森林那样丰富而且不甚可靠。旱季时野火可能会席卷一片草地，烧死幼树并保持开阔的景观。稀树草原和草原植物对干旱、炎热和野火具有多种适应性。许多植物具有下扎很深的多年生根系，能寻找地下水，在地面枝叶枯萎后仍能存活。火灾或干旱过后，新芽迅速从根部生长出来。牛羚（角马）、羚羊和野牛等迁徙性食草动物就依赖这些新生的草。牲畜放牧活动造成的压力对热带草原和稀树草原的动植物而言是一种重大威胁。

荒漠（非冷即热，永远干旱）

你可能认为荒漠是万木萧疏的不毛之地。荒漠上

图 5.8　热带稀树草原区全年分旱季和雨季，终年高温。多刺的金合欢和大量食草动物在这里繁衍。图中黄色区域表示降水量的不足。

虽然植被稀少，却可能具有惊人的多样性，而且大多数动植物都高度适应了长久的干旱、极端的酷热和经常出现的严寒。**荒漠**（deserts）出现在降水频率低且每次降水量小的地方，年降水量常低于30厘米。植物对这种情况的适应包括：能储存水分的叶片和根系、可以减少水分损失的厚实表皮层、耐盐。大多数荒漠植物在春雨降落时迅速开花结果。

温暖、干燥、高气压的气候条件（第9章）在南北纬30° 附近造就了荒漠。北美、中亚、非洲和澳大利亚等地的内陆地区（远离海洋，海洋蒸发的水汽是降水的主要来源）存在广袤的荒漠（图5.9）。安第斯山的雨影效应在智利沿海地区造就了世界上最干旱的荒漠；有些内陆山谷几乎完全没有降水。

荒漠动物也像植物一样具有特殊的适应性。许多动物昼伏夜出，白天蜷伏在洞穴里避免太阳的炙烤和脱水。囊鼠、更格卢鼠和沙鼠能够从种子和植物中获取水分。荒漠中的啮齿动物尿液很浓，粪便几乎完全干燥，这样就能在排出体内废物时不损失宝贵的水分。

荒漠比想象中更脆弱。稀疏、生长缓慢的植被很容易被越野车辆伤害。荒漠土壤恢复缓慢。第二次世界大战时期加利福尼亚荒漠被陆军坦克演习碾压的车辙如今依然可以看到。

荒漠也容易受到过度放牧的伤害。非洲广阔的萨赫勒地区（撒哈拉沙漠南部边缘），牲畜正在摧毁大部分植被。裸露干燥的土壤变成流沙，重新固定极其困难。没有植物根系和有机质，土壤就丧失了保存雨水的能力，土地也变得越来越干燥，更加寸草不生。类似的破坏耐旱植被的现象也出现在其他很多荒漠地区，例如中亚、印度和美国西南部及大平原地区的几个州。

温带草原（土壤肥沃）

和热带地区一样，温带（中纬度）草原也出现在降水量足以养育大量草类但不足以养育森林的地方（图5.10）。草原通常是禾本科草类和有花草本植物（一般称为非禾本科草类）复杂多样的混合体。无数的非禾本科开花草类使夏季的草原色彩斑斓，非常喜人。在干草原，植被高度可能低于1米；而较湿润地区草的高度能超过2米。如果草原上散布树木，就称之为稀树草原。

温带草原和稀树草原的植物具有深根系，这使其在干旱、火灾、极端的炎热或寒冷的情况下也能生存。温带草原上的这些根系和地表上每年积累的落叶一起，产生富含有机质的深厚土壤。由于土壤肥沃，许多草原已被转化为农田。美国中部各州和加拿大著名的高

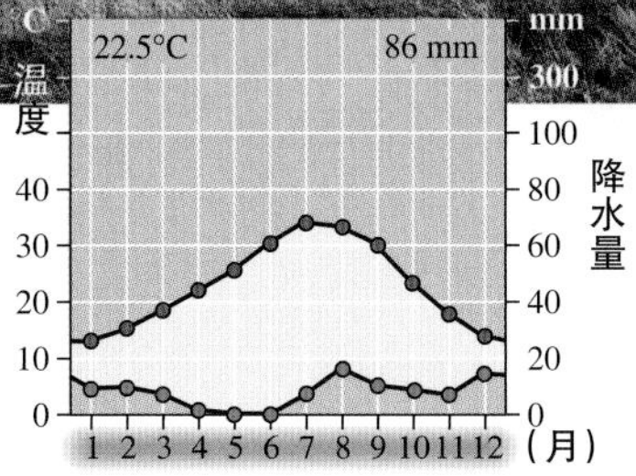

图 5.9 荒漠年降水量一般低于300毫米。像美国西南部那样的热荒漠，全年干旱，夏季极端炎热。

图 5.10 各大陆中纬度地区都有草原。极端的温度状况、干旱的气候条件和不时发生的火灾使其保持开阔的景致。草原动植物具有惊人的多样性。

草普列利草原几乎已经完全被玉米、大豆、小麦和其他农作物所取代。这个地区现存的大部分草原太干旱，不能支持农业，其最大的威胁是过度放牧。即使深根植物最终也会被过度放牧破坏，地表植被相继死亡会引起土壤侵蚀，而像雀麦和乳浆草等不适口的杂草就会四处蔓延。

温带灌木丛林（夏季干旱）

干旱环境常常有适应干旱的灌木、乔木以及草类。这种复合型环境可能差异很大，也可能具有非常丰富的生物多样性。通常称这种环境为地中海型群系（干热同季，导致夏季炎热干燥、冬季凉爽潮湿）。具有革质小硬叶（坚硬的蜡质叶片）的常绿灌木形成浓密的灌木丛。胭脂栎、耐旱的松树或其他小乔木常常丛生在荫蔽的谷地中。周期性火灾猛烈地烧毁这些易燃植物，成为植物演替的主要因素。每年春天繁花似锦，火灾之后尤其灿烂。在加利福尼亚地区，这种景观叫作**查帕拉尔群落**（chaparral，西班牙语，意为灌木丛）。生活在这里的动物为耐旱的物种，例如兔、更格卢鼠、黑尾鹿、金花鼠、蜥蜴和多种鸟类。类似景观也见于地中海沿岸、澳大利亚西南部、智利中部和南非。虽然这种生物群系覆盖的总面积并不很大，但是含有大量特有物种，常被认为是生物多样性的“热点”。这些地方也是人类非常喜爱的居住地，常常导致人类与稀有或濒危动植物物种之间发生冲突。

温带森林（常绿林或落叶林）

温带森林也称中纬度森林，所处的地方降水情况变化很大，但主要位于纬度30°至55°之间（见图5.4）。我们一般根据树的种类将其归为两类：**落叶阔叶林**（季节性落叶）和**常绿针叶林**（孕有球果）。

落叶阔叶林

落叶林遍布全球降雨丰富的地方。中纬度的这些森林是冬季落叶的落叶林。秋季，由于丧失叶绿素，这些森林呈现出缤纷的色彩（图5.11）。较低纬度的阔叶林可能是常绿的，也可能在旱季落叶。例如，南方常绿橡树就是一种常绿阔叶树。

夏季这些森林有浓密的树冠，但春季先花后叶的林下植被却多种多样。春季的短命植物绽放美丽的花朵，而春池（只有春季才有的水洼）中养育着两栖动物和昆虫。这些森林还是各种各样鸣禽的庇护所。

北美落叶林曾经覆盖今日美国东半部和加拿大南部的大部分地区。西欧大部分地区也曾是落叶林，不过一千年以前已被砍伐殆尽。欧洲殖民者来到北美之初，就迅速定居下来并砍伐了东部落叶林的大部分，以获取薪柴、木材、工业用材，同时将林地辟为农田。现在这些地区许多地方已经回归为落叶林，不过优势种已经改变。

落叶林位于湿润而温和的气候下，因而再生迅速。但是这些森林被占用的时间太长，受到人类广泛的影响，大部分天然物种都至少受到一定程度的威胁。对落叶阔叶林最大的威胁在西伯利亚东部，那里的森林采伐进展迅速。西伯利亚可能是全世界森林采伐速率最快的地方。随着森林的消失，西伯利亚虎、熊、鹤和其他大量濒危物种也将随之消失。

图 5.11 温带落叶林全年有降水，冬季气温接近或低于冰点。

常绿针叶林

针叶林适宜的温度和湿度条件很广。此类森林常常生长在水分有限的地方：在寒冷气候下，冬季水分不能利用（结冰）；炎热气候可能有季节性干旱；沙性土壤持水量少，这些地方常被针叶树占据。细长的蜡质叶片（针叶）有助于减少这些树木的水分损失。针叶林为北美东北部提供大部分木材，主要木材产区包括南大西洋和墨西哥湾沿岸各州、西部山区和太平洋西北部各州（从加利福尼亚北部到阿拉斯加），不过针叶林也支撑着许多其他地方的林业。

太平洋沿岸的针叶林生长在极其湿润的条件下。最潮湿的海岸森林称为**温带雨林**（temperate rainforest，图5.12），这些凉爽多雨的森林经常笼罩在雾气中。树冠冷凝（叶尖滴水）是林下降水的主要形式。气温终年适中，加上高达250厘米的充沛年降水量，使得植物生长茂盛，并出现加利福尼亚红杉那样的参天大树，这是迄今所知世界上最大的树木，也是地面上已知存在过的最大的生物体。红杉曾经遍及从加利福尼亚州至俄勒冈州的太平洋沿岸，但是持续的伐木已使其分布范围减少到几小块。

图5.12 温带雨林降水丰富但有季节性，养育了高大的树木和繁茂的下层植被。此类森林夏季常较干燥。

北方针叶林（位于温带北部）

由于针叶树能够在寒冷的冬季存活，因此在北纬50°至北纬60°之间占优势（图5.13）。较低纬度的山地地区也可能有北方针叶林的许多特征和物种。北方针叶林的优势树种为各种松树、铁杉、云杉、雪松和冷杉。还有一些落叶树，如枫树、桦树、杨树和桤木。由于气候寒冷、无霜，生长季短，这些森林生长缓慢，不过仍然是得到广泛利用的资源。在西伯利亚、加拿大和美国西部，区域经济在相当大的程度上依赖于北方针叶林。

在北方针叶林最北部参差不齐的边缘地带，也就是森林逐渐被开阔的苔原所取代的地方，称之为**泰加林**（taiga，来自俄文）。这里极度寒冷，夏季十分短暂，因此限制了树木生长的速率，在最北方地区直径10厘米的树木年龄可能超过200年。

苔原地区（任何时候都可能冰冻）

一年中大部分时间温度在冰点以下的地方，只有矮小耐寒的植被能够存活。**苔原**（tundra）这种出现在高纬度或山顶的无树景观，其植物生长季只有1～3个

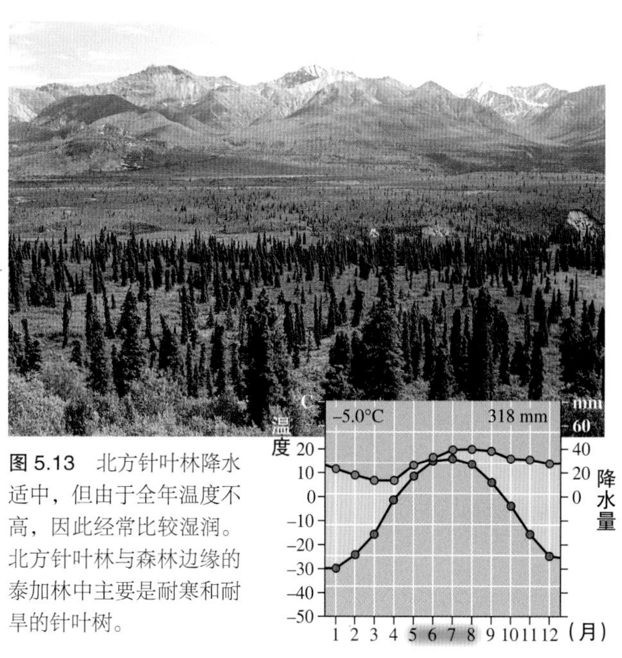

图5.13 北方针叶林降水适中，但由于全年温度不高，因此经常比较湿润。北方针叶林与森林边缘的泰加林中主要是耐寒和耐旱的针叶树。

月，而且一年中任何月份都可能冰冻。有些人认为苔原是草原的一个变种，因为没有树木；还有人认为苔原是一种非常寒冷的荒漠，因为一年中大部分时间水分不能利用（结冰）。

北极苔原作为一种广袤的生物群系，其生产力极低，因为生长季很短。不过，仲夏时节24小时的阳光帮助植物突发性生长，使得昆虫暴发性繁殖。成千上万的水禽、岸禽、燕鸥和鸣禽每年迁徙到北极，尽情享用丰盛的无脊椎动物和植物，以大自然短暂的馈赠抚养幼鸟。然后这些鸟类迁徙到它们的越冬地，在那里可能被当地捕食者捕食——它们有效地把能量和蛋白质从高纬度地区带到低纬度地区。北极苔原对全球生物多样性至关重要，对鸟类而言尤其如此。

高山苔原存在于山顶或接近山顶的地方，其环境条件与植被类似于北极苔原（图5.14）。这些地方的生长季短暂且集中。高山苔原上常常可以看到繁花似锦；任何植物都必须在冰雪重来之前的一两周内立刻开花结果。许多高山苔原植物还有颜色深暗的革质叶片，以抵御高山稀薄大气中强烈的紫外线。

与其他生物群系相比，苔原的生物多样性较低。柳树、莎草、禾本科草类、苔藓和地衣等矮小灌草丛在植被中常占优势。迁徙性的麝牛、驯鹿、高山野绵羊和野山羊等能够靠这种植被生活，因为它们会不时迁移到新的草场上。

这些环境对大多数人类活动而言过于寒冷，因此不像其他生物群系那样受到严重威胁。然而，全球气候变化可能破坏某些苔原生态系统的平衡，而且来自远方城市的空气污染也会集聚在高纬地区（第9章）。加拿大东部的海岸苔原因过分庞大的雪雁种群而近乎耗竭，这是因为冬季雪雁在阿肯色州和路易斯安那州的稻田里觅食而数量暴增。油气钻探（以及与之相伴的货运交通）威胁着阿拉斯加和西伯利亚的苔原。很明显，这些遥远的生物群系无法与低纬地区人类活动的影响相隔绝。

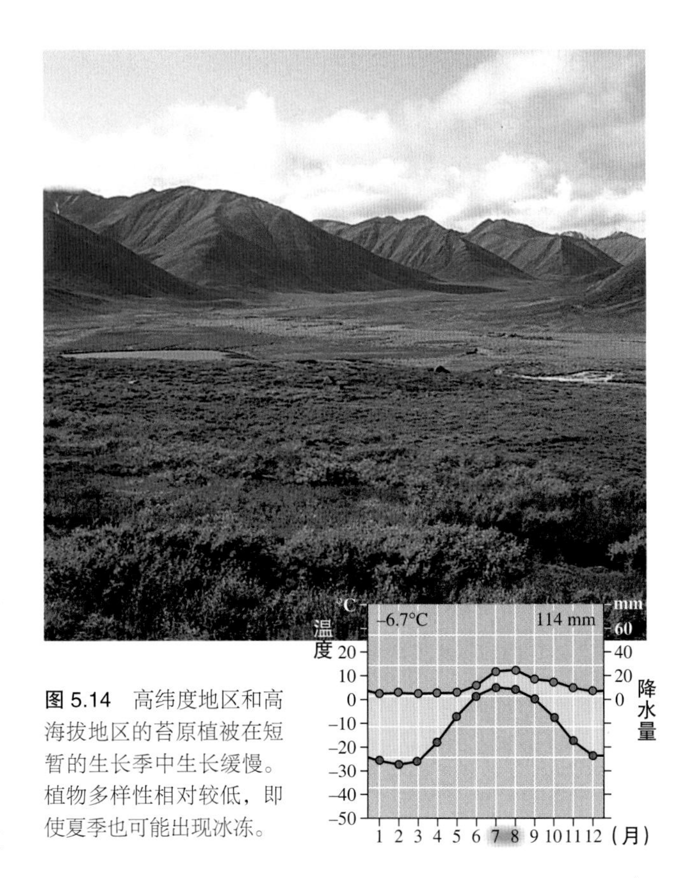

图5.14 高纬度地区和高海拔地区的苔原植被在短暂的生长季中生长缓慢。植物多样性相对较低，即使夏季也可能出现冰冻。

5.2 海洋环境

我们对海洋中的生物群落知之不多，但是它们很可能如同陆地生物群系那样复杂而多样。本节将探索这些神奇的海洋环境中的几个方面。海洋覆盖着将近3/4的地球表面，对陆地生态系统起着重要作用，尽管我们常常没有认识到这一点。大多数海洋生物群落也像陆地生态系统一样，依靠光合生物。这些光合生物通常是藻类，或是微小的、随波漂浮的光合作用植物（**浮游植物**，phytoplankton），而不是我们在陆地上看到的树木和草类，它们支撑了海洋食物网。海洋中的光合作用一般在海岸线附近最活跃，那里从岸上淋溶下来的氮、磷和其他养分，为初级生产者提供肥料。洋流可以把养分和浮游植物带到远离海岸的地方，也对生物生产力的分布起一定作用（图5.15）。

浮游生物、藻类、鱼类和其他生物死亡后就沉入海底。由蟹类、滤食生物、发出磷光的奇异鱼类和许多其他生命形式组成的深海生态系统，往往依靠这种“海雪”作为主要营养源。海面生物群落同样依靠这些

主动学习

仔细观察气候图

在刚刚介绍的9种陆地生物群系中，重要因素之一是平均温度低于冰点（0℃）的月份数。这是因为大部分植物的光合作用在日间温度远高于冰点——以及水分是液态而不结冰时最为活跃（第2章）。所列举的生物群系中，平均温度在0℃以上不足3个月的有几个？所有月份都高于冰点的地点有几个？看图5.3：是否所有荒漠的年平均温度都在冰点以上？现在请看图5.4：你住在哪个生物群系中？大部分美国人住在哪个生物群系中？

答案：只有苔原高于冰点的月份数不足3个；3个地点各月温度都在冰点以上；否；答案各有不同，大部分美国人住在温带针叶林或阔叶林生物群系中。

物质，上升流把养分从海底带回海面。在南美洲、非洲和欧洲沿岸，这些上升流维持着富饶的渔业资源。

垂直分层结构是水生生态系统的主要特征。光线随水深急剧衰减，透光层（光线可以透射的水层，通常深20米左右）以下的生物群落必须依靠光合作用以外的能源才能维持。温度同样随水深增加而下降。深海物种往往生长缓慢，因为寒冷环境下的新陈代谢水平较低。与之相对，珊瑚礁和河口湾等温暖、明亮、靠近海面的区域则是世界上生物生产力最高的环境。温度还影响水能够吸收的氧气及其他元素的量。冷水可以吸收大量氧气，因此，北大西洋、北太平洋和南极地区等寒冷海洋的生物生产力常较高。

外海生物群落从海面到超深渊带各不相同

海洋系统可以用深度和离岸的远近来描述（图5.16）。总体而言，**底栖**（benthic）群落指海底，**海洋中上层**（pelagic，源自希腊语“海洋”）各区是指水体。**海洋中表层**（epipelagic zone，epi=顶上）中有光合生物。下面是**中层**（mesopelagic，meso=中间的）和**深层**（bathypelagic，bathos=深）。最深的水层是**深渊层**（abyssal zone，深至4 000米）和**超深渊层**（hadal zone，6 000米以下）。海岸线称为**滨海带**（littoral zones），低潮时才露出海面的区域叫作**潮间带**（intertidal zone）。大陆海岸线之外通常有一个宽阔且水深较浅的区域，可能沿陆地向海洋延伸几千米甚至几百千米。这个水下区域就是**大陆架**（continental shelf）。

我们对海洋生态系统和海洋生境知之甚少，现有大部分知识也只是最近才了解到的。长期以来外海被看作生物荒漠，因为其生产力（即生物量）较低。然而，汗多海域鱼类和浮游生物很丰富。海山，即海底下的山脉

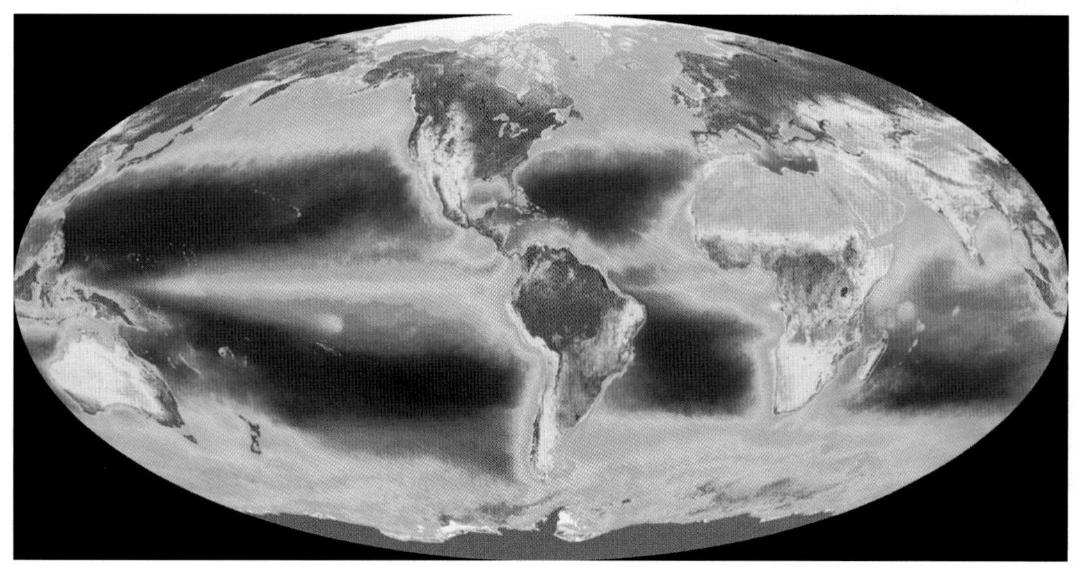

图5.15 卫星测量海洋与陆地上的叶绿素水平。陆地上暗绿至蓝色的地区生物生产力高。暗蓝色海洋上没有多少叶绿素，生物量较小。浅绿色至黄色的海区生物丰富。

和突出海面的岛屿，支撑着许多商业捕鱼活动，很多新发现的生物也生活在这里。赤道太平洋和南大洋中的洋流从远方带来养分维持着生物生产力。大西洋百慕大群岛附近的马尾藻海的广阔海域以其四处漂浮的褐藻团著称。这些藻团维持着极其多样的海洋动物的生活，包括海龟、鱼类和其他物种。在藻团中孵化的鳗鱼最终会洄游到北美洲和欧洲大西洋沿岸河流的上游。

深海热喷口生物群落是另一种引人瞩目的海洋系统类型，但直到1977年深潜器“阿尔文”号（Alvin）下潜到深海海床之前，人们对其还一无所知。这些群落以捕获具有化学能的微生物为基础，化学能主要来自从热液喷口——海床上喷出热水和矿物质的喷嘴处释放出硫化物（图5.17）。洋壳下面的岩浆加热这些喷口。喷口附近的管虫、软体动物和微生物适应了经常高达350℃的极端高温以及7 000米甚至更深的水压存活。海洋学家在这些群落中发现了数千种各色各样的生物，其中大部分为微生物。有些人估测海床上微生物的总量占地球上全部生物量的1/3。

图 5.17 深海热液喷口群落。这些群落极其多样而且与众不同，因为它们依靠化学合成，而不是光合作用获取能量。

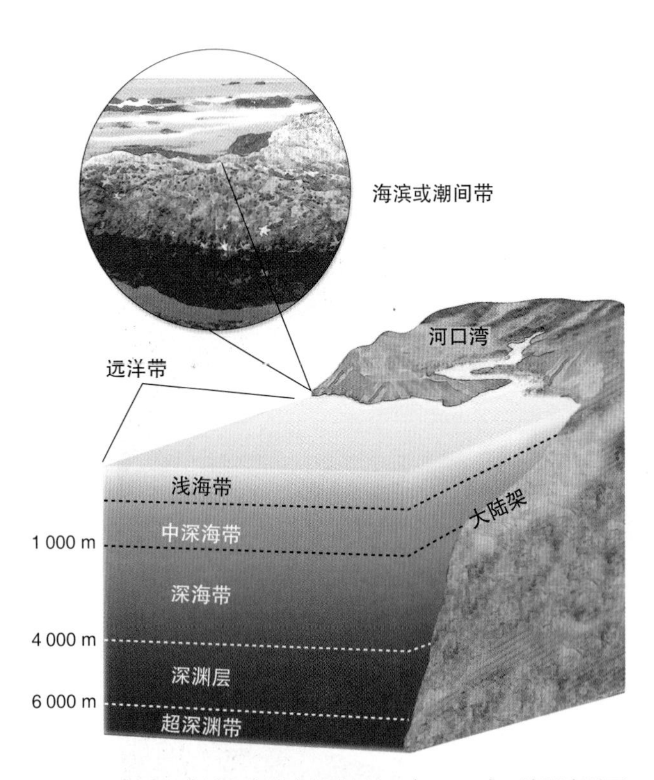

图 5.16 光线只能透入海洋上部水层10米～20米。该深度以下温度下降，压力增加。近岸环境包括潮间带和河口湾。

潮汐海岸支持着丰富多样的群落

海岸群落和外海一样，随着水深、光线和温度的变化而变化。有些海岸群落，如河口湾，由于得到从陆地上冲刷下来的养分补充，具有很高的生物生产力和多样性。其他海岸群落如珊瑚礁，存在于很少有来自海岸径流的地方，但是那里清澈温暖的浅水有助于光合作用。

珊瑚礁（coral reefs）因其非凡的生物生产力和多样美丽的生物形态，成为最著名的海洋生态系统（图5.18a）。礁体是微小的集群动物（“珊瑚虫”）与光合藻类的共生群落。富含钙质的珊瑚骨骼保护藻类，而藻类滋养珊瑚虫。珊瑚礁复杂的结构又为无数鱼类、蠕虫、甲壳类和其他生物提供保护。珊瑚礁存在于浅层足够清澈的水中，这样阳光能照射到光合藻类。珊瑚不耐受水中过于丰富的养分，因为养分会滋养被称为“浮游生物”的微小植物和动物，而这些生物会阻断阳光。

珊瑚礁属于最濒危的生物群落。海岸开发、农耕、污水和其他污染物会降低水的透明度使珊瑚窒息。破坏性的捕鱼方法，包括用炸药和氰化物毒杀，业已破坏亚洲许多珊瑚礁。珊瑚礁还会因温度变化、外来鱼种入侵和疾病而受到伤害乃至死亡。目前，**珊瑚白化**（coral bleaching），即因外来压力导致珊瑚礁变白、进而导致珊瑚死亡的问题，正在不断恶化并蔓延，这困扰着许多海洋生物学家（第1章）。

海草床（sea-grass beds）或称**鳗草床**（eel-grass beds）占据着温暖的沙质浅海滩。这些海床也像珊瑚礁一样，养育着从腹足类到龟类以及佛罗里达海牛等丰富的食草动物群落。

红树林（mangroves）是多种多样的耐盐树木，生长在世界各地温暖宁静的海岸带（图5.18b）。在泥质潮汐浅滩的红树林能帮助海岸线减弱风暴的力量，通过捕获泥沙和有机物还能构建陆地。研究表明，2004年印度尼西亚毁灭性的海啸中，有红树林的地方，减弱了海啸的速度、高度和湍流。红树林下面聚集的落叶等碎屑，为动植物群落提供营养。海洋物种（如鱼类和蟹类）与陆地物种（如鸟类和蝙蝠）都依靠红树林提供庇护所和食物。

红树林和珊瑚礁、海草床一样，为鱼、虾、蟹和其他海洋物种的幼体提供育幼场，人类的经济正要依赖这些物种。然而，红树林也像珊瑚礁、海草床一样遭到人类活动的破坏。一个世纪以前全世界有大约22万平方千米红树林，如今一半以上已遭破坏或退化。这些红树林被砍伐以获取木料或建造鱼池或虾池。红树林还被附近城市的污水和工业垃圾所污染。东南亚和南美洲有些地方已经丧失了90%的红树林，大部分被开辟为鱼池和虾池。

(a) 珊瑚礁

(b) 红树林

(c) 河口湾与盐沼

(d) 潮汐池

图5.18 海岸环境哺育的生物具有着令人难以置信的多样性并使滨线稳定。（a）珊瑚礁、（b）红树林、（c）河口湾，也为海洋生态系统提供关键的育幼场所，（d）潮池中也有很多高度特化的生物。

河口湾（estuaries），是河流入海处淡水和咸水混合的海湾。**盐沼**（salt marshes），即被海水定期或不定期淹没的湿地，出现在包括河口湾在内的沿岸浅滩处（图5.18c）。河口湾和盐沼一般水流较缓慢、温暖而且营养丰富，是生物多样性强、生物生产力高的区域。河流提供养分和泥沙，淤泥底质滋养挺水植物（其叶片伸出水面之上），以及虾、蟹等甲壳类和蛤蚌、牡蛎等软体动物的幼体。将近2/3的海洋鱼类和甲壳类动物依靠河口湾和盐渍湿地作为产卵和养育幼体的场所。

美国大城市附近的河口湾曾经拥有巨大的水产资源。纽约、波士顿和巴尔的摩附近水体中的牡蛎养殖场和蛤蚌浅滩，为早期的居民提供了免费而易得的食物。然而，污水和其他污染物早就污染了大部分海产。近来，美国政府为复兴美国最大最丰产的河口湾切萨皮克湾做了巨大的努力。这些努力已取得了某些成就，但是仍然存在很大挑战。

与河口湾水浅宁静的情况相反，珊瑚礁和红树林海岸风疾浪涌，其中的**潮池**（tide pools）里滋养着极其丰富的生物。潮池是海滨地带的岩石小盆地，高潮时被水淹没而低潮时仍有海水存留。这些地方保持岩石状态，海浪的作用使大多数植物不能生长，泥沙也不能集聚；潮池高潮时被冰冷的海水淹没，而低潮时阳光炙烤，水分蒸发，在这种极端情况下大部分生物不能生存。但是有些特化的动植物却能生存于这种石质的潮间带，出奇地多样而且美丽非凡（图5.18d）。

5.3 淡水生态系统

淡水环境虽然远不如海洋环境那样辽阔，却是生物多样性的中心。大多数陆地群落在某种程度上都依靠淡水环境。在荒漠中，孤立的水池、河流乃至地下水系统在为陆地动物提供水分的同时，都有着令人惊讶的生物多样性。例如，亚利桑那州为数不多可以利用的河流周围的树木和灌丛中生活着许多鸟类。

湖泊（具有开阔的水面）

淡水湖也像海洋环境一样，具有明显的垂直分层（图5.19）。近表层有浮游生物的亚群落，主要是微小的植物、动物和原生生物（单细胞生物，如变形虫），自由地漂浮在水体中。水黾和蚊子之类的昆虫也生活在气－水界面上。鱼类穿梭于水体中，时而接近水面，时而游向深处。

最后，湖底，或称底栖层，被各种腹足类、穴居蠕虫、鱼类和其他生物所占据。这些生物构成了底栖生物群落。湖底环境含氧水平最低，主要是由于缺乏把氧气带到此处的搅动作用。厌氧（不使用氧气的）细菌可以生存在含氧量低的泥沙中。沿岸带的香蒲和灯芯草等挺水植物生长在底泥中。这些植物促成了水生生态系统各层之间重要的功能性联系，它们还是该系统最大的初级生产力提供者。

除非浅水湖泊，否则都有一个被风搅动、被太阳晒热的温水层，该水层称为湖上层，或称**变温层**（epilimnion）。其下面是湖下层，或称**均温层**（hypolimnion，“hypo”译作“下面”），即较冷、较深、不受扰动的水层。如果你曾在一个较深的湖泊里游泳，就有可能发现这两层之间存在一个温度急剧变化的范围，称为**温跃层**（thermocline）。这个范围以下的水要凉得多。这个范围也叫**湖中层**（mesolimnion）。

影响水生群落特征的地区性条件包括：①可用养分（或过量养分），例如硝酸盐和磷酸盐；②悬浮物，例如影响光线入射的泥沙；③水深；④温度；⑤水流；⑥基

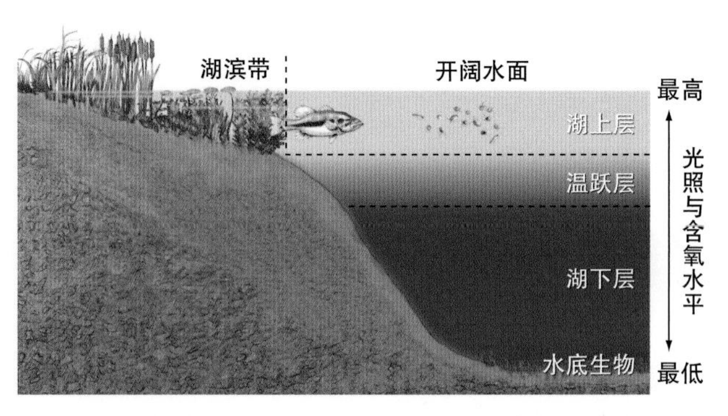

图5.19 深水湖的分层主要取决于光线、氧气与温度的梯度。变温层受水表面风和热对流的混合影响，而变温层与均温层交汇处温度与密度强烈的差异带来的搅动产生了温跃层。

底特性，例如泥质、沙质或岩石质；⑦内部流动；⑧与其他水体或陆地系统有无联系。

湿地（水浅而高产）

湿地（wetlands）属于浅水生态系统，其地表一年中至少部分时间处于水浸或淹没的状态。湿地植被适应在水分饱和状况下生长。虽然湿地在大多数国家中面积不大，但是在有关自然保育的争论中，以及北美和世界各地频繁的法律纠纷焦点中，湿地问题所占比例很大。除了对湿地的基本描述以外，湿地的准确定义是争论的热点。每隔多长时间被水浸才能算作湿地？每次多长时间？应对多大的范围进行法律保护？答案各有不同，这既是一个政治问题，同时也是一个生态学问题。

这些相对较小的系统拥有丰富的生态多样性，对种禽和候鸟都至关重要。虽然湿地占美国陆地的面积不足5%，但是据美国鱼类及野生动物管理局估算，有1/3的濒危物种一生中至少有一部分时间在湿地度过。湿地滞留暴雨带来的降水，降低雨水进入水系的比例，从而减少洪灾次数。美国湿地每年储存洪水带来的价值高达30亿至40亿美元。只要水分停留在湿地里，就会渗入地下，补充地下水源。湿地过滤甚至净化城市和农田径流，因为细菌和植物能吸收水中的养分和污染物。垃圾填埋与开发对湿地也有大量需求。湿地常在城市与农庄附近，土地价值较高，一旦疏干后即可很方便地改作更有利可图的用途。欧洲人到来之前，美国已有的湿地至少有一半已被疏干、填埋或退化。有些以农业为主的州，湿地的损失更多。例如，艾奥瓦州已经丧失了其原生湿地的99%。

湿地根据其植被进行分类。**木本沼泽**（swamps）亦称有林湿地，是有树木生长的湿地。**草本沼泽**（marshes）是无树湿地。**雨养泥炭沼泽**（bogs）是水分饱和的地面，通常由被称为泥炭的厚厚的未腐烂植物残体堆积而成。**矿养泥炭沼泽**（fens）与泥炭沼泽相似，但主要由地下水补给，因此水中富含矿物质而且有特化的植物种（图5.20）。木本沼泽与草本沼泽生物生产力高。两种泥炭沼泽则通常缺乏养分，生物生产力低。不过，后两种

（a）沼泽或有林湿地

（b）无林沼泽

（c）酸性泥滩沼泽

图5.20 湿地提供不可替代的生态服务，包括滤水、储水、防洪以及提供栖息地。（a）有树的湿地常称为木本沼泽；（b）无林的湿地常称为草本沼泽；（c）泥炭沼泽通常呈酸性，其中聚积了泥炭。

湿地可能拥有奇特而有趣的物种，例如茅膏菜和猪笼草等，它们从昆虫中而不是从土壤中攫取营养。

木本沼泽与草本沼泽中的水通常较浅，阳光能穿透水层，可以产生季节性增温。这些温和的条件有利于加强光合作用，使所有营养级的生产力都增高。简

言之，这里生命丰富多彩。湿地是水禽和岸禽主要的繁殖、营巢场所，也是候鸟的主要中转地。

河流（开放系统）

河流形成在降水量超过蒸发量而且有多余水分从陆地上排出的区域。对于小河流，生态学家将其分为浅滩区和深潭区，前者水流快速奔腾在岩石基底上；后者为较深的河段，水流缓慢。浅滩区水分充分搅动并且充满氧气；而深潭区一般有泥沙和有机物质的沉淀。如果河水足够深，深水区就会像湖泊那样有垂直分层。小溪汇集水流形成大河，不过并没有一个通用的定义界定小溪何时转变为大河。生态学家认为，河流系统从河源到流域的河口，是一个环境状况与群落成员永在变化的连续体。河流与湖泊生态系统最大的差别在于河流中的物质，包括动植物和水，都被水流不断地移向下游。这种向下游的流动被动物逆流而上的活跃运动、河流本身的生产力以及来自附近湿地或高地物质的输入所补偿。

5.4 生物多样性

我们刚刚学过的生物群系庇佑着多样性惊人的生物体。从最干旱的荒漠到滴水的雨林，从最高的山峰到最深的海渊，生物的大小、颜色、形状、生命周期与相互关系等方面存在着不可思议的多样性。生物的多样与复杂的生态关系赋予生物圈独特而多产的特性。**生物多样性**（biodiversity），即生物的多种多样，也使世界成为更加美丽和激动人心的住处。下述三种生物多样性对保持生态系统及其功能至关重要：①遗传多样性（genetic diversity）是单个物种内同一基因各种变体的量度；②物种多样性（species diversity）描绘一个群落或生态系统中生物的种类；③生态系统多样性（ecological diversity）就是生物群落的丰富度和复杂性，包括生态位、营养级的数量以及系统内获取能量、维持食物网和物质循环等方面的生态学过程。

现在越来越依靠基因相似性来鉴定物种

要了解生物多样性，物种是一个基本概念，但什么是物种？一般来说，物种就是能持续存在的独特生物体，所谓持续存在是指它们能产生有生育能力的后代。但是许多生物体进行无性繁殖；另有一些生物体不能自然繁殖，只因为它们通常不能彼此相遇。由于这些含糊之处，进化生物学家偏爱识别基因相似性的**系统发生种概念**（phylogenetic species concept）。另一种选择是**进化物种概念**（evolutionary species concept），即根据发育史和共同祖先定义物种。这两种方法均依靠DNA分析定义生物的相似性。

地球上有多少种生物？生物学家已经鉴别出大约150万种，但是这很可能只是实际数目的一小部分（表5.1）。基于研究性探险——尤其是在热带，新发现的速率，分类学家估计现在存活的物种大约在300万至5 000万种之间。已知物种约70%为无脊椎动物（没有脊椎的动物，例如昆虫、海绵、贝类和蠕虫等，图5.21）。

表5.1　估计的物种数

类别	已描述数	未评估占比[1]	濒危百分数[2]
哺乳类	5 490	0%	21%
鸟类	9 998	0%	12%
爬行动物	9 084	82%	28%
两栖动物	6 433	2%	30%
鱼类	31 300	86%	32%
昆虫	1 000 000	100%	27%
软体动物	85 000	97%	45%
甲壳类	47 000	96%	35%
其他无脊椎动物	173 250	99%	30%
苔藓	16 236	99%	86%
蕨类	12 000	98%	66%
裸子植物	1 021	11%	35%
有花植物	281 821	96%	73%
真菌、地衣、原生生物	51 563	100%	50%

1 国际自然保护联盟（IUCN）评估的受威胁状态。
2 经评估的物种百分数。包括IUCN严重濒危种、濒危种或易危种等类别。
资料来源：IUCN红色名录，2009。

图 5.21 昆虫和其他无脊椎动物占全部已知物种一半以上。许多物种像这种蓝闪蝶一样，不仅美丽而且在生态学上十分重要。

此类动物可能占有待发现生物的大多数，可能占全部物种的90%。

生物多样性的热点地区物种丰富但正受到威胁

全世界生物多样性大多集中在赤道附近，尤其是在热带雨林和珊瑚礁中。世界全部物种中只有10%～15%在北美和欧洲。在那些多样性极其丰富的国家中有许多生物从未被科学家研究过。例如，马来半岛至少有8 000种有花植物，而面积为其两倍的英国只有1 400种；英国的植物学家的数量可能比其高等植物的种类还要多。另一方面，南美洲的植物学家不足百人，但他们也许要研究20万种植物。

被水体、荒漠或山地隔离的区域也可能集中了大量独特物种，具有很高的生物多样性。马达加斯加、新西兰、南非和加利福尼亚均属中纬度地区，都被屏障所隔离，免遭来自其他地区生物群落的混合，从而具有大量非同寻常的物种聚集。

5.5 生物多样性的效益

我们在多方面受惠于其他生物，有时直至一个特殊物种或群落消失时，我们仍对其一无所知。即使有些看起来难以理解和无关紧要的生物，也可能在生态系统中起着不可替代的作用，或者有朝一日可能成为不可或缺的基因资源或药物资源。

人类生活有赖于其他生物提供的生态服务。土壤形成、废物处理、空气和水的净化、养分循环、太阳能吸收以及粮食生产，都有赖于野生生态系统和其中生物的相互作用。这些生态系统服务总价值每年至少高达33万亿美元，是全世界GNP的两倍以上。

生物多样性提供食品和药品

野生植物对人类食品供应做出了重大贡献。来自野生植物的遗传物质被用于改良农作物。著名热带生态学家诺曼·迈尔斯（Norman Myers）估计，多达8万种可食用的野生植物有可能被人类利用（表5.2）。例如，据悉印度尼西亚的村民使用大约4 000种当地动植物作为食品、药品和其他用品。这些物种中很少被尝试驯化或做更广泛的培育。野蜂、飞蛾、蝙蝠和其他生物为世界上大多数农作物授粉。如果没有这些生物，世界大部分地方就没有什么农业可言。

据联合国开发计划署统计，来自发展中国家的植物、动物和微生物的医药制品，每年的价值超过300亿美元。让我们回顾一下长春碱和长春新碱成功的故事吧：这两种抗癌生物碱都来自马达加斯加的长春花（*Catharanthus roseus*）。这些生物碱抑制癌细胞生长，对某些癌症的治疗非常有效。20年前，在这些药剂被引进之前，儿童白血病是绝对致命的，目前某些儿童白血病的缓解率达99%。几年前霍奇金淋巴瘤的致死率为98%，但由于有了这些化合物，如今致死率降低到40%。长春花作物每年的总产值约为1 500万美元，不过马达加斯加从中获益很少。

生物多样性有助于生态系统的稳定

生物多样性高有助于生物群落更耐受环境压力，而且比那些物种较少的群落恢复得更快（见第3章）。究其原因，可能在于一个多样的群落中，有些物种能

表5.2　一些天然医药产品		
产品	来源	用途
青霉素	真菌	抗生素
杆菌肽	细菌	抗生素
四环素	细菌	抗生素
红霉素	细菌	抗生素
洋地黄制剂	毛地黄	心脏兴奋剂
奎宁	金鸡纳树皮	疟疾
薯蓣皂苷元	墨西哥薯蓣	避孕药
可的松	墨西哥薯蓣	消炎治疗
阿糖胞苷	海绵	白血病治疗
长春碱 长春新碱	长春花类植物	抗癌药
利血平	萝芙木	高血压药
蜂毒	蜜蜂	缓解关节炎
尿囊素	绿头苍蝇蛹	愈合伤口
吗啡	罂粟	镇痛[1]

1 吗啡和罂粟也是鸦片类毒品的主要成分。

从干扰中存活，使生态功能得以维持下去。由于我们并未完全了解生物之间的相互关系，所以常常因生物群落中去除某些似乎无关紧要的成员而感到惊讶和沮丧。例如，据估计世界上95%的害虫与传染疾病的生物受到天然捕食者和竞争者的控制。维持生物多样性对病虫害防控及维持其他生态功能而言，可能至关重要。

美学价值与存在价值也很重要

欣赏自然也具有重大经济价值。据美国鱼类及野生动植物管理局估计，美国人每年花费在与野生生物有关的娱乐活动上的费用达1 040亿美元，该数目比每年花在新汽车上的810亿美元还多25%。这些资源的娱乐价值甚至常常高于其开发价值。钓鱼、打猎、野营和其他基于自然的活动还具有文化价值。这些活动提供了运动的机会，而与自然的接触有助于情感上的恢复。许多文化中，自然界蕴含着精神内涵，观察自然与保护自然具有宗教上和道德上的意义。

对许多人而言，只要想到野生生物的存在就有价值。这种想法叫作“存在价值”。对很多人而言，即使从未见到过老虎或者蓝鲸，只要知道它们的存在就会感到满足。

5.6　什么威胁着生物多样性

灭绝（extinction），即一个物种的消灭，乃是自然界的一种正常过程。物种逐渐消失并被其他物种（常常是自己的后裔）所取代，是进化变异的一部分。在无干扰的生态系统中，大约每十年丧失一个物种。然而，在过去100年中，人类对种群和生态系统的影响加快了这个速率，很可能造成每年数千个物种、亚种和变种的灭绝。其中许多可能是无脊椎动物、真菌和微生物，这些物种未经研究，但可能在生态系统中起着关键性作用（见表5.1）。

地质历史上物种灭绝很常见，化石记录研究表明，99%以上生存过的物种已经灭绝了。那些物种大多数在人类出现前就已消失。周期性大规模的群体灭绝清除了巨量物种乃至整个科（表5.3）。对此类事件研究得最好的是白垩纪末期，那时随着恐龙的消失，50%的物种也灭绝了。一次更大的灾难出现在大约2.5亿年前的二叠纪末期，那时90%的物种和一半的科在大约1万年的时间里灭绝了——这在地质年代里不过是一瞬间。目前的理论认为，这些灾变是气候变化造成的，也许是因小行星撞击地球所激发。许多生态学家担心，我们将温室气体排放到大气圈造成的全球气候变化，有可能引起同样的灾难性效应（第9章）。

表5.3　群体性灭绝		
历史时期	距今百万年数	物种灭绝百分数（%）
奥陶纪	444	85
泥盆纪	370	83
二叠纪	250	95
三叠纪	210	80
白垩纪	65	76
第四纪	现在	33 ~ 66

资料来源：W. W. Gibbs, 2001. “On the termination of species.” *Scientific American* 285(5): 40–49.

用HIPPO概括人类影响

过去150年物种消失的速率急剧增加。1600—1850年，人类活动导致每十年大概消灭两三个物种，为自然灭绝率的两倍左右。过去150年，灭绝速度增加到每十年几千个物种。保护生态学家把这种现象称为“第六次群体灭绝”，不过这次不是由于小天体或火山，而是由于人类的影响。威尔逊把人类对生物多样性的威胁概括为5个字母HIPPO，H代表生境破坏（Habitat destruction），I代表入侵物种（Invasive species），P代表污染（Pollution）和人口（Population of humans），O代表过度猎采（Overharvesting）。下面将详述这几方面。

生境破坏通常是主要威胁

对大多数物种而言，尤其是陆生物种，最严重的灭绝威胁是生境丧失。也许生境破坏最明显的例子就是把森林和草原转变为农田（图5.22）。过去一万年来，人类把几千万平方千米森林和草原转变为农田、城市、道路和其他用途。这些人类占优势的地方并非没有野生生物，一般都是些适应了与我们共存的野草。

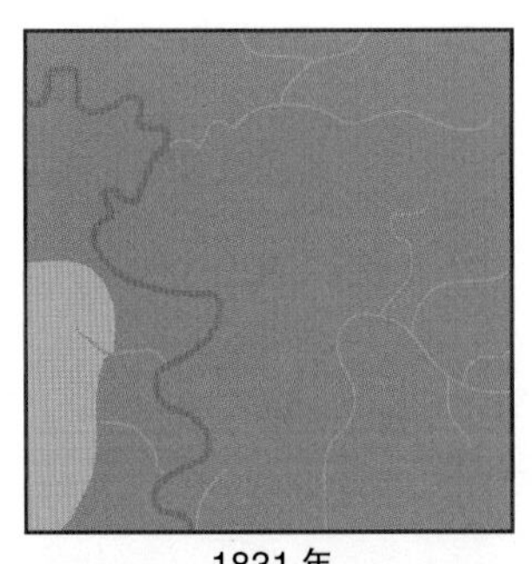
1831年

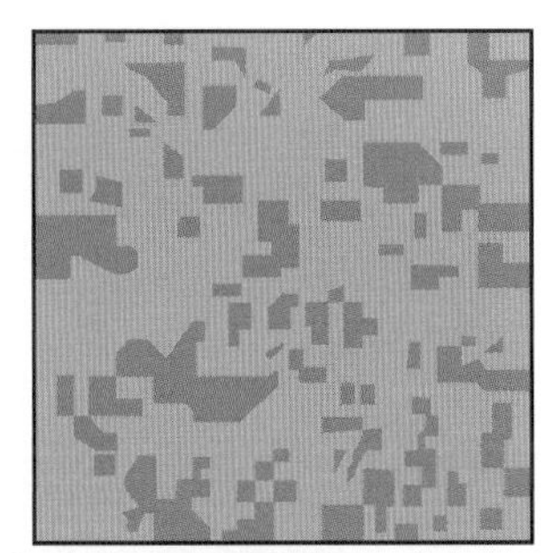
1882年

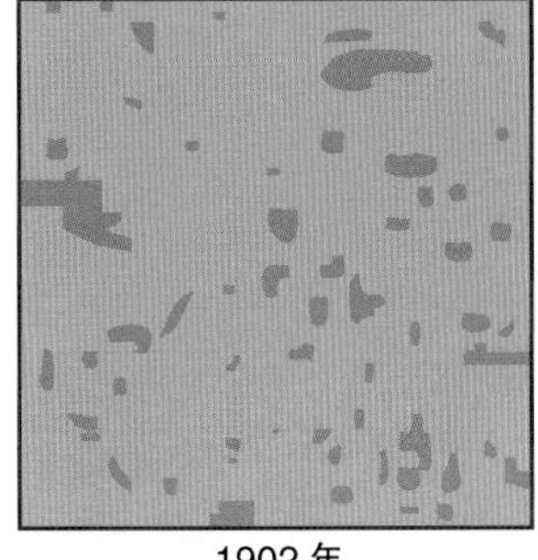
1902年

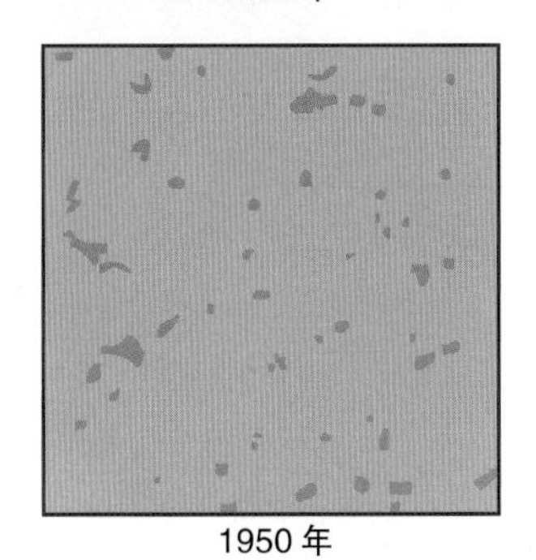
1950年

图5.22 欧洲人殖民期间，威斯康星州南部加迪斯镇地区林地的缩小。绿色区域代表该年份的林地。

目前，森林覆盖的面积不及原先的一半，而且只有1/5的原生林保留其老龄林的特性。北方斑点鸮（*Strix-occidentalis caurina*）等依赖老龄林多样性结构与资源的物种，随着其生境的消失而无影无踪（第6章）。目前草原面积约为400万平方千米（大体与密林面积相当）。最高产和物种最丰富的草原，例如，曾经覆盖美国玉米带的北美草原已转变为农田。如果人口继续增长，需要更多的草原用作农田或牧场。

有时生境破坏是资源开发（采矿、筑坝和一网打尽的捕鱼方法）的副作用。例如，露天采矿剥离矿物的覆盖层时，连同上面生长的一切也一起破坏了。采矿作业的废弃物会掩埋河谷，有毒物质会污染河流，筑坝会将重要生境掩埋在水库的深水之下，消灭食物来源和某些水生物种的繁殖场。目前的捕鱼方法是高度不可持续的，其中最具破坏性的捕鱼方法之一是底拖作业，用重网沿海底拖拽，捕捞所有生物，破坏海底结构，使之变成死寂的废墟。海洋生物学家简·卢别钱科（Jan Lubechenco）说，拖网作业“就像用推土机捡拾森林中的蘑菇。”

生境破碎化使之变成孤立的小区域

除了生境总面积的损失，连片地区的损失也是一个严重问题。对这种现象的概括性词汇是生境**破碎化**（fragmentation）——生境缩减为小块孤立的区域。生境破碎化降低了生物多样性，例如熊和大型猫科动物等物种需要较大的地域才能存活；而森林鸟类等其他物种，只能在密林深处远离林缘和人类聚落的地方才能成功繁殖。随着生境破碎化，捕食者和入侵物种常常迅速扩展到新地区。

破碎化还将种群分割为若干孤立的小群，使其更容易受暴风或疾病等灾害性事件的损害。非常小的种群即使在正常状况下，也可能因没有足够的成年个体而无法繁殖。对一个物种而言，什么是**最小可存活种群**（minimum viable population），而种群缩小到什么时候就会变得太小以致不能存活，是保护生物学的重要课题。

岛屿生物地理学（island biogeography）概括了我

生物多样性价值几何？

我们时常认为生物多样性保护是一种奢侈：如能做到当然好，但是我们大多数人需要谋生。我们发现，自己是在衡量资源实际价值与生态系统的伦理价值或美学价值孰轻孰重。保护必定与经济效益相矛盾吗？只有能够计算生态系统与生物多样性的价值，我们才能回答这个问题。例如，如何将一片现存的森林的价值与从森林中取得木材的价值进行比较？给生态系统赋予价值永远是个难题。我们把数不尽的生态系统服务视为理所当然：水的净化、防洪与防止土壤侵蚀、土壤形成、废物处理、养分循环、气候调节、作物授粉、粮食生产，等等。我们依赖这些服务，但是由于没有谁直接将其出售，因此为这些服务定价比为一车木材定价更难。

2009—2010年，一本名为《生态系统与生物多样性经济》（*The Economics of Ecosystems and Biodiversity*，*TEEB*）的系列研究汇编，发表了对生态系统服务赋值的研究成果。*TEEB*报告发现，生态系统的价值超过全世界GNP的两倍，即每年至少33万亿美元。

下面的图解表示两个用作例证的生态系统：热带雨林和珊瑚礁。由于各地区的价值变化很大，所以这些图解表示的是各项研究的平均值。

（接下页）

我们负担得起恢复生物多样性的费用吗

摧毁生态系统很容易，而筹款修复它则很困难。但是根据*TEEB*计算，从长远看，修复所产生的利益远远超过修复的平均成本。

粮食与木材生产 这两项不难想象，但是其价值远低于森林生态系统所提供的水土保持、气候调节与水源保护。而且我们还依靠生物多样性提供食物。有一项估计称，印度尼西亚可生产250种可食用水果。除了43种（包括图中的山竹果），其余几乎都不为外人所知。▶

授粉 世界大部分地区完全依靠野生昆虫为农作物授粉。自然生态系统全年都供养着各物种的种群，因此随时都能供我们利用。▶

鱼种场 如第1章所讨论，珊瑚礁和红树林的生态多样性对鱼类繁殖是必要的，千百万人以此为生。海洋渔业，包括大部分养鱼场，完全依靠野生食物为来源。这些鱼作物食用价值很高，但其娱乐与旅游价值更高。▶

气候与供水 这两方面可能是森林最有价值的地方，其影响远远超过森林本身。

药物 一半以上处方含有某些天然产物。据联合国开发署统计，发展中国家从植物、动物和微生物中产生的药品每年超过300亿美元。▶

请解释：

就修复珊瑚礁的成本与效益相对而言，修复是否合理？修复热带森林呢？

确定热带森林和珊瑚礁主要的经济效益。你能否解释二者各自起什么作用？

们有关破碎化的大部分知识，这是20世纪60年代威尔逊提出的。麦克阿瑟（MacArthur）和威尔逊注意到，远离大陆的小岛上，陆生物种少于靠近大陆的较大岛屿。他们提出，物种多样性是定居速率与灭绝速率之间的平衡。远离物种源地的岛屿上，定居速率通常低于距离较近的岛屿，这是因为陆地生物难以到达。同时，任何单个物种的种群一般都较小，因此在小岛上易遭灭绝。相反，大岛屿能养育某一物种较多个体，因此受自然灾害或遗传问题的伤害较小。

大岛屿生境类型一般比小岛更加多样，这也使大岛具有较多物种。

很多地方都可以观察到岛屿大小的效应。例如，古巴比相邻的同样位于加勒比地区的蒙特塞拉特岛大100倍，其两栖类物种为该岛的10倍。同样地，贾雷德·戴蒙德（Jared Diamond）对加利福尼亚海峡群岛鸟类的研究发现，在亲鸟少于10对的小岛上，39%的种群在80年内灭绝，而10对至100对的岛屿上同期灭绝的种群仅占10%（图5.23）。100对至1 000对的只有一个物种灭绝，而超过1 000对的物种在此期间无一灭绝。

关于岛屿的观点使我们对公园和野生动物保护区有所了解，这些地方就像被海洋或不适于居留的地域所包围的现实岛屿生境。这些地方就像遥远的小岛那样，可能过于孤立，新移居者难以到达，而且不能维持足够大的种群，使之不能在灾害性事件或遗传问题中存活。这些地方对于需要较大地域的物种而言通常太小。例如，虎和狼就需要相对没有人类侵扰的较大的连续区域才能存活。例如，蒙大拿州冰川国家公园是灰熊良好的栖息地。然而，该公园只能维持大约100头灰熊，如果没有从其他地区偶尔移入的同类，这个种群的规模很可能由于不够大而不足以维持下去。

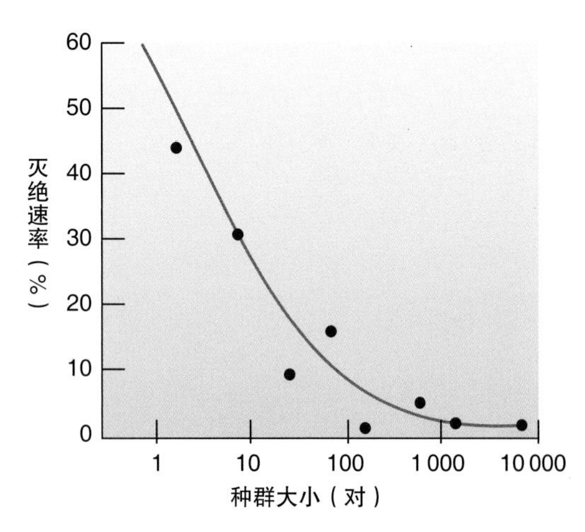

图 5.23 加利福尼亚海峡群岛80年间鸟类物种的灭绝速率是种群大小的函数。

资料来源：H. L. Jones and J. Diamond, "Short-term-base Studies of Turnover in Breeding Bird Populations on the California Coast Island," in *Condor*, vol. 78: 526–549, 1976.

监测破碎生境的野生生物的艰巨任务催生了野生动物研究新技术的重大发展。

入侵物种是日益增长的威胁

许多地区生物多样性的主要威胁来自偶然或有意的物种引进。**入侵物种**（invasive species）有各种各样的名称——外来物种、异国物种、非本土物种、非土著物种、害虫，它们在原生地受到捕食者、疾病和资源制约，但在新地区却因缺乏这些制约而茁壮生长。并不是所有外来物种被引进后都能进行扩张：例如，孔雀被引进许多城市动物园，但在大多数地方它们一般不会逃到野外谋生。同时，大多数失控的入侵物种是从他地引进的，只有少部分是本地的。

历史上人类一直在把生物运送到新的生境，但是近年来随着人类经由空中、水上和陆地旅行的速度和数量的巨大增长，运送生物的速度急剧上升。有些物种是人类认为具有审美或经济利益而有意释放的。最坏的情况是宠物主人感到厌倦而将其抛弃在野外环境中。有许多生物搭载在压舱水、木板包装箱、手提箱或船运集装箱和盆栽植物土壤中。

过去300年来，大约有5万个非本土物种定居在美国，其中许多是为了经济利益而刻意引进的，如玉米、小麦、稻子、大豆、牛、家禽和蜜蜂。这些物种中至少有4 500种已成为野生种群，其中的15%造成环境问题与经济损失（图5.24）。据估计入侵物种每年造成美国经济损失1 380亿美元，并永远改变了生态系统的多样性。

图 5.24 入侵的乳浆大戟（*Euphorbia esula*）覆盖了原先多样的牧场。大多数食草动物不能吃这种意外引进的植物，每年因牧场丧失放牧价值和杂草防控损失数亿美元。

- 穗状狐尾藻（*Myriophyllum spicatum* L.）是一种产自欧洲、亚洲和非洲的外来水生植物。科学家认为它是19世纪末期随压舱水到达北美的。它生长迅速，一般在水面上形成浓密的覆盖层，取代了本土植物，阻碍水流，妨碍划船、游泳和垂钓。人们的船下部带着这种植物的碎片在水体之间传播。用除草剂和机械采收控制穗状狐尾藻虽然有效，但费用昂贵（每年每公顷高达5 000美元）。另一个值得关注的问题是这些控制方法可能危害非目标生物。目前科学家正在研究用狐尾藻象鼻虫（*Euhrychiopsis lecontei*）作为狐尾藻的生物防治法。
- 水葫芦（*Eichhornia crassipes*）是一种自由漂移的水生植物，具有蜡状暗绿色厚重的叶片和膨大的海绵状茎秆，长出高高的花茎，盛开可爱的蓝花或紫花。19世纪80年代这种南美洲土产被引进美国，其生长速率为任何已知植物之冠：水葫芦种群能在短短12天内增长一倍。许多湖泊和池塘完全被覆盖，每公顷水葫芦重达500吨。水葫芦除了妨碍船运、游泳、捕鱼等活动之外，还会妨碍阳光与氧气进入水中。因此，水葫芦的侵扰减少了水产，遮蔽深水植物，挤压挺水植物，并降低生物多样性。现在用除草剂、机械和生物防治昆虫来控制水葫芦。
- 粉葛（*Pueraria lobata*）已经覆盖了美国东南部大片区域。日本长期种植粉葛，其根可食也可入药，多纤维的叶与茎用以造纸。20世纪30年代美国土壤保持局将其引进用以控制土壤侵蚀。不幸的是粉葛生长得太好了，在其新家园的理想条件下，一个季节就能长出18米～30米，使沿途一切植物窒息，杀死树木，拽倒公用管线，每年造成的损害高达数百万美元。
- 亚洲白纹伊蚊（*Aedes albopictus*）是一种非常具有入侵性的物种，大批出没于美国多个沿海州。这些物种显然是被装载废旧轮胎的集装箱带进美国的，废旧轮胎是臭名昭著的蚊子繁殖场所。亚洲白纹伊蚊传播西尼罗河病毒（蚊子带来的另一物种），对很多野生鸟类是致命的，有时也会导致人和牲畜死亡。
- 千屈菜（*Lythrum salicaria*）生长在潮湿的土壤上。这种挺拔的湿地植物最初因其艳丽的紫色花茎被园丁培育，一个世纪前逃逸到新英格兰地区，沿五大湖区迅速地扩展，目前覆盖了美国北方和加拿大南部大部分地区。由于它排斥了本土植被，而且几乎没有天敌或共生有机体，所以一旦扎下根就会降低生物多样性。
- 斑纹贻贝（*Dreissena polymorpha*）很可能是1985年前后藏在横渡大西洋货船压舱水中，从其老家加勒比海来到五大湖的。它可以附着于任何固体表面，会达到极其巨大的密度——每平方米高达7万只，覆盖了鱼类产卵床、令本土软体动物窒息并堵塞进水设备。遍及五大湖的斑纹贻贝已经迁移到密西西比河及其支流中，为去除它每年花费的公共成本和私人成本大约4亿美元。好的方面是斑纹贻贝可以过滤藻类和颗粒物，使伊利湖水的透明度至少提升了4倍。

污染造成各种各样的危险

我们早就知道有毒污染物会对当地生物种群产生灾害性效应。杀虫剂与食鱼鸟类的联系在20世纪70年

利用遥测技术监测野生生物

要了解黄石公园灰狼的回归（本章开篇案例）需要对这些动物进行仔细的监测。野狼日复一日的运动为人们研究一种动物对栖息地的需求、行为及其生物学知识提供了最重要的线索：它们需要多大的地域进行活动？运动的速度有多快？喜爱哪些类型的栖息地？它们为何愿意冒险穿越公路或人类聚落？但是野狼是移动迅速、活动范围广阔的动物，生物学家只能偶尔瞥见它们——超过了照相机的视野。除照相机监测的草地等特殊地点以外，还有哪里能监测这些难得一见的动物？

许多生物学家依靠遥测技术（telemetry）——对动物进行远距离定位，追踪野狼、鹿、鸟类和其他移动的物种。无线电遥测最常用的方法是把一个无线电发射器，通常是一个项圈，安放在动物身上（图Ⅰ）。无线电项圈发送无线电波脉冲，研究人员用无线电接收器监测项圈的方向而不是距离。要确定动物的位置，研究人员必须从两个方向查找信号，用三角法求出动物的真实位置。日复一日或周复一周给动物定位，生物学家就能研究其行为、栖息地需求、越冬状况，以及其他许多问题。

最初无线电项圈是为熊、鹿和狼等大型动物开发的。随着无线电技术的改进，发射器变得小到足以绑缚在鸣禽或小型啮齿类动物身上。微型发射器甚至可以粘在甲虫和蟑螂身上。无线电有可能传送信号几周甚至一年以上，这取决于动物的大小和电池的重量。信号的检测可能限于几百米之内，也可能远达几十千米，这取决于植被、地形以及发射器的强度。

对于那些走得太远或移动太快的动物，例如候鸟、北极熊和海龟，无线电接收器难以将其定位，生物学家越来越多地采用卫星遥测技术。项圈发射的无线电信号被距地面850千米的一组地球轨道卫星接收，就能用三角测量法确定项圈的位置，就像生物学家在地面上所做的一样。卫星把数据发送到地面接收站，继而分发给研究人员进行制图和分析（图Ⅱ）。

这种技术使研究人员能够把包括黄石公园狼群在内的几百种动物的详细记录，以及它们的领地年复一年地转移绘制到地图上。鸟类学家绘制了鹤类的迁徙路线、鸣禽的栖息地，还确定了水禽在北极地区过去从未发现的繁殖地。海洋生物学家绘制了海龟、鲨鱼和海豹的季节性运动路线。近年来遥测技术取得了令人叹为观止的进展，为野生动物研究中古老的难题提供了全新的方法。

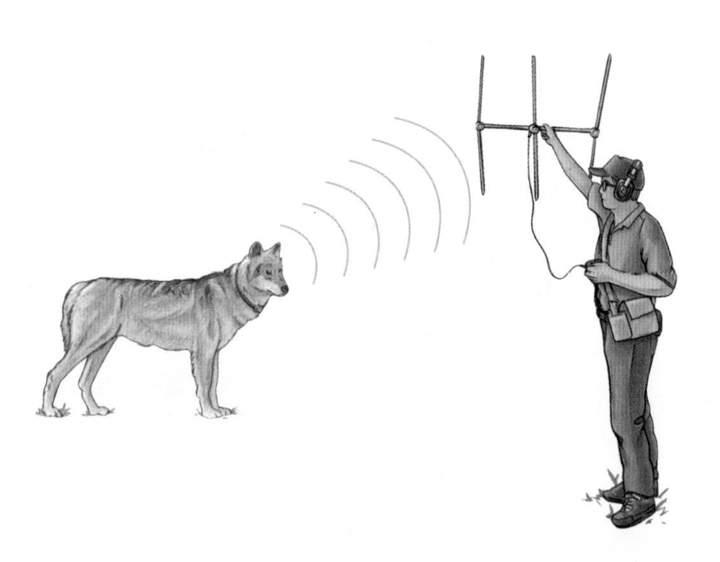

图Ⅰ 生物学家携带无线电接收器和天线检测来自无线电项圈的信号。

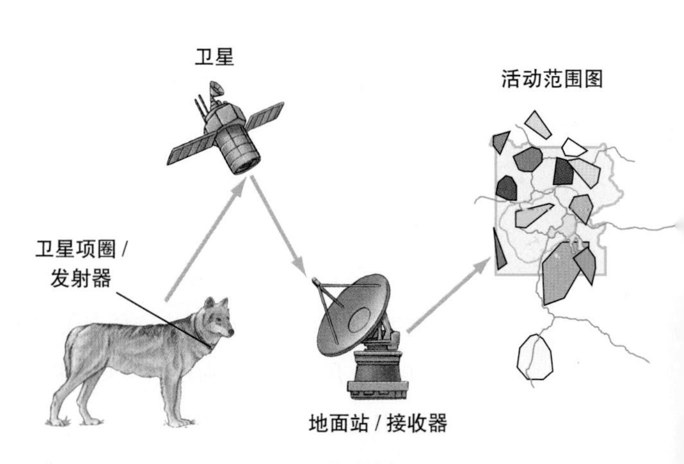

图Ⅱ 利用微型遥测技术，从卫星向地面接收器发送数据，然后把数据发送给研究人员制图。

你知道吗?

你能为保护生物多样性做贡献

在生物多样性保护方面，我们个人的行动可以是最重要的障碍——也可以是最重要的机会。

宠物与绿植

- 请协助控制入侵物种。绝不要把鱼缸里的鱼或植物放到水体或下水道中。被好心主人放生的宠物鸟、猫、狗、蜥蜴和其他动物，是普遍的入侵捕食者。
- 请把猫关在室内。家猫是林地鸟类和其他动物的捕食者。
- 请在你的花园里种植本土植物。外来的苗圃植物常常从花园里蔓延出去，与本土植物竞争，而且还引进威胁生态系统的寄生虫、昆虫和疾病。产自当地的物种是出色的、有教育意义的替代性选择。
- 请不要购买外来的鸟、鱼、龟、爬行动物和其他宠物，这些动物往往是在野外捕获、来路不明的。外来宠物贸易伤害生态系统，也伤害动物。
- 请不要购买稀有或外来的盆栽植物。稀奇的兰花、仙人掌和其他植物常常是非法采集、销售的，具有不可持续性。

食物与制品

- 购买海鲜时要询问其来源。设法购买来自稳定种群的品种。养殖场的鲶鱼、罗非鱼、太平洋鳕鱼、太平洋鲑鱼、鲯鳅、鱿鱼、蟹类和小龙虾是一些稳定的或养殖的品种，可以购买。不要买生长缓慢的顶级捕食者，例如剑鱼、旗鱼、蓝鳍金枪鱼和长鳍金枪鱼。
- 购买咖啡豆和巧克力。这些产品也是有机的，往往是“公平交易”的品种，既扶持了产地工人的家庭，也保护了生物多样性。
- 购买可持续砍伐的木材制品。如果你和你的朋友询购这种制品，当地商店就会开始运送可持续的木材制品。固执的消费者是进行变革非常有效的力量！

代就有很好的文献记录（图5.25）。位处食物链高层的物种，例如海洋哺乳动物、鳄鱼、鱼类和食鱼鸟类，其种群尤其容易衰落。上千北极海豹大量离奇死亡，被认为与食物链中的DDT、多氯联苯和二噁英等持久性氯代烃有关。这些化学品积累在脂肪中，削弱了免疫系统。太平洋海狮、圣劳伦斯河口的白鲸以及地中海条纹海豚的高死亡率，也同样被认为是有毒污染物积累所致。

对许多野生物种而言，铅中毒是造成死亡的另一原因。鸭子、天鹅和鹤类等水底觅食的水禽会摄入落在湖底和沼泽中的铅弹。这些水禽不是将石头而是铅弹储存在砂囊中，铅就缓慢地积累在其血液和其他组织中。美国鱼类及野生动植物管理局估计，每年有3 000吨铅粒落入湿地中，造成两三百万只水禽因铅中毒而死亡（图5.26）。

图 5.25 秃鹫和其他位于食物链顶端的鸟类在20世纪60年代因DDT导致种群数量大幅度下降。美国禁用DDT以后，很多这类物种数目在《濒危物种法》的保护下得到恢复。

人口增长占用空间、消耗资源

即使人均消费模式保持恒定，但是更多的人口需

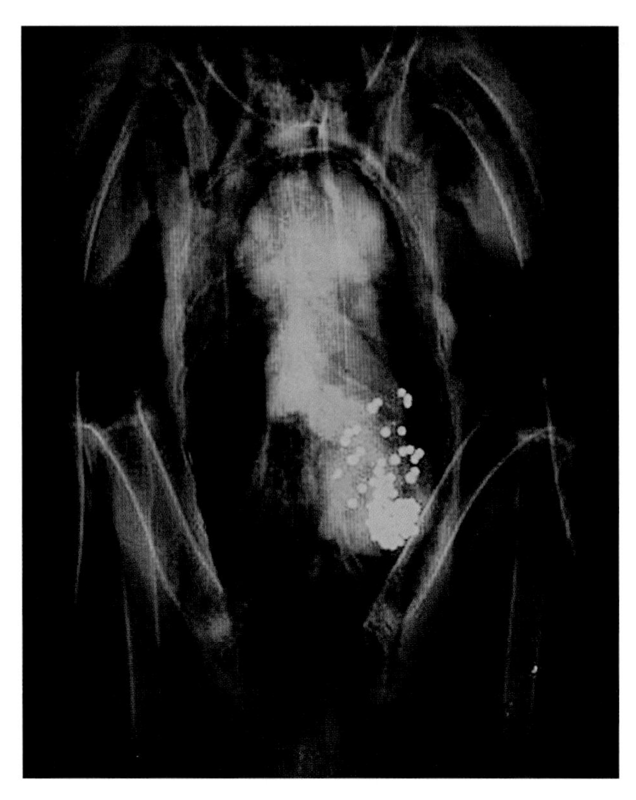

图 5.26 随猎物一起进入秃鹫胃中的铅粒。钓鱼用的铅坠和子弹仍然是造成水鸟与食鱼鸟类铅中毒的主要原因。

要砍伐更多木材，捕捞更多的鱼，开垦更多的耕地，开采更多的化石燃料和矿物。过去40年间，世界人口从35亿增至70亿。在此期间，据世界野生动物基金会统计，全球资源的消费也从地球能够长期供应的60%增加到150%。与此同时，由于农业、城市化与其他人类活动的扩展，全球野生动物种群也下降了超过1/3。

虽然人口增长已趋平稳（第4章），但是我们并不清楚，是否能够在减少全球性的不平等、保证所有人基本生活的同时，又能够保持健康的自然生态系统和高水平的生物多样性。

过度猎采使物种耗竭

过度猎采是指所猎采的个体超过其繁殖所能补偿的数量。经典例子是美洲旅鸽（*Ectopistes migratorius*）的灭绝。200年前，尽管这种鸟类仅生活在北美东部，它仍是世界数量最多的鸟类，其种群有30亿至50亿只（图5.27），曾经占北美全部鸟类的1/4。1830年奥杜邦（John James Audubon）曾目睹一个鸟群，估计宽达30千米，长达数百千米，可能有10亿只鸟。尽管如此之多，但是由于商业性捕猎和栖息地破坏，仍造成整个种群在1870—1890年间，大约20年内全部灭绝。已知的最后一只野生旅鸽在1900年被射杀，而硕果仅存的雌鸟玛莎（Martha）于1914年死在辛辛那提动物园。

大约在旅鸽被彻底消灭的同一时期，美洲野牛（*Bison bison*）在美国大平原地区几乎被猎杀殆尽。1850年约有6 000万头野牛游荡在西部平原上。许多野牛被猎杀以获取牛皮或牛舌，留下数百万尸体任其腐烂。猎杀野牛的活动大部分由美国陆军执行，目的是切断印第安人的生活来源，借以强迫他们进入保留地。40年以后，该地区仅剩下150头野生野牛，另有250头被圈养。

世界上很多地方的鱼类由于过度捕捞被严重耗竭。近年来捕鱼船队规模与效率极大加速了海洋种群的崩溃。据报道，全世界17个主要捕鱼区中的13个已失去

图 5.27 一对旅鸽的剥制标本。该物种最后一个成员于1914年死于辛辛那提动物园。

商业价值或产量锐减。商业海洋鱼类至少有3/4被过度捕捞。加拿大渔业生物学家估计，大西洋只有10%的剑鱼、旗鱼、金枪鱼和鲨鱼等顶级捕食者残存。鳕鱼、鲽鱼、大比目鱼和狗鳕等底栖鱼类也已严重耗竭。你若只吃那些数量很多、可持续捕捞的品种，就能避免增加这个过度捕捞鱼类的名录。

也许今天过度捕猎大陆野生动物的最具破坏性例子是非洲的野味贸易。野生生物学家估计，非洲市场上每年售出100万吨野味，包括羚羊、象、灵长类和其他动物。纽约、巴黎和其他世界大都市每年非法出售的野味可能多达几千吨。对许多非洲穷人来说，野味是他们饮食中唯一的动物蛋白来源。如果我们要保护丛林猎人枪口下的动物，就必须帮助他们另谋生计，并找到高质量蛋白质的替代来源。野味也威胁着其食用者。

采集者从事药品和宠物贸易

我们除了猎采野生物种供食用外，还从自然界获取各种有价值的商业产品。其中大部分是可持续的猎采，但是有些形式的商业开发具有高度破坏性，对某些珍稀物种是严重威胁。尽管国际上禁止濒危物种的交易，但是毛、皮、角、活体标本和草药每年走私的价值就高达数百万美元。

亚洲、非洲和拉丁美洲等发展中国家有着世界上最丰富的生物多样性，也是野生动物产品的主要来源，而欧洲、北美和几个富裕的亚洲国家是主要进口国。

野生动物走私利益巨大。一件虎皮或豹皮大衣带入日本或欧洲就价值10万美元。非洲黑犀牛种群，由于对犀角的需求，已经从20世纪60年代约10万头减少到80年代约3 000头。在亚洲，犀角以其所谓药用价值而被视为珍品，犀角粉的价格高达每千克2.8万美元。

植物也由于被过度采获而受到威胁。许多地区的野人参已近于绝迹，因为亚洲人要用其根部作为壮阳药和民间偏方。仙人掌“大盗”从美国西南部和墨西哥偷采成吨的仙人掌，其稀有品种价格高达1 000美元，无怪乎现在许多品种陷于濒危。

野生物种宠物贸易是全球性大规模商业活动。全世界每年大约有500万只活鸟被作为宠物出售，主要集中在欧洲和北美。宠物商人每年进口（经常是非法的）到美国大约200万只爬行动物、100万只两栖类和哺乳类动物、50万只鸟和1.28亿尾热带鱼。海水热带观赏鱼的75%来自菲律宾和印度尼西亚的珊瑚礁。这些野生动物的捕捞，其中有些是可持续的，但许多却是不可持续的。

这些鱼中有许多是被潜水员用塑料瓶挤压出的氰化物造成昏迷而捕获的（图5.28）。这种方法杀死的鱼远多于被捕获的。而且最糟的是它会杀死造礁的珊瑚虫。一个潜水员可以在一天内毁坏200平方米的珊瑚礁。每年数千个这样的潜水员破坏的珊瑚礁加起来达50平方千米。撒网捕鱼可以防止这种破坏，如果购买宠物的人坚决要求用网捕鱼，就能迫使他们这样做。全世界一半以上的珊瑚礁受到人类活动的威胁，人口最密集地区80%的珊瑚礁处于险境之中。

捕食者与害虫防治耗资巨大但仍在广泛实施

有些动物由于被认为对人畜有害，或由于和我们争夺资源，其种群已经被人类大大削减，甚至被有意消灭。美国政府动物防治机构每年捕捉、毒杀或射杀成千上万的郊狼、山猫、草原土拨鼠和其他被认为对人畜或农作物有威胁的动物。

图5.28 一些潜水员使用氰化物使鱼昏迷将其捕获，供水族箱贸易。许多鱼因这种方法致死，另有一些随后在装运过程中死亡。更糟的是氰化物还会杀死造礁珊瑚。

管控动物的措施每年耗费联邦和州政府2 000万美元，杀死大约70万只鸟和哺乳类动物，其中10万只为郊狼。野生动物捍卫者认为这项计划残酷无情，而且几乎没有减少家畜的损失。他们认为，用牧羊犬或牧人保护畜群，或者将畜群在野生动物活动范围之外放牧是较好的解决方法。但是牧场主辩称，不进行捕食者的管控，西部放牧将无利可图。

5.7 濒危物种保护

我们逐渐意识到人类对生物资源的伤害和对其保护的理由。我们正在缓慢地接受国家立法和国际条约，保护这些不可替代的资产。人们建立了公园、野生动植物保护区、自然保护区、动物园并制订恢复计划，以保护自然和重建衰退的种群。该领域取得了令人鼓舞的进步，但仍有很多工作要做。

我们在本节中将讲述美国对物种的立法保护，但是要记住，这只是全世界范围内物种保护措施的一小部分。目前大多数国家有了保护濒危物种的法律，还有旨在减缓世界物种多样性下降的国际条约。

渔猎法保护有用物种

1874年美国国会提出了一项保护数量急剧减少的美洲野牛的法案。这项提案未获通过，因为大多数议员不能想象如此丰富而多产的野生动物会因人类活动而被杀绝。到了19世纪末，野牛数量已经由大约6 000万头猛跌至仅仅几百头。

不过，到了19世纪90年代，美国大多数州已经颁布了对渔猎的若干限制。这些法律背后的总体思路是为后代的利用进行资源保护，而不是保护野生动物本身。从那时起，这些野生动物保护法规和保护区的建立对许多物种的保护成效显著。据估计，几百年前美国有50万头白尾鹿，而现在有1 400万头——在某些地区超过了环境所能承受的数量。50年前野生火鸡和林鸳鸯已近乎消失。通过恢复栖息地、种植供鸟类作为食物的作物、引进种鸟、修建庇护所或鸟舍、保护繁殖季节的鸟类以及其他保护手段，我们成功地恢复了这些具有象征意义的美丽鸟群，每种鸟类的数量都达到几百万只。80年前几乎被羽毛猎人消灭的雪鹭，现在也已很常见。

《濒危物种法》既保护生境又保护物种

虽然几项渔猎法规稳定了许多标的物种的种群，但是非标的物种还是处于险境。白头海雕、灰鲸、海獭和灰狼就是上文讨论过的受HIPPO因素威胁的几千个物种中的几个例子。

1973年,美国国会通过了《濒危物种法》(*Endangered Species Act*，*ESA*)。该项法律树立了这样的概念，即保护生物多样性是为了公众的利用，因为即便是我们并不直接利用的物种，也具有经济与文化价值。黄石公园重新引进灰狼（开篇案例）的部分原因就是它作为濒危物种列入*ESA*名录中，所以对其恢复被作为优先事项。灰狼种群的恢复对人类几乎没有直接利用价值，但是对生态系统有利，而且对旅游、狩猎、观鸟和其他活动可能具有很大的间接利益。根据《濒危物种法》，白头海雕也得到了保护。虽然它对猎人并无实际价值，但保护白头海雕对许多美国人而言，其象征性价值是至关重要的。

《濒危物种法》有什么用？它提供了：①确定濒危物种的标准；②规划恢复这些物种的指南；③帮助土地拥有者找到既符合其经济需求又符合珍稀物种需求的方法；④实施保护物种及其生境的方法。

该项法律界定了三种危险的程度：**濒危种**（endangered species）就是那些迫近灭绝的物种；**受胁种**（threatened species）是在可预见未来内，至少在局部地区可能濒危的物种；**易危种**（vulnerable species）是本来就稀少的物种，或因人类活动使其在局部地区近于消失，以至于达到可能处于危险境地的水平。易危种常常是未来濒危种名录上的候选物种。对脊椎动物而言，除将整个物种列入名录外，也可以把受保护的亚种、地方种、生态型列入名录。

目前美国有1 300个物种列在濒危种和受胁种名录中，还有250个候选物种有待认定。不同分类群的在册物种更多是反映了人类认为有兴趣和喜爱的生物种类，而不是各类群的实际数量。美国的无脊椎动物占全部已知物种的约3/4，但其中只有9%被认为值得保护。

世界范围内，国际自然保护联盟（International Union for Conservation of Nature and Natural Resources，IUCN）列出了17 586个濒危种和受胁种，包括将近1/5的哺乳类、将近1/3的两栖动物、爬行动物和鱼类，以及极少数经过评估的苔藓和绝大多数有花植物（表5.1）。该联盟并不直接管理如何减缓物种的损失。在美国，《濒危物种法》提供了减少物种损失的机制。

恢复计划旨在重建种群

一个物种一旦列入名录，鱼类及野生动植物管理局就受命制定恢复计划。计划详细说明将如何稳定种群或重建至可持续水平。恢复计划可能包括种种策略，例如征购生境用地、恢复生境、把物种重新引进其原有范围（就如黄石公园的灰狼那样）、制订圈养育种计划，并制订计划协调当地居民的需求与物种的保护需求。

然后鱼类及野生动植物管理局就能够帮助土地所有者制订生境保护计划。这些计划是一些具体的管理方法，确定保护关键生境中某个物种的步骤。例如，红顶啄木鸟是一个濒危物种，捕食从北卡罗来纳州到得克萨斯州破坏针叶林的害虫。公共土地上适合其生存的森林所剩无几，残存的种群多出现在私有土地上，而这些土地又在进行活跃的木材生产。

国际纸业公司和其他企业与鱼类及野生动植物管理局合作制定管理策略，在采伐其他地区林木的同时，保护一定数量已受伤害的树木。这些计划限制砍伐某些林木，但是只要计划的条款仍能保护啄木鸟，鱼类及野生动植物管理局也保证不再干涉关于木材的经营管理。这种方法已经帮助稳定了红顶啄木鸟的种群，而木材公司获得了信誉，其产品也获得了可持续林业生产的证书。虽然生境保护计划并不总是完美的，但通常还是能够得到双赢的结果。

生态恢复可能既缓慢又费钱，因为想要做的事情是消除几十年或几百年来对物种和生态系统的伤害。大约有一半资金用于保护几十种引人瞩目的物种，例如加州兀鹫、佛罗里达美洲狮和灰熊，这些物种每年获得大约1 300万美元保护经费。相反，137种濒危无脊椎动物和532种濒危植物每年总共得到的保护经费不足500万美元。这种不成比例的经费差别是由于人类在政治上和感情上对大型物种的偏差造成的（图5.29）。还有一些物种在科学上具有特殊意义，使其应该受到特别的关注：

- 关键种是对生态功能有重大影响，消灭后会影响生物群落中许多其他成员的物种。例如北美的黑尾土拨鼠（*Cynomys ludovicianus*）和美洲野牛（*Bison bison*）。
- 指示种是与某种生物群落或演替阶段或环境状况相联系的物种。在某些状况下必定能发现，而在其他状况下则没有这些物种。例如美洲红点鲑（*Salvelinus fontinalis*）。
- 伞护种是需要较大片相对不受干扰的生境才能维持其活力的种群。例如北方斑点鸮（*Strix occidentalis caurina*）、老虎（*Panthera tigris*）和灰狼（*Canis lupus*）。
- 旗舰种是指特别有趣或有吸引力而令人激动的生物。此类物种能激起公众保护生物多样性和

图 5.29 《濒危物种法》力图恢复物种的种群，例如在大部分分布区中已被列入濒危名录的大角羊。引人瞩目的物种比无名物种较易被列入濒危名录。

致力于自然保护的热情。例如大熊猫（*Ailuropoda melanoleuca*）。

土地拥有者的合作是关键

名录上2/3的物种存在于私有土地上，因此要取得进展，联邦政府、州政府、地方政府、私人土地所有者、部落土地拥有者之间的合作是关键。由于受保护物种在法律上是强制性的，其保护可能需要土地拥有者改变其地产的规划设计，因此《濒危物种法》常常受到争议。许多土地拥有者和社区欣赏其土地上生物多样性的价值，并喜欢保留物种供子孙后代观赏。还有一些人，如国际纸业公司，决定为啄木鸟保留一些死树，而从保护生物多样性的善行中获利。

有许多保护土地拥有者的条款，用以奖励其参与开展生境保护计划。例如，假如在正常土地利用活动中意外伤害了经登录的物种，可以颁发许可证免除土地拥有者的责任。鱼类及野生动植物管理局在“候选保护协议”中，帮助土地拥有者降低对物种的威胁，尽可能避免将其登录到名录中。“安全港协议”是一种承诺，如果土地拥有者自愿采取保护方法，鱼类及野生动植物管理局就无须采取可能限制未来管理措施的附加行动。例如，假如土地拥有者努力改善红顶啄木鸟的生境使其种群增加，安全港协议就保证土地拥有者无须采取进一步吸引啄木鸟进入该生境的管理措施。

《濒危物种法》取得了某些成功但仍备受争议

《濒危物种法》推迟了几百个物种的灭绝。有些物种得到恢复并从濒危名录中除名，包括褐鹈鹕、游隼和2007年被除名的白头海雕。在《濒危物种法》通过之前的1967年，美国本土残存的白头海雕只有大约800只。祸首是妨碍雏鹰孵化的DDT。禁止使用DDT以后，到1994年，白头海雕种群反弹到8 000只；2007年更达到约2万只，足以保证其成为稳定的繁殖种群。同样地，20世纪70年代褐鹈鹕也只剩下39对亲鸟，到1999年反弹至1 650对并被除名。1967年美洲短吻鳄被列入濒危名录，捕猎和生境破坏使种群减少到危险的水平。因为保护措施如此有效，以至于目前在其南方活动范围内随处可见，仅佛罗里达州就可能有多达100万头以上。

然而，许多人对新物种登录的缓慢进展感到不满。成百物种被归类为“已通过但不进入名录”，或者值得保护但缺少资金或地方不支持。至少有18个物种在提名受保护后还是灭绝了。

列入名录缓慢的部分原因是年复一年的立法辩论。当巨大利益受到威胁时，政治上的反对尤其火热。对《濒危物种法》的重大考验出现在1978年，那时泰利库大坝（Tellico Dam）的修建威胁到一种叫作“坦氏小鲈”的小鱼。负责建坝的强硬的田纳西流域管理局以“水坝比小鱼更重要”为由说服了最高法院。本案的结果是一个新设立的联邦委员会被授权以经济原因推翻了《濒危物种法》。（后来该委员会被称为“上帝使团”，因为它有权决定一个物种的生死。）

对濒危物种保护经济学的另一次重大辩论是关于北方斑点鸮的保护（第6章）。保护这种猫头鹰需要保护太平洋西北部大片未受扰动的老龄温带雨林，而此处的老龄林木材价值极高但却日形稀缺（图5.30）。木材工业经济学家计算，保护一个1 600～2 400只猫头鹰种群的费用高达330亿美元。生态学家反击称，该数字水分太大；而且，保护森林还保护了无数其他物种和生态服务，其价值几乎无法计算。

有时保护一个物种的价值不难计算。哥伦比亚河里的鲑鱼和虹鳟鱼因水坝建设和水库蓄水阻断其洄游入海而濒危。打开闸门能让幼鱼奔向下游，成鱼洄游到产卵场。但是对用电者、货船交通和依靠廉价水电的农民却代价高昂。另一方面，鲑鱼的商业性捕捞和垂钓每年创造的价值超过10亿美元，同时还直接或间接雇用6万人。

许多国家已有物种保护法

过去25年来，许多国家都认识到立法保护濒

图 5.30 濒危物种常常起着衡量整个生态系统健康状况的作用，同时也是无数较不著名生物的代理保护者。1990 年的赫布洛克漫画《该死的斑点林鸮》。

注：该图版权为The Herb Block Foundation所有。

危物种的重要性。加拿大濒危野生动物状态委员会（COSEWIC，1997）、欧盟的鸟类管理署（1979）和生境管理署（1992）、澳大利亚的《濒危物种保护法》（1992）都规定了濒危物种列入名录和保护的条例。各国还达成了《生物多样性公约》（1992）等国际协议。

1975年的《濒危物种国际贸易协定》（*Convention on International Trade in Endangered Species*，*CITES*）规定了关键的保护策略，禁止买卖野生动物及其肢体与器官。协定使进出口象牙、犀角、虎皮或活体濒危鸟类、蜥蜴、鱼类和兰花成为非法行为。不过该协定的实施远未完善：走私者将活动物藏在衣服或行李里；国际船运量如此之大，以至于不可能逐个核查众多的集装箱和船只；相关文件也可以伪造。这些产品在北美、欧洲以及越来越多的亚洲国家的富有城市里卖出高价，所以值得去冒险走私；仅一只罕见的鹦鹉就可能价值几万美元，尽管其买卖是非法的。虽然如此，协定仍然提供了限制此类贸易的法律框架，同时也提高了公众对濒危物种贸易真实代价的意识。

生境保护可能优于物种保护

越来越多的科学家、土地所有者、决策者和开发商声称，我们需要对维持最大化生物多样性的生态系统实行理性的、整个大陆范围的保护。他们提出，这要比无望地进行保护一个又一个物种的战斗更有效。我们专注于单个物种，花费上百万美元在没有自然生境可以放养的圈养区内繁殖动植物。像山地大猩猩和印度虎这样的旗舰物种在动物园和野生动物园里繁殖良好，而它们从前居住的生态系统则大多已经消失。

这种新型保护的领导者之一是迈克尔·斯科特（J. Michael Scott），20世纪80年代中期他是加州兀鹫项目的领导人，先前为保护夏威夷的濒危物种工作过10年。他在为夏威夷濒危物种制图的时候发现，即使在半数以上土地为联邦拥有的夏威夷，也还有许多植被类型完全处在自然保护区之外（图5.31），保护区之间的缺口中的濒危物种可能比保护区之内还要多。

这种观察产生了一种叫作**缺口分析**（gap analysis）的方法，在这种方法之下，保护主义者和野生动物管

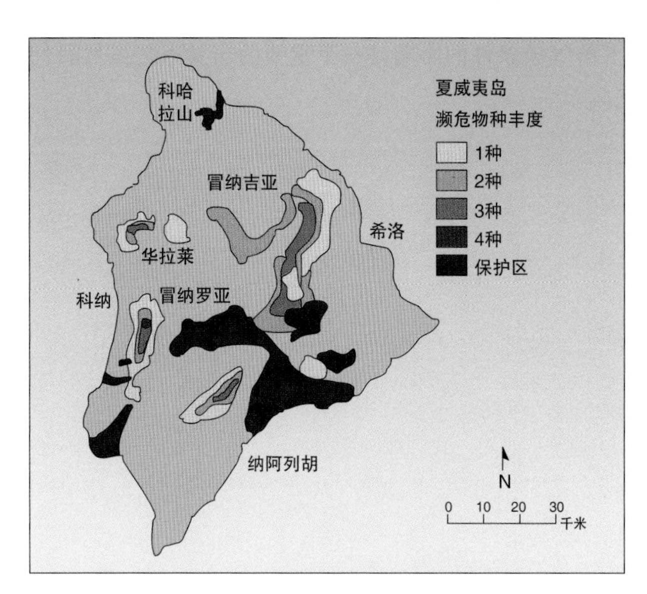

图 5.31 保护区的土地（绿色）往往不是生物多样地区（红色阴影），夏威夷岛上的情况表明了这一点。

理者寻找物种丰富而未受保护的景观，或保护区网络中的缺口。缺口分析包括编制保护区和高生物多样性地区的地图。把两张图叠加在一起就很容易确定要进行保护的优先地点。这些地图也有助于生物学家和土地利用规划师就生物多样性受威胁的问题进行交流。大规模的整体研究比零敲碎打的方法似乎更可能挽救多的物种。

保护生物学家格拉宾（R. E. Grumbine）建议的关于大规模长期保护生物多样性的四项管理原则是：

1. 在某特定地区为一切有活力的种群保护足够的生境。
2. 在大到足以适应自然干扰（野火、风和气候变化等）的区域尺度上进行管理。
3. 进行百年尺度的规划，使物种和生态系统得以持续进化。
4. 允许人类在不造成生态系统明显退化的程度上进行利用和占用。

总　结

生物多样性可以根据各种不同生物生活的环境条件来理解，也可以根据生物群系来理解，还可以按照生境类型来理解。要描述生物多样性和保护生物群落，了解气候条件的影响是一个重要的出发点。虽然我们对许多物种（尤其是哺乳类、鸟类和爬行类动物）有深入了解，但是对大部分物种（尤其是无脊椎动物和植物）却知之甚少。世界许多物种处于受威胁或濒危的境地。我们担心哺乳类、鸟类和少数几类生物受到威胁，但是更多的植物、地衣、软体动物和其他类别也正遭到威胁。

生物多样性对我们很重要，因为它使生态系统得以稳定，也因为我们要依赖大量不同生物来获取食物、药物及其他产品。我们不清楚未来哪种未被发现的物种可能提供食物或药物。生物多样性还具有重要的文化和审美价值。我们难以确定生物多样性具体等于多少钱，但关于这方面的评估的确表明生物保护区具有范围很广的各种价值。

有很多因素威胁着生物多样性，其中包括生境丧失、入侵物种、污染、人口增长、过度猎采。通常用HIPPO这个缩写来整体概括这些威胁。我们可以通过不饲养外来宠物、不支持不可持续的渔业捕捞、不支持以不可持续的方式采伐木制品等手段来降低这些威胁。包括《濒危物种法》在内的保护生物多样性的法律遭遇颇多争议。它们曾经保护了很多物种，例如白头海雕和灰狼。这类法律通常保护伞护种，这些物种的生境还会保护很多其他物种。尽管有种种缺憾，但这些法律是我们为了子孙后代保存生物多样性的唯一手段。

6 环境保护：森林、草原、公园和自然保护区

加拿大不列颠哥伦比亚省大熊雨林在保护稀有的白灵熊的家园的同时，也保护着鲑鱼洄游的河流、薄雾飘拂的峡湾、富饶的潮汐河口湾，以及世界上残存的面积最大的老龄海岸温带雨林。

问题与讨论

- 世界上哪一部分原始森林仍然存在？
- 哪些活动威胁全球的雨林？采取哪些步骤能够保护这些雨林？
- 为什么修建道路是对森林保护的挑战？
- 世界上最广袤的草原在哪里？
- 世界上的草原是怎样分布的？什么活动使草原退化？
- 北美建立公园和自然保护区的初衷是什么？
- 哪些步骤有助于自然区域的恢复？

一个国家选择要保护什么
也就是选择以什么面目示人。

——莫莉·比蒂（Mollie Beatty）
美国鱼类及野生动植物管理局前局长

保护大熊雨林

加拿大不列颠哥伦比亚荒凉崎岖的海岸是世界上最丰产的自然群落之一——温带雨林的家园。在丰沛的雨水和终年温暖气候的哺育下，深邃的峡湾中薄雾笼罩的森林中耸立着参天的雪松、云杉和冷杉。由于这种凉爽潮湿的森林罕有火灾，树龄往往在1 000年以上，直径可达5米，树高可达70米。除了苔藓攀附的大树，林中还有大量野生动物，尤其是一种作为这片美丽地区标志的动物，它就是罕见的白色或米色黑熊。科学家称之为柯莫德熊（Kermode bear），而更为人们熟知的名字则是土著吉特加人（Gitga'at people）对它的称呼：白灵熊（Spirit bear）。

湿地和附近的海岸地区同样有大量生物。鲸类和海豚在隐蔽的峡湾和岛屿间的水道中捕食，海獭浮游在繁茂的近岸海草林上。据估计，世界残存的野生鲑鱼有20%在这片海岸进行逆流洄游。

2006年，省政府的官员、加拿大土著民族、木材公司和环境小组公布了一项历史性协议，保护这片世界上残存最大的原始沿海温带森林。大熊雨林面积约为60 000平方千米，相当于瑞士的大小（图6.1）。1/3的面积完全禁止伐木；其余土地只允许进行有选择地可持续择伐，而不是已毁坏周边森林的皆伐。各方将提供至少1.2亿美元实施保护项目和支持生态上可持续的产业，例如修建生态旅游小屋和牡蛎养殖场。

图6.1 大熊雨林从维多利亚岛到阿拉斯加边界，沿着不列颠哥伦比亚海岸（包括夏洛特皇后岛）延伸。该地区将把部分原始荒野、部分原住民的土地和部分商业生产联合起来经营管理。

有一些因素有助于保护这个独特的地区。20世纪80年代在温哥华岛附近的克拉阔特湾（Clayoquot Sound）发生了加拿大历史上规模最大的环境抗议活动，当时木材公司企图清理原住民主张的土地，使得公众开始意识到海岸温带雨林的价值及其面对的威胁。由于法律诉讼以及媒体对争议的广泛报道，大多数大木材公司同意停止皆伐残存的原始森林。珍贵的白灵熊也吸引了公众的注意力。成千上万学童从加拿大各地写信给省政府，请求他们为这种独特的动物保留一个避难所。日益增长的对原住民权益的认识也有助于使政府官员相信，传统的土地与生活方式需要保护。

全世界60%以上的温带雨林已遭到砍伐或开发。大熊雨林占残存温带雨林的1/4，它还包含不列颠哥伦比亚半数的河口湾、海岸湿地和有鲑鱼的健康河流。

规划师如何选择将一些区域划入保护区？首要步骤之一是进行生物调查。最大最古老的树木在哪里？哪些区域特别适合野生动物生存？保护河流和沿岸地区水质亦属高度优先。令伐木和道路远离水滨生境尤其重要。有趣的是，在划界时也会咨询当地居民。口述历史里提到了哪些地方？传统上对森林作何利用？保护区内虽然禁止商业性采伐，但是仍允许原住民继续其传统的择伐，用以制作图腾柱、修建长屋和独木舟；还允许他们采集浆果、捕鱼、猎杀野生动物供他们自己消费。

由于该保护区地处偏远，几乎没有谁会访问大熊雨林，不过很多人还是愿意保护其存在。虽然我们依靠荒地提供各种产品和服务，但是也许没有必要开发地球上每一个地方。我们选择保留哪些区域、如何保护和管理那些特殊的地方，很能说明我们是什么样的人。我们在第5章里看到为保护单个濒危物种所做的努力。许多生物学家相信，我们更应该着重保护生境以及代表性生物群落。本章将着眼于怎样对景观进行利用和保护。

6.1 全世界的森林

森林和草原共占全球土地面积近60%（图6.2）。这两个生态系统为我们提供基本的资源，诸如木材、纸浆和牲畜的放牧地。它们还为我们提供重要的生态服务，包括调节气候、控制径流、提供野生动物栖息地、净化水分和空气，以及保障降雨等。森林和草原还具有值得保护的风景、文化与历史价值；但是二者亦属于受干扰最严重的生态系统之列（第5章）。

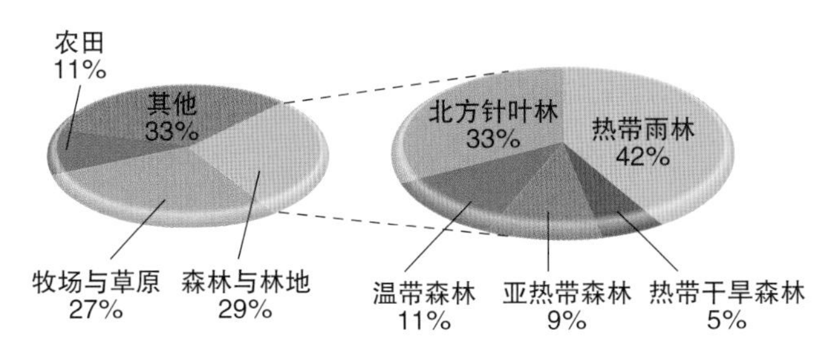

图6.2 世界土地利用与森林类型。列入“其他”类的包括苔原、荒漠、湿地和城镇地区。

资料来源：联合国粮农组织。

正如本章开篇案例所示，要平衡相互竞争的土地利用与需求可能很复杂。有关森林、北美草原和牧场需要保护还是利用的辩论很激烈。本章讨论我们对这些生物群落利用和滥用的方式，以及我们对其进行保护和保存其资源的某些途径。先从森林开始，然后是草原，最后是保护、恢复与保存的策略。

北方森林和热带森林最多

森林分布很广泛，但现有森林大部分在寒冷的北方地区或泰加林地区，以及潮湿的热带（图6.3）。对森林分布的评估颇为棘手，因为其密度和高度各不相同,而且许多地方难以到达。联合国粮农组织把“森林”定义为树木覆盖地面超过10%的任何地方。该定义包括从树木覆盖低于20%的开阔的**稀树草原**（savannas）到树冠几乎荫蔽全部地面的**郁闭林**（closed-canopy forests）。面积最大的热带森林位于亚马孙盆地，而森林损失率最高的是非洲（图6.4）。世界上生物多样性最丰富的一些地区正在遭受迅速的采伐，这些地区包括东南亚和中美洲。

森林是巨大的碳汇，其现存生物量中储存着大约4 220亿吨碳。采伐与林火将这些碳中的大部分释放到大气圈（第9章），对全球气候变化起着重大作用。森林释放的水分不仅影响局部的降水，有时还会影响到远方。例如，近年的气候研究表明，亚马孙地区的森林采伐可能会减少美国中西部的降水。

残存的原始森林具有极其重要的生态学意义，那是世界上大部分生物多样性、濒危物种和原住民文化的家园。**老龄林**（old-growth forests）有时候称为边境林（frontier forests），这些森林覆盖相对较大面积，且

图6.3 澳大利亚昆士兰的热带雨林。这类原始林（或称老龄林）不一定完全由高大的老龄树组成。相反，林中有许多大小和种类各异的树木，形成复杂的生态循环与生态关系。

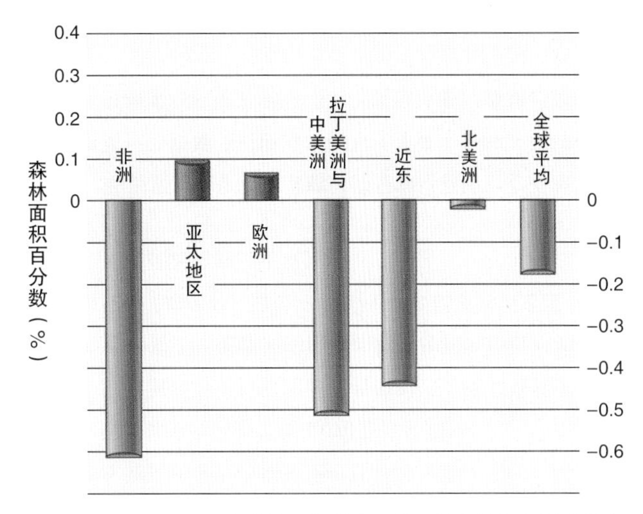

图6.4 2000—2005年森林面积的净变化。最大的逐年净采伐率是在非洲。亚洲森林面积出现净增长，这主要是由于在此期间中国植树500亿棵，欧洲森林也在增长。

资料来源：联合国粮农组织，2008。

主动学习

计算森林面积

请看图6.4，该图表示2000—2005年森林面积的净变化。这个柱状图仅表示损失的百分比。根据这些数据你如何估算总体的损失？要做到这一点，你需要有关该时段开始时森林面积的其他信息。下表会有助于进行这些计算。

森林面积的净变化（单位：百万公顷）

地区	2000年	2005年
非洲	2 200	700
亚太地区	2 300	800
欧洲	2 200	1 000
拉丁美洲、中美洲	1 400	900
近东	400	200
北美洲	600	550
全世界	8 700	5 950

现在从图6.4中读取相对损失数。例如，2000—2005年非洲的损失稍高于0.6%。这个时段森林面积损失多少？700×0.006=4.2（百万公顷）这个数字代表原有森林的百分之几？（4.2/2 200=0.001 9，或大约0.2%）。

1. 该时段哪个地区森林总面积损失最大？损失多少？
2. 哪个地区森林面积增加最多？增加多少？
3. 哪个地区原有森林损失最多？
4. 该时段全球森林损失多少？
5. 数字取整以便更容易对比。当你从图解中读取近似值时细节有多么重要？生成粮农组织的数据时可能做过哪些泛化调整？哪些泛化调整可能是不可避免的？

答案：

拉丁美洲、中美洲，损失450万公顷。

亚洲，增加800万公顷。

非洲，损失大约68%原生林。

该时段全世界损失约1 070万公顷森林。

近似值通常提供迅速而有用的对比，除非需要进一步分析才需要其他详细的数据。对森林和林型进行界定或确定是“原生林”还是“次生林”时，都要进行适度的、通常是不可避免的泛化调整。

未受人类活动干扰的时间长到足以使林木能够终其天年，而且生态学过程能够以相当正常的方式呈现。这并非意味着所有树木都必须无比巨大或长寿。有些老龄林中，大多数树木活不过百年就因疾病或林火之类等自然灾害而死。老龄林也并非意味着从来没有人类活动。只要人类活动的影响相对微弱，老龄林里可以长期都有人类居住。即使森林曾被采伐或被开垦为农田，如果让其进行正常的演替过程，也常常能恢复老龄林的特性。

虽然世界上森林仍然覆盖原先面积的大约一半，但是只有1/4保持老龄林的面貌。残存最大片的老龄林在俄罗斯、巴西、印度尼西亚和巴布亚新几内亚。这五个国家共占所有相对未经干扰森林的3/4。通常由于地处偏远而不是法律保护了那些森林。尽管官方数据称，俄罗斯只有大约1/5的老龄林受到威胁，但是迅速的采伐（无论合法或非法），特别是在俄罗斯远东地区，很可能将更大面积的森林置于危险之中。

森林提供许多有价值的产品

较之其他商品，木材与现代经济活动关系更紧密。几乎没有任何产业在其制造和营销过程中完全不使用木材或木制品。想一想发达国家每个人每天所处理、储存和弃置的垃圾邮件、报纸、复印件和其他纸制品的数量吧！全世界每年木材消费量约为40亿立方米，超过钢铁和塑料消费之和。木材和木制品国际贸易每年超过1 000亿美元。发达国家占全部工业用材生产的一半以下，而其消费却占80%。主要位于热带地区的欠发达国家，生产一半以上工业用木材，而自己使用只占20%。

作为速生林产品的纸浆，占全部木材消费的近1/5。全世界纸张大部分用于较富裕的北美、欧洲和亚洲国家。然而，随着其他国家的发展，全球对纸张的需求急剧增长。美国、俄罗斯和加拿大是最大的纸浆和工业用木材（木料和板材）的生产国。欧洲和北美大部分工业采伐发生在有管理的林场而不是原始的老龄林。然而，东南亚、西非和其他地区的纸张生产却因采伐森林而日益受到谴责。

薪柴占全球木材使用的将近一半，至少有20亿人依靠薪柴或木炭作为取暖和做饭的主要燃料（图6.5）。欠发达国家每人每年平均使用薪柴约为1立方米，大体相当于美国每人每年使用纸制品一项的数额。薪柴的需求略微超过全球人口的增长率，造成一些发展中地区薪柴严重短缺和森林消耗，在日渐扩张的城市地区尤其如此。大约有15亿人口的薪柴需求不能满足，许多专家预测，随着贫穷的城市地区扩张，短缺会更加严重。有些国家薪柴的采伐是毁林的主要原因，但是林学家辩称，大部分发展中国家只要小心经营管理，生物质能就能够持续生产。

全世界森林大约有1/4被用于木材生产。理想状态下，森林经营包括可持续采伐而进行的科学规划，尤其是注意森林的更新。据联合国粮农组织估计，温带地区更多的土地用于重新造林或令其自然再生，而不是被永久性采伐。不过，大部分造林都是在大林场里进行的单一树种、单一用途的集约栽种，称为**单一林业**（monoculture forestry）。虽然这种森林与多样的森林相比生长迅速，但是单一树种密集的立木常常无法支持生物多样性，也很少提供生态服务，例如防止土壤侵蚀和产生清洁用水，而这可能是天然林最大的价值所在（图6.6）。

图6.5 薪柴占全世界所采伐木材的近一半，也是近一半人类的主要能源。

造林最成功的是部分亚洲国家。例如，中国在1 000年前砍伐了其大部分森林，结果几百年来深受水土流失与洪水之苦。但是，近年来中国规定在大河水源地进行林木采伐为非法，开展了大规模的造林项目。中国在过去20年间种植了大约500亿棵树，阻止了荒漠的蔓延。韩国和日本也有很成功的造林计划，两国的森林在第二次世界大战期间被大量砍伐，而现在森林覆盖率均超过60%。

热带雨林正在被迅速砍伐

热带雨林是最丰富最多样的陆地生物系统之一。虽然热带雨林只占全球土地面积不足10%，但是这些森林容纳了全部高等植物生物量的2/3以上，以及动植物和微生物全部物种的一半以上。

一个世纪前，热带地区估计有1 250万平方千米（大于全美国的面积）为郁闭的密林所覆盖。据联合国粮农组织估计，目前只有大约40%的森林保持其原来的状态，而且现存热带森林每年有大约10万平方千米，

图6.6 像本图所示的美国威斯康星州林场里，单一种植的森林生产有价值的木材和木质纸浆，但是缺乏生物多样性。

即大约0.6%被砍伐。

有关当前热带森林采伐的速率有很大争议。2003年的卫星数据表明，一个月内巴西就发生了3万起森林火灾。据遥感专家计算，仅亚马孙一地，每年被砍伐和烧毁的森林就达3万平方千米。不过，人们对**毁林**（deforestation）有不同的定义。有些科学家坚持认为，这意味着森林彻底改变为农田、城镇或荒漠；另一些人认为应包括任何被砍伐的地区，即使是择伐和迅速重新生长亦属毁林；再者，稀树草原、疏林和自然干扰后的演替也难以和采伐地区分开。因此，热带森林损失的估计值就从每年5万平方千米到20万平方千米以上不等。联合国粮农组织估算的10万平方千米是广为接受的一般性数字。形象一点说，就意味着平均每分钟就有10 000平方米（相当于一个足球场的面积）的森林遭到清除。

据报道，2004年巴西因砍伐和林火损失了2.7万平方千米森林。这是世界上最快的速率，不过巴西仍是目前世界上热带森林面积最大的国家。2009年巴西声称其毁林速率已然下降到10 000平方千米。这的确是一个进步，抑或只是一次特例，仍有待观察。印度尼西亚似乎是目前毁林的领跑者。联合国粮农组织估计，印度尼西亚每年损失森林大约2万平方千米，占其现存森林的2%。采伐、毁林开荒种植油棕和为掩盖非法活动而故意放火是毁林的主要原因。

非洲塞内加尔、塞拉利昂、加纳、马达加斯加、喀麦隆和利比里亚的海岸森林大部分已遭破坏。海地80%的土地曾经被森林覆盖；而今天，全部森林已被彻底破坏，土地裸露，水土流失。印度、缅甸、柬埔寨、泰国和越南等国的老龄林所剩无几。中美洲原生的湿润热带森林将近2/3已被破坏，大多发生在近30年内，主要是由于砍伐和将森林改变为养牛场。

毁林的原因

毁林的原因各式各样，世界各地也有所不同。通常第一步是采伐柚木和桃花心木等贵重热带硬木（图6.7）。虽然伐木工人每公顷只砍伐一两棵最大的树木，但是热带森林的林冠通常通过树藤和交织的树枝紧密交缠在一起，因此砍伐一棵树就可能使其他十几棵树倒下。修筑道路运出木材会破坏更多树木，而且道路给农民、矿工、猎人和其他人员进入森林创造更便利的条件，从而造成更大的伤害。

图6.7 森林破坏的第一步通常是砍伐珍贵的硬木。虽然伐木工人可能每公顷只砍伐一两棵树，但是择伐木材造成的伤害使森林暴露于入侵物种、偷猎者和林火之下。

在非洲，森林转变为小规模农场，造成近2/3的热带森林被毁坏。拉丁美洲常常是贫穷的无地农民开始毁林，但几年以后又被大规模的农场主或牧场主收购土地，或者被赶走。

森林的破坏常常被归咎于迁移农业（或称刀耕火种）。但是许多国家的原住民曾找到可持续的途径，利用混合农作与土壤改良的做法（见第7章关于亚马孙黑土的讨论），提高土壤肥力。然而，非原住民的涌入、工业化伐木与毁林开荒改变了这些传统的做法。

随着森林被清除，降雨模式可能发生变化。宾夕法尼亚大学的科学家开发的计算机模型表明，这种现象可能引起一种连锁反应。森林被砍伐后，植物蒸腾与降水减少。干旱造成更多植物死亡，林火变得更频繁更广泛。一种最坏的情景是面积相当于亚马孙森林的地区，可能在仅仅几十年之内就受到永久性的伤害。

森林保护

要停止这种破坏并加强热带森林保护，我们能做些什么？虽然大部分消息让人沮丧，但是热带地区森林保护也存在有希望的迹象。现在许多国家已经认识到森林是珍贵的资源。

目前全世界大约14%的森林处于某种受保护的状态，不过保护的效果各不相同。哥斯达黎加的森林保卫计划领先全球。他们不仅试图恢复土地的活力（使一个地区对人类有用），而且要把生态系统恢复到自然状态。其中最著名的项目是丹·杨森（Dan Janzen）在瓜那卡斯特国家公园（Guanacaste National Park）的工作。哥斯达黎加西北部的森林像其他许多干燥的热带森林一样，曾经几乎完全变成了大牧场。但是，杨森及其同事通过控制放火恢复了森林。获得成功的关键之一是让当地人参与到该项目之中。杨森还提倡在公园里放牧。他解释说，森林本来就是和现已灭绝的古代食草动物一起进化的。牛、马作为种子的重要传播者起着重要作用。

发展中国家怎样才能获得资助进行森林保护和恢复？ 2009年哥本哈根气候会议就资助发展中国家的 REDD（Reducing Emissions from Deforestation and Degradation，减少来自毁林与森林退化的排放）计划达成的协议是少数几件积极事项之一。这个想法是2005年国际气候会谈时巴布亚新几内亚和哥斯达黎加率先提出的，旨在保护现存的森林并恢复已退化的热带土地。这项由联合国环境计划署执行的计划如能成功，作为减少温室气体排放影响的承诺，将使大量资金从富国转移到穷国。

保护森林是稳定全球气候的重要步骤。据政府间气候变化委员会（IPCC）称，目前热带毁林占人类造成的碳排放的17%以上，森林的丧失也意味着自然界对我们所排放碳的吸纳能力严重减损。森林除了具有储存碳的价值以外，还提供重要的生态服务。REDD的支持者认为，在生态层面和社会层面都承认这些服务的价值才是明智之举。超过12亿人依靠森林维持生计，这些森林保卫者常常是边缘化社群的成员。对他们的收入进行补贴就能避免其毁林的做法，并使其依然居留在当地，他们的传统知识和对自然的照管就是珍贵的资源。

谁应该对工业化与化石燃料燃烧造成的损害负责？发达国与发展中国家之间关于这个问题形成了一种僵局，资助REDD的哥本哈根协议是对这种僵局的一个突破。该协议不仅会促成对森林的保护，而且还可能在其他领域取得进展。

虽然2013年之前没有全部实现REDD，但是在那之前有些项目已在进行中。巴西的帕拉项目（Para Project）就是一个很好的例子。该项目的第一阶段已经向350名贫穷的土地所有者提供补偿，令其不采伐其土地上的树木。开始时每年只补偿16美元，虽然不多，但是足以使陷于贫穷边缘的家庭有所改观。到第十年——此项特殊项目的持续期间，每年的补偿将增加到350美元。最后，10 000个住在森林边上的家庭有望参加到这个项目中，每年将会减少310万吨二氧化碳的排放，相当于减少50万辆汽车上路。总费用约合每吨5美元，相当于大多数碳补偿价的大约1/4。

减少毁林不是减缓气候变化的唯一途径。一个称为“REDD+”的项目可望为许多国家的造林计划提供补偿。在退化林地上造林300万平方千米所造成的碳汇足以弥补第9章所讨论的一个气候楔（climate wedges）——即在50年内去除10亿吨二氧化碳，同时维持生态服务，并能维持原住民和地方社区的生计。

要实施如此巨大的项目当然非常复杂。联合国估计完全资助REDD每年要耗费200亿～300亿美元。这需要谨慎良好的监管（正是目前发展中国家中所缺乏的），以保证资金得到明智的使用，使项目能取得成功而且能够持续。无论如何，这可能是世界历史上最伟大的热带保护实验。

温带森林同样处在危险中

并非只有热带国家在以不可持续的速率采伐森林，美国和加拿大等北方国家在很多地区也容许备受争议的森林管理经营方法。美国林业局多年来的官方政策是“一物多用”，即森林可以同时用于我们可能想的任何方面。然而，有些用途是不可兼容的。例如，在露天矿附近观鸟就不甚令人愉悦。森林被砍伐后要保护必须有完整老龄林才能生存的物种又谈何容易。

老龄林

近年来美国和加拿大最具争议的森林问题集中在西北太平洋地区老龄温带雨林的采伐。你们在本章开篇案例中已经看到，这些森林的生物多样性水平之高令人难以置信，其每公顷立木积聚的生物量5倍于热带雨林（图6.8）。像北方斑点鸮、沃克斯褐雨燕和斑海雀等特有种对这些古老森林的适应度如此之高，以至于没法在任何其他地方生存。

1994年制订的美国西北部森林管理计划是一个典型案例，它综合了科学研究、地方需求和土地利用方面的最佳范例。这项计划试图把人与经济两方面相结合，同时又保护森林、野生动物和水体长远的健康。它着眼于科学上合理、生态上可信和法律上负责的策略与实施，旨在可预期和可持续的水平下生产木材与非木材资源。它设法使各联邦机构合作共事。然而该计划可能不足以保护一些河流里濒危的鲑鱼与鳟鱼种群。

图6.8 老龄温带雨林参天巨树，积聚在单位面积立木中的生物量高于地球上任何其他生态系统。这种森林为许多稀有和濒危物种提供栖息地，但是伐木者也垂涎于这种森林，这里仅一棵树就能卖上几千美元。

几种鲑鱼和虹鳟鱼已列入濒危名单，还有几种也在考虑之中。你是怎么想的？在伐木、农耕、廉价水电与捕鱼、原住民权利、野生动物保护之间，你如何做出权衡？

采伐方法

目前美国和加拿大采伐木材和制浆木材的方法是**皆伐**（clear-cutting），即在一个区域内无论树木的大小一律砍伐（图6.9）。对杨树和某些松树这样的喜阳同龄立木生产而言，这种方法是高效的，但是在运出大树干时常常加剧土壤侵蚀，并且消灭了许多森林物种的生境。原来人们曾经认为，良好的森林管理要立即去除所有死树和采伐残留物。但是，研究表明，枯枝和木屑在生态上起着重要作用，包括水土保持、为各种生物提供栖息地以及养分循环。

取代皆伐的一些方法包括**庇护木采伐**（shelterwood harvesting），即在一连两三次采伐中只砍伐成熟的树木；还有**带状采伐**（strip-cutting），即砍伐一个狭窄带状区域里所有的树木。对大部分林型而言，破坏性最小的方法是**择伐**（selective cutting），即在每十年或二十年的轮回中只砍伐小部分成熟的树木。例如，通常选择性砍伐部分黄松，以降低立木密度，进而改善其余树木的生长。用择伐经营的森林能够保持成熟老龄林年龄分布的特征以及地被物。

道路与伐木

越来越多的美国人呼吁停止在联邦土地上伐木。他们认为像保护水源与休闲娱乐这样的生态服务，能够以较低代价产生较高的收益。许多偏远的社群以伐木为业，但是这些工作岗位需要补贴。联邦政府修筑道路，管理森林，灭火，以低于管理成本的价格出售

图 6.9 像图中所示的大面积皆伐对依赖老龄林的物种构成威胁，而且会使陡坡出现水土流失。恢复类似的原生林需要几百年的时间。

木材。我们应该如何衡量这些不同的成本与收益？

有些人提出采伐应限制在私有土地上。全国只有4%的木材来自国有林，而这些采伐只为美国经济每年增加大约40亿美元。相反，据他们计算，森林提供的休闲娱乐、鱼类与野生动物、其他生态服务，每年价值至少2 240亿美元。另一方面，林业方面的官员反对这些诉求，认为采伐不仅提供工作岗位，支持农村社区，而且还保持森林的健康。对这个问题你怎么看？能否通过私有林场更集约经营的方法或通过木制品再循环的方法减少木材生产？你能提出什么替代方法支持目前依靠伐木为生的群体？

公有土地上的道路是另一个有争议的问题。过去40年来，美国林务局把伐木用道扩展了10倍以上，目前总长度达55万千米，超过洲际公路系统长度10倍以上。政府经济学家认为修筑公路有利，因为能够驱使人们驾车去乡村游玩，加强乡村的产业利用。然而，热爱大自然与野生动物的人士则将其视为一项昂贵而且具有破坏性的计划。

消防管理

20世纪30年代发生了多次灾难性火灾，几万平方千米森林被烧毁，多个城镇被全部焚毁，近百人罹难。此后美国林务局采用了一项积极的消防政策，规定每天上午10点之前不得在公有土地上生火，采用斯摩基熊（Smokey Bear）作为吉祥物，打出“防止林火，人人有责”的宣传语。然而，近年对林火的生态学作用的研究表明，消除一切林火的想法可能是错误的。许多生物群落对林火有适应性，而且需要定期的燃烧以利于更新。况且，禁绝这些森林的野火会使枝叶残落物大量积累，极大地增加了特大火灾的可能性（图6.10）。

原来的森林每公顷有50～100棵成熟耐火的树木，林下开阔，如今每公顷却有多达2 000株瘦小枯干、大多已经枯死的幼树，林下密不透风。美国林务局估计3 300万公顷林地有发生严重火灾的可能性，占所有联邦林地的约40%。更糟糕的是，越来越多的美国人居住在极其容易出现野火的偏远地区。由于许多地方在人们有生之年从未失火，许多人就认为没有危险，但是有人估计，目前有400万居民居住在有高度野火危险的地区。

近年来美国西部持续的干旱提高了火灾的风险。2007年美国发生了近8万起野火，烧毁了360万公顷森林和草原。联邦部门为灭火花费了近20亿美元，为前10年均值的近4倍。

图 6.10 灭火而让可燃物积累，就可能造成比图中更大的火灾。对有些森林而言，生态学上最安全、最健康的经营管理策略可能是允许天然野火发生，或有计划地预防性放火，使其定期燃烧而不威胁生命财产。

挽救一棵树就是挽救气候

毁林与用地变更产生人为排放二氧化碳总量的17%左右——超过全球交通运输的排放量。REDD旨在减少这种排放并帮助避免气候灾难。减少毁林能够完成全球减排目标的大约一半，同时还能挽救价值几百万美元的生态服务和生物多样性。每天有超过300平方千米的热带森林因伐木与焚烧而被毁，另有300平方千米森林退化，两项相加相当于亚拉巴马州的大小。

毁林与森林退化如何释放碳?

- 树木燃烧时释放出储存在木材与树叶中的碳。
- 倒地植被腐烂释放储存的碳（见第2章）。
- 土壤中残落物集聚的碳减少，裸露的土壤变干，土壤中的碳被氧化成二氧化碳。
- 森林生态系统不再能储存碳。

是什么导致毁林?

- 产业规模的农业（大豆和棕榈油生产、大型畜牧场）。
- 国际木材需求驱动的工业化伐木。
- 贫穷与人口压力使人们寻求农田和薪柴。
- 修筑道路、开发油田、采矿和筑坝。

从毁林土地上得到的产品

- 石油和汽油。
- 粮食、含棕榈油的化妆品。
- 铝（来自铝矾土）、金属、宝石、电子元器件以及其他。

美国航空航天局的地球资源卫星提供的图像显示，在亚马孙河附近的一条路的两边，出现了如图所示的平行的林间空地。

REDD会保护哪些生态服务

我们依靠森林提供的无数产品和服务，下面是一些主要的例子：

- 水源受到有林地区的保护，林地储存水分而在干季又将其缓缓释放出来。
- 生物多样性可以提供野味、药品、建筑材料、移栖物种与旅游、为迁徙物种提供落脚点。
- 调节气候与天气：有林地区与无林地区相比，其温度与湿度变化比较和缓。

全世界剩余的森林面积约为40 000平方千米。其中近一半是北方针叶林；另一半为热带森林。

请解释：

1. 毁林如何造成碳排放？
2. 你使用的一些热带森林（或原来的森林或曾经是森林）资源是什么？

REDD费钱吗

费钱。许多发展中国家依靠出口木材或毁林种植油棕和大豆赚取大部分收入。他们希望和REDD合作并在某种程度上补偿这种收入。

富国依靠来自发展中地区的资源和生态服务。支付木材、石油、纸张和木制品的费用并不难，但是REDD提出，现在我们还要支付为保护我们所依赖的一些生态系统服务的费用，包括稳定全球气候变化、维持生物多样性、保护水源等。

联合国REDD计划估计，为了保护森林、碳补偿和替代的发展战略，发达国家每年需要支付200亿至300亿美元。

人权又当如何

大约有12亿人依靠森林为生。20多亿人——大约世界人口的1/3，使用薪柴做饭和取暖。

REDD所作的努力必须承认原住民和地方社区的权利。让金钱流向城市中的中央政府会使这些社区的风险加大。

我们如何能够确信REDD计划是可持续的

REDD计划要取得成功，监测功能健全的政府机构和在基层的工作至关重要。关于地方参与的一个极好的成功例子是原住民的亚马孙保护团队，几个民族合作利用谷歌地球和GPS进行制图、监测和保护他们祖先的家园。

你知道吗？

北方斑点鸮

世界上引起争论最多的鸟是什么？如果计算一下科学家、律师、记者和积极分子的数目，加上在研究和恢复方面所耗费的金钱、时间和努力，那么，答案就一定是北方斑点鸮（*Strix occidentalis caurina*）。这种中等大小的棕色猫头鹰生活在北美洲太平洋沿岸茂密的老龄林里。据说，欧洲人殖民之前，从不列颠哥伦比亚到圣弗朗西斯科湾，北方斑点鸮遍布海岸山脉和卡斯卡特山脉。

斑点鸮巢居在古老森林老龄大树的洞穴里。它们主要的捕食对象是鼯鼠和林鼠，但也吃田鼠、家鼠、野兔，偶尔也吃昆虫。随着其偏好的栖息地90%被毁或退化，北方斑点鸮种群数在原先的整个分布区内都下降了。1973年美国国会通过《濒危物种法》的时候，北方斑点鸮被定为潜在濒危种。1990年北方斑点鸮被美国鱼类及野生动植物管理局列入濒危名录。当时种群数量估计包含5 431对亲鸟。

几个环境保护组织指责联邦政府没能采取更多保护这种猫头鹰的行动。1991年一位联邦地方法官判定政府未能落实《濒危物种法》，并暂停了太平洋地区老龄林的采伐。木材销售陡然下降，成千伐木工人和工厂工人失业。虽然大部分失业的原因是机械化和向外国出口圆木，但是很多人把整个地区的经济灾难归咎于这些猫头鹰。伐木工人与保护主义者之间爆发了激烈的辩论，前者把猫头鹰的画像吊在绞索上，后者自认为是森林以及林中所有生物群落的保护者。

太平洋沿岸地区老龄林中只剩下大约2 000对2018年有数据指出，野外有3 000～5 000对）北方斑点鸮。砍伐老龄林威胁着这些濒危物种，但是减少采伐又威胁许多伐木工人的工作岗位。

既要保护余下的老龄林又要继续提供伐木的工作岗位，克林顿总统启动了一项对整个地区进行整体规划的程序。进行了大量研究和咨询以后，1994年出台了一项全面的“西北森林规划”（Northwest Forest Plan），作为俄勒冈州、华盛顿州和加利福尼亚州北部大约99万平方千米联邦土地的管理指南。这些规划以最新的生态系统管理科学为基础，也是对方方面面的协调。然而，伐木工人仍抱怨这些规划冻结了其职业所系的森林，而环保主义者则哀叹几万平方千米老龄林依然受到采伐的侵害。

尽管森林规划提供了生境保护，但是北方斑点鸮种群仍在下降。到2004年底，研究人员只能找到1 044对亲鸟。他们报道称，20年前被占用的巢域中的80%已不再有斑点鸮，而13个地理种群中的9个在下降。法院命令鱼类及野生动植物管理局按照《濒危物种法》制订一项恢复计划。经过4年的研究和审议，2008年颁布了一项恢复计划。该计划认定了133个斑点鸮保护区，包括26万平方千米联邦土地，用作保护老龄林的生境，并希望能稳定斑点鸮种群。双方依旧对这种妥协不满。伐木者指责政府对猫头鹰的关心超过对人。保护主义者对下述事实深感遗憾：虽然保留了不足10%的原生老龄林，但是其中的近1/3仍旧有被采伐的可能。

近来，横斑林鸮（*Strix varia*）迁入了太平洋沿岸地区。这些体型较大且更具侵略性的斑点鸮表亲拥有对生境和猎物更大的适应性，处于竞争的优势。横斑林鸮迁入时，斑点鸮通常就迁移出去。此外，横斑林鸮有时和斑点鸮杂交，进一步稀释了斑点鸮的基因库。有些野生动物管理者认为，重建斑点鸮种群的唯一途径是杀死遍布北美中部大部分地区的横斑林鸮。

如你所见，这里有许多棘手的伦理问题。为了保护一个物种去屠杀另一个物种是正确的吗？在工作岗位、地方经济、人类家园和野生动物栖息地、原始景观之间应作何权衡？我们能否与这些胆小又高度特化的森林生灵共存？面对这些困境没有简单的答案。出路取决于你的价值观和世界观。你会如何回答这些问题？

进退两难的是，如何解开防火与林中可燃物积累的多年死结。火灾生态学家偏爱小型的处置性燃烧，以清除林下枯枝落叶。伐木者谴责这种方法浪费宝贵的木材，而面临火灾风险的当地居民担心处置性放火会失控从而威胁到他们。近来林务局提出了一项宏大的新计划，在1 600万公顷国有林上进行择伐和紧急抢救作业（从成熟林或新近烧毁的森林中去除树木和可燃物）。这项为期20年的计划，可能要花费高达120亿

美元，而且会为入侵物种和工业规模伐木打通许多没有道路的、事实上的荒野。而且也有证据表明，这种抢救性采伐妨碍火烧林地的再生。但是支持者辩称，拯救森林的唯一方法是砍伐树木。

生态系统管理 20世纪90年代许多联邦部门开始改变政策，从完全的经济观点转向**生态系统管理**（ecosystem management），其统一、系统的方法和“西北森林规划”十分相似。其中一些原则包括：

- 在生态时间尺度上对整个景观、流域或区域进行管理。
- 依靠科学上合理、生态学上可信的数据做出决策。
- 考虑人的需求，并促进可持续的经济发展与群落的可持续性。
- 维护生物多样性与基本的生态系统过程。
- 利用合作性制度。
- 使有意义的涉益方与公众共同参与，并促进集体决策。
- 经过一段时间后，在有计划的试验和常规监测的基础上修改管理规则。

你能做些什么?

减少你对森林的影响

对许多城镇居民而言，森林——尤其是热带森林，似乎遥不可及，和日常生活没有关系。然而我们每个人都能够为保护森林做很多事情。

- 重复使用和回收纸张。双面复印，节省办公用纸，用反面作草稿纸。
- 使用电子邮件。用数字化形式储存信息，而不要每个文件都打印。
- 如要建房，要节约木材。使用刨花板、碎料板、层压梁或其他复合材料，而不是用老龄树木制造的胶合板和木料。
- 购买用“好木料”或其他有可持续采伐证书的木制品。
- 不要购买热带硬木制造的产品，诸如黑檀、桃花心木、花梨木或柚木等，除非制造商能够保证这些硬木是来自种植园或可持续采伐项目。
- 有些牛肉采购自砍伐雨林开辟的牧场，不要经常光顾这些快餐店。不要购买毁林后种植的咖啡、香蕉、菠萝或其他经济作物。
- 购买当地人从未受损害的森林中采集的巴西胡桃、腰果、蘑菇、藤制品和其他可持续采伐的非木材林产品。请记住，热带雨林不是唯一受到威胁的生物群系。
- 如果在林区徒步旅行，野营时请尽量不要影响环境。走现成的小路，非绝对必要时，不要点燃较多或较大的营火。只利用落木生火。不要在树上刻画或钉钉子。

有些评论家提出，仅凭目前我们对生态系统的了解程度，还不足以对其利用做出实际土地管理决策。他们认为，应当让大片自在无拘的荒野远离人类，允许无序的、突变的与不可预期的事件自然发生。另有一些人认为，这种做法是对勤勉工作与按习惯做事方式的一种威胁。尽管如此，美国林务局编制的《可持续林业国家报告》里还是包含了生态系统管理的某些元素。该报告基于蒙特利尔工作组有关森林健康的标准和指标的研究，提出了可持续森林管理的目标（表6.1）

表6.1 可持续林业标准草案

1. 保护生物多样性；
2. 维持森林生态系统的生产能力；
3. 维持森林生态系统的健康与活力；
4. 维持水土资源；
5. 维持森林对全球碳循环的贡献；
6. 维持或提高长期的社会经济利益，以便在法律上、制度上和经济架构上满足森林保护与可持续管理的要求。

资料来源：美国林务局，2002。

6.2 草　原

草原是除森林之外，人类利用程度最高的生物群系。北美普列利草原、稀树草原、干草原、开阔林地和其他草地占据世界土地面积约1/4。美国大平原和加拿大草原的大部分地区均属于这一群系（图6.11）。该生物群系的3 600万平方千米草地和牧场相当于全球农作物面积的两倍。如果加上4 000万平方千米用以牧养牲畜的其他土地（森林、荒漠、苔原、沼泽和有刺灌

图 6.11 美国蒙大拿州北部这种短草草原相对干燥，不足以支持树木生长，虽然如此，却仍然维持着多样的生物群落。

木丛），全球就有一半以上的土地至少不定期地用于放牧。这些土地上的30多亿头牛、绵羊、山羊、骆驼、北美水牛和其他家畜对人类营养做出贡献。可持续的畜牧在维持草原生态系统多样性的同时，还可以提高产能。

由于草原、查帕拉尔群落和开阔林地对人类定居而言很有吸引力，因此常被改变为农田、城镇或其他由人类主导的景观。世界范围内每年草原受干扰的比率为热带雨林的三倍。虽然在非专业人士看来，各种草原毫无二致，而且单调乏味，但是天然的草原生产力很高而且物种丰富。据美国农业部研究，牧场上受胁物种的数量高于美国其他主要生物群系。

放牧可能具有持续性也可能具有破坏性

通过细心监控动物的数量和牧场的状况，牧场主和**牧民**（pastoralists，以放牧牲畜为生的人）就能够适应降雨与植物分布状况的季节性变化，以及饲草营养质量的变化，以保持牲畜的健康，并避免耗尽任何特定区域的资源。认真的经营管理事实上能提高牧场的质量。

当土地被过度放牧的时候（尤其是在干旱区），雨水在渗入土壤滋养植物或补充地下水之前就流走了，以致泉水和井水干涸。过热干旱的土壤中，种子不能萌发。裸地反射更多来自太阳的热量，这会改变风运行的模式，驱散含水的云层，从而导致更加干燥。沃野变成荒漠的这一过程称为**荒漠化**（desertification）。

荒漠化过程自古就有，但是人口增长与迫使人们过度使用脆弱土地的政治状况加速了这一过程。据位于荷兰的国际土壤参比与信息中心的资料显示，世界全部牧场的近3/4都有植被退化或土壤侵蚀的迹象。造成1/3土地退化的原因是过度放牧（图6.12）。中等、严重与极度土壤退化百分比最高的是墨西哥和中美洲，而面积最大的是亚洲，那里有世界上最辽阔的草原。我们能够逆转这一过程吗？有些地方的民众正在使荒漠复苏，弥补之前疏于照管与滥用土地带来的恶果。

许多牧场受到过度放牧的威胁

和许多国家一样，美国大多数公共牧场都状况不佳。政治和经济压力促使管理者增加放牧配额，远远

图 6.12 过度放牧和其他原因造成牧场土壤退化。请注意欧洲、亚洲和美洲的农耕、伐木、采矿与城镇化等活动是造成3/4土壤退化的原因。在牧业发达的非洲和大洋洲，牧场大多在荒漠或半干旱灌丛地区，因而放牧造成的伤害更大。

资料来源：世界资源研究所（World Resources Institute）。

超过了牧场的载畜量。现有法规执行力度不足，加上改良草原的资金有限，造成了**过度放牧**（overgrazing），导致对植被与土壤的伤害，包括天然饲料物种的损失和土壤侵蚀。自然资源保卫委员会（Natural Resources Defense Council）宣称，只有30%的公共草场状况良好，而55%状况差或很差（图6.13）。

过度放牧使鼠尾草、牧豆树、黑雀麦和仙人掌等不适口或不能吃的物种群落在公有和私有牧场上大量滋生。野生动植物保育团体把牧牛看作美国西南部生态系统退化最普遍的形式和对濒危物种最大的威胁。他们呼吁禁止在所有公有土地上放牧牛羊，并指出，公共牧场只提供肉牛消费牧草总量的2%，而且也仅仅维持全部养牛户的2%。

和联邦木材管理政策一样，对公有土地放牧的收费常常远低于市场价格，这是对西部牧场主的巨额暗补。放牧许可证持有者向政府支付的租金通常不到私有土地租金的25%。联邦牧场的31 000份许可证只带来1 100万美元放牧费，而每年的管理和维护费用高达4 700万美元。3 600万美元的差额实际上是一项鲜为人知的丰厚的"牛福利"制度。

另一方面，牧场主们辩称他们的生活方式是西部文化与历史的重要组成部分。虽然没有多少肉牛从他们的牧场直接进入市场，但是他们生产了几乎所有随后会被运至饲养场的小肉牛。他们声称，若不能维持牧场经济，西部更多的土地会被分割为小牧场，更不利于野生生物和环境质量。

你是怎么想的？我们应该对采掘垦殖等行业提供多少补助，以保护农村社区和传统职业？

牧场主在试验新方法

少量牲畜自由放牧于大牧场时，它们总是首先选择柔软适口的草类，留下粗糙难吃的植物蓬勃生长并逐渐占据主导地位。有些地方的农民和牧民发现，短期的集约放牧有助于维持饲草的质量。据南非畜牧专家艾伦·萨弗瑞（Allan Savory）观察，非洲的牛羚、斑马或美洲的野牛等野生有蹄类动物，经常短期内密集成群在某个地点吃草，然后移向下一个地区。仅仅是闲置不一定能改善牧草和牧场。短历时的**轮牧**（rotational grazing，将牲畜短期内限制在小片地上，通常只有一至两天，然后转移到新地点）与野生畜群的影响类似（图6.14）。强迫牲畜在转移之前不加区别地吃任何饲草，彻底踩踏全部地面并让粪便给土壤大量施肥，有助于抑制杂草而促进更适口的牧草品种生长。但是这种方法并非在哪里都能奏效。例如，美国西南部荒漠中有许多植物群落显然是在不存在大型有蹄类动物的情况下发育而成的，并不能承受集约放牧。

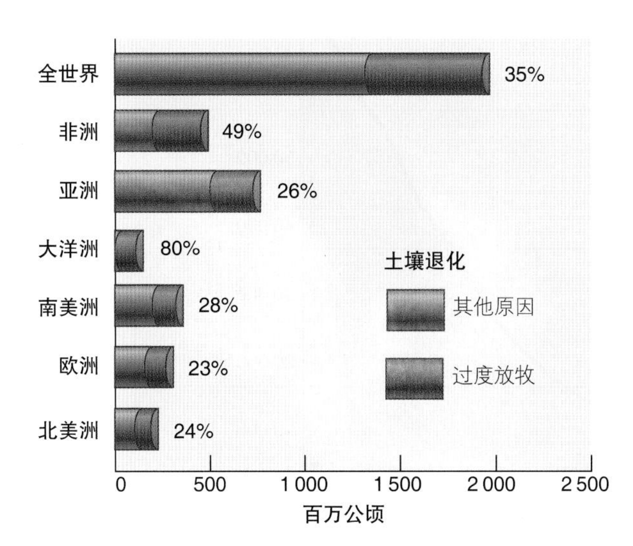

图6.13 美国一半以上的公有牧场处于差或很差的状况。过度放牧和野草入侵是最大的问题。

图6.14 集中轮牧用可移动电围栏把牲畜短期内（通常只有一天）围封在小片牧场内，强迫其不加选择地吃草并给土壤施大量肥。

像森林一样，恢复性放火可能也对草原有利。在某些情况下，牧场主与环保团体合作进行符合畜牧经济的草原管理与保护。

有些地区经营大牧场的另一种途径是放养一些野生物种，例如黑斑羚、牛羚、剑角羚或马鹿（图6.15）。这些动物觅食效率高，能抗御严酷的气候，通常更耐受病虫侵害，而且比一般家畜更能避开捕食者的侵袭。本土物种在饲草选择和对水源与隐蔽的需求方面可能不同于牛、绵羊或山羊。例如，非洲萨赫勒地区每公顷土地的草料只够养殖二三十千克牛肉。而养殖本土野生物种在同一地区能生产三倍的肉，因为这些动物能吃的植物更多样。

在美国，牧场主发现马鹿、美洲野牛和一些非洲物种所需的照料和补饲少，而这些物种的瘦肉市场价格比牛羊高，能赚取的收益也更高。媒体巨头特德·特纳（Ted Turner）现在已经成为美国最大的私有土地拥有者，同时也是除了政府以外拥有美洲野牛最多的人。

图6.15 新西兰饲养马鹿（*Cervus elaphus*），生产鹿茸和鹿肉。

6.3 公园和保护区

虽然森林和草原大多都被用于实用性或功利性的目的，但是许多社会仍把一些天然区域留作观赏与休闲娱乐之用。自然保护区业已存在几千年。古希腊出自宗教的目的保护圣林，欧洲许多国家把保护森林作为皇家猎场。虽然这些地区通常是为社会精英阶层所保留，但是也维护了大部分被深度利用地区土地的生物多样性和自然景观。

最早对普通市民开放的公园可能是希腊一些经规划的城市中有树荫的集市广场。但是提供天然的休闲娱乐空间、保护自然环境的思想，在近50年来才得以发展（图6.16）。虽然首批公园主要是想为不断增长的城镇人口提供休闲娱乐的场所，但是公园还有着多种附加的用途。今天我们把国家公园看作休闲娱乐的场

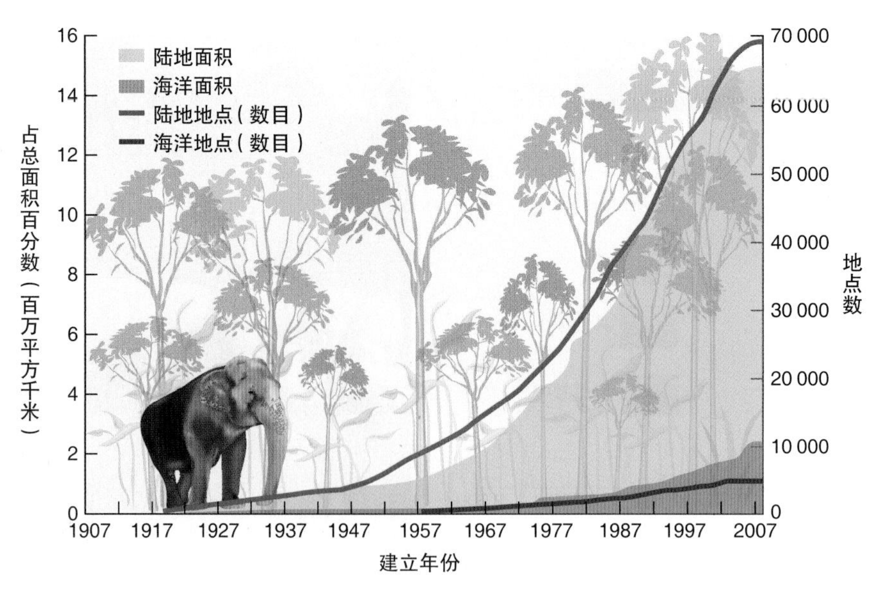

图6.16 1907—2007年全世界保护区的增长。

地、野生动物的天堂、试验生态管理的地方，以及修复生态系统的机会。

目前，地球上将近14%面积的土地以各种公园、保护区或野生动物管理区的形式受到保护，共有12.2万个各类保护区，面积约为21万平方千米。这是令人鼓舞的环境保护成功的案例。

很多国家建立了自然保护区

自然保护区的保护水平各不相同。世界自然保护联盟根据允许人类利用的水平把保护区分为5类（表6.2）。最严格的类别（生态保护区和荒野区）只允许极少量人类活动或禁止人类活动。特别敏感的野生动物或自然特征所在的一些严格的自然保护区，可能仅限于科研小组偶尔进入。例如，有些野生动物保护区每年只允许几个人进入，以免带进入侵物种或干扰天然物种。与之相反，限制最小的保护区（国家森林和其他自然保护管理区）人类活动水平可能很高。

表6.2 世界自然保护联盟保护区类别

类别	允许人类影响或干预程度
1. 生态保护区和荒野地区	极少或无
2. 国家公园	低
3. 自然遗迹和考古遗址	低至中
4. 栖息地和野生生物管理区	中
5. 文化景观或风景、休闲区	中至高

资料来源：世界自然保护联盟，1990。

委内瑞拉国土受保护面积比例（66%）居世界首位。受保护土地约有一半定为原住民或可持续资源开发的保护区。然而，由于几乎没有正式管理，因此针对盗猎者、伐木工和非法淘金者的措施非常有限。不幸的是，这种情况在大多数发展中国家屡见不鲜，这种“纸上公园”只是在地图上画的一条线，而没有针对工作人员、管理或基础建设的预算。相反，美国只有22%的国土处于受保护状态，其中又只有不到1/3属于世界自然保护联盟的一类和二类保护区（自然保护区、荒野地区、国家公园）。其余为国家森林或野生动物管理区，可以进行可持续利用。美国的公有土地拥有成千上万联邦和州的雇员，动用几十亿公共资金，公共关注度与曝光度都很高，总体上得到了很好的管理。

拥有世界热带雨林1/4的巴西对保护生物多样性而言特别重要。目前巴西受保护地区的总面积比任何国家都大，共有250万平方千米（主要在亚马孙流域）处于某种受保护状态，占国土面积的29%。2006年，巴西北部的帕拉（Para）州与保护国际（Conservation International，CI）及其他非政府组织合作，宣布沿苏里南和圭亚那边界建立9个新保护区。这些新保护区大约有一半属于严格的保护区，它们将同若干已有的原住民地区及自然保护区一起，构成世界最大的热带森林保护区。这个新的15万平方千米圭亚那盾走廊（Guyana Shield Corridor）的90%以上处于原始的自然状态。保护国际前任主席米特迈尔（Russ Mittermeir）说：“如果今后百年内地球上有任何保存完好的热带雨林，它一定是在亚马孙北部的这个地方。”与这种激动人心的成就相反，巴西南部某些生物多样性比亚马孙还丰富的世界最大的湿地-稀树草原复合体，几乎全部为私人所有。虽然人们做出了种种努力试图保留部分重要湿地，但迄今几乎没有任何湿地处于受保护状态。

另一些拥有非常大保护区的国家及地区包括格陵兰（98万平方千米的国家公园占据该岛北部大部分地区）和沙特阿拉伯（其空旷的鲁卜哈利沙漠有82.5万平方千米的野生生物管理区）。不过，这些地区较易保护，因为大部分不是被冰雪（格陵兰）就是被沙漠（沙特阿拉伯）覆盖。加拿大埃尔斯米尔岛（Ellesmere Island）的古丁尼柏国家公园（Quttinirpaaq National Park）是保护具有高度荒野价值而生物多样性极小的例子。这个距离北极只有800千米的偏远公园，每年只在为期3周的短暂夏季中有不到100位访客（图6.17）。这里几乎没有人类占用的迹象，有的是孤独与荒凉之美，几乎没有野生动物和植被。相反，本章开篇案例所描述的大熊雨林管理区在海洋生物和陆地生物两方面都具有丰富的多样性，但是该地区珍贵的木材、矿物与野生生物资源令其保护费用高昂而且备受争议。在其他地方，人们同样利用科学原则确定最佳自然保护区。

利用地理信息系统（GIS），保护非洲中部森林

保护热带森林往往很困难，因为信息很难得到。浓密、偏远、遍地沼泽的热带丛林难以进入、制图和评估其生态价值。然而，没有关于其生态重要性的信息，大多数人就没有什么理由关心这些遥远的、无路可通的森林。如果你不知道这些生态系统里有什么，你如何去保护它们?

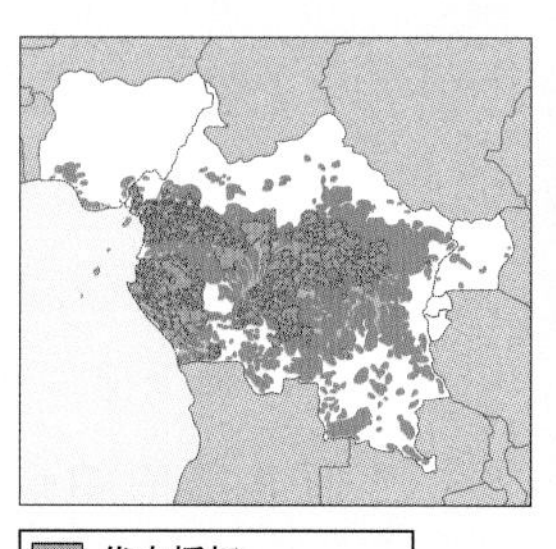

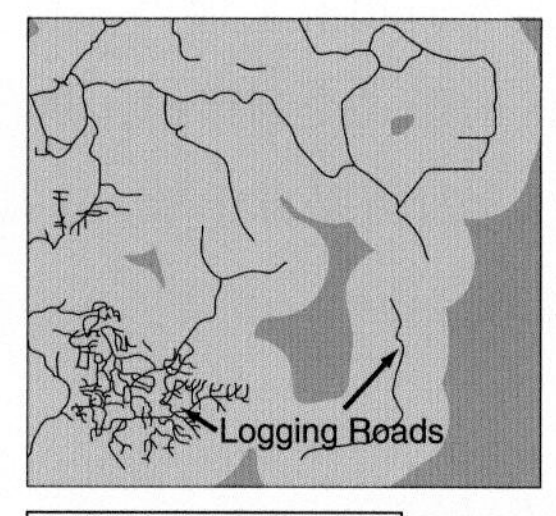

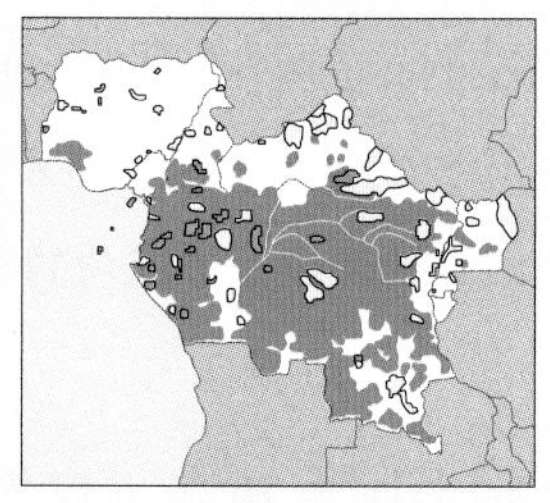

图Ⅱ 用以界定优先保护区的几个GIS图层。资料来源：国际野生生物保护学会。

历史上大部分时期，要了解偏远地方的范围和状况，需要身体力行艰苦跋涉去考察那个地方。即使是在公有土地上，也只有那些有时间的人，或者那些有钱付给调查人员的人，才能了解那些资源。后来，虽然制图技术改进了，但是地图通常也只能表示某几种地貌，例如道路、河流和一些边界。

近年来，地理信息系统的应用使公有土地与资源的细节突然大量出现在公众视野之中。GIS由边界与道路网等空间数据以及对数据进行展示与分析的软件组成。空间数据还能表现在地面上不容易看到的变量——流域边界、年降水量、土地所有权或过去的土地利用状况等。这些数据还能表现比我们容易看到的大得多的现象——地面坡度与高度、有林地区和河网等。把这些数据组合起来，GIS分析师就能研究有关自然保护、规划与修复等全新的问题。

你很可能已经使用过GIS。像MapQuest或Google Earth之类的在线影像程序能组织与展示空间数据。这些程序能让你开关图层，或按不同比例放大和缩小。还可以用在线影像程序计算两地之间的距离和行车方向。同时，生态学家可以用GIS计算生境的面积，监测面积的变化，计算生境碎片的大小，计算流域中水道的长度。

识别优先区域

最近，几个保育组织联合起来用GIS和空间分析识别非洲中部的优先保护区域。该项计划的提出是由于包括新出现的GIS数据在内的新资料表明，对这片面积居世界第二位的热带森林有计划的采伐正急剧增加（图Ⅰ）。

国际野生生物保护学会、世界自然基金会、世界资源研究所、美国地质调查局和其他机构与团体的研究人员开始收集各种变量的GIS数据。他们界定大猩猩与其他珍稀濒危物种的活动范围，界定植物极度多样性的面积，计算森林碎片的大小，以识别完好原始森林集中的地方。利用运材道路的地图，计算道路两侧30千米“缓冲带”的面积，因为伐木工人、移民和猎人通常都对沿路的生物多样性构成威胁。他们还绘制了现有与计划中的保护区地图(图Ⅱ)。

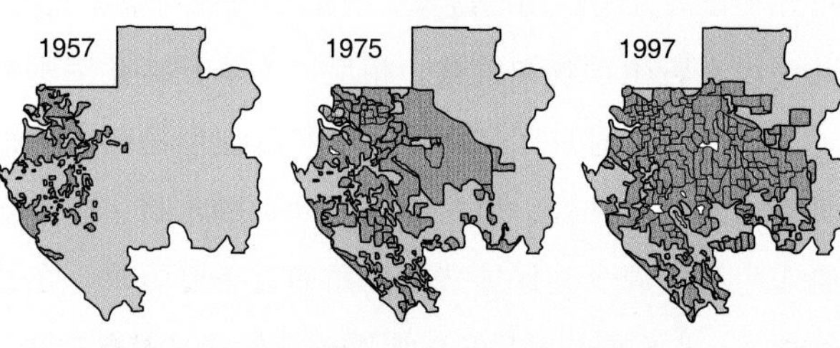

图Ⅰ 非洲中部地区的加蓬出现了伐木授权的稳步增长。
资料来源：国际野生生物保护学会。

把这些图层和其他图层叠加起来，分析师确定了优先保护的具有高度生态多样性与珍稀物种的大片原始林的区域。将这些优先地区与受保护土地地图和伐木授权地图叠加，可以确定最易受威胁的地区（图Ⅲ）。

虽然大部分未受保护的优先地区可能永远得不到保护，但是有了这张图就可以为未来的保护提供两方面重要的指南。首先，它评估了问题的状态。从图中可以知道大部分森林不受保护，也知道该地区还有大片原始林。其次，该图提供了保护计划的优先顺序。此外，这些地图是非常有效的宣传工具。出版这样的地图，更多人就会有热情参与保护工作。

GIS已成为保护森林、草原、生态系统和自然保护区的重要工具。它彻底改革了规划与保护科学——用定量数据研究问题——就如同它可能彻底改变你驾车出行计划的路线一样。

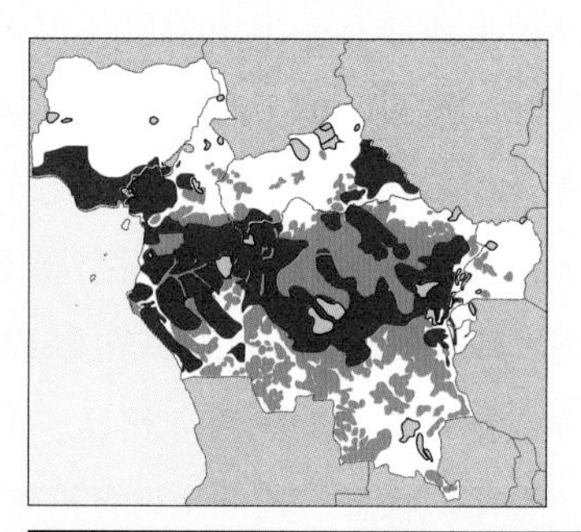

图Ⅲ 国家公园以外的优先地区。
资料来源：国际野生生物保护学会。

图 6.17 加拿大埃尔斯米尔岛北端的古丁尼柏国家公园具有大量荒芜原始景观，但生物多样性极小。

图6.18是各主要生物群系受保护区域百分数的比较。毫不令人惊讶的是，因人类利用而被改变的地区（以及有人居住的地区）的比例与受保护区域的比例之间存在逆相关。温带草原与稀树草原（如美国中西部）、地中海林地与灌木丛（如法国里维埃拉地区、加利福尼亚南部沿海地区）被人类高度开发利用，因此，要进行大规模保护需要高昂的费用。温带针叶林（西伯利亚或加拿大广阔的北方森林）相对无人居住，因此很容易对其进行某种保护。

并非所有保护区都得到了保护

即使被认定为高级别保护的公园与保护区，在政治优先的情况下也并非总能免遭开发或改变。许多国家都有威胁自然保护与环境质量差的严重问题。希腊的品都斯国家公园（Pindus National Park）就受到公园中心修建水坝计划的威胁。而且周边地区过度放牧和林业开发造成水土流失，并使野生动物失去栖息地。在哥伦比亚，水坝建设也威胁着帕拉米洛国家公园（Paramillo National Park）。厄瓜多尔最大的自然保护区，包括低地亚马孙森林中世界上生物多样性最丰富地区之一的亚苏尼国家公园（Yasuni National Park），业已进行石油钻探，而秘鲁的矿工和伐木工已入侵瓦斯卡兰国家公园（Huascaran National Park）部分地区。在帕劳群岛，已确定为潜在生物多样性保护区的珊瑚礁，受到捕鱼炸药的破坏；而在印度尼西亚的一些海滩，濒危海龟所产下的每一个卵都被拾卵人捡走。这些只是世界上公园与保护区所面临诸多问题的一小部分。拥有最重要生物群系的国家往往缺乏资金，缺乏训练有素的人员和管理这些地区的经验。

即使是像美国这样的富裕国家，国家公园系统中一些“王冠上的宝石”也遭受过度利用和退化。例如，黄石公园和大峡谷国家公园拥有大量预算并得到高度管控，但是也因为太受欢迎而正在“因爱致死”。1916年美国国家公园管理局成立的时候，首任局长斯蒂芬·马瑟（Stephen Mather）认为需要使游客对公园感到舒适愉快，以此取得公众的支持。他在最大的公园里修建了广泛的公路网，使游客通过车窗就能欣赏美景，他还鼓励修建豪华旅馆，让客人能住在奢华的地方。

他的计划很成功，国家公园系统得到许多美国公

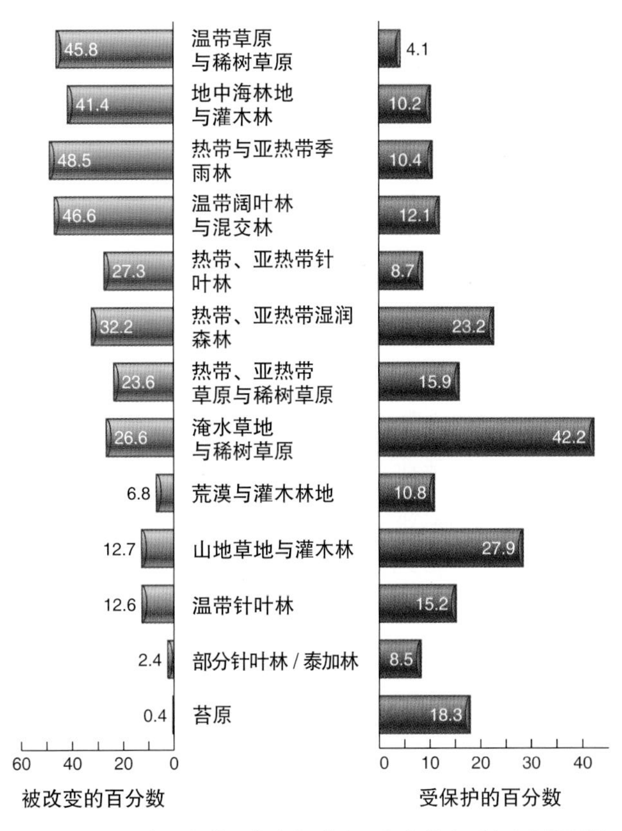

图 6.18 几乎毫无例外，各生物群系因人类利用而被改变地区的比例与作为公园与保护区而受保护的地区的比例大体上相反。未包括岩石与冰雪覆盖的地区、湖泊地区和北极生态区。

资料来源：国际保护区域数据库，2009。

民的钟爱和支持，但是有时娱乐高于自然保护。公园允许，有时甚至鼓励游客投喂野生动物。熊失去了对人类的畏惧，并开始依赖不健康的垃圾食品与施舍（图6.19）。在黄石公园和大提顿国家公园，听任马鹿增长到2.5万头，为栖息地承载力的大约两倍。超量的种群过度采食植被，损害了许多较小的物种，也损害了整个生物群落。如同本章前面所讨论的那样，长达70年的防火造成森林结构的改变与可燃物的积聚，使得大火几乎不可避免。在约塞米蒂，你可以住在世界一流的旅馆里，买比萨饼，玩电子游戏，洗衣服，玩高尔夫或网球，购买古玩，但是你发现难以独处或欣赏自然之美，而这两点正是约翰·缪尔大加赞颂的创建这个公园的主要理由。

图6.19 野生动物永远是国家公园主要吸引力之一。许多人在和大型危险动物互动时完全丧失了常识——这里不是宠物动物园。

在很多著名的公园里，交通拥堵和大量人潮对公园的资源构成压力，令人无法体验到原汁原味的大自然（图6.20）。有些公园，像约塞米蒂和锡安国家公园（Zion National Park），禁止私家车进入最拥堵的区域。游客必须在远处的停车场泊车，然后乘清洁的电动车或天然气巴士到人多的景点。另有一些公园会限制每日接纳的游客数量。你对这个类似摇奖的制度做何感想？这种制度可能使你一生中只有一次机会游览一些著名的公园，但是你会在仅有一次的游览中拥有不拥挤而平静的体验。或者你喜欢只要自己愿意就能随时去游览，即使人流摩肩接踵、交通拥堵不堪也在所不惜？

图6.20 黄石国家公园里几千人等待“老忠实”间歇泉喷发。你能找到正在讲地质课的公园管理员吗？

最初，加拿大和美国的大型荒野公园都十分偏远，不受人类开发活动影响。但现在情况改变了，有些地方森林皆伐到紧邻公园边界，采矿废水，污染河流和地下水。美国至少有13处名胜风景区对油气钻探开放，包括肯氏龟的唯一繁殖场——得克萨斯州的帕德雷岛（Padre Island）。即使是能见度曾达到150千米的大峡谷干燥的荒漠空气，现在由于紧邻公园的发电站造成的空气污染，也常常出现雾霾。履带式雪地车和越野车产生的污染与噪声，在干扰许多公园内野生动物的同时，还造成水土流失（图6.21）。

图6.21 越野车在通过湿地时造成严重而持久的环境损害。

美国国家公园系统长期资金不足，所亏欠的金额累计估计至少达50亿美元。令人啼笑皆非的是，近年研究发现，公园从联邦政府补贴中每得到一美元就产生四美元使用费。换言之，如果各公园可以留下所有的收入，不仅能够承担所有的支出，还会有可观的盈余。

近年来美国公园系统开始强调进行自然保护和环

在牧场问题上达成一致

几十年来，环境科学家试图限制牧场主向政府租用的公有土地上放牧。现在有些学者和保护主义者说，牧场可能是保护许多本地物种生境的最后希望。维持牧场也可能是恢复周期性放火以免灌丛与仙人掌侵占西部草原的唯一途径。美国许多地方，牧场主和环保组织与政府官员结盟，以找到保护与管理牧场的新方法。

推动这种新式合作模式的压力之一是城市居民对西部牧场的嗜好与对乡间宅邸日益增长的兴趣。产品价格下降、干旱、税金和其他因素使许多牧场主考虑出售土地。如果把你的土地切割成16万平方千米的小牧场就能赚到几百万美元，为什么还要为了在牧场谋生而奋斗？但是把土地分割的时候，入侵物种就会随着新主人和他们的宠物一起到来，能存活的本地物种就所剩无几了。而且到了那时，目前认为对美国西南部景观至关重要的周期性放火的实施，即使有可能也十分困难。

有些放牧方法显然是有害的。例如，研究发现在西部荒漠地区的河流及其周围地区放牧会造成广泛的损害。但是极少有研究将这些土地上替代放牧的方案进行对比，这些地方不仅是牧场主的家园，也是许多本土动植物物种的家园。新近的研究发现，这些牧场上的鸟类、食肉动物和植物的种类并不少于同等面积的野生动物保护区。这些牧场上入侵的野草也较少。

牧场主、环保主义者和政府部门之间这种新型合作的著名例子是马尔帕边陲小组（Malpai Borderlands Group，MBG）。这个基于合作的生态系统管理工作是由被称为“靴后跟”（boot heel）地区的土地所有者创建的，该地区位于新墨西哥州、亚利桑那州和墨西哥交界处。“马尔帕”一词源自西班牙语，意指劣地。崎岖的山地、苍翠的平原，还有灌木丛覆盖的荒漠丘陵，是20多个濒危物种的家园。该合作项目包括将近4 000平方千米土地，其中有私产、州托管地、国有森林，以及土地管理局管理的土地。

这个始自1993年的合作组织首先处理对放牧的威胁。35位邻居集会讨论共同的问题。他们一致认为，阻止牧场野火会造成灌木增加而草被减少，导致流域稳定性、野生动物栖息地和牲畜草料的损失。

在早期，社区领导人向大自然保护协会（The Nature Conservancy，TNC）寻求帮助。TNC应邀派出熟悉边陲生态系统的生态学家协助构建一项科学规划。这项投入对MBG基于系统的方式进行牧场管理至关重要。这种方式偏重自然过程的保护，而不像许多保护项目那样只着眼于单个物种或特种资源的管理。1993年以来，NBG和合作者已经建立了200个监测点，评估生态系统的健康状况。

以草原学为出发点，NBG的目标逐步形成了综合的自然资源管理和乡村发展议程。他们的既定目标是“保存与维护自然过程，这些过程创造与保护着一个健康、完整的景观，支持边陲地区由人类与动植物组成多样而繁茂的群落”。这项规划的关键特点之一是重新将火烧作为一种管理手段。

当大片相连地区置于统一管理之下时，就有可能进行对植被有重大意义的有计划的预防性放火。在MBG联盟建立之前，分散的所有权和分散管理几乎不可能进行大规模作业。MBG成功的关键之一是大自然保护协会购买了1 200平方千米的格雷大牧场（Gray Ranch）。位于马尔帕边陲的这一大片土地使得人们有可能实施所谓“草地银行”的创新项目。如果相邻的牧场主年收成不好（也许是由于持续干旱），他可以把畜群放牧到格雷大牧场上，直至自己的草场得到恢复为止。牧场主将等价的保护地役权授予MBG，禁止将土地细分。

MBG并非牧区唯一具有创新精神的组织。同样位于新墨西哥州的基维拉联盟（Quivira Coalition）把美国西部各地牧场主、自然保护主义者和土地管理者组织起来，制订科学指导的牧场管理和河流恢复计划。蒙大拿州自然保护协会拥有的斗牛士牧场（Matador Ranch）也有草地银行项目。也许这些项目的成功之处是鼓励类似的合作，而不是对抗与诉讼，不仅在牧场问题上如此，而且在其他有争议的环境事务上也是这样。

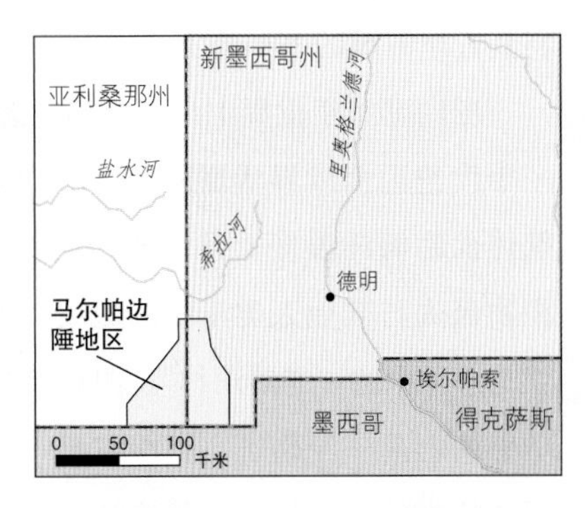

马尔帕边陲区位于新墨西哥州的“靴后跟”上，与亚利桑那州和墨西哥的牧场接壤。该地区的牧场主、政府部门与自然保护组织一起重新开始放火，保护野生动物栖息地，使草原得到更新。

境教育，而非娱乐。其他国家也开始采用这种新方式。世界自然保护联盟为了进行自然资源保护制定了《**世界自然保护大纲**》（*World Conservation Strategy*），大纲包括下述三个目标：①维护人类赖以生存与发展的重要生态过程与生命支持系统（例如土壤再生与保护、养分循环和水的净化）；②保存对育种计划至关重要的遗传多样性，以改良农作物和家畜；③确保对野生物种和生态系统的任何利用均可持续。

海洋生态系统尤其需要保护

随着全球海洋鱼群日益被捕捞殆尽，生态学家呼吁建立一些保护区，使海洋生物免遭破坏性捕鱼的伤害。虽然陆地上大约14%面积的土地处于某种受保护状态，但是只有5%的近岸海洋生物群系受到保护。如同第1章开篇案例所述，对海洋保护区捕鱼的数量和种类的限制能够迅速恢复周边海域的鱼类存量。研究人员对全世界100个海洋保护区的研究发现，禁渔保护区内生物的数量平均为周围允许捕鱼海域的两倍，而且生物体的生物量为其三倍，保护区内单个动物的生物量比外面平均高30%。近年研究表明，保护区即使停止捕鱼几个月，对海洋种群的恢复也大为有利。对受保护的动植物群系而言，所需保护区的大小视所涉及的物种而定，但是有些海洋生物学家呼吁各国最少要将其近岸海域的20%作为海洋保护区。

珊瑚礁属于世界上最濒危的生态系统。观察表明，一个世纪内全世界活珊瑚礁已减少近半，而且90%的礁体面临海洋温度上升、破坏性捕鱼、礁体开采、沉积物流失与其他人类干扰的威胁。珊瑚礁在许多方面就是海洋中的“老龄雨林”（图6.22）。这些物种丰富而敏感的群落一经伤害，可能需要一个世纪乃至更长时间才能恢复。如果现行趋势持续下去，有些研究人员预测，50年后世界上任何地方都将不存在有活力的珊瑚礁了。

为了逆转这种趋势，我们能够做些什么？有些国家正在建立专门保护珊瑚礁的海洋保护区。如澳大利亚有着世界上最大的海洋保护区，即面积34.4万平方

图6.22 珊瑚礁既是世界上生物最丰富的，也是最濒危的生态系统。许多地方正在建立海洋保护区以保存和保护这些不可替代的资源。

千米的大堡礁（其中大部分是公海）。布什总统在执政的最后日子，宣布50.5万平方千米的海洋为国家保护区，包括马里亚纳海沟、萨摩亚周围的环礁和一些无人居住的太平洋岛屿。尽管地球上将近3/4是水面，但是把全部水域保护区加在一起，也不及全世界受保护面积的1/10。一项海洋生物资源调查确定了10个物种最丰富和最濒危的“热点”地区，包括菲律宾、几内亚湾和佛得角群岛（西非海岸外）、印度尼西亚巽他群岛、印度洋的马斯克林群岛、南非海岸、日本南部和中国东海、加勒比海西部，以及红海和亚丁湾。我们迫切需要更多的禁渔保护区以保护海洋资源。

自然保护与经济开发可以并行不悖

世界上许多生物最丰富的群落处于发展中国家，尤其是在热带。这些国家是对我们至关重要的资源的守护者。不幸的是，在政治与经济制度不足以向居民提供土地、工作岗位、粮食与其他生活必需品的地方，人们只能为满足所需而任意而为。眼前的生存优先于长远的环境目标。拯救物种和生态系统的奋斗目标显然不能背离更广泛地满足人类需求的奋斗目标。

有些发展中国家开始意识到它们的生物资源可能是最宝贵的资产，而它们的保护行动对可持续发展至关重要。许多地方的**生态旅游**（ecotourism，生态上和社会方面可持续的旅游）从长远看可能比伐木、采矿等行业更有利。

原住民在自然保护方面能起重要作用

美国式的空无一人的荒野公园在世界其他许多地方是不现实的。如同上文所述，有些生物群落非常脆弱，以至于必须对人类的干扰进行严格限制，以保护其容易受损的天然特征或特别敏感的野生生物。然而，在许多重要生物群系中，原住民已在那里生活了几千年，他们有权继续其传统的生活方式。而且，今天尚存的大约5 000种原住民文化或本土文化中，有许多关于其祖传家园的知识，可能对生态系统管理有重要价值。作家艾伦·杜宁（Alan Durning）说："原住民的语言、风俗习惯和行事方法中包含的关于大自然的知识，可能如同现代科学图书馆所收藏的一样多。"

有些国家制定了严格的政策——禁止从公园中迁出原住民（图6.23）。

另一些国家认为，成功的自然保护必须找到将当地人的需求与自然保护需求相结合的方法。1986年，联合国教科文组织开创了**人与生物圈计划**（Man and Biosphere program，MAB），鼓励设立**生物圈保护区**（biosphere reserves），即将保护区划分为不同目的的区域。核心区保护关键的生态系统功能和濒危野生生物，只允许有限的科学研究人员进入。生态旅游和研究设施位于核心区周围相对原始的缓冲区，而外围的多功能区则可进行可持续的资源开发与永久性定居（图6.24）。

虽然本章开篇案例所述的大熊雨林保护区还没有正式获得MAB的认证，但是该保护区是按照这个总体

图6.23 有些公园采取严厉的方法禁止迁出居民并严禁非法进入。我们如何能协调当地人或原住民的权利和自然保护的需要？

图 6.24 生物圈保护区模式。传统的公园和野生动物保护区具有明确的边界，不让野生动物出来，不让人类进去。相反，生物圈保护区承认人类获取资源的需求，关键的生态系统被保护在核心区，缓冲区允许进行研究和旅游，而可持续的资源采伐和永久性定居点安排在外围的多功能区。

规划创建的。生物圈保护区的一个很好的例子是5 450平方千米的墨西哥尤卡坦半岛图卢姆海岸（Tulum Coast of the Yucatán）上的沙恩卡安保护区（Sian Ka'an Reserve）。其核心区包括5 280平方千米珊瑚礁、海湾、湿地和低地热带森林。保护区内观察到的鸟类达335种以上，还有濒危的海牛、5种丛林猫科动物、蜘蛛和吼猴，以及4种日益稀少的海龟。大约2.5万人（与大熊雨林里的居民数量相当）住在沙恩卡安的各个社区和郊区。除旅游业外，该地区的经济基础是捕捞龙虾、小规模农业和椰子种植。

当地社区组织沙恩卡安之友（Amigos de Sian Ka'an）在保护区建立方面发挥了核心作用，在保护自然资源的同时又提高了当地人的生活水平。集约农业新技术与森林产品的可持续采伐使居民得以谋生又不伤害其生态基础。保护区发明了较好的龙虾捕捞不当，提高了渔获量又不至于耗竭原生种群。现在当地人把保护区看作一项福利，而不是强加的外来负担。世界各地此类成功的故事表明，我们能做到在支持当地人承认原住民权利的同时，又能保护重要的环境风貌。

你能做些什么?

做一个负责任的生态旅游者

1. 事前准备。了解目的地的历史、地理、生态和文化方面的知识。了解什么能做什么不能做,以免违反当地风俗习惯和伤害与当地人的感情。
2. 环境影响。沿指定路线走,如果有固定的野营地,就在那里露营。只带走照片和记忆,只留下对你所到之处的善意。
3. 资源影响。尽量减少使用珍贵的燃料、食物和水资源。你知道你的废弃物和垃圾去向何方吗?
4. 文化影响。尊重你遇见之人的隐私和尊严,设想你处在他们的地位时你会有什么感觉。未经允许请勿拍照。尊重宗教与文化景点和习俗。要像对环境污染一样对文化污染有所认识。
5. 野生动物影响。不要干扰野生动物或妨碍植物生存。现代照相机让我们能有礼貌地从安全的距离拍摄到精美的照片。不要购买象牙、龟壳、兽皮、羽毛或来自濒危物种的其他产品。
6. 环境效益。你的旅行完全是为了消遣吗,还是也为保护当地环境做贡献?你能否将生态旅游同环境清理运动结合起来,或者向当地学校或自然保护小组发放教育资料?
7. 倡导与教育。参加写信、游说或教育运动帮助保护你所访问地方的土地与文化。回家后到学校或当地俱乐部做演讲,把你学到的东西告诉你的朋友和邻居。

物种存活取决于保护区的规模和性质

许多保护区和公园日益成为原先覆盖广大地区的生态系统残存的孤立碎片。然而,随着公园生态系统的缩小,其在保持生物多样性方面的重要性又日益凸显。在管理和恢复这些不断缩小的岛屿状生境时,景观设计和景观结构的原则就变得非常重要。

多年来,保护生物学家对单个大保护区与若干个小保护区孰优孰劣的问题(a single large or several small reserves,缩写为 the SLOSS)争论不休。理想状态,保护区应该大到足以支持濒危物种有活力的种群,保持完整的生态系统,隔离核心区以免遭来自外部的伤害。对某些活动范围较小的物种而言,若干个小保护区能够支持有活力的种群,而且设立几个小保护区能提供对疾病、生境破坏或其他可能消灭单个种群的灾害的保障。不过小保护区不能支持大象和老虎等需要广大空间的物种。然而,即便人们有这样的需求并施加压力,大保护区也并非唾手可得。现在提出的一种解决方法是创建能够把较小生境连接起来的自然生境的**廊道**(corridors,图 6.25)。廊道能够把若干个小保护区变成一个大保护区,还可能使种群维持遗传多样性,甚至扩展到新的繁殖地。廊道的有效性可能取决于其长度和宽度,还取决于物种利用廊道的便利程度。

认为大保护区优于小保护区的理由之一,是深入生境区域内部的地方有更多的**核心生境**(core habitat),而核心生境给一些特化物种提供的条件优于生境的边缘。**边缘效应**(edge effects)一词通常用以描述生境边缘的特点:例如,森林边缘通常比森林内部开阔、明亮、多风,温度和湿度变化较大。另一方面,草原边缘可能有树木,比草原中心光照稍差,还可能有更多捕食者。随着人类干扰造成生态系统破碎化,生境日益碎裂成孤立的小岛,核心更小而边缘更多。相对于广阔而连续的生态系统,孤立的小生境往往只能供养少量物种,

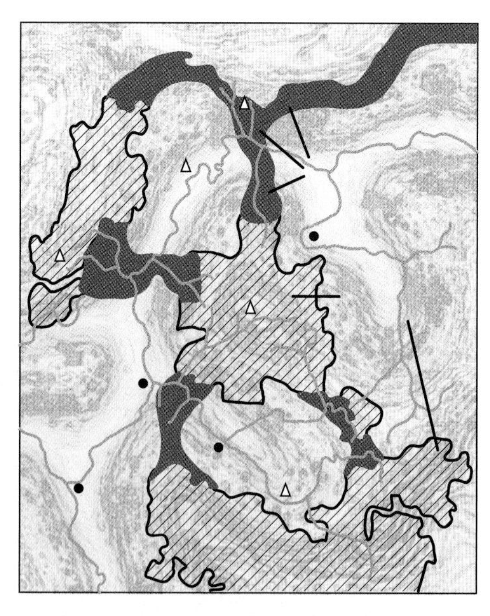

图 6.25 作为迁徙的路径,廊道将分散的自然保护区内孤立的动植物种群连接在一起。虽然单个保护区可能太小,不能维持有活力的种群,但是通过河谷和沿岸廊道将其连接起来就有利于杂交繁殖,在局部条件不利时也能提供逃走的通道。

稀有物种更少。因而，野生动物保护区的大小和是否处于孤立状态，对于稀有物种的存活至关重要。

在巴西雨林中正在进行一项有关保护区大小、性质与孤立状态的引人瞩目的试验。在世界野生动物基金会和史密森学会资助的这个项目中，伐木者在皆伐一片森林时，留下23块试验地。试验地的大小从0.01平方千米到100平方千米不等。有些地块四周均遭皆伐，而另一些周围则是新近形成的草地，还有一些地块与周围的森林相连。定期对选定的一些物种进行清点，以监测其受干扰后的生存状况。如所预料的那样，有些物种迅速消失，小地块中尤为明显。新形成的林缘中喜阳物种生长繁茂，但是缺少了密林深处的喜阴物种，在保护区大小与形状降低了核心生境可利用程度的情况下尤为明显。这项试验展示了保护区维护核心生境的重要性。

总 结

森林和草原覆盖地球陆地面积近60%。绝大多数人类居住在这两种生物群系中，而且从中获得许多宝贵的资源。这些生物群系还是世界大部分生物多样性的源泉，是赖以维持生命的生态服务之所在。环境科学最重要的问题之一，就是我们如何持续地依靠自然资源生活，同时又能对自然进行足够的保护，以使那些资源得到更新。

在开发与保护之间的平衡方面，我们的研究中有一些好消息。虽然毁林与土地退化仍旧以不能接受的速率进行，尤其是在一些发展中国家中，但是许多国家现有的森林比两个世纪之前还要多。加拿大对大熊雨林和澳大利亚对大堡礁的保护表明，尽管有人想要进行开发，但是我们能够选择保护一些生物多样的地区。总体上，目前地球陆地面积近14%处于某种受保护状态。虽然这些保护区受保护的程度不同，但是近来迅速增加的保护区的数目和面积超过了联合国千年计划（United Nations Millennium Project）的目标。

虽然关于偏重单个濒危物种和保留代表性生境样本二者之间孰轻孰重的争议尚无定论，但是两者似乎都在发挥各自的作用。保护大熊雨林“白灵熊”之类有魅力的伞护种生物，能够带来对无数本无意保护的物种的连带保护。同时，对整个景观的保护也达到了美学与休闲娱乐的目的。

7 粮食与农业

很多稀树草原现已开拓为大型农场，那里曾经是世界上生物最多样的草原与开阔热带森林的综合体。

问题与讨论

- 有多少人处于长期饥饿状态？为何在一个物质过剩的世界里会长期存在饥饿现象？
- 营养不良、不良饮食和饮食过度对健康有哪些危害？
- 我们主要的粮食作物是哪些？
- 试述土壤的5种组分。
- 什么是绿色革命？
- 什么是GMOs？ GMOs具有哪些最常见的特性？
- 试述耕作的环境代价和降低这些代价的方法。

不能用造成问题的
思维来解决问题。

——阿尔伯特·爱因斯坦（Albert Einstein）
科学家、物理学家

塞拉多的耕种

大豆热潮横扫南美洲。廉价土地、农作物新品种和有利于农业发展的政府政策使南美洲成为世界上发展最快的农业区。迅速发展的中心是塞拉多（Cerrado）地区，一片广阔的草原和热带森林地区，从玻利维亚和巴拉圭到巴西中部，几乎抵达大西洋（图7.1）。在生物学上，这片广袤的草原和热带林地是世界上物种最丰富的稀树草原，至少有13万种植物和动物，其中很多物种因农业扩张而处于濒危状态。

直至不久前，人们还认为面积大体等于美国中西部的塞拉多地区不适于农耕，其富含铁质的红色土壤酸度很高，而且缺乏植物所需的基本养分。加之温暖潮湿的气候孕育了许多破坏性害虫和病原体。几百年来，塞拉多主要是牛的家园，大量低质量的饲草只能产生少量畜产品。

然而，最近几十年间，巴西农民学会了只需施用少量石灰和磷就能使大豆、玉米、棉花和其他有价值的农作物产量翻两番。研究人员开发了特别适应塞拉多土壤与气候的40多个大豆品种——大多数通过常规育种，但有些用了分子技术。直至大约30年前，大豆在巴西还是相对次要的农作物。但是，1975年以后，种植大豆的面积翻了两番，2010年达到22万平方千米。虽然这个面积已经很大，但是只占塞拉多的1/8，这一地区多半仍为草原。

现在巴西是世界上最大的大豆出口国之一，每年海运出口大约2 700万吨，约比美国多10%。每年两作、地价低廉、劳动力成本低、税率优惠，每平方千米产量和美国中西部相等，使巴西农民能够用低于美国一半的成本生产大豆。农业经济学家预测，到2020年，全球大豆产量将从目前的每年1.6亿吨增加一倍，所增长的大部分可能来自南美洲。除大豆以外，巴西的牛肉、玉米、橙子和咖啡的出口也领先于世界。南美洲农业的急剧增长有助于解决如何养活世界日益增长的人口的问题。

目前巴西大豆种植扩张的一大促进因素是中国收入的增长。中国人消费越来越多的大豆，包括豆腐和其他豆制品等直接消费，还有用大豆喂养牲畜的间接消费。2002年到2004年之间，中国进口的大豆翻了一番，超过2 100万吨，相当于全世界大豆装运量的1/3。欧洲、加拿大和日本爆发疯牛病（或称BSE，见第8章），也加剧了全世界对大豆的需求。牲畜生产者不再用可能传播疯牛病的肉类加工废料喂养牲畜，转而采用富含蛋白质和脂肪的大豆粉。巴西拥有1.75亿自由放养纯吃草的牛（预测没有疯牛病），于是成为世界最大的牛肉出口国。

对大豆和牛肉日益增长的需求造成了巴西在土地问题上的矛盾。对更多农田和牧场的需求是毁林与生境损失的主因，毁林与生境损失大多出现在塞拉多与亚马孙之间的“破坏之弧”（arc of destruction）。小型家庭农场被吞并，而被机械化取代的农业工人或迁入大城市，或移居边境森林地区。贫苦农民和大地主之间的矛盾导致越来越多的暴力对抗。无地工人运动（Landless Workers Movement）宣称，1985—2000年因暗杀与冲突造成了1 237名农村工人死亡。巴西声称已经从塞拉多重新安置了60万个家庭。尽管如此，成千上万无地的农场工人和需要被重新安置的家庭依然生活在全国各地非法的简易房和棚户区里等待安置。

如你所见，巴西迅速增长的牛肉和大豆生产具有正负两方面的效应。一方面，现在有了更多高质量食物供养这个世界。200万平方千米的塞拉多代表了世界上开垦大片新的高产农田的最后机会。另一方面，巴西农业的迅速发展及其机械化进程不仅破坏生物多样性，而且因人们迁移到从前原始的土地上而造成了社会矛盾。这个案例提出的问题点明了本章的主题。世界上是否有足以养活每个人的粮食？为我们提供所需的营养会造成怎样的环境与社会效应？我们将在本章讲述世界粮食供应、农业投入以及有助于解决面前这些棘手问题的可持续的方法。

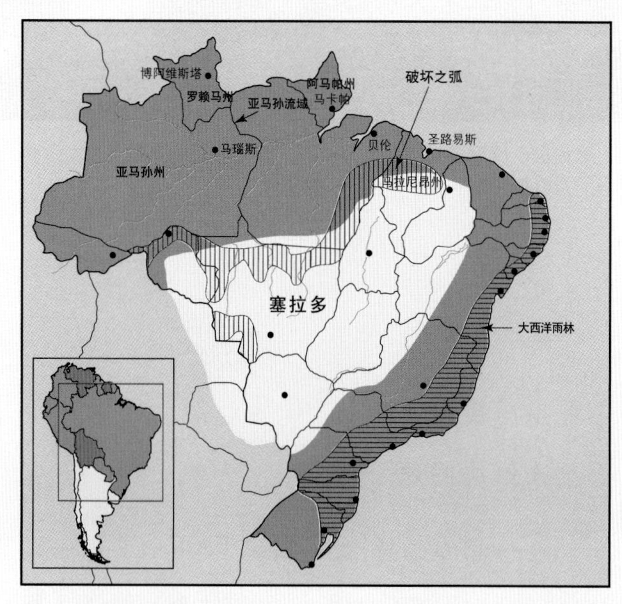

图7.1 巴西塞拉多地区20 000平方千米稀树草原和疏林是世界上大豆生产增长最快的地方。被机械化农业生产取代的牧场主和农业工人向北迁移到亚马孙雨林边缘的“破坏之弧”，那里是南美大陆森林砍伐速率最快的地区。

7.1 粮食与营养的全球趋势

巴西的农业是当今环境变化最具戏剧性的案例之一。虽然塞拉多离位于美国玉米带中心的艾奥瓦州和伊利诺伊州很远，但是如果你住在农业州，就可以想象南美洲大豆田的某些变化。粮食生产已经从小规模多样化作业转变为几十平方千米的大规模作业，为了竞争全球性市场，大量投入燃料与化肥，只种植一两种转基因作物。

这些变化极大提高了产量，降低了粮食价格，向从巴西到中国的各个发展中国家提供价格实惠的肉类蛋白质。粮食生产的增加如此迅猛，以至于目前我们用可以食用的玉米和糖来驱动汽车（第12章）。据国际货币基金组织统计，2005年全球粮食成本创造了最低纪录，不及20世纪70年代中期成本的1/4。在美国和欧洲，生产过剩使价格低到需要每年向农民支付几十亿美元让他们休耕。

尽管发生了这些变化，但是许多地区粮食成本还是上升了，对最贫穷的人口而言尤其如此。一般说来，在粮食供应问题上，合理分配比供给问题更大。虽然我们一直生产过剩，但是饥饿依然是一个紧迫的问题。

生产上的革命也深刻地改变了我们的环境和饮食。我们将在本章研究这些变化，以及农民努力养活全世界越来越多人口的方法。我们还将考虑为了使粮食生产得以长期持续所需的一些策略。

粮食安全问题各地有所不同

50年前，饥饿是世界上最突出的顽疾。1960年发展中国家近60%的人处于长期营养不良的状态，而世界人口每年增长超过2%。今天，有些情况发生了巨大变化；另有一些情况却极少变化。虽然世界人口从30亿增长到约70亿，但粮食生产增长更快。过去几十年来人口每年平均增长1.7%，而粮食生产平均每年增长2.2%。大多数国家粮食供应已经增加到远高于每人每天2 200千卡的水平，而这个数字一般认为是维持健康有为的生活所必需的热量（图7.2a）。

包括人口最多的两个国家——中国和印度——在内的大多数国家的蛋白质摄入量也增加了（图7.2b）。目前发展中国家中面临长期粮食短缺的人口在20%以下，与之相比，50年前这个数字为60%。

但是饥饿依然和我们如影随形。估计有8.54亿人，即地球上几乎每8个人中就有1人遭受长期饥饿之苦。这个数字从前几年开始略有上升，但是由于人口增长，营养不良人口的百分比仍然下降（图7.3）。

大约95%的饥饿人群是在发展中国家。饥饿问题在遭受政治困扰的撒哈拉以南非洲地区尤为严重（图7.2、7.3）。我们越来越认识到，**粮食安全**（food security），即每日获得充足的健康食物的能力，是一个同时涉及经济、环境与社会状况的问题。即使像美国这样的富

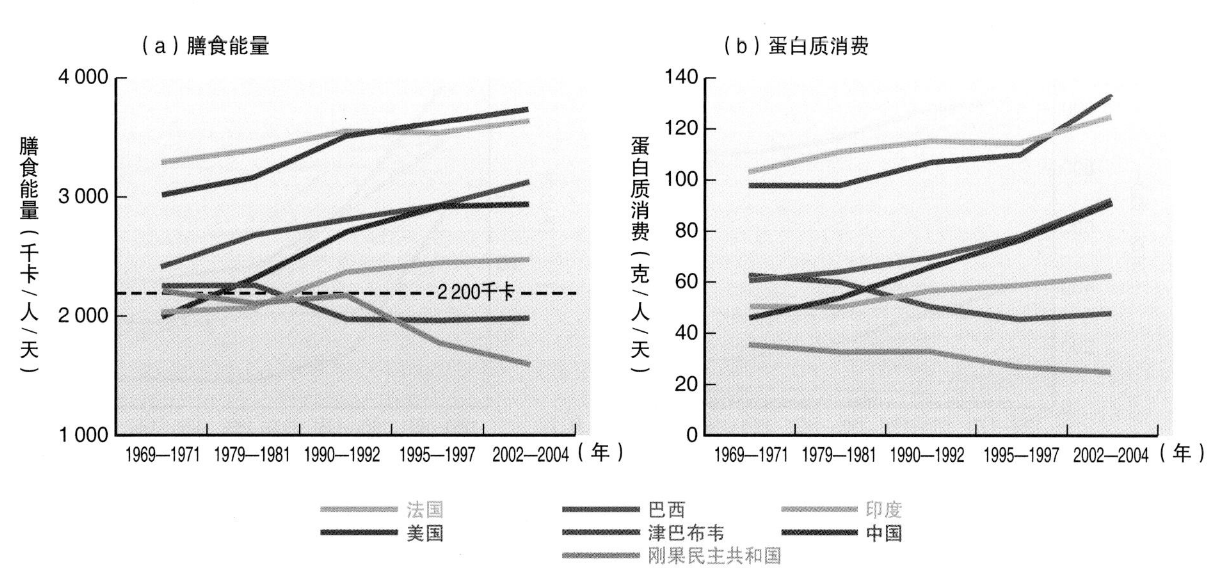

图7.2 若干国家的膳食能量（千卡）与蛋白质消费量。

资料来源：联合国粮农组织，2008。

裕国家，也有数百万人口没有充足和健康的饮食。即使我们有了比历史上几乎任何社会更多、更便宜的食物（按照获得食物所需的劳动量计算），但是贫穷、失业、缺乏社会服务和其他因素还是导致了持久性饥饿——以及更多的持久性不良饮食。

粮食安全的重要性是多尺度的。在最贫穷的国家，整个国民经济可能深受严重干旱、水灾或虫灾之害。个别村庄还缺乏粮食安全。在极端贫穷的地区，一季歉收就能毁灭一个家庭乃至整个村庄，如果农民不能生产出农作物供食用和出售，当地经济也会陷于崩溃。即使在一些家庭内部，在粮食安全方面也可能不平等。男性常常得到最多和营养最好的食物，而最需要食物的妇女、儿童所得到的饮食经常是最差的。每年至少有600万五岁以下的儿童因饥饿和营养不良而加剧的疾病死亡。提供健康饮食可能在世界范围内减少多达60%的儿童死亡。

挨饿的人难以摆脱贫困。诺贝尔经济学奖获得者罗伯特·福格尔（Robert Fogel）估计，1790年英法两国20%的人口由于太过体弱和饥饿不能工作，实际上无法构成劳动力。福格尔认为，19世纪欧洲经济的增长有一半应归功于营养改善。根据这种分析，今天在贫穷国家里，因减少饥饿而产生更健康、更长寿和效率更高的劳动力，可能带来超过1200亿美元的经济增长。

饥荒通常有其政治与社会根源

世界范围内，每当政治动乱、战争和冲突造成人口转移，村民不得不离开田地或耕作变得太危险而无法进行时，饥荒就四处蔓延。经济差距可能驱使农民离开土地，比如当地主发现种植商品大豆比向农民收租获利更多的时候。巴西（本章开篇案例）和无数国家都出现过这种情况。在许多地区，失去土地是令人绝望的。失去土地无家可归的农民除了迁徙到已拥挤不堪的大城市贫民区之外，别无他途（第14章）。

饥荒（famine）就是大规模粮食短缺，随之而来的就是饿殍遍野，社会动荡，经济混乱。饥民为了自身及其家人的生存，不得不吃掉谷种，屠宰种畜。即使情况得以好转，但由于他们已经牺牲了生产资料，所以需要很长时间才能恢复元气。饥荒常常引起灾民大量流入救援营地，在那里只能幸免一死而不能维持健康有为的生活。

哈佛大学经济学家阿玛蒂亚·森（Amartya K. Sen）的研究表明，虽然自然灾害经常造成饥荒，但是只要不是腐败无能的政府或贪婪的精英阶层不作为，农民几乎都能熬过这些灾害。

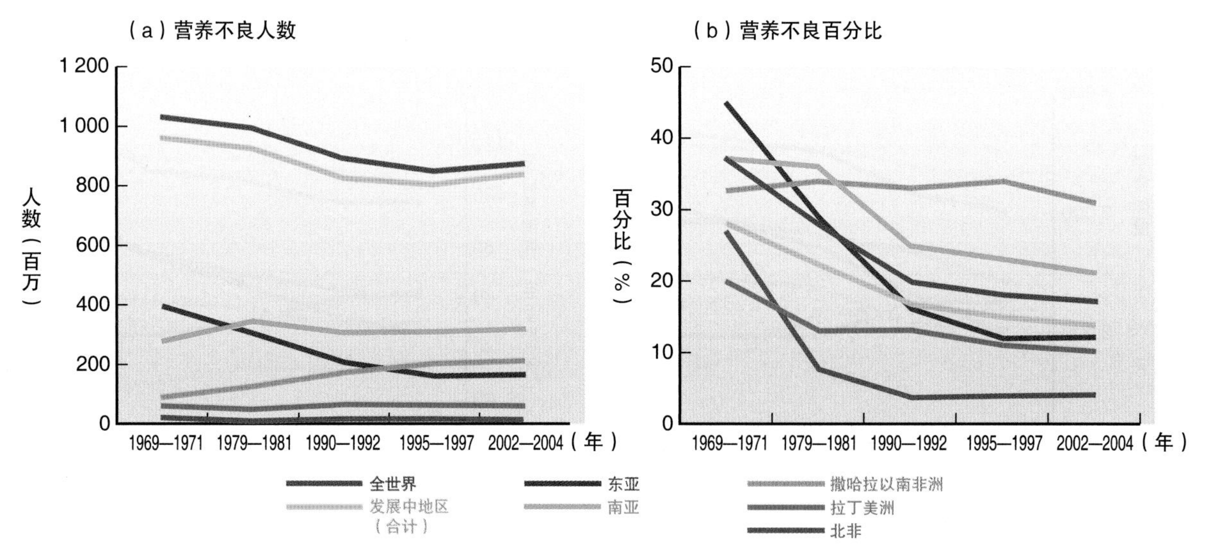

图7.3 各地区营养不良人口的数量与比率。

资料来源：联合国粮农组织，2008。

7.2 我们需要多少粮食

良好的饮食对保持健康至关重要。要维持精力充沛的生活方式，需要均衡的食物来提供适当的养分以及足够的热量。联合国粮农组织（FAO）估计，近30亿人（世界人口的近一半）遭受缺乏维生素、矿物质或蛋白质之苦。这些养分的短缺造成毁灭性的疾病和死亡，以及智力降低、发育异常和生长迟滞。

健康饮食与营养

营养不良（malnourishment）泛指因缺乏某些养分造成的营养失衡。在粮食极端短缺的情况下，儿童缺乏蛋白质导致腹部肿胀和毛发、皮肤褪色的夸休可尔症（*Kwashiorkor*）。“夸休可尔”来自西非地区的一种语言，意即“被取代的孩子”（当家庭有新生儿诞生的时候，原来的孩子就被取代了，他们被迫断奶，无法获得有营养的母乳）。消瘦（marasmus，来自希腊语，意思是“日渐衰弱”）是既缺乏蛋白质又缺乏热量的儿童身上会出现的另一种严重情况。严重消瘦的儿童通常瘦弱干瘪，就像一个瘦小挨饿的高龄老人（图7.4）。这两种状态下的儿童抵抗疾病和感染的能力低下，可能遭受永久性智力与体格发育不良。

缺乏维生素A、叶酸与碘是更为普遍的问题。蔬菜中尤其是暗绿色叶菜中含有这些养分。叶酸缺乏与婴儿神经问题有关。缺乏维生素A估计每年造成35万人失

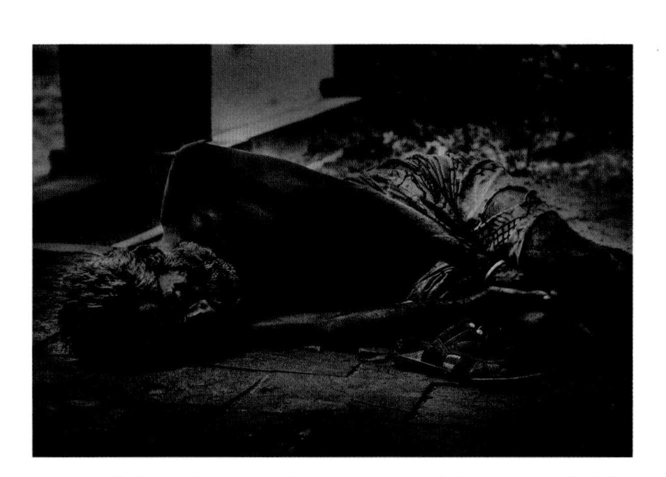

图7.4 营养不足会导致严重疾病。因蛋白质与热量不足造成消瘦，使人外观干瘪，皮肤干燥起鳞片。

明。约翰斯·霍普金斯大学眼科医师阿尔弗雷德·萨默（Alfred Sommer）博士的研究表明，每个儿童只要每年得到价值2美分的维生素A，就可以预防几乎所有与缺乏维生素A有关的儿童失明与未成年死亡。在尼泊尔的一项研究中，维生素添加剂降低了产妇死亡率近40%。

缺碘会造成甲状腺肿。碘对甲状腺素的合成至关重要，后者是调节代谢与脑发育的一种内分泌激素，同时还具有很多其他作用。联合国粮农组织估计，有7.4亿人（主要在东南亚）缺碘，其中包括1.77亿儿童，这些儿童的发育和生长都因此受到了阻碍。发达国家在食盐中加入价钱低廉的碘就在很大程度上消灭了这种疾病。

许多穷人的膳食主要是富含淀粉的粮食，例如玉米、大米和木薯粉，但是这些粮食中几种重要的维生素与矿物质含量都很低。

保持健康最好的方法是吃大量蔬菜和谷物，适量的蛋类和乳制品，尽量少吃肉、油和加工食品。哈佛营养师提出，经常性体育锻炼是理想膳食的基础。适量脂肪对皮肤健康、细胞功能和代谢作用是必不可少的，但是你的身体并不适合处理过剩的脂肪（或糖）。营养师推荐橄榄油一类的不饱和植物油；不建议食用反式脂肪（氢化人造黄油中就含有这种物质）。

饮食过量是日益严重的世界性问题

目前超重的人（10亿以上）多于体重不足的人（大约8.5亿），这是史无前例的。这种趋势并不限于较富裕的国家，肥胖症遍及全世界（图7.5）。过去认为心脏病、脑卒中和糖尿病等不过是折磨富裕国家的疾病，而现在它们变成了世界各地致死致残的最普遍原因（第8章）。

在美国，也越来越多地在欧洲、中国和许多发展中国家，富含糖类和脂肪的深加工食物已经成为我们膳食中的一大部分。大约64%的美国成年人超重，而十年前仅为40%，其中大约1/3严重超重或**肥胖**（obese）——一般认为超过根据身高和性别计算出的理想体重20%即为肥胖。

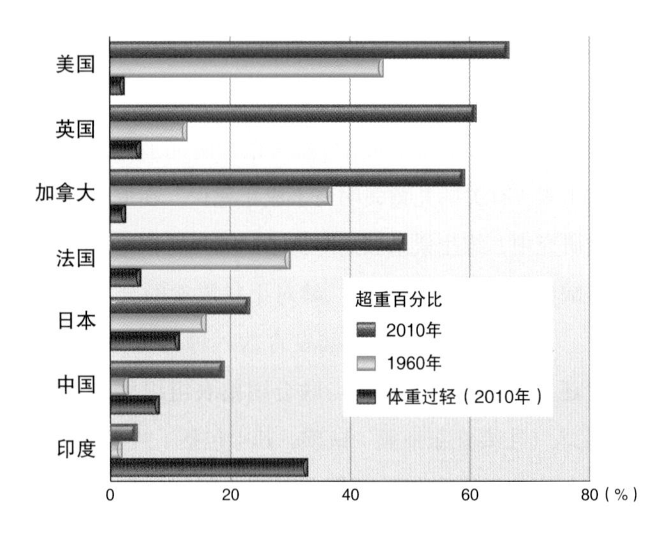

图 7.5　慢性肥胖是日益严重的世界性问题。较富裕国家和许多发展中国家中，超重人数大大超过体重不足的人数。

资料来源：世界卫生组织，2010。

超重增加了患高血压、糖尿病、心脏病、脑卒中、胆囊疾病、关节炎、呼吸道疾病以及某些癌症的危险。美国每年有大约40万人死于与肥胖有关的疾病，这个数字和死于与吸烟有关疾病的人数（43.5万人）相近。矛盾的是，粮食安全问题与贫困也能造成肥胖。一项研究表明，自称食物不足的妇女中有一半以上的人超重，而食物有保障的妇女中超重人数只占1/3。缺乏优质食物可能是饮食不良的人渴望得到碳水化合物的部分原因。没有时间做饭、选择健康食物的机会有限、随时可以获得快餐小吃与高热量软饮料，这些同样导致许多人的膳食处于高风险的不平衡状态。

生产更多不一定能减少饥饿

减少世界饥饿的策略大多是提高农业生产效率，增加化肥使用，改良品种，把未使用的土地或林地改作农田。但是肥胖的蔓延和农业收入的不稳定性表明，供给不足不一定是世界饥饿的主要原因。世界大部分地区存在粮食供应过量，这一事实表明，解决全球饥饿的方法可能在于对粮食资源进行合理分配。

对发达国家大多数农民而言，产量过多时常威胁农产品的价格。美国、加拿大和欧洲为了减少粮食供给，稳定价格，每年向发展中国家送出几百万吨粮食援助。然而，这些运来的免费粮食却常常动摇受援地区的农业经济。即使是发展中国家，粮食生产不足也不总是饥饿的原因。

粮食使用方面也有许多低效之处。美国大约40%的预加工食品最终不是用于消费，而是送往垃圾填埋场或焚化炉。富含蔬菜的膳食比富裕国家常见的富含肉类的膳食所需的土地和能量要少得多。发展中国家为了出口而生产的大豆、棕榈油和其他产品常常取代了粮食生产。

生物燃料也会减少粮食供应。用大豆、玉米和棕榈油等农产品驱动汽车是支持农业经济的重要策略，在美国尤其是这样。联邦政府的乙醇补贴导致玉米价格急剧抬升。但是这些用于生产燃料的土地的利用效率方面还存在许多问题。

7.3　我们吃些什么

世间有数千种可食的动植物，但几乎我们所有的食物都由其中的少数几种提供。大约几十种禾本科植物、三种根茎作物、二十几种水果和蔬菜、六种哺乳动物、两种家禽和几种鱼，几乎构成了我们全部的食物（表7.1）。两种禾本科植物小麦和水稻最为重要，因为它们是发展中国家50亿人中大部分人的主食。

在美国，玉米（另一种禾本科植物，亦称玉蜀黍）和大豆成为主食（图7.6）。我们很少直接吃玉米或大

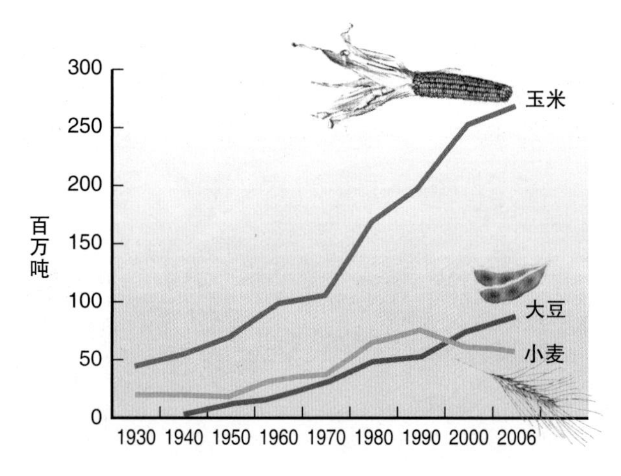

图 7.6　美国三种主要农作物玉米、大豆和小麦的产量。

资料来源：联合国粮农组织，2008。

表 7.1 全球主要食物来源	
农作物	2004 年产量（百万吨）
小麦	620
水稻	610
玉米	643
马铃薯	310
粗粮*	1 013
大豆	221
木薯和甘薯	449
糖（甘蔗和甜菜）	144
豆类（豆角和豌豆）	55
油料种子	375
蔬菜和水果	1 206
肉类和牛奶	870
鱼类和海鲜	140

*大麦、燕麦、高粱、黑麦、小米。

资料来源：联合国粮农组织，2005。

豆，但是玉米提供玉米甜味剂、玉米油和用以生产牛肉、鸡肉、猪肉的牲畜饲料，以及工业淀粉和许多合成维生素。大豆也用以喂养牲畜，还提供加工食物用的蛋白质和油料。因为我们开发了玉米如此之多的用途，所以现在玉米占美国大宗商品粮作物（玉米、大豆、小麦、水稻）近2/3。玉米加上大豆共占约85%，美国年产玉米2.68亿吨，大豆8 800万吨。

肉类消费比重上升是富有的标志

由于玉米和大豆产量急剧增加，无论发达国家还是发展中国家的肉类消费都增加了。发展中国家的肉类年人均消费从20世纪60年代的仅10千克上升到目前的26千克（图7.7）。而美国，同一时段肉类年人均消费从90千克上升到136千克。肉类是蛋白质、铁、脂肪和其他营养素浓缩的、高价值的来源，这些营养素为我们提供能量以支持健康有为的生活。乳制品也是一种关键的蛋白质来源：全球乳制品的消费量为肉类的两倍多。不过由于过去45年来全球肉类产量翻番，乳制品的人均消费量略有下降。

肉类是富有的良好指标，因为就喂养动物所需的

图 7.7 近 40 年来肉类与乳品消费增长了 3 倍，而中国占这种消费需求增加值的 40% 左右。

资源而言，肉类生产是很昂贵的（图7.8）。如同第2章所述，食草动物所消耗的能量大都用于生长肌肉和骨骼、四处游荡、保持体温和消化食物。只有很少能量能留给位于食物金字塔上一级的食肉动物消费。需要超过8千克谷物喂养肉牛才能生产1千克牛肉（事实上，我们主要养殖阉牛来获取牛肉）。猪体形较小，效率较高，3千克猪食就能生产1千克猪肉。鸡和草食性鱼类（如鲶鱼）效率更高。全世界每年大约有6.6亿吨谷物用于喂养牲畜。这个数字刚好超过世界谷物用量的1/3。如图7.8所示，如果直接食用那些谷物，就可以养活至少8倍的人口。如果这样做，你认为会造成

图 7.8 生产 1 千克面包或 1 千克肉类所需谷物的千克数。

怎样的影响？

许多技术上和饲养方面的创新使增产成为可能。其中最重要的是**集约化规模饲养**（confined animal feeding operation，CAFO），即为了快速生长而把动物圈养起来，主要喂食大豆和玉米（图7.9）。这种方法在美国、欧洲占支配地位，在其他国家也越来越流行。牲畜被圈养在无比巨大的围栏里，一个巨型饲养场里能养上万头猪或上百万只鸡、数十万头牛（图7.10）。经营者用玉米、大豆和动物蛋白制备的混合饲料喂养动物，使其生长速度最大化。人们开发了牲畜的新品种，使其能迅速长肉而不是长脂肪，出栏时间也更短。在美国，一只雏鸡生长8周后就"变成"了鸡块，阉牛只要18个月龄就长成大牛。大量使用混合在每日饲料中的抗生素，使在狭小空间里饲养大量动物成为可能。美国所饲养的猪的饲料中近90%含有抗生素。

(a)

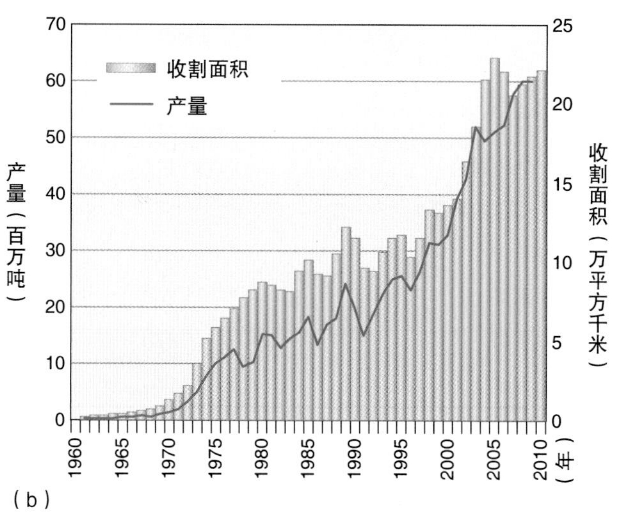

(b)

图7.9 （a）集约化规模饲养扩大了全球玉米和大豆市场。（b）巴西大豆生产从几乎为零增长到成为该国的主要农产品。
资料来源：联合国粮农组织。

图7.10 美国大多数家畜家禽是在大规模集约化饲养场中喂养的。可以将多达百万只动物圈养在一个饲养场中。畜群的高密度需要大量使用抗生素，还可能造成当地严重的空气污染和水污染。

不管野生还是养殖的海产品，几乎全都依靠野生来源

每年食用的1.4亿吨海产品是我们膳食的重要组成部分。海产品给人类提供大约15%的动物蛋白，而且是发展中国家近10亿人主要的动物蛋白来源。不幸的是，过度捕捞和生境破坏威胁着世界上大部分野生渔场。从1950年至1988年，海洋的年渔获量平均每年上升4%；但是从1989年开始，17个主要海洋渔场中有13个产量大幅度下降，甚至变得不能支持商业捕捞。根据联合国资料，全世界可供食用的海洋鱼类、贝类和软体动物中有3/4产量下降，急需进行保护性管理。

问题在于，现在有太多的渔船使用高效且具破坏性的技术捕捞日益减少的资源。渔船之大，有如远洋邮轮，航程达数千千米，使用大到足以捞起几十架大型喷气客机的拖网，几小时内就将一大片海洋中的鱼一网打尽。延绳钓渔船施放长达10千米的缆绳，每隔2米一个钩子，在捕获目标品种时会将海鸟、海龟和其

他并不需要的“随获物”一并捕捞。一位海洋学家把这种技术比作用推土机收割森林中的蘑菇。有些作业中，每打捞1千克可供销售的海产品，就将多达15千克已死和垂死的随获物抛回海洋中。据粮农组织估算，目前捕捞野生鱼类的400万条渔船每年的作业成本超过销售所得500亿美元。各国对捕鱼船队给予补贴以保持就业，并确保对宝贵海洋资源的使用权。

据联合国对生态系统服务的一项研究表明，最好的解决方法是制定有关捕鱼的国际协议。各国能使渔业得到长期可持续的生产而不是进行一场无所顾忌看谁先捕光鱼的大赛。就如同一国之内的狩猎法那样，国际渔业协议的规则也能提高食品总产量、渔民就业率和生态系统稳定性。

水产养殖占世界水产品的份额越来越大。鱼可以在水塘中养殖，占地较少而产量较高。就饲养罗非鱼一类的草食性鱼类而言，这种养殖方法是高度可持续的。然而，养殖鲑鱼之类高价值的肉食性鱼类，就会对捕捞来喂养这些肉食性鱼类的野生鱼类种群构成威胁。岸边的鱼苗养殖池取代了数十平方千米红树林和湿地，而这些红树林和湿地是海洋物种不可取代的苗圃。锚定在近岸海区的网箱向四周生态系统放出排泄物、未食用的饵料、抗生素和其他污染物，造成疾病蔓延。

工业化生产可能造成生物公害

越来越高效的生产可能在公共卫生方面带来外部性成本（不计入生产者的成本）。土地转变为农田增加了土壤侵蚀，降低水质。饲养场粪便中的细菌或养猪场周围粪便存放池的废液，都有可能从周围饲养场空气中的灰尘或从粪便储槽壁的裂缝中溢出到环境中。1999年弗洛伊德飓风袭击北卡罗来纳州海岸养猪场地区的时候，大约1 000万立方米的猪禽粪便溢流到当地河流中，在帕姆利科湾（Pamlico Sound）形成了一个死亡地带。这种情况会再次发生吗?

经常使用抗生素可能产生耐抗生素的疾病。美国的抗生素一半以上用在牲畜身上。这种经常大量使用的行为产生了耐抗生素的病原体和适应了抗生素的菌株，于是使得标准抗生素对人类的医疗而言越来越没有作用。下一次当医生给你开出抗生素处方时，你可以问一问他是否担心抗生素的耐药性问题，而且你也可以想一想，如果处方对你的治疗无效，你会有什么感觉。

尽管公众日益意识到这种集中生产的肉类给环境与健康带来的威胁，但是我们似乎愿意承担这种风险，因为这种生产制度使我们喜爱的食物更便宜，量更大，更容易得到。今天一份快餐汉堡包的大小是1960年的两倍多，如果你购买的是那种多层汉堡就更是如此，美国人很喜爱这种食品。同时，按重量和不变价值美元计算，这种大汉堡比20世纪60年代还要便宜。结果，在世界上大多数地方，对蛋白质和热量的消费量远远超过了健康实际所需的水平（图7.2）。

于是，作为环境科学家，我们面临一个难题。提高效率需要付出巨大的环境代价，但提高效率又能提供我们喜爱的丰富而便宜的食物。我们有了更多蛋白质，但也有了过去从来没有那么多的肥胖症、心脏病和糖尿病。你怎么想？环境风险能否与全球生活质量提高取得平衡？或者我们是否应该考虑减少消费以降低环境成本？如果你认为需要做出改变，我们应该从何处着手?

7.4 地表土壤是珍贵的资源

要了解粮食生产的环境科学问题，需要对我们脚下的土壤有些了解。大多数人认为土壤就是泥土，不过健康的土壤是一种具有惊人复杂性的非凡物质。土壤含有来自岩石风化的矿物质颗粒、部分分解的有机分子和许多活生物。植物生长所需的养分主要由复杂的细菌和真菌群落提供。土壤本身可以看作一种活生态系统。我们如何管理土壤以维护并构建这些宝贵的系统呢?

要生成几毫米土壤可能要花费几年（在健康的草原中）或几千年（在荒漠或苔原中）。在最好的状况下，表土每年增加1毫米。妥善管理、防止水土流失并增加有机质，土壤就能够培肥并无限更新（图7.11）。但是许多耕种方法会消耗土壤。农作物消耗养分；耕作使土壤暴露于风和水的侵蚀。严重水土流失的情况下每年可能会带走25毫米厚（甚至更多）的土壤，远远超过最好状况下能够增积的数量。

图7.11 像巴厘岛这样的水稻梯田能够控制水土流失，使陡坡成为能生产的农田。由于细心管理并保持有机养分，几百年来这些梯田里的水稻能一年两熟或三熟。

什么是土壤

土壤是六种组分的混合物：

1. 沙和砾石（来自基岩的矿物颗粒，或就地生成，或来自他处，例如风成沙）；
2. 粉粒和黏粒（极细小的矿物颗粒；因为黏粒表面扁平、带有离子电荷，许多黏粒具黏性并能保持水分；另有些黏粒使土壤呈红色）；
3. 死有机物（腐烂的植物物质，储存养分并使土壤呈黑色或棕色）；
4. 土壤动植物（活生物，包括土壤细菌、蠕虫、真菌、植物根和昆虫，能进行有机化合物和养分的循环）；
5. 水（来自降雨或地下水，对土壤动植物至关重要）；
6. 空气（微小孔隙中的空气帮助土壤细菌和其他生物存活）。

这六种组分的变化产生了世界上几乎无穷无尽的土壤变种。富含黏粒使土壤黏重潮湿。富含有机质和沙粒使土壤松软而易于挖掘。砂性土排水迅速，常常使植物无法获得水分。粉粒大于黏粒小于沙粒，因此不具黏性也不潮湿，排水也不太快。因此粉砂土是种植农作物的理想土壤，不过因质地太轻，容易遭到风蚀。动物丰富的土壤能迅速分解落叶和死根，使养分可供新的植物生长。紧实的土壤里充气孔隙较少，土壤动物和植物生长不良。你只需看一下土壤就能明白这些差别。泛红色的土壤是被富含铁质呈锈色的黏粒染红的，这种土壤中能供植物利用的养分很少。深黑色土壤富含腐烂的有机质，因此富含养分。

主动学习

你的食物来自世界上什么地方？

列出你今天或昨天吃过的每一种食物。将清单上的食物按下列各类的数目作图：谷物、蔬菜、乳类、肉类、其他。哪类食物最丰富？和其他学生尝试鉴定每种食物生长在什么地方或地区。有多少种来自本国超过国土一半以上距离的地区？有多少种来自其他国家？

健康的土壤动物群决定土壤肥力

土壤中的细菌、藻类和真菌将枯枝落叶分解和再循环为植物可以利用的养分，并有助于形成土壤结构和疏松的质地（图7.12）。细小的蠕虫和线虫加工有机质，当它们在土壤中挖洞时还会形成通气的空间。这些生物大多数居留在土壤表层附近，一般在顶部几厘米之内。新翻耕土壤的甜香味是放线菌造成的，它们会形成真菌状的菌丝，链霉素和四环素等抗生素就来自放线菌。

土壤生态系统的健康取决于环境条件，包括气候、地形和母质（土壤下方的矿物颗粒或基岩）以及扰动的频率。雨水太多会将养分与有机质冲走，但雨水太少时土壤动物不能生存。在极端寒冷的情况下，土壤动物的养分循环极其缓慢；在极热的情况下，土壤动物可能工作很快，以至于林床上的枯枝败叶在几周或数

图 7.12 土壤生态系统，其中有无数消费者生物，如图所示：（1）蜗牛，（2）白蚁，（3）线虫和杀线虫的收缩环真菌，（4）蚯蚓，（5）蜚蠊，（6）蜈蚣，（7）步甲，（8）蛞蝓，（9）土壤真菌，（10）金针虫（叩甲幼虫），（11）土壤原生动物，（12）鼠妇，（13）蚂蚁，（14）螨，（15）弹尾虫，（16）拟蝎，（17）蝉蛹。

月内就会被植物吸收——因此土壤中留下的有机质不多。频繁扰动有碍土壤生态系统的健康发育，陡峭的地形也是如此，因为雨水会把土壤冲走。美国最适宜农作的土壤一般出现在气候不太潮湿也不太干旱的地方，比如中西部地区北方的粉砂质冰川沉积物上，或者在密西西比河富含黏粒和粉砂的洪水沉积物上。

大多数土壤动物出现在土壤最上层，它们取食那里的落叶。这一层称为O层（organic，有机）。紧接O层的是有机质和矿物质混合的A层或**表土层**（surface soil）。

B层或称**心土层**（subsoil），位于生物最活跃的土层下面，一般含黏粒多于A层。雨水渗入土壤使黏粒从A层下移,积聚在B层。如果你挖一个坑，你就有可能知道B层从哪里开始，因为那里土壤一般变得较黏。如果用力紧攥一把B层土壤，应能比A层土壤更容易塑形。

有时候A层和B层之间有一个E层（淋溶层或褪色层）。E层疏松色浅，因为大部分黏粒和有机质被淋洗到B层。心土层下面的C层主要是岩石碎屑。C层下面是母质。母质是土壤下方的沙粒、风吹来的粉砂、基岩或其他矿物质。美国大约70%的成土母质是经冰川、风和水搬运到现在的位置，与下面的基岩地层无关。

我们的食物大部分来自A层

理想的农业土壤具有深厚且富含有机质的A层，这些土壤支撑着美国玉米带各州的农场。美国中西部有厚达2米的黑色肥沃A层，尽管百年来的耕作把很多土壤经密西西比河冲刷到墨西哥湾。大多数土壤的A层厚度小于0.5米。生物活动速率缓慢的荒漠土壤可能几乎没有O层或A层（图7.13）。

由于表土对我们的生存如此重要，因此我们根据表土这一土壤最上层的厚度和组成进行土壤分类。美国农业部把土壤分为11个土纲、上千个类型。例如，软土（mollisols，mollic译作“软”，sol译作“土”），具有深厚且富含有机质的A层，是北美草原茂密的深

图 7.13　许多地区土壤或气候的约束条件限制了土壤发育和农业生产。

根发育而成的。淋溶土（alfisols）的A层则略薄，含有机质略少。淋溶土发育在落叶林下，枯枝落叶很多。相反，美国西南部荒漠中的旱境土（aridisols）有机质含量很少，而且常有矿物盐类积累。软土和淋溶土在美国农业地区居主导地位（图7.14）。

7.5　我们利用和滥用土地的方式

目前全球只有11%的陆地面积（1.324亿平方千米中的1 466万平方千米）正用于农业生产。也许4倍于此的面积能够变成农田，不过这部分土地大多用作文化或生物多样性的庇护所，或受到一些条件的限制，例如坡度过大、土层浅薄、排水不畅、耕作困难、养分含量低、金属污染、可溶性盐过量或酸度过高，限制了能够生长的农作物类型。

可耕地分布不均

加拿大和美国部分地区气候温和，降水丰富，土壤肥力高，农业高产，带来高品质的生活。其他一些国家，虽然面积很大，但是缺乏支持高产的合适土壤、地形、水或气候。

主要由于人口的增长，世界人均可耕地面积从1970年的3 800平方米缩减到2000年的2 300平方米。如果目前的人口预测正确，2050年人均耕地面积将下降到1 500平方米。在亚洲，耕地甚至更加稀缺——50年后人均900平方米。如果你住在占地1 000多平方米的典型郊区宅地里，请看一下你的院子，并设想你在那里能耕种什么来养活自己一年。

许多发展中国家的农业用地开发已达极限。另有一些国家开垦新农田还有相当大的潜力，尽管将森林

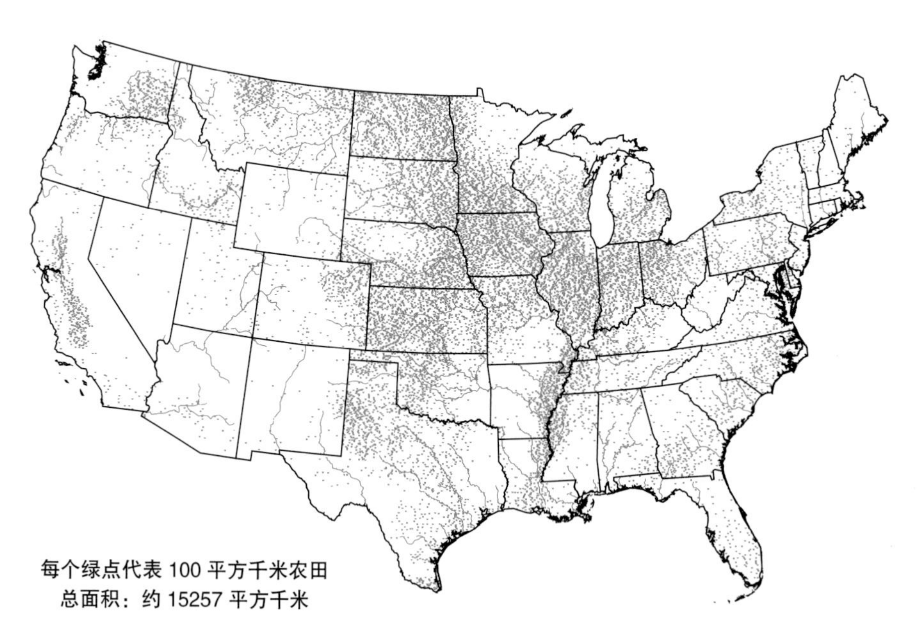

图 7.14　美国农田分布图。冰川沉积物和冲积平原沉积物形成特别肥沃的农田。

资料来源：美国农业部自然资源保育署。

和湿地以及其他生态系统转化为耕地要付出社会和环境的代价，如同本章开篇案例所述那样。近30年来耕地增加最多的国家在南美洲，那里的森林和牧场被迅速转化为农场。东亚已利用了其潜在可耕地的3/4，余下的土地或太干或太湿或太陡而不适于耕种。相反，拉丁美洲只利用了有潜力土地的1/5，非洲也只利用了理论上能生长农作物土地的1/4。农作物产量的进一步增加很可能来自提高亩产，或者修复已退化的土地。

土壤调查告诉我们，世界上还有很多土地可供开垦，但是并非所有土地都必须用于耕种。许多土地处于自然状态更有价值。森林和湿地提供农民所依赖的生态服务——调节水的供给，提供授粉昆虫，缓和极端的温度变化等。同时，亚洲、非洲和南美洲大部分表土都经受深度风化，一般不够肥沃，因此开垦为农田质量并不好。热带清理土地用于农业常常造成生物多样性和生态服务的重大损失，这些土地大部分已经变成无用的灌丛或半荒漠。

土壤退化使农作物减产

农业既造成环境退化，又受害于环境退化。荷兰的国际土壤参比和信息中心（ISRIC）估计，每年有300万公顷农田因受侵蚀而被毁，400万公顷变成荒漠，800万公顷改作非农业用途，如建造房屋、公路、购物中心、工厂和水库。过去50年间，19亿公顷农田（面积大于目前用于生产的农田）遭遇一定程度的退化。其中大约3亿公顷严重退化（即土壤深度沟蚀、养分严重损失、收成欠佳，或难以修复而且代价高昂），大约9.1亿公顷中度退化。近900万公顷原来的农田退化严重，以至于再也不能支持任何农作物。这种极度退化的原因各不相同：埃塞俄比亚是由于水蚀，索马里是风蚀，乌兹别克斯坦是盐分和有毒化学品，而在瑞典和芬兰，来自切尔诺贝利核反应堆泄露的放射性尘埃污染了大片牧场和农田。

水蚀和风蚀成为全世界一切土壤退化的原因。化学退化包括养分枯竭、盐分积累、酸化和污染。物理退化包括重型机械的碾压和牲畜践踏、过度灌溉和排水不良造成的水涝以及红土化（富含铁和铝的热带土壤暴露于阳光和雨水下的硬化过程）。

耕作加速侵蚀

侵蚀是重要的自然过程，会造成地质风化产物的再分配，它既是土壤形成也是土壤侵蚀的一部分。全世界的景观都受到了侵蚀的塑造。当侵蚀的效果足够壮观时，我们就将其设立为国家公园，例如美国大峡谷。

侵蚀磨损山峰，把土壤散播到平原上，或在河谷中沉积下肥沃的冲积粉砂，我们将这些地方辟为农田。只有当侵蚀出现在错误的地点和错误的时间时才是一场灾难。

有些侵蚀出现得十分迅速，以至于可以目击其发生，比如在流水把土壤冲走的地方形成了深深的冲沟，篱笆桩和树木留在高高的基座上，周围的土壤都被冲走。但是，大多数地方的侵蚀不易察觉，以微小的增量造成缓慢出现的灾难。年复一年，田野上一层薄薄的表土被冲走，最后除了贫瘠的底土什么也没有留下，要生产任何农作物都需要越来越多的肥料和水分。

估计全世界农田每年因风蚀和水蚀而损失的土壤达250亿吨。这种广泛的表土侵蚀效应造成的农作物减产相当于全世界农田每年减少1%。许多农民可以通过施用更多化肥和开垦新耕地来弥补损失。然而，如果按目前的侵蚀速率继续下去，到2020年中美洲和非洲的农业产量将减少25%。据信农田中土壤的流失总量每年将达250亿吨。而从牧场、林地和城市建设中流失的土壤约为此数的两倍。

土壤侵蚀除了降低土壤肥力外，还造成河流和湖泊的泥沙负荷，以及水库和港口的泥沙淤积，湿地和珊瑚礁窒息，在沿海区域造成“死亡地带”，并堵塞取水口和水力发电机。

风和水搬运土壤

风和水是搬运土壤的主要动力。流经缓坡的水流均匀地搬运薄层土壤，称为**片蚀**（sheet erosion）。流水汇集起来向下切割成小沟槽的过程称为**细沟侵蚀**（rill erosion）（图7.15a）。如果细沟扩大成较大的沟槽或沟壑，大到正常犁耕作业不能将其夷平，这个过程就称为**冲沟侵蚀**（gully erosion）（图7.15b）。河岸侵蚀是已有的江河或小溪两岸土壤受侵蚀被移去，这种情况常常是沿岸树木被清除或牲口践踏河岸所致。

农田的土壤侵蚀大多是细沟侵蚀。每次只有少量土壤被带走，因此不易被察觉，但最终会使大量土壤被侵蚀。一公顷农田经一冬春的径流可能使20吨土壤经细沟流失，这些细沟很小，首次春耕就被抹平。这只相当于整个地面失去几毫米厚的土壤，几乎无人能察觉，但是无须多少数学计算就能明白，如果水土流失的速度比其补充的速度快一倍，最终土壤就会全部消耗殆尽。

风蚀能力等同于甚至高于水蚀，在干旱气候和较平坦的地面上尤其如此。当农业活动或放牧将地表残落物去除时，大风卷起土壤颗粒将其吹走。在极端情况下，大风吹蚀沙丘，蚕食有用的土地并覆盖道路和建筑物（图7.15c）。

美国和加拿大许多地区的侵蚀速率非常高。据美国农业部报道称，美国有69万平方千米农田和牧场的侵蚀每年超过1毫米（每年每公顷10吨），这是最理想状况下土壤生成的速率。这种侵蚀率会持续消耗长期的生产力。

集约农业是造成这种状况的主要原因。像玉米和大豆之类的行播作物，在生长季大部分时间使土壤暴露在外。深耕和大量使用除草剂造成无野草的田野，貌似整洁却易遭侵蚀。农民有时犁透边上生有野草的水路（雨后水流过的低地），并拔除风障和绿篱以容纳大型机械，把每一寸土地都用于生产。

7.6 农业投入

土壤只是农业资源的一部分。农业还要依靠水、养分、适合作物生长的气候、高产品种，以及用于田间管理和收割的机械能。

高产常常需要灌溉

农业在全球用水中占最大的份额。从河流、湖泊和地下水中抽取的水，至少有2/3用于灌溉（第10章）。灌溉使大多数农作物增产100%～400%。虽然估计的数字变化很大（对水浇地的定义也各不相同），但是全世界大约15%的农田进行灌溉。

有些国家水源丰富，很容易灌溉农田，而其他一些国家则缺水，因而用水必须十分小心。灌溉水的利用效率差异很大。有些地方的渠道两旁无保护，上方

（a）

（b）

（c）

图7.15 土地退化每年影响1000万平方千米土地，相当于全球农田的2/3。（a）和（b）水蚀约占侵蚀总面积一半。（c）风蚀影响的面积与之大体相等。

无覆盖，因此会大量蒸发渗漏，可能使多达80%的灌溉水永远达不到其预定的目的地。贫困农民可能灌溉过度，因为他们缺乏测量水量的技术，不能控制到恰好满足需要的数量。较富裕国家的农民有能力负担有时过分奢侈的用水；他们也有能力负担节水技术所需的费用，例如滴灌和向下喷洒装置（图7.16）。

图7.16 这个中轴旋转灌溉系统的向下喷洒装置的洒水效率高于向上喷洒装置。

过度灌溉不仅浪费水，还常常造成**渍水**（waterlogging）。渍水的土壤水分饱和，植物的根会因缺氧而死。灌溉水使土壤中的盐分溶解和活化时，常常造成矿物盐积累在土壤中的**盐渍化**（salination）问题。随着水分蒸发，土壤表面留下对大多数植物致命的一层盐壳。大水冲洗能洗去所积累的盐分，但恶果是下游用户的水中会含有更多盐分。

粮农组织估计，全部水浇地中20%在某种程度上受到积水或盐分的损害。节水技术能大大减轻过分用水产生的问题。

化肥增加产量

植物需要从土壤中获取少量无机养分。大规模农业则使用化肥来保证养分的充分供应。大多数植物所需的主要元素是氮、钾、磷、钙、镁、硫。氮是一切活细胞的组分，是植物生长最常见的限制性因素。磷和钾的供应也可能有限，因此，氮、磷、钾是主要的化肥。像巴西这样的多雨地区，钙和镁常被淋失，必须施用石灰来补充。1950年以来世界各地农作物的产量倍增大多归于无机化肥的使用量增加。1950年平均化肥使用量为每公顷20千克，2000年全世界的使用量平均为每公顷90千克。

如果粮食产量低的国家能够更有效地使用化肥并减少污染，世界还有相当大的粮食增产潜力。例如，非洲平均每公顷使用化肥只有19千克，是世界平均值的1/4。据估计，如果发展中国家化肥的使用达到世界的平均值，其农作物至少能增产三倍。

过量施肥是一个常见的问题。尽管欧洲农民每公顷的化肥使用量为北美农民用量的两倍多，但是产量并未按比例提高。来自农田和养殖场的磷酸盐和硝酸盐是水体生态系统污染的主要原因。实行集约农业的许多地方，地下水中硝酸盐含量已上升到危险的水平。幼年儿童对硝酸盐尤为敏感，用被硝酸盐污染的水调配婴儿配方食品对新生儿有致命的可能。

给农作物施用化肥的替代方法是向土壤施加有机肥。粪肥是土壤养分重要的天然来源。还可以种植绿肥，然后将其翻耕到土壤中。生活在豆类植物根部与之共生的固氮细菌弥足珍贵，它使氮能够供植物利用（第2章）。豆子或其他豆类植物与玉米、小麦等农作物间作和轮作是增加氮肥可获性的传统做法。

现代农业依靠石油工业的发展

粮食系统消耗了美国所用能源的16%左右。大部分食物在生产、加工和进入市场的过程中所需的能源要多于种植时需要的能源。对化石燃料的依赖始自20世纪20年代，当时开始采用拖拉机。第二次世界大战以后，随着利用天然气生产氮肥技术的发明，能源使用剧增。此后直到今天，人们越来越依靠柴油和汽油驱动拖拉机、联合收割机、灌溉水泵和其他装备。康奈尔大学的戴维·皮门特尔（David Pimentel）计算过，美国生产每公顷玉米的能耗相当于800升石油：其中的1/3用于从天然气生产氮肥，另1/3用于机械和燃料的投入，最后1/3用于灌溉、合成杀虫剂和其他肥料。

农作物离开农场后，还需要额外的能源用于粮食加工、分配与储存。据估计，美国人的食物从生产的农场到消费者手中平均要旅行2 000千米。这种复杂的粮食加工与消费系统所需的能源可能是农场直接用能的5倍。

农民还以乙醇和生物柴油的形式生产能源。关于这种生产的环境与经济成本之间的关系一直饱受争议。能源投入与支出的平衡难以计算，在美国和欧洲，生物燃料（尤其是乙醇）的生产，如果没有对粮食生产与加工的高额补贴，在经济上是不可行的。另一方面，来自向日葵、大豆和其他油料种子作物的植物油能在大多数柴油机中直接燃烧，而且可能比通过乙醇更接近于纯能获取（第12章）。巴西从热带作物甘蔗中生产乙醇效率更高，年产量160亿升乙醇是巴西对能源平衡的主要贡献。

杀虫剂保护农作物但有健康风险

害虫使农作物减产，在某些地区每年毁坏多达一半的收成。现代农业有赖于有毒化学品杀灭害虫。虽然人们对所使用杀虫剂的类型与用量表示关切，但是多年以来我们对农药的依赖依然与日俱增（图7.17）。

避免虫害的传统策略通常是混作和轮作。在很多小地块上种植多种农作物，害虫种群一般较小。食物来源多样化也能降低特定农作物害虫对人类的伤害。年复一年的轮作降低了害虫随时间推移变得越来越多的能力，而且人们常常选择抗虫的农作物品种。

然而，现代农业需要大面积种植无基因差异的单一农作物，这就需要控制害虫的新方法。DDT（二氯二苯三氯乙烷）之类的合成有机化学品改变了我们控制害虫的方法。这些化学品对农作物增产曾起过重要作用，帮助我们控制许多致病生物。据估算，如果没有杀虫剂的保护，目前农作物产量会损失一半。然而，不加选择地恣意使用杀虫剂也造成了很多问题，例如杀死非标的物种、使过去没有危害的生物变成新害虫，以及造成许多害虫物种具有普遍的抗药性（图7.18）。许多杀虫剂在环境中非常稳定而且移动性很强，在空气、水和土壤中迁移并在食物链中积累，或称生物富集，这几乎消灭了游隼之类的顶级捕食者。

无机农药的主要类型是什么？**有机磷酸酯类**（organophosphates）是使用量最大的合成农药。这些农药旨在防止阔叶杂草的生长，或者攻击有害昆虫的神经系统。美国使用最多的除草剂是草甘膦，广泛被使用的商品名称是“农达”（Roundup）。美国90%的大豆都使用草甘膦。抗农达大豆（见下文）是最常见的转基因农作物类型之一。**氯代烃类**（chlorinated hydrocarbons）又称为有机氯农药，也是对敏感生物稳定而剧毒的农药。美国96%的玉米使用莠去津（atrazine），直到1998年它一直是使用量最大的农药。

其他重要农药还有熏蒸剂，如二溴甲烷等剧毒的气体，用以杀灭草莓及其他低矮农作物上面的真菌。

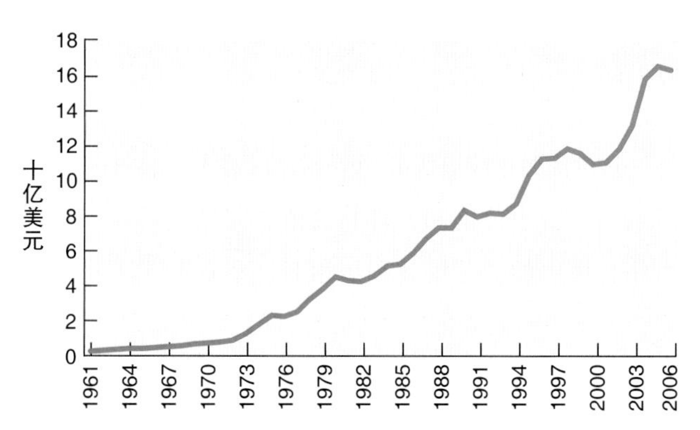

图7.17 全世界杀虫剂贸易（进口）价值。

资料来源：联合国粮农组织，2009。

图7.18 用飞机喷洒农药既快捷又经济，但是有毒物质常常会污染附近的田野。

还有砷和铜等无机农药，以及从烟草提炼的新烟碱类生物碱等天然“植物性”农药。

你所接触的农药很可能比你想象的多。美国农业部的一项研究发现，常规种植的粮食中（9.4万份测试样本）73%至少含有一种农药残余。相反，同类作物的有机食物样品中只有23%有少许农药残留。

2002年瑞士研究人员发表了有机农业和常规农业长达20年对比实验的结果。不使用合成肥料或农药生产的农作物，比常规种植的同种作物产量平均低大约20%，但是有机农业运作费用较低、农作物价格较高、生态伤害较少、农户更健康，这些优点大大掩盖了这个差额所带来的缺陷。

减少对化学农药依赖的替代方法包括经营管理的改变，例如使用覆盖作物、机械化种植、混种多种作物而不是大片单一作物。使用捕虫生物或昆虫病原体等生物治虫方法，能够减少化学品的使用。遗传育种和生物技术能产生抗虫的作物以及牲畜品系。病虫害综合防治（integrated pest management，IPM）整合了这些替代方法，并在精确受控条件下正确使用合成农药。消费者也要学会接受不太完美的水果和蔬菜。

你能做些什么？

减少你食物中的农药

如果你想减少你膳食中农药和其他有毒化学品的含量，请遵循这些简单规则。

- 在流水下擦洗一切新鲜水果和蔬菜。
- 可能时削去水果和蔬菜的外皮。丢掉莴苣和卷心菜等叶菜外层的叶片。
- 煮熟你怀疑曾使用农药的食物以破坏残留的化学品。
- 剔除肉类、鸡和鱼中的脂肪。在可能情况下吃食物链低端的食物以减少化学品生物富集的作用。
- 不要采食路边的浆果和其他野菜，那里可能喷洒过农药。
- 自己种植水果和蔬菜，不使用农药或只最低限度使用危险化学品。
- 在当地超市里选购有机农场生产的食品，或者在你能得到这种食品的农贸市场或合作社里购买食品。

7.7 我们怎样做到了养活几十亿人

在发达国家，20世纪农业增长的95%来自品种改良或增加肥料、灌溉和农药的使用，而不是开荒种地。事实上，现在北美洲的耕地少于100年以前，欧洲的耕地少于600年以前。由于发达国家劳动力、化肥和水的使用效率较高，单位面积产量增加，许多边际土地退耕，大多恢复为森林和牧场。在发展中国家，现有产量中至少有2/3来自作物新品种和更集约的种植，而不是开垦新耕地。

虽然人类曾经食用过至少3 000种植物，但是如今世界上大部分粮食仅来自几种广泛种植的农作物（见表7.1）。许多新品种或非传统品种可能对人类粮食供应弥足珍贵，尤其是对那些传统植物受气候、土壤、害虫或其他问题制约的地方。

绿色革命增加了产量

迄今为止，农业生产的提高主要来自技术进步和几种著名物种的改良。产量的增加往往很惊人。一个世纪之前，美国玉米全部依靠天然授粉时，每公顷产量约为1.6吨。2000年艾奥瓦州雨养农田的单产为8.8吨/公顷，而亚利桑那州灌溉玉米单产平均达13.3吨/公顷。伊利诺伊州农田曾有过单产23.7吨/公顷的最高纪录，但是理论计算有可能达到32吨/公顷。产量的提高大多伴随着合成化肥的使用以及传统作物育种：遗传学者辛勤地对植物人工授粉，以便得到具有特定期望品质的后代。

大约50年前，农业研究站开始培育热带小麦和水稻品种，旨在向发展中国家不断增长的人口提供粮食。第一个“奇迹”品种是诺曼·博洛格（Norman Borlaug）在墨西哥一个研究中心开发的矮化高产小麦（他因这项成果获得诺贝尔奖，图7.19）。大约与此同时，位于菲律宾的国际水稻研究所开发了矮化水稻品系，产量相当于当时使用的品系的3～4倍。这些高产新品种在全世界的推广被称为**绿色革命**（green revolution）。这

图 7.19　诺曼·博洛格培育的半矮化小麦（右）具有较短较坚硬的茎，土壤潮湿时比传统近亲（左）更抗倒伏。这种“奇迹”小麦对水肥响应较好，在养育不断增长的人口方面起关键性作用。

是几十年来世界粮食供应与人口增长保持同步甚至超过的主要原因之一。

大部分绿色革命品种是真正的“高响应者”，即对理想的化肥、水和防治病虫害的化学保护投入反应良好（图 7.20）。另一方面，如果投入较少，高响应品种的产量可能不如传统品种。无力购买绿色革命运动所需的昂贵种子、化肥和灌溉水的贫农就可能置身于绿色革命之外。事实上，随着土地价格上涨和商品价格下降而两面受压，他们就可能全部被逐出农业。

遗传工程有效益，但也要付出代价

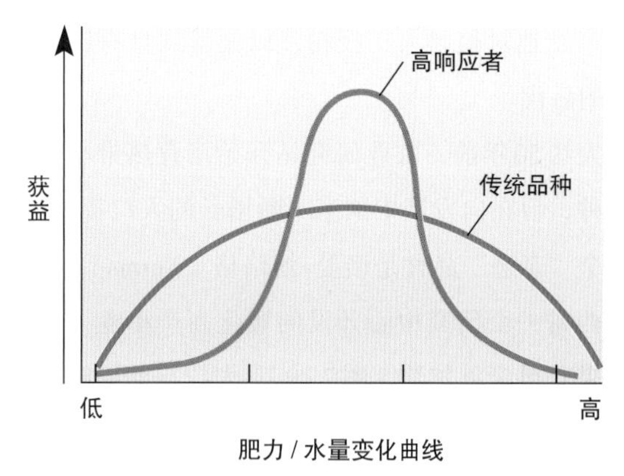

图 7.20　绿色革命的奇迹作物是真正的高响应者，即在适当条件下能有很高的产量。对无力购买高响应者所需化肥和灌溉水的贫农而言，传统品种的投资效益可能更高。

遗传工程（genetic engineering）是把基因从一种生物中剪接到另一生物的染色体中，对于提升粮食供应的数量与质量都有着巨大的潜力。现在已经有可能构建全新的基因；甚至可以从这里取一点基因，再从那里取一点基因，或者完全人工合成一种能让目标生物具有特定特性的基因，以此创造一种新的生物，这种新生物常被称为“转基因”生物或**基因改造生物**（genetically modified organisms，GMOs）。

支持者预期这种新技术会带来巨大效益。目前正在进行提高产量并创造能抗旱、防冻或抗病农作物的研究。另外正在开发一些耐盐、抗涝或耐受贫瘠土壤的品系，使退化农田或边际耕地能用于生产。所有这一切对减轻发展中国家的饥饿可能有重要意义。能自己产生杀虫剂的那些植物可以减少对有毒化学品的需求，而提高蛋白质或维生素含量的设计可能使食物更有营养。香蕉和番茄等农作物已被改变成含有口服疫苗的品种，可以种植在缺乏制冷与无菌注射器的发展中国家。许多植物还被设计用以制造工业用油和塑料。动物也通过转基因而生长更快、可以用较少饲料增加体重、产生胰岛素之类的药物。猪被设计产生欧米伽-3脂肪酸，提供“对心脏健康”的膳食。甚至可能创造出能被人类细胞识别的动物，可用作器官移植的供体。

反对者担心随便改动基因可能造成不可想象的问题。转基因生物本身可能脱离控制而变成害虫，也可能与野生近缘种杂交。这两种情况下，就有可能创造出超级杂草，或者减少本地的生物多样性。植物中长期存在的农药可能加速昆虫的抗药性，或者使残毒保留在土壤或食物中。有毒性或致敏的基因有可能连同所选的基因一起被转移，或者几种基因的混合会产生神经毒素。

转基因作物的数量及其种植面积都在迅速增加（图 7.21）。2009 年全世界耕地 25%（72 万平方千米）以上种植转基因作物，其中美国占 63%，其次为阿根廷，占 21%，再次为加拿大、巴西和中国，共占 22%。[①]

有些转基因作物已经占据主导地位。目前美国约

① 数据之和超过 100%，疑割接文有误。——译者注

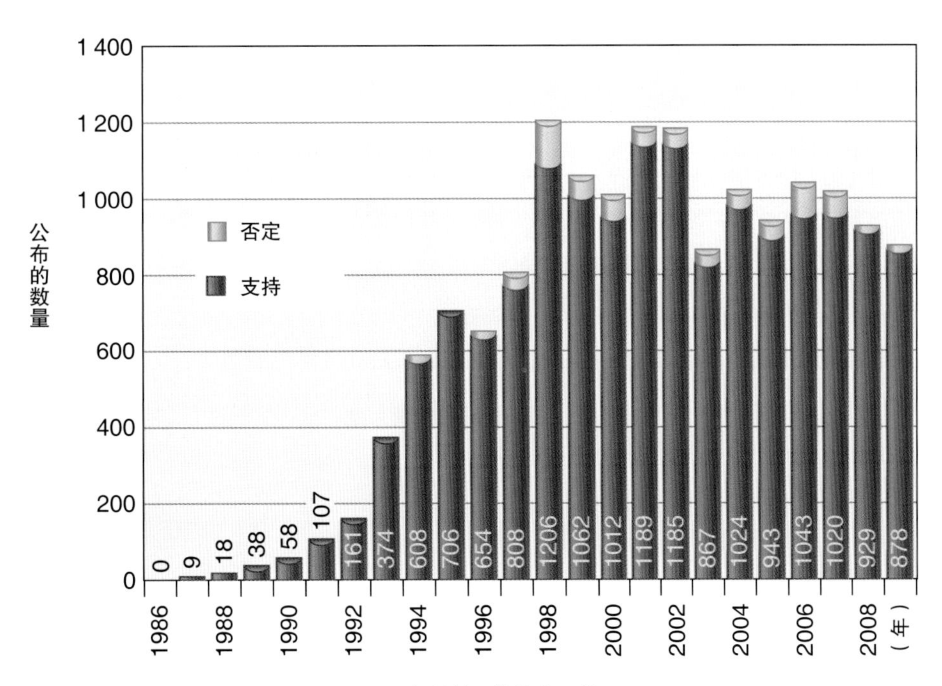

图 7.21 美国发布的 1990—2005 年转基因作物农田数。
资料来源：弗吉尼亚理工大学生物技术信息中心。

82%的大豆、25%的玉米和71%的棉花是转基因作物。你很可能已经吃过一些转基因食物。估计美国至少60%的加工食品含有转基因材料，主要来自玉米和大豆。

大多数转基因生物是为杀虫或解决耐药性问题而设计的

生物技术学家创造具有内生杀虫基因的植物。有一种细菌叫苏云金杆菌（*Bacillus thuringiensis*，Bt)，能产生对鳞翅目（蝶类）和鞘翅目（甲虫类）昆虫致命的毒素。产生这些毒素的基因被转移到一些作物中，如玉米（免受地老虎之害）、马铃薯（对抗马铃薯甲虫）和棉花（免受棉铃虫之害）等，这样就可以使农民减少农药喷洒。例如，亚利桑那州农民减少了75%杀虫剂的使用。

昆虫学家担心，Bt作物不顾病虫侵害的水平在整个生长季大量产生毒素，这是让害虫对Bt产生选择性抗性的完美条件。已经有500种昆虫、螨类和壁虱对一种或多种杀虫剂产生了抗性，不断使用Bt只能加剧这种窘境。

另一大类转基因作物是为了耐受大剂量农药而设计的。这类作物中最主要的两种是孟山都公司的抗农达作物——取这个名称是因为这些作物能耐受孟山都公司畅销农药农达。还有艾格福公司（AgrEvo's）的“Liberty Link”，能抵抗该公司的农药“Liberty”（草铵膦）。由于带有这些基因的作物能在大剂量农药下生长，农民就能大量喷洒农药以根除杂草。这就能进行保护性耕作，将更多秸秆残余留在田间使表土免遭侵蚀，两者都是好主意，但是也可能意味着所使用的除草剂大大超过本应使用的剂量。

基因工程安全吗

长期以来消费者担心转基因食物会对健康带来未知的影响，但是美国食品与药品管理局拒绝了标注食品中含转基因生物的要求。管理局提出，这些新品种“实质上等同于”通过传统方法繁殖的相应品种。支持者说，归根结底，几百年来我们一直通过动植物育种把基因四处转移。有些人辩称，所有被驯化的生物均应归入转基因一类。还有些人提出，生物技术只是比常规育种更精确的一种用以创造新生物的方法。

设计供人类食用的第一款转基因动物是含有来自

我们如何养活全世界

在大约两代人的时间里（1960年以来），世界人口从30亿攀升到70亿。尽管增长了这么多，但是大多数人口增长所在的发展中国家，长期饥饿的人口从60%减少到大约20%。我们如何做到使粮食增产如此迅速？这些策略的正反两方面是什么？我们还有什么更多的选择？本文提出的是粮食生产的三种主要策略。

中心旋转系统喷灌装置浇灌的绿野，生产作为我们粮食系统支柱的玉米、大豆和其他作物。

背景图片来源：NAIP，2009。

绿色革命涉及高响应作物——增加化肥、灌溉和农药的使用就能获得生长良好并高产的作物的开发。

好处

- 增加投入，产量就会大幅度上升。
- 大规模生产效率高，有助于养活几十亿人。
- 农药的开发可以通过消除竞争性植物或虫害而提高产量。
- 人工成本低：一个农民就能管理一大片区域。

问题

- 增加对农药和化肥的依赖；有时农药过度使用会降低有效性。
- 农业化学品产生意外的生态效果，包括丧失生态多样性，还可能损失授粉昆虫，并污染饮用水。
- 贫穷农民可能无力购买新品种，因此只有较富裕的农民和富裕地区获得较多好处。
- 增加氮肥使用是温室气体的重要来源，也会消费化石燃料。

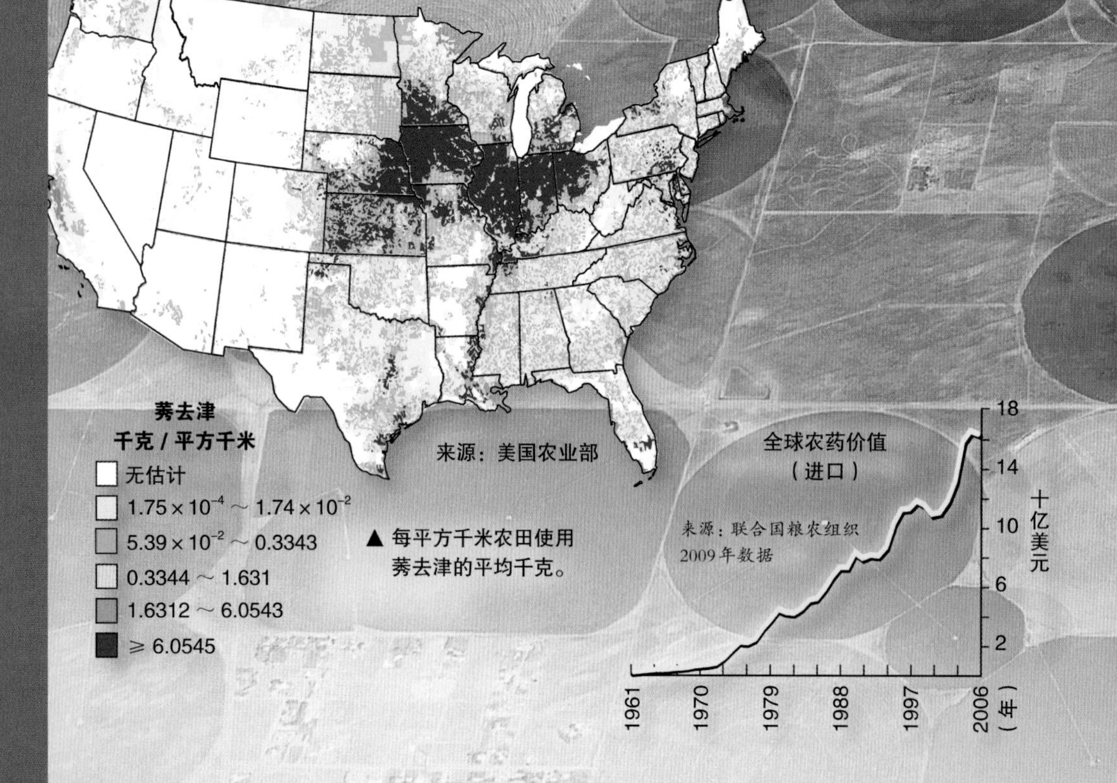

▲ 每平方千米农田使用莠去津的平均千克。

1. 什么是绿色革命？
2. 使用前三位的农药是什么？你曾听说过哪一种？
3. 想一想你今天吃了什么。本页所述三种农业策略中哪一种对你的食物有帮助？

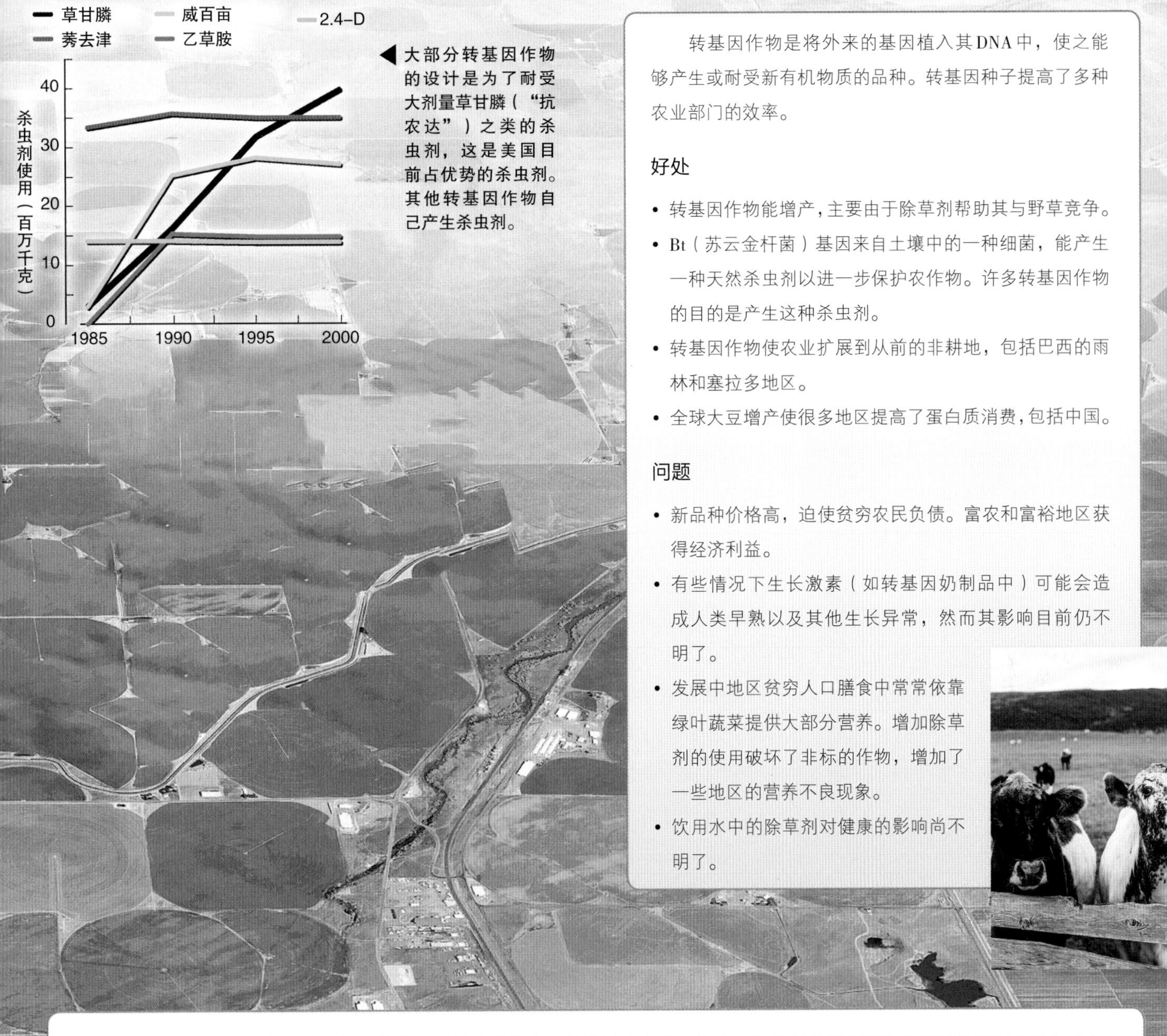

大部分转基因作物的设计是为了耐受大剂量草甘膦（“抗农达”）之类的杀虫剂，这是美国目前占优势的杀虫剂。其他转基因作物自己产生杀虫剂。

转基因作物是将外来的基因植入其DNA中，使之能够产生或耐受新有机物质的品种。转基因种子提高了多种农业部门的效率。

好处

- 转基因作物能增产，主要由于除草剂帮助其与野草竞争。
- Bt（苏云金杆菌）基因来自土壤中的一种细菌，能产生一种天然杀虫剂以进一步保护农作物。许多转基因作物的目的是产生这种杀虫剂。
- 转基因作物使农业扩展到从前的非耕地，包括巴西的雨林和塞拉多地区。
- 全球大豆增产使很多地区提高了蛋白质消费，包括中国。

问题

- 新品种价格高，迫使贫穷农民负债。富农和富裕地区获得经济利益。
- 有些情况下生长激素（如转基因奶制品中）可能会造成人类早熟以及其他生长异常，然而其影响目前仍不明了。
- 发展中地区贫穷人口膳食中常常依靠绿叶蔬菜提供大部分营养。增加除草剂的使用破坏了非标的作物，增加了一些地区的营养不良现象。
- 饮用水中的除草剂对健康的影响尚不明了。

有机生产是一种混合战略，包括轮作以保持土壤肥力，混作以减少害虫风险，施用有机肥和有机农药以降低商业投入成本。有机方法较可持续，但不能支持传统农业大面积单一作物（如大豆或玉米）工业化规模的生产。

好处

- 投入成本（化肥、农药、燃料）最小。
- 能保护乃至改良土壤、水质和生物多样性，因而是可持续的。
- 作物品种通常是多种混作，有助于提供更健康的膳食和更稳定的农业生态系统。
- 有机方法是很多地区传统的方法，其低成本更适合贫穷农民，发展中地区尤其如此。
- 病虫害综合防治（少量农药和其他策略并用）能保障产量。

问题

- 杂草与病虫害控制的劳动力成本可能较高。
- 必须有仔细的规划与管理以保证丰收：需要有创新的解决问题的方法，而不只是像喷洒农药那样简单的应对措施。
- 在美国，有机种植的食物可能价格较高，因为没有传统产品那样的大规模分配网络，还因为传统产品得到丰厚的税收减免和价格支持。
- 许多农民不熟悉这些方法，就单位劳动力所得产量而言，可能效率较低。

美洲大绵鳚（*Macrozoarces americanus*）生长激素基因的大西洋鲑鱼（*Salmo salar*）。对这种鱼最大的担心不是把额外的激素带进我们的膳食中——我们早就已经开始给鸡和牛注射或喂食生长激素了，而是如果这种鱼从网箱中逃逸会带来的生态效应。转基因鱼的生长速度是正常鲑鱼的7倍，而且对异性更具吸引力。一旦从网箱中逃逸，就可能在觅食、交配和生境等方面战胜其业已濒危的野生近缘种。养鱼场主说，他们只养殖不育的雌鱼，并将其养殖在安全的网箱中。海洋生态学家指出，鲑鱼常常从水产养殖作业中逃逸，只要几条转基因可育雌鱼逃脱，对野生种群就是一场灾难。

也许转基因生物最大的未知因素是其社会与经济影响。转基因生物有助于养活全世界吗？或者会导致法人权力的加强和经济差距加大？转基因技术可能仅应用于最富裕的国家或最富有的公司，令家庭农场无力竞争，并驱使发展中国家更加贫困。或者由于产量较高而且受病虫害的损失较少，有可能使发展中国家贫困农民停止使用边际土地。批评家提出，除了用高科技品种向发展中国家儿童提供维生素A或增加农村贫穷家庭的收入以外，还有许多较简单和较便宜的方法。给农户增加一头牛或一个鱼塘，或者训练农民收集雨水和可再生耕种技术，可能比卖给他们高价新种子的效果更加长远。

另一方面，如果希望在未来50年减少营养不良的人口并养活80亿人，我们可能需要所能得到的一切工具。在这场辩论中你站在哪一方？为了判断这种新技术的风险和好处，你还需要哪些额外的信息？

7.8 可持续农业对策

农业上的革新改变了我们吃饭和生活的方式。我们能否保证农业和粮食生产还是可持续和合理的？这些问题就是**可持续农业**（sustainable agriculture）或称**可再生农业**（regenerative agriculture）的目标，其目的是减少或修复因破坏性耕作方法造成的伤害。有些替代方法是通过科学研究开发的，有些则是在农业机械化与工业化过程中，从几乎被遗忘的传统文化与实践中找到的。

水土保持至关重要

只要小心耕作，土壤就是一种可再生资源，可以无限地补充和更新。由于土壤对农业最为重要，也最经常因农业导致的侵蚀而流失，所以农业也是土壤保护与重建最具潜力的地方。例如，东南亚有些水稻田已经连续耕种上千年而丝毫未减其肥力。有赖于稻田的稻作文化发展了经营管理的方法：将有机质返还土壤并细心培育土壤肥力以供养生命。

虽然美国农业尚未达到可持续的水平，但是有证据表明水土保持项目有了积极的效果。在威斯康星州的一项研究中，一个小流域区域内1975—1993年土壤侵蚀的速率比20世纪30年代降低了90%。水土保持中最重要的基础是修筑梯田、保持地被植物和减少犁耕。

土壤侵蚀大都是因水分流向坡下造成的。水流愈急，从田地里带走的泥沙愈多。非洲侵蚀速率的对比研究表明，5%坡度的耕地中，径流量为1%坡度的农田的3倍，土壤侵蚀速率为坡度1%农田的8倍。水路中长草的带状区域和等高耕种能减少径流。所谓**等高耕作**（contour plowing），就是横过山坡耕作而不是从上到下翻耕。等高耕作常常与**带状耕作**(strip-farming）相结合，即沿等高线交互种植不同作物（图7.22）。收获一种作物时，还有其他作物在保持水土，使其免遭直接流失。种植时造成的垄脊形成小埂，截留水分使其渗入土壤而不致其形成径流。在降雨量很集中的地方，交错垄埂常常作用显著。做法就是使一系列垄埂走向相互垂直，任何方向的径流均被阻拦，促使其渗入土壤。

修筑梯田（terracing）是把土地修整成水平阶梯以保持水土，梯田边缘种植固土植物。这是一项费时费力的工作，要么需要大量体力劳动，要么需要昂贵的机械，但是梯田使陡坡耕作成为可能。菲律宾奇科（Chico）河谷的水稻梯田爬升到谷底以上300米，那里

图 7.22 等高耕种和带状耕作有助于丘陵地带的水土保持，而且创造出美丽的风景。

的梯田被认为是世界奇观之一。其中有些梯田耕种了上千年而没有明显的肥力损失，一千年以后我们还能这样说吗？

地被植物保护土壤

玉米或豆类等一年生行栽植物在一年大部分时间里使土壤裸露，一般造成很高的侵蚀速率（表7.2）。提供覆盖物保护土壤免遭侵蚀最方便的方法，往往是收割后把作物残茬留在农田中。作物残茬不仅覆盖地表，破坏风蚀和水蚀的效应，而且减少蒸发，在炎热气候下降低土壤温度，并能保护土壤中帮助通气并改造土壤的生物。有些实验表明，每公顷土地2.5吨残茬使水分渗入增加99%，径流减少99%，土壤侵蚀减少98%。不过，把作物残茬留在耕地中也会增加病虫害问题，需要增加杀虫剂和除草剂的使用。

在没有适合保护土壤的作物残茬的地方，或者作物残茬不适合后茬作物或耕作方法的地方，收割后可以直接种植黑麦、苜蓿和三叶草之类的**覆盖作物**（cover crops）以保持和保护土壤。到了种植季节，就可以把这些覆盖作物翻耕到土壤下面作为绿肥。另一种方法是用滚轴把覆盖作物压平，把种子播到残茬下面，就可以在作物生长前期提供持续保护。

表7.2 土壤覆盖和土壤侵蚀

耕作制度	年平均土壤流失 吨/公顷	降水径流百分比 %
裸土（无作物）	41.0	30
连续种玉米	19.7	29
连续种小麦	10.1	23
轮种：玉米、小麦、三叶草	2.7	14
连续种蓝草类植物	0.3	12

资料来源：根据密苏里州哥伦比亚密苏里实验站14年的数据得出。

有些情况下，同一田块中两种不同作物间种不仅保护了土壤，而且对土地是更有效的利用，得到双重的收获。例如，美洲原住民和早期移民拓荒者就在玉米行之间种植豆类或南瓜。豆类提供玉米所需的氮肥，南瓜排挤野草，而且两种作物还提供平衡玉米营养的食物。非洲和南美洲传统的刀耕火种常常在一小块地里种植多达20种不同作物。这些作物成熟期不同，所以总有食物可吃，而土壤从不长期暴露于侵蚀之下。遮阴种植的咖啡和可可在保护生物多样性方面同样起着重要作用。

减少耕耘以减轻侵蚀

传统上农民使用铧式犁翻耕土壤，犁开一条深沟把表土翻到下面。在19世纪初，人们发现把田地彻底翻耕——直至“干净”为止，能增加农作物产量。翻耕有助于控制杂草和病虫害、减少竞争；把新的养分带到表土、提供良好的苗床；改善表土的排水、有利于土壤通气。对许多作物和许多土壤类型而言，情况仍然是这样，但这不总是种植农作物最好的方法。少耕常常能改善水分管理、保持水土、节能、增产。

有3种主要的**简化耕作制度**（reduced tillage systems）。最少量耕作法是减少农民翻耕等干扰土壤的次数。这种方法常常使用圆盘犁或凿式犁而不是传统的铧式犁。凿式犁是一种弯曲的凿状叶片，不翻转土壤但能凿出用以播种的土垄。这种方法能在行间保留75%的植物残茬，防止水土流失。保守性耕作法是用犁刀（像切比萨饼的锋利圆盘）切穿土壤，打开一条犁沟或窄槽，其宽度仅够把种子嵌插进去。这种方法对土壤扰动很少，几乎把全部残茬留在地面。免耕法穿过覆盖物和地被植物直接把种子播到地下，这种方法容许覆盖作物和后续作物交互播种（图7.23）。

图7.23 免耕法是穿过上一年作物的秸秆把种子播下去。图中大豆穿过玉米秸秆长出来。秸秆使杂草不能生长，减少风蚀和水蚀，并保持土壤水分。

使用这些保守性耕作法的农民常常必须依靠农药（杀虫剂、杀真菌剂和除草剂）以控制害虫和野草。大量使用有毒化学品是备受关切的问题。然而，大量使用杀虫剂不一定是水土保持的必由之路。实行作物轮种、种植诱捕作物、种植天然驱虫植物和进行生物控制等方法相结合，就能够进行病虫害的综合防治。

低投入的可持续农业既有利于农民、消费者，也有利于环境

有别于常规农业的工业化与依赖化肥、农药、抗生素和人工生长素的倾向，有些农民正在回归更自然的农业生态耕作方式。他们发现不能——或不想——与工厂化农场竞争，就回归小规模低投入农业以赚取更多的钱。例如，美国明尼苏达州新布拉格附近的米纳尔（Minar）家，在97公顷土地上非常成功地经营150头奶牛的农场。农场里不使用任何合成化学品，奶牛每天在45块草地或小牧场上轮牧，既减少了侵蚀又维持着健康的草地。即使在冬季，牲畜依旧放养室外以避免圈养时蔓延的疾病。只有在生病时才使用抗生素。由此产出的牛奶和牛肉通过消费合作社和社区支持的农业项目出售。流经米纳尔家的沙溪（Sand Creek），经农场流出的溪水比流入时还要清洁。

同样地，艾奥瓦州上维斯塔（Alta Vista）附近的弗兰岑（Franzen）家，在他们的有机农场里饲养家畜，让猪在繁茂的草地上漫游，用牧草和豆科植物补充以玉米与大豆为主的饲料。这些快乐的猪住在宽敞的开放性育肥猪舍里，用一层新鲜秸秆垫圈，下面的粪便用于堆肥，分解为无味的有机肥料。

像这些农场一样的低投入农场，一般不像他们邻居的集约农业那样产出大量肉类和乳类，但是他们的生产成本低廉，而产品价格较高，因此净收益常常更高。例如，弗兰岑一家计算过，与相邻的圈养运营相比，他们的动物饲料支出少30%，兽医支出少70%，畜舍与设备支出减半。在米纳尔的农场上，特大暴雨后的水土流失量是附近常规农场的1/400。

保留小型家庭农场还有助于保存乡村文化。美国内布拉斯加州乡村事务中心的马蒂·斯特兰奇（Marty Strange）问："在乡村学校入学、成为乡村教堂的成员、成为乡村社区的伙伴——两个农场各有1 000头奶牛或者20个农场各有100头奶牛，哪个更好？"家庭农场在当地供应商那里购买机器、在社区加油站加油、在夫妻店里买杂货，通过这些活动有助于保持乡镇的活力。

7.9 消费者有助于塑造农业

20世纪60年代以来，美国农业政策和农业研究侧重于发展大规模生产方法，使用化肥、农药、育种和基因工程来提供丰富而廉价的谷物、肉类和牛奶。结果，

我们能比过去任何时候获得更多的热量和更多的肉类。虽然饥饿仍然是许多地区的灾难，但是不仅是富裕国家，世界人口大部分都能得到越来越多的营养。目前我们担心超重引起的疾病致死，这在人类历史上可能还是第一次。

廉价粮食政策极大提高了产量，养活美国和其他国家日益增加的人口。农场商品价格下降得如此之低，以至于要每年花费几十亿美元来稳定价格，或者补偿作物价格低于其成本的农民。美国每年购买几百万吨剩余粮食，通常用于援助遭受饥荒的地区。这种社会善行也有问题，因为廉价或免费粮食捐赠破坏了其他国家的小农户，他们的粮食无法和当地市场上免费或近乎免费的粮食竞争。

这些政策深深扎根于我们的生活方式、政治活动和粮食系统之中。但是可能存在一些消费者能够采取的措施，用以支持耕作方法和农业政策向有利的方面转变，而减少其负效应。

你能做一个本土膳食主义者

“本土膳食主义者”（locavore）就是消费本地生产食物的人。支持当地农民有着种种效益，如把资金留在本地经济体里、保证新鲜健康的膳食。维持有活力的农场经济还有助于减缓将农田转变为日益扩张的城市郊区的过程。正如许多农民指出，你不需要百分百吃本土食物，只需要把你的采购活动部分地转向当地生产的商品，对当地农民就大有裨益。

到农贸市场购物通常是获取当地食物最简单的方式（图7.24）。产品很新鲜，而种植农作物的农民直接得到收益。采摘式农场也能使你购买新鲜水果和其他产品——而且是一种有趣的社交郊游活动。目前许多传统食品超市也出售当地生产的有机、无农药商品。购买这些产品可能比非有机和非当地产品贵一点，但是这些产品对你有好处，而且有助于维持社区的农业，并让社区里有新鲜的当地商品。

很多高校采取了尽可能多地购买本地食品的政策。因为学校大量购买蔬菜、肉类、鸡蛋和牛奶，这意味

图7.24 农贸市场是本地栽培的有机产品的理想来源。

着当地和地区农业经济的大量收入。虽然这比从中央化的全国性经销商那里订购要投入更大的精力和创造力，但是只要学生感兴趣，许多学校的食堂管理员还是乐意购买本地的食物。如果你的学校还没有采取这样的政策，也许你可以请管理员开始这样做。

许多地区都有“社区支持农业”项目，此类农场由当地居民事先付款以获得农场各种产品的相应份额，从蔬菜到花卉到鸡蛋。虽然社区支持农业在生产季开始时需要大量付款，但是生产季末期食物的成本往往低于食品超市。在支持农业社区中你还能遇见有趣的人物，对当地情况也有更多的了解。

你可以吃食物链低端的食物

由于从植物生产食物比从动物生产食物耗能较少，减少对全世界水和土壤的影响的方法之一是多吃谷物、蔬菜和乳类，少吃肉类。这并非意味着要改为素食者——除非你决定这样做。只要回到你祖父母对蛋白质和脂肪的消费水平，就能使环境和你的健康大为改观。

你选择低投入的有机食物也降低了对环境的影响。你购买有机食物时，就是对不使用农药和人造化肥农民的支持。这些农民常常利用轮作保护土壤养分，并小心控制侵蚀以防止表土流失。有时这些农民还保持作物的多样性，这有助于维持遗传多样性和作物对害虫的抗性。

你知道吗？

遮阴种植咖啡和可可

你是否想到过，你购买咖啡和巧克力可能对保护热带雨林有贡献，也可能破坏热带森林？咖啡和可可二者都是这样的例子：它们无一例外地生长在发展中国家，而几乎全部消费在富有的发达国家（香草和香蕉也是这样的例子）。咖啡生长在热带凉爽的山区，而可可则原产于温暖潮湿的低地。两种植物都是森林下层的小树，适应低光照度。

直至二三十年前，世界上大部分咖啡和可可是在森林大树的树冠下遮阴种植（shade-grown）的。但是近年来，这两种作物开发了能够在充足阳光下生长的新品种。由于这样的地里能挤进更多的咖啡和可可树，而且这些树比阴地生长的树得到更多太阳能，因此阳地种植的作物更高产。

然而，这种新技术也有代价。地里病害常见、竞争压力大，使这些喜阳品种寿命较短。而且鸟类学家发现，全日照种植园中鸟类物种减少了一半，个体数目可能减少90%。遮阴种植的咖啡和可可一般需要农药较少（有时不需要），因为居留在林冠中的鸟类和昆虫会捕食很多害虫。遮阴的种植园对化肥的需要也较少，因为这些复杂的森林中许多植物给土壤增加养分。此外，遮阴种植的作物极少需要灌溉，因为浓密的落叶保护了土壤，而森林覆盖又减少了水分蒸发。

目前，世界上大约40%的咖啡和可可种植园已改种全日照品种，另有25%正在改种。种植咖啡和可可的传统方法值得保留。世界25个生物多样性热点中有13个在产咖啡和可可的地区。如果这些地区中20万平方千米咖啡和可可种植园全部改种单一作物，将会丧失不可胜数的物种。

巴西的巴伊亚州极好证明了这些作物的生态重要性和这些作物在保存森林物种方面所起的作用。曾几何时，巴西生产了世界上大部分可可，但是20世纪初期，非洲西部引进了可可。目前科特迪瓦一国就生产了世界可可总量的40%。随着非洲可可产量逐渐提高，巴西地主就把种植园改作牧场或种植其他作物。

可可豆荚直接长在可可树干或大枝上。

巴伊亚地区的可可曾经占据巴西大西洋森林的一部分，后者是世界上受威胁最严重的森林群系，这种森林只有8%未受干扰。虽然可可种植园不能表现未受损森林全部的多样性，但是保护了曾生活于此地的数量惊人的物种。遮阴种植可可能够提供保护生物多样性的经济理由。尽管巴西可可很可能风光不再，无法与其他地区进行低价竞争。然而，市场上仍然存在特殊产品的生存空间。如果消费者愿意为有机的、公平交易的、遮阴种植的巧克力和咖啡额外多付一点钱，就有可能提供保护生态多样性所需的激励。你不想要非童工种植的巧克力或咖啡吗？你不想帮助保护就要灭绝的动植物物种吗？

纯吃草饲养的牛肉和自由放养的禽肉或猪肉也是极好的低投入食物。在因土壤或陡坡地形等原因不适合种植农作物的地方，这样放养的禽畜将牧草转化为蛋白质，是一种高效的食物来源。只要管理良好，牧场的水土流失将会极少，因为土壤上全年都有植被覆盖。

总　结

近几十年来，粮食生产的增长高于人口增长，虽然长期饥饿人口的数量仍在增加，但是相对比例却在降低。虽然我们大多数人消费的热量和蛋白质超过实际需要，但是8.54亿人仍然营养不良。大部分或者几乎全部饥饿是政治动乱造成的——政治动乱使农民背井离乡，阻断粮食供应，破坏地方农业经济。

农业生产方面的许多革新使粮食增产。绿色革命产生的新品种，虽然在化肥、灌溉或农药等方面需要额外的投入，但是亩产较高。转基因生物也使产量增加。大多数转基因作物的设计是为了耐受除草剂，而且其中许多新品种本身能产生杀虫剂。大规模生产玉米和大豆使密集养殖禽畜成为可能，大大提高了肉类生产的效率。巴西大豆的崛起和美国、中国及其他各地肉类消费的增长，均源自这些创新。

这些变化带来了重大环境效应，例如土壤的侵蚀与退化，以及因使用农药和化肥造成的水污染。健康效应也引起关切，包括与体重有关的疾病如糖尿病、接触农用化学品和对抗生素的耐药性等。

消费者可以通过食用当地农产品、吃食物链低端食品、到农贸市场购物和购买有机食品或纯食草动物的肉类等对农业生产施加影响。

8 环境健康与毒理学

虽然西非曾经一度是世界上几内亚龙线虫疫情最严重的地区，但现在这种可怕的病害在这一地区已基本绝迹。

问题与讨论

- 什么是环境健康？
- 我们最应该担心的健康风险是什么？
- 现在新出现的疾病似乎越来越多，与这种变化趋势有关的人为因素有哪些？
- 生态环境和我们的健康之间是否有联系？
- 帕拉塞尔苏斯（Paracelsus）说“剂量决定毒性”，这句话是什么含义？
- 是什么使得有些化学品成为危险品而有些则无害？
- 多大的风险是可接受的？对谁来说是可接受的？

改善的愿望本身就是改善的一部分。

——塞涅卡（Seneca）

古罗马政治家、哲学家、作家、雄辩家

案例研究

战胜火蛇

一个非洲孩子强忍着眼泪把浮肿的脚放在支架上，一条白色细长的虫子从流脓的溃疡处爬了出来。这个不幸的少女感染了几内亚龙线虫（*Dracunculus medinensis*），异常疼痛。她的整条腿就像着了火一样。只要感染了一条这样可怕的入侵者，行走和工作就很困难。这种疾病在非洲被称为“空谷仓病”，因为这种小虫通常在收获季节爆发，使人无法下地收割全家赖以为生的庄稼。

当遭受成虫破体而出之苦的人到当地湖泊或水塘中清洗伤口时，感染的循环就开始了。这种虫子感受到了水就会钻出来产下成千的幼虫，幼虫会被淡水桡足类动物（水蚤）摄入。这些幼虫在水蚤体内经过大约两周就发育到可传染的状态。村民饮用了受污染的水，水蚤被消化，而虫子存活下来，穿透肠壁进入腹腔。第二年，虫子长到约1米长，像面条那样粗。完全长成时，虫子钻到它要爬出来的地方，通常是受害者的腿部或脚上——有时甚至是眼窝里。虫子完全爬出来要花几周时间。如果你大力拽它，虫子就会断掉，留在体内的部分会溃烂。如果受害者把伤口浸泡在水里以缓解疼痛，循环又重新开始。

这种可怕的寄生虫折磨了热带国家数千年。埃及木乃伊中发现过这种虫子，并被认为是《旧约》中所述的使沙漠中以色列人受苦的“火蛇”。直至1986年，16个国家至少300万人还在遭受这种苦难的折磨，全世界超过1亿人处于危险之中。不过这个故事有了一个好结局。1988年，在美国前总统吉米·卡特的领导下，世界卫生团体开始了一场消灭几内亚龙线虫的运动。

根除这种寄生虫相当简单而且耗资很少。虽然一旦传染了这种虫子就无药可治，但是可以打井以防止病人污染饮用水源。可以用对人无害而能杀死幼虫和桡足类动物的杀虫剂处理当地的水池。而且，应该教会全家人用细滤布过滤饮用水，去除一切残留的水蚤。问题只是如何将合适的物资和信息送到偏远的村落。美国人努力去说服当地官员，告诉他们全世界都在关注这种疾病，而且这种病是可以治愈的。

这项工作的进展相当惊人。现在只有少数几个国家仍受这种可怕疾病的折磨。尼日利亚是取得显著成就的例子。1986年该国是世界上受几内亚龙线虫侵染最严重的国家，36个州中有65万病例，到2006年，99.9%以上的传染已被消灭，仍受感染的只有120人。目前全世界的病例少于1.2万人，病患主要在苏丹，那里的内战使公共卫生干预陷于困境。当几内亚龙线虫病最终被根除的时候，将是完全被消灭的第二种疾病（第一种是1977年被消灭的天花），也是全世界唯一完全被消灭的人类寄生虫。

这次公共卫生改革运动令人鼓舞之处是展示了公共卫生教育与社区组织即使在最贫穷和最偏远的地区也可以很有效率。人们一旦明白这种疾病是如何蔓延和他们需要怎样做来保护自己和全家，他们就能改变自己的行为。当运动达到目的，几内亚龙线虫被完全消灭后，卫生工作者和志愿者就可以转移到下一步的社区发展项目。

本案例提醒我们公共卫生的重要性，以及告诉我们人群对疾病和污染总是那么容易受到感染。我们在本章中将讲述环境卫生的原理，以帮助你了解我们所面临的一些风险，以及我们可以为此做些什么。

8.1 环境健康

什么是健康？世界卫生组织（WHO）定义的健康（health）是身体、精神和社会心理完全正常的状态，而不仅仅是不得病或者不虚弱。根据这个定义，我们都在某种程度上患有疾病。同样，如果考虑一下我们的所作所为，我们都可以改进自己的健康状况以便生活得更幸福、更长寿、更有成效，过上更令人满意的生活。

什么是疾病？**疾病**是身体状况非正常的改变，损害了重要的生理和心理机能。饮食和营养、传染源、有毒物质、遗传、外伤和压力都通过影响**发病率**（morbidity illness）和**死亡率**（mortality death）起作用。**环境健康学**（environmental health）着眼于那些导致疾病的因素，包括我们生活的世界中自然、社会、文化、技术等各种要素。世界卫生组织估计，24%的全世界所有疾病负担以及23%的夭折是环境因素所致。儿童（0～14岁）死亡中，由于环境因素所导致的比例可能高达36%。

用生态学术语来说，你的身体就是一个生态系统。构成我们每个人身体的大约100万亿个细胞中，只有10%是真正属于人本身的，其余部分是细菌、真菌、原生动物、节肢动物和其他物种。在这个复杂的系统中，各种有机体完美地保持着和谐的平衡，有益的物种帮助制衡有害的物种。健康面临的挑战不应该是试图将所有这些其他物种斩尽杀绝，我们的生存离不开它们。相反，我们需要寻找与我们的环境和我们的伙伴和平共处的途径。

自1962年蕾切尔·卡森（Rachel Carson）的《寂静的春天》一书问世以来，人工合成有毒化学物质的排放、迁移、归宿和后果一直是环境健康领域特别关注的一个焦点问题，但是，如本章开篇案例研究所示，传染性疾病仍是一个巨大的威胁。本章中，我们将详细探究这些问题。但是，首先我们要看看全世界一些主要疾病的病因。

全球的疾病负担正在发生变化

过去，卫生组织一直关注导致死亡的首要病因，把它作为世界健康状况的最好的概括指标。但是，死亡率数据无法全面反映疾病和受伤的非致死性后果（如痴呆或失明）对生活质量的影响。人生病后，无法从事工作，不能耕种或收获庄稼，不能做饭，孩子没法上学学习。健康机构现在计算**伤残调整寿命年**（disability-adjusted life years，DALYs），以此作为测度疾病负担的一个指标，包括因早死所致的寿命损失年和伤残所致的健康寿命损失年两部分。这是评估疾病总成本的一种尝试，而不是只看有多少人死亡。很明显，一个死于新生儿破伤风的孩子要比一个死于肺炎的80岁老人多损失很多年的预期寿命。同样地，一个十几岁少年因交通事故而永久性瘫痪，其承受痛苦和失能的岁月要比上了年纪患中风的人长得多。根据世界卫生组织公布的数据，现在全世界每年有5 650万人死亡，其中由慢性病导致的已经占到了近60%，而且慢性病已经占全球疾病负担的一半之多。

全世界正经历着流行病的急剧转变。慢性病，如心血管疾病和癌症，不再仅仅折磨有钱人。消灭传染病，如天花、脊髓灰质炎、疟疾所取得的辉煌成就让世界上几乎每个地方的人都能活得更长。如第6章所指出的那样，在过去的一个世纪中，全世界的平均预期寿命已经增加了大约2/3。在有些比较贫穷的国家，如印度，20世纪的预期寿命已经是原来的将近3倍之多。虽然在发展中国家，传统的致命杀手，如传染病、孕产妇和围产期（出生）并发症、营养不良，仍旧使很多人丧命，但是抑郁症和心脏病发作等曾经被认为是仅在富裕国家才会出现的疾病，现在正在快速变成世界各地致残和过早死亡的头号杀手。

世卫组织预测，2020年心脏病——十年前全球疾病负担成因榜单上的第五名，将会成为全世界导致残疾和死亡的头号病因（表8.1）。心脏病的大部分增长将出现在世界上比较贫困的地方，那里的人们正在快速学会富裕国家的生活方式和饮食习惯。同样，全球癌症发病率将会增加50%。到2020年，预计将有1 500万人患上癌症，其中900万人将会因此而死亡。

在评估疾病负担时将残疾、失能和死亡都考虑在内你就会发现，精神健康正越来越成为一个世界性问题。世卫组织的预测显示，精神疾病和神经疾病在世界疾病负担中的份额将会增加，从现在的10%增加到2020年的15%。同样，这也不仅仅是发达国家才有的问题。据预测，全世界范围来看抑郁症将会成为导致终生失能的第二大病因，也在致死原因中占到1.4%的份额。不论是发展中还是发达国家或地区，抑郁症都是女性疾病负担中的首位因素。而自杀——往往是未接受治疗的抑郁症的后果，是导致女性死亡的第四大原因。

请注意在表8.1中，1990年的时候，腹泻是疾病负担排行榜中的第二大病因，而到2020年预计会落到第九位，而麻疹、疟疾预计将会被挤出病残原因榜前十五名。肺结核病正在对抗生素产生耐药性，因此正在很多地方（特别是俄罗斯和南非）快速传播，它是唯一一种在未来20年中位次不会发生变化的传染性疾病。由于驾驶机动车人数增多，交通事故数量快速上升。

表8.1 全球疾病负担主要成因			
位次	1990	位次	2020
1	肺炎	1	心脏病
2	腹泻	2	抑郁症
3	围产期疾病	3	交通事故
4	抑郁症	4	中风
5	心脏病	5	慢性肺病
6	中风	6	肺炎
7	肺结核	7	肺结核
8	麻疹	8	战争
9	交通事故	9	腹泻
10	出生缺陷	10	艾滋病
11	慢性肺病	11	围产期疾病
12	疟疾	12	暴力
13	摔倒	13	出生缺陷
14	缺铁性贫血	14	自残性伤害
15	营养不良	15	呼吸系统癌症

与之类似的是，战争、暴力和自残性伤害与过去相比正在变成更为重要的健康风险因素。

到2020年，慢性阻塞性肺病（如肺气肿、哮喘和肺癌）预计将从疾病负担的第十一位上升到第五位。这种增长很大一部分原因在于发展中国家烟草消费量的增加，有时也被叫作“烟草传染病”。每天大约有10万年轻人染上烟瘾，绝大多数在贫困国家。现在全世界至少有11亿烟民，这个数字到2020年至少还会增加50%。如果现在这种状况持续下去，现在健在的人中大约有5亿将最终死于烟草。这一死因是全世界单一死因排名之首（因为心脏病发作和抑郁症这样的疾病是由多种因素造成的）。2003年，世界卫生大会正式通过了历史性的烟草控制公约，要求各国对烟草广告严加限制、设立室内空气清洁控制系统、禁绝烟草走私。世界卫生组织前总干事布伦特兰（Gro Harlem Brundtland）博士预言，该公约如果能够被足够多的国家批准，就可以拯救数十亿生命。

如第7章所指出的那样，肥胖这一流行病正在全世界蔓延。在美国，不健康的饮食和缺乏运动现在已经成了第二大潜在致死原因，每年至少导致40万人死亡。预计不久肥胖将超过烟草成为很多国家最大的单一健康危险因素。

新出现的疾病和传染病导致数百万人死亡

尽管现代生活方式的弊端几乎已经成为世界各地最大的健康杀手，但传染性疾病所导致的死亡仍旧在与疾病有关的死亡中占到大约1/3。腹泻、急性呼吸系统疾病、疟疾、麻疹、破伤风及其他几种传染性疾病，每年在发展中国家都会导致1 100万名5岁以下的儿童死亡。加强营养、净化饮用水、改善卫生条件、花费不多的疫苗接种就可以避免绝大多数此类死亡（图8.1）。

各种各样的**病原体**（pathogens，致病有机体）侵害人类，其中有病毒、细菌、原生动物（单细胞动物）、寄生虫。因单一一种疾病导致的一年中最大生命损失莫过于1918年的流感大流行。现在流行病学家估计，生活在那个时代的所有人中至少有1/3被感染，有5 000万到1亿人死亡。公司企业、学校、教堂、运动场和娱乐场所因为此病关闭数月。曾有人担心2009年传遍全世界的H1N1可能会感染20亿人，导致1.5亿人死亡和世界经济的停滞。幸运的是，实际情况并没有像1918年那么糟糕——至少到目前为止是这样。流感

图8.1 每年有数百万孩子因为那些很容易预防的儿童疾病而死亡。危地马拉的这个展板敦促儿童接种预防脊髓灰质炎、白喉、肺结核、破伤风、百日咳和猩红热的疫苗（从左至右）。

是由一种能快速突变并从野生和家养动物传播给人的病毒引起的，这使得控制这种疾病非常困难。

在美国，每年都有7 600万例因食品问题导致的疾病，使得30万人住院，5 000人死亡。细菌和肠内原生动物是这些疾病的元凶。这些疾病通过排泄物经由食物和水传播。2009年，美国大约有1133吨绞碎的牛肉因被大肠杆菌O157:H7污染而被召回。但是，这与2007年相比已经少得多了，当时有将近1.6万吨牛肉被召回。

每时每刻都有大约20亿人——将近世界人口的1/3，遭受着蠕虫、吸虫和其他人体内寄生虫的折磨。几内亚龙线虫（见开篇案例研究）就是一例。尽管很少有人死于寄生虫病，但寄生虫却可以使人变得非常虚弱，导致贫穷，而贫穷会带来其他致死率更高的疾病。

疟疾是现存传播最广的传染性疾病之一。每年大约有5亿个新增病例出现，大约有100万人因此而死亡。因全球气候变化，传播这种疾病的蚊子迁移到新的地方，使得此疾病影响范围不断扩大。仅仅是提供用杀虫剂处理过的蚊帐和仅值几美元的抗疟疾药丸就能防范这种每年使几千万人变得衰弱的疾病。可悲的是，有些疟疾肆虐最为猖獗的国家，还要把蚊帐和药丸作为奢侈品课税，使得普通人对这些物品望尘莫及。

新现疾病（emergent disease）就是那些以前不为人所知或者已经绝迹至少20年以上的疾病。2009年传遍世界各地的H1N1流感就是一个很好的例子。在过去20年间，至少有40种新现疾病暴发，包括致死率极高的埃博拉病毒和马尔堡热（Marburg fever），这两种病在过去10年中一直肆虐中非至少6个不同地区。同样地，已经在南美洲绝迹一个多世纪的霍乱1992年在秘鲁又重新出现。还有其他一些例子，如正在南非传播的一种新型的抗药性肺结核；登革热，现在流行于东南亚和加勒比地区；还有一种新的人类嗜T细胞病毒（HTLV），被认为是在喀麦隆从猴子身上传到那些处理或吃野味的人身上。这些HTLV类病毒据估测已经感染了2 500万人。

人口的增长使得人群向更偏远的地区扩散，在那里人们遇到了可能早就存在于那些地方的疾病，但只是到了今天这些疾病才暴露在人类面前。快速的国际旅行使得这些新疾病可以在全世界范围内以喷气式飞机的速度传播。流行病学家们警告说，下一个致死性传染病只有一个航班之遥。

西尼罗河病毒的例子能说明新疾病的传播速度有多快。西尼罗河病毒属于一个由蚊子传播的病毒品种，会导致脑部炎症。尽管1937年西尼罗河病毒就在非洲被发现，但1999年之前北美并没有这种病毒，它显然是被入境的鸟或蚊子带进来的。这种病最早在纽约被报告，并从那里快速传播开来，仅两年时间就传遍了美国东部（图8.2）。在5年的时间里，美国本土48个州几乎每个地方都发现了这种病毒。病毒至少感染了250种鸟类和18种哺乳动物。在2007年，大约有4 000人感染了西尼罗河病毒，大约100人死亡。

近年来新现疾病导致人类死亡最多的是艾滋病。尽管最早在20世纪80年代初才被发现，但是现在这种获得性免疫缺陷综合征已经成为传染性致死疾病的第五大病因。世界卫生组织估计，现在已经有大约3 300万人感染了人类免疫缺陷病毒，每年有300万人因艾滋病并发症死亡。尽管现在所有艾滋病感染者中有2/3生

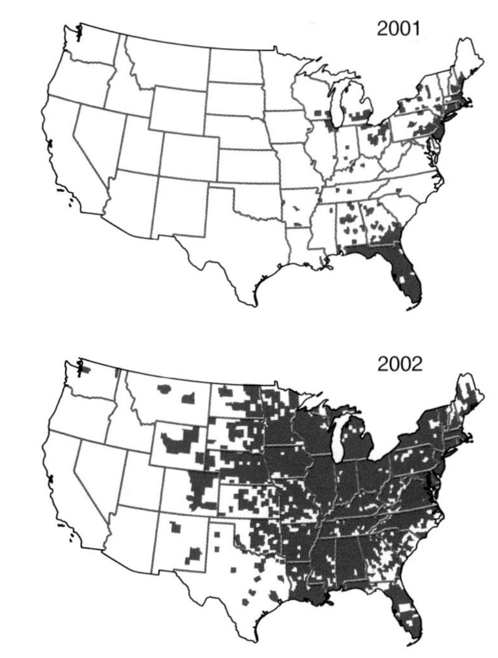

图8.2 2001—2002年西尼罗河病毒在鸟类中的传播。

资料来源：数据来自美国疾病控制中心及美国地质调查局。

活在撒哈拉以南非洲地区，但是这种病在南亚和东亚的传播速度很快。未来的20年，还会有6 500万艾滋病患者死亡。在斯威士兰，卫生官员估计所有成年人中将近40%是HIV阳性，现在所有15岁人口中有2/3将会在50岁之前死于艾滋病。如果没有艾滋病，斯威士兰的预期寿命有望达到55.3岁。因为艾滋病的影响，斯威士兰现在的平均预期寿命仅为35.7岁。从世界范围来看，超过1 500万儿童——相当于美国五岁以下儿童的总数，已经失去了双亲或父母中的一方。据估算治疗病人的经济成本和因这种疾病过早死亡导致的生产力损失每年至少达350亿美元，约占撒哈拉以南非洲地区GDP总和的1/10。

保护性医学将生态与医疗相结合

人类并不是唯一遭受新出现的毁灭性疾病之苦的生物。家畜和野生动物也会遭受突发性广泛传播的传染病——有时也被叫作**生态疾病**（ecological diseases）。埃博拉出血热是迄今为止最为凶险的病毒之一，感染者死亡率高达90%。2002年，沿加蓬和刚果边境爆发的埃博拉热开始致人死亡。数月之后，研究人员发现，他们在这个地区一直研究的235只西部低地大猩猩在短短几个月内有221只失踪了。很多黑猩猩也死去了。虽然研究团队只找到少数几只死亡的大猩猩，但在它们中有75%检测出了埃博拉病毒阳性。研究人员估计，在刚果的这一小片区域总共有5 000只大猩猩死亡。以此类推，在整个非洲中部地区埃博拉病毒有可能已经杀死了全世界所有大猩猩中的1/4。据悉，这种疾病是由于狩猎和食用灵长类动物才传染给人的。

两种叫作海水派金虫（Dermo，*Perkinsus marinus*）和尼氏单孢子虫（MSX，*Haplosporidium nelsoni*）的寄生虫已经杀死了切萨皮克湾几十亿只牡蛎。首次有文献记载海水派金虫是在20世纪40年代初的墨西哥湾，1949年之前就已经传播到切萨皮克湾。尼氏单孢子虫被认为是1959年有人故意通过一只受感染的牡蛎从日本引进的。这些寄生虫可以杀死90%被感染的牡蛎。这些疾病与过度养殖、污染和泥沙淤积一起，导致切萨皮克湾的牡蛎产量从19世纪80年代的每年2 000万～3 000万吨降到今天的大约1 000吨。

肉毒毒素中毒常常导致鸟类灾难性的大规模死亡，尤其是在它们迁徙过程中聚集在一起时。在过去10年中，美国五大湖地区发现了大量的死亡水鸟（图8.3）。这种传染病自湖东向湖西的扩散似乎与黑口新虾虎鱼（round goby）——一种来自欧洲的入侵物种的迁徙有关。在湖区生长的藻类和水生植物从过多的营养物质排放中得到肥料。当这些植物落入湖底并腐烂时，就会造成缺氧环境，能产生肉毒毒素的细菌在这种环境下繁殖很快。入侵性的斑马贝（zebra mussels）和斑驴贝（quagga mussels）通过滤食性摄食富集了这种毒素。随后，黑口新虾虎鱼吃了这些贝类，被毒素麻痹，很容易被鸟类捕食，鸟类也因此死亡。

慢性消耗性疾病（CWD）正在北美的鹿群中传播。CWD是由一种叫作朊病毒的诡异蛋白质导致，是被称作传染性海绵状脑病（TSE，包括疯牛病、羊痒病和人的克雅氏病）的一系列不可逆的退行性神经系统疾病之一。CWD可能是因饲养者给鹿群喂了受到污染的动物副产品饲料才开始传播的。受感染的动物被卖到其他牧场，而现在这种病已经扩散到野生种群。1967年在萨斯喀彻温省（Saskatchewan）确诊了第一例CWD，目前已经在美国至少11个州的野生鹿群和大牧场中检出这种病。

据悉没有人从鹿那里感染TSE，但有人担心这和

图8.3 2007年在美国的五大湖地区有数百只潜鸟死亡。很明显它们是被当时在这些湖里扩散的来自欧洲的入侵物种斑马贝、斑驴贝和黑口新虾虎鱼中所富集的肉毒毒素杀死的。

20世纪90年代重创欧洲的疯牛病存在相似之处。疯牛病造成至少100人死亡，为了控制疫情，欧洲有近500万头牛羊被宰杀。

人类新出现的疾病与自然群落中的生态疾病的共同点是环境的变化，它给生物系统带来压力，扰乱了正常的生态关系。我们砍伐森林、疏干湿地，破坏了原生物种的栖息地。入侵生物和疾病偶然地或有意地被引进新的地区，在这里爆炸式地生长。不断增加的对原有野生环境的侵扰，因人口增长和生态旅游而愈演愈烈。1950年，每年仅有大约300万人乘坐商业性飞机；到2010年，2 000万航班搭载的乘客超过了10亿人。随着人们经由国际交通枢纽中转，数天之内疾病就可以传遍全球。

气候变化也会促进或迫使物种向新领域扩张。2001年，一项由美国国会委托的气候变化评价报告预测，疟疾、黄热病和其他热带病在美国爆发的概率加大，因为蚊子、啮齿动物和其他动物的活动范围有所扩大。这种现象在全世界都很普遍。20世纪70年代只有9个国家受到登革热的困扰，但今天登革热已经传播到了100多个国家。其他与环境变化有关的疾病还有莱姆病、血吸虫病、肺结核、黑死病和霍乱。

我们正逐渐意识到，我们给予过如此高的评价的精巧的生态平衡对于我们自身的健康是多么重要，但我们又如此频繁地破坏。**保护性医学**（conservation medicine）是一门新兴学科，旨在试图去理解我们所处的环境变化是怎样威胁着我们自身的健康及我们赖以提供生态服务的天然群落的健康。尽管这一新兴研究领域还很弱小，但正在获得主流资助机构的认可，如世界银行、世界卫生组织及美国国立卫生研究院。

对抗生素和杀虫剂的抗性正在增加

近年来，卫生工作者已经越来越警惕耐甲氧西林金黄色葡萄球菌（MRSA）的快速传播。葡萄球菌非常常见，大多数人多少都会带有一些这类细菌。它们是喉咙痛和皮肤感染的常见诱因，但一般也容易控制。可是这种新菌株对青霉素和类似的抗生素有耐药性，能够引起致命性的感染，尤其是对那些免疫系统脆弱的人。MRSA最常出现在医院、疗养院、监狱和其他人群密集接触的地方。一般是通过直接的皮肤接触传播。学校的更衣室、体育馆和有身体接触的运动项目也是感染源。因MRSA的污染，有好几个州已经关闭了学校。疾病控制中心估计，2006年美国至少有10万例MRSA感染，导致1.9万人死亡。从那时起，为了改善医院和学校卫生条件而发起的行动似乎已经使得感染率下降。

为什么带菌者（如蚊子）和病原体（如细菌或疟原虫）变得对杀虫剂和抗生素具有抗性？部分原因在于自然选择，以及很多生物体具有能够快速进化的本领。另一个原因在于人类滥用控制措施。很多医生开出青霉素和其他抗生素药方仅仅是因为觉得它们也许会有些作用。同样，我们发现DDT和其他杀虫剂能够控制蚊子的数量，就到处喷洒。这样做不仅对野生生物和益虫有害，而且也给自然选择创造了绝好的条件。

很多害虫和病原体过去仅仅是最低限度地暴露在控制措施下，这使得那些有天然抵抗力的个体能够生存下来并把它们的基因传播到整个种群。经过反复的接触和自然选择的循环，很多微生物和它们的携带者已经变得对几乎所有我们用来对付它们的武器都不敏感了。

在高密度的畜栏和饲养场中饲养大量的牛、猪和家禽是病原体的抗生素耐受性广泛传播的另一个原因。这些被圈养的动物被定期喂以抗生素和类固醇激素以保证它们不得病，而且能更快地增重。每年在美国使用的所有抗生素中有一半以上都用在饲养动物身上。这些抗生素和激素中相当大部分通过尿和粪便被排泄出来，未经处理就落到地上或排放进地表水，在那里继续协助推进具有超强毒性的病原体的进化过程。

在美国，每年给人类开出的1亿剂抗生素药物中至少有一半是不必要或者错误的。而且，很多人开始一个抗生素疗程后没能按照药方中规定的时间坚持完成治疗。如果你正在使用抗生素，为了你自己和周围人的健康，一定要按照医嘱使用。一定要把开给你的药剂服用完，不要因为你感觉好些了就马上停药。

谁应该为医疗付费

疾病最沉重的负担落在了最贫穷的人身上，他们既没有能力负担健康卫生的生活环境，也无力负担充足的医疗卫生措施。例如，在撒哈拉以南非洲地区，妇女们承受的疾病负担是大多数欧洲国家妇女的6倍。世界卫生组织估计，所有疾病负担中的90%发生在发展中国家，而这些国家支出的医疗卫生资金还不到世界总量的1/10。无国界医生组织（MSF）把这种现象称作10/90差距。一方面，富裕国家正在致力于用药物治疗秃顶、肥胖、狗的抑郁症和勃起功能障碍；而另一方面，数十亿人却正在因可治愈的感染和寄生虫病而患病甚至死亡，对这些疾病却甚少有人加以关注。全世界只有2%的艾滋病感染者能够用上现代药物。每年大约有60万名新生儿感染艾滋病病毒——其中几乎所有人都是在出生或母乳喂养过程中通过母婴传播而感染。花费无多的抗逆转录病毒疗法能够预防绝大多数这种传播。比尔及梅琳达·盖茨基金会已经承诺捐款2亿美元用于发展中国家抗击艾滋病、肺结核和疟疾的医疗援助。

哥伦比亚大学地球研究所的杰弗里·萨克斯(Jeffrey Sachs)博士认为，尽管疾病与贫穷、政治动荡互为因果，但是世界上最富有的那些国家现在每年每人只为全球的健康卫生花费1美元。他预计，如果能够把我们这个义务提高到每年250亿美元（大约为最富有的20个国家每年GDP的0.1%），不仅能够每年挽救800万生命，而且还将提升世界经济达数十亿美元之多。这还会给那些富裕国家带来巨大的社会利益，不用再生活在受到大规模社会动乱威胁的世界中，不用再担心病原体跨越国界传播、担心其他社会问题（如恐怖主义）的扩散和由于社会问题引发的毒品交易等。萨克斯还认为，减少疾病负担有助于减少人口增长。如果父母相信他们的后代能够存活下来，他们就会少生一些孩子，将更多的钱用在人口更少的家庭的食品、卫生和教育上。

提升较贫穷国家的卫生防护措施可能还有助于阻断新出现的疾病（如SARS）在相互联系的世界中的进一步传播。

流行病学家注意到，未来30年世界人口将要增加的22亿人几乎全都会生活在发展中国家的特大城市里。那些城市的经济和环境状况将会对全球疾病负担产生复杂深远的影响。很多世界领袖督促我们直面“致死性的贫困病”。更多关于城市地区及其问题的讨论将在第14章展开。

你能做些什么？

保持健康的秘诀

- 吃富含新鲜水果、蔬菜、豆类和全麦谷物的平衡膳食。仔细清洗水果和蔬菜；它们也许来自杀虫剂管控和卫生法规松懈的国家。
- 使用不饱和油脂，如橄榄油或菜籽油；不用氢化油或半固态脂肪，如人造黄油。
- 烹饪肉类和其他食物时，温度一定要高到足以杀死病原体；清洁餐具和食物的切割面；妥善存放食物。
- 勤洗手。你从手到口传播的细菌比其他任何方式都要多。
- 如果你正在服用抗生素，按药方坚持服完整个疗程——因为一旦感觉好转就停药是对抗生素耐受菌进行自然选择的最好方法。
- 进行安全性行为。
- 戒烟，避开有烟的地方。
- 如果饮酒，注意适量。饮酒后严禁驾车。
- 定期锻炼身体：走路、游泳、慢跑、跳舞、园艺劳动。做一些自己喜欢的能够燃烧热量并能保持灵活性的运动。
- 保证足够的睡眠。做冥想或其他形式的减压活动。养一个宠物。
- 列出能够使你觉得更有活力、更幸福的朋友和家人的名单。每周花时间至少与其中一人见面。

8.2 毒理学

毒理学（toxicology）是研究外界因素对生物体或生态系统的负面影响的学问。其中包括环境中的化学物质、药物、饮食以及物理因素——如电离辐射、紫外线和电磁力等。除了研究能产生毒性的物质以外，这个领域的科学家还要考虑毒物在环境中的迁移和归宿、进入人体的路径以及接触这些毒物的后果。有毒物质能损害甚至杀死活的生物体，因为它们能够与细胞成分发生反应，扰乱新陈代谢功能。毒素甚至在极低浓度下也往往是有害的。在某些情况下，十亿分之一克甚至万亿分之一克毒素就能造成不可逆的损害。

很多毒理学家把“毒素”（toxin）这个术语限定为蛋白质或其他由活的有机体合成的分子。非生物的有毒物质被叫作“毒质”（toxicant，来自拉丁文的“toxicum”，即毒药）。但是，有机物也好，无机物也好，人工合成的抑或是天然物质，其作用方式是如此类似，以至于我们在本章中可以无须考虑来源，把有毒物质统称为“毒素”。

有害物质并不一定有毒。有些物质之所以危险是因为它们易燃、易爆、具酸性、具腐蚀性、具刺激性或者是致敏。很多这类物质在大剂量和高浓度的情况下必须谨慎处置，但是如果经过稀释、中和或其他物理处理以后可以变得相对无害。

环境毒理学，或称生态毒理学，专门研究有毒物质在生物圈——包括单个生物体、种群和整个生态系统——中的相互作用、转化、归宿和影响。在水体系统中，主要通过水体与生态系统组成部分之间交界面上的作用机制和过程来研究污染物。特别关注沉积物与水体之间、水体与生物体之间及水体与大气之间的交界面。在陆地环境中，研究重点倾向于金属对土壤动物群落和种群特征的影响。

表8.2列出的是美国国家环境保护局认定的最为危险的前20种有毒有害物质，是从被《综合环境响应、补偿和责任法案》（CERCLA）——通常叫作超级基金法案——管控的275种物质中汇编出来的，根据对人类健康和环境卫生的重要性评价指标对这些物质排序。

有毒物质是如何影响我们的

变应原（allergen）是激活免疫系统的物质。有些变应原作为**抗原**（antigen）直接起作用，即它们被白细胞看作是外来物质，刺激特定抗体（识别并结合外来细胞或化学物质的蛋白质）的生成。其他变应原通过附着于外来物质并改变其化学结构，使其变成抗原，从而间接引起免疫反应。

甲醛是广泛使用的化学物质中典型的一种强变应原。它自身具有直接变应性，并能激发人体对其他物质的反应。甲醛在塑料、木制品、绝缘材料、黏合剂和纺织品中广泛使用，其在室内空气中的浓度可以比室外正常空气高几千倍。

有些人深受所谓“病态建筑综合征”（sick building syndrome）之害：头痛、过敏、慢性疲劳，这是因为室内空气通风不良，被地毯、绝缘材料、塑料、建筑材料和其他污染源释放出的霉菌、一氧化碳、氮氧化物、甲醛和其他有毒化学物质污染所致。美国国家环境保护局估计，室内空气质量差可能导致全国每年因缺勤和生产力下降损失600亿美元。

神经毒素（neurotoxin）是一类特别的代谢毒物，专门攻击神经细胞（神经元）。神经系统在调节身体活

表8.2 有毒有害物质前20名

物质		主要来源
1	砷	加工过的木材
2	铅	油漆、汽油
3	汞	煤炭燃烧
4	氯乙烯	塑料、工业用途
5	多氯联苯	电气绝缘
6	苯	汽油、工业用途
7	镉	电池
8	苯并(a)芘	垃圾焚烧
9	多环芳烃	燃烧
10	苯并(b)荧蒽	燃油
11	氯仿	水的净化、工业用途
12	DDT	杀虫剂
13	亚老格尔1254	塑料
14	亚老格尔1260	塑料
15	三氯乙烯	溶剂
16	二苯并（a,h）蒽	焚烧
17	狄氏剂	杀虫剂
18	六价铬	油漆、包装、焊接、抗腐蚀剂
19	氯丹	杀虫剂
20	六氯丁二烯	杀虫剂

动方面是如此重要，以至于对其活动的破坏见效特别迅速并具有毁灭性。不同类型的神经毒素作用方式不同。重金属，如铅和汞，能杀死神经细胞，造成永久性神经损伤。麻醉剂（乙醚、氯仿、氟烷等）和氯代烃（DDT、狄氏剂、艾氏剂等）能破坏神经活动所必需的神经细胞的细胞膜。有机磷酸酯（马拉硫磷、对硫磷等）和氨基甲酸酯（胺甲萘、代森锰等）抑制乙酰胆碱酯酶（一种调节神经细胞与它们所支配的组织或器官［如肌肉］之间信号传输的酶）。大多数神经毒素起效快、毒性极大。现在有850多种化合物被认定为神经毒素。

诱变剂（mutagens）是破坏或者改变细胞中遗传物质（DNA）的东西，如化学制剂和辐射。如果损害发生在胚胎或胎儿成长期，就可能导致出生缺陷。在之后的生活中，基因损害可能会引发肿瘤生长。当损害发生在生殖细胞中时，损害的结果就可能遗传给后代。细胞有自我修复的机制，能够发现并修复受损伤的遗传物质，但是有些变化可能是隐蔽的，而修复过程本身也可能会出问题。普遍认为暴露在诱变剂下是没有"安全"门槛的。任何程度的接触都有导致损害的某种可能性。

致畸剂（teratogen）特指在胚胎生长发育期引起畸形的化学物质或其他因素。有些化合物本来无害，但是在这些生命的敏感阶段有可能引发悲剧性的问题。可能世界上最常见的致畸剂就是酒精。在怀孕期间饮酒可能会导致**胎儿酒精综合征**（fetal alcohol syndrome）——包括颅面畸形、发育迟滞、行为异常和精神缺陷等一系列症状，并会伴随孩子一生。目前已经证明怀孕期间即使每天只喝一杯酒也会导致出生体重减少。

致癌物（carcinogen）是能够导致**癌症**（cancer，侵略性、不受控制的细胞增长导致的恶性肿瘤）的物质。20世纪大多数工业化国家癌症发病率有所上升，现在癌症在美国致死性病因中居第二位，每年导致50万人死亡。美国环境保护局列出的对人类健康威胁最大的20种化合物中有16种很有可能或有可能是人类的致癌物。有超过2亿美国人所生活的地方，其一生中来自这些致癌物质的癌症风险合并的上限超过百万分之十，是正常可接受风险的10倍。

2010年美国的癌症研究小组警告，暴露在致癌物和干扰激素的环境化学物质中可能比以前所认识到的更危险。专家组尤其担心怀孕期间的接触，因为此时的风险似乎是最大的。因为注意到脐带血中检测出了300种污染物，他们说婴儿在出生前就"提前被污染"了。因为注意到美国正在使用的8万多种化学物质中只有几百种被全面检测过其对人类的毒性，这个专家组呼吁对化学物质采取更严厉的控制措施。

内分泌激素干扰剂引发特别关注

最近才被关注的环境卫生威胁之一是**内分泌激素干扰剂**（endocrine hormone disruptor），即一种能够干扰正常内分泌激素功能的化学物质。激素是由人体的腺体释放到血液中的化学物质，能够调节身体其他部位组织和器官的生长发育和功能（图8.4）。你肯定听说过性激素及其对我们的外表和行为的种种强大影响，但这仅仅是很多种调控我们生活的激素中的一例而已。

我们现在知道的是，稳定的化学物质，如DDT和PCBs（多氯联苯）等，它们其中某些最不为人知的作

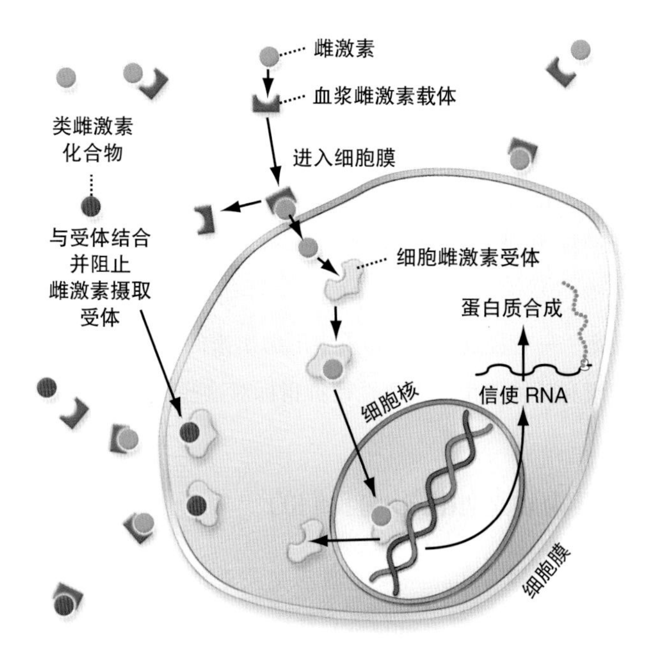

图8.4 类固醇激素作用。血浆激素载体将控制性分子运送到细胞表面，它们从这里穿过细胞膜。细胞内的载体将激素输送到细胞核，两者结合在一起并调节DNA的表达。

用就是能在剂量非常低的情况下干扰各种动物正常的生长发育和生理机能，很可能包括人类。在某些情况下，皮克浓度（万亿分之一克/升）可能就足以导致某些敏感器官的发育异常。这些化学制剂有时候被称作环境雌激素或环境雄激素，因为它们往往导致性功能障碍（如雌性的生殖健康或者雄性的雌性化问题）。但是，如同阻碍性激素发挥作用一样，它们同样也有可能干扰甲状腺素及其他重要的调节性分子的功能。

8.3　毒素的迁移、分布和归宿

环境中有很多有毒有害化学物质污染源，还有与每一种化学物质自身、它的迁移路线或接触方式、在环境中存在的时间及其靶标生物的特征等相关的种种因素（表8.3），这些因素决定着各种化学物质的危险性。我们可以把个体和生态系统都看作是一系列相互作用的小舱室，在各舱室之间，化学物质根据分子大小、溶解度、稳定性和反应活性而迁移（图8.5）。剂量（数量）、进入的路径、接触时间和有机体的敏感性在决定毒性大小方面都会起到很重要的作用。我们将在本节探讨其中的一些特征以及它们是如何影响环境健康的。

表8.3　环境毒性影响因子

与有毒物质有关的因子
1. 化学组成和活性
2. 物理特征（如溶解度、存在状态）
3. 杂质或污染物的存在
4. 有毒物质的稳定性和存储特征
5. 承载毒物的载体（如溶剂）的可获性
6. 毒物通过环境进入细胞的迁移
与接触有关的因子
1. 剂量（浓度和接触量）
2. 接触路径、速度和地点
3. 接触的持续时间和频率
4. 接触时间（年份、季度和日期）
与有机体有关的因子
1. 对毒物摄取、储存或细胞渗透的抵抗力
2. 代谢、灭活、隔离或消灭毒物的能力
3. 激活或改变非毒性物质使其变成有毒物质的倾向性
4. 合并发生的感染或物理的、化学的压力
5. 有机体的物种和遗传特征
6. 受体的营养状况
7. 年龄、性别、体重、免疫状况和成熟度

溶解度和活性决定化学物质何时迁往何地

溶解度是决定一种有毒物质何时、何地和如何通过环境或人体迁移到它起作用地点的最重要的特征之一。化学物质可以分为两大类：亲水的和亲油的。因为水无处不在，所以水溶性化合物在环境中的迁移速

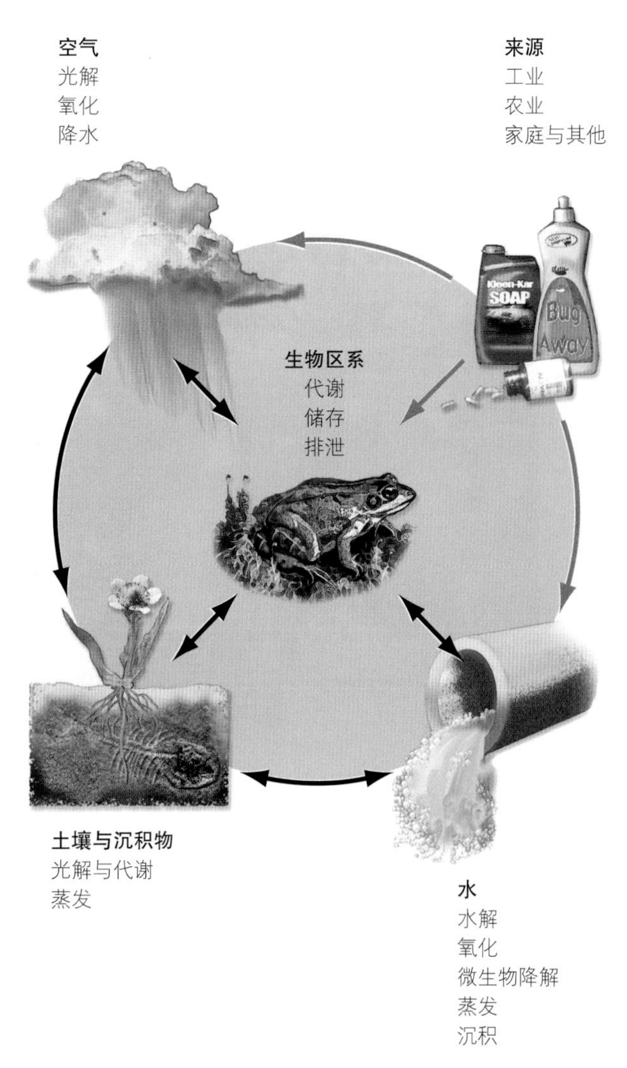

图8.5　化学物质在环境中的迁移和归宿。化合物改变、去除或隔离的过程显示在每个小舱室的下方。毒素还可以直接从污染源进入土壤和沉积物。

你家里存在什么样的毒素与危险

美国环境保护局警告，室内空气受污染的程度可能比室外还要严重得多。很多疾病与室内空气质量差和在家中接触到的毒素脱不了干系。自1950年以来，人类至少已经发明了7万种新的化学合成物，并将其扩散到我们的环境中。其中只有一小部分做过对人的毒性测试，但是有人怀疑很多种化学合成物可能与人类出现的过敏、出生缺陷、癌症和其他异常有关。以下这些物质中哪些能在你的家里找到？你家中存在什么样的毒素和危险？

▼ 车库

- 防冻剂
- 汽车抛光和打蜡剂
- 电池
- 杀菌剂和除草剂
- 汽油和溶剂
- 杀虫剂、农药
- 油漆、着色剂
- 游泳池清洁装置
- 除锈剂
- 木材防腐剂

▼ 厨房/洗衣区

- 漂白剂
- 一氧化碳和细微颗粒物
- 清洁剂、消毒剂
- 洗衣剂
- 管道疏通剂
- 地板抛光剂
- 微波炉清洁剂
- 不粘锅的副产品
- 窗户清洁剂

地下室 ▶

- 暖炉和热水器释放的一氧化碳
- 环氧树脂
- 汽油、煤油及其他可燃性溶剂
- 碱液和其他腐蚀剂
- 霉菌、细菌及其他病原体和过敏原
- 油漆和脱漆剂
- 聚氯乙烯及其他塑料
- 来自底层土壤的氡气

▼ 浴室

- 淋浴和浴缸洗浴时释放的氯仿
- 剩余的药品和药剂
- 指甲油和洗甲水
- 化妆品
- 霉菌
- 漱口水
- 马桶清洁剂

◀ 阁楼

- 石棉
- 玻璃纤维隔热材料
- 用多氯联苯处理过的纤维素

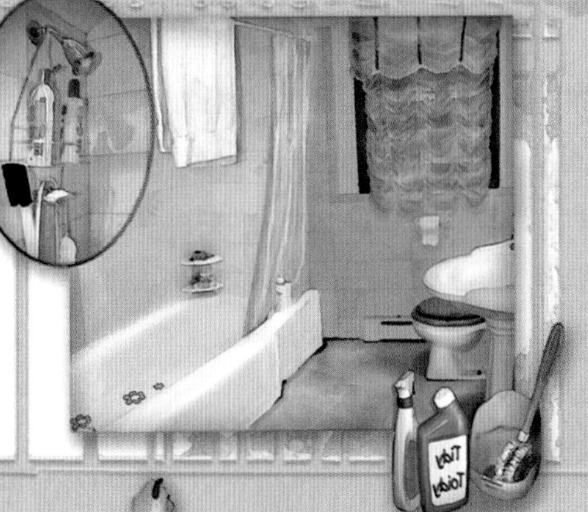

◀ 卧室

- 喷雾剂
- 玩具和珠宝中的双酚A、铅、镉
- 地毯和卧具中的阻燃剂、杀菌剂和杀虫剂
- 樟脑丸

▲ 客厅

- 地板和吊顶板材中的石棉
- 吸烟产生的苯并芘
- 阻燃剂
- 空调中的氟利昂
- 家具和金属抛光剂
- 玩具中的铅和镉
- 油漆、纺织品
- 塑料

请解释：

1. 哪个地方有毒物质数量最多？
2. 哪个房间你停留的时间最长？
3. 在你可能定期停留的地方中，哪里是毒素数量最多的？

度更快，扩散范围更广。它们往往更容易进入人体中的大多数细胞，因为我们所有的细胞都浸在水溶液中。能溶于油脂或脂肪的分子（一般都是有机分子）通常需要一个载体才能从环境中进入人体或存在于人体里。但是一旦进入人体，脂溶性有毒物质就很容易渗透进组织和细胞，因为包裹细胞的细胞膜本身就是由类似的脂溶性化学物质组成的。一旦进入细胞内部，脂溶性物质很有可能富集并以脂类沉积物的形式储存起来，并免受新陈代谢的分解而存留很多年。

暴露度和脆弱性决定我们会如何反应

就如同我们的环境中存在着很多有毒物质污染源一样，它们进入我们身体的路径也是多种多样的。空气中含有的有毒物质所导致的健康问题往往比其他任何一种暴露源都多。我们每天吸入的空气比我们摄入的食物和水的体积要大得多，而且肺部的内膜构造非常便于交换空气，吸收有毒物质效率也很高。流行病学家估计每年有300万人（其中2/3是儿童）死于空气污染造成的或因空气污染而恶化的疾病。

但是食物、水和皮肤接触也能将我们暴露在各种各样的危险中。对很多有毒物质来说，最大程度的接触出现在工业生产环境中，工人们置身其中可能会遇到比其他地方剂量高数千倍的污染物。欧洲职业安全健康合作组织发出警告，欧盟有3 200万人（占所有雇员的20%）工作环境中致癌物和其他化学物质含量处于不可接受的水平。

生物体的状况和接触的时机也会严重影响毒性大小。例如，对少年儿童或者已经因其他疾病而身体虚弱的人非常危险的剂量，对健康的成年人而言可能并不那么敏感。按照单位体重来说，儿童比大人喝的水更多，吃的食物和吸进的空气也更多。把手指、玩具和其他东西放进嘴里，也增加了孩子们与粉尘和土壤中有毒物质的接触机会。

而且，儿童的免疫系统一般都发育不完全，分解和排泄有毒物质的处理能力不足。正在发育中的脑组织对有毒物质的损害特别敏感，显然扰乱大脑生长发育的复杂而敏感的进程可能会带来悲剧性的长期后果。研究人员估计，美国有1/6的儿童存在发育障碍，大多数与神经系统有关。

儿童遇到的环境风险问题最广为人知的例子是铅中毒。20世纪70年代含铅涂料和含铅汽油被禁用前，至少有400万美国儿童的血铅水平超标。到目前为止，禁止使用这些产品已经成为环境健康领域取得的最大成就之一。在过去30年里，儿童的血铅水平已经下降了90%以上。可惜的是，这个伟大的成就目前还没有惠及发展中国家。

臭名昭著的致畸剂“沙利度胺”是最能说明不同物种之间及胎儿发育的不同时期之间敏感性存在差异的典型例子。在妇女怀孕第三周时（此刻很多女性还没有意识到自己已经怀孕）使用一片这种致畸剂就能导致胎儿四肢发育严重畸形。用很多实验动物对“反应停”进行检测却没有显示出任何毒副作用。但是很不幸，它对人类来说却是一种强致畸剂。

生物积累作用和生物放大作用提高了化学物质的浓度

细胞有**生物积累作用**（bioaccumulation）机制，对各种各样的分子有选择性地吸收和储存。这使得细胞能够累积营养物质和关键性的矿物质，但是与此同时，也可能通过同样的机制吸收和储存有害物质。在环境中相当稀少的物质通过这种生物积累过程可以在细胞和组织中达到很危险的含量水平。

有毒物质也能通过食物网被放大。较低营养级的大量生物被更高营养级的捕食者摄食后，有毒物质的负荷就得到累积和浓缩，这就是**生物放大作用**（biomagnification）。例如水体生态系统中的浮游植物和细菌从水和沉积物中摄取了重金属和有毒有机分子（图8.6）。它们的捕食者——浮游动物和小鱼，从猎获的很多有机物中收集并保有了这些有毒物质，使得有毒物质在其体内含量变得更高，食物链最高端的食肉动物，例如肉食鱼、以鱼为食的鸟类和人，累积这些物质的含量达到如此之高，以至于会对其健康产生负

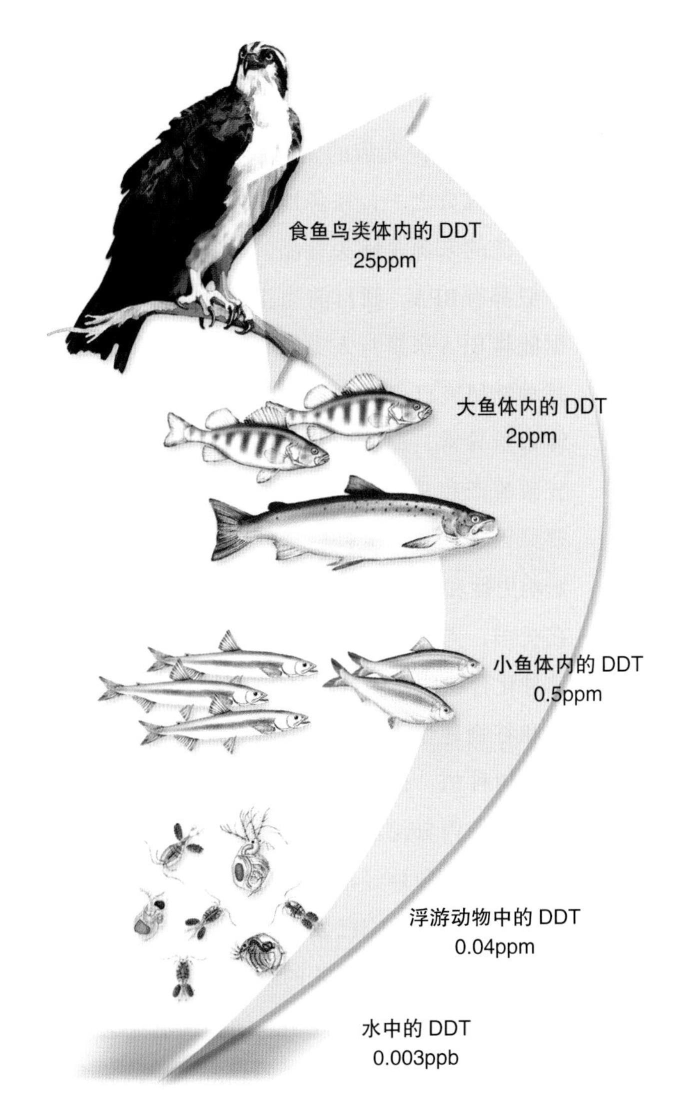

图 8.6 生物积累和生物放大作用。处于食物链底端的生物体从环境中摄取了毒素并储存起来。它们被大一些的捕食者吃掉，旋即被更大的捕食者所吞噬。食物链中最顶端的成员体内累积的这种毒素可以达到很高水平。

面影响。

生物积累和生物放大作用最早的著名例证之一是DDT，它通过食物链富集，因此到20世纪60年代就发现它干扰了位于食物链顶端的游隼、褐鹈鹕和其他猛禽的繁殖过程。

稳定性导致一些物质危害更大

很多有毒物质如果暴露在阳光、空气和水中后会降解，这会破坏其毒性或者将其转化成不活泼的形态。但是有些物质性质稳定，它们在生态系统中循环，可以存在很多年甚至数个世纪。即便释放出来的浓度是微量的，但通过生物积累作用也能在食物网中达到很危险的水平。铅和汞等重金属就是最经典的例子。汞和铅一样，能破坏神经细胞，对儿童特别危险。在美国，汞的最主要来源是燃烧煤炭。每年美国的发电厂向空气中释放的这种有害金属达48吨之多。它通过食物链传播扩散，在鱼体内富集到有害水平。汞污染是很多河湖不能达到污染控制标准的最常见原因。44个州已经发布了警示，禁止儿童和怀孕的妇女吃当地的鱼。在2007年美国一项全国性的河流湖泊调查中，环境保护署发现，作为样本的2 500条鱼中有55%体内的汞含量超过了推荐的食用标准。

很多有机化合物，如PVC塑料和氯化烃杀虫剂也非常难以降解。这是它们非常好用的原因，但也使得它们在环境中容易累积起来，对它被使用的地方造成始料未及的影响。这些**持久性有机污染物**（persistent organic pollutants，POPs）中的一部分已经广泛扩散，现在从赤道到北极到处都能找到。它们常常在食物网络中富集，在那些长寿的顶端捕食者——人、鲨鱼、猛禽、旗鱼和熊——体内达到有毒浓度水平。目前一些最受关注的例子有：

- 多溴联苯醚（PBDE）作为阻燃剂被广泛应用于纺织品、室内装饰材料泡沫、各种家用电器和计算机的塑料中。20世纪90年代首次报道瑞典女性的乳汁中发现这种化合物。后来又在各个地方（从加拿大到以色列）的人类和其他物种体内被发现。全世界每年使用的PBDE将近1.5亿吨。PBDE的毒性和环境稳定性与PCBs很类似，在化学上它们是密切相关的。“9·11事件”以后，纽约市发生爆炸中心地带的尘埃中充斥着PBDE。欧盟已经禁止使用这种化合物。
- 全氟辛烷磺酰基化合物（PFOS）和全氟辛酸铵（PFOA，也叫作C8）是制作不粘、防水、防锈产品——如特氟龙（Teflon）、戈尔特斯（Gortex）、思高洁（Scotchgard）、斯特恩玛斯特地毯（Stainmaster）——的化学品家族的一员。工业生产中利用它们光洁、热稳定性好的特性，制造从飞机、电脑到化妆品、家用清洁剂等各种各样的产品。现在这些化学物质遍布世界各地，而且据报道在环境中是无限稳定的，即便是最偏僻和看上去最原始的角落也能找到。几乎所有美国人的血液中都有一种或多种这类全氟化合物。一项长期研究表明，暴露在高水平的PFOA中的工人死于前列腺癌或中风的可能性，是极少接触或根本不接触这种化学物质的同事的两倍。加热某些不粘锅达到260℃以上时，所释放出的PFOA足以毒死宠物鸟。已经证实，这类化合物能够导致老鼠的肝损伤以及各种癌症和生殖发育问题。暴露在这种物质中可能对女人和女孩尤其危险，因为女性对这些化学物质的敏感程度比男性高100倍。

- 高氯酸盐是水溶性污染物，是推进剂和火箭燃料的残留物。在美国有约1.2万处被用作军事用途的地方进行过军火试验，因而受到高氯酸盐的污染。被污染的水用来灌溉农作物，如苜蓿和生菜，使得这种化合物进入到人类的食物链中。在全美各地取样，对牛奶和母乳进行化验，几乎每一份样本都检测出了高氯酸盐。高氯酸盐可以干扰甲状腺对碘的吸收，扰乱成年人的新陈代谢和儿童的生长发育。
- 邻苯二甲酸盐在化妆品、除臭剂和很多塑料制品（如软的聚氯乙烯，即PVC）中都存在，用来制作食品包装、儿童玩具和医疗器械。这类化学品中的一些种类据悉对试验动物有毒，会导致肝肾损伤，还有可能致癌。除此以外，很多邻苯二甲酸盐充当了内分泌激素干扰剂的角色，而且与生殖异常和生育力下降有关。已经发现了男性尿液中邻苯二甲酸盐的含量和精子数量低及精子活力下降之间的相关关系。在美国，几乎每个人体内的邻苯二甲酸盐含量都达到了所报道的能导致这些问题的水平。尽管还没有定论，但这些结果有助于解释为什么50年来在大多数工业化国家男性的精液质量一直在下降。2007年加利福尼亚州禁止在为儿童设计的用品中使用邻苯二甲酸盐。
- 双酚A（BPA），是聚碳酸酯塑料（常用于制作从水瓶到保护牙齿的密封胶之类的各种产品）的主要成分之一，在各地人体中均有检出。一种可能的来源是罐头食品，因其内部的涂层中一般都有BPA。到目前为止，没有多少直接证据能将BPA暴露与人类健康风险联系起来，但是动物研究已经发现这种化学品能够导致染色体数量异常，即所谓非整倍性的状态，而这是导致流产和几种形式的精神发育迟滞问题的首要原因。它同样也是一种环境雌激素，可能会影响男性和女性的性发育。
- 在美国，莠去津是使用最广泛的除草剂。每年这种化合物的使用量超过2.7万吨，主要用在玉米和谷物地里，也用于高尔夫球场、甘蔗田和圣诞树种植。很早以前人们就知道它能干扰哺乳动物的内分泌激素功能，导致自然流产、出生体重过轻和神经紊乱。对美国中西部玉米种植区的家庭的研究已发现，饮用水中莠去津含量上升的家庭中，婴儿的发育缺陷率更高，某些癌症的发病率也提高了。加利福尼亚大学的海耶斯（Tyrone Hayes）教授已经证明，莠去津含量即使低至0.1ppb（比EPA允许的最高污染水平低30倍）也会对两栖动物的繁殖产生严重影响，包括性腺发育异常和雌雄同体。现在美国各地的雨水和地表水中几乎都有莠去津，其含量足以导致青蛙的发育异常。2003年，欧盟撤销了对这种除草剂的审批许可，有多个国家联合禁止其使用。一些毒理学家已经建议美国也通过类似的法规。

化学作用能够增强毒性

有些物质能够产生拮抗反应，即它们能干扰其他化学物质的影响，或加速其他化学品的分解。例如，维生素E和维生素A能够减小对某些致癌物的反应。有些物质，当它们一并出现时，其作用是叠加的。同时暴露在铅和砷之中的老鼠受到的毒性是仅有一种元素时毒性的两倍。或许人们最担心的是协同效应。**协同效应**（synergism）是一种物质加重另一种物质影响的相互作用。例如，石棉工人这种职业的接触会使罹患肺癌的概率增加20倍，吸烟也会增加肺癌发病率，但是如果身为石棉工人又吸烟，癌症的发病率会增高400倍。还有多少种我们能接触到的有毒化学品是单个看来低于阈值，但合在一起却能产生有毒后果的？

8.4 将毒性降到最低的机制

毒理学中有一个基本概念：在某些特定条件下每一种物质都可能是有毒的，但是大多数化学物质都有其安全用量或临界阈值，在此阈值之下其毒性无法察觉或可以忽略不计。我们每个人在一生中消费的很多化学物质都可以达到致死剂量。例如，100杯浓咖啡含有的咖啡因剂量足以致命。同样，如果一次吃下去100片阿司匹林，10千克菠菜或大黄，或喝下1升酒精也是会要命的。但是小剂量服用这些东西，其成分在造成严重损害之前就会被分解或者排泄掉。而且它们所造成的损害是可以被修复的。但是，有时候，在一生中的某个阶段，保护我们免受某种毒素伤害的机制在与另一种物质相遇时，或在生长发育的其他阶段时会变成有害的。让我们看看这些过程如何保护我们免受有害物质侵害，或者它们又是怎样向有害方向发展的。

代谢降解和排泄能去除有毒物质

大多数有机体都拥有能处理废物和环境毒剂以减小其毒性的酶。在哺乳动物中，这种酶大多数储存在肝脏中，而肝脏是天然废物和摄入毒物解毒的主要场所。但是有时候，这些反应却会产生对我们不利的后果。例如，苯并芘这样的化合物本来的形态是无毒的，经过肝脏里这种酶的加工处理后就变成了致癌物。为什么我们要拥有一个能将化学成分变得更危险的系统呢？进化和自然选择是通过繁殖的成功还是失败来表现的。生命早期保护我们免受毒素和灾害伤害的保护性机制是被进化所“选用”的。而那些影响出生后的生命阶段（如癌症或早衰）的因素或环境条件往往不会影响繁殖的成功或对其施加“选择压力”。

我们还会通过排泄功能将废物和环境毒素排出体外以减少其危害。挥发性的分子，如二氧化碳、氢氰酸和酮类是通过呼吸排出的。一些多余的盐分和其他物质可通过汗液排出。但是，主要的排泄功能是通过肾脏，它能通过尿液的形成排出相当多的可溶性物质。不过在尿中累积的毒素也可能会损伤这一要害系统。同样，胃肠道也常常会因聚集在消化系统中的东西而受到损害，且可能会因此使人受到疾病和肿瘤的折磨。

修复机制能弥补伤害

单个细胞里拥有在分子水平上修复受损DNA和蛋白质的酶，与之类似，经常因体力损耗而精疲力竭或暴露在有毒有害物质中的组织和器官，通常也会有损害修复机制。我们的皮肤以及胃肠道、血管、肺、泌尿生殖系统的上皮层都有很高的细胞再生率，以替换受损伤的细胞。但是，每一次修复过程，都可能有一些细胞会失去正常的生长控制机制，最终形成肿瘤。因此，任何可能对组织形成刺激的因素，如抽烟和喝酒，都有可能致癌。细胞替代率高的组织也最有可能生癌。

8.5 毒性的测度

1540年瑞士科学家帕拉赛尔苏斯提出“剂量决定毒性”，意思是几乎所有东西在极高浓度的情况下都是有毒的，但是如果稀释到浓度足够低就可能是安全的。这一直是毒理学最基本的定律。例如，氯化钠（食盐），如果小剂量使用就是人们生活的必需品，但是假如一次被迫吃下一千克盐，就会因此而生大病，而向你的血管中注射同等剂量的盐将会置人于死地。一种物质如何传输——速度是多少，通过何种路径进入，通过什么样的媒介物，在判定其毒性时会起到很关键的作用。

但这并不意味着所有的毒物都是完全相同的。有些毒性如此之大以至于在皮肤上滴上一滴就可以要你的命，而有些则需要大剂量直接注射到血液中才能致死。测定和比较各种物质的毒性非常困难，因为每种生物的敏感度不同。同一物种的不同个体对某种暴露的反应也不一样。本节中，我们将会介绍检测毒性的方法，以及如何对结果进行分析与报告。

通常以实验动物测试毒性

最常用、最能被普遍接受的毒性测试方法是在受控条件下，将一群实验动物暴露在一定剂量的某种物质之下。这个过程成本高、耗时长，而且往往对于受试动物来说是痛苦的、备受折磨的。动辄就要用掉成百上千只动物，辛辛苦苦好几年时间，在花费了数十万美元之后才能全面测试出某种有毒物质在极低剂量时的效果。正在研发中的更为人性化的毒性检测方法使用计算机模拟反应模型、细胞培养及其他能取代整个活体动物的替代物。但是，传统的、大规模的动物测试仍是科学家们最信任的方法，也是大多数有关污染和环境或职业健康危害方面公共政策制定的基础。

除了人道主义的顾虑之外，用实验动物做测试，还有好几个其他问题困扰着毒理学家和政策制定者。一个问题是，一个特定种群的不同成员之间对毒物的敏感度是存在差异的。图8.7显示暴露在某种假定的化学物质后一个很典型的剂量/反应曲线。某些个体对这种化学物质非常敏感，而其他个体则不然。但是，大多数个体的情况则落入中间部分，形成钟形曲线。管理者和政治家的问题是我们是否应该设置能保护每个人的污染标准，即便是最敏感的人也保护，还是仅保护一般人群。如果要保护曲线最顶端的极少数个体可能要额外花费几十亿美元。那是资源利用的好方式吗？为什么？

剂量/反应曲线并不总是对称的，这让我们很难将不同的化学物质的毒性或不同的生物物种进行比较。一种很方便就能描述某种化学物质毒性的方法是测定受试群体中50%个体敏感的剂量。对致死剂量（LD）来说，称为**半数致死量**（LD50，图8.8）。

不相关的物种对同一种毒物的反应可能截然不同，不仅仅是因为体量大小不同，也是因为生理机能和新陈代谢各异。即便是亲缘关系密切的物种也可能对某种化学物质出现迥异的反应。例如，仓鼠对某些二噁英类的敏感程度仅是豚鼠的五千分之一。已经发现，能使大鼠和小鼠致癌的226种化学品中，有95种对其中一种是致癌物，而对另一种则不然。这些差异使得评估其对人类的危险变得很困难，因为我们认为有意将人暴露在毒物中进行可控试验是不符合伦理道德的。

即便是在单一物种内部，在不同的遗传系之间，反应也有差别。目前对测定双酚A毒性的一项争论是关于毒理学研究中所使用的大鼠种类。在大多数实验室

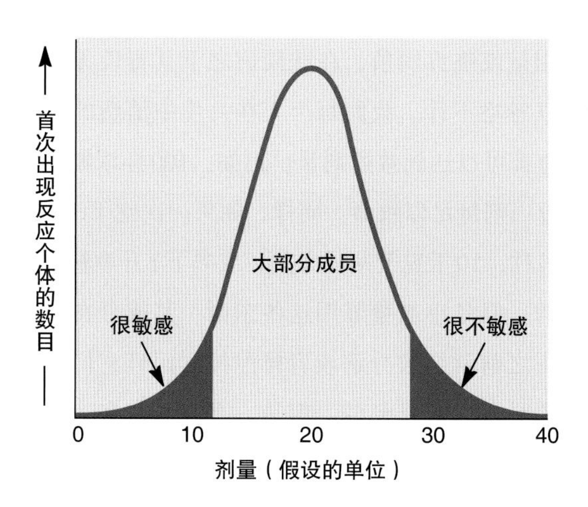

图8.7 种群中对某种毒素可能存在的敏感度差异。种群中有些成员可能对这种毒素非常敏感，而另一些成员远没有那么敏感。大多数成员会介于两个极端之间。

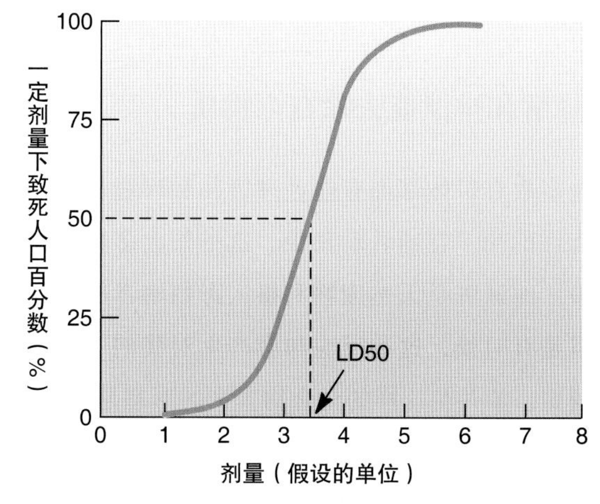

图8.8 种群对某种毒物剂量增加的累积反应。LD50是群体中半数个体死亡的剂量。

里，是以一种强健的名为施普拉－道莱氏大鼠（Sprague-Dawley rat）作为标准。但是，其结果是在实验室条件下，这些动物被喂养得生长很快，繁殖得很迅速，远远低于普通大鼠对激素干扰剂的敏感度。行业报告以施普拉－道莱氏大鼠为依据宣布BPA无害，是很值得怀疑的。

毒性的范围很广

将物质根据其相对毒性分类很有必要。中度有害物质的致死剂量要达到每千克体重1克（对普通人来说大约是58毫升）。剧毒物质是这个量的1/10，极高毒性物质只需这个量的1%（只要几滴）就可以杀死很多人。超级毒性物质毒性极大，对有些人来说，几微克（一克的百万分之一——裸眼看不见的量）就能够致死。这些物质并不都是人工合成的。例如蓖麻毒素是已知毒性最强的化学品之一，它是蓖麻子中的一种蛋白质。其毒性极大，只要静脉注射三亿分之一克就可以杀死一只老鼠。如果阿司匹林对人的毒性有这么大的话，一片阿司匹林均分后可以杀死一百万人。

很多致癌物、诱变剂和致畸剂在比其直接毒性作用水平低很多的剂量就是危险的，因为非正常的细胞生长会产生一种生物放大效果。单个细胞可能在被一种分子事件改变后，如甲基化，分化成数百万个肿瘤细胞，乃至一个完整的有机体。但是，就如同直接毒性有不同的水平一样，致癌作用、诱导突变作用、致畸作用的程度也是不同的。例如甲基磺酸是高致癌性的，而人工甜味剂糖精虽然有可能是致癌物，但其作用可能微乎其微。

主动学习

评价毒素

最早的人类毒理学研究来自志愿者（往往是学生或犯人）试验，他们被给以特定剂量的怀疑是毒素的东西。今天这种做法被认为是既不符合伦理道德也不人道的，故意让人以身试毒的危险做法即便是志愿者也不行。现在的毒理学研究要么是回顾性研究，要么是前瞻性研究。在回顾性研究（retrospective study）中，选择一批曾经暴露在某种可疑危险因素中的人，然后将他们的健康状况与一组与实验组几乎完全相同的对照人群相比较，除了曾经暴露在那种特定风险因子之外，尽量使两组完全相同。不幸的是，人们往往记不清多年前自己曾到过哪里或做过什么。在前瞻性研究（prospective study）中，选取一组研究对象和一个对照组，对他们做过的所有事情以及这些事情对健康的影响都做好记录。然后观察并等待数年，以确定研究对象是否有某种反应出现，而且对照组没有这种反应。这种研究方法更为精确，但是所费不菲，因为你可能需要很大的人群去研究一种罕见的效果，而且你必须长期与他们保持联系。

设想你所在的群体被选出参加一项对某种软饮料健康风险的前瞻性研究。

研究者不可能做到在未来的20或30年里给你们做的每件事和你所接触的每个事物都做记录。只能给监测者开一个单子里列出有用的因素和/或影响。

在100人组成的研究团队中，有多少人生病才足以让你确信该软饮料是一种风险因素？你上面列出的单子的长度是否会影响你的答案？

急性和慢性毒剂的剂量及作用的对比

到目前为止我们已经讨论过的毒理作用大多数是**急性反应**（acute effects），即因一次暴露在危险之中就直接导致的健康危机。通常，如果一个人经历过一次急性反应之后在这种直接危机下存活下来，这种作用就是可恢复的。另一方面，**慢性反应**（chronic effects）是长期的，甚至可能是永久性的。慢性反应可能是由一剂某种毒性很强的物质造成，也可能是持续的或反复的亚致死性接触的后果所致。

我们也把长期的接触称为慢性，尽管其效果在毒物被去除以后可能长期存在，也可能不存在。通常很难评价慢性接触的特定健康风险。因为其他因素，如年龄或常见病，也会同所研究的因素一起发挥作用。通常需要极大量的试验动物种群在低剂量长期接触的情况下才可以获取统计学上有意义的结果。毒理学家所说的“超级老鼠”试验可能需要一百万只老鼠来测试某种超级毒性化学物质在极低剂量下的健康风险。

即便只测一种化学物质，这种试验也极其昂贵，更遑论成百上千种化学物质和被怀疑有危险的因素了。

另一种替代用数以百万计的动物做大量研究的方法是给比较少量的个体使用大量所研究的某种化合物，通常是可忍受的最大剂量，然后外推出更低剂量可能会产生的后果。这是一种有争议的做法，因为我们并不清楚对毒物的反应是否是线性的，或在很大的剂量范围内反应是不是一致。

图8.9显示某种毒物的低剂量所产生的三种可能结果。曲线a显示在种群中即使零剂量也存在基线水平的反应。这说明环境中的某些其他因素也会导致这种反应。曲线b说明从零剂量到最高剂量接触是线性关系。很多致癌物和诱变剂呈现出这种反应。只要接触这种物质，不论剂量多低，都会有某种风险。曲线c显示反应有一个阈限值，在能观察到有反应之前，必须要有某个最低剂量值。这通常表明存在某种防御机制，防止毒素以活跃的形态达到其目标，或能修复毒素所造成的损害。暴露在低剂量的某种特定物质中可能不会产生有害后果，因此努力将该物质的接触降低到零可能并没有必要。

如果有的话，哪种环境健康灾难是有阈限值的？这是非常重要但又难以回答的问题。1958年，《美国食品和药品法案》的德莱尼条款禁止在食品和药品中添加任何剂量的已知致癌物，其依据就是假定任何这些物质的任何程度的接触都代表着不可接受的风险。1996年这个标准被"无明显伤害"要求所取代，其定义是每一百万人接触时间长达一生，癌症发病率低于一人。这个修改得到了美国国家科学院一篇研究报告的支持，其结论是我们饮食中的人工合成化合物不太可能蕴含着可怕的致癌风险。我们将会在下文中讨论风险分析问题。

可检出水平并不总是危险水平

你可能见过或听说过在空气、水、食品样本中检测出毒性物质的可怕的警告。最近发布的一篇这类文章称，在16种食品样本中发现了23种杀虫剂。这说明什么问题呢？其潜台词好像是任何数量的毒性物质都是不可接受的，而计算检测到的化合物的数目是确定危险的可靠途径。但是，我们已经看到，是剂量决定毒性。有意义的不仅是里面有什么，还要看含量有多少、到底在哪里、是否容易接触到、哪些人会接触到这些物质。在某种程度上，一种物质的微量存在影响甚微。

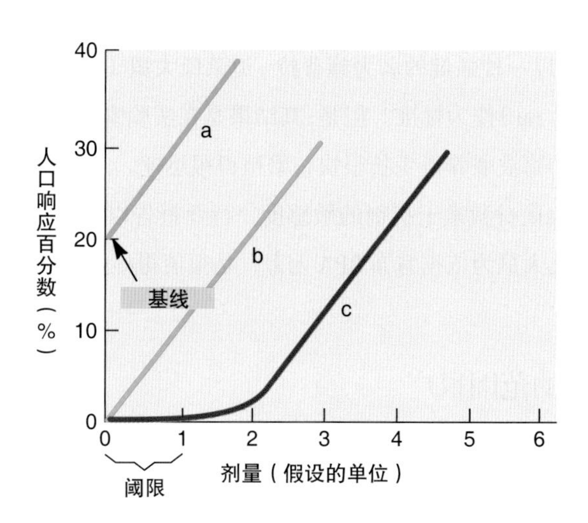

图 8.9 低剂量下的三种可能的剂量－反应曲线。（a）一些个体即便是零剂量，也会有反应，这说明一定有某些其他因素在起作用。（b）从可能的最低剂量开始，反应呈现线性趋势。（c）在有任何可见的反应之前必须先跨过一个阈限值。

有毒物质现在的扩散范围好像比过去更为广泛了，且对于很多物质来说这种看法无疑是正确的（图8.10）。但是，每天我们听到的在新的地方发现新的化合物的报道部分原因也是我们的检测技术更为精密了。20年前，ppm（$1/10^6$，百万分之一）一般是大多数物质检测的极限。低于这个含量的任何物质一般都会被报告为"含量为零"或"不存在"，而不是更精确地报告为"未检出"。十年前，研发出的新设备和技术能够测定ppb（$1/10^9$，十亿分之一）浓度。突然之间，一些物质在以前从未被怀疑过的地方被发现了。现在我们能够测出ppt（$1/10^{12}$，万亿分之一）甚至有些情况下还能达到ppq（$1/10^{15}$，千万亿分之一）级别。日益精密的检测能力可能会导致我们相信有毒物质已经变得更为多见。而实际上，我们的环境可能并没有变得更为危险。我们只不过是在发现痕量物质方面做得更好而已。

那么是什么导致了美国儿童中哮喘、自闭症、食

图 8.10 “你能不能在吃饭的时候不读那些配料表？”
资料来源：经Star-Trjbune, Minneapolis-St. Paul许可引用。

品过敏和行为异常情况看上去大量增加呢？这是环境污染物水平更高的证据吗？还是仅仅因为过度诊断，抑或公众的疑虑比以往更严重了呢？可能这些情形一直都存在，但是以前没有这么频繁地被贴上标签。在一项令人惊讶的研究中我们发现，唯一与儿童自闭症增加似乎有相关性的因子是父母的受教育程度。而且如果哮喘真的是由于空气污染或其他环境污染物导致的，那么为什么有些环境状况较差的国家哮喘的发病率远低于美国？一个有趣的解释是，如果我们在生命早期阶段没有暴露在常见的病原体之中，那么我们的免疫系统就开始攻击正常的组织和器官。很明显，人是复杂的有机体，就我们与毒素和我们所处环境之间的相互作用来说，我们仍旧有许多东西需要学习。

低剂量可以产生不同的效果

评价风险的复杂之处在于某些有毒物质低剂量的效果和健康危害之间可能是非线性的关系。较之于根据更高剂量下的接触所预测的，在低剂量下它们可能更危险，也可能不甚危险。例如，低剂量的DHEP能抑制对老鼠大脑发育至关重要的一种酶的活性。这是很令人惊奇的，因为更高剂量的这种物质反而能激发这种酶的活性。因此，低剂量的某些物质对大脑发育造成的损害可能比预想的更大。

另一方面，对于对抗某些癌症来说，非常低剂量的辐射可能是保护性的。这是令人困惑的，因为电离辐射长期以来一直被看作人类的致癌因素。但是现在认为极低剂量的辐射接触可能会激发DNA的修复功能，并激发能破坏自由基（外层有不成对活跃电子的原子）的酶的功能。激活这些修复机制可以保护我们免受其他与之不相关的风险。这些非线性的效果被称为**毒物兴奋效应**（hormesis）。

另一个复杂之处在于，一些物质对基因表达产生的影响可能是长期的。例如，研究人员发现，怀孕母鼠暴露在某些化学物质中，不仅会对暴露的老鼠有影响，还会对其女儿和孙女辈产生影响。孕期内某一天单一剂量的接触就可能在几代以后表现出来，即便那些后代从来没有接触过这种化学物质。

这种效应不需要基因发生永久性的变异，但是它能导致关键性基因组整组表达的改变，并持续数代，既有积极也有消极的改变。还有可能在同一个基因的不同变种出现不同的结果。因此，接触同一种特定毒素可能对你非常有害，但是对某个拥有同一基因的略微不同形式的人却没有什么明显影响。这可能就解释了为什么一群人接触同一种致癌物质后，有些人会得癌症，而有些人却没有。或者它能解释为什么某种特定的饮食能保护有些人的健康而不能保护另一些人。随着科学家们不断拓展对这种错综复杂的开关和控制网络的知识，他们正在帮助我们解释环境与健康之间更多的东西。

8.6 风险评估和接受度

即便我们比较确切地知道某一特定的化学物质在实验室测定的毒性有多大，但是仍旧很难确定该化学物质被释放到环境中的**风险**（risk，损害的概率乘以接触的概率）。如我们所看到的那样，很多因素使得处于我们周围和体内的污染物的迁移和归宿变得复杂。而且公众对来自环境灾害的相对危险的感知可能是被扭曲的，使得有些风险可能看上去比其他一些重要得多。

我们对风险的感知并不总是理性的

有很多因素影响着我们对不同环境条件下相对风险的感知。

- 带有社会、政治或经济利益诉求的人们，包括环保主义者，都倾向于忽视某些风险而渲染其他一些适合他们诉求的风险。我们每个人都不例外，夸大那些不能使我们受益的事情的危害，而缩小或忽略那些自己喜闻乐见或有利可图的活动的负面影响。
- 大多数人在理解和相信概率方面是有困难的。我们觉得事物之间应该有某种模式和联系，即便统计理论的结论与此相反。如果这次硬币正面朝上，我们就会觉得下次一定会是反面朝上。同样，理解某种化学品中毒风险是万分之一的含义，对我们来说也是很困难的。
- 我们个人的经历常常带有误导性。如果我们没有亲身经历过某种不幸的后果，则与实际发生的可能性相比，我们会觉得它是罕见的，不太可能发生。而且，因人生的运气成分所产生的焦虑心理，使我们想要拒绝承认不确定性的存在，并错误地判断很多风险（图8.11）。
- 我们对掌控自己命运的能力有不切实际的认识。总会觉得自己比别的司机水平高，在使用电器或带电工具时会比大多数人更安全，比其他人更不可能遭遇心脏病发作之类的健康问题。人们经常会觉得自己能够避免灾祸，因为他们比别人更聪明、更幸运。
- 新闻媒体使我们用带有偏见的眼光去看待某些健康风险发生的概率，过度报道某些事故或疾病，而忽视其他一些问题或对其他问题报道不足。轰动性的、骇人听闻的或特别可怕的死因，如谋杀、坠机、火灾或可怕的事故受到公共媒体极不正常的过度关注。在美国，因心脏病、癌症和中风死亡的人数是因事故死亡人数的15倍，是因谋杀死亡人数的75倍，但是媒体总把关注的重点放在交通事故和杀人案上，这几乎与其发生的频率成反比。这会使我们对自己所面临的真正风险产生不正确的认识。

图8.11 我们选择去做的那些事情有多大危险性？很多父母认为摩托车非常危险，而大学生们——特别是男生，则相信其风险（与死于外科手术或其他医疗救治措施的风险相当）在可接受的范围内。可能更重要的问题是利益是否超过了风险。

- 我们容易对某些技术或活动产生非理性的恐惧或不信任感，因而使得我们过分严重地估计其危险性。举例来说，核能往往被看作是非常危险的，而燃煤的发电厂看上去为人所熟知，相对来说是安全的；而实际上，据估算，每年美国的煤炭开采、运输和燃烧都会导致一万人死亡。原因在于人们认为一种古老的、熟识的技术看上去好像比一种新的、未知的技术要安全可靠一些。

多大的风险才是可接受的

将某种风险最小化并避免置身其中，这样做的意义有多大？如果某种事件造成的损害较小，则大多数人愿意忍受其发生的概率更高。相反，如果损害更严重，则只有发生的概率更低才可接受。对你来说，万分之一死于谋杀的概率可能比百分之一的受伤概率更令你忧心忡忡。对大多数人来说，死于某种事件或某种因素的概率达到十万分之一是改变他们行为的一个临界值。也就是说，如果死于某个事件的可能性小于十万分之一，则我们就不大可能为此担忧到改变自己的做法。如果风险更大，我们就可能会做出某种改变。美国环境保护署通常会假设对大多数的环境灾害来说，百万分之一的风险是可接受的。而这项政策的批评者会问，对谁来说才是可接受的？

对于那些我们喜欢或者觉得有利可图的活动来说，我们往往愿意接受比这个常规的临界值高得多的风险。反之，对于那些对我们无利可图的风险，我们则会要求高得多的保护措施。例如，在任意给定的年份，你死于机动车交通事故的风险大约为五千分之一，但这并没有导致很多人放弃驾驶汽车。如果你每天吸一包烟，死于肺癌的风险大约是千分之一。作为对比，如果喝的是符合美国环境保护署规定的三氯乙烯限值的水，其风险是十亿分之二。但是很奇怪的是，很多人要求水里的三氯乙烯含量要降到零，而自己却一如既往地吞云吐雾。

每年有超过100万美国人被诊断出患有皮肤癌。其中有些皮肤癌是致命的，而大多数会有损外貌，但是只有1/3的青少年会定期使用防晒霜。日光浴会使你患上皮肤癌的概率增加一倍多，对年轻人危害尤其大，只有约10%的青少年承认他们经常使用这类设备。

表8.4列出了美国人一生中某些导致死亡事件的概率。当然，这些都是统计平均值，显然，人们生活的地点不同、行为方式不同，则从事这类活动的危险等级就会不同。尽管平均来看，一生中死于机动车事故的概率是1%，但很显然你可以做点什么来提高生存概率，如系上安全带、小心驾驶和避开危险地方。还是那句话，有意思的是我们总是愿意接受某些风险而回避其他一些。

我们对相对风险的感受强烈地受到这些因素的影响：风险是已知的还是未知的，我们是否感觉到自己能够控制结果，以及结果有多么可怕。未知或无法预知的风险，特别令人毛骨悚然、心生厌恶的后果，这些情况和那些人所共知、常人能够接受的情况相比，会让人觉得要严重得多。

对公众风险认识的研究显示，大多数人的反应更多是因为情感原因而不是统计数据。我们使出浑身解数去规避某些危险而对其他风险则欣然接受。人们特别害怕的是那些对置身其中的人来说非自愿的、不熟悉的、无法察觉的或者是灾难性的因素；以及那些有滞后效果和对后代形成威胁的因素。能够自愿选择的、熟悉的、可察觉的或直观的因素则较少引起恐慌。比如，即便因交通事故、吸烟或酗酒而实际死亡的人数比因杀虫剂、核能或基因工程死亡的人数要多几千倍，但我们还是对后者比对前者更加耿耿于怀。

表8.4　美国人一生中死于某些事件的概率

原因	概率（x分之一）
心脏病	2
癌症	3
吸烟	4
肺部疾病	15
肺炎	30
机动车事故	100
自杀	100
跌倒	200
枪击	200
火灾	1 000
飞行事故	5 000
从高处跳下	6 000
溺水	10 000
雷击	56 000
马蜂、黄蜂、蜜蜂	76 000
狗咬	230 000
毒蛇、蜘蛛	700 000
肉毒杆菌	1 000 000
坠落的太空垃圾	5 000 000
饮用符合EPA三氯乙烯标准的水	10 000 000

资料来源：数据来自美国国家安全局，2003年。

8.7　制定公共政策

风险管理将环境健康和毒理学原理与基于社会经济、技术和政治方面的考虑的控制性决策联系在一起

表观基因组

你的饮食、行为和所处环境会影响你的子辈或孙辈的生命吗？一个世纪甚至更长时间以来，科学家们认为，你从父母那里得到的基因不可逆转地决定了你的命运，而压力、习惯、接触有毒物质或抚养方式等外部因素都对将来的后代没有任何影响。

但是，如今，一系列令人瞠目的发现使我们不得不重新审视那些观念。科学家们正在揭秘一个由各种化学标识和基因开关等构成的组合——“表观基因组”（epigenome），它由DNA和与之有关的蛋白质及其他小分子组成，调控着基因的功能，能同时影响大量的功能，而且能延续数代。“Epi”的意思是“之上”，意味着表观基因组是高于普通基因的，因为它控制着基因的功能。理解这个系统如何运作，能够帮助我们看到有多少环境因子在影响我们的健康，并可能变成对治疗各种各样疾病有用的因素。

最激动人心的表观遗传学试验之一是杜克大学的研究人员在十年前进行的。他们研究了饮食对一种携带着“刺豚鼠”基因的老鼠的影响，这种基因使老鼠肥胖、发黄，还容易患癌症和糖尿病。在受孕之前，开始给携带刺豚鼠基因的母鼠喂富含B族维生素（叶酸和维生素B_{12}）的食物。令人吃惊的是，这一简单的食物变化导致生出的仔鼠变瘦、呈棕色，而且健康。维生素以某种方式关闭了后代的“刺豚鼠”基因。

现在我们已经知道B族维生素以及蔬菜，如洋葱、大蒜和甜菜，都是甲基提供者，即它们能够给蛋白质和核酸增加一个碳原子和三个氢原子。增加一个额外的甲基，就能够通过改变蛋白质和核酸解译DNA的方式改变基因的开关。类似地，给DNA增加乙酰基（增加一个乙酰基组：CH_3CO）也能产生刺激或抑制基因表达的效果。这两种反应都是调控基因表达的关键方法。

这些反应不仅牵涉基因本身，而且还涉及染色体里一大堆我们以往认为是无用的或视作垃圾的DNA，以及大量曾被认为只是包装材料的蛋白质。现在我们知道不论是额外的DNA还是那些包裹在基因周围的蛋白质，它们在基因表达中都是大有作为的。这些蛋白质或核酸化学结构的甲基化或乙酰化能够对整个基因系产生持久影响。

更令人吃惊的是，表观基因组的这种变化可以保持几代之久。2004年，华盛顿州立大学的遗传学家迈克尔·斯金纳（Michael Skinner）研究了暴露在一种常用杀真菌剂之中的老鼠的反应。他发现，在子宫里的雄鼠接触过此种物质之后，其在出生后的存活期内精子的数量就会比正常鼠低。只需要接触一次就可以产生这样的效果。且令人惊奇的是，这种效果可以持续至少四代，即便其后代从来没有接触过这种杀真菌剂也是如此。也许通过某种方式，控制开关的系统的改变可以和它所控制的DNA一起传给下一代。

母鼠养育幼崽的方式也可以改变它的幼崽脑部的甲基化模式，其方式类似于出生前摄入的维生素和营养物质对刺豚鼠基因的影响。据悉，舔毛和洗刷能够激活5-羟色胺受体，从而打开减轻压力反应的基因，导致复杂的大脑变化。在另一项研究中，给以特别照顾、饮食和精神刺激（玩具）的老鼠要比环境不受控制的老鼠在记忆测试中表现更佳。在这两个案例中都能测出在海马区（大脑中控制记忆的区域）甲基化模式的改变。后代保持了这种甲基化模式。

在人体中也发现了这种表观遗传效应。最振奋人心的一项研究比较了瑞典北部的一个偏远的小村庄两个世纪以来的健康记录、气候和食物供应。这个叫奥弗卡里克（Overkalix）的小村庄非常偏僻，以至于当气候恶劣的时候庄稼歉收，人人都会挨饿。而另一方面，年成好的时候，食物充足，人们都能尽情吃饱。于是，就出现了一种引人注目的现象。当其他社会因素也被计算在内时，祖父辈如果是在荒年度过的青春期，其孙辈存活的时间就比那些祖父辈在青春期能吃上饱饭的孙辈长32年，这是令人吃惊的。同样地，如果母亲在怀孕时能够吃到充足的食物，则她所生的女儿和孙女更有可能存在健康问题，且寿命更短。

在另一项令人惊异的人类健康研究中，研究者发现，从长期的分析来看，英格兰布里斯托尔地区的夫妇，父亲如果是在11岁（那正是青春期开始和精子开始形成的时期）之前开始吸烟，那么他们的儿子和孙子超重和寿命明显较短的可能性比那些不吸烟者的后代高很多。这两种结果都归因于表观遗传效应。

有很多种因素可能会导致表观遗传效应。例如，吸烟可能会在你的DNA里留下许多永久性的甲基化的印记。暴露在多种杀虫剂、毒剂、药物和压力源中也会产生这种后果。与此同时，绿茶和深颜色水果中的多酚、B族维生素及健康食品如大蒜、洋葱、姜黄能够帮助避免有害的甲基化。不出意料之外的是，表观遗传变化在很多癌症中都很复杂，包括结肠癌、前列腺癌、乳腺癌和血癌。这可能解释了很多令人困惑的案例，在这些案例中我们的环境看上去对我们的健康和生长发育施加了长期影响，而这些影响并不能用通常的新陈代谢来解释。

与基因突变不同，表观遗传变化不是永久性的。如果不是反复接触，那么最终表观基因组会恢复正常。这使得它们能成为药物治疗的对象。现在美国食品与药品管理局已经批准了两种能够抑制DNA甲基化的药物维达扎（Vidaza）和达克金（Dacogen），用来治疗初期白血病。另一种药，伏立诺他（Zolinza），能够增强乙酰化，也被批准用来治疗另一种白血病。还有可能治疗各种疾病的几十种其他药物，包括治疗风湿性关节炎和神经变性疾病、糖尿病的药物正在研发中。

因此，你的饮食、行为和环境对健康和后代健康的影响可能比我们以前所理解的严重得多。你昨天晚上的饮食、抽的烟或所作所为可能会对后代产生神秘莫测的影响。

（图8.12）。在制定控制性决策过程中最大的问题是，我们常常不知不觉地暴露在多种危害源之中。将所有这些不同危害的影响区分开来，并对它们的风险进行精确评估是很困难的，特别是当这种接触接近测定和反应的阈限值时尤其如此。尽管数据经常模糊不清并相互矛盾，但公共政策的制定者必须做出决策。

在是否要给儿童接种预防常见疾病的疫苗这个问题上展开的斗争就是典型的一例，足以说明风险评估的难度。1998年，英国一位医生发表了一篇论文，提出麻疹、风疹和腮腺炎疫苗（MMR）与自闭症有联系。2010年英国医学委员会发现这篇论文的作者因“不诚信和误导性行为”而获罪，因其未能坦白自己在这项研究中的个人利益，而且《柳叶刀》杂志也因科学和伦理方面的错误撤掉了那篇论文。至少有20项后续研究至今也没有发现在自闭症和疫苗之间有任何联系，但是这些科学证据都不能使数千名愤怒且惶恐的家长消除疑虑，他们需要答案，为什么他们的孩子会患上自闭症。他们中的很多人仍坚信是疫苗导致他们处于如此痛苦的境地，他们拒绝让自己的孩子接种疫苗。医生们呼吁说这样做是很危险的，不仅对未接种的孩子有危险，而且对整个人群也是如此，如果有大量未接种疫苗的儿童存在，就会有传染病流行的风险。无论如何，自闭症的病因缺乏清晰的、令人信服的解释，使得很多人的疑心更重。这个例子充分说明，与科学证据相比，那些用作证据的奇闻逸事和个人偏见所起的作用之大。

在设定环境中有毒物质的标准时，我们需要考虑：①暴露在很多种不同的损害源之中的叠加效果；②人群

主动学习

计算概率

你能用出险概率乘以活动的频率计算出某种有风险的活动在统计学上的风险吗？例如，在美国，1/3的人会在其一生中因汽车事故而受伤（因此受伤概率是三人中的一人，也就是1/3）。在30个驾车的人中间，受伤的总风险为30人×（1人受伤/3人）=30人中会有10人在一生中受伤。

如果普通人平均一生中有5万次出行，一生中遇到事故的概率为1/3，那么每次出行遇到事故的概率是多少？

如果你已经安全驾驶20年了，那么你下次出行遇到事故的概率是多少？

答案：

每次旅行受伤的概率=（1人受伤/3人）×（1人/50 000次旅行）=1人受伤/150 000次旅行

1/150 000。从统计学上来看，你每次的概率相同。

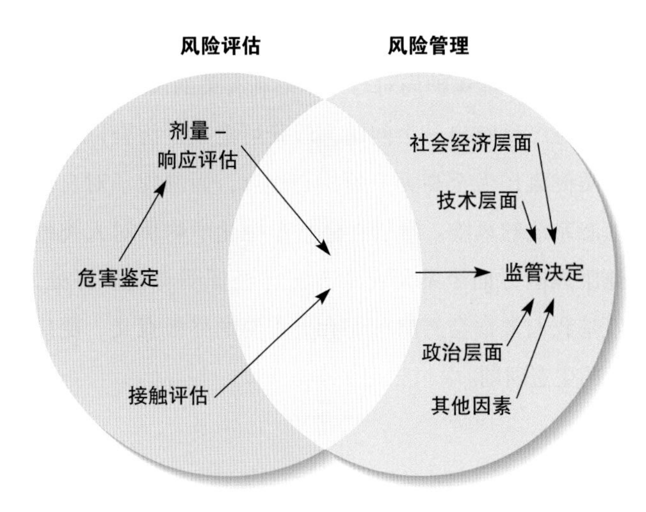

图8.12 风险评估对数据进行组织和分析以确定相对风险。风险管理设置重点，并对有关因素进行评估以便做出调控性决策。

中不同成员的敏感性不同；③既要考虑接触的长期后果又要考虑急性反应。有些人认为污染水平应该控制在不会带来可测出的后果的最高数量上。其他人则要求如果有可能就应将污染降到零，或者技术所能达到的最低限度。要求把我们自己保护起来免受环境中所有可能的有害污染物的伤害而无论其风险有多么低，这可能是不合理的。如我们已经看到的，我们的身体有能使自己免受伤害或者修复多种损伤的机制，因此我们中的大多数人能够经受住最低量的接触而不会受到伤害。

另一方面，毒性物质对我们细胞的每一次挑战都意味着对我们身体施加了某种压力。尽管每一个单独的压力可能不会对生命造成威胁，但是我们接触其中的所有环境压力，包括自然的还有人为的压力，累积起来造成的效果，可能会严重缩短或限制我们的寿命。而且，在任何人群中，总有一些人比其他人对这些压力更为敏感。我们是应该设定让每个人，包括那些最敏感的个体，都无一例外地不会受到负面影响的污染物标准，还是应该根据人群中的一般成员情况去确定可接受的风险水平？

最后，涉及有毒有害物质的公共决策还需要根据这些有毒有害物质是如何影响组成和维持着我们的环境的动植物和其他有机物的更多信息才能做出。在有些情况下，污染会破坏或毁灭整个生态系统，给我们所依赖的生命支持系统带来毁灭性的后果。而在另外一些情况下，只有最敏感的物种受到了威胁。表8.5展示了美国环境保护局对与人类福利有关的风险的评估。这个排序反映出一个问题，即我们把减少污染以保护人类健康作为至高无上的核心焦点，而忽视了对自然生态系统的风险。尽管在评估单个化学物质对人类的健康风险方面个案研究的方法已经证明有很多好处，但是我们常常会忽略可能有更重要的终极意义、更广泛的生态问题。

表8.5　人类福祉的相关风险
风险较高的问题
生境的改变和毁坏
物种灭绝和生物多样性丧失
平流层臭氧消失
全球气候变化
风险中等的问题
除草剂/杀虫剂
地表水中的毒素和污染物
酸沉降
空气中的毒素
风险较低的问题
石油泄漏
地下水污染
放射性核物质
热污染

数据来源：美国环境保护局。

总　结

在消除一些折磨人类已久的最严重的疾病方面，我们已经取得了长足的进步。天花是最早被完全消灭的重要疾病。几内亚龙线虫和脊髓灰质炎在世界范围内已经几乎被消灭；伤寒、霍乱、黄热病、肺结核、腮腺炎和其他高度传染性的疾病在发达国家已基本绝迹。全世界儿童死亡率已经降低了90%，几乎在每个地方人的平均寿命都比一个世纪前翻了一番。

但是技术创新和富足的生活在消灭很多可怕疾病的同时也带来了新的风险。慢性病如心血管疾病、癌症、抑郁症、阿尔茨海默病、糖尿病，以及交通事故，这些以前只有富裕国家才有的问题，现在已经成为几乎所有国家的首要健康问题。这种变化部分原因在于我们不会再过早地死于传染性疾病，因为我们活得足够长，所以才会遭遇各种老年期的疾病。另一个原因在于富裕的生活方式、缺少运动和不健康的饮食加重了这些慢性病的病情。

新的、前所未有的疾病出现的速度正在加快。随着国际旅行的增加，疾病几天之内就可以传遍全球。

流行病学家警告说，下一个致命传染病可能只有一个航班之遥。除此以外，现代工业每年都会创造出数千种新化学物质，其中大多数物质并没有进行过对人类健康长期影响的充分研究。内分泌激素干扰剂、神经毒剂、致癌物、诱变剂、致畸剂和其他有毒物质可能带来悲剧性的后果。铅对儿童精神发育的影响就是前车之鉴，告诉我们引入的物质可能有始料未及的后果，同时它也是控制严重健康风险的一个成功经验。很多其他工业化学品都可能会有类似的后患。

9 空气：气候与污染

北极的海冰正在加速消失。照片中显示 2007 年夏天海冰的范围，是有史以来的最低纪录。

资料来源：NASA.

问题与讨论

- 对流层和平流层的区别是什么？
- 解释温室效应及其如何改变我们的气候。
- 我们如何知晓近年来气候变化的原因？
- 要将全球气候变化最小化可以采取哪些战略？
- 空气污染会以何种方式影响人类健康？
- 空气污染的主要来源和影响有哪些？
- 全世界空气质量是在变好还是在变差？为什么？

下一个十年非常关键。如果排放量没有在 2020 年左右达到峰值……则到 2050 年之前必须削减 50% 的任务完成起来代价会更高。实际上，机会有可能会完全丧失。

——国际能源署，2010 年

当化整为零比一蹴而就更管用时

要是你的父母有时告诉你，他们年轻的时候雪比现在深多少、冬天比现在长多少，你可能会觉得他们是在编故事。但是，越来越多的数据表明，他们说的是真的。历史上有记录的12个最热的年份中有11个出现在了过去的12年中，气温比过去的几个世纪高了大约0.5～1℃。所有这些与观测到的自工业化时代开始以来温室气体的增加相一致。（图9.1）

1℃左右的平均温差看上去好像微不足道，但是上一次冰期的极大值和今天的温度差也不过是5℃左右。温度改变1℃，就可能会有更多农作物害虫和杂草在更靠北的地方越冬。轻微的气候变暖就能使土壤变干，迫使有灌溉条件地方的农民更多地灌溉庄稼，而那些贫穷国家的人们将不得不放弃这些田地，在这些国家，大量涌入城市的移民已经饱受贫穷和暴力之苦。而且，今天气候科学家们得出的结论是，在未来几年内，如果我们不努力减少我们的碳排放量，那么融化的永冻层和冰盖将把我们送上一条不归路，而且在下一个世纪气温将会不可避免地、不可逆地上升5～7℃，到2100年之前海平面会升高1米甚至更多。

北冰洋海冰缩小和南极冰架消融解体的影像引起了公众的广泛关注。在加利福尼亚州和美国西部其他各州，许多城市依靠山上的融雪作为水源，积雪减少的阴影正在引发很多选民和政治家的担忧。但是我们现在仍旧处于竭力找寻减少温室气体排放新政策的艰难时刻。

气候学家之间对于人类是否正在导致气候变化，或者这种变化是否会给人类和经济带来特别高昂的代价已经不再有任何争议。但是关于细节问题却一直有争议：海平面上升的速度会有多快、哪里的旱情将会最严重以及关于气候模式的微调。

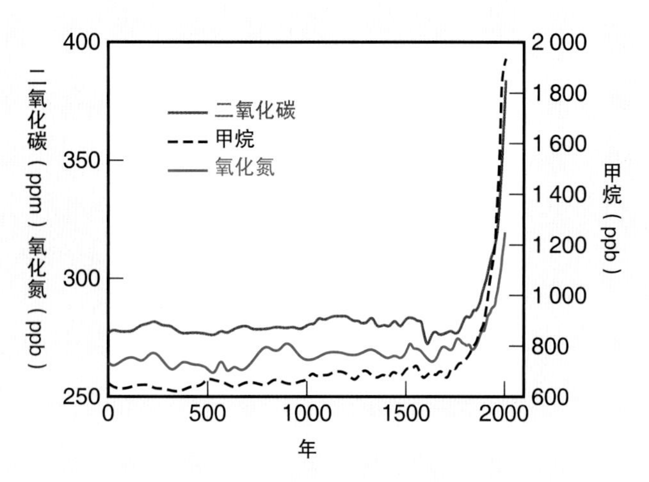

图9.1 自1750年以来，这些气体的浓度增加是工业时代的人类活动造成的。浓度单位是百万之一（ppm）或十亿分之一（ppb）级别，显示在每百万或十亿个空气分子中的温室气体分子数。

资料来源：USGS，2009.

对决策者来说，就是另一回事了。政治家有责任制定新的规则来减少我们的碳排放，但是很多人仍旧难以将气候变化的概念与近来森林火灾、干旱、水资源短缺、热浪来袭和病虫害爆发的增多联系起来。对那些确实理解了气候变化的人来说，他们能提出什么样的政策而不会被人赶下台？气候变化是渐进的、几十年不断发展的过程，因此很难让公众立即去关注补救方案。

很多政治家寄希望于某种高招——一种能够把问题瞬间解决的技术，可能是核聚变，也可能是以太空为基地的太阳能技术，或是能将太阳能从地球表面反射出去的巨型反射镜。尽管这些概念都很激动人心，但所有这些还只存在于遥远的未来，气候学家们警告我们，若要避免灾难发生，关键是要立即采取行动。

楔子现在就能起作用

为了帮助我们走出这种犹豫不决的泥潭，普林斯顿的一位生态学家和一位工程师提出了一种完全不同的方法来构建替代方案。他们的方法被称作“楔子分析”，即把一个大问题化整为零变成一个个小问题。通过计算每个小问题的贡献，我们可以把它们加起来，得出它们协同效应的大小，从而决定是否值得继续推进下去。普林斯顿大学气候变化减缓行动中心的斯蒂芬·帕卡拉（Stephen Pacala）和罗伯特·索科罗（Robert Socolow）于2004年在《科学》杂志发表的一篇文章中介绍了“楔子”的概念。他们的核心理念是，如果我们严肃对待，现行技术能够解决我们今天的问题，如高效的交通工具、建筑、发电厂、替代性燃料。未来的技术无论多么辉煌神奇，对现在来说都无济于事。他们在后续的论文中进一步完善了观点，其他人已经利用这种楔子的理念来构想解决问题的策略，如减少交通能源消耗或减少用水量。

《科学》杂志的那篇文章主要探讨二氧化碳的生成，但是作者指出类似的分析方法也可以用于其他温室气体。帕卡拉和索科罗的论文描述了碳排放的三种可能轨迹。“常规”的情形沿袭了现在二氧化碳排放不断增加的模式。沿着这种发展轨迹到2100年，二氧化碳会增加到三倍，与之相伴，温度会上升5℃左右，海平面升高0.5～1米（图9.2）。

第二种发展轨迹是“稳定情景”。在这种情景下，我们能够防止二氧化碳排放的进一步增加，那么到2100年大气中的二氧化碳接近两倍。温度上升约2～3℃，海平面升高约29～50厘米。第三种发展轨迹是二氧化碳排放下降的情景。为了能够达到稳定，我们需要在未来的50年中每年减少二氧化碳排放量约70亿吨（图9.2）。为了将问题分解成更为可控的部分，这70亿吨可被细分为7个楔子，每个楔子代表着我们需要削减的10亿吨碳。

削减第一个10亿吨可以通过将汽车燃料效率从12.7千米/升提高到25千米/升来实现。砍掉另一个10亿吨可以通过减少对汽车的依赖（例如更多使用公共交通或限制郊区扩张）并减少驾驶里程，从平均每年1.6万千米降低到8 000千米来实现。在家中和办公室采用更好的绝缘隔热材料和更高效的电器能够抵得上另一个楔子。燃煤的火力发电厂提高效率也能相当于另一个楔子。

这些措施加在一起占到了稳定三角形的4/7，而且使用的都是现在可行的技术。剩下的3/7可以通过截获并储存发电厂产生的碳、改变电厂的运营方式和减少对煤炭能源的依赖而实现。7个楔子的另外一种组合，包括替代性能源、防止滥伐森林、减少土壤流失等，能够帮助我们走上减少碳排放之路，阻止气候以灾难性速度变化。在本章后面的部分将要进一步介绍关于楔子的细节问题。

这些战略的净效果在经济上有可能盈利，这个结论与很多经济学家和政治家长期以来的顾虑针锋相对，他们认为我们付不起缓和气候变化的代价。我们所需的很多改变牵涉到效率问题，都意味着长期的成本节约。当用新汽车和电器取代旧的，当我们给更多建筑采取保温隔热措施时，就业就可能会增加。

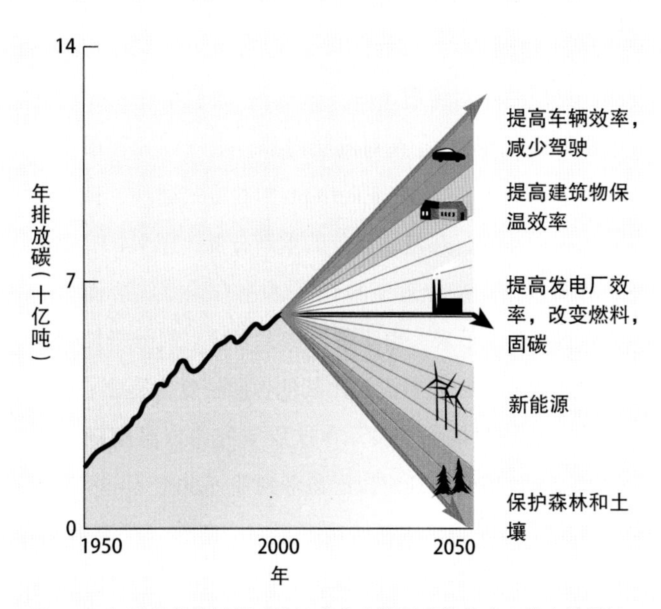

图9.2 如果我们能够同时关注多个中等程度的策略，现在就能够稳定甚至减少碳排放量。

还有其他潜在的好处。高能效的汽车将会节省家庭投入。更清洁的发电厂会减少哮喘和其他呼吸系统疾病的发病率，节约卫生保健成本的同时提高了生活质量。更少地依赖煤炭能减少我们食物链中有毒的汞，因为煤炭燃烧是空气中汞排放最主要的单一来源。

我们将在本章研究气候变化的证据及其后果，以及空气污染的重要问题。作为开端，我们首先讨论气候是什么，以及它是如何变化的。

扩展阅读：Pacala，S.，and Socolow，R. 2004. Stabilization wedges: Solving the climate problem for the next 50 years with current technologies. *Science*，305(5686):968-72.

9.1 大气是什么

地球的大气层是由大气分子组成的，近地表密度较高，随着高度增加逐渐变得稀薄，直到距地球表面500千米高的地方为止。在大气层的最底层，空气不停运动，持续不断地将热量和水分从地球的一个地方重新分配到另一个地方。我们所谓的**天气**（weather），即每日的气温、风和降水都发生在对流层。我们所说的长期温度和降水趋势叫作**气候**（climate）。

地球上最早期的大气层很可能主要是由氢和氦组成。经过数十亿年，那些氢和氦大部分扩散到了太空中。火山喷发增加了大气中的碳、氮、氧、硫和其他元素。实际上我们所呼吸的所有氧分子（O_2）很可能都是通过蓝绿细菌、藻类和绿色植物的光合作用生产出来的。

清洁、干燥的空气中78%是氮气，大约21%是氧气，剩余的1%由氩气、二氧化碳（CO_2）和其他各种气体组成。水蒸气（H_2O的气体形态）含量介于0～4%，具体含量取决于气温和当时的湿度。微细颗粒物和液滴统称为**气溶胶**（aerosols），也悬浮在空气中。大气中的气溶胶和水蒸气在地球的能量平衡和雨水生成过程中扮演着重要角色。

大气层因温度的泾渭分明而形成四个不同的层，

这是对太阳能吸收的差异导致的（图9.3）。紧贴地球表面的一层叫作**对流层**（troposphere，希腊语tropein的意思是转变或变化）。在对流层内部，空气以大规模垂直和水平对流（convection currents）的方式循环，持续不断地在全球进行热量和水分的重新分配（图9.4）。对流层的高度范围从赤道上的18千米左右到空气冷而重的两极地区的8千米。由于重力将大多数空气分子控制在近地球表面，因此对流层比其他各层密度大得多；它占大气层总质量的约75%。在这层空气中，温度随高度的增加迅速下降，到对流层顶降到零下60℃（-76 ℉）。

温度梯度的突然逆转造就了一个叫作“对流顶层”的分界线。这个温度界限的出现是因为平流层的**臭氧**（ozone，O_3）分子吸收了太阳能。特别是臭氧吸收紫外线（UV）辐射（波长290～330纳米，见图2.13）。这样吸收的能量使得平流层比对流层上层更温暖。由于对流层空气比周围的空气更冷，空气不能继续上升，因此在边界两侧的空气几乎没有混合。

平流层（stratosphere）自对流顶层向上延伸约50千米，它比对流层要稀薄得多，但是它的组成与对流层相似——只是它几乎不含水蒸气，臭氧含量高将近1 000倍。

因为紫外线辐射会损伤活体组织，所以平流层对紫外线的吸收对地球上的生命也是不可或缺的。由于化学污染物导致的平流层臭氧的损耗已经成为一个严重的公共卫生问题。到达地球表面的紫外线辐射的增加会提高皮肤癌发病率并破坏生物群落。幸运的是，全球限制关键污染物的合作使平流层臭氧的损耗开始减缓。

与对流层不同，平流层是相对平静的。平流层的空气很少混合，因此火山灰和人类产生的污染物能够在这一层中悬浮很多年。

在平流层之上，温度又开始下降，形成中大气层，也叫中间层。热成层（受热层）自50千米处附近开始。这是一个由高度电离（带电荷）的气体组成的区域，被稳定的高能太阳能和宇宙辐射流加热。在热成层下部，高能辐射的强脉冲导致带电荷的粒子（离子）放电发光。这种现象就是我们所知道的北极光（aurora

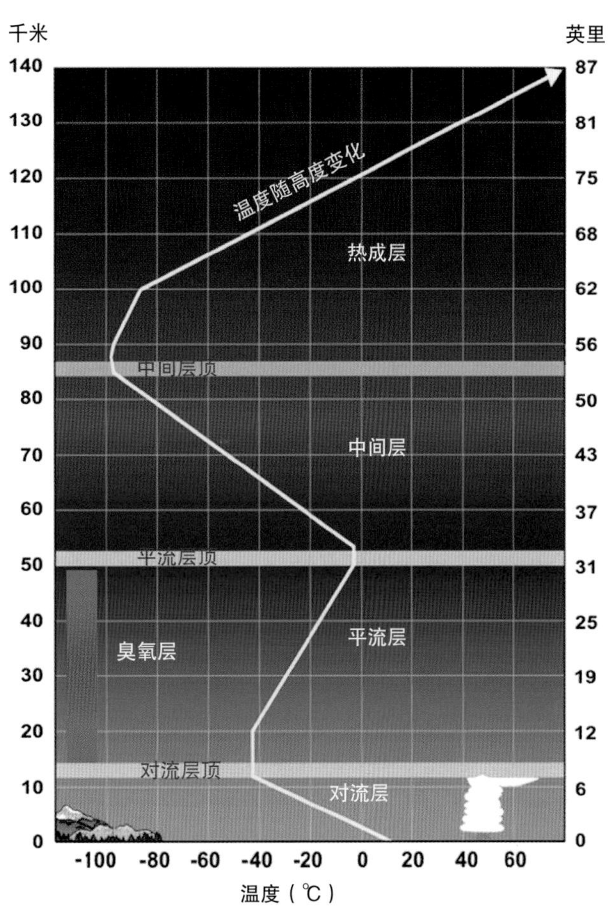

图 9.3 大气层各层的温度和组成变化。大多数天气变化发生在对流层。平流层中的臭氧对阻隔太阳能中的紫外线至关重要。

资料来源：美国国家气象局

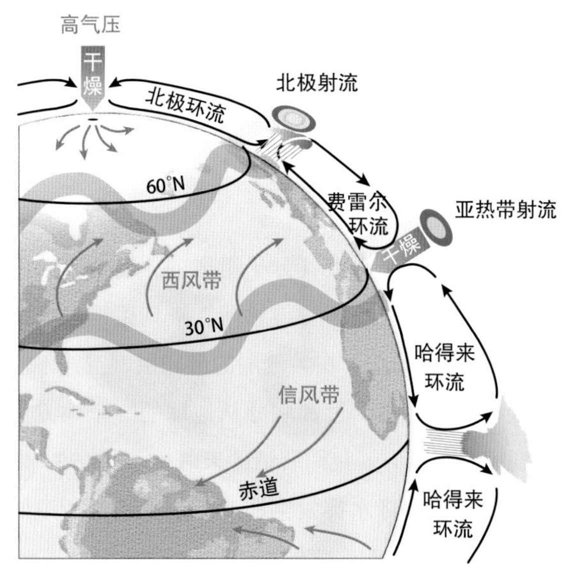

图 9.4 对流单体使空气、水分和热量在全球循环。对流单体交汇的地方会产生喷流，对流会产生地面风。对流单体会季节性扩张和转换。

borealis）和南极光（aurora australis），即北极和南极的极光。

大气层没有明显的最外层边界，其压力和密度随着与地球距离的增加而逐渐降低，直到变得与星际太空的近真空状态难以区分为止。

大气层选择性地捕捉能量

太阳给地球提供了丰沛的能源，特别是在赤道附近。在到达外大气层的太阳能中，约1/4被云层和大气所反射，另外1/4被二氧化碳、水蒸气、臭氧、甲烷和少数几种其他气体吸收（图9.5）。这些被吸收的能量使大气微微变热。入射的太阳辐射（日照）中有大约一半到达地球表面。这种能量大部分是光或红外线（热）能的形式。

入射的太阳能有些被光亮的下垫面——如雪、冰和沙子——所反射。其余的被地球表面和水体吸收。反射能量的表面有着高**反照率**（albedo，反射率）。例如，新鲜的雪和厚重的云层能够将照射其上的光的85% ~ 90%都反射掉（表9.1）。吸收能量的表面反照率低，而且一般都呈现深颜色。例如黑色的土壤、沥青路面和水反照率都低，反射率低至3% ~ 5%。所吸收的能量加热了该物体（如夏天的沥青停车场），使水分蒸发，并为植物的光合作用提供能量。根据热力学第二定律，所吸收的能量逐渐以较低质量的热能形式再次释放。例如砖房的墙体吸收了光能（高强度的能量），再以热能（低强度能）的形式重新释放。

能量强度的变化是很重要的，因为组成大气层的气体能够让光能穿过，这就是白天一片光明的原因，但是这些气体会吸收或反射从地球重新发射出去的低强度的热能（图9.5）。大气中的几种痕量气体对捕捉重新发射的热能特别有效。这些气体中最有效、含量也最丰富的是水蒸气、二氧化碳、甲烷和一氧化二氮。

如果大气层不能捕获所有这些被重新释放的热能，则地球表面的平均温度会比现在低20℃。因此如我们所知，捕获这些能量对地球上的液态水和生命来说是必需的。**温室效应**（greenhouse effect）是描述大气中的气体捕捉能量的一个常用术语。就像温室的玻璃一

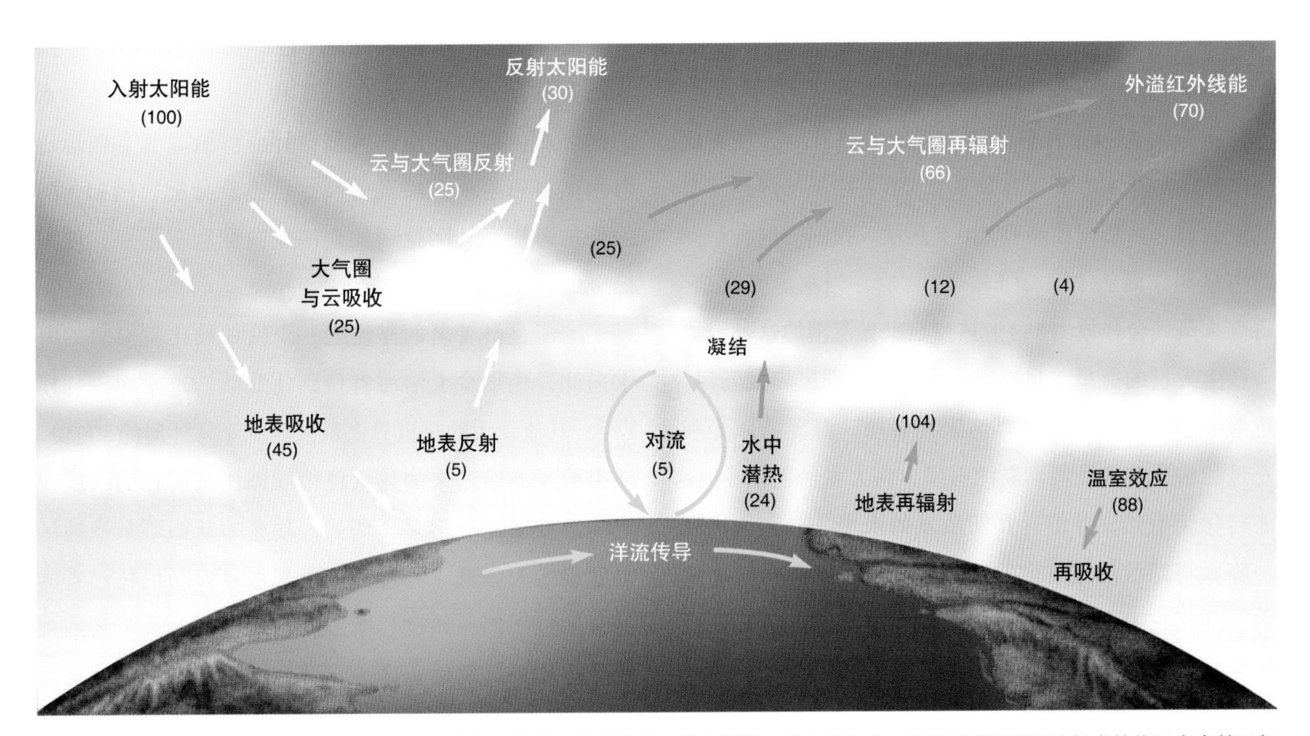

图9.5 入射和放出的辐射能量之间的平衡。大气吸收或反射到达地球的太阳能中的一半左右。从地球表面重新放射出的能量大多数是长波的红外线能。这种红外线大多能被大气中的气溶胶和气体所吸收，然后重新辐射回地球，使地球表面比没有这种辐射的情况下温暖得多。这就是所谓的温室效应。

表面	反照率（%）
新鲜的雪	80～85
厚重的云	70～90
水（太阳比较低时）	50～80
沙子	20～30
森林	5～10
水（太阳当顶）	5
黑土	3

表9.1 地球表面的反照率（反射率）

样，大气层透过了阳光，但捕获了其中所含的部分热量。大气层也像一个温室一样，逐渐将能量散逸到太空。

能量收入和支出速度的平衡决定了温室中的温度。我们所面临的政策问题是我们正在降低热量散失的速度，从而增加了我们所在“温室”中的热储备。我们通过向大气层中增加二氧化碳、甲烷和一氧化二氮来做到这一点，自人类作为一个物种出现之前，地球从来没有经历过这样的浓度。问题在于是否能够对改变这种趋势达成一致。

蒸发的水储存并重新分配热量

输入的太阳能大量消耗于水分的蒸发。液体变成气体时，每克水的蒸发需要吸收580卡路里的热量。空气中的每克水蒸气存储有580卡热量。我们把这种存储的热量叫作**潜热**（latent heat）。之后，当水蒸气凝结，每克水蒸气会释放出580卡热量。世界范围的这种释放会产生大量的能量，足以形成大雷雨、飓风和龙卷风。想象一下，冬季的墨西哥湾阳光普照。温暖的阳光和充足的水分造成源源不断的蒸发，将大量的太阳（光）能转化为潜热，并储存在所蒸发的水中。现在设想有一阵风将潮湿的空气向北吹送，从墨西哥湾吹向加拿大。空气在上升和向北移动的过程中冷却。最终，冷却导致水蒸气凝结，从而形成降雨（或降雪）。注意，从墨西哥湾移动到中西部地区的不仅是水：每克水所含有的580卡路里热量也在随之移动。热和水现在已经从阳光灿烂的墨西哥湾运动到了较冷的中西部。这种热量和水分在地球上的重新分布对地球上的生命来说是至关重要的。

为什么会下雨？理解这个现象将有助于你理解潜热和水资源在全世界的分配状况。降雨需要两个条件：①水分的来源，如海洋，水从那里蒸发进入大气层；②抬升的机制。抬升很重要，因为在高处空气会冷却。如果你曾经开车经过一个山口，也许就观察过这种冷却过程。有时，风吹过山脉时空气会被抬升；有时温暖的天气系统与较冷的天气系统交汇，则暖空气被迫爬升到较冷的气团之上；有时，在晴朗的时候，被地球表面加热的空气会在对流气流中上升。这三种机制中任何一个都能导致空气上升并冷却。冷却的空气中的水分随后凝结，我们就能看到水分变成雨或雪从天而降。

下次你看天气预报的时候，可以看看在对降雨和降雪的预测中是否会提到这些。

洋流也能重新分配热量

冷暖洋流强烈地影响陆地上的气候状况。表层洋流是因海洋表面的风推动而形成的。随着表层海水的移动，深层的海水涌上来替代它，形成更深处的洋流。水的密度差异取决于水的温度和盐度，也会驱动海水的循环。被称为环流的大型循环海流沿南北方向运送海水，将热量从低纬度向高纬度重新分配。例如，阿拉斯加海流，从阿拉斯加向南流向加利福尼亚，使得旧金山的夏天凉爽而多雾。

湾流是最著名的洋流之一，携加勒比海温暖的海水向北，经加拿大沿海省份到达北欧。这条洋流规模巨大，其流量大约是世界上最大河流亚马孙河的800倍。从墨西哥湾输送来的热量使得欧洲比其所在的纬度应有的温度要温暖得多。例如，瑞典的斯德哥尔摩地区温度很少大幅低于零度，这里与加拿大马尼托巴省的丘吉尔处于同一纬度，而后者却是世界上最著名的观看北极熊最好的地点之一。随着温暖的湾流经过斯堪的纳维亚并绕过冰岛转弯，海水变冷并蒸发，变得又重又咸，掉头向下，形成流向南方的强劲深层海流。

所有这些表层的和深水的循环系统共同构成了

热盐（thermohaline，即与温度和盐度有关的）循环，因为温度和盐的浓度控制着水的密度，密度的对比驱使海水流动。勒芒道荷迪天文台（Lamont Doherty Observatory）的华莱士·布勒克（Wallace Broecker）博士是第一个描述这种大规模传输系统的人，他还发现这种传输可能会突然停止。大约1.1万年前，当时地球正处于最后一个冰期末的回暖时期，寒冷的冰川融水涌入北大西洋，扰乱了热盐流动的循环。欧洲陷入了一个寒冷的时期，持续1 300年之久。温度可能在短短几年中就会发生剧烈的变化。

这种情形会重演吗？有些气候学家认为格陵兰冰盖（占全球冰川的10%）的融化可能导致洋流的骤然变化。

9.2　气候随时间变化

气候学家布勒克说过，“气候是一头发怒的猛兽，而我们现在正在用木棍捅它”。他的意思是我们假设气候是稳定的，但是我们的鲁莽行动可能会扰动它，带来突然和剧烈的变化。气候有多么稳定？那取决于你所参考的时间长短。以百年和千年尺度来看，我们知道气候是会有变化的。但是通常从人的一生来看，我们一般不会遇到多大改变。现在的问题是，这是一个合理的预期吗？如果气候确实改变了，那么变化的速度到底有多快？那些变化对我们所依存的环境系统来说意味着什么？

冰芯向我们讲述气候的历史

每次下雪的时候，都会有少量的空气被封存在雪层中。在格陵兰、南极洲和其他终年寒冷的地方，几个世纪的积雪年复一年积压起来。新的雪层将旧的雪层压成冰，但是仍有微小的气泡存留其中，即便是几千米深的冰川中也是如此。每个气泡都是降雪时的大气样本。

气候学家已经发现，深钻到冰层以下能够抽取到冰芯，从中可以收集气泡样本。每隔几厘米取样，能够显示出大气是如何随时间发生变化的。冰芯记录颠覆了我们对气候历史的认识。我们能够看到大气中的二氧化碳浓度是如何变化的，能够发现记录火山喷发的硫酸盐沉积中的火山灰层和穗状条带。最重要的是，我们可以看到氧的同位素。在寒冷的年份，含有较轻的氧原子的水分子比含有较重的同位素的水分子更容易蒸发。因此，通过观察较重和较轻的氧原子的比例，气候学家能够重构温度随时间的变化，并根据二氧化碳浓度和其他大气成分绘制出温度的变化。

第一个非常长的记录来自南极洲俄罗斯东方站的冰芯，取自南极冰层下深达3100米处，记录了过去42万年的温度和大气中的二氧化碳。俄罗斯科学家团队在东方站点工作了37年，在距南极点1 000千米处钻取冰芯，在格陵兰冰盖也钻取了类似的冰芯。近年来“欧洲南极冰芯项目”（EPICA）创造的新纪录，追溯到了80万年前（图9.6）。所有这些冰芯除了表明大气温度和二氧化碳浓度之间有密切的相关关系以外，还显示气候已经随时间发生了剧烈的变化。

从这些冰芯我们知道二氧化碳的浓度在过去的80万年间在180～300ppm（百万分之一）之间变动。因此我们知道今天的浓度大约是390ppm，已经比地球上一百万年来曾经有过的高出了大约1/3。我们还知道现在的温度是有冰芯记录以来最温暖的。在未来的几十年中将进一步变暖，可能会超过以往的冰芯记录。

是什么原因导致气候反复变化

冰芯记录显示气候是随着时间反复变化的。是什么导致这些周期性（反复的）变化？温和的变化以11年为周期，相当于太阳强度的变化周期。大约每11年就有一个太阳能输入的峰值。更为剧烈的变化与地球的轨道和倾斜角度的周期性改变有关（图9.7）。这两者的周期性变化被称为**米兰科维奇循环**（Milankovitch cycles），以20世纪20年代最先描述这个现象的塞尔维亚科学家米兰科维奇（Milutin Milankovitch）命名。这样的周期有三个：①地球的椭圆形轨道的伸长和缩短以

10万年为周期；②地轴倾斜角度变化以4万年为周期；③在2.6万年的时间里，地轴游移变动就像失去平衡的旋转的陀螺。这些变化看上去都与沉积岩中的沉积结合方式相符合。

这些循环的相互作用看上去好像也能解释过去80万年的冰期，如你在图9.7中所看到的冷/暖循环。例如，当地轴的偏移使得北极点在夏天的时候指向太阳，夏天就会很热，整个地球都会变暖。当北极点远离太阳，北半球的夏天就很凉爽，全球也会变冷。同样，当地轴向太阳倾斜时，极地变热；当地轴与太阳更为平行时，极地就没有那么热。

火山喷发可以导致气候发生突然的异动，但一般持续不了几年。唯一的例外是7.3万年前西苏门答腊的托巴（Toba）火山爆发。这是过去2 800万年中最大的一次火山活动。这次爆发至少喷射出了2 800立方千米的火山物质，而1980年华盛顿州圣海伦斯（St. Helens）火山的爆发仅喷发出1立方千米的火山物质。硫酸和颗粒物质从托巴火山被射入大气层，据估计遮蔽了射入阳光的75%，并在长达160多年的时间里使整个星球冷却了16℃之多。在气候史上，160年的时间很短暂，但这却是2 800万年时间里最大规模的一次火山爆发——因此，火山在气候变化趋势中是一个值得关注的因素，但不是决定性的因素。

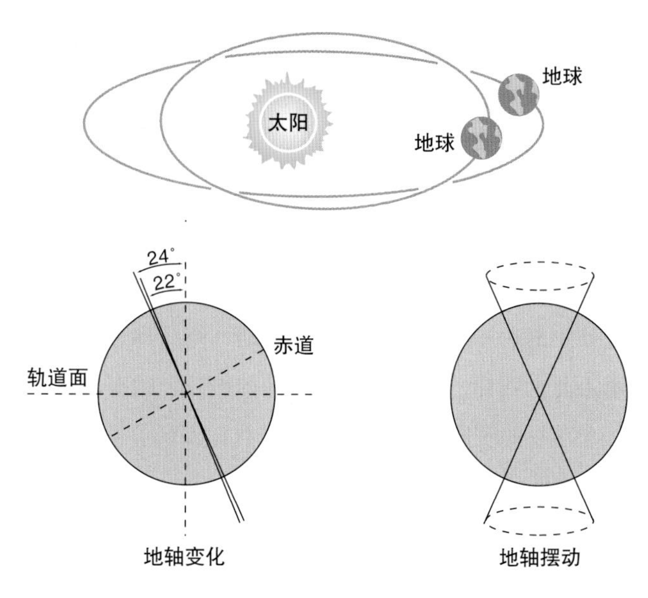

图9.7 可能会影响长期气候状况的米兰科维奇循环：（a）地球轨道偏心率的变化，(b) 地轴倾斜度的改变；（c）地轴的偏移。

厄尔尼诺及南方涛动现象影响深远

气候以几年或几十年为尺度的变化，也与海洋和大气中发生的周期变化有关。这些耦合在一起的海洋-大气周期变化在世界各地的海洋上都有发生，但是**厄尔尼诺/南方涛动**（El Niño/Southern Oscillation，ENSO）现象可能是其中最著名的一个。ENSO影响了整个太平洋甚至更大范围的天气状况，导致强烈的季风或严重干旱。

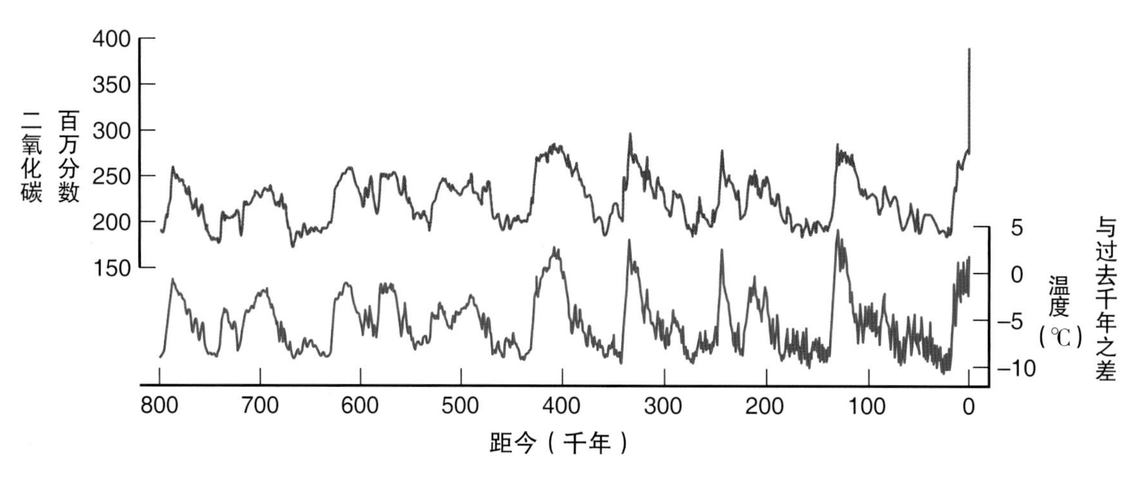

图9.6 大气中二氧化碳的浓度（红线）与在南极东方站冰芯中的气泡所反映的温度（蓝线，根据氧同位素得出）变化非常接近。最近温度的变化滞后于二氧化碳浓度的大幅上升，可能是由于海洋一直在吸收热量。在80万年的EPICA冰芯中，没有证据表明温度或二氧化碳的浓度比预计的未来的一个世纪内高。

资料来源：联合国环境计划署；J. Jouzel et al. 2007。

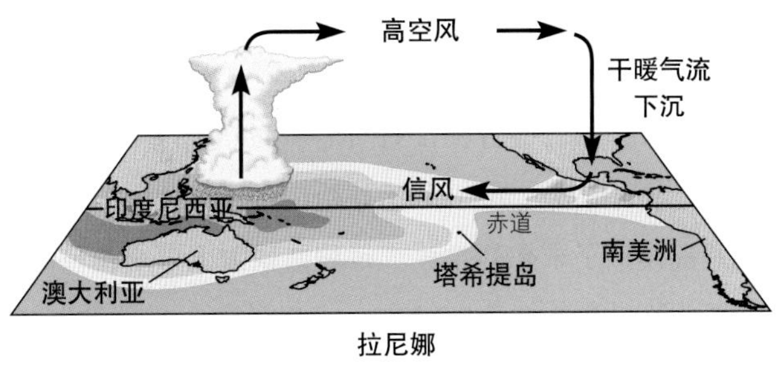

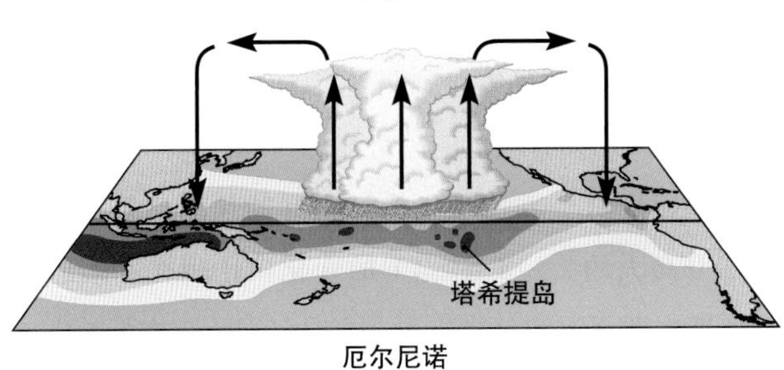

图 9.8 厄尔尼诺 / 拉尼娜 / 南方涛动周期。每 3 至 5 年，正常情况下会推送温暖水团向西到印度尼西亚的海洋表层信风减弱，从而使得这个水团向东流向南美。

这个系统的核心是太平洋中的一大团温暖的表层水体，缓慢地在印度尼西亚和南美洲之间往复摆动，就好像一个巨型浴缸中的水一样。大多数年份，稳定的赤道信风控制着这个水团，让它一直位于西太平洋（图9.8）。从东南亚到澳大利亚，这个温暖的赤道水团提供了潜热（水蒸气），驱动了大气层中强烈的向上对流（低气压）。由此导致的印度尼西亚地区的强降雨繁育了茂密的热带雨林。

在太平洋的美洲一边，南美沿岸的冷水上升，取代了向西流动的表层水。这种上升的深层海水富含营养物质，养育了密集的鳀鱼群和其他鱼类。在大气层中，墨西哥和加利福尼亚地区干燥、下沉的空气取代了稳步向西的信风气流。正常情况下美国西南部干燥的气候就是由这种气流造成的。

每3至5年，由于我们不完全知晓的原因，印度尼西亚的对流（上升的空气流）减弱，西风和洋流衰退。温暖的表层海水浩荡向东横贯太平洋上。美国和墨西哥西部雨量增加，而印度尼西亚发生干旱。上升的洋流对南美渔业的支撑作用也有所减弱。

秘鲁的渔民最先注意到海洋温度上升的这种不规则周期，因为每当海水变暖的时候鱼群就消失了。他们把这种现象叫作“厄尔尼诺”（西班牙语中意为“圣婴”），因为这种现象通常发生在圣诞节前后。和厄尔尼诺相对应，太平洋东部热带地区变冷，被称作“拉尼娜”（小女孩）。

厄尔尼诺周期影响深远。在厄尔尼诺出现的年份，北方喷流分裂并被驱赶至美国以南，正常情况下应在加拿大上空。这会推动太平洋和墨西哥湾的潮湿空气深入内陆，给从加利福尼亚到美国中西部各州带来暴风骤雨。出现于其间的拉尼娜年份会给这些州带来干热的天气。另一方面，美国俄勒冈州、华盛顿州和加拿大不列颠哥伦比亚省往往在厄尔尼诺年份出现温暖、晴朗的天气，而不是平常的多雨天气。在厄尔尼诺发生的年份，澳大利亚和印度尼西亚出现的干旱会导致损失惨重的庄稼歉收和森林火灾，其中就包括1983年加里曼丹岛发生的火灾，火灾面积达3.3万平方千米。

有些气候学家相信由于全球气候变化的原因，厄尔尼诺现象正在变得越来越严重、越来越频繁。有迹象表明，温暖的海洋表层范围正在扩大，为厄尔尼诺现象强度和频率的增加推波助澜。另一方面，在变暖的洋面上云层覆盖会增加，这会降低入射太阳能的强度，而且由这些暴风雨产生的强烈对流气流能够将热量抽进平流层。这样可能会有一种整体的冷却效果，从而成为全球变暖的安全阀。

9.3 我们是如何知道气候变化速度比以往更快的

很多科学家认为，人为的全球气候变化问题是我们这个时代最严重的环境问题。人类改变世界气候的可能性已经不是一个新概念了。1859年，丁达尔（John Tyndall）测定了各种气体的红外线吸收作用并描述了温室效应。1895年，阿伦尼乌斯（Svante Arrhenius）预测燃煤释放的二氧化碳会导致全球变暖，后来因此获得了诺贝尔化学奖。

有关人类活动正在增加大气中的二氧化碳的最初证据，来自夏威夷莫纳罗亚火山山顶的天文台，该天文台设立于1957年，是国际地球物理年的一部分，目的是提供远古原始环境中的大气化学数据。令人吃惊的是，检测显示每年二氧化碳的浓度都增加0.5%，从1958年的315ppm增加到2009年的388ppm（图9.9）。注意，这种增长是锯齿状的。上下波动是因为世界陆地和植物的大多数都位于北半球，每年5月植物的爆发式增长会从大气中吸收二氧化碳。随后，在北半球的冬季，因为呼吸作用释放出的二氧化碳浓度又会升高。

科学界的共识毫无争议

由于气候是如此复杂，全世界的气候学家齐心协力收集并分享数据，构建模型以便描述气候系统是如何运转的。证据表明，变暖和变冷的趋势存在着区域差异，而且模型之间有些许不同。但是在那些了解数据和模型的人中间，没有争议的是变化的方向。证据清楚地表明，如在莫纳罗亚的曲线图所示，气候确实在发生变化，全球平均情况正在变暖，因为低层大气中滞留的能量日益增加。

描述气候现状的知识中最综合全面的成果是**政府间气候变化专门委员会**（Intergovernmental Panel on Climate Change，IPCC）做出的。正如其名，这是政府间的合作组织，包括来自130个国家的科学家和政府代表。IPCC的宗旨是研究人类造成气候变化的原因和可能后果的科学证据。

预计会有热浪、海平面和暴风雨的变化

第四份评估报告提出各种各样的气候情景来预测温室气体的排放。从2000年开始，对每一种预测情景，IPCC都模拟了未来的排放。每种情景因人口增长预测、经济增长、节能和能源效率、采用的温室气体控制措施（或欠缺这方面的控制措施）的不同而不同。与20世纪末相比，不同的情景预测到2100年温度增加1～6℃不等（图9.10，有颜色的趋势线）。

根据IPCC，对温度上升“最好的预测结果”是比现在升高大约2～4℃。4℃的变化仅比现在和最近一个冰期中期之间的差异略小，当时气温比现在低5℃。

自2007年以来的观测表明，IPCC的所有情景都过于保守了。温室气体的排放、气温、海平面和能源使用都在加速，比IPCC的任何一种预测都要快（图9.10中的灰色线）。学界十分关切日益严重的热浪和干旱可能导致死亡人数增加、庄稼绝收和旱灾肆虐地区出现新的难民潮。

IPCC在2007年预测，21世纪末海平面将升高17～57厘米。更新的预测已经提高到2100年前海平面增高1～2米。如果近期极地冰盖和格陵兰冰川的快速融化不断持续下去，则这种变化会更大。格陵兰冰川的完全融化将会使海平面升高6米。这会淹没佛罗里达大部分地区、墨西哥湾沿岸、曼哈顿岛大部分、上海、香港、东京、加尔各答、孟买以及世界上2/3的大城市（图9.11）。

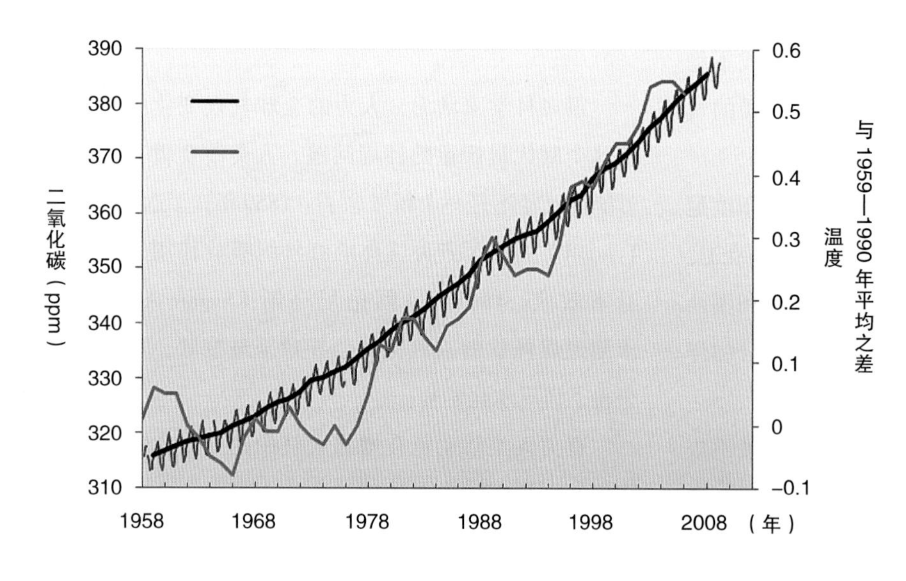

图9.9 在夏威夷莫纳罗亚火山顶对大气中的测定结果显示，近年来二氧化碳每年增长1.5%～2.5%。图中显示二氧化碳月平均值（红色）和年平均值（黑色）的变化。气温代表5年平均差。

资料来源：NOAA地球系统研究实验室。

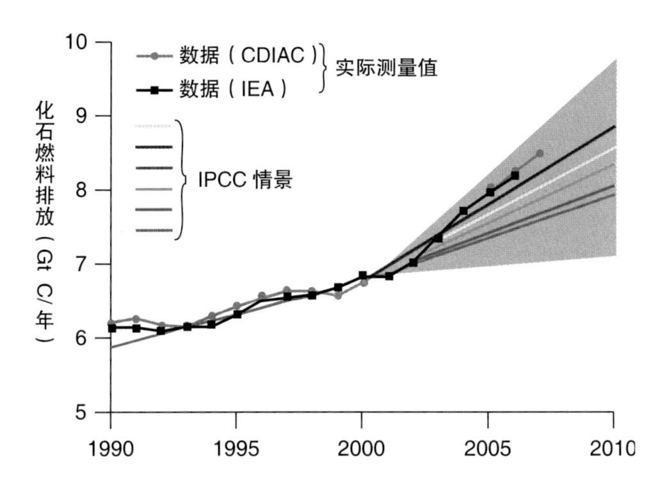

图 9.10　排放情景和情景模拟后实际观测到的排放值。

对很多气候学家来说，这些临界点很令人担忧。预测显示，如果在未来的几十年中我们不能控制排放，我们就会越过永久冻土融化、失去格陵兰冰盖及其他因子的不可逆的临界点。

美国也在为全球变暖而忧心。2007年，美国军事顾问委员会称："气候变化、国家安全和对能源的依赖是相互关联的一系列全球性挑战，会导致世界上原本稳定的地区出现紧张状态。"一些国际援助机构特别提到在苏丹的达尔富尔地区的内战和随之而来的人道主义危机。天气模式的变化使得多年的降水量低于正常值和荒漠化，从而导致干旱和食品短缺，进而引发一系列问题。全球气候变化可能会带来更多的此类冲突，进而造成数百万的难民流离失所，正如我们今天在非洲的萨赫勒地区所看到的一样。

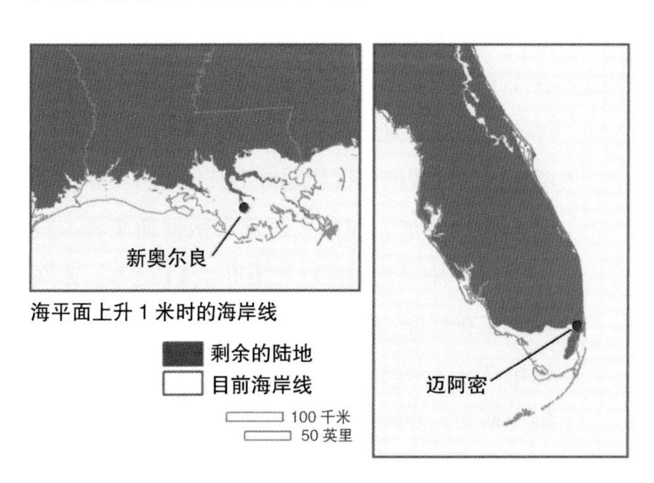

图 9.11　海平面上升 1 米后陆地表面的大致变化，IPCC 称这种变化可能会在 2100 年前到来。有些分析家预计如果不采取行动，海平面将会升高 2 米。

决策者在寻找解决办法方面进展无多。气候控制是一个古老的搭便车问题，因为害怕别人会因自己的牺牲而受益，没有人愿意采取行动。

问题是这种牺牲是否必须像决策者认为的那样巨大。气候学家指出，将我们的能源战略从煤（我们最大的温室气体和其他污染物排放的来源）转变为风、太阳能并提高效率，就能创造数百万个新就业岗位，节省几十亿因燃煤而导致的医疗开支。

主要温室气体包括二氧化碳、甲烷、一氧化二氮

自前工业化社会以来，大气中的二氧化碳、甲烷和一氧化二氮浓度分别攀升了31%、151%和17%（图9.1）。由于二氧化碳在大气中的丰度，及其能在大气中存在几十年或几个世纪的稳定性，目前为止它是这三种气体中最重要的（图9.12）。使用化石燃料产生的二氧化碳占全部二氧化碳排放量的80%，其他来源包括水泥制造以及森林和草原的燃烧。所有这些来源加在一起，每年平均排放超过330亿吨二氧化碳（图9.13a）。大约有30亿吨这种多余的碳被陆地生态系统吸收，约有20亿吨被海洋吸收，剩下的每年在大气中增加约40亿吨。如果以现在的发展趋势继续下去，到21世纪末二氧化碳的浓度将达到550ppm（接近工业革命前280ppm的水平的两倍）。

甲烷的浓度比二氧化碳低得多，但是它的每个分子吸收红外线能量的能力是二氧化碳的23倍，在大气中积累的速度是二氧化碳的两倍。无论什么地方，有机物在缺氧的情况下腐烂就会生成甲烷，尤其是在水下。天然气源自古代的沼泽物质，主要成分就是甲烷。甲烷也会由反刍类动物、水稻田、煤矿、垃圾填埋场、湿地和管线泄漏排放出来。

用于水力发电的水库通常是作为清洁能源的提供者而被提倡，但它同时也是甲烷的一个重要来源，因为水库会积累被水淹没的腐烂植物。巴西国立亚马孙研究学会的生态学家费恩赛德（Philip Fearnside）计算出在帕拉（Para）州库拉尤娜（Cura-Una）大坝后面的

水库里，腐烂的植物每年所释放出的二氧化碳和甲烷非常多，以至于对地球变暖的效应是燃烧化石燃料产生同样数量能源的效应的3.5倍。热带水库产生的甲烷大约占全球甲烷排放量的3%。

一氧化二氮主要是由大气中的氮和氧之间发生化学反应而生成，在内燃机发热的作用下就能完成这种化合反应。其他来源包括有机物的燃烧和土壤微生物的活动。

氯氟烃（俗称氟利昂，CFCs）和其他含氟气体也能储存来自红外线的能量。发达国家排放的CFC已经有所减少，因为该类物质的很多用途已经被禁止，但是发展中国家的生产量仍旧不断增加。含氟气体和一氧化二氮加在一起，占到人为的地球变暖成因的大约17%（图9.12）。

美国人口不及全世界的5%，所排放的二氧化碳占全球排放总量的1/4以上。2007年中国的二氧化碳排放总量超过了美国（图9.14b），但是中国的人均排放量还不到美国的1/5。印度每人只排放1吨二氧化碳，只相当于美国人的1/20。盛产石油的国家，如中东产油国，人均二氧化碳产出最高。例如，卡塔尔人均产生的二氧化碳是澳大利亚的3倍还多。但是因为这些国家都很小，其总体影响相对有限。

与此形成对比的是，非洲每人每年产生的二氧化碳只有一吨多。全世界排放量最少的是乍得，每人的产出只有美国人的千分之一。

有些生活水平高的国家二氧化碳排放量相对较少。例如，瑞典每人每年仅产生6.5吨，仅相当于美国人的约1/3。引人注目的是，瑞典通过采用可再生能源和环保措施已经在过去的30年间将碳排放量降低了40%。与此同时，瑞典的个人收入和生活质量指标都有了显著增长。

当今环境科学领域最重大的问题可能是，作为目前世界上拥有最多人口、同时也发展最快的经济体中国和印度，是会步美国和加拿大的后尘，还是会走上瑞典和瑞士的发展道路？二氧化碳的另一个主要来源是水泥生产。从全世界来看，水泥制造占全部二氧化碳排放量的4%。

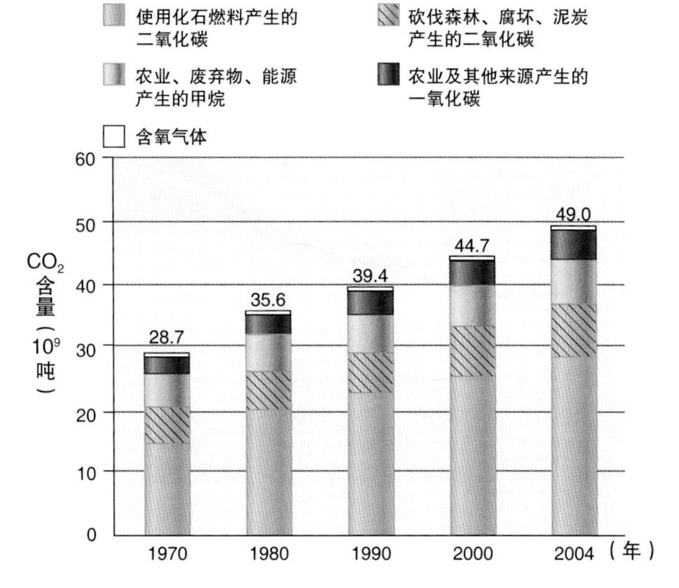

图9.12 不同气体和活动对全球气候变暖的影响。

资料来源：IPCC数据，2007。

气候变化的证据确凿无疑

美国地球物理学会（The American Geophysical Union）是美国最大也是最受尊重的科学组织之一，他们曾经声明："根据目前所能做出的最好的判断，世界正在变暖，比过去两千年中的任何时候都更暖和，而且如果这种趋势继续下去，到21世纪末，很有可能会比过去两百万年中的任何时点都要热。"以下几点是得出这个结论的部分证据：

- 在过去的一个世纪，地球平均温度攀升了0.6℃。在过去的150年中最热的20个年份有19个出现在了1980年之后。观测到的海平面上涨和两极冰雪的消融与这个现象相一致（图9.13a）。
- 两极地区变暖的速度比地球上其他地方更快，在美国阿拉斯加、加拿大西部和俄罗斯东部，过去的50年中平均温度已经上升了4℃之多。永久冻土正在解冻：房屋、道路、管线、排水系统和输电线正在随着其下面的地层沉降而塌陷。在阿拉斯加，云杉甲虫肆虐（可能是因暖冬所致），仅在基奈（Kenai）半岛一地就已经毁掉了2.5亿棵云杉树。海冰的后退导致海岸被侵蚀，沿海城镇不得不搬迁。

- 北极海冰的厚度现在只有30年前的一半，夏季海冰覆盖的面积约比30年前减少了一半。到2040年，北冰洋夏天会完全不见冰的踪影。在北极海冰上产崽的海豹种群正在消失。北极熊必须靠捕猎海冰上的海豹生存，2008年已经被列入了濒危物种名录。2005年的一次航空调查发现，北极熊不得不游过长达260千米的空旷水域才能爬上浮冰块。海冰的消失对于因纽特人依赖海冰旅行和狩猎的传统的生活方式来说也是毁灭性的。
- 南极半岛上的冰架正在迅速崩解并消失。近期的一次调查发现，半岛上90%的冰川现在平均每年后退50米。随着冰架的融化，帝企鹅和阿德雷企鹅种群数量在过去的50年中已经减少一半（图9.13b）。格陵兰的冰正在加速消融。巨大的冰盖如果全部融化，其所贮存的水足以让海平面上升约6米。
- 几乎所有的高山（山地）冰川都在快速后退。乞力马扎罗山上著名的冰帽几乎已经消失。蒙大拿的国家冰川公园1910年设立的时候有150处冰川。不久之后它将会变成没有冰川的国家冰川公园（图9.13c）。
- 到目前为止，海洋一直通过直接吸收二氧化碳和储存热量两种方式起到缓冲温室气体排放效果的作用。放在深水中的传感器显示，每平方米的海水所吸收的热量比它向太空辐射回去的要多0.85瓦。这种吸收延缓了现在的变暖过程，但是也意味着即使我们今天减少温室气体排放，也需要花费几个世纪才能消散已经储存下来的热量。被吸收的更高浓度的二氧化碳正在使海洋变酸，这会对海洋生物产生负面影响。例如软体动物和珊瑚在酸性的水中制造碳酸钙的壳和骨骼会更加困难。
- 在过去的一个世纪里，全世界的海平面已经上升了大约15～20厘米。这种升高有1/4是由于冰川的融化，大约一半是由于海水的热膨胀。如果南极的冰全部融化，则由此造成的海平面上升将会达到几百米。
- 卫星影像和地面测绘显示，现在从欧亚大陆北部到北美一带的生长季节比30年前长3个星期。南部的植物和动物现在正把自己的地盘扩大到北极地区，而当地物种，如麝牛、北美驯鹿、海象和海豹则正在减少。
- 干旱正在变得更加频繁，范围也更大。例如在非洲，自1970年以来干旱范围增加了约30%。位于边缘地区的农田因为更高的温度蒸发了可得的水分而变得更干旱。
- 生物学家报告，植物和动物正在更早地开始繁殖或把他们的领地扩张到新的区域。在欧洲和北美，有57种蝴蝶已经从它们分布范围的最南端消失，或者扩展了其北部边界。很多植物可能没办法随环境条件的变化而迁移得那么快：我们现在正在迫使它们比上一个冰期末的时候更快地迁移（图9.13d）。
- 随着海水温度上升到30℃以上，全世界的珊瑚礁都正在被“漂白”（失去了它们赖以生存的五颜六色的藻类）。因为各地的珊瑚礁几乎都受到了污染、过度捕捞和其他压力的威胁，科学家们担心，快速的气候变化对于在这些复杂的生物多样性的生态系统中的很多物种来说，都可能成为压垮骆驼的最后一根稻草。
- 暴风雨正在变得更猛烈、更具破坏力。极端降雨、降雪和飓风发生的频率以及其他事件表明，海洋变暖和更剧烈的大气环流正在对天气产生影响。保险公司正在降低暴雨的赔付覆盖范围并提高保险费率。这表明，即便是金融机构也领悟到某些前所未有的气候状况正在发生。

与气候变化相比，控制排放更经济

皮尤信托（Pew Trust）2010年的一项研究评估了到2100年之前的生态服务损失。涉及的损失包括因干旱损失的农业生产力、洪水和暴雨对基础设施的破坏、生物生产力损失和因为热损伤导致的健康代价以及10

简论气候变化：它是如何起作用的？

温室效应描述了地球大气层变热的现象。这种情况大体上类似于玻璃温室，我们的大气层允许光能穿过，但是释放热能（或红外线能）却很缓慢。一般情况下，这种温室效应保证了地球平均温度在冰点之上，并维持了生命的存续，但是在温室里或在我们的大气层中，过多的热量也可以是有害的。在过去的200年间，我们一直在以惊人的不断增长的速度排放吸收热量的气体（二氧化碳、甲烷、一氧化二氮、氯氟烃）。其结果是更多的热量被保留在大气层中。造成的后果有：冬天变得更短、热浪出现得更频繁、冰川融化、两极的冰块消融，一些地方干旱增多，而另外一些地方暴雨增多。

什么是GHGs？

温室气体（GHGs）是在大气层中能够阻挡长波能量向太空逃逸的分子。水蒸气是含量最丰富的GHG，但是人类活动对大气层中水蒸气的改变并没有像对其他GHGs那么大。自1800年前后工业化开始以来，我们大幅度增加了二氧化碳、甲烷、一氧化二氮和其他气体。

这些气体本来就使我们的星球保持温暖，但是近年来GHGs的增加对地球变暖的作用已经高到了动摇经济的稳定并影响自然资源利用的程度。

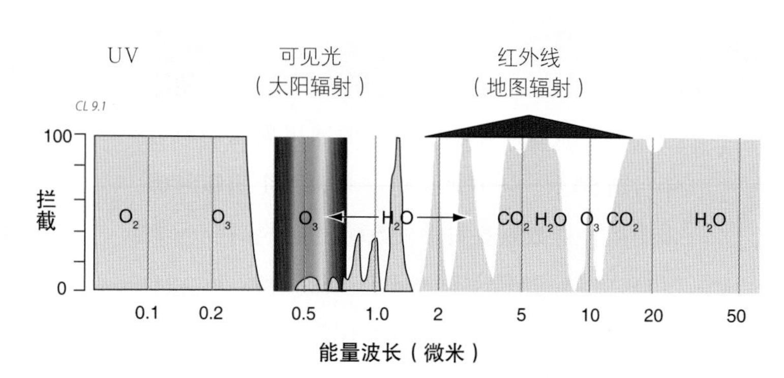

不同分子阻挡不同的波长。二氧化碳和水蒸气特别能阻挡红外能，阻止其逃离大气层。

气体	对气候的影响 %*
二氧化碳	60%
甲烷	20%
一氧化二氮	10%
气溶胶，其他气体	10%

* 人为原因所导致变化的百分比：取决于①排放量；②捕捉能量的效率；③在大气中的存续时间。

GHGs从哪里来？

▼ 化石燃料燃烧占GHG排放总量的60%，其次是砍伐森林（17%）和工业、农业产生的一氧化二氮（14%）。水稻田、牲畜嗳气及热带地区的水坝能产生甲烷（9%）。

你能否解答：

1. 什么是温室气体？三种人为产生的主要温室气体是什么？
2. 解释上图中红色和蓝色的波段。黑色线条表示的是什么？
3. 观察新奥尔良和迈阿密的地图，找出保护这些城市免受海平面上升和暴雨频发影响的某些策略。
4. 在本章中，我们有哪些办法减少气候变化？

我们何从知晓近来的气候变化源自人类活动？

IPCC的模型显示观测到的温度变化趋势（黑线）不符合没有人为因素的情况下所建立的数学模型（蓝色阴影部分显示了该模型预测的范围）。观测到的变化趋势确实与使用化石燃料和砍伐森林等因素存在的情况下所建立的模型结果相符（粉色的阴影区域）。

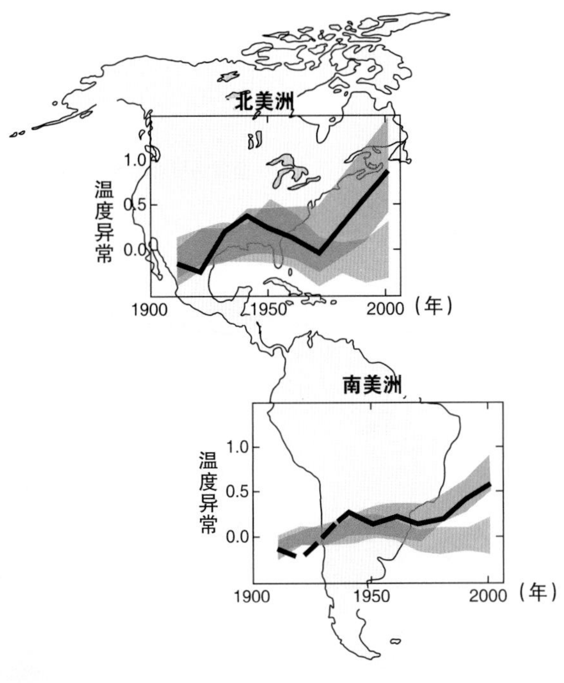

在地质年代中气候是否发生过变化？

气候状况一直都在变化，但从未像人类文明开始以来这样剧烈，而且通常比现在更为缓慢。按照我们现在的进程，到2100年温度比至少80万年以来都要高。根据冰芯的数据（如下图），现在的二氧化碳浓度比过去80万年里任何时候都高大约30%。现在气候变化的速度也是前所未有的：现在100年里所发生的变化在冰川时代末期需要花费800～5 000年的时间才能完成。

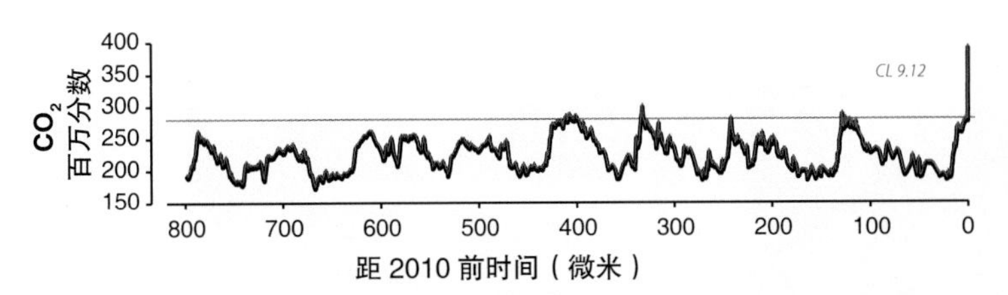

有哪些已经观测到的和预期的后果？

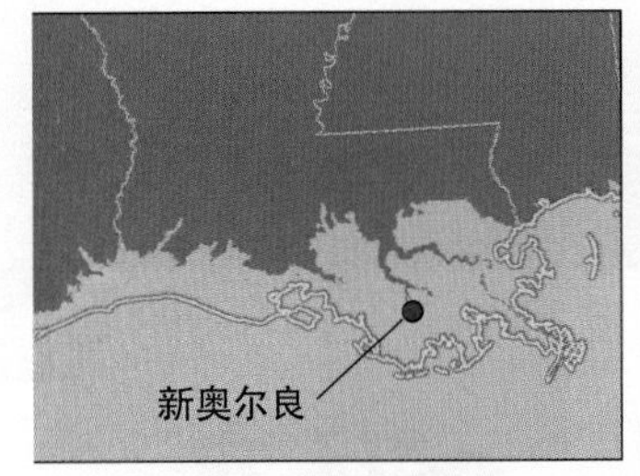

海平面上升 1 米时的海岸线

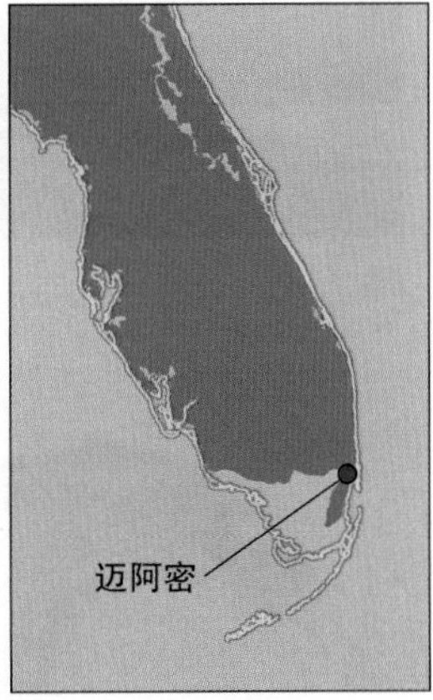

剩余的陆地
目前海岸线
160 千米

- **消失的冰雪：**北冰洋的海冰本来有助于稳定气候，但在夏天已经消失了近一半。山地冰川和积雪为美国西部地区约75%的地方和亚洲10亿以上的人口提供了水源，但它们在世界范围内正在消失。
- **火灾和病虫害：**火灾频率增加，灾情越来越严重，再加上害虫的分布范围扩大，这种情况正在改变生态系统甚至人类的死亡率。
- **春天提早到来：**温暖天气开始得更早，使得春花提早开放，候鸟更早迁徙，夏天变得更热。
- **海平面上升：**我们已经注定要面临海平面上升大约0.5米的状况。如果不能快速减少二氧化碳，我们可能不久就要面临海平面上升2米甚至更多。
- **更多的暴风雨：**更有能量的大气循环可能带来更多、更强烈的暴风雨。美国东部遭遇的更强降雨和风雪已经很明显。
- **气候变化的累积成本：**到2100年以前，受损的基础设施、被破坏的房产价值和健康损失将达到5万亿～90万亿美元。*

* 皮尤环境小组，2010年。

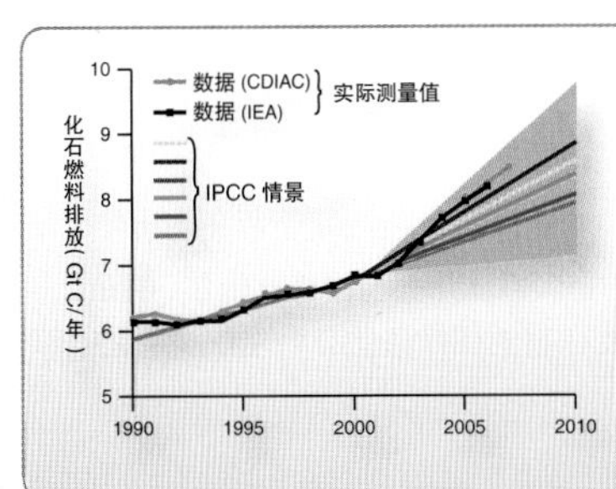

观测到的变化比模型预测的更为剧烈

观测到的GHG排放（黑线）已经加速，比IPCC所有预测曲线（彩色线条）还要快。因此温度和海平面的变化可能比预计的幅度还要大。

我们是否束手无策？

不一定。如果我们采用了另外的方案，特别是在能源生产、交通和更高效的能源利用方式方面，那么我们就能够把全球温度变化控制在2～4℃。但是我们已经不可避免地要遭遇海平面至少上升20～40厘米的情况，因为海洋会持续从大气层吸收多余的热量。

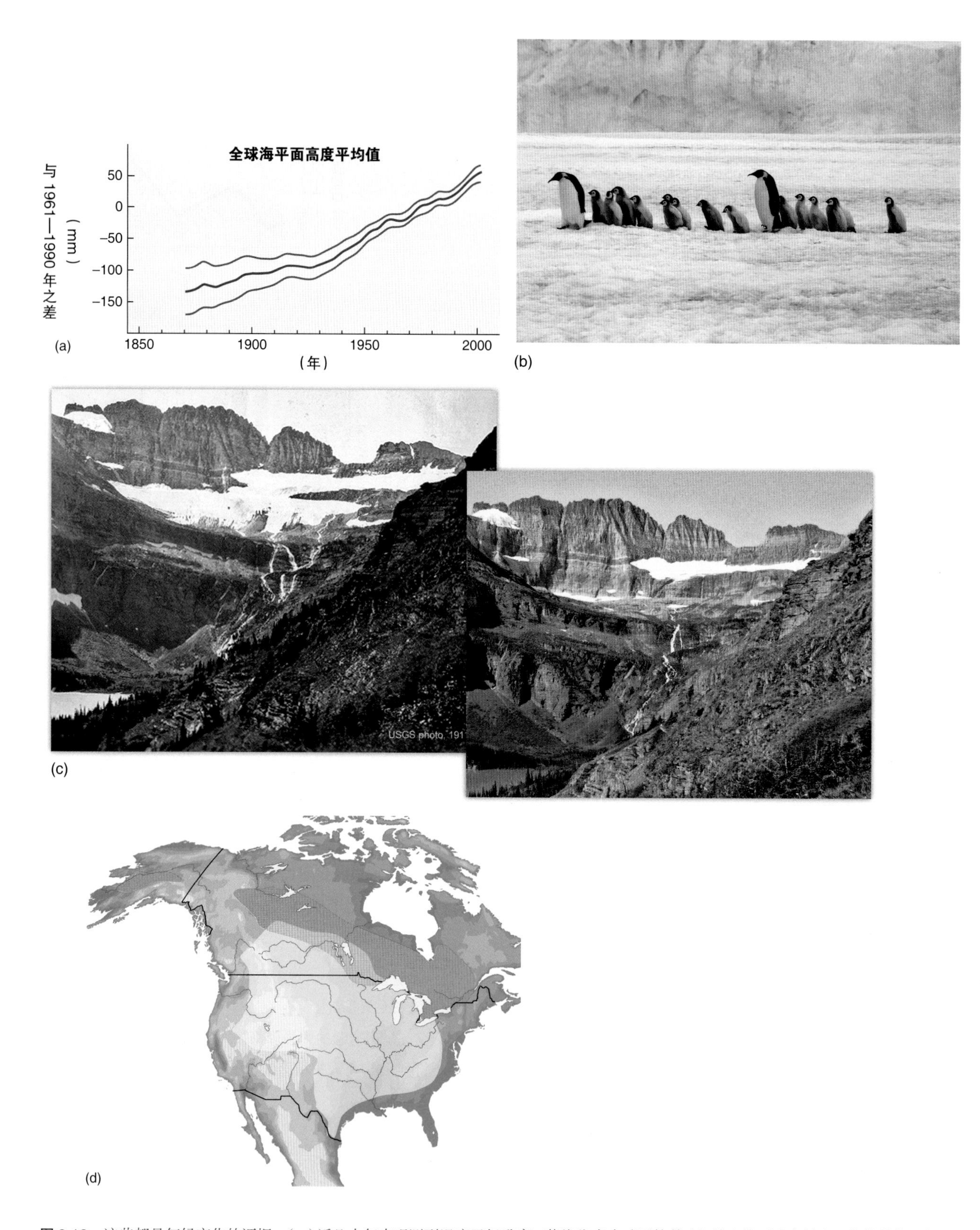

图 9.13 这些都是气候变化的证据。(a)近几十年来观测到温度已经升高。蓝线代表全球平均值(红线)的不确定性(可能的数值区间)。(b)依赖冰生存的企鹅种群数量已经急剧下降。(c)各地的高山冰川都在快速后退。这些图片显示的是国家冰川公园的格林内尔(Grinnell)冰川 1911 年和 1998 年的对比。到 2030 年，国家冰川公园可能就再无冰川。(d)到 2050 年，小麦适宜的气候条件会出现在加拿大中部，而不是在美国中部。

来源：IPCC，2007.

亿左右依赖融雪饮用和灌溉的人失去的供水等因素。

皮尤的报告发现在2100年之前气候变化有可能导致5万亿～90万亿美元的损失，具体数字取决于如何计算经济损失率和其他因子。在一项以英国政府名义发表的研究成果中，世界银行前首席经济学家斯特恩（Nicholas Stern）爵士估计，每年由气候变化导致的直接损失至少占全球GDP的5%以上。再加上一些间接损失，如生物生产力的下降，每年的损失将会达到世界经济总量的20%。

与之形成鲜明对比的是，斯特恩的报告估计，现在只需要花费全世界GDP的1%来减少温室气体排放，就能避免气候变化最恶劣的影响。IPCC称，减少碳排放每年所费更少，每年只需要花费全球GDP的0.12%就能减少碳排放2%，达到稳定全球气候所必需的量。

对很多人来说，全球气候变化不仅是一个实际问题，也是一个道德和伦理问题。最终，因全球气候变暖而蒙受最大损失的可能反而是非洲、亚洲和拉丁美洲的最贫穷的人群，而他们对造成这个问题是最无辜的。还有一个代际公平的问题。在未来的10到20年中，我们所采取的行动，或没能采取的行动，将会对生活在21世纪下半叶和22世纪的人产生深远的影响。我们会给我们的子孙留下一个什么样的世界？如果我们未能采取行动，他们将会付出什么样的代价？

为什么关于气候的证据会有争议

长期以来对于气候变化趋势的方向，科学研究的结论都是高度一致的，但是电视、报纸和广播中的评论家却一直在激烈地争论着其证据问题。为什么会这样？部分原因可能在于变化总是让人觉得有危险，而我们中的很多人都宁愿忽略它或怀疑它而不愿意承认它。部分原因可能在于缺少信息。另一个原因在于尽管科学家们倾向于从数据看趋势，但是公众可能对一两个最近发生的事件印象更为深刻，如当地特别多雪的冬天。而且在广播和电视的谈话节目中，标新立异的观点显得比证据更有吸引力。气候科学家对在公共媒体上的某些观点提出如下回应：

减少气候变化需要放弃我们现有的生活方式。减少气候变化并不一定要求使用更少的能源，它需要的是使用不同的能源。如果用风能、太阳能和天然气替代燃煤发电并提高能源效率，就能够显著降低排放量，同时也能保留我们的计算机、电视、汽车和其他便利设施。减少对煤炭的依赖也能减少空气污染和健康方面的支出，并防止对植被和建筑物的破坏。

没有对现有能源体系的替代方案。如果不对替代性能源进行投资，可能会是这样。但是中国和欧洲的能源公司正在证明这是个伪命题。欧洲和中国企业正在向我们证明，替代性能源和更高的能源效率已经能提供我们所需，并且新技术将会获得丰厚的回报。在未来几年内，有可能用新技术会比用20世纪40年代的传统能源和交通技术获利更多。

舒适的生活方式需要高二氧化碳排放，数据显示这个结论是错误的。大多数北欧国家的生活水平（根据教育、医疗、寿命长度、度假时间、财务安全）比美国和加拿大的居民都高，但是它们的二氧化碳排放量低到只有北美的一半。旧金山的居民消耗的能源只有堪萨斯城居民的1/6，但是就生活质量而言，堪萨斯城也不一定比旧金山高6倍。

像太阳能变化之类的自然变化能够解释所观测到的变暖现象。太阳辐射输入量确实有波动，但是这种变动是微不足道的，而且与温度变化的方向并不一致（图9.14）。米兰科维奇周期也不能解释过去几十年间的快速变化。但是温室气体排放量的增加却与观测到的温度和海平面变化高度一致（见图9.11）。

以前气候也变化过，因此现在的变化并不新鲜。今天二氧化碳的水平约为390ppm（现已超过400ppm），至少超过了地球近100万年以来，甚至可能是1 500万年以来曾经经历过的记录30%以上。近来所发生变化的剧烈程度也远远超过了自然界波动的范围。南极洲冰芯显示，在过去的80万年中，二氧化碳的浓度从180ppm变为300ppm（图9.6）。二氧化碳这种自然变化似乎是冰川周期的一种反映，因温暖时期生物活动的变化所致。由于随时间推移，温度紧随着二氧化碳而

我们如何知道气候变化是人为原因造成的?

气候系统是一种被无形之手操控的大规模实验：我们向大气层排放温室气体，观察由此带来的变化。尽管在大多数精心设计的实验中我们是有所控制的，能将其与为了某种效果所采取的处理措施进行对比。但是因为我们只有一个地球，所以我们无法在这个实验中进行控制。那么我们如何用一个不受控制的试验来检验一个假说呢?

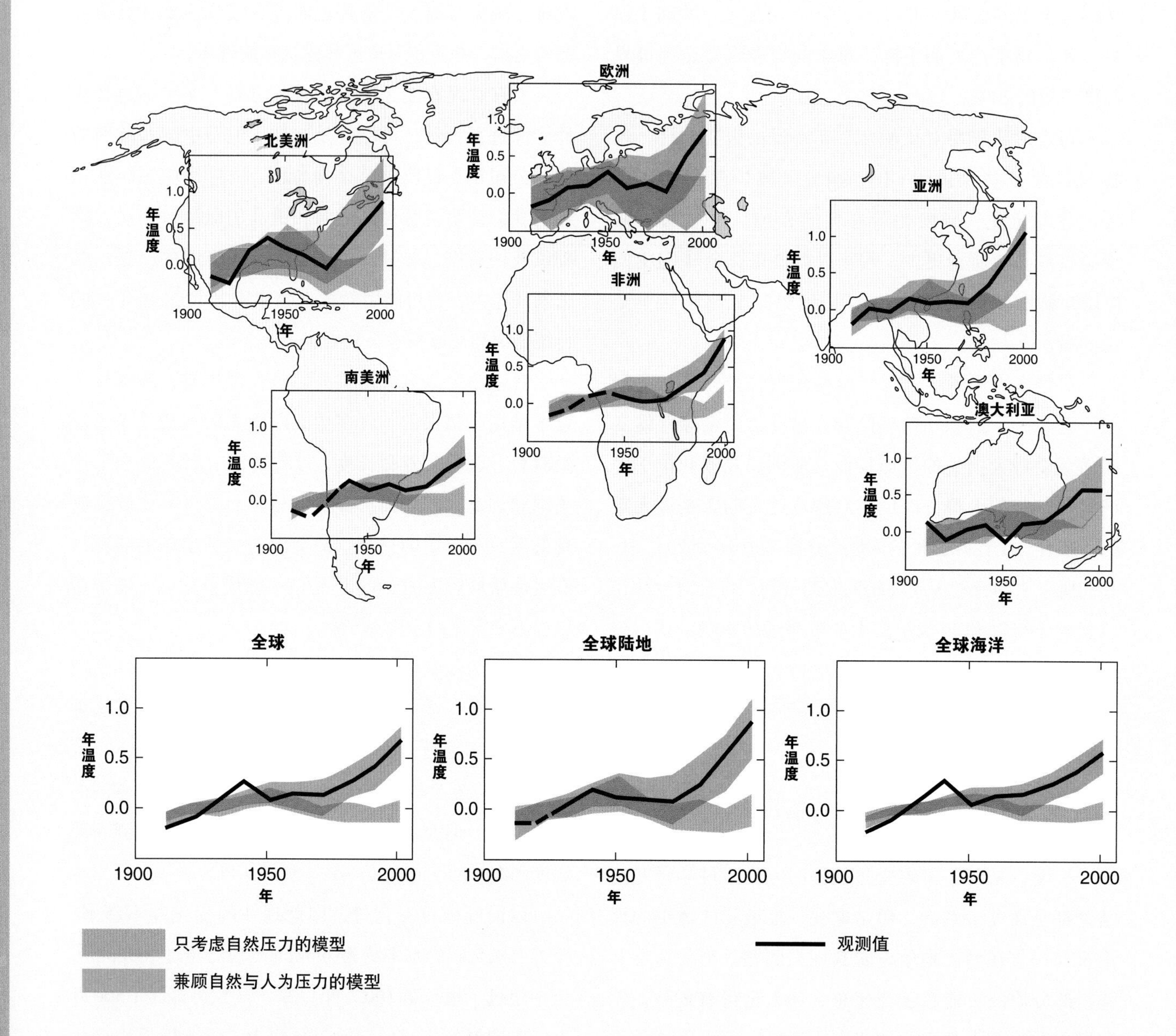

图 1 观测到的大陆和全球表面温度的变化与气候模型模拟的结果相对比，该模型采用了自然或兼具自然和人为的影响因素。1906—2006 年间观测值的 10 年平均值显示为黑色的线，绘制在 10 年的中间点上，而且与 1901—1960 年期间相对应的平均值有关。空间覆盖率不到 50% 的地方线条为虚线。蓝色阴影带显示的是用气候模型所做的 19 次模拟中 6% ～ 95% 的范围，这些模型只用到因太阳活动和火山导致的自然影响因素。粉色阴影带显示的是 14 个气候模型 58 次模拟中 5% ～ 95% 的范围，这些模型中既使用了自然影响因素也有人为驱动力的影响。

资料来源：POC 2008.

一个方法是利用模型。你可以构建一个计算机模型，用一系列复杂的方程涵盖所有已知导致气候波动的自然原因，如米兰科维奇周期和太阳的变化等。你还要加入已知的人为影响因素（化石燃料的排放、甲烷、气溶胶、煤烟等）。然后运行该模型，看看是否能够再现所观测到的以往的温度变化。

如果你能精确“预测”过去的变化，那么你的模型就是对系统如何运行的一个很好的描述，你就成功地展现了大气层对输入的二氧化碳是如何做出反应的、海洋是如何吸收热量、积雪覆盖的变化如何加速了能量的吸收，等等。

如果你能够创建一个相当成功地描绘这个系统的模型，那么你就可以再次运行该模型，但是这次你可以先剔除所有的人为输入因素。如果没有人为影响因素的模型与所观测到的温度变化不一致，而且有人为影响因子的模型与观测到的相一致，那么你就能够非常确定，在合理的质疑之外，是人类的影响导致了这种差异和温度的变化。

这种建模的方法恰恰就是气候科学家们做的事。正如你在IPCC对模型结果所做的摘要（图Ⅰ）中看到的那样，观察到的变化趋势确实与只有自然变化的模型（蓝色）运行结果不吻合。但是观察到的趋势确实与包含人为因素的模型相符合。

变化，很可能到2100年，温度将会超过过去100万年中的任何时候。变化的速度也可能是前所未有的。在冰期末期历经1 000 ～ 5 000年才能出现的变化，现在只用相当于一个人一生的时间就可以完成。

温度变化幅度正在缩小。在短时间范围内，这种收窄不时出现（图9.14），但是经过几十年，地表空气温度和海平面的变化趋势仍在继续上升。气候学家不完全理解温度变化轻微放缓的原因，但是有证据表明，较深层海域的热吸收可能可以解释近几年温度上升速度的放缓。

我们去年遭遇了低温和暴风雪，而不是热浪和干旱。温度和降水趋势的区域差异，包括暴雨活动的增加，都已经被气候模型预测出来。有些雨雪的增加发生在人口稠密的地方，如美国东部地区（图9.15）。但是全球平均状况继续朝着更温暖的气候、更大范围的干旱方向发展。

气候学家们不是无所不知的，他们也犯过错误，有过误判。气候数据中的空白和不确定性与明显的变化趋势相比是微乎其微的。的确有很多未知的东西，如降水变化的细节或者如厄尔尼诺这样的长期循环的相互作用机制，但是变化趋势是确定无疑的。气候学家汉森（James Hansen）指出，尽管大多数人偶尔都会犯错误，但几乎从未听说过有人在数据收集方面作假。科学方法能确保透明度和对错误的最终曝光。尽管有这些努力，汉森强调，杰出的气候学家仍经常受到来自拒绝承认气候变化的人的个人攻击，这些人缺乏对自己论点的论据，就转而付诸攻击以压制讨论。

9.4 出路展望

美国前总统比尔·克林顿曾经说过，与气候变化做斗争并不一定意味着经济上的困境。它可以成为自第二次世界大战以来最大的经济发展刺激因素，创造出数百万个就业机会，节约数万亿美元进口外国燃料的资金。我们有什么样可行的策略呢？

有很多可行的做法。可以减少对煤炭的依赖，用

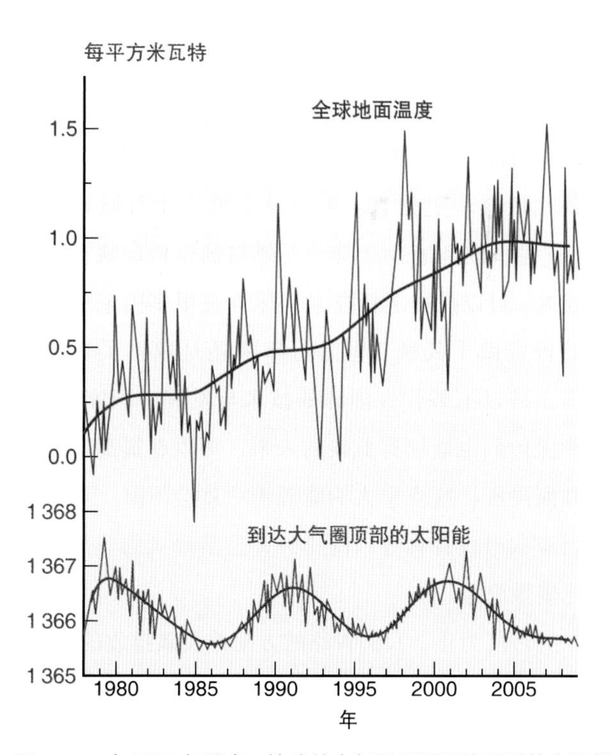

图 9.14 自 1978 年以来，地球的大气层顶层所接受到的太阳能已经可以用卫星测出。它一直遵循着自然的 11 年周期，有小幅的上下波动，但是没有净增加（下面的图）。与此同期，全球温度却显著升高（上面的图）。

来源：气候变化纲要，2009。

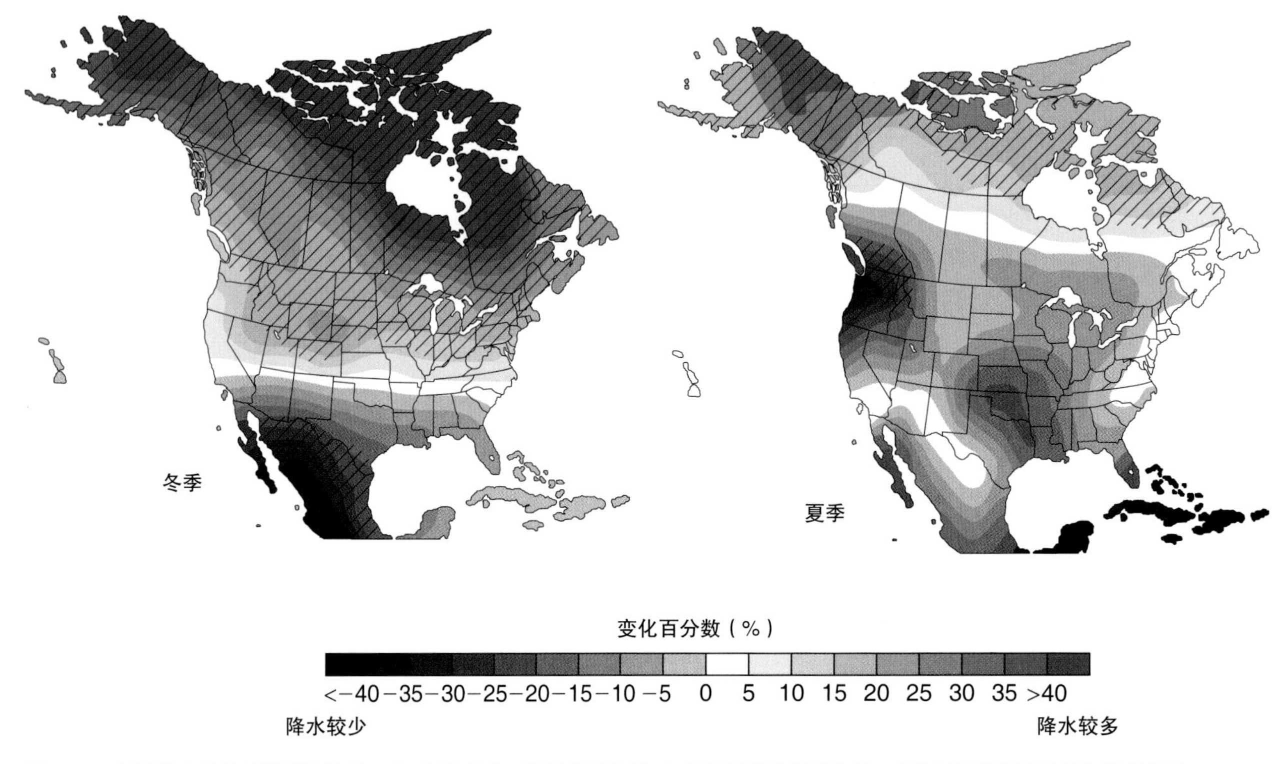

图 9.15 预测降水量从近期平均值到2100年的变化。所用的数值是15个气候模型的平均值。变化可能有地区差异和季节差异。
资料来源：气候变化纲要，2009。

它生产每单位能量所产生的二氧化碳比其他任何燃料都多。可以致力于将很多隐形成本（如健康成本、生物多样性和休闲娱乐成本，为了保卫油田花费的军费开支）内部化，正是这些隐形成本使得化石燃料比其他替代性燃料更便宜。可以设定销售化石燃料的费用——这些费用有助于使化石燃料的价格反映很多隐形成本。可以投资于新技术，尽管在很多国家对新技术的投资微乎其微，但是近年来还是取得了长足的进步。可以把替代性能源的技术与发展中国家分享，以确保他们也能拥有低碳的未来。可以在提高能源效率方面投资，这样个人的能源消费就会下降。可以减少因滥砍滥伐森林导致的排放，这是最大的非燃料二氧化碳排放源。

到目前为止，我们青睐的方案涉及碳排放的贸易。通过制定碳排放的法律上限额度，之后允许企业买卖其总限额中的部分份额，很多战略家认为我们既可以将排放量控制下来又同时可以赚钱。富有活力的碳排放交易市场业已存在。2006年，大约有7亿吨碳当量信用额度被交易，交易额约为35亿美元。2008年贸易额相当于减少了48亿吨的碳排放。其他战略家并不确定这是否能真正解决问题。气候科学家汉森认为，虽然欧洲的碳交易市场让交易者发了财，却未能解决碳排放问题。

国际协定已经试图建立共同规则

1992年，联合国在里约热内卢召开的地球峰会的核心议题之一就是制定气候变化框架公约，这个公约设定了稳定温室气体排放以减少全球气候变暖威胁的目标。1997年在日本京都召开的后续会议上，160个国家一致同意在2012年之前将二氧化碳、甲烷和氮氧化物的排放量从1990年的水平降低5%。另外三种温室气体，氢氟烃、全氟化碳和六氟化硫的排放也会被削减，不过还没有决定从何种水平开始减少。被称为**《京都议定书》**（*Kyoto Protocol*）的条约依据各国1990年前的排放量为每个国家设定了不同的限额。发展中国家，如中国和印度被豁免了排放限制，以支持其发展从而提高生活水平。较贫穷的国家认为，富裕的国家是问题的始作俑者，因此富国应当去解决问题。

尽管美国在京都会议上扮演着通过斡旋达成各国能接受妥协的领导角色，但是乔治·W.布什总统却拒绝让美国承担义务，声称减少碳排放对于美国经济来说代价过于高昂。他说："我们将会把自己的国家利益放在第一位。"2007年，美国仅仅依靠自愿来限制温室气体的排放，而这些气体的排放量上升了2%。按照这个速度，美国到2012年排放量将会比1990年增加25%。

在美国有很多最大的企业集团已经加入环保组织，呼吁更强有力的全国性立法，以便显著减少温室气体排放量。那些公司更愿意有单一的国家标准，而不是一团糟的许多相互矛盾的地方和州立法。这些公司知道，既然气候控制不可避免，他们宁愿现在就知道应该怎样去改变，而不是一直等待，直到一场危机迫使我们需要突然大幅度的改变。

2009年的哥本哈根气候会议并没有取得多少比京都会议更为直接的成果。类似的争议同样存在，但是各国至少口头上承诺控制排放，并为发展中国家能有不一样的未来而投资。但是这些承诺将如何落实尚需拭目以待。

化整为零可以使问题迎刃而解

如你从本章开篇的案例研究中所知，一系列相对简单的政策变化组合就能稳定我们的气候。帕卡拉和索科罗的工作说明，我们已经掌握了在未来半个世纪稳定二氧化碳排放量的科学、技术和工业诀窍，同时依然能满足世界对能源的需求。近来在几篇公开发表的文章中，这个团队仔细检视了由14项减少二氧化碳排放的政策选择组成的政策包。尽管没有一项选择能够取悦所有的人，尽管其中有一些可能会比另外一些更受欢迎，但是整个的政策组合潜在的益处已经足够大，以至于并不需要采用所有选项。

为了防止大气层中二氧化碳浓度翻番，我们在2058年之前，每年需要减少碳排放约70亿吨。为了使其更容易理解，普林斯顿的科学家把我们现在的路径和为了避免二氧化碳水平翻番而需要平抑排放量之间的"稳定三角形"平均分为14个"楔子"（表9.2）。每个楔子代表在2058年所消除的1GT（10亿吨）碳排放量，较之于"一切照旧"的情景。如果只实现这些楔子中的一半就能稳定我们的碳排放量。如果全部实现了则能回到远低于《京都议定书》展望的水平。

由于二氧化碳排放大部分来自化石燃料的燃烧，我们应该把节能和转向使用可再生燃料放在首位。通过将我们的平均能源效率从预期的2058年的每升5千米提高到每升10千米，并将每年驾驶机动车的里程数减半，转换为步行、骑自行车或使用公共交通工具，可以完成2个楔子（减少碳排放量2GT，或为了稳定排放量所需的约1/4）。

我们只需使用目前可得的最节能的照明和电器设备，同时提高建筑物保温隔热性能就可以节约另外2GT。提高电厂的能源效率，减少工业生产过程中的能源消耗可以减少1个楔子（1GT）的碳排放量。捕捉并存储由发电厂、甲烷井和其他主要的制造源头排放出来的二氧化碳可以减掉另外10亿吨碳。可以将大部分二氧化碳注入油井以提高原油产量。

所有这些政策改变加在一起，每年甚至可以减少7GT以上，这是2058年之前为避免大气中二氧化碳浓度翻番我们所需要做到的。如果我们把全部14个可能的选项都采用，就可以逆转现在的趋势曲线，并逐步走向温室气体零排放。

个人也可以为这种努力做出很大贡献。有越来越多的企业和组织愿意通过出售碳信用额度帮助你。你可以付费给很多组织，让他们植树或完成其他碳储存活动，以补偿你所产生的碳排放。例如，英国石油公司就可以收取大约40美元为每辆车一年的平均驾驶量所排放的二氧化碳提供补偿。你花6.25美元就可以毫无负罪感地坐飞机从纽约飞芝加哥往返一次。交给碳基金会组织99美元，就可以为平均每个美国人每年的所有温室气体排放（包括直接的和间接的）提供补偿。

当然你应该认真考虑好自己的投资。有些地方不宜种树，在其他地方，采取其他行动可能更好。速生树种，如常被用于森林修复工程的桉树或松树，会使溪流或泉水干涸、土壤营养成分枯竭，而且有时新种植的森林很快就会被砍伐。

地方性的创新无所不在

很多国家都在努力减少温室气体的排放。例如英国到2000年已经将二氧化碳的排放量退回到1990年的水平，并且郑重宣告，到2050年之前将再减少60%。英国开始用天然气替代煤炭，提高家庭和工业用能源的效率，并将原本已经很高的汽油税进一步提高。计划是使英国社会“去碳化”，并弱化因二氧化碳排放而带来的GNP增长。预期新碳税能降低二氧化碳排放，并在未来50年中加速向可再生能源的转换。新西兰总理海伦·克拉克（Helen Clark）宣布，她的国家将会率先成为“**碳中和**”（carbon neutral）国，也就是说，将温室气体排放净值减少到零，尽管她并没有提及什么时候才能做到这一点。

德国也通过用天然气代替煤炭并鼓励全社会提高能源使用效率，削减了至少10%的二氧化碳排放量。大气科学家史蒂夫·施耐德（Steve Schneider）把这项政策称作“无悔的选择”；即便不需要稳定我们的气候，这些步骤中的很多措施都能节省开支、保护资源，并对环境有其他的裨益。核能也作为化石燃料的替代品而被推广。核反应的确不会产生温室气体，但是安全方面的担忧和未能解决核废料安全储存的问题使得很多人把这个选择视为畏途。

很多人相信可再生能源是解决气候问题的最佳方法。第12章讨论了保护能源和转向可再生能源的选择，如太阳能、风能、地热能、生物质能和燃料电池。丹麦是全世界风能利用的领跑者，现在20%的电力来自风力发电机。计划到2030年，全国一半的电力都将产自沿海的风力发电厂。中国也已经承诺通过可再生能源替代和环保措施，将单位经济产出的二氧化碳排放削减10%

在美国，有700多座城市和39个州已经宣布它们向全球气候变暖宣战的计划。450所大学校园承诺减少温室气体的排放。有些学校立志在2020年以前实现碳零排。有些公司也紧随其后。英国石油公司设定了一个目标，旗下所有工厂在2010年前减少10%的碳排放量。我们每个人都可以为这项事业做出自己的贡献。如帕卡拉和索科罗所指出的那样，在未来的50年中，光是少开车和购买高里程的交通工具就能节省大约20亿吨的碳排放。

在关于全球气候变化的后果是否严重以及严重程度的所有争论中，我们需要记住的是已经提出的解决方案中有很多本身就是有益的。例如，从化石燃料转变为太阳能或风能等可再生能源，将会把我们从对外国石油的依赖中解放出来并能改善空气质量。植树还能使世界变成更适宜生活的地方，并能为野生动物提供栖息地。提高建筑物的能效并购买更高里程的交通工具从长远来看其实是省钱的。步行、骑自行车和爬楼梯不仅能减少交通拥堵和能源消耗，而且还能健身。减少垃圾、回收利用和其他形式的可持续生活方式，不仅有助于对抗气候变化，还能在很多方面改善环境。重要的是关注这些积极正面的效果，而不是仅仅看到

表9.2　50年中减少全球二氧化碳排放量10亿吨的行动措施

1. 将20亿辆汽车的燃料效率翻番，从30mpg提高到60mpg。
2. 将每辆车平均每年的行驶里程从1.6万千米降到8000千米。
3. 将供暖、制冷、照明和电器设备的效率提高25%。
4. 按照现代标准更新所有建筑物的保温隔热设施、窗户和密封条。
5. 将所有燃煤发电厂的效率从现在的30%提高到60%（通过同时生产蒸汽和电）。
6. 用相等数量的天然气燃烧发电（是目前能力的4倍）取代800个大型燃煤发电厂。
7. 从800个大型燃煤或1 600个燃气发电厂捕获并安全收集二氧化碳。
8. 用等量的核能取代800个大型燃煤电厂（是现有水平的2倍）。
9. 增加200万个1MW的风力发电机（现有能力的50倍）。
10. 用风能生产足够的氢气用作10亿辆车的燃料（400万个1MW风力发电机）。
11. 安装2 000GW光伏电池装置（是现有能力的700倍）。
12. 扩大乙醇的生产量，提高到20 000亿升/每年（是现在水平的50倍）。
13. 停止所有对热带森林的砍伐，重新种植300万平方千米森林。
14. 对所有农田应用环保耕种方法（是现在规模的10倍）。

资料来源：Pacala和Socolow，2004。

全球气候变化灾难性的令人悲观绝望的情景。如爱尔兰政治家和哲学家埃德蒙·柏克（Edmund Burke）所言：“若因其善小而不为，没有比这种想法更大的错误了。”

有没有其他控制碳排放的途径

尽管将二氧化碳注入地层深处储存耗资不菲，但也不失为一种解决碳排放的办法。自1996年以来，挪威国家石油公司每年都在北海将超过100万吨的二氧化碳泵入海底之下1 000米的一个含水层中。被压入的二氧化碳提高了石油的开采率。这样做还能节省金钱，因为如果不这样做该公司每吨的碳排放要交50美元碳税。按照现在化石燃料的消耗速度，全世界深层的海水含水层可以存放一个世纪的二氧化碳排放量。多家公司已经开始或正在筹划类似的方案（图9.16）。

碳管理（carbon management）的支持者认为，净化化石燃料使用后的排放物可能会比转向使用可再生能源更便宜。到目前为止，从燃煤火电厂清除二氧化碳的最简便的方法就是第12章将介绍的“一体化气化综合循环（IGCC）技术”。公用事业企业急于照常运转，正在兜售“清洁燃煤”技术和碳捕获技术作为全球变暖的解决方案。这些方法是可行的。按照现在的生产水平，全世界的地层能够容纳几百年的二氧化碳。但是，这些地层不一定靠近我们现在产生二氧化碳的地点。数十亿吨二氧化碳的远距离运输可能成为一个严重的瓶颈。转而使用当地的替代能源，或将能源（电）、碳零排燃料（乙醇或氢气）输送到需要它们的地方，可能更有效，也更环保。

大众的注意力多集中于二氧化碳，是因为它能在大气层中存在120年之久。甲烷和其他温室气体消散得较快，但是它们吸收红外线的能力要强得多。关注甲烷会产生重大影响。减少气体管线的泄漏不仅能够保护环境而且能够节省有价值的资源。将填埋场、油井和煤矿所产生的甲烷收集起来或进行燃烧，能够对能源和气候问题做出重要贡献。水稻田是甲烷的重要来源：改变淹水时间和施肥技术能够减少水下腐烂植物的数量。反刍动物（如牛、骆驼）的消化系统会产生大量的甲烷。给它们多喂草、少喂玉米能够减少甲烷排放量。有些分析人士建议少吃牛肉，每星期只要一天不吃就能做出我们个人对气候变化的贡献，比驾驶一辆混合动力车的效果还要显著。

煤烟，尽管京都议定书里没有提到，也是全球气候变暖的一个很重要的因素。空气中黑色的颗粒物既吸收紫外光也吸收可见光，并将它们转化为热量。根据一些人的计算，减少从柴油发动机、燃煤发电机、森林火灾和木柴火炉产生的煤烟，在3～5年内就能将全球净变暖效应减少40%。控制烟尘的排放还对健康有好处。

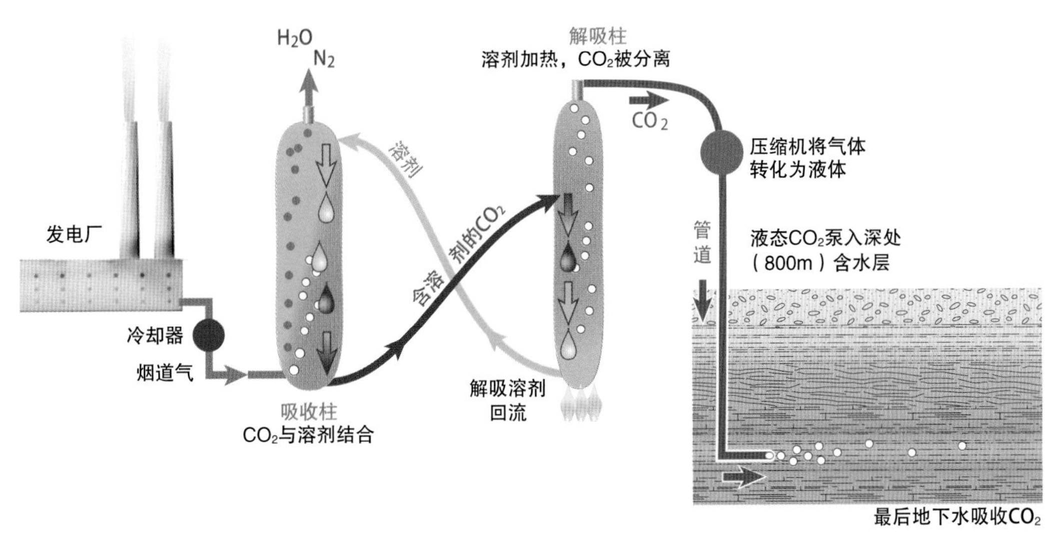

图9.16 捕获及储存碳的一种方法是用如氨水等液态溶剂去捕捉二氧化碳。水蒸气和氮被排放掉，而二氧化碳被压缩，泵入深层的含水层永久储存。

你能做些什么？

减少个人的二氧化碳排放

我们每个人都能采取措施以减缓全球变暖。尽管个人的每项改变的影响可能很微小，但是加在一起就能聚沙成塔。而且，大多数措施从长远来看都能节省开支，并能通过减少空气污染和能源消耗带来另外的环境和健康裨益。能节约多少因你在哪里生活和如何生活而不同，下面的数据是美国人的平均数值。

	减少二氧化碳（磅/每年）	大约每年节约（美元）
1.让你的汽车轮胎一直充足气，避免急速启动和刹车，并按照限速开车。	1 100	130
2.每星期一次拼车、步行或乘坐公共汽车。	800	100
3.离开房间的时候关灯。	300	10
4.用节能灯泡替换10个白炽灯泡	1 000	50
5.夏季将空调温度提高2℃	400	20
6.将取暖炉调节器温度降低2℃	550	50
7.取暖或制冷时关闭门窗	500	20
8.当不需要取暖和制冷时，打开门窗	500	20
9.拔掉电视、DVD播放器、电脑和其他待机电器的插头	250	20
10.吃本地产的应季食物（平均节省的数值，数值可以差别很大）	250	25
11.淋浴只洗五分钟	250	25
12.乘坐火车而不是乘坐飞机旅行800千米	300	100
13.风干衣物	700	100
14.把旧的轿车、卡车或运动型多功能车换成至少50（英里/加仑）的车辆	6 000	750
15.给冰箱除霜并保持线圈和门密封条处的清洁	700	100

数据来源：Interfaith Power and Light，2007.

9.5 空气污染

气候变化的证据显示，人类活动能影响全球气候进程。气候变化可能是空气质量问题，对后代的生活产生最广泛和永久性的影响。但是其他问题对于理解今天的环境质量也很重要。我们要在本节讨论空气质量更直接和更切近的健康和环境影响。

根据美国环保局的数据，美国每年排放1.5亿吨空气污染物（不包括二氧化碳或风吹起的尘土）。全世界每年排放的这种污染物达到20亿吨。即便是最偏僻的原始荒野地区现在都受到了影响。但是在过去的20年中，在西欧、北美和日本的大多数城市，空气质量已经改善。很多年轻人如果知道一代人之前大多数美国城市比今天要脏得多可能会吃惊。环保局估计，自1990年开始控制最有害的物质以来，空气中有毒物质排放量每年减少了100万吨以上。这几乎相当于过去20年取得的减排量的10倍。自20世纪70年代以来，尽管人口增长超过了30%，但环保局监测到美国的主要污染物水平已经下降。污染减少主要是由于工厂、发电厂和汽车实现了更高的能源效率和污染物控制技术。我们在控制某些最严重的空气污染物方面取得的成功，为处理其他环境问题的类似进步带来了希望。

尽管发达国家已经取得了长足进步，但是发展中国家的空气质量却日益下降。特别是在正处于快速工业化国家中那些正在迅速成长的特大城市（第14章），空气污染常常远远超过世界卫生组织的标准。

对亚洲南部空气污染物的研究揭示，有一条厚达3千米由灰末、酸、气溶胶、尘土和光化学反应物组成的有毒云带，一年中大部分时间笼罩在整个印度次大陆之上。诺贝尔奖获得者保罗·克鲁岑估计仅印度每年就有多达200万人死于大气污染。由于森林火灾、燃烧农业废物，再加上化石燃料使用量剧增，亚洲烟雾层将地球表面获得的太阳能减少了多达15%。气象学家提出这种80%由人类制造的烟云可能会扰乱季风天气过程，并会使巴基斯坦北部、阿富汗、中国西部和中亚的降水量减少40%。

当这种“亚洲褐云”在季风季节结束时漂移到印度洋上的时候，会使海水温度降低，还可能同时改变太平洋上的厄尔尼诺/南方涛动现象。联合国环境规划执行主任克劳斯·特普弗（Klaus Töpfer）说：“这会产生全球性影响，因为这样一个延伸3千米之高的污染带，可能在一个星期内绕过半个地球。”

图 9.17 尽管很多工业化国家空气质量正在改善，但是新兴发展中国家的污染问题正在加剧。

根据来源描述污染物

在美国，主要污染物是根据1970年的《清洁空气法》进行识别和控制的。**点污染源**（point source）是一根烟囱或一些其他的集中污染源。**原生污染物**（primary pollutants）是指以有害的方式排放的物质。与其相对的次生污染物，则是在空气中发生反应后才变得有害的物质。**光化学氧化剂**（photochemical oxidants，由太阳能驱动的反应产生的化合物）和大气中的酸可能是最重要的次生污染物。**逸散性排放**（fugitive emissions）或称**非点源排放**（non-point-source emissions）是那些不通过烟囱的排放方式。到目前为止，此类排放最大量的例子是因土壤侵蚀、剥采矿山、岩石破碎、建造（和拆除）建筑物而产生的尘土。泄漏的阀门和管道接口

主动学习

计算你的碳减排

你能通过自己个人的努力在多大程度上避免全球气候变暖？很难比较不同的行为，如步行上班和种一棵树之间的差异。但是我们的碳排放行为大多数是来自化石燃料的燃烧。你所减排的二氧化碳的准确数量取决于你使用能量的来源和你的使用方式。例如，煤作为能源每单位排放的二氧化碳约是天然气的2倍。另一方面，风能、太阳能和水能则根本不排放任何二氧化碳。通常家用电器的能源消耗数据更容易获得。

塔夫茨大学气候创新中心提供了如下信息：

平均台式电脑使用约120瓦（显示器用75瓦，CPU用45瓦）。笔记本电脑用电要少得多，总计约30瓦。

假设你每天24小时开机。每年它会消耗多少能量？

如果电力成本是每千瓦时 11美分，每年你的电脑全天候运行要花多少钱？

如果每千瓦时的电源送到你的家里要产生1.45磅二氧化碳（燃煤动力的平均值），则维持你的电脑全年持续运行每年要排放多少二氧化碳？

假设你每天在不用电脑的时候关掉电脑12小时，那么一年你将节省多少能量？

每年你能减排多少二氧化碳？

你每年能省多少钱？

答案：

1.120 瓦 / 小 时 =0.12kWh×24 小 时 / 天×365 天 / 年 =1 051 kWh / 年。2. 1051 kWh× ＄0.11= ＄115.63 ＄/ 年。3.1051kWh×1.45lbs /kWh=1524 lbs/年。4.0.12kWh×12小时/天×365天/年=525.6 kWh / 年。5. 525.6 kWh / 年×1.45lbs / kWh=762 lbs/年。6. 525.6 kWh /年×＄0.11= ＄57.81/年。

贡献了来自石油精炼厂和化工厂的碳氢化合物和挥发性有机化合物排放的90%。

传统污染物（conventional pollutants）或称**标准污染物**（criteria pollutants）有7种——二氧化硫、一氧化碳、颗粒物、挥发性有机化合物、氮氧化物、臭氧和铅，是造成空气质量恶化的元凶，也被认为是所有空气污染物中对人类健康和福祉最严重的威胁。交通和电厂是大部分标准污染物最主要的来源（图9.18）。自1970年以来《清洁空气法》授权环保局对这些污染物在**环境空气**（ambient air，我们周围的空气）中的浓度设置许可限制，特别是在城市里。

环保局也监控**非传统污染物**（unconventional pollutants），即产生量没有传统污染物那么大但毒害极大的化合物，其中包括石棉、苯、铍、汞、多氯联苯和氯乙烯。这些物质大多数在环境中都没有天然来源（无论从何种程度上说），因此其来源只能是人为的。

2009年，为了遵照最高法院的指示，环保局宣布，将在污染物控制名单中增加二氧化碳和其他温室气体。这个提案也有争议：一方面，温室气体对人类健康和环境的影响巨大，会导致高温、干旱和其他问题。另一方面，二氧化碳并不像二氧化硫或一氧化碳那样直接损害健康。环保局的计划使美国进一步靠拢欧洲、日本和其他国家已经实施的控制法规。但是，这个决定还在争议之中，产煤各州表示反对，而其他很多的州赞成。如何控制温室气体的细节问题目前还没有完全解决。

传统污染物常见且危害严重

很多传统污染物主要是因燃烧化石燃料而产生的，特别是以煤炭为动力的发电厂以及汽车和卡车，此外还有天然气和石油的加工过程。其他污染物，特别是硫和金属，都是采矿和加工过程的副产品。在《清洁空气法》列举的188种空气有毒物质中，约有2/3是挥发性的有机化合物（VOCs），其余大部分是金属化合物。我们将在本节讨论主要污染物的特征和来源。

二氧化硫（SO_2）是无色、有腐蚀性的气体，会对植物和动物造成伤害。一旦进入大气层，它可以被进一步氧化成三氧化硫，再与水蒸气发生反应或溶于水滴形成硫酸（H_2SO_4），这是酸雨的主要成分。二氧化硫和硫酸根离子可能是空气污染中造成健康损害仅次于烟雾的祸根。硫酸盐颗粒和水滴也会降低能见度，

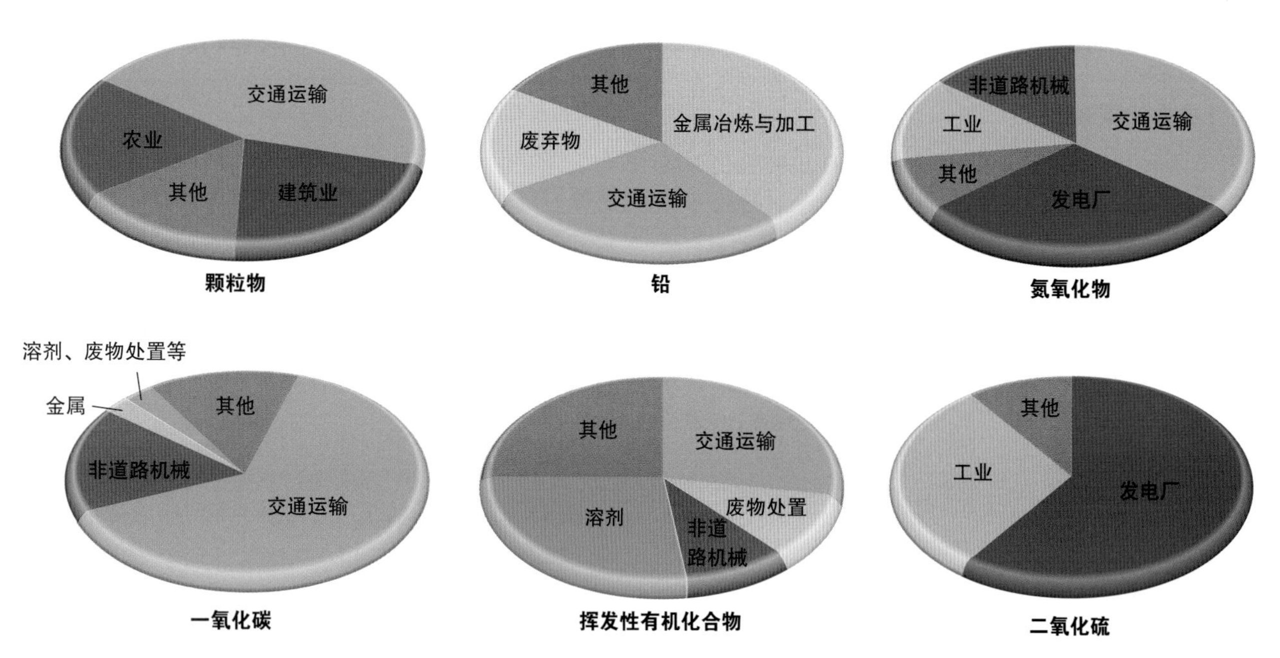

图 9.18　美国六种人为活动产生的原生“标准”空气污染物的来源。

资料来源：UNEP，1999.

在美国最多可降低80%。

氮氧化物（NO*x*）是高度活泼的气体，它的形成是因为燃烧过程激发了大气层中氮和氧之间的反应。最初的产物一氧化氮（NO）在大气层中进一步氧化成二氧化氮（NO_2），它是一种棕红色的气体，给光化学烟雾带来了特有的颜色。因为这些气体很容易从一种形态转变成另一种形态，所以用通用的名称NO*x* 来表示。氮氧化物与水结合形成的硝酸（HNO_3）也是酸沉降的一种主要成分。水中多余的氮会造成内陆水体和沿岸海水的富营养化，还会促使排挤本地植物的杂草生长。

一氧化碳（CO）虽然不如大气中碳的主要形式二氧化碳那么常见，但是危害性更大。一氧化碳是无色、无臭但毒性很高的气体，主要是燃料（煤、石油、木炭、木柴或天然气）不完全燃烧时生成的。一氧化碳通过不可逆地与血液中的血红蛋白结合而抑制动物的呼吸。在美国，2/3的一氧化碳排放产生自交通中的内燃机。烧荒和炊事用火也是主要来源。空气中的一氧化碳约有90%在光化学反应中被消耗掉，生成臭氧。

颗粒物（particulate material）包括尘土、灰末、油烟、棉麻纤维、烟雾、花粉、孢子、藻类细胞和很多其他悬浮物质。气溶胶（悬浮在空气中的特别细小的颗粒物或液滴）也归入此类。颗粒物通常是空气污染物中最明显的形态，因为它们能降低能见度并在窗户、有涂料的表面和纺织品上留下肮脏的污迹。小于2.5微米的可吸入颗粒物在这类物质中危害最大，因为它能损害肺部组织。石棉纤维和香烟烟雾是城市和室内空气中最危险的可吸入颗粒物之一，因为它们是致癌物质。

挥发性有机物（VOCs）是有机的（含碳的）气体。植物、沼泽和白蚁是VOCs的最大来源，特别是异戊二烯（C_5H_8）、萜烯（$C_{10}O_{15}$）和甲烷。这些挥发性的碳氢化合物往往在大气层中被氧化成一氧化碳和二氧化碳。

更危险的人工合成的有机化合物，如苯、甲苯、甲醛、氯乙烯、苯酚、氯仿和三氯乙烯是因人类活动排放出来的。主要来自交通工具、电厂、化工厂和炼油厂燃料的不完全燃烧。这些化学物质在光化学氧化剂的形成过程中扮演了重要角色。

光化学氧化剂是太阳能驱动的次生大气反应的产物（表9.3）。这些反应中最重要的反应之一涉及通过分解二氧化氮（NO_2）生成纯态氧（一个原子的氧）。这个原子氧随后与另一个氧分子发生反应形成臭氧（O_3）。尽管在平流层中臭氧很重要，但是在我们身边的空气中却非常活泼，而且能损害植物、动物组织和建筑材料。臭氧刺鼻、辛辣的气味是光化学烟雾的特征之一。

表9.3　光化学氧化剂的生成

步骤	光化学产物
1. NO+VOC→	NO_2（二氧化氮）
2. NO_2+UV阳光→	NO+O（一氧化氮+原子氧）
3. O+O_2→	O_3（臭氧）
4. NO_2+VOC→	PAN（硝酸过氧化乙酰）

铅和其他有毒元素　有毒的金属和卤族元素在环境中富集并排放的时候是有毒的化学元素。主要的无机污染物有汞、砷、镍、铍、镉、铊、铀、铯和钚。卤族元素（氟、氯、溴和碘）是高度活泼的有毒元素。这些物质大多数被开采出来用于制造业。金属污染物通常是在燃料特别是煤中作为微量元素出现的。

铅和汞是广泛分布的神经毒素，能够损害神经系统。据估计，市中心所有儿童中有20%因环境中的铅水平高而导致某种程度的发育迟缓。铅和汞通过空气的长距离运输正在导致遥远的水生生态系统的生物富集，如北极的湖泊和海水。氯是一种有毒的卤族元素，广泛应用于漂白剂、塑料和其他产品。甲基溴化物（一种用于农业的强力杀真菌剂）和**氯氟烃**（chlorofluorocarbons，助推剂和制冷剂）也与臭氧的耗竭有牵连。

室内空气可能比室外空气更危险

我们已经耗费了很多努力和金钱去控制室外空气的主要污染物，但是在最近才意识到室内空气污染的危害。美国环保局发现，室内的有毒空气污染物浓度经常比室外还要高。而且，人们一般在室内待的时间比在室外更长，因此暴露在这些污染物中的剂量也更高。有时候，家里室内空气中化学物质浓度的水平，即使放到室外或工作地点也超出法律规定标准。在有些情况下，室内空气中的氯仿、苯、四氯化碳、甲醛和苯乙烯等化合物，可能比室外空气高70倍。霉菌、病原体和其他生物有害物质也是室内代表性的严重污染物。

从人的健康角度讲，香烟的烟雾毫无疑问是发达国家最严重的空气污染物。美国卫生部估计，每年美国有40万人死于肺气肿、心脏病、中风、肺癌或其他吸烟导致的疾病。这些疾病占美国全部死亡率的20%，是传染性病因的4倍。每年因早亡和与吸烟有关的疾病产生的总开支估计达1 000亿美元。比起其他任何污染控制措施，禁烟可能会挽救更多的生命。

在非洲、亚洲和拉丁美洲那些不甚发达的国家，有机燃料，如木柴、木炭、干粪和农业废物组成了家用能源的主体，有烟的、通风不良的取暖和做饭用柴火构成了最大的室内空气污染源（图9.19）。世界卫生组织（WHO）估计有25亿人——超过世界人口的1/3，受到这种污染的负面影响。特别是妇女和幼小的孩子每天长时间待在家里，在封闭的空间里围着明火或者没有通风装置的炉灶。

图9.19 约有25亿人，主要是妇女儿童，每天在通风不良的厨房和生活空间中停留若干小时，那里的一氧化碳、颗粒物和导致癌症的碳氢化合物常常会达到危险水平。

9.6 气候和空气污染之间的相互作用

大气层中的物理过程传输、浓缩并分散着空气污染物。为了理解空气污染的全球效应，我们有必要理解气候过程是如何与污染物相互作用的。污染物正在改变着地球的能量平衡，全球变暖就是最为人熟知的人为污染物和大气层相互作用的例子。我们将在本节审视其他重要的气候–污染的相互作用。

空气污染物可以走得很远

灰尘和细小的气溶胶可以随风飘送很远。五大湖和俄亥俄河谷之间的工业带产生的污染物常常污染加拿大沿海诸省，而且有时候远至爱尔兰也能找到其踪迹。来自中国戈壁沙漠和塔克拉玛干沙漠的沙尘暴也有可能使日本的学校、工厂和机场不得不关闭，甚至还可能到达北美西部。类似的，北非地区的灰尘会定期跨过大西洋，污染佛罗里达和加勒比海诸岛的空气（图9.20）。这种灰尘可能携带病原微生物，而且被认为是破坏加勒比海珊瑚的元凶。土壤科学家估计，每年全世界被吹走的沙子和尘土多达30亿吨。

日益敏感的监测仪器开始揭示，通常被认为是世界上最干净的地方也存在工业污染物。萨摩亚、格陵兰，甚至南极洲和北极的空气中都有重金属、杀虫剂和放射性物质。自20世纪50年代起，飞行在北极高空的飞行员就报告过厚厚的红褐色雾霾把北冰洋的大气层弄得很污浊。由硫酸盐、煤烟、灰尘和有毒重金属如钒、锰和铅组成的气溶胶，从欧洲和俄罗斯的工业区移动到北极。

大气环流很容易把污染物吹向极地。挥发性的化合物从温暖的地方蒸发，穿过大气层然后冷凝并降落到较冷的地方。经过几年的时间，污染物迁移到了最冷的地方，一般是在高纬度地区，在这里它们在食物链中进行生物累积。在极地的鲸、北极熊、鲨鱼和其他顶级捕食者体内已经发现达到危险的高水平的杀虫剂、金属和其他有害空气污染物。布劳顿（Broughton）岛的因纽特人远在北极圈以北，但他们血液中的多氯联苯（PCBs）含量比工业事故的受害者之外的任何其他已知人群都要高。他们远离这种工业副产品的任何污染源，是从他们所吃的鱼、驯鹿和其他动物的肉中积累的PCBs。

图 9.20 一个长度超过 1 600 千米的巨大沙尘暴正从西撒哈拉和摩洛哥的海岸向外伸展。这样的风暴轻易就能到达美国，它们与加勒比地区珊瑚礁的破坏及大西洋东部形成的飓风的频率和强度有关。

平流层中的臭氧被CFCs破坏

长距离的污染物传输和大气层中气体和污染物之间的化学反应，造成了所谓的臭氧空洞现象（图9.21）。臭氧的“洞”，实际上是平流层中臭氧浓度变得稀薄，是1985年被发现的，但是很可能至少从20世纪60年代就已经开始形成了。含氯的气溶胶，如氯氟烃（CFCs）就是消耗臭氧的主要物质。CFCs无毒、不易燃、化学性质不活泼、制造成本低，是特别有用的工业气体，多年来广泛应用于冰箱、空调、聚苯乙烯泡沫绝缘材料和气溶胶喷雾罐。从20世纪30年代到80年代，CFCs在全世界广泛应用，在大气层中广为扩散。

臭氧在近地表是一种污染物，因为它刺激皮肤和植物组织；但是在平流层中臭氧却很珍贵。臭氧分子在吸收从太空进入大气层的紫外辐射方面贡献巨大。紫外辐射破坏植物和动物细胞，可能导致产生癌症的变异。臭氧损失1%，就会导致全世界每年又有100万人患上皮肤癌。过多的紫外线暴露会降低农业生产力并扰乱生态系统。例如，科学家们担心，南极地区紫外辐射水平增高，浮游生物种群的数量就会减少，这些微小的浮游生物是形成南极海洋中包括鱼、海豹、企鹅和鲸在内的食物链的基础。

南极洲特别寒冷的冬天气温（–85℃～ –90℃）有助于臭氧的破坏。在又长又暗的冬季月份，被称作环极涡流的劲风环绕着南极地区。这些风隔离了南极洲的空气，并使得平流层的温度下降到足够低，能够在高空生成冰晶，这在世界上其他地方很少见。臭氧和含氯的分子被吸附在这些冰晶颗粒的表面。当春天太阳重新普照大地时，阳光为氯离子的释放提供能量，氯离子很容易与臭氧结合，将其分解为分子氧（表9.4）。只有在南极春天（9～12月）期间，快速破坏臭氧的条件才是最理想的。在那个季节，对高处的冰晶来说温度仍足够低，但是阳光逐渐变得强烈，足够启动光化学反应的进程。

表 9.4 平流层臭氧被氯原子和紫外线辐射破坏

反应步骤	产物
1.$CFCl_3$（氯氟烃）+ 紫外线能	$CFCl_2$+Cl
2.Cl+O_3	ClO+O_2
3.O_2+ 紫外线能	2O
4.ClO+O	O_2+Cl
5. 回到步骤2	

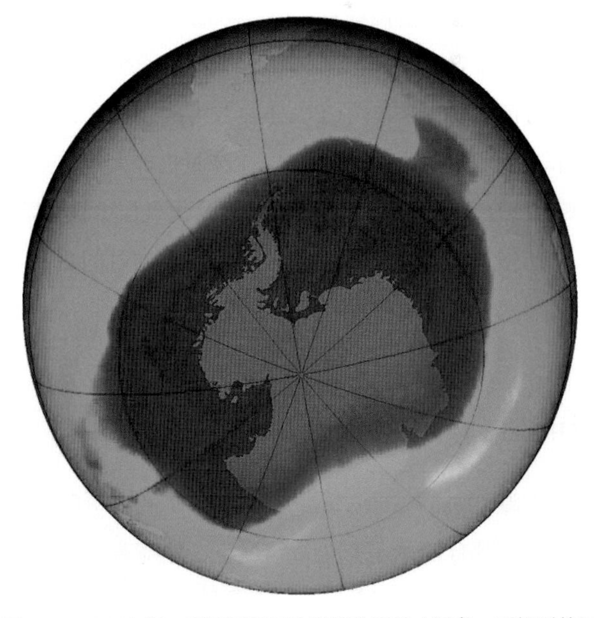

图 9.21 2006 年，平流层臭氧被消耗的面积（深色、不规则的圆形）覆盖了2 950平方千米的区域，比整个南极大陆的面积还要大。尽管CFCs的产量正在减少，但这仍然是有记录以来的最大面积。

随着南极夏天的到来，温度稍微变暖，环极涡流变弱，来自较温暖纬度地区的暖空气与南极的空气混合，补充臭氧洞的臭氧浓度。然而由于这种混合作用，全世界的臭氧量有些微下降。臭氧能够自然再生，但是没有受到破坏的速度那么快。由于氯原子在与臭氧的反应中本身不被消耗，能持续多年破坏臭氧，直到最终沉降或被荡涤出大气层为止。2000年臭氧耗竭的区域覆盖了2 980万平方千米（与北美的面积相当）。

CFCs控制已经取得显著成效

平流层臭氧损耗的发现迅速引起了国际社会的广泛关注。1987年在加拿大蒙特利尔召开的一次国际会议推出了蒙特利尔公约，这是关于2000年之前分阶段禁止使用大多数CFCs的几个重要国际公约中的第一个。不断增加的证据显示，臭氧的损耗比以往认识到的规模还要大，范围还要广，所有CFCs（卤代烷、四氯化碳和甲基氯仿）的禁用截止日期提前到1996年，还设立了5亿美元的基金以援助贫困国家更换成非CFCs技术。幸运的是，CFCs大多数用途的替代物已经能够找到。最早的替代品是氢氯氟碳(hydrochlorofluorocarbons，HCFCs)，它的每个分子所释放的氯要少得多。最终，科学家们希望研发同样有效而且不比CFCs更贵的无卤素分子。

有证据表明，禁用CFCs正在取得成效。自1988年以来，大多数工业化国家CFCs生产量已经大幅度下降（图9.22），而且CFCs现在正在快速从大气层中被去除，速度比增加的速度还要快。在50年左右的时间里，平流层臭氧水平预计将会恢复正常。

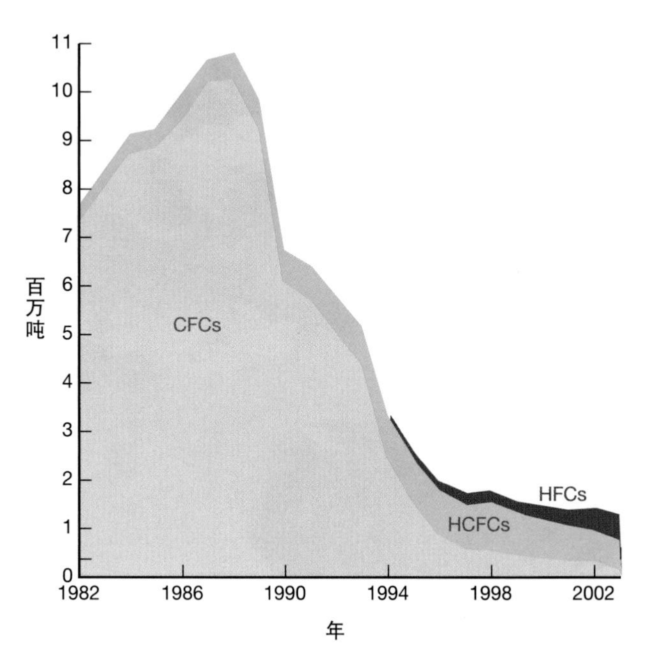

图9.22　蒙特利尔公约在禁止CFCs生产方面已经取得了巨大的成功。剩余的HFCs和HCFCs主要是在一些发展中国家使用。

城市尘穹、雾霾和热岛

逆温（temperature inversions）能使城市中的污染物富集达到危险水平。正常情况下，地球表面以上的空气会随着高度增加而变冷。逆温则逆转了这种状况，冷而密度大的空气位于暖而轻的空气层之下。这种状态是非常稳定的：冷空气会保持在原地不动，污染物在近地表累积，刺激我们的肺和眼睛。稳定的逆温状态通常在空气流动受到限制的山谷地区因夜间快速降温而形成。

洛杉矶有形成逆温的理想条件。城市三面环山，减弱了风的流动；交通量大和重工业形成了污染物的供给；夜间天空一般是晴朗的，导致辐射热流失很快，且地面迅速冷却。地表空气层因与冷却的地表接触而降温，而上层的空气仍保持相对温暖，这样就形成了逆温。只要大气层保持静止和稳定，近地面就会有污染物的积累，因为污染物就是在当地产生的，我们也是在这里呼吸着污染物。

洛杉矶充足的阳光启动了逆温层中富集的气溶胶和气态化学物质的光化学氧化。一层棕色的臭氧和二氧化氮雾霾快速形成。尽管近来空气质量控制已经起到了很大作用，但是在夏天洛杉矶盆地的臭氧浓度仍未能达到健康的水平。

热岛（heat islands）和**尘穹**（dust domes）即使在没有逆温条件的城市也可能发生。因反照率低，城市中混凝土和砖块的下垫面吸收了大量太阳能。缺少植被或水体使得蒸发量很小（产生潜热），相反，接受的太阳能转化成热量。其结果是城市里的温度比周边的农村往往要高3～5℃，这种情况就是所谓的城市热岛。

高层建筑产生对流的上升气流，将污染物带进空气中。因热岛效应形成的稳定气团覆盖在城市上空，将污染物积累成尘穹。

9.7 空气污染物的影响

空气污染物对生态系统健康和人类健康的影响同样严重，我们将在本节评述空气污染物的主要影响。

污染的空气损害肺部和一些其他组织

呼吸污浊空气的后果有：增加心脏病、呼吸道疾病和肺癌的发病率。这就意味着如果你生活在洛杉矶或巴尔的摩状况最差的地方，要减少5～10年的预期寿命。但是，暴露的强度和持续时间以及年龄和一般健康状况非常重要：如果你非常年幼、老迈或已经罹患某种呼吸道或心血管疾病，你的风险就更大。支气管炎和肺气肿是因空气污染导致的常见慢性疾病状态。美国技术评估办公室估计，全美有25万人患上与污染有关的支气管炎和肺气肿，每年约有5万人因这些疾病的并发症离世，可能是仅次于心脏病的死因。

发展中国家的情况往往更糟。联合国估计，全世界至少有13亿人生活在空气严重污染的地方。例如，在俄罗斯的很多地方，呼吸障碍、心血管疾病、肺癌、婴儿死亡率、流产率比那些空气较清洁的国家高出50%。世界卫生组织估计，每年有400万人死于因空气污染而加重的癌症。

空气污染是如何导致这些健康后果的？因为这些污染物是强氧化剂、硫酸盐、二氧化硫、氮氧化物和臭氧，会刺激并破坏眼睛和肺部娇嫩的组织。细微的、悬浮的颗粒物侵入肺部深处，产生刺激、创伤，甚至促进肿瘤生长。肺功能受损会对心脏产生压力。一氧化碳与血红蛋白结合，减少了流向脑部的氧气量，头痛、晕眩和心脏压力由此产生。铅也能与血红蛋白结合，破坏关键性的脑部神经元，并导致精神和肉体损害以及发育迟缓。

植物对污染物很敏感

在工业化初期，炉窑、熔炉、炼油厂和化工厂产生的烟气常常破坏植被，导致矿区和制造业中心周围荒凉的景观。安大略省萨德伯里的铜-镍冶炼厂就是非常典型的例子。从1886年开始，用露天的冶炼床上炙烤的方法来提纯镍和铜的硫化物矿石，产生的二氧化硫和硫酸破坏了矿区周围30千米内几乎所有的植物。雨水冲走了裸露出来的土壤，露出如月球表面景观的黑色基岩（图9.23）。最近，已经开始实行排放控制，尽管裸露出的岩石仍旧是黑色的，但是环境已开始得到恢复。覆盖的林木大多很小，而且相当细。

某些环境因素的结合可能产生**协同效应**（synergistic effects），暴露在两个工厂中造成的伤害可能比单独暴露在每个工厂造成的损害之和还要大。例如，白松树苗单独暴露在亚阈限浓度的臭氧或二氧化硫之中不会受到任何肉眼可见的伤害，但是如果同样浓度的两种污染物一起施加，就会出现可见的损害。

即使污染物浓度太低以至于不能产生可见的损害症状，也仍旧可能有重要影响。实地研究显示，有些农作物如大豆的产量可能会因目前周围空气中的氧化剂水平而减少50%。有些植物病理学家指出，臭氧和光化学氧化剂使90%的农业、观赏植物和森林因空气污染而受到损失。仅仅在北美，这种损失的总成本每年可能高达100亿美元。

烟雾和霾降低了能见度

我们仅仅在最近才意识到污染不仅影响城市也影响农村地区。即便是被认为很原始的地方，如国家公园，也在遭受着空气污染。大峡谷国家公园过去最大能见度是300千米，现在某些冬日里空气变得污浊，以至于到访者看不见20千米之外峡谷对面的边缘。采矿作业、冶金厂和发电厂（有些搬迁到沙漠以改善城市——如洛杉矶的空气质量）是元凶。大范围地区受到污染的影响。在夏天，一个巨大的3 000千米长的“雾霾团”横跨美国东部大部分地区，使能见度下降80%。

人们逐渐适应了这种状况，意识不到空气曾经是多么清洁。但是研究显示，如果所有的人为空气污染物来源被控制下来而努力，空气在几天之内就会变得清澈，几乎每个地方的能见度都会达到150千米，而不是我们已经习以为常的15千米。

硫酸根和氮氧化物导致酸沉降

酸沉降（acid precipitation）是来自空气中潮湿的酸性溶液或者干的酸性颗粒的沉降，在最近20年才成为广为人知的污染问题。但是这个概念自从19世纪50年代就已经被认识到了。我们用pH值描述酸度，pH值低于7的物质是酸性的（第2章）。正常的未受污染雨水的pH值一般为5.6，因为雨水与空气中的二氧化碳发生反应生成碳酸。在工业区的下风向，降水的酸度可以达到pH低于4.3的程度，比正常雨水的酸度高10倍以上。酸性的雾、雪、薄雾、霜和露能够降下对植物、水体和建筑物具有破坏性的酸。此外，干的硫酸盐和硝酸盐颗粒组成的沉降物可以占到某些地区酸性沉降的一半以上。

（a）

（b）

图9.23 （a）1975年，铜－镍冶炼厂（背景中高高的烟囱）导致的酸雨已经杀死了全部植被，并把安大略的萨德伯里周围很大一片地方粉红色的花岗岩基岩熏成黑色。（b）到2005年，萨德伯里周围重又长出一片矮树林，但是岩石的表面仍旧保持着被污染的黑色。

自人们对酸雨有了广泛认识以来，加拿大、美国和几个欧洲国家已经开展了一项颇有活力的污染控制项目。在欧洲大部分地区和北美东部地区，由于采取了污染控制措施，来自发电厂的二氧化硫和氮氧化物排放，在过去的30年中已经明显下降。但是，这些地区的降雨仍旧是酸性的（图9.24）。很明显，碱性灰尘过去曾中和空气中的酸性，但是已经被多年的酸雨耗尽，现在不再有效了。

酸沉降破坏生态系统

斯堪的纳维亚是最早发现水体系统受到酸沉降破坏的地区之一。从德国、波兰和欧洲其他地区吹来的盛行风带来工业和汽车尾气产生的酸——主要是硫酸和硝酸。挪威和瑞典南部山区贫瘠的酸性土壤和贫营养的湖泊与河流，受到这种酸性沉降的严重影响。最引人关注的是鳟鱼、鲑鱼和其他垂钓鱼类的减少，这些鱼的卵和鱼苗在pH5以下的水体中无法存活。水生植物、昆虫和无脊椎动物也深受其害。现在瑞典很多湖泊的酸度都很高，导致垂钓鱼类或其他敏感的水生生物已经不能生存。欧洲、北美东部的大部分地区也受到了酸沉降的破坏。

酸雨、酸云和酸雪对某些地区的森林造成毁灭性的破坏。从一份详细的1980年生态系统记录中发现，佛蒙特州驼峰山（Camel's Hump Mountain）高海拔地区云杉－冷杉林的种苗生产、林木密度和生长发育能力在15年中已经下降了50%。在北卡罗来纳州的米切尔山（Mount Mitchell），海拔2 000米以上几乎所有的树木都失去了针叶，约一半已经枯死（图9.25）。关于酸

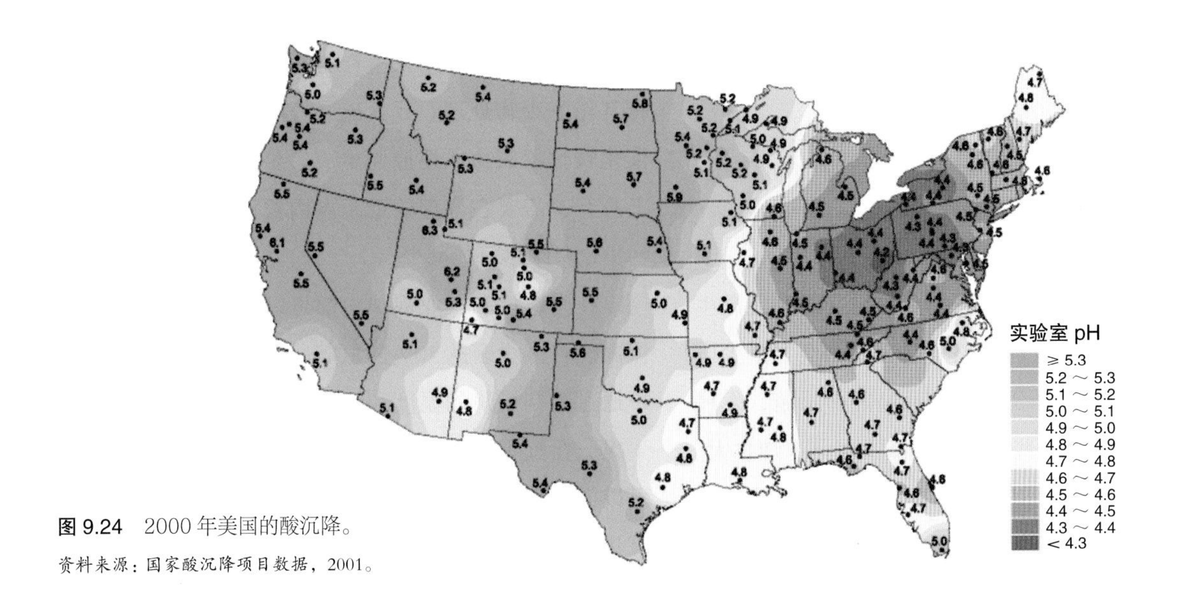

图 9.24 2000年美国的酸沉降。

资料来源：国家酸沉降项目数据，2001。

沉降造成破坏的报告遍布从荷兰到瑞士的欧洲。1985年，联邦德国森林学家估计，其国内所有林区中约有一半（40 000平方千米以上）正在退化。林业的损失估计每年约为10亿欧元。

高海拔森林受到的影响最为严重。在正常条件下，山顶上是贫瘠的酸性土壤，没有多少缓冲能力中和酸沉降。酸性的雾经常滞留在山顶上，延长了植物暴露在酸性环境中的时间。山顶也会比低洼地区获得更多的雨雪和雾。因此这些地方会更多接触到酸沉降。

最容易看到的森林退化是对植物组织和树苗的直接破坏，但森林土壤的营养可获性也会被耗尽。酸还能溶解和活化某些有毒金属（比如铝）的浓度，使树木更虚弱，变得更容易受疾病和害虫的侵害。

建筑物和纪念碑显示出明显的破坏

世界各地的城市中，空气污染正在破坏一些最古老、最辉煌的建筑和艺术品。烟和煤灰覆盖在建筑物、油画和纺织品的表面。酸溶解石灰岩和大理石，破坏历史建筑外观和结构。雅典的帕提农神庙、阿格拉的泰姬陵、罗马的斗兽场、欧洲的中世纪大教堂和华盛顿特区的华盛顿纪念碑，正在因空气中的酸性烟雾而缓慢地溶解、剥落。在更为世俗的层面，空气污染和酸沉降腐蚀了钢筋混凝土中的钢筋，削弱了建筑物、道路和桥梁的强度。石灰岩、大理石和某几种砂岩呈片状剥落并粉碎。环境质量理事会估计，美国每年因空气污染导致建筑物损坏所造成的直接经济损失高达48亿美元，不动产价值损失达52亿美元。

9.8 空气污染控制

“稀释是解决的捷径”，这个概念长期以来一直是我们控制空气污染的主要方法。建造高烟囱的目的就是为了把排放输送到远离源头的地方，在那里难以察觉或追踪到它们。但是，随着全球工业化带来排放量的增加，稀释已经不再是一种行之有效的办法。对我

图 9.25 北卡罗来纳州的米切尔山的香脂冷杉林被酸雨、害虫和其他破坏性因素杀死。

们来说，没有哪里是适合弃置废弃物的“偏远”之处。我们需要采取完全不同的污染控制措施。

最好的办法是减量

由于发达国家的空气污染大多数与交通和能源生产有关。因此，最有效的战略就是节约环保：减少电力的消耗，对住宅和办公楼采取保温隔热措施，发展更完善的公共交通，这些都能大大减少美国、加拿大、欧洲的空气污染。替代性能源，如风能和太阳能在其生产时极少或没有污染，而且这些和其他技术在经济上正越来越具有竞争力（第12章）。除了环保措施，污染物还可以通过技术创新来控制。

颗粒物去除涉及将排放的空气过滤。过滤器用一个棉布、玻璃纤维或石棉纤维做的筛网捕获颗粒物。工业用空气过滤器一般是10～15米长、2～3米宽的巨大口袋。流动的空气被吹进口袋，很像真空吸尘器的收集袋。每隔几天或几周，打开口袋把饼状的尘土块去除。静电除尘器是发电厂最常见的颗粒物控制装置。灰尘颗粒在穿过大型电极时带上静电表面电荷（图9.26）。带电颗粒物随后降落（收集）到带相反电荷的收集板上。这些除尘器耗电量大，但是维护保养相对简单，而且收集效率高达99%。用这些技术收集起来的灰尘是固态废弃物（因其含有煤和其他灰尘中的重金属和其他微量成分所以多是有害的），必须在填埋场或其他固体废弃物处理场所进行填埋。

除硫装置很重要，因为二氧化硫是对人类健康和生态系统的活力损害最大的空气污染物之一。从含硫量高的软煤转向使用低硫煤是减少硫排放的最可靠的方法。但是用高硫煤常常在政治上或经济上更有利。美国的阿巴拉契亚地区是陷入缓慢经济衰退的地区，这里所生产的主要是高硫煤。替换成更为清洁的石油或天然气就能消除金属尘埃和硫。洗煤是燃料替代之外的另一种办法。在燃烧之前可以将煤粉碎、清洗并气化，以去除其中所含的硫和金属。这样做能提高含热量并改善燃烧性质，但也可能会产生用固体废弃物和水污染问题取代空气污染的问题，而且，这样做成本很高。

除去的硫可以用来生产有用的产品，而不仅仅是将其作为废物处理。元素硫、硫酸和硫酸铵都可以用催化转化器氧化或还原而生成。要使这种处理在经济上可行，需要在合理的近距离内找到市场，而且飞灰污染也必须尽可能减少。

在内燃机和工业锅炉中都可以通过严格控制空气流和燃料减少多达50%的氮氧化物。例如，多级燃烧炉通过控制燃烧的温度和氧气流就能防止氮氧化物的生成。在汽车的催化转化器上使用铂－钯和铑催化剂，可以同时去除多达90%的氮氧化物、碳氢化合物和一氧化碳。

碳氢化合物的控制主要涉及完全燃烧或对蒸发的控制。碳氢化合物和挥发性有机物的产生是因为燃料的不完全燃烧，或者是化工厂、油漆、干洗、塑料生产、印刷和其他工业环节中溶剂的蒸发。能够防止散逸性气体逃逸的封闭系统可以减少很多此类物质的散发。例如，在汽车里，曲柄箱强制通风（PCV）系统收集从活塞附近漏出来的油和未燃烧的燃料，并把它们送回发动机燃烧。控制好来自工业阀门、管线和存储罐的跑冒滴漏，能够对改善空气质量产生可观的效果。加力燃烧室常常是破坏工业烟囱中挥发性有机化合物的最好方法。

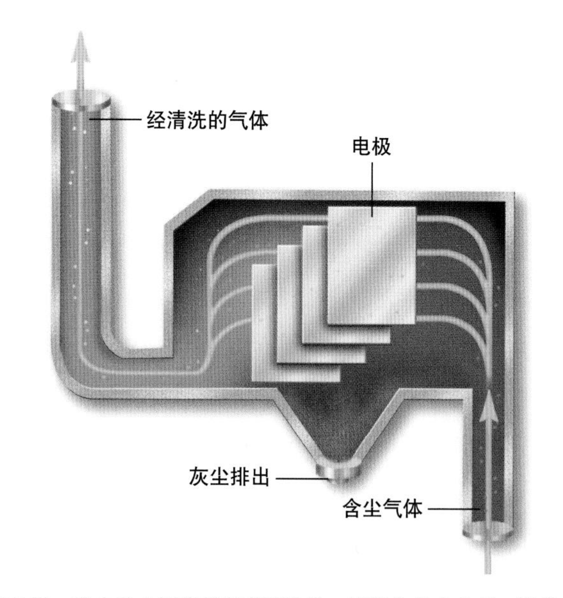

图9.26 静电除尘器能够捕获颗粒物。颗粒物带上电荷，被带电收集盘吸附。气流穿过这些板，把颗粒物留下，然后进入烟囱。

清洁空气立法有争议

人类历史大部分时间里，污染的代价一直由公众承担——他们呼吸污染的空气，或在其中种植庄稼，而不是污染者自己承担。控制污染的法规经常是努力试图让那些污染者为污染控制付出代价，目的是减少公众卫生保健和其他与污染有关的费用。自然，污染物排放者一直反对这些法规。将污染的成本外部化并让社会公众消化这些开支当然更容易且更有利可图。另一方面，健康的倡导者坚持认为工业企业应当为污染防治付费。由于这些相互对立的利益集团的存在，清洁空气立法一直备受争议。

随着时间的推移，已有无数条例禁止令人反感的烟尘和气味的排放。早在16世纪伦敦就试图禁止燃煤，但是这一禁令收效甚微。

1963年颁布的《清洁空气法》是美国第一部针对空气污染控制的国家立法。该法案赋予各州向污染宣战的联邦授权，却小心谨慎地保留了各州设立和执行空气质量法规的权利。不久之后，情况就变得很明显，有些污染问题并不能在地方层面上得到解决。

1970年，大量的修正案从根本上改写了《清洁空气法》。这些修正案定义了本章前面所讨论的所谓“标准”污染物，建立了周围环境空气质量的初级和二级标准。初级标准的目的是保证人类的健康。二级标准的设置是为了保护原材料、农作物、气候、能见度和个人的舒适。

自1970年以来，《清洁空气法》已经被多次修改、更新和补充。最重要的补充是1990年的更新。修正案引起了激烈的争论，法令有时会在国会争论不休，由于对责任和成本的负担和对风险的定义存在分歧，不得不从一次会议争论到下一次。2002年的一份报告总结，只要实施现有清洁空气立法，美国每年就至少能挽救6 000条生命，并能预防14万例哮喘的发作。

纵观历史，《清洁空气法》一直存在争议。空气污染的受害者需要更多的保护；工业和特定利益集团则抱怨这种限制代价太高。该法案最受争议的地方之一是1977年制定的**新污染源复审**（new source review）。这个条款最初之所以被采用是因为工业企业提出，如果在那些即将停产的老电站和旧工厂都安装新型污染控制设备，耗费会高昂得无法承受。国会于是同意“老爷”企业豁免现有设备的新污染限制，并规定当它们升级换代或被替换时再适用更为严格的法规。其后果是企业主们都会精心地维持这些旧设备的运行，因为它们不受污染控制措施的限制。结果，公司花费数百万资金投入到老掉牙的发电厂和工厂，扩大其生产能力，而不是去建造新工厂。30年后，大多数这些老爷工厂仍在做大做强，继续扮演着产生烟雾和酸雨的主力军角色。

克林顿政府试图强制公用事业部门在老旧发电厂更新或修理设备时安装现代化的污染控制设备。但是布什总统说，对哪些设备是新的而哪些不是做出决定，是强加给工业企业的一种难以处理且不合理的负担。环保局因此宣布将废止“新污染源复审”，取而代之的是自愿的排放控制及空气污染配额交易程序。

已有的一种处理污染物的妥协方案是**限额贸易**（cap-and-trade）协议。“限额贸易”设定污染物的最高排放上限。然后企业可以购买或出售排放“积分”，或污染物允许配额。企业可以决定是安装污染控制设备更便宜，还是只需购买别人的额度。

限额贸易对控制二氧化硫很有效。1990年这种贸易开始时，经济学家估计，消除1 000万吨二氧化碳每年将需花费150亿美元。但是，在未发现减少排放量最经济的办法时，企业只付出了1/10的代价就已经达到了清洁空气的目标。这个办法一个严重的缺点就是尽管交易导致整体的污染量减少了，但是一些地方性“热点”仍旧存在，因为那些企业主发现付钱给其他人比自己亲自削减污染更便宜。

9.9 现状与展望

虽然在美国国内很多地方目前仍没有达到《清洁空气法》所设定的目标，但是在过去十年间，从排放量最大的主要污染物来看，空气质量已经显著改善。美国最大的23个城市每年空气质量达到灾难性水平的天数跟十年前相比降低了93%。20世纪80年代未能达到清洁空气标准的97个大都市区中，有41个现在已经合格了。对于很多城市来说，这是它们在20年中首次达到空气质量目标。

虽然取得了一些成绩，但也还是有某些不成功之处。环保局估计，1970—1998年，铅降低了98%，二氧化硫减少了35%，一氧化碳减少了32%。在发电厂和其他大型静态污染源安装过滤装置、洗涤装置和除尘器，是大部分颗粒物和二氧化硫减少的主要原因。汽车上的催化转换器是大多数一氧化碳和臭氧减少的功臣。

至今仍没有明显下降的传统"标准"污染物是颗粒物和氮氧化物。因为小汽车是氮氧化物的主要来源，所以在田纳西州的纳什维尔、佐治亚州的亚特兰大等地的污染主要来自交通的城市里，仍旧存在严重的空气质量问题。严格的污染控制措施对南加州的空气质量产生了积极的效果。洛杉矶曾经有几十年的时间是全国空气最脏的城市，但到2007年它甚至已经不在全国污染最严重的前20个城市之列。

颗粒物（主要是灰尘和煤烟）是在农业、燃料燃烧、金属熔炼、混凝土制造等活动中形成的。工业城市，如马里兰州的巴尔的摩和路易斯安那州的巴吞鲁日也一直存在这个问题。85个其他城市区也被看作未达标地区。尽管有这些局部的失败，但是美国现在有80%的地方已经达到了《美国周围空气质量标准》。这种空气质量的改善可能是我们有史以来在环境保护方面取得的最伟大的胜利。

空气污染仍旧是问题，发展中国家尤其如此

世界上其他地方的情况就不那么乐观了。很多发展中国家的大都市正在爆炸式扩张成不可思议的规模（第14章），其中有很多城市的环境质量非常糟糕。墨西哥城仍旧因其污浊的空气而声名狼藉。每年有350天污染水平超过WHO的健康标准，城市中有一半以上儿童的血铅水平高到了足以降低智力、延缓发育的程度。墨西哥城的13.1万家工业企业和250万辆交通工具每天排放出超过5 500吨的空气污染物。智利的圣地亚哥，平均每年有299天悬浮颗粒物超过WHO标准的90mg/m^3。

很多地方的情况已大有改观

但是，也不是所有的地方都那么令人悲观。空气污染控制方面也有一些令人瞩目的成就。瑞典和联邦德国（因酸雨导致森林面积减少的国家）1970—1985年减少了2/3的硫排放。奥地利和瑞士的成就更显著，连摩托车的排放也采取控制措施。全球环境监控系统（GEMS）报告，全世界37个城市中有26种颗粒物水平下降，导致酸雨和呼吸系统疾病的二氧化硫和硫酸盐颗粒在这些城市中的20个有明显下降。

即便是那些贫穷的国家也能控制空气污染。如印度的德里曾被认为是世界上十个污染最严重的城市之一。在烟雾弥漫的日子里能见度常常不到1千米。健康专家警告，呼吸德里的空气相当于每天抽两包烟。其污染程度超过世界卫生组织标准的近5倍。呼吸系统疾病很普遍，而癌症的发病率远远高于周围农村地区。最严重的问题是机动车排放，占空气污染物的约70%（工业排放占20%，而其余的主要是由焚烧垃圾和柴火产生）。

20世纪90年代印度开始要求在汽车上安装催化转换装置，引进了无铅汽油和低硫柴油燃料。在2000年，不仅是私家车要达到欧洲标准，到2002年超过8万辆公共汽车、电动三轮车和出租车都要从液态燃料改用压缩天然气（图9.27）。自1997年以来，二氧化硫和一氧化碳水平已经分别降低了80%和70%。颗粒物排放量下降了约50%。居民们说空气明显变得清洁健康了。不幸的是，随着繁荣程度的增加，由于信息管理全球化的驱动，道路上的机动车数量翻番，威胁到了这个成果。即便如此，德里所取得的成就仍然鼓励着各地的人们。

20年前，巴西的库巴唐（Cubatao）被称为"死亡之谷"，是世界上污染程度最危险的地方之一。那里有一家钢铁厂、一家大型炼油厂以及多家化肥厂、化工厂，每年喷出几千吨空气污染物，被向岸风和圣保罗所在的高原困住而滞留在原地。周围山上的树都死了。出生缺

图 9.27 德里的空气质量已经大为改观，因为公共汽车、电动三轮车和出租车都要从液态燃料改用压缩天然气。这是发展中国家在污染控制方面取得的最激动人心的成就之一。

陷和呼吸系统疾病发病率高得惊人。但是，从那之后，库巴唐的市民在清洁环境方面取得了巨大的成就。巴西圣保罗州投资约1亿美元，而私人部门的投资是其两倍，用来清除山谷中大部分污染源。颗粒物污染下降了75%，氨排放量减少了97%。碳氢化合物导致的臭氧和烟雾减少了86%，二氧化硫产生量下降84%。鱼回到了河里，山上的森林重新生长出来。进展还是有可能的！我们希望在其他地方也会出现类似的成功故事。

总 结

在对待气候变化的态度问题上，我们似乎正处于转折点。多年前，大多数美国人认为全球变暖只是一小撮疯子科学家杜撰的匪夷所思的理论，但是现在我们已经普遍接受这一科学理论是不可辩驳的。一些成功的纪录片是促成社会这种转变有力的驱动力。可能更为重要的是，很多人能够真切地看到在他们自己的生活中实实在在的证据，证明我们的气候中有些不同寻常的现象正在发生。

但是现在采取措施是否有点太迟了？大多数科学家相信还有时间，如果我们迅速高效地行动，就能够避免全球气候变化的最坏后果。令人感到鼓舞的是，我们知道不需要技术奇迹就能让自己免遭迫在眉睫的灾难。我们现在就有能力大幅减少温室气体的排放量，而且这样做很可能可以节省金钱并创造就业机会。

蒙特利尔公约在禁止使用CFCs方面取得的成功是在环境项目方面国际合作的里程碑。尽管由于全球变暖效应和几十年前排放到空气中的余氯，平流层的臭氧洞还在扩大，但是我们仍旧期待臭氧衰减在50年内能够终止。这是为数不多的几个能如此之快成功解决的全球性环境威胁。让我们期待其他问题也能这样得到解决。

发展中国家（如巴西和印度）在减少当地污染方面取得的进展也很令人鼓舞。过去看上去无解的难题是能够被攻克的。在有些情况下，我们需要改变生活方式或采用不同的发展方式，正如中国哲学家老子所言：“千里之行，始于足下。”

10 水资源与水污染

从2000年到2010年，时值历史上有记录最干旱的时期，科罗拉多河上最大的水库米德湖的水位下降了30.5米。如果水位再下降30.5米，就达到水库的“死库容”。那时就既不能提供几百万人赖以为生的淡水，也不能提供电力。

先生们，我告诉你们：
你们之所以把堆积如山的水权冲突
与诉讼留给后代，
是因为没有充足的水浇灌土地。

——约翰·卫斯理·鲍威尔
美国探险家、地质学家和人种学家

问题与讨论

- 我们所用的水来自何处？我们怎样用水？
- 水源短缺出现在什么地方？为什么会短缺？
- 如何增加供水？这些方法有何代价？
- 你能怎样节水？
- 什么是水污染？污染源是什么？有什么后果？
- 为什么发展中国家的污水处理和清洁饮用水如此重要？
- 如何控制水污染？

米德湖何时会干涸?

科罗拉多河是美国西南部的母亲河。有3 000多万人和1.2万亿美元的地区经济(其中包括洛杉矶、凤凰城、拉斯维加斯和丹佛等城市)都依赖其水源而存在。但是,这条生死攸关的水源,其可持续性前途未卜。干旱、气候变化和快速的城市扩张正在给整个流域的未来蒙上阴影。

2008年加州斯克利普斯(Scripps)学院的巴内特(Tim Barnett)和皮尔斯(David Pierce)公开发表了一篇言辞激烈的文章,他们提出如果现在的水资源分配方式不改革,米德湖和鲍威尔湖都会在十年左右的时间内降到既不能发电也不能为城市和农业提供用水的低水位。这两个湖泊占整个科罗拉多水系储水量的85%以上,如果这两个浩瀚的湖泊达到死水位,将会是整个地区的灾难。这个警告是根据历史记录和气候模型做出的,模型显示在未来的50年中,这个地区的径流将减少10%～30%。

这个问题的根源可以追溯到1922年的《科罗拉多契约》,它分配了沿河七个州的用水权。在那之前的十年是一千多年中最多水的年份。估计每年河流径流量是220亿立方米,谈判者认为他们可以分配这么多的水量,但其实这比20世纪平均年流量高了大约20%。这个错误在当时算不了什么,因为这七个州没有一个能用完所分配到的用水份额。

但是,20世纪时由于城市扩张和农业生产规模加大,对水的竞争性需求多次引起紧张和纷争。日渐增多的大型引水工程,如为洛杉矶供水的科罗拉多河引水渠、灌溉加州皇帝河谷的全美大运河以及越过山区和沙漠将水输送到凤凰城和图森的中亚利桑那州工程,足以抽走整条河流的水量。1944年,美国同意向墨西哥提供150万英亩–英尺(见表10.1)的水量,以保证这条河在流过边境时还能有一点水(虽然水质值得怀疑)。

更糟糕的是,气候变化预计在未来50年中将会使河流水量减少10%～30%。在几十年内河流的水量可能会降低到当年谈判者认为需要在各州之间进行分配的水量的一半。西南部地区现在正处在第八个干旱年头,这可能就是发生变化的第一个暗示。米德湖上一次达到最高水位(海拔372米)是在2000年。从那时起,湖泊的水位每年下降大约3.6米,2010年降到334米。最低发电水位(能够发电的高度)是320米。水能够在重力作用下被排放出去的最低水位是274米。巴内特和皮尔斯估计,如果现在的管理规划没有任何变化,则米德湖和鲍威尔湖在2017年之前降到最低发电水位的可能性有50%,而且这两个湖泊的活库容在2021年前后消失的概率也是50%。

其实我们正面临或已经超过了河流可持续发展的上限。现在,鲍威尔湖只有满水量时的58%,米德湖只有其最大水量的43%(图10.1)。这两个湖泊的湖岸上现在都出现了一道宽宽的"浴缸边",那是正在退去的湖水留下的矿物质沉积。有人建议将鲍威尔湖的水抽干以确保为米德湖供水。每年都有300万人到这个湖畔的红岩峡谷和波光粼粼的蓝色湖水中休闲,这个办法受到其中许多人的竭力反对。另一方面,想一想这个地区的洛杉矶、凤凰城、拉斯维加斯和其他重要大城市,如果缺水断电将要产生的成本和混乱。

表10.1 水的度量单位
1立方千米(km³)=10亿立方米(m³)=10 000亿升或2 640亿加仑。
1英亩–英尺=覆盖1英亩面积达1英尺深所需的水量。这相当于325 851加仑或者120万升,或1 234立方米,约等于美国一个四口之家一年所消耗的水量。
1立方英尺/秒的河流流量=28.3升/秒或449加仑/分

美国西南部地区并不是唯一需要面对这种问题的地方。联合国警告,供水可能会成为21世纪最紧迫的环境问题之一。到2025年,全人类将会有2/3的人生活在水源不足的地方。在本章中,我们将察看一下我们的淡水资源、我们用它做了些什么以及我们怎样去保护水源的质量并扩展其用途。

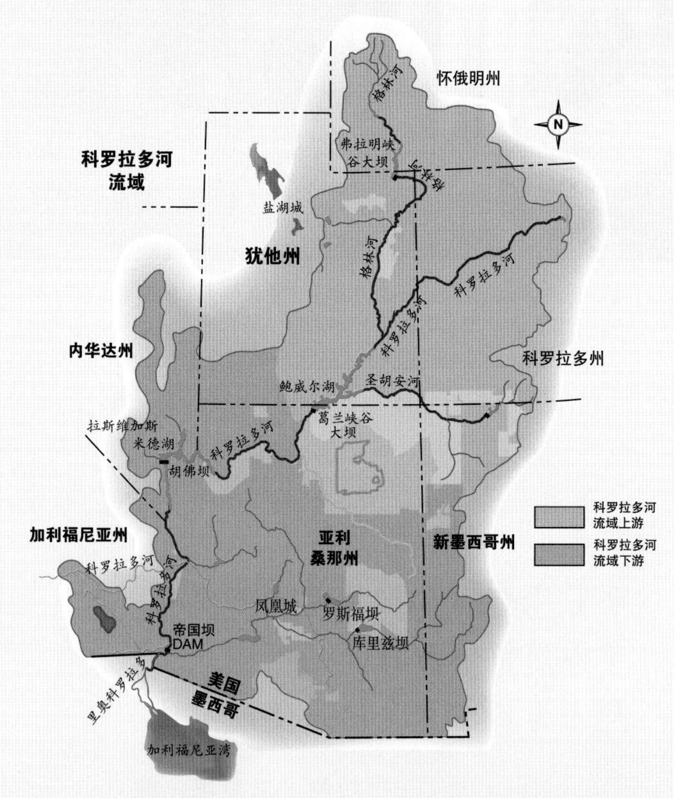

图10.1 科罗拉多河全长2 330千米,穿过西部七个州。它的河水养育了3 000多万人,支撑着1.2万亿美元的地区经济规模。但是干旱、气候变化和快速的城市扩张威胁到这个水源的可持续发展。

10.1 水资源

水是一种神奇的物质——流动、旋回、渗透、永不停歇地从海洋移向陆地，又从陆地流回海洋。它塑造了地球的面貌并调节气候。水对生命是不可或缺的，它是所有生命进程发生的介质（第2章）。水溶解营养物质并将其输送给细胞，调节体温、支撑组织结构并排泄废物。你的身体约60%是水。如果没有食物你可以存活数星期，但是如果没有水你只能活几天。农业、工业、交通及其他一系列人类活动也都需要水。一言以蔽之，干净的淡水是我们最重要的自然资源之一。

水文循环持续不断地对水进行重新分配

我们所使用的水无休止地在环境中循环。我们这个星球上的总水量是天文数字——超过14.04亿立方千米（表10.1）。这些水从潮湿的表面蒸发，以雨或雪的形态降落，经过有机体，重新回到海洋，这个过程叫作水文循环（hydrologic cycle，见图2.18）。每年约50万立方千米（相当于一层1.4米厚的水）从海洋蒸发。90%以上的水分又重新落回到海洋上。被送到陆地上的4.7万立方千米水，连同约7.2万立方千米从湖泊、河流、土壤和植物中蒸发出来的水一道，成为我们每年可再生的淡水来源。在水文循环的过程中，植物起着很重要的作用，吸收地下水并通过蒸腾作用（输送加蒸发）将水抽送到大气层中。在热带雨林中每年有75%的降水通过植物回到大气圈。

太阳能使地表水蒸发，将其变成雨和雪，驱动水循环。由于水和阳光在地球上的分布不均匀，因此水资源也极不平衡。例如在智利的伊基克（Iquique）沙漠，有历史记录以来就没有下过雨。而另一个极端，印度的乞拉朋齐（Cherrapunji）1860年记录的降雨量达到26.5米。

世界上大多数最多雨的地方都位于拥有强降雨季节的热带或者沿海的山区。沙漠出现在每个大陆紧邻热带地区的地方（撒哈拉沙漠、纳米布沙漠、戈壁沙漠、索诺兰沙漠等，还有很多）。另一个高气压地区——极高纬度地方的降雨也很稀少。

山脉也会影响水分的分布。山脉的迎风坡，包括太平洋西北部和喜马拉雅山南侧，是典型的潮湿地区，拥有几条大河；在山脉的背风坡，就是被称作雨影区的地方，以干燥气候为主，水分可能非常稀少。例如，考爱岛（夏威夷群岛之一）的瓦埃莱尔（Waialeale）山的迎风坡特别湿润，年降水量为12 000毫米左右。而相距仅几千米的背风坡平均每年降水量只有460毫米。

水的可用性方面一个重要的考虑因素是全年降水是否均衡，特别是在生长季节是否有降雨。另一个问题是，是否因干热的天气蒸发了可得的水分。这些因素有助于决定一个地方生物活动的数量和种类（第5章）。

10.2 主要的水循环库

水的分布通常用相互影响的循环库来描述，水在库中滞留，或短暂，或长久（表10.2）。水在一个库中停留的典型时间长度称为停留时间。例如，海水中每个水分子平均停留3 000年左右才蒸发，重新进入水循环。全世界几乎所有的水都在海洋里（图10.2）。

表10.2 地球的水循环库

循环库	体积（1 000立方千米）	占总水量的百分比	平均停留时间
总量	1 386 000	100	2 800年
海洋	1 338 000	96.5	3 000到30 000年*
冰和雪	24 364	1.76	1到100 000年*
地下咸水	12 870	0.93	数天到数千年*
地下淡水	10 530	0.76	数天到数千年*
淡水湖	91	0.007	1至500年*
咸水湖	85	0.006	1至1 000年*
土壤水分	16.5	0.001	2星期至1年*
大气	12.9	0.001	1星期
沼泽、湿地	11.5	0.001	数月到数年
江河、溪流	2.12	0.000 2	1星期到1个月
活有机体	1.12	0.000 1	1星期

*取决于深度和其他因素。

资料来源：UNEP2002年数据。

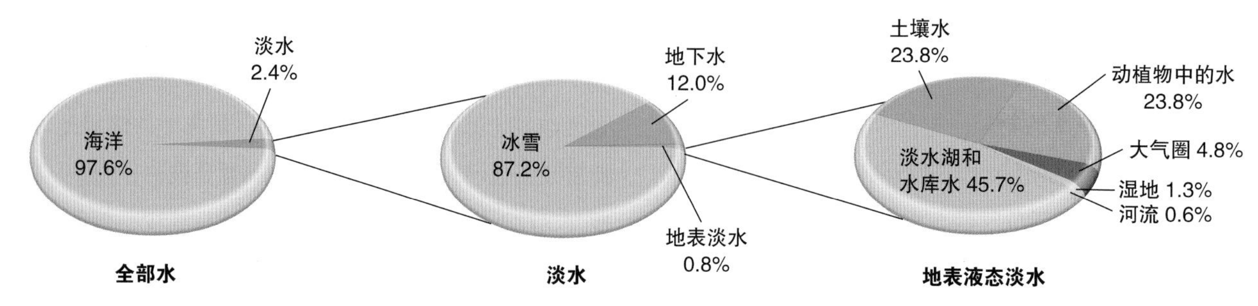

图 10.2　陆地生命所依赖的液态地表淡水占所有淡水的不到 1%，占所有水的不到 0.02%。
资料来源：美国地质调查局。

海洋在调节地球温度方面起着决定性作用，而且世界上 90% 以上活的生物量存在于海洋里。但是我们所需要的主要是淡水。令人吃惊的是，地球上只有 0.02% 的水是以我们和其他依赖淡水生存的生物体可以获取的形式存在的。

冰川、冰和雪构成了大部分的地表淡水

所有水中只有 2.4% 是淡水，其中近 90% 固定在冰川、冰和雪中。尽管这些冰雪大多数位于南极洲、格陵兰岛和北冰洋的浮冰中，但高山冰川和雪原还是为几十亿人提供了水源。例如，落基山脉西坡冬季的积雪为本章开头案例研究中提到的科罗拉多河提供了 75% 的流量。干旱的气候已经减少了美国西部的降雪量（和径流），而全球变暖预计将会导致更进一步的下降。

如第 15 章所讨论的，气候变化正在缩减世界各地几乎所有冰川和雪原的规模（图 10.3）。在亚洲，西藏的冰川是世界上最大河流中六条河的源头，并为 30 亿人提供饮用水，这些冰川正在快速缩小。有人警告，这些冰川将会在几十年后消失，这将会给这块大陆带来巨大的痛苦和经济损失。

地下水储存着大量的资源

渗进土壤层和岩石的降水形成的地下水组成了液态淡水的最大循环库。地表以下 1 千米内的地下水比所有淡水湖泊、河流和水库中的淡水量总和还要多 100 倍。

植物从较浅层的土壤中获取水分，这个既含有空气也含有水的土层叫作**包气带**（zone of aeration，图 10.4）。包气带的深度取决于降雨量、土壤类型和地表地形，可能由几厘米到深达数米不等。下面的土层里，所有的土壤孔隙都充满了水，形成**饱水带**（zone of saturation），是大多数井水的来源；饱水带的顶部就是**地下水位**（water table）。

含水的地层称为**含水层**（aquifers）。含水层可以由多孔的沙子、砾石或者由破裂的或多孔的岩石组成。在含水层之下是相对不透水的岩石层或黏土层，保证水不会从底部渗出。相反，水会或多或少地通过多孔的地层水平渗透。水在含水层中移动几百米可能要花数小时乃至几年的时间，移动速度取决于地质状况。

图 10.3　冰川和雪原为几十亿人提供赖以生存的大部分水源。例如，落基山脉西部的积雪为科罗拉多河提供约 75% 的年径流量。全球气候变化正在使冰川缩小并导致每年融雪的时间开始得更早，破坏了这个至关重要的水源。

如果不透水层覆盖在含水层之上，就会在含水层内部产生压力。含水层的压力能够使井水在地表自动流出。这些自行流出的井和泉眼被称作自流井或自流泉。

地表水渗透进含水层的区域叫作**补给区**（recharge zones，图10.4）。大多数含水层的补给非常缓慢，而且地表的道路、房屋建筑或水的利用会进一步减缓补给速度。污染物也会通过补给区进入含水层。处在补给区的城市和农业径流常常是一个严重问题。无法得到清洁地表水的人通常要依赖地下水供饮用和其他用途。每年有700立方千米的地下水被人类抽取，绝大多数来自容易受到污染的较浅的含水层。

河流、湖泊和湿地的快速循环

地表流动的淡水是我们最宝贵的资源之一。在任何时候，河流所含有的水量都是相对较少的。如果没有源源不断的降水、融雪或地下水渗漏补给，大多数河流将会在数星期或数天内断流。

我们用**流量**（discharge）这个术语来比较河流的大小，流量就是在给定的时间内经过某个固定地点的水量。通常是用每秒多少升或立方米的水量表示。世界上最大的16条河流所输送的地表水占地球上所有地表径流的将近一半，其中一大部分出现在一条河流内——亚马孙河，它所带来的水量几乎与排在它后面的7条最大河流加在一起的水量一样多。

湖泊所承载的水量是所有江河溪流总水量的近一百倍，但是这些水大多存在于世界上少数几个最大的湖泊中。西伯利亚的贝加尔湖、北美洲的五大湖、东非大裂谷的几个湖及其他几个湖泊中有大量的水，但不全是淡水。在全世界范围内，从供水、食物、交通和居住角度来说，湖泊差不多和河流同样重要。

湿地——泥塘、池沼、湿草甸、沼泽——在水文循环过程中扮演着非常重要却常被低估的角色。它们茂密繁盛的植物稳定了土壤，并留住了地表径流，使其能够有时间渗透进含水层并形成全年平稳的水流。当湿地受到影响时，它们天然的吸收水分的功能就会降低，而且地表水很快就会流走，导致雨季的洪水和土壤侵蚀，而一年中的其余时间水流量会变得很低。

大气层是最小的循环库

大气层中只含有总水量的0.001%，但它是水在全世界重新分配的最重要的机制。一个单一的水分子在大气中停留的时间平均是十天左右。有些水在数小时之内蒸发并降落。水分也可能在降落前穿越半个地球，补给陆地上的河流和含水层。

10.3 水的可获性及其用途

人类每一项活动几乎都离不开清洁的淡水。我们

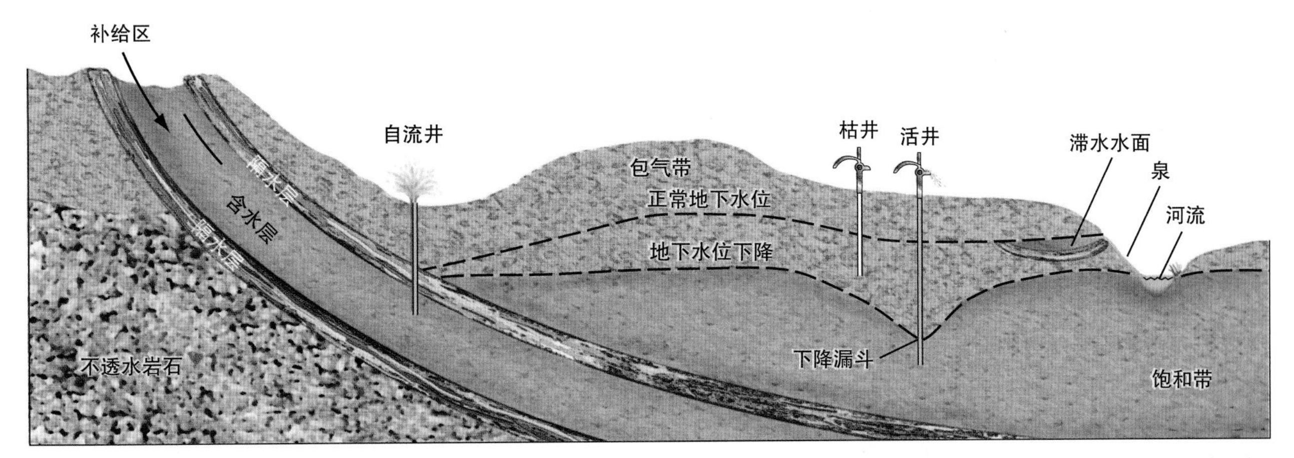

图10.4 含水层是多孔的或破碎的岩层。不透水的岩层(隔水层)使水滞留在一个受限的含水层内。来自上层的压力使得自流井能自动流出。用泵抽水可能会形成一个下降漏斗区，使较浅的水井干涸。

主动学习

在地图上找出水资源丰富和水资源贫乏的国家

根据人均可以得到的水量，下面列出了水资源最丰富的前十名国家和最缺水的十个国家。描述这些国家的分布情况。水最丰富的国家集中在哪里？（提示：与纬度有关吗？）缺水的国家大多集中在哪里？

丰水国家：冰岛、苏里南、圭亚那、巴布亚新几内亚、加蓬、所罗门群岛、加拿大、挪威、巴拿马、巴西。

缺水国家：科威特、埃及、阿拉伯联合酋长国、马耳他、约旦、沙特阿拉伯、新加坡、摩尔多瓦、以色列、阿曼。

答案：丰水国家（人均值）要么是在最北部，那里人口和蒸发量都很少，要么是在热带地区。缺水国家处于纬度在15°～25°之间的荒漠带，或者是人口稠密的岛国（如马耳他、新加坡）。

所有人现在占用的淡水占到全世界所有淡水的一半以上。水的可获性决定了人类在地球上的分布和活动方式，这可能比其他任何一种环境因素都重要。**可再生水供给**（renewable water supplies）是指能够定期得到补给的水资源——主要是地表水和浅层地下水。可再生水供给以热带地区最为丰富，那里降雨很充沛。其次是中纬度地区，那里会定期降雨。

很多国家水资源短缺、供水紧张

在南美洲、非洲中西部、南亚、东南亚都有降雨量非常高的地区。巴西和刚果民主共和国因降雨量高且陆地面积大，均属地球上水资源最丰富的国家之列。加拿大和俄罗斯幅员辽阔，降雨、降雪很常见，每年水的供应量也很大。

人均供水量最高的国家一般都是气候湿润、人口密度低的地方。例如冰岛，每年人均拥有约1.6亿加仑（60.5万立方米）的水。与之形成对比的是，巴林王国气温极高，几乎从不降雨，实际上没有天然淡水。巴林几乎所有的水都依靠进口和海水淡化。埃及尽管有尼罗河流过，但每年人均只有1.1万加仑的水，约占冰岛的一万五千分之一。

周期性干旱造成了严重的区域性水资源短缺。半干旱地区时常发生旱灾，而且通常非常严重，这里水分的可获性是决定植物和动物分布至关重要的因素。未受干扰的生态系统往往能耐受长期干旱生存下来而几乎不受损伤，但是家畜和农业的引入会破坏原生的植被，并损害其对低湿度水平的天然适应性。

干旱经常是周期性的，而土地的利用加剧了其后果。在美国，从经济和社会的角度来说，迄今最严重的干旱出现在20世纪30年代。大平原地区不充分的水土保持措施和连续多年的干旱一起，造就了所谓的“尘暴区”。大风卷走了数万平方千米土地的表土，汹涌的尘云遮天蔽日。数千个家庭被迫离乡背井远走他乡。

本章开篇案例研究表明，美国西部的大多数地方在过去的十年里一直是异常干旱的。很多地方都在经历着水资源危机（图10.5）。这仅仅是一个暂时性的阶段，还是开始了一个新的气候期？美国政府预计2012年之前会有36个州出现水资源短缺。气温升高、气候模式被打乱、人口增加、城市扩张、浪费和不经济的利用都会加剧这种短缺。对供水的影响可能是全球气候变化最严重的后果。

如果美国政府当时能够听取鲍威尔（John Wesley Powell）少校的意见，美国西部的殖民模式就会迥然不同。鲍威尔率队进行了沿科罗拉多河的第一次探险，后来又成为美国地质调查局的首位领导者。在那次考察中，他对西部沙漠地区从事农业和定居的可能性进行了调查。他的结论（在本章开头所引用的）是并没有足够的水来养活大量的人口。

鲍威尔建议将西部地区的政治组织建立在流域的基础之上，这样在给定的某个管辖区内每个人都将与可获得的水绑定在一起。他认为应该根据当地地表水供给的情况对农场进行限制，而且城市应当是较小的绿洲居民点。但实际情况是，我们在几乎没有或根本不具备天然水源的地方建设了巨型的大都市区，如洛杉矶、凤凰城、拉斯维加斯和丹佛。这些城市会在捉襟见肘的水资源短缺中幸存下来吗？

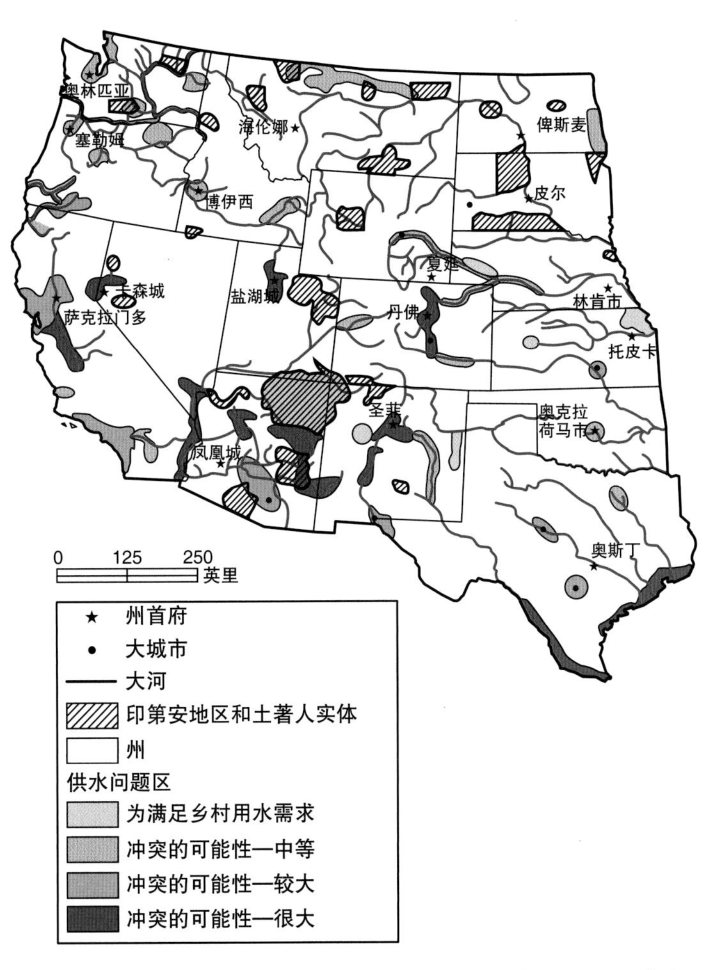

图 10.5 干旱地区快速的人口增长正在榨干可获得的水源。内政部警告，到 2025 年水资源短缺将会在很多地区导致冲突。

资料来源：美国内政部。

农业是用水量最大的部门

与通常在使用的时候就被消耗掉的能源相比，水资源只要不遭到严重污染，就可以反复使用。取水量（withdrawal）是从一个水体中取水的总量。抽取的水中大部分会以可再利用的形式回到水循环之中。另一方面，耗水量（consumption）是指由于蒸发、吸收或污染所造成的水的损耗。

自然系统如果不是负担过重或遭破坏，水循环的天然自净和再生功能会更新我们所需要的水。水是一种可再生资源，但是再生需要时间。现在我们很多人用水的速度可能要求我们必须小心谨慎地保护、节约并补充我们的供水。

在过去的一个世纪里，用水量的增长一直是人口增长速度的两倍。水的抽取量预计将继续增长，因为需要灌溉更多的土地来养活增长的人口（图 10.6）。由于不同国家、不同经济部门和其他涉益方对同一个有限的供水源的竞争，矛盾冲突随之增多。因水而发生战争很可能会成为 21 世纪战争的主要原因。

从全世界来看，农业要用掉总取水量的约 70%，从印度占总用水量的 93% 到科威特仅占 4% 不等，因为科威特不能承受将有限的水用在农作物上。在很多发展中国家以及美国的部分地方，最常见的灌溉方式是简单地给整块土地大水漫灌，或在垄沟注水。有一

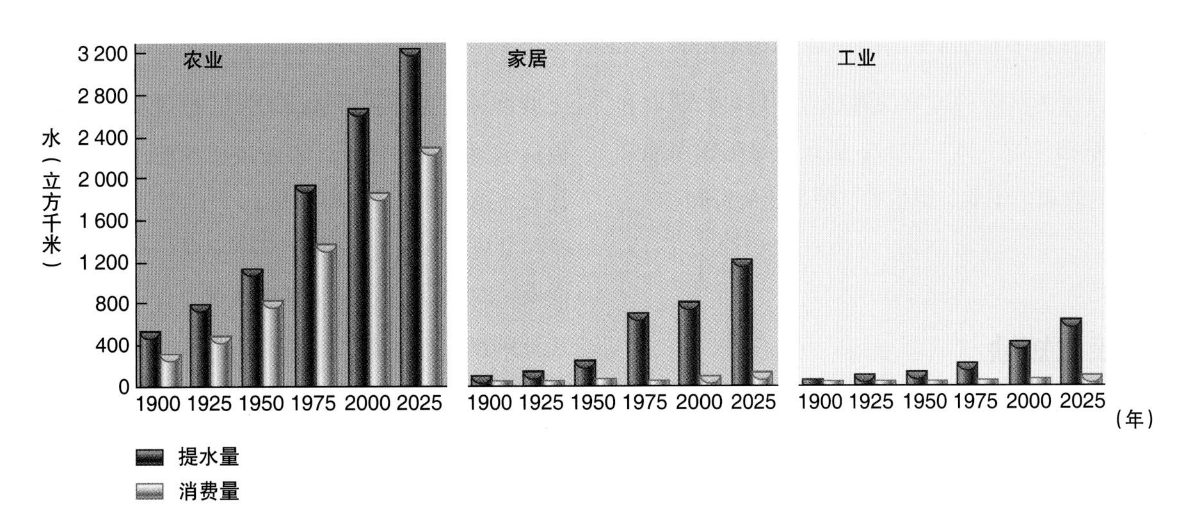

图 10.6 各部门取水量和耗水量的增长及对 2025 年的预测。资料来源：UNEP，2002.

半之多的水在经由没有管道的灌溉水渠流入农田的过程中，因蒸发或渗漏而损失。喷灌在输水方面更有效率，但是也更昂贵、耗能更多。节水的滴灌方式能省下可观的水量，但是现在全世界农田中只有1%使用滴灌。

由于担心科罗拉多河的水量减少，洛杉矶已经与拉斯维加斯以南的佩罗佛德（Palo Verde）灌溉区签署了一份“干旱年份期权”协议。这个城市将会在干旱的时候向7 000个农场主付费，让农田休耕，并把他们的水输送给该市。通过更换农作物和轮作休耕的农田，农场主希望在艰难时期仍能继续经营并避免因供水量缩减而互相争斗。根据太平洋学会的数据，农业用掉了加州水量的85%，而产出只占经济总产出的2%。如果农场耗水量每年减少20%，就能将城市供水量翻倍，但是那些依赖农业收入的人会认为这是一个极坏的主意。

全世界工业用途的取水量占总量的约1/4。有些欧洲国家70%的水用于工业；工业化程度较低的国家工业用水少到仅占5%。到目前为止，发电厂的冷却水是用量最大的单一用途工业用水，一般占工业取水量的50%～75%。一项快速增长的对水的需求来自生物燃料的制造。现在每生产1升酒精要用掉4～5升水。水的短缺可能会限制向生物燃料的转变。

民用或家庭用水仅占全世界用水量的6%，其中包含饮用水、炊事用水和洗涤用水。但是每个家庭的用水量差别非常大，取决于国家的富裕程度。联合国的报告称，发达国家每天人均用水量比发展中国家的十倍还要多。更为贫穷的国家没有财力支付居民获取和输送水的基础设施。另一方面，供水不足阻碍了能够消除贫困的农业、工业、卫生和其他事业的发展。

10.4 淡水短缺

清洁的饮用水和基本的卫生条件是预防传染病和维持健康生活之必需。对世界上很多最贫穷的人来说，对健康最大的环境威胁之一一直是持续使用被污染了的水。联合国估计至少有10亿人缺乏获取安全饮用水的途径，而且有25亿人没有足够的卫生条件。这些短缺导致数以亿计的人罹患与水有关的疾病，每年有超过500万人因此而丧命。随着人口的增长，很多人迁入城市，而农业和工业在争夺日益稀少的水源，水短缺的情况估计会变得更加严重。

到2025年，世界人口中可能会有2/3生活在供水紧张的国家——联合国定义为消耗可再生淡水资源10%以上的国家。联合国的千年目标之一就是将没有可靠的清洁水源和改善卫生条件的人口比例减少一半。

人们为了提高地方供水能力并重新分配作了种种尝试。有人提议拖曳南极洲的冰山，通过耕云播雨——在潮湿的空气中播撒凝结核以帮助形成雨滴，在干旱地区造雨也已部分地取得成功。在局部地区水的淡化也很重要：在干旱的中东地区，能源和资金都不是问题，但是水很稀缺，海水淡化有时是水的主要来源。一些美国城市，如佛罗里达州的坦帕市和加利福尼亚州的圣迭戈市也部分依赖能源密集型的海水淡化。

很多人缺乏获得清洁水源的途径

世界卫生组织认为，平均每人每年1 000立方米的用水量是现代家庭用水和工农业用水的必需量。有45个国家——大多数在非洲或中东，不能让所有的国民都满足最低的必需用水量。有些国家的问题是如何获取清洁的水。例如，在马里，88%的人口缺乏干净的水；在埃塞俄比亚，这个比例更高达94%。农村人口往往比城市居民更难获得清洁的水。造成水源短缺的原因包括天然资源的匮乏、农业或工业的过度消耗以及净化和输送优质水的资金不足。

世界上2/3以上的家庭需要从自己住宅以外的地方取水（图10.7）。这是一项繁重的工作，主要是由妇女儿童承担，有时需要每天花几个小时的时间。改善公共系统会给这些贫困家庭带来实惠。

有水可用并不总是意味着负担得起。例如，秘鲁利马一个典型的贫困家庭的用水量仅及美国中产阶级家庭的1/6，但是付出的费用却是其三倍。如果他们按

图 10.7 加纳村庄的供水。

照政府建议的那样把所有的水都烧开以防范霍乱，贫困家庭1/3的收入都要用于取水和净化。

近年来在农村发展方面的投资已经带来了显著的成效。自1990年以来，有近8亿人（占世界人口的13%）已经能够获得干净的水。能够喝到安全饮用水的农村家庭的比例已经从不到10%提高到近75%。

地下水供给正在被耗尽

美国有近40%的农业和家用淡水靠地下水提供。几乎一半以上的美国城市人口和约95%的农村人口依赖地下水作为饮用水和生活用水。对这些水源的过度使用抽干了水井、天然泉眼甚至地下水所补给的湿地、河流和湖泊。在补给区倾倒污染物、废弃水井的渗漏或故意注入有毒废物会对含水层造成污染，使这种宝贵的资源变得不适于利用。

在美国的很多地方，从含水层抽取地下水的速度比天然的补给能够替代的速度要快。在局部地区，这会形成地下水位的下降漏斗。在更广的范围，过度抽取地下水会抽干整个含水层。奥加拉拉含水层位于从得克萨斯州到北达科他州的8个大平原州之下。从前，这个由砂、砾石和砂岩组成的多孔地层所含的淡水，比地球上所有淡水湖、溪流和江河的水还要多。过度的抽水灌溉取走了太多的水，以至于很多地方的水井都干涸了，而且农场、牧场甚至整个城镇因此而被废弃。重新补充此类含水层将需要数千年的时间。使用像这样的“化石”水实质上是在开采水矿。这些含水层实际上是不可再生资源。

抽水还会导致含水层的塌陷，随之而来的是地表的沉降或下陷。过去50多年中，由于过量开采地下水，加州的圣华金河谷（San Joaquin Valley）已经下沉了10多米。在含水层被压紧的地方，就不可能再补给了。

含水层枯竭的另一个后果是咸水入侵。在海岸线附近以及古海洋遗留下来的咸水沉积地区，过度使用淡水储量常常会导致咸水侵入供给生活用水和农业用水的含水层。

调水工程重新分配水资源

水坝和水渠是文明的基石，因为它们能够储水并将水重新分配给农村和城市。很多伟大的文明都是围绕着大型水渠系统发展的，包括古苏美尔、古埃及和古印度。尽管如此，随着现代化水坝和调水工程规模增大、数量增多，它们的环境代价已经带来了效率、成本和河流生态系统的损失等严重问题。

世界上最大的227条河流中已经有一半以上修建了水坝或者被改道。世界上5万个大型水坝中，90%是在20世纪修建的，其中有一半在中国，而且中国还正在其他河流上继续规划和建造水坝。由于有控制洪水、储水和发电等方面的作用，修大坝似乎合情合理。但是，村庄搬迁的成本以及渔业、农业和水分蒸发等造成的损失也是巨大的。从经济上讲，世界上至少有1/3的大型水坝根本就不应该建设。

中国正在建设世界上最大的调水工程。它计划要调动的水量是本章开篇案例研究中提到的科罗拉多河水量的两倍以上。估计这个方案的启动成本为620亿美元，很可能会达到这个数量的两倍。但是如果没有足够多的水，在中国的首都北京生活的2 000多万人口可能会被迫搬迁。

由于米德湖正在变干，面临着类似景况的内华达州拉斯维加斯（这个湖泊为其提供了40%的水）已经开始了一项耗资35亿美元、修建长达525千米的管线工程，从该州东北部的含水层取水。当地的农场经营者害怕抽取地下水会毁坏农场、破坏天然植被并导致大规模的沙尘暴。他们指出，加州的欧文斯流域有类似的情况，1913年因洛杉矶攫取水源造成河水断流，并破坏了当地的牧场和经济发展。拉斯维加斯还提出，如果当地的供水不能满足，他们可能会要求密西西比河东部各州分享他们的部分水源。如果你生活在水分充沛的地方，你对分享你的资源做何感想?

拉斯维加斯还正在开挖耗资35亿美元的隧道，掘进米德湖底，是正常取水口深度的100米以下（图10.8）。即使如本章开头所警示的那样，这个湖的水位降到“死水位”水平,这个城市将仍旧能够从该湖取水。当然这样做就可能会导致湖泊不能重新注满水为下游的使用者提供水和电力。如果你住在下游，对这个结果你会有什么看法?

世界历史上最灾难性的调水工程之一是在咸海。咸海位于干旱的中亚，在哈萨克斯坦和乌兹别克斯坦边境上，是一个很浅的内海，由来自远方山区的河流补给。从20世纪50年代开始，苏联将这些河流改道去灌溉棉田和水稻田。渐渐地，咸海蒸发消失了，留下巨大的有毒的盐碱地（图10.9）。那些棉田和水稻田的经济价值很可能永远也比不上渔业、村庄和健康的损失。

图 10.8 为内华达州拉斯维加斯供电的胡佛水坝，在水坝后面的米德湖每年因蒸发损失13亿立方米的水。现在来水量的减少威胁到这个系统的生存能力。

近年来有些河流已经回归这个曾经浩瀚的海洋的北部小湾“小咸海”中。水位上涨了8米，当地的鱼类正在被重新引入。希望有一天能重新开始商业性捕鱼。南部面积更大的残留部分的命运更不确定。可能永远也没有足够的水将其重新注满，而且即便有的话，湖底残留的毒物也会让它不适于任何用途。

围绕着水坝工程经常会有公平问题

尽管水坝为遥远的城市提供了水电能源和水，但当地的居民却常常蒙受经济和文化方面的损失。在有些案例中，大坝建造方被指控用公共资金增加私人所持有的农田的价值，并且鼓励在干旱的土地上不适当的耕作和城市扩张。

在印度的纳默达（Narmada）河上，修建30个水坝的一系列计划已经激起了强烈的抗议。因为这个工程需要搬迁100万村民和部落人口，其中许多人参与了民间的反抗和群体性抗议活动，这些活动持续了20多年。在邻国尼泊尔，有人害怕地震会使大坝垮塌，导致灾难性的洪水泛滥。

一个叫作“国际河流组织”的环境与人权组织发布报告称，大坝工程已经迫使超过2 300万人搬离自己的家园和故土，他们中很多人至今仍承受着搬迁后的背井离乡之苦。这些被迫搬迁的人往往是人群中的少数族裔。现在，东南亚地区的8条河流上至少有144座大坝已计划动工或正在建造之中。其中包括澜沧江（湄公河上游）、怒江（萨尔温江上游）和金沙江（长江上游）。这些工程中有好几个位于或邻近三江源世界遗产所在地，威胁着世界上景色最奇伟瑰丽和生物多样性最丰富地区之一的生态和文化完整性。

对于在地震活跃带建设大型水坝会引发地震的担忧与日俱增。全世界有70多个案例显示大型水坝与地震活动的增加有关。

你会为水而战吗

很多环境科学家发出警告说，水资源短缺将会导

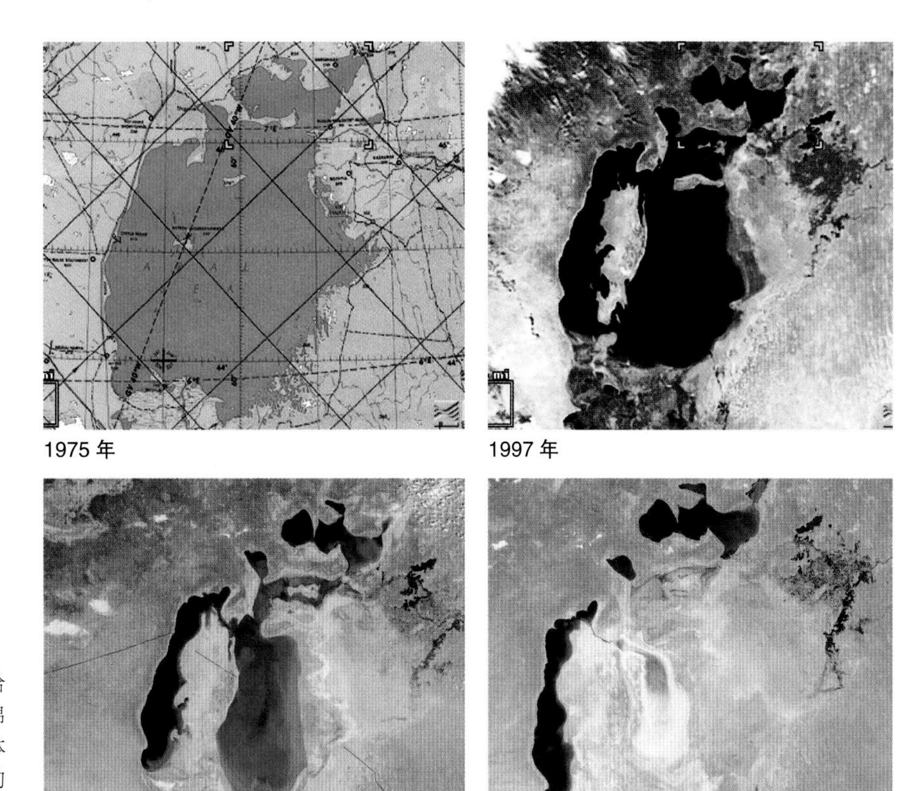

图 10.9 有 30 年的时间，补给咸海的河流被改道用于灌溉棉田和水稻田。该内陆海的主体部分已经失去了 90% 以上的水量。现在来自残留的盐碱滩的沙尘暴污染着该区域。

致国家之间的战争。《财富》杂志写道："水对于21世纪的意义就相当于石油对于20世纪的意义。" 现在所有人口中有1/3生活在用水紧张的地区，而随着人口的增长和气候变化，有些地区变得更加干燥，而另外一些地方会出现更多的狂风暴雨，这样情况会变得更加糟糕。现在我们已经看到因水源不足而导致的小规模冲突——即便不是全面的战争。

尽管一般不会严重到开战的程度，但是在过去的50年中还是至少有37次军事冲突是因水而起，水至少是其导火索之一。这些冲突中有30次是发生在以色列和它的邻国之间。印度、巴基斯坦和孟加拉国也曾经因水权问题而发生冲突，土耳其和伊拉克都威胁说，要派军队保护底格里斯河和幼发拉底河取水的通道。水甚至还可以被用作武器。萨达姆切断了流向伊拉克巨大沼泽地的水流，作为惩罚生活在沼泽地中的阿拉伯敌人的一种手段。沼泽地的干涸将14万人从他们的家园驱赶出来，破坏了他们独一无二的生活方式。

2000年玻利维亚公众对公共供水私有化的愤怒引发了一场推翻政府的革命。售水的生意已经成了一项每年4 000亿美元的大买卖。跨国公司正在着手控制很多国家的水系。谁拥有水以及他们能为此收多少钱，可能会变成21世纪的核心问题。投资者现在正在通过购买未来的水权豪赌稀缺的水资源。

将来淡水短缺问题可能因全球气候变化而变得更加严重。政府间气候变化专门委员会（IPCC）做出的关于2090—2099年与1980—1989年期间相比全球降水可能的变化的最好预测。白色区域是模型尚未得出结论的地方。在21世纪末之前哪些地区最有可能饱受水源短缺之苦？这些预测如何影响米德湖的案例研究？

10.5 水资源管理和节约用水

为了预防洪水灾害和为未来用水作储备，流域管理和节约用水经常是在经济上和环境上选择比修建大坝和水库更为合理的办法。**流域**（watershed）或称集水区是由同一条小溪或江河排水的全部土地。在一个流域保持植被和地被植物有助于滞留雨水并减少下游的洪水，这是长期以来一直被公认的。1993年密西西比河上游河谷的灾难性的洪水之后，有人建议，与其允许在泛滥平原上居住、进行商业或工业开发，不如将这些地区保留用以蓄水、补给含水层和作为野生动物栖息地及农业用地。不幸的是，这个建议在很多地方都被忽视了。在第11章有关于洪水灾害会进一步探讨。

合理的农业和林业措施能够减少径流。把农作物残茬保留在农田里能减少洪水，而把在陡坡耕作和砍伐森林降到最低限度可以保护集水区。第6章讨论了砍伐森林对天气和供水的影响。保留湿地能够保存天然的储水能力和含水层补给区。由沼泽和湿草地所补给的河流往往能奔流不息，水流清澈而稳定，不会爆发凶猛的洪水。

在支流上修建一串小水坝可以控制水量，避免形成大洪水。由这些水坝形成的池沼为野生动物提供有用的栖息地和储水设施。小水坝还能拦截土壤并使其重回农田。小型水坝用简单的设备和当地人工就可以修筑，不再需要修筑大规模建筑工程和大型水坝。

1998年美国林务局负责人唐贝克（Mike Dombeck）宣布他所在部门工作重点的重大转变。他说："水是国家的森林所提供的最宝贵但最没有受到珍惜的资源。在33个州有超过6 000万人从国有林地上获得饮用水。保护集水区在经济上的重要性远远超过伐木或采矿，并将会在森林规划中被赋予最优先的地位。"

每个人都可以为节水做贡献

不需要做出很大的牺牲或对生活方式作重大改变就有可能节约多达一半的家庭生活用水。简单的措施——如淋浴时间短一些，修好漏水的地方，用最节水的方式清洗汽车、碗碟和衣服，就大大有助于减少很多政府机构所预测的用水短缺。与其将来因缺水而被迫节省，现在就选择更节约的用水方式岂不是更好？

节水器具，如低水量的淋浴喷头和高效节水洗碗机，可以大幅度降低耗水量。如果你生活在比较干旱的地方，你可能会考虑自己到底是否真的需要那些要经常浇灌、施肥和照料的茂盛的绿草坪。种植当地植物在生态上更为合理，从美学角度讲也更为怡人（图10.10）。作为节水措施的一部分，拉斯维加斯正在出资让居民用天然绿色植物取代草皮，要求高尔夫球场舍弃球道，鼓励旅馆的喷泉使用再生水，水务警察沿街巡逻以便发现非法浇水或洗车的行为。

图 10.10 通过在自然环境中使用当地植物，凤凰城的居民节约了用水，并能更好地融入周围的景观。

卫生间是我们家里用水最多的地方（图10.11）。通常每次冲水时都会耗费好几升的水去处理几克的废物。美国平均每人每年使用约5万升达到饮用品质的水冲马桶。低冲水量的马桶能够显著降低这方面的耗水量。中水（从其他用途循环利用的水）可以用来冲马桶，但是装置单独的管道系统很昂贵。

加州每年使用超过5.55亿立方米的再生水——大多数用于灌溉。这相当于洛杉矶每年耗水量的2/3。

很多地区正在提高效率，减少用水量

水是一种有限的珍贵资源，这种认识日益增强，改变了政策并鼓励全美各地的人节约用水。尽管人口在增加，但与20年前的人均耗水量相比，美国现在每天节约大约1.44亿升水——相当于伊利湖水量的1/10。现在美国人口比1980年多了3 700万，我们用的水却减少了10%。在很多城市，对节水装置的新要求有助于

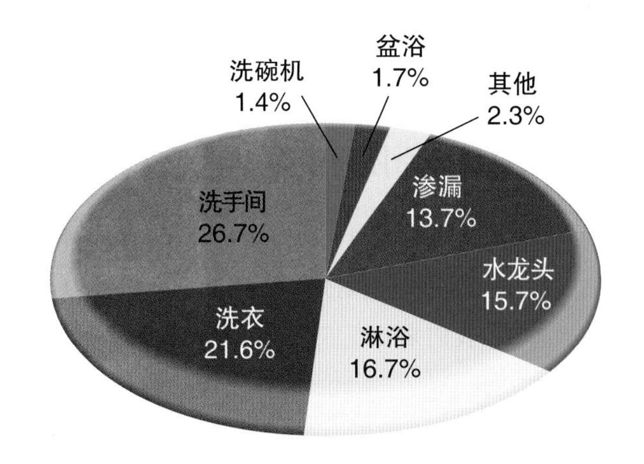

图 10.11 美国家庭典型的用水结构。
资料来源：数据来自美国水务工作协会，2010。

在家庭层面节约用水。农场采用更高效的灌溉方式也是用水量下降的重要原因。新喷灌系统有很多小喷头，在植物上方30多厘米，用水更为直接。更好的方式是滴灌，将水直接浇到植物的根部。加利福尼亚州和佛罗里达州的农民现在用这种技术浇灌面积为5 000平方千米的土地。

水价对用水有影响。讽刺的是，现在拉斯维加斯居民使用来自米德湖的水，价格仅为每立方米33美分，而该湖正面临供水危机。与之形成对照的是等量的水在水源充足的亚特兰大需要花3美元左右，哥本哈根需要7美元。你怎么看价格对激励节水的作用？

对公共水利工程的使用者收取比实际成本更高比例的费用可以使用水模式更为理性化，水营销政策允许未来的用户对用水权投标报价，也能起到这样的作用。有些国家已经采取了有效的水价和分配政策，鼓励对社会最有益的用途而不鼓励浪费水的用途。随着水市场的发展，重要的是确保环境、娱乐休闲和野生动物的价值不因高报价的工业和家庭生活用水而被牺牲。

有好几个缺水极其严重的国家和地区，如新加坡、澳大利亚和美国的部分地区正在使用再生水供饮用。澳大利亚前环境大臣特恩布尔（Malcolm Turnbull）说："听上去可能很恶心，但是我们现在得不到雨水了，我们别无选择。"

10.6 水污染

水质对生物有机体产生任何物理的、生物的或化学的负面影响，或使水发生不适于所需要用途的变化，都被认为是水污染。有天然的水污染源，如有毒的泉眼、石油渗漏和因土壤侵蚀导致的泥沙沉积，但是我们关注的主要是人为造成的影响水质和可利用性的改变。

污染包括点污染源和非点污染源

污染控制标准和法规通常会区分点污染源和非点污染源。工厂、发电厂、污水处理厂、地下煤矿和油井被归入**点污染源**（point sources），因为它们从特定的地点，如排水管、沟渠或者下水道排放口排放污染物（图10.12）。这些污染源是不连续的、可识别的，因此对其进行监控和控制也相对较容易。通常可以转变这些污染源废水排放的流向，并在它们进入环境之前对其进行处理。

与之相比，**非点污染源**（nonpoint sources）对水的污染是弥散的，没有排放进某个特定水体的特定位置。它们比点污染源更难以监控和管理，因为它们的来源难以识别。非点污染源包括从农田、牧场和高尔夫球场、草地和花园、建筑工地、伐木场、道路、街道和停车场产生的径流。点污染源可能终年都相当稳定并且是

图 10.12 下水道排水口、工业污水管、从废弃矿井排出的酸性废水以及其他点状污染源往往容易识别。现在，污染控制法律使得这种景象不像过去那么常见了。

你能做些什么？

节水和防止水污染

- 我们每个人用很多简单的做法就能节约大量的水并避免水污染。
- 不要每次使用厕所都冲水。淋浴时间短一些，用淋浴而不用盆浴。
- 不要在刷牙或洗碗时一直开着水龙头。在洗碗时放一盆水用于洗涤，另一盆水用于冲洗。不要在洗碗机未装满时就启动洗涤。
- 用节水器具：低流量的淋浴器、低水量的马桶和节水龙头。
- 修好漏水的龙头、浴盆和马桶。一个漏水的马桶每天能浪费将近200升的水。为了检查你的马桶是否漏水，用几滴深颜色的食品颜料滴入水箱，等15分钟。如果水箱漏水，马桶水槽中的水就会变色。
- 在你的马桶水箱中放一块砖或者一满瓶水，以减少每次冲水的用水量。
- 认真负责地处理用过的发动机油、家庭有害废物、电池和其他物件。不要把任何你不会去喝的东西倾倒进雨水管。
- 避免在简单的清洁和疏通管道工作中使用有毒有害的化学物质。一个皮搋子或管道工的蛇形工具通常就能疏通下水槽，和用腐蚀性的酸或碱液的效果一样好。热水和肥皂就能完成大多数的清洁任务。
- 如果你有一块草坪，尽量节约用水、化肥和杀虫剂，种植本地的、较少需要照管维护、需水量比较低的植物。
- 如果可能的话，用再生水（中水）浇灌草坪、家庭绿植和洗车。

可预测的，而非点污染源常常是高度突发性的。例如，干旱期过后的第一场暴雨可能从城市的街道上冲刷掉高浓度的汽油、铅、石油和橡胶残留物，而之后的径流就可能干净得多。

非点源污染的最终归宿，可能是气流中所携带的大气污染物沉降落到流域中，或者随雨、雪或干颗粒物直接进入地表水体。例如，在五大湖发现累积了工业化学品，如多氯联苯和二噁英，以及农用有毒物质，如杀虫剂毒杀芬，这不能只用当地来源去解释。这些化学物质的来源，有许多至少在数千千米之外。

生物污染包括病原体和废物

尽管水污染物的类型、来源和影响经常是互相联系的，但还是不难将它们划分为主要的类别供讨论（表10.3）。这里，我们来看看不同污染物的一些重要来源及其影响。

病原体 从人类健康的角度看，世界上最严重的水污染物是病原（致病的）生物（第8章）。最重要的水传播疾病有伤寒、霍乱、细菌性痢疾和阿米巴痢疾、肠炎、脊髓灰质炎、传染性肝炎和血吸虫病。疟疾、黄热病和丝虫病是由有水生幼虫的昆虫传播的。加在一起，每年至少有2 500万人的死亡是与水有关的疾病造成的。在较为贫穷的国家，5岁以下儿童的死亡有近2/3与这些疾病有关。

这些病原体的主要来源是未经处理或处理不当的人类废物。来自河道附近的饲养场或农田和没有足够废物处理设施的食品加工厂的动物废物也是致病生物的来源。

在发达国家，污水处理厂和其他污染控制技术已经减少或消除了内陆地表水中大部分最糟糕的病原体来源。而且饮用水普遍加氯消毒，因此水媒传染病在这些国家很罕见。联合国估计，发达国家90%的人有充足的（安全的）污水处理条件，95%的人有干净的饮用水。

欠发达国家情况则迥然不同，有数十亿人缺乏足够的卫生条件，并难以获得干净的饮用水。偏僻的农村地区情况特别糟糕，污水处理方式通常很原始，或根本不存在，而净化过的水要么根本没有，要么过于昂贵而不可得。世界卫生组织估计，欠发达国家所有疾病中有80%是由水传播的传染性媒介物和不合格的卫生状况造成的。

在水中检测出特定的病原体是很困难的，需要花时间，也很费钱，因此水质一般用**大肠杆菌**（coliform bacteria，指一般生活在人和其他动物结肠或肠道中的多种类型细菌中的任何一种）含量来表示。其中最常

表10.3 水污染物主要类别

类别	举例	来源
破坏生态系统		
1.耗氧废物	动物粪便、植物残留物	污水、农业径流、造纸厂、食品加工
2.植物营养物质	硝酸盐、磷酸盐和铵盐	农业和城市化肥、污水、粪便
3.沉积物	土壤、淤泥	土壤侵蚀
4.热变化	热	发电厂、工业冷却水
导致健康问题		
1.病原体	细菌、病毒、寄生虫	人类和动物排泄物
2.无机化学物质	盐、酸、烧碱、金属	工业排放、家庭清洁剂、地表径流
3.有机化学物质	杀虫剂、塑料、去污剂、石油、汽油	工业、家居、农场
4.放射性物质	铀、钍、铯、碘、氡	采矿和矿石加工、发电厂、武器生产、自然来源

见的是大肠埃希氏菌（*Escherichia coli, E. coli*）。其他细菌如志贺氏杆菌（shigella）、沙门氏菌（salmonella）或李斯特菌（Listeria）也可能导致严重的甚至是致命的疾病。如果在水样中出现了大肠杆菌，则可以推定还存在传染性病原体，环境保护局就认为饮用这些水是不安全的。

生物需氧量 水中溶解氧的含量是水质和水能够供养何种生物的良好指标。氧浓度在6ppm（百万分数）以上可以存活供垂钓的鱼类和其他有益的水生生物。氧含量低于2ppm，则水中主要生活蠕虫、细菌、真菌和其他食碎屑生物和分解者。来自空气的氧通过扩散进入水体，当水流湍急且搅动速度很快时尤其如此，氧气还可通过绿色植物、藻类和蓝藻细菌的光合作用产生。湍急的、快速流动的水不断被充入空气，因此常常很快就能从耗氧过程中恢复过来。氧是通过呼吸作用和耗氧的化学反应而从水中消耗掉的。氧气在水中是如此重要，因此通常通过测定**溶解氧**（dissolved oxygen，DO）水平来比较不同地方的水质。

在水中增加有机物质——如污水或纸浆——会促进分解者的活动和氧的消耗。因此，**生化需氧量**（biochemical oxygen demand，BOD）即水生微生物消耗溶解氧的数量就成为衡量水污染的另一个标准指标。作为替代性指标，**化学耗氧量**（COD）是衡量水中所有有机物的指标。

在一个点污染源——如市政污水处理厂排放口——的下游，通过测定DO含量，或者观察生活在连续河段的植物和动物的种类，就能监测到典型的水质下降和恢复的过程。氧在排污口下游的减少称为氧垂（oxygen sag，图10.13）。污染源上游的氧含量能养活常见的净水生物种群。紧邻污染源之下，含氧量因分解者代谢废物而开始下降。只有鲤鱼、鲶鱼和雀鳝等杂鱼能在这种贫氧环境中生存，它们在这里既能吃分解者也能吃废物本身。

再向下游，水中的氧已经耗尽，以至于只有最能耐污的微生物和无脊椎动物才能生存。最后，大多数营养物质被用光了，分解者种群变小，水重新充进氧气。正常的种群群落在下游几千米可能都不会存在，这取决于排放物的数量和流速以及纳污河流的水量和流速。

植物养分和人为富营养化 水的清澈度（透明度）受沉积物、化学物质和浮游生物丰富程度影响，透明度是水质和水污染的有用指标。有着清澈水质和低生物生产力的河流湖泊被称为**贫营养**（oligotrophic, oligo=贫+trophic=营养）。相比之下，**富营养**（eutrophic, eu=富+trophic=营养）的水富含生物体和有机物质。富营养化——营养物质含量和生物生产力的提高，往往伴随着湖泊生态环境的演替（第5章）。支流带来的沉积物和营养物质加快了植物的生长速度。随着时间的推移，池塘和湖泊经常会被填满，变成沼泽甚至陆地生物群落。富营养化的速度取决于水的化学成分和水深、流入的水量、周围流域的矿物质成分及湖泊本身的动植

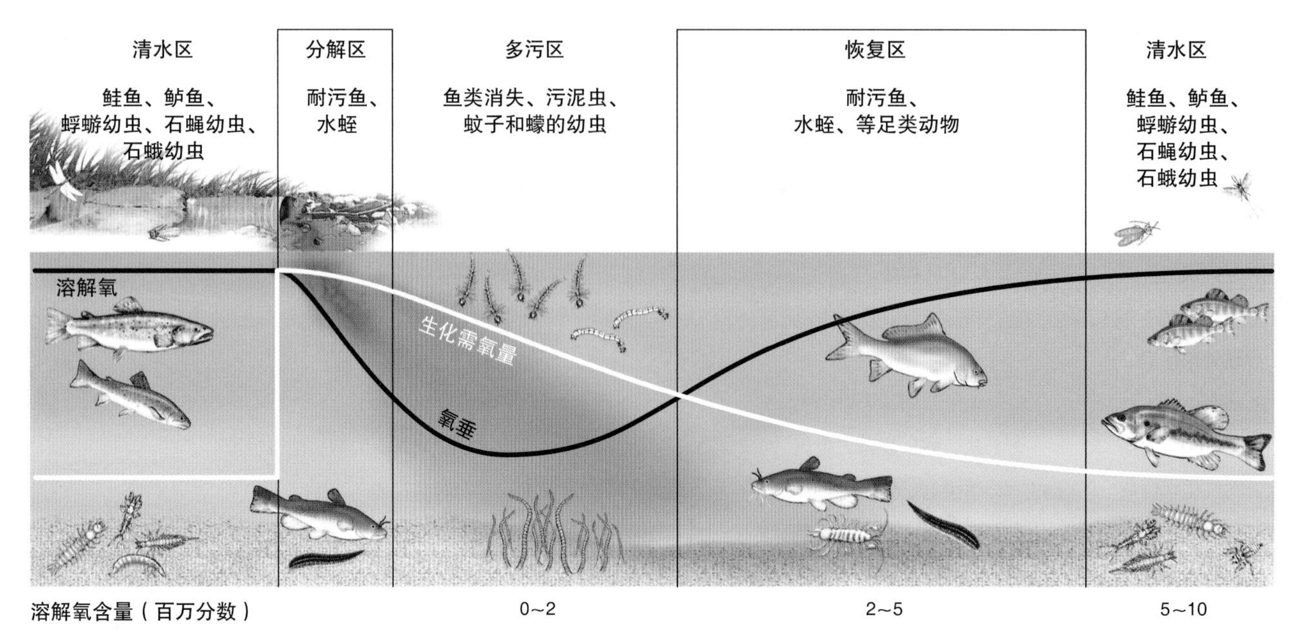

图 10.13 有机物来源下游的氧垂过程。需要很长时间和距离才能使河流和其中的生物恢复正常。

物组成。

人类活动能大大加速富营养化进程，被称作**人为富营养化**（cultural eutrophication）效应。人为富营养化主要是由于进入水体的营养物质增加所造成的。在水生生态系统中生产力的增加有时可能是有益的。鱼和其他对人有用的物种会生长得更快，提供了受欢迎的食物来源。但是，富营养化往往会造成藻类的“繁荣”或水生植物的过度茂密生长，这是由于磷和氮含量提高而引发的（图10.14）。随后因更多有机物质的供养，细菌数量也随之增多。水往往变得混沌污浊，产生难闻的气味和怪味道。人为富营养化比起天然过程来要大大加速水体的“老化”速度。正常条件下能存在几百到上千年的湖泊和水库可能在几十年间被填满。

富营养化也会出现在海洋生态系统中，特别是近岸水域和部分封闭的海湾或河口。部分被封闭的海域——如黑海、波罗的海和地中海，容易出现特别严重的情况。例如在旅游旺季，地中海沿岸的人口暴增到2亿。从大城市排放出来的污水有85%未经处理就排放到海里，导致海滩污染、鱼类死亡和贝类污染。河流将营养物质冲刷到河口和浅海水域，经常形成很宽的“死亡带”。一项对美国沿岸水质状况的联合研究发现，28%的河口水生生物受到伤害，所有沿岸海水中有80%的状况正在转差。

在缺氧地带，海洋生物的死亡不仅仅是由于氧气的匮乏，还由于有害生物体的含量过高，包括有毒藻类、病原真菌和寄生原生生物。在受到污染的近岸水域，过多的营养物质使得这些致命的水生微生物过度繁殖。赤潮（也有其他颜色的潮，取决于所涉及的物种）在

图 10. 14 富营养湖。来自农业和生活来源的营养物质刺激藻类和水生植物生长，使水质变劣，改变了物种的组成，降低了湖泊的娱乐休闲价值和审美价值。

营养物质和废物被沿河冲刷而下的地方已经变得越来越常见。

金属、盐和酸等无机污染物

一些有毒无机化学物质通过风化作用天然地从岩石中释放进水体（第11章）。人类通过开采、加工、使用和丢弃矿物，以数千倍于自然过程的速度加快了这些循环中的迁移速率。

最令人担忧的化学物质是重金属，如汞、铅、锡和镉。具有超级毒性的元素，如硒和砷也已经在某些水体中达到了危险的浓度。其他无机物，如各种酸、盐、硝酸盐和氯，在低浓度时是无毒的，可是浓度高到一定程度时就会恶化水质并对生物群落产生负面影响。

金属 很多金属，如汞、铅、镉和镍在微量浓度下就是高毒性的。因为金属是高度稳定的，它们在食物链中富集，并在人体内产生累积效应。

北美现在分布最广泛的有毒金属污染物是从焚烧炉和燃煤发电厂释放出来的汞。经过空气传播，汞降落到供水系统中，在这里它在食物网中进行生物浓缩，在顶级捕食者体内达到危险水平。作为一个普遍规则，美国人被警告每星期吃鱼不要超过一次。海洋顶级捕食者如鲨鱼、剑鱼、蓝鳍金枪鱼和青花鱼往往汞含量特别高。怀孕妇女和小孩应完全避免食用这些鱼。公共卫生官员估计，现在美国有60万名儿童体内的汞含量高到足以引发精神问题和发育问题，而美国有1/6妇女血液中的汞浓度能危及胎儿。

矿井排水和采矿废渣沥滤液是水体中严重的金属污染源。在田纳西州东部的一项水质调查发现，用作饮用水源的所有地表河流和湖泊中有43%、所有地下水有一半以上被来自矿区污水中的酸和金属污染。在有些地方，金属含量比被认为是安全的饮用水标准高200倍。

非金属盐 有些土壤中可溶性盐含量高，其中包括有毒的硒和砷。印度和孟加拉国有数千万人因地下水被砷污染而面临危险。沙漠土壤的灌溉和排水会活化有毒盐类并导致严重的污染问题，如在加利福尼亚州的克斯特孙湿地（Kesterson marsh），20世纪80年代有数千只候鸟因硒中毒死亡。

通常无毒的盐类，如氯化钠（食用盐），在低浓度时是无害的，但也可能因灌溉而活化，因蒸发而被浓缩，使浓度达到危害动植物的水平。近年来，科罗拉多河和周围农田的盐度已经变得很高，数万平方千米宝贵的农田不得不被废弃。在北部各州，冬天成百万吨的氯化钠和氯化钙被用来融化道路上的坚冰。道路上的这些盐被冲入地表水中，对一些水生生态系统产生毒害作用。

酸和碱 酸是工业加工过程释放的副产品，如皮革鞣制、金属冶炼和电镀、石油蒸馏和有机化学物质合成。煤矿开采也是危害较大的酸性水污染源。煤炭所含的硫化物与氧和水反应生成硫酸。在美国有数千千米的河流已经因酸性的尾矿污水排放而被酸化，有些酸化太严重以至于河流里已无生命迹象。

酸沉降（第9章）也在酸化地表水系。除了对活有机体造成直接损害以外，这些酸还能从土壤和岩石中淋滤出铝和其他元素，进一步使生态系统失衡。

杀虫剂和工业物质等有机化学

数千种不同的天然和人工合成有机化合物被用于化学工业，生产我们日常所用的杀虫剂、塑料、药品、颜料和其他产品。这些化合物中有很多是有剧毒的（第8章）。暴露在极低浓度下（如果是二噁英，即便是一千万亿分之一也可能）就会造成出生缺陷、基因紊乱和癌症。有些物质能够在环境中稳定存在，因为它们不能被降解，而且对摄食它们的生物是有毒的。

水中有毒有机污染物的两种主要来源是：①不恰当地处理工业和家庭废物；②来自农田、森林、路面、高尔夫球场和私家草坪的含杀虫剂的排水。EPA估计美国每年使用的杀虫剂有50万吨。其中大部分被冲进最近的河道中，从那里进入生态系统，并在非目标生物中累积到很高的浓度。DDT在水生态系统中的生物累积是人们最早了解到的此类路径中的一个（第8章）。我们已经发现二噁英和其他氯代烃类（含有氯原子的碳氢化合物分子）在鲑鱼、吃鱼的鸟类和人体脂肪中

研究海湾死亡地带

早在20世纪80年代，捕虾船的船员就注意到路易斯安那州海湾沿岸的某些地方，所有的海洋生物都不见了。因为这个地区盛产鱼虾和牡蛎，每年的渔业产值达2.5亿～4.5亿美元，因此这些“死亡地带”对当地的经济和海湾的生态系统来说很重要。1985年，科学家拉波尔莱斯（Nancy Rabelais）与路易斯安那大学海洋合作机构一起，开始绘制海湾水域低氧浓度地点分布图。1991年她发表的研究成果显示，就在海湾海底之上，大片水域的氧含量低于2ppm，这个含量低到足以灭绝除了低等蠕虫以外的所有动物。健康的水生态系统溶解氧含量通常要达到10ppm。是什么原因导致了这种贫氧（缺氧）区域的形成？

拉波尔莱斯和她的团队追踪这种现象多年，搞清楚了死亡地带正在随着时间推移而扩大，虾产量少得可怜的年份与这片水域扩大的年份相一致，而死亡带面积范围在5 000～20 000平方千米（约相当于新泽西州的面积）之间，其大小取决于降雨和从密西西比河来的径流的速度。来自密西西比河上游远方的农场和城市过多的营养物质（主要是氮）被怀疑是罪魁祸首。

拉波尔莱斯和她的团队如何知道营养物质是问题的所在？他们注意到，每年在密西西比河流域上游的农业区较大规模的春雨过后7～10天，海湾中的氧浓度会从5ppm降低到2ppm以下。已知的是这些雨水会从农场的田地里冲走土壤、有机物碎屑和去年喷洒的富含氮的肥料。科学家们也知道咸水生态系统里正常情况下没有多少可用的氮，而氮是藻类和植物生长的关键性养分。农业径流的冲击过后就会有藻类和浮游植物（小的浮游植物）爆发性生长。这样一种生物活动的爆发式增长产生了过量的死植物细胞和排泄物，它们漂落到海底，虾、蛤、牡蛎和其他滤食性动物通常就以这些残渣碎屑为食，但是它们跟不上这些物质突然泛滥的速度。相反，在沉积物中的分解细菌分解这些残渣碎屑，同时也消耗了大部分可用的溶解氧。腐败的沉积物还会产生硫化氢，进一步毒化海底附近的水体。

在充分混合的水体——例如开放的海域中，从上层来的氧频繁地被混合进深水层。但是，温暖的、受保护的水体往往是分层的，因为充足的阳光能让上层水体比底层水更温暖、密度更低。除非有强烈的洋流或风的搅动，否则较高密度的底层水体不会与上层水混合。

很多封闭的海岸水域，包括切萨皮克湾、长岛湾、地中海和黑海，很容易分层并饱受缺氧之害，破坏了底层和近底层的生物群落。全世界有约200个死亡带，自20世纪70年代首次观察到死亡带以来，每十年数量就会翻倍。墨西哥湾的规模排在第二位，仅次于波罗的海10万平方千米的死亡带。

死亡地带能恢复正常吗？答案是肯定的。水是一种宽容的介质，而且有机体耗用氮的速度很快。1996年在黑海地区，行将崩溃的共产主义经济体的农民出于经济上的需要，把氮肥使用量砍掉一半，结果黑海的死亡地带消失了，而农民们发现他们的庄稼产量并没有下降。在密西西比河流域，农民们买得起足够多的化肥，而且害怕自己承担不起施肥不足的风险。由于农业州和海湾之间的地理距离非常遥远，因此中西部各州对导致死亡地带的利害问题的认识一直是滞后的。与此同时，出产牛肉和猪肉的高密度饲养场数量正在迅速增加，饲养场排放的径流在河流中添加营养物质的增长速度最快，所受到的控制又最少。

2001年美国联邦、州和部落的政府炮制了一份协议，旨在将氮输入量削减30%并将死亡地带的面积减少到5 000平方千米。这个协议反映出科学研究的速度惊人，而对科研成果的政治响应也很快，但是看上去还很不够。计算机模型显示，需要削减40%～45%的氮才能达到面积缩减至5 000平方千米的目标。

自20世纪50年代以来，人类活动已经将到达美国海岸水域的氮的流入量增加了4～8倍。另一种关键性营养物质磷增加到原来的3倍。很明显水污染能将遥远的地方和人们，如中西部农民和路易斯安那州的捕虾人联系到一起。

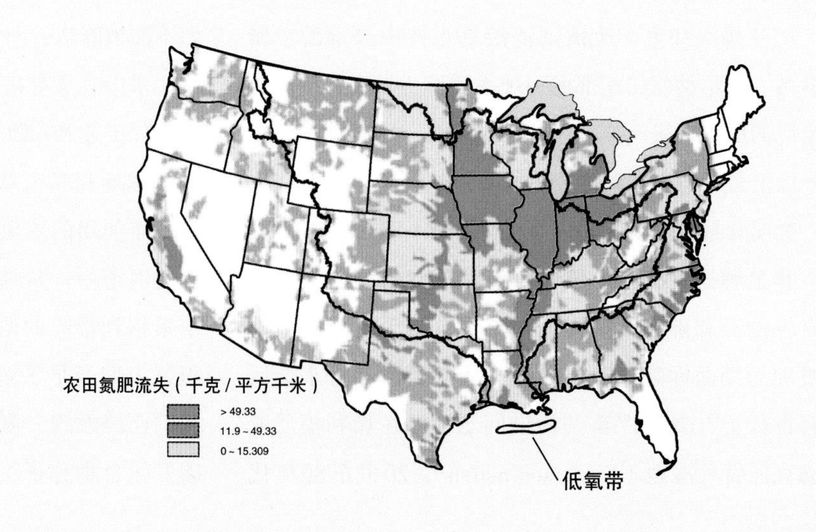

积累到了危险水平，能够导致类似于有毒金属化合物所导致的健康问题。

在美国，数亿吨有害有机废物存放在垃圾堆、填埋场、潟湖和地下储存池里（第13章）。很多——可能是大部分地点已经渗漏出有毒化合物，进入地表水和/或地下水之中。EPA估计约有2.6万个有危险的废物存放点需要清理，因为这些地方构成了对公众健康迫在眉睫的威胁，这种威胁主要是通过水污染的方式而存在。

瓶装水更安全吗

饮用瓶装水已经成为时尚。每年美国人购买的瓶装水有280亿瓶，花费150亿美元，这是因为有个错误的观念，认为瓶装水比自来水更安全。全世界每年消费约1 600亿升瓶装水。公共健康专家说市政供水通常比瓶装水更安全，因为大多数大城市每小时都会检测供水水质中多达25种不同的化学物质和病原体，而对瓶装水的要求则要宽松得多。美国约1/4的瓶装水就是经简单再加工的市政供水，其余的大多数也是从地下含水层抽取的，可能安全也可能不安全。

虽然瓶装水所用的塑料瓶很容易回收，但是美国人购买的这些塑料瓶有80%最终都被填埋在垃圾场（回收率甚至低于大多数国家）。水问题专家格莱克（Peter Gleick）说，总体上，制造塑料瓶、灌装、运送至市场，然后进行垃圾处理，其平均能耗“就像给每个塑料瓶灌注1/4瓶石油”。而且，制造塑料瓶还需要相当于其容量3至5倍的水。在口味测试中，大部分成年人要么不能分辨市政自来水和瓶装水的差别，要么实际上更喜欢自来水。此外，储存在塑料瓶中几星期或几个月的水还可能溶出增塑剂或其他有毒化学物质。

在大多数情况下，瓶装水既花钱又浪费，而且往往不比大部分市政自来水更安全。饮用自来水吧，这有助于保护你们的环境、减少开支，而且可能更有利于健康。

泥沙和热污染也会降低水质

泥沙是水系中天然存在而且是必要的部分。泥沙让冲积平原变得肥沃并形成高产的三角洲。但是人类活动，主要是农耕和城镇化，大大加速了土壤侵蚀的速度，增加了河流的输沙量。粉砂和沉积物被视为美国最大的水污染源，是环保局进行水质调查时40%的受损河流里程的原因。农田侵蚀每年向全世界地表水体输送大约250亿吨土壤、沉积物和悬浮固体。森林扰动、道路建设、城市建筑工地和其他来源又增加至少500亿吨。

这些泥沙壅塞湖泊和水库、阻塞通航河道、堵塞水力发电机，并大大增加饮用水净化的成本。沉积物完全覆盖了砾石层，而那里是昆虫藏匿和鱼类产卵的地方。阳光被阻断，使植物不能进行光合作用，含氧量降低。乌黑浑浊的河水失去了游泳、划船、垂钓和其他娱乐用途的吸引力（图10.15）。

热污染（thermal pollution）通常来自发电厂或其他工厂冷却系统的排水，这会改变水温。水温高于或低于正常水平都会影响水质和水生生物。水温通常比气温稳定得多，因此水生生物一般不甚适应温度的急剧变化。热带海洋温度即使降低1℃，对一些珊瑚和其他礁石物种都可能是致命的。水温升高对某些敏感生物也可能有相似的毁灭性效应。氧气的溶解度随水温升高而降低，因此需氧量高的物种就会受到温水的有害影响。

人类改变植被和径流模式也会形成热污染。减少

图10.15 泥沙和其他工业废物从这条排水渠流入伊利湖。

流量、清除河边树木和增加沉积物都能使水温升高，使湖泊与河流的生态系统发生变化。

发电厂流出的温水羽状流往往吸引鱼类和鸟类在那里觅食、将其作为庇护所，寒冷天气时尤其如此。濒危哺乳动物佛罗里达海牛就受到发电厂热羽状流中丰富的食物和温水的吸引。这些海牛常常被引诱到正常越冬地北面很远的地方越冬。有好几次，隆冬季节发电厂故障使十几头或更多海牛猝不及防地暴露于致命的热冲击之中。

10.7 水质现状

地表水污染往往非常明显，而且是对环境质量最常见的威胁。在发达国家里，过去几十年来，减少水污染曾经是高度优先项目。控制工程花费了几十亿美元，取得了可观的进展。尽管如此，要做的事情还很多。

《清洁水法》（1972）保护水质

美国与加拿大和大多数发达国家一样，40年来在保护与恢复河湖水质方面取得了令人鼓舞的进步。1848年只有1/3美国人享有城市污水系统服务，而且那些系统大部分对污水未做任何处理或只有一级处理（去除污水中较大的结块）就直接排放。大部分人依靠污水坑和化粪池系统处理家庭污水。

取得的进展 1972年《清洁水法》建立了国家污染物排放消除制度（National Pollution Discharge Elimination System, NPDES），规定任何把污水排放到地表水体的产业、市政或其他实体都需要一张许可证，这个许可证可以被轻易撤销。该许可证必须报告排放什么物质，并向监管部门提供有价值的数据和证据供诉讼之用。结果，现在我们的水污染只有10%来自产业和市政的点污染源。最大的改善之一是在污水处理方面。

自从《清洁水法》（1972）通过以来，美国在公共基金方面花费了1 800亿美元以上，而且在水污染控制方面的私人投资可能是此数的10倍。大部分努力的目标是点源污染，尤其是新建或升级了数千座城市污水处理厂。结果，城市地区几乎每个人都享有城市污水系统的服务，除非在大暴风雨溢流的情况下，没有一个大城市将未经处理的污水排入河流和湖泊中。

这场战役导致许多地方地表水质显著改善。鱼类和水生昆虫回到从前缺氧的水体中。过去被卫生官员关闭的河流、湖泊和海滩重新可以游泳和进行其他亲水运动。

虽然《清洁水法》让美国所有地表水都“可以垂钓可以游泳”的目标尚未完全达到，但是环保局目前的报告称，全部河流监测里程的91%和全部经评估湖泊面积的88%适合于其指定的用途。这听起来好像很不错，但是你必须记住，并非所有水体都受到监测。而且，有些河流和湖泊指定的目标仅仅是“可通航”。水质不一定好到可以划船。即便是在可垂钓的河湖里，除了鲤鱼等杂鱼以外，不能保证你能钓到任何其他鱼类，也不能保证食用你所捕获的鱼是安全的。即使投资了数十亿美元于污水处理厂用以消灭大部分工业排放物和其他明显的污染物来源，使水质大体上得到了改善，但是环保局报告称，有2.1万个水体依然不符合其指定的用途（图10.16）。根据环保局的资料，绝大多数的美国人（约有2.18亿）住在距受损水体16千米的范围内。

1998年环保局制定了新的水质保证监管模式。不是发布逐条河流的水质标准或规定每个工厂的允许排放量，而是把重点转移到流域水平的监测和保护。目前约在4 000个流域进行水质监测。这些计划的意图是让公众得到关于他们所在流域健康水平的更多更好的信息。此外，各州在界定受损水体和设立优先次序时有更大的灵活性，而且可以利用新的工具达到目的。要求各州确定不符合水质目标的水体，并为每种污染物制订**每日最大总负荷**（total maximum daily loads，TMDL）。TMDL就是一个水体能够接纳点源和非点源某种污染物的数量，并将季节变化考虑在内，同时预留了安全余地。

目前美国56个一级行政区已经提交了TMDL列表，并且大部分已获环保署核准。在560万千米受监测的河流中，只有48万千米不符合清洁水目标。同样地，40

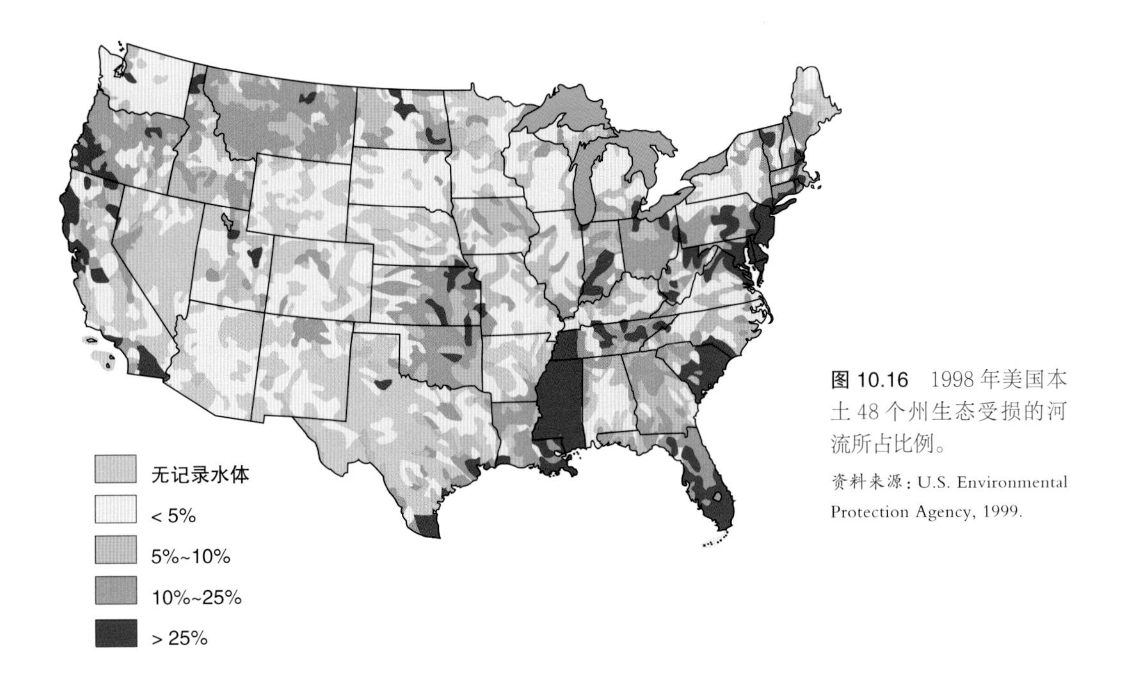

图 10.16 1998年美国本土48个州生态受损的河流所占比例。

资料来源：U.S. Environmental Protection Agency, 1999.

万平方千米湖泊中，只有12.5%未达标。为了给各州规划提供更大的灵活性，环保局提出了一些新规则，包括为可预见的污染负荷的合理增加留有余地，以鼓励“漂亮增长”。将来TMDL还将纳入所有非点源污染负荷（包括空气沉降物和天然背景水平）的分配。

伊利湖是水质改善令人鼓舞的例子。尽管20世纪60年代伊利湖被普遍认为是一个“死湖”，但是今天已被誉为“世界白眼鱼之都”。1962年以来细菌计数和藻华已减少90%以上，曾经是暗棕色的湖水现已变清。水质改善的部分原因是数量巨大的外来物种斑马贻贝非常高效地过滤湖水。在96%的湖滨游泳已被官方宣布为安全。近4万对双冠鸬鹚在大湖区筑巢，而20世纪70年代只有约100对。

加拿大1970年的水法产生了相似的结果。现在住在人口超过1 000的城镇的加拿大人中70%有了某种类型的城市污水处理服务。在安大略省，此类系统大多包括三级处理。经过10年的控制，安大略湖东北角的昆特湾（Bay of Quinte）磷的水平下降近半，一度使水体变绿的水华发生频率较低，强度也比过去弱。安大略省西部的瓦比贡–英吉利水系（Wabigoon-English River system）消除了纸浆厂和造纸厂汞的排放，使汞污染急剧下降。20年前这里的汞污染导致当地居民发育迟缓。但是在其他地方，水电工程带来的大范围淹水把鱼体汞浓度上升到了危险的程度。

现存问题 加拿大和美国水质未能达到国家标准的最大障碍是泥沙、养分和病原体，尤其是来自非点源污染物的排放（图10.17）。非点源污染比具体点源污染更难确定，也更难减少和更难处理。美国大约3/4的水污染来自水土流失、空气污染物沉降和城市地区、农田和养殖场的地表径流。美国每年撒播到农田中的4 680万吨化肥中多达25%被径流带走。

养牛场每年产生大约1.29亿吨粪肥，从这些地点流出的污水饱含各种病毒、细菌、养分、磷和其他污染物。一头牛每天产生大约30千克排泄物。一些养牛场拥有10万头牛，却没有法律法规规定它们必须拦蓄或处理其流出物。设想一下你的饮用水就是从这样的设施下游抽取的。宠物也会造成问题。据估计纽约50万头犬的排泄物主要通过雨水管道流走而未经污水处理。

1972年以来地表水中来自点源的氮和磷的负荷已有所减少，但是来自非点源的却增加了约4倍。化石燃料燃烧成为进入水体的氮、硫、砷、镉、汞和其他有毒污染物的主要来源。这些燃烧产物被大气输送到遥远地区，如今世界上几乎到处都能发现这些有毒污染物。气流还把DDT、PCB和二噁英等有毒有机物迁移到很远的地方。

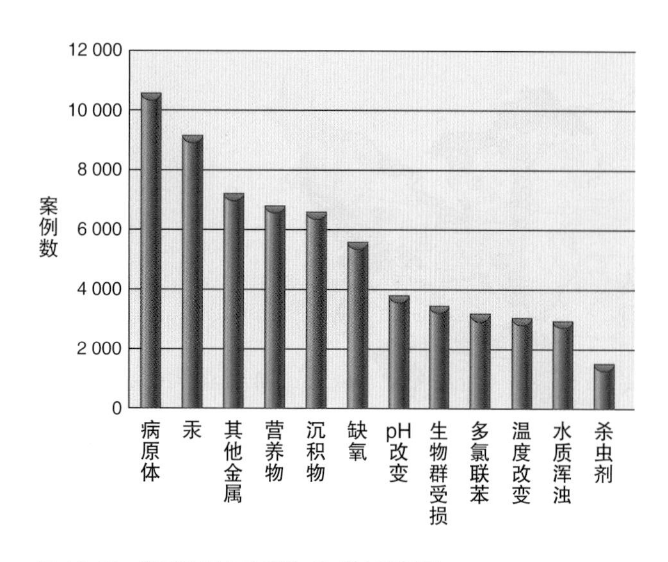

图 10.17 美国地表水受损的 12 项主要原因。
* 未能确定的原因
资料来源：Data EPA, 2009.

发展中国家往往存在严重的水污染

近年来日本、澳大利亚和大部分西欧国家改善了地表水的质量。欧洲较富裕国家的污水处理一般可以和美国比肩或做得更好。例如，瑞典98%的人口至少享有二级污水处理服务（相比之下美国只有70%），其余2%为一级处理。较穷的国家花在公共卫生方面的钱要少得多。西班牙甚至只有18%的人口享有初级污水处理的服务。爱尔兰享有初级污水处理服务的人口只有11%，而希腊还不到1%。大部分污水，无论是生活污水还是工业污水，一律直接排入海洋（图10.18）。

1989年，苏联及中东欧国家的环境状况令人震惊。一些国家如捷克、匈牙利、民主德国和波兰在清理环境问题方面，投入了大量资金并取得了令人鼓舞的进展。例如，在俄罗斯，只有一半自来水适合饮用。在圣彼得堡市，即使煮沸和过滤也不能确保城市自来水的安全。

不过，在污染控制方面也呈现出了进步。1997年，长期成为汞中毒代名词的日本水俣湾，官方宣布已恢复清洁。另一些重要成就是在欧洲，通过国际合作，莱茵河已在很大程度上得到清理。这条大河源自瑞士崎岖的阿尔卑斯山，蜿蜒1 320千米流经五国，最后通过荷兰三角洲注入北海，长期以来曾是欧洲心脏地区的商业动脉。5 000多万人住在该流域，将近2 000万人从莱茵河及其支流取得饮用水。到了20世纪70年代，莱茵河污染变得非常严重，以至于几十个鱼种都消失了，当局劝阻人们不要在大部分河段里游泳。

尽管清理这条历史上与经济上都具有重要性水道的努力始自20世纪50年代，但是直到1986年瑞士巴塞尔附近一座化学仓库发生灾难性火灾才提供了重大转折的动力。通过一系列旷日持久而且有时是痛苦的国际会议和谈判妥协，人们改变了土地利用实践、废物处置、城市径流和工业垃圾倾倒的做法，水质得到明显改善。很长的河段中含氧量比1970年提高了5倍（从低于2毫克/升增加到近10毫克/升，即90%的饱和度）。同期的化学需氧量下降了5倍。许多鱼种和水生无脊椎动物重

图 10.18 很多河流污染严重，以致难以利用。虽然近年来政府花费数十亿人民币用来治理，但被丢弃的工业和生活垃圾的数量仍然居高不下。

新回到河中。1992年，莱茵河里十年来首次捕获到成年的鲑鱼。

南美洲、非洲和亚洲欠发达国家的水质比穷的欧洲国家更差。污水处理通常不是完全缺乏就是严重不足。有些城市地区，95%的污水未经处理就排放到河流、湖泊或海洋里。迅速增长的人口、快速城镇化，加上发达国家更严格的污染法，把许多重工业（特别是最肮脏的那些）转移到管理较松的欠发达国家。这些国家的技术水平不高又缺乏污染控制的资金，情况变得更糟。

可怕的环境状况往往是这些因素综合造成的（图10.19）。印度2/3地表水的污染严重程度足以危害人的健康。新德里的亚穆纳河在进入城市之前，大肠杆菌含量为每百毫升7 500个（是美国游泳安全标准的37倍）。河水离开城市之后大肠杆菌计数增加到难以置信的每百毫升2 400万个！同时，河水每天受纳来自新德里的大约2 000万升工业排放物。当地发病率高、预期寿命低就不足为奇了。印度只有1%的城镇拥有污水处理厂，只有8座城市拥有初级以上的处理设备。

在马来西亚，据报道，50条大河中42条存在“生态灾难”。来自棕榈油厂和橡胶厂的残留物，加上砍伐热带雨林导致的严重土壤侵蚀，完全摧毁了大部分河流中较高级的生物。在菲律宾，生活污水占马尼拉帕西格河（Pasig River）水总量的60%～70%。数以千计的人不仅在河水里洗浴和洗衣服，还将河水作为饮用和炊事的水源。

图 10.19 贫民区充斥各种各样的垃圾和废物。这些状况带来严重的健康风险。

地下水的净化尤其困难

美国大约有一半人，包括95%住在郊区的人，依靠地下含水层取得饮用水。在许多地区，这种生死攸关的资源受到过度使用和各种工业、农业和家庭污染物的威胁。几十年来，人们广泛认为地下水不会受污染，因为土壤能固定污染物，当水分入渗时能将其净化。人们曾经认为泉水或自流井水是水质纯度的最终标准，但是许多地区的情况已不再是这样。

全美国地下水严重的污染源之一是甲基叔丁基醚（MTBE），这是一种添加到汽油中以减少城市空气中一氧化碳和臭氧的可疑致癌物。全美国的地下含水层均受到污染——主要来自地下储油罐和加油站的渗漏。根据美国地质调查所的一项研究，所检测的城市浅井中有27%含有MTBE。现在正在逐步淘汰这种添加剂，但是已遭污染水的羽流仍将在未来几十年内继续通过含水层。谁应为这种污染负责是一个备受争议的问题。

环保署估计，美国每天有大约45亿升受污染的水渗入地下，这些污水来自化粪池、渗井、市政与工业垃圾填埋场和废物处置地点、地面储水池、农田、森林和水井（图10.20）。这些地点中最有毒的可能是废物处置场。农用化学品和废弃物是污染物总量和受影响面积背后最大的原因。由于深部地下含水层的居停时间长达数千年，许多污染物一旦进入地下水就极其稳定。把水从含水层抽出净化后再灌回去是有可能实现的，但是代价很高昂。

在农业地区，尤其是中西部玉米带，化肥与农药通常会污染含水层和井水。例如，广泛用于玉米和大豆等农作物的莠去津和甲草胺等除草剂，出现在艾奥瓦州半数的水井中。乡村饮用水中来自化肥的硝酸盐往往超过安全标准。这些高浓度硝酸盐对新生儿是危险的（硝酸盐与血液中的血红素结合导致“蓝婴”综合征）。

流行病学家估计，大约有150万美国人受到因粪便

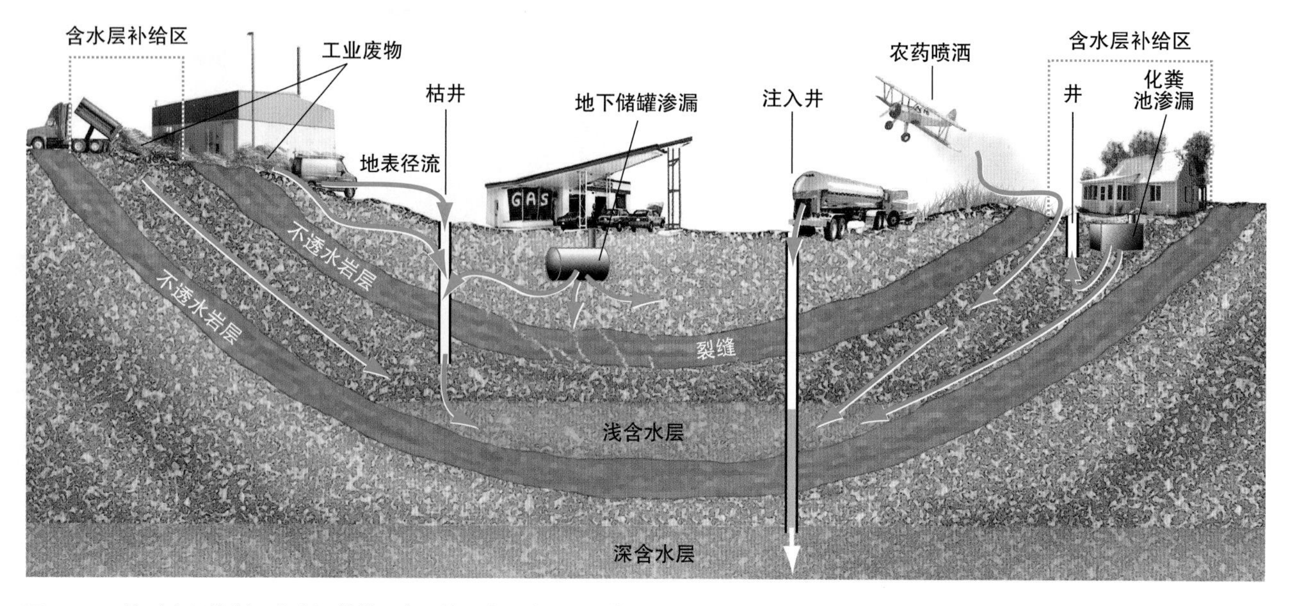

图 10.20　地下水污染源。含水层补给区上面的污水系统、垃圾填埋场和工业活动把污染物沥滤入含水层。水井为污染物进入含水层提供直接的途径。

污染引起的感染而得病。例如，1993年，一种名叫隐孢子虫的病原体进入了密尔沃基公用自来水系统，使40万人患病，至少100人死亡。针对这些疾病每年耗费10亿美元。采取预防措施，例如保护水源和含水层补给区、更新水处理设备和供水管网系统，损失会少得多。

海洋污染控制少之又少

虽然我们并不直接使用海水，但是海洋污染很严重，而且是蔓延最迅速的水污染问题之一。沿岸的海湾、河口湾、沙洲和礁石往往深受污染之害。死水区域和有毒的藻华分布越来越广。有毒化学品、重金属、石油、泥沙和塑料垃圾影响着一些最具吸引力和最富饶的海区。污染造成的潜在损失每年高达数十亿美元。就生活质量而言，其代价无法计算。

丢弃的塑料废物和失事船只残骸变成人类对海洋冲击无处不在的标志。即使在最遥远海岛最偏远的海滩上，也很可能出现垃圾堆。据估计，每年有600万吨塑料瓶、包装材料和其他垃圾从船上抛到海洋上，使海鸟、哺乳类乃至鱼类陷入罗网而窒息（图10.21）。

最近研究人员发现太平洋有一片长长的海区充满了塑料垃圾。被称为“太平洋垃圾大补丁”的这个缓缓旋转的涡流充满了两个“幅合区”，其中汇聚了来自全球的垃圾。一个涡流出现在夏威夷与加利福尼亚之间，另一个靠近日本。两者面积都超过得克萨斯州。洋流把各种垃圾都扫入被称为世界最大垃圾场的这两个巨型涡旋中。这些垃圾大部分由小碎片组成，悬浮在水面上或紧靠水面之下。最小的颗粒可能比大碎片对生物更加危险。浮游生物和小鱼连同附在其表面的污染物一起咽下这些塑料碎屑，然后将其导入海洋食物链。有关本问题进一步的讨论请见第13章。

石油污染影响世界各地的海滩和公海。据海洋学家估计，每年有300万至600万吨石油通过油轮、燃料泄漏、有意排放燃油和沿岸产业企业排放到海洋中。其中大约一半是海运造成的。这部分石油的泄漏，大部分不是由引人注目的事故（例如1989年阿拉斯加埃克森·瓦尔迪森号或2010年英国石油公司在墨西哥湾的溢油）造成的，日复一日的开放式舱底泵水和油舱清洗才是首要污染源。这些活动是非法的，但非常常见。

许多报告使有毒废物和放射性垃圾非法倾倒到海洋中的情况浮出水面。近年来有几十艘轮船在可疑的情况下沉没。尽管犯罪团伙中的线人声称这些船是有意凿沉以倾倒有毒物料，但是迄今无人能够证实，也

(a)

(b)

图 10.21 致命项链。海洋生物学家估计，被丢弃的渔网、饮料的塑料架和其他包装残片每年杀死数以千计的海鸟、哺乳类和鱼类（a）。石油污染是同样严重的问题（b）。这只海龟是在英国石油公司深水地平线溢油事件中捕获的。

就无法遏制这些违法的货船。不过，问题很清楚，从这种犯罪活动中所得的利益是巨大的。要恰当地处置一只装载有毒废料或核废料的桶就要数千美元。不法分子可以购买或租赁一艘旧船，满载有害物料，将其沉入海底，就能赚到几百万美元。

幸而，关于海洋污染的意识正在增长。虽然清理溢油的技术和相应的团队也在改进，但是大部分石油最终还要让自然界的细菌去分解。控制塑料废弃物的努力也在加大。相关部门正在起诉将有毒废物运送到穷国的罪犯。志愿者的努力也有助于减少当地海滩的污染：得克萨斯州的志愿者在一天之内从墨西哥湾海滩捡拾了300多吨塑料垃圾。

10.8 污染控制

减少污染最便宜最有效的方法是在第一地点避免其产生或排放。从汽油中消除铅使美国地表水中铅含量急剧降低。研究表明，许多地区道路除冰用盐量减少90%也不会影响冬季公路交通安全。小心对待石油和石油产品能够大大减少这些物质造成的水污染。尽管持久性氯代烃仍然广泛存在于环境中，但是20世纪70年代禁用DDT和多氯联苯已使野生动物体内这些毒物明显减少。

工业企业可以通过回收利用或物料再生减少污染，否则那些物料就可能抛弃到废物流中。这些做法常常既有经济利益也有环境效益。企业可以提取贵重的金属和化学品然后将其出售，而不是将其作为有毒污染物排放到水系中。随着这些机会意识的增强，市场和回收技术也在改进。此外，土地利用的改进也是减少污染的重要组成部分。

非点源污染往往比点源污染更难以控制

长期以来，农民为水污染提供了很大的份额，包括来自农田的泥沙、化肥和农药。农田水土保持的实践（第7章）旨在把土壤和污染物留在需要这些物料的农田内。精确使用化肥、灌溉水和农药，既省钱又减少了水污染。保护有助于滞留泥沙与污染物的湿地，也有助于保护地表水和地下水。

城市地区减少进入排洪下水道的废物至关重要。现在城市居民比较容易回收废油和适当处置油漆和其他家用化学品，而过去曾经将其倾倒到排洪下水道或垃圾中。城里人也可以减少化肥与杀虫剂的使用。经常清扫街道会大大降低河流湖泊的营养物（来自落叶与杂物的分解）负荷。

美国最大河口湾切萨皮克湾见证了处理这些污染

源难度大得惊人的挑战。过去传说中这里有丰富的牡蛎、螃蟹、美洲鲱鱼、条纹鲈鱼和其他有价值的渔业资源，到了20世纪70年代已严重衰退。市民团体、地方社区、州立法机关和联邦政府一起，以保护与恢复这个美国第一河口湾为目标，建立了一项污染控制的创新计划。

这项计划的主要目标包括通过该海湾6个州的土地利用条例控制农业与城市径流。禁止使用含磷洗涤剂这样的污染防治措施，和升级改造废水处理厂并使排放与填埋许可证日臻完善同样重要。正在进行重植数十平方千米海草和恢复湿地过滤污染物功能的努力。

20世纪80年代以后，切萨皮克湾磷的年排放量已减少40%。但是氮的水平仍无降低，一些支流中甚至有所增高。虽然有所进展，但是达到减少氮和磷的水平40%并恢复有活力的鱼类与贝类种群的目标仍需几十年。

我们如何处理城市废物

在自然情况下，土壤与水中不断进行着水质自净作用。细菌摄入和转化营养物质并分解油类。沙和泥土将水过滤，植物根和真菌利用水中的营养物质，同时捕获金属和其他成分。水受冷和移动时，空气中的氧气与水混合，消除了有害生物得以生长的停滞状态。

然而，高密度城市人口产生的废弃物远超过自然系统的处理能力。我们已经看到，人畜粪便往往造成与健康有关最严重的水污染问题。超过500种造成疾病（致病）的细菌、病毒和寄生生物能够从人畜粪便中借助水来传播。

大部分发达国家要求城镇修建污水处理系统净化人粪尿与家庭废水。大多数农户使用排污系统，使固体废物沉在池底，让细菌将其分解。人口密度不很高的地方，这种方法对废物处理颇为有效。然而，随着城市扩张，人口增加，地下水污染成为越来越严重的问题。

市政污水处理有三种质量水平

100多年来，卫生工程师开发了有效的城市污水处理系统来保卫人的健康、保护生态系统的稳定性和水质（图10.22）。这是污染控制的重要部分，也是每个市政府的主要责任。

一级处理（primary treatment）是用筛网和沉淀池等物理方法分离大块固体。沉淀池使沙砾和一些溶解（悬浮）的有机物沉降成为污泥。沉淀池顶部排出的水仍然含有高达75%的有机物，包括许多病原体。这些病原体和有机物被**二级处理**（secondary treatment）去除，其中好气性细菌破坏溶解的有机化合物。二级处理中常常用喷雾器或在曝气池将流出物曝气，方法是将空气加压泵过富含微生物的污泥。液体储存在污水池中，让阳光、藻类和空气更便宜也更缓慢地处理污水。经二级处理的污水排入附近水道之前，通常用氯气、紫外线或臭氧杀灭有害细菌。

三级处理（tertiary treatment）去除二级污水中的溶解金属和营养物质，尤其是磷和氮。虽然经二级处理后废水中通常不含病原体和有机物质，但是仍然含有高浓度的这些营养物。如果排入地表水，这些营养物会刺激藻华和富营养化。让污水流经湿地或潟湖能去除氮和磷。或者，常常用化学品凝固和沉淀这些养分。

污泥可用作宝贵的肥料，但是如果含有金属和有毒化学品就有危险。有些城市将污泥撒布到大片农田

图10.22 传统污水处理厂中，好气性细菌在高压曝气池中消化有机物。这叫作二级处理。

和林地中，另有一些城市则将其转化为甲烷（天然气）。然而，很多城市将污泥焚烧或填埋，两种均属代价昂贵的选择。污水管道往往连接到雨洪管道中，后者携带着来自街道、停车场和庭院受污染的径流。一般情况下可以进行处理，去除油类、化肥和农药。但是大暴雨往往超越市政管网的负荷，造成大量未经处理的污水和有毒地表径流直接排入河流和湖泊中。

常规处理未能去除新污染物　2002年美国地质勘探局首次发布河流中药物与激素的研究报告。科学家在130条河流中采样，查找95种污染物，包括抗生素、天然激素和合成激素、洗涤剂、增塑剂、杀虫剂和阻燃剂（图10.23）。所有这些物质都被找到，通常浓度较低。有一条河流含有所测试化学品中的38种。这95种物质水平中达到饮用水标准的只有14种。在地下水中发现同样的物质，而地下水的净化要比地表水困难得多。这些广泛使用的化学品对环境和饮水的人有何影响？无人知晓。不过，这项研究是填补我们关于这些物质分布巨大知识缺口的第一步。

让自然进行污水处理

自然污水处理系统为无力进行常规处理的偏远地点、发展中国家和小工厂提供一种有前途的选择。这些系统仍然不为人熟悉，也并非常规，因此较不寻常，但是这些系统有很多优点。自然污水处理系统的修建与运营一般要比传统系统便宜。由于靠重力运送污水，让植物和细菌执行大部分（或全部）灭菌工作，因此能较少消耗能量和氯气或其他净化剂。要管理的水泵和过滤装置较少，所需工时也较少。植物能去除大部分传统系统不能捕获的养分、金属和其他污染物。

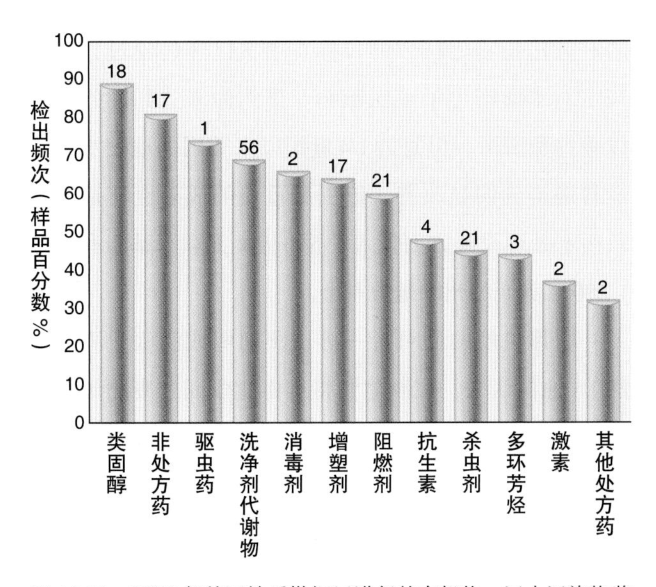

图10.23　2002年美国地质勘探局进行的有机物、污水污染物监测频率分析。水样中最大浓度以每升中微生物计数展示在直方图上。占优势的物质有DEET杀虫剂、咖啡因和来自抗菌肥皂的三氯生。

人工湿地（constructed wetlands）是专门设计用以过滤和分解废物的人工沼泽复合体。其中最著名的是加利福尼亚州阿克塔市（Arcata），30年前那里需要更新一套昂贵的污水管道系统。作为替代方案，该市把占地65公顷的垃圾场改造为一系列水池和沼泽，用作简易而成本低廉的污水处理设施。此举使阿克塔市既节省了几百万美元，同时也改善了环境。这个沼泽成为野生生物的天堂，也成为该市珍贵的娱乐场所。

目前类似的湿地污水处理系统也在许多发展中国家运行。从这些系统中流出的废水，只要先小心消灭病原体，就可用以灌溉农作物或养鱼供人消费。通常暴露在阳光、空气和水生植物中20～30天，再生水就足够安全。这些系统对人类粮食供应做出了重要贡献。例如，加尔各答一处25平方千米的再生水水产养殖场，每年可向当地市场供应7 000吨鱼。

没有空间建设湿地的许多机构则可选择另外的办法。威斯康星州南部的锡达格罗夫奶酪厂修建了一台**“活机器”**（Living Machine），由一系列水池、细菌、藻类人工小湿地组成。该系统将工厂废水转化为几乎纯净的水和植被，去除了99%的生物需氧量、98%的悬浮固体、93%的氮和57%的磷。

像这样的系统可以修建在建筑物附近乃至内部。可以将动植物结合起来，包括藻类、有根的水生植物、蛤蚌、蜗牛和鱼类，所选择的每一种生物都在受控的环境中起独特的作用。从这样的系统中流出的再生水达到可饮用的水平，比该设备接收的水更清洁。最终的出水往往用以冲洗厕所或灌溉，因为大多数人认为饮用再生水的想法令人作呕。这种新方法能节省资源和金钱，而且可以用作宝贵的教学范例。

补救措施包括截留、提取或生物处理

就如同水污染有许多来源一样，废水的净化也有许多方法。环境工程的新发展为许多水污染问题提供了很多有前途的解决方法。截留法留住脏水避免其到处蔓延。许多污染物能用氧化、还原、中和、水解、沉淀等化学反应或改变其化学组成的其他方法将其破坏或解毒。在化学法失效的地方，物理法可能奏效。例如，能够通过曝气的方法将溶剂和其他挥发性有机化合物从溶液中去除，然后在焚化炉中燃烧。

活生物常常能够有效地净化受污染的水，而且花钱不多。我们称之为**生物修复**（bioremediation）。例如，沿河岸或湖滨恢复湿地，就能有效地滤除泥沙和去除污染物。有些植物在摄取重金属和有机污染物方面非常有效。生物修复提供了一种令人鼓舞而且比常规清除成本更低廉的选择。

表 10.4　一些重要的水质立法

《联邦水污染控制法》（1972）。建立全国统一的每一种主要污染工业的控制标准。

《海洋保护研究与禁渔区法》（1972）。管控海洋倾倒并建立保护濒危海洋物种的禁渔区。

《港口与水道安全法》（1972）。管控石油运输与石油处理设备的操作。

《安全饮用水法》（1974）。对美国社区供水安全标准的最低要求。受控的污染物有细菌、硝酸盐、砷、溴、镉、铬、氟、铅、汞、银和农药；放射性和浑浊度亦受管控。该法还含有保护地下含水层的条款。

《资源保育与恢复法》（RCRA，1976）。管控有害废物的储存、运输、加工和处置，并设立有毒化学品排入下水道的上限。

《有害物质控制法》（TOSCA，1976）。对有毒有害物质进行分类，建立研究计划，并管控有毒化学品的使用与处置。

《全面环境响应、补偿与责任法》（CERCLA，1980）和《超级基金与重新授权法》（SARA，1984）。对有毒有害废物进行密封、挖掘或整治的规定

《清洁水法》（1985，对1972年《联邦水污染控制法》的修正）。把美国所有地表水都达到“可以垂钓和游泳”的水质标准作为国家的目标。

《伦敦倾废公约》（1972）。要求终止将一切工业垃圾、洗舱水和塑料垃圾倒入海洋。美国是该公约的签约国。

10.9　关于水的立法

水污染控制一直是美国所有立法中最深入人心和最有效的立法。然而，在这方面也并非没有争议。表10.4列举了美国最重要的水法。

《清洁水法》取得巨大成功

1972年通过的美国《清洁水法》是两党一致的勇敢的步骤，使清洁水成为全国优先考虑的目标。这项法律和《濒危物种法》《清洁空气法》一起，成为美国国会有史以来通过的最重要最有效的环境立法。《清洁水法》也是一部最宏大最复杂的法律，拥有500多个条款，管控着从城市径流、工业排放和市政污水处理到土地利用方法和湿地疏干等方面的每一件事项。

《清洁水法》宏伟的目标是将美国所有地表水恢复到“可以垂钓和游泳”的状态。对于点污染源，该法要求使用排放许可证和使用最切实的污染控制技术（BPT）。对于有毒物质，该法设立了最可行、经济上最能达到的技术（BAT）的全国目标和对126种优先考虑的有毒污染物零排放的目标。上文已经讨论过，这些规定对水质产生了正面影响。虽然尚未达到处处都可以垂钓和游泳，但是近1/4世纪以来美国的地表水质已经普遍得到明显改善。该法最重要的成果也许是在市政污水处理设施方面投入了540亿美元联邦基金和超过1 280亿美元的州和地方基金。

联邦法规的反对者一再试图削弱或淘汰《清洁水法》。他们认为，限制他们将有毒化学品和废物倾倒入湿地和水道中的“权利”是不正当地限制自由。他们厌恶强行净化市政用水，要求在所有环境规划的成本－效益分析中将经济利益赋予更大的比重。

《清洁水法》的支持者愿意看到，不要只将重点放在从管口去除污染物，而应把更多注意力转移到改变工艺方面，从源头就不产生有毒物质。许多人还愿意

看到现有法规得到更严格的执行，对违规者实行强制性的最低限度惩罚，看到更有效的公众知情权条款和增加市民起诉污染者的力度。

总 结

水是宝贵的资源。随着人口的增长和气候变化影响了降雨模式，将来水很可能变得更加稀缺。现在已经有大约20亿人生活在有干旱威胁的国家和地区（那里没有充分的水来满足人们的全部需求），而且至少有一半人口无法得到清洁的饮用水。根据人口增长率和气候变化的情况，到2050年可能有60亿人（世界人口的60%）生活在受干旱威胁或缺水的国家和地区。国内各集团之间以及分享水资源的国家之间的水权之争日益剧烈。下面的事实使得这种争端更可能发生：多数大河入海之前会流经不止一个国家，而随着全球变暖，像美国东南部这样的地区，干旱可能变得更频繁更严重。许多专家一致同意《财富》杂志的说法："水对于21世纪就像是石油对于20世纪一样宝贵。"

40年前，美国的河流污染得如此严重，以至于有些河流会着火，有些因有毒工业废弃物而变成红色、黑色、橙色或其他非自然的色彩。有些城市依然把未经处理的污水倾泻入当地的河流湖泊中，以至于不得不张贴告示，提醒人们避免和水有任何身体接触。从那时起，我们已经取得很大进展。虽然不是所有河流湖泊都"可以垂钓和游泳"，但是联邦、州和地方政府的污染控制业已在很大程度上改善了大部分地方的水质。

在中国和印度等快速发展的国家，水污染仍然是人类健康和生态系统福祉的严重威胁。要改正这种发展中的问题将需要大量投资。但是许多污染问题也有相对廉价的解决方法。建造湿地用作生态污水处理提供了一种减少污染且技术难度低又便宜的方法。在单体建筑或社区用"活机器"进行水处理提供了一种处理污水的有希望的好途径。也许你可以用你在环境科学中所学到的知识为自己的社区设计一个这样的系统。

自然系统能够处理我们的废水吗?

传统污水处理系统是为快速有效地处理大量废水设计的。为了公众健康和环境质量，水处理是必要的，不过也是昂贵的。需要工业规模的装置、高能量投入和腐蚀性化学品。大量污泥必须焚化或运至他地处置。

传统处理方式不能处理新的污染物。药物和激素、洗涤剂、增塑剂、杀虫剂和阻燃剂被任意排入地表水，因为现有系统不是为处理那些污染物设计的。

▲ 曝气池有助于好气性细菌消化有机化合物

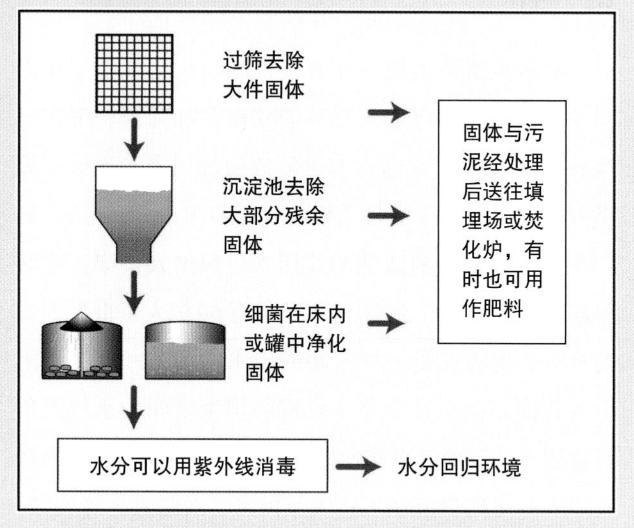

▲ 传统污水处理流程

依靠自然处理废水通常较便宜

依靠生态系统，如土壤中的天然细菌和植物完成常规的处理。我们能够用这些系统完成整个处理流程吗？虽然这些系统仍然不为大多数城镇所熟知，但是基于湿地的处理系统已经运行了几十年——至少和传统处理厂的历史一样长。由于这种系统把健康的细菌和植物群落结合起来，就有可能摄取各种新奇的污染物、金属和有机污染物。这些系统去除营养物的能力甚至优于大多数常规系统，而且所需费用只及常规系统的一半，因为它们具有下列优点：

- 很少用喷雾器、电力系统和水泵→安装成本低
- 重力水流→能耗低
- 很少运动部件或化学品→维修费用低
- 生物处理→很少或不使用氯气
- 养分吸收→对营养物、金属和可能存在的有机化合物去除更完全

1

厌氧罐 ▶
缺氧情况下厌氧细菌分解废物

精心设计的自然系统产生达到可饮用标准的水。照片上是处理前后的对照。大部分人对饮用处理后的废水感到恶心，因此再生水一般用于冲洗厕所、洗涤或灌溉等其他目的。由于这些用途占许多城市市政供水的95%，因此把再生水用于这些方面意味着重大的节省。

▲ 室外人工湿地可以成为进一步净化水的引人入胜的特色景观。

▲ 空地足够大的地方，人工湿地可以用作休闲空间、野生生物庇护所、活生态系统和地下水或河流的补给区。

人工湿地系统可以设计成无数种形式，通过有益微生物和植物的结合，都可以过滤水分。下列是这些系统共同的成分：

厌氧（无氧气的）罐：其中厌氧细菌把硝酸盐转化为氮气，有机分子转化为甲烷。有些系统中的甲烷可以收集起来用作燃料。

好氧（有氧气的）罐：好氧细菌把铵转化为硝酸盐；绿色植物和藻类吸收养分。

下铺砾石层的湿地：有益微生物和植物生长在砾石层上吸收营养物和有机质。有些系统中，这种湿地为野生生物提供栖息地、为居民提供休闲娱乐的场所。

可能需要消毒：离开系统的水是清洁的，但是有关条例通常要求加氯以保证消毒。也可以使用臭氧或紫外线。

请解释：

1. 在阅读本章的基础上，水中需要处理的主要污染物是什么？
2. 这样的系统中细菌起什么作用？
3. 什么因素使常规处理要花很多钱？
4. 为什么常规处理用得更广泛？

消毒：使用臭氧、氯气、紫外线或其他方法保证不会残留有害细菌。于是水分可以重新使用或排放。

▼ 建造湿地

植物吸收剩余的养分。剩余的硝酸盐转化为氮气。

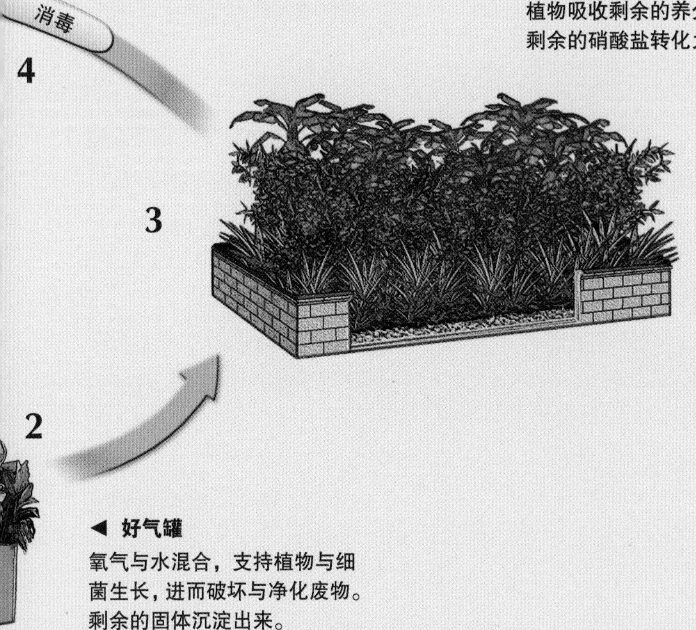

◀ 好气罐

氧气与水混合，支持植物与细菌生长，进而破坏与净化废物。剩余的固体沉淀出来。

▲ 人工湿地：植物吸收剩余的营养物。剩余的硝酸盐转化为氮气。

11 环境地质学与地球资源

2010年一次里氏震级7.0级的地震袭击了加勒比岛国海地，成千上万房屋倒塌，几百万人无家可居。

问题与讨论

- 什么引发地震？为什么地震很危险？
- 什么是构造板块？板块运动如何塑造地球的面貌？
- 火山出现在什么地方？为什么？
- 采矿与油气钻探造成的环境与社会代价是什么？
- 如何减少地质资源的消耗？
- 为什么洪水和崩坏作用是难题？

救治地球，就是救治我们自己。

——大卫·奥尔（David Orr）

美国教育家

地震！

2010年1月12日下午5点刚过，一场大地震袭击了加勒比岛国海地。地震为里氏震级7.0级，震中在海地首都太子港西南16千米处。这是该地区200多年来最严重的一次地震。大片城区沦为废墟，学校、医院、商业建筑乃至总统府都倒塌了。据估计有22万人死亡，30万人受伤，100多万人无家可居，至少300万人饱尝水源污染、粮食短缺、失业或家人失踪之苦。泛美开发银行估计，经济损失可能高达70亿至130亿美元。

太子港位于海岸线上，那里两大地质结构——加勒比构造板块和戈纳夫岛小板块相互滑过（图11.1）。随着两个板块沿着所谓平移断层的地方挤压，多年以后积聚了张力，直至突然滑动引发地震活动。两条断层在伊斯帕尼奥拉岛下面相交，该岛分属加勒比岛国海地和多米尼加共和国。2010年地震沿着恩利基洛种植园断层（Enriquillo-Plantain Garden Fault）发生，那里是地壳中从伊斯帕尼奥拉岛通向牙买加和开曼群岛的东西向裂隙。

这些断层的源头可追溯到北美板块和加勒比板块交汇处。北美板块向加勒比板块下面俯冲，但是北美板块中称为巴哈马平台的一小块区域由于太轻而不易向下插入，所造成的碰撞使伊斯帕尼奥拉岛变形和震动。

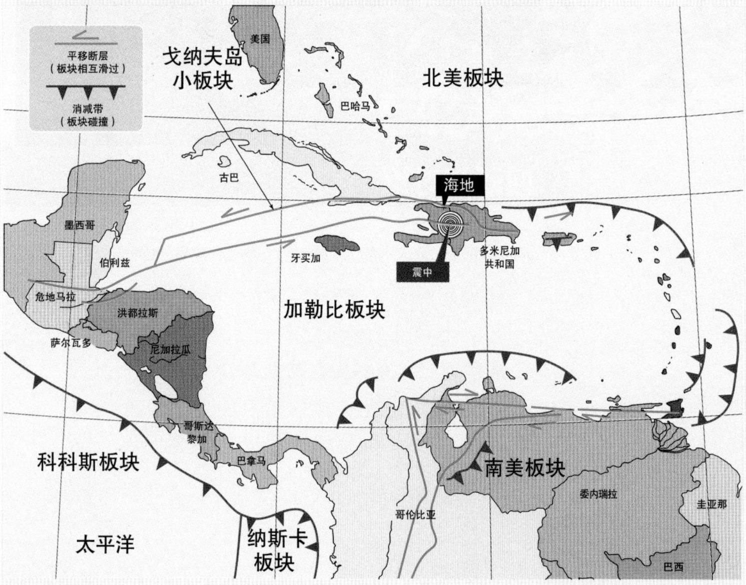

几乎每一个加勒比岛屿都经历过地震。虽然大地震几百年才发生一次，但是会酿成大灾难。1692年一场7.5级地震袭击了位于太子港同一断层线上的牙买加皇家港。这个拥有通过海盗行为掳掠来的巨量财富的城镇大部分沉入海底——有人说这是苍天对其邪恶行径的报应。

2010年的地震对太子港的伤害特别严重，因为地震离城市很近（距市中心西南16千米）、震源浅（地表下8～10千米），尤为重要的是，这个经济不景气的国家许多房屋和建筑物不能耐受地震的冲击。海地的建筑法规执行不力，而优质材料又昂贵，因此大部分混凝土中沙多水泥少，又没有足够强度的钢筋。此外，灾难发生后，功能失调的政府没有准备好为受害者提供帮助。即使在最好的时期，海地的公共服务也极其有限。太子港可能是世界上最大的没有公共下水道系统的城市。地震后一百多万人住在街上，没有住处、没有水和粮食。到处都有发生抢劫和关于传染性疾病流行的警告。国际援助小组难以进入机场，而即便到达，也常常不敢进入混乱的街道分发救灾物资。

海地地震后仅6周，一场更大的地震袭击了智利。里氏震级为8.8级，比加勒比的地震强度高500倍。但是震中深度为35千米，发生在该国比较偏远的海岸地区，离该地区最大城市康塞普西翁105千米。由于智利经常会不时地经受地震，所以建筑法规比较先进，而且执行得比海地更严格。智利只死亡700人，而海地为此数的300多倍。

地震、火山爆发、海啸、洪水和滑坡等地质灾害是我们主要的威胁。过去这些毁灭性事件多次改写人类历史，对全世界的地缘政治、经济、演化乃至艺术方面发生影响。在人类事务中，地质资源的成本和效益同等重要。本章将讲述形成地球外貌以及形成矿物与岩石的那些过程，还要讲述在获取我们所需的资源时，我们能够做些什么来减少风险和对环境的影响。

图11.1　当北美板块与加勒比板块碰撞并向其下面俯冲时，戈纳夫岛小板块受到相邻的大板块挤压。

11.1 地球上自然资源的形成过程

许多人都经历过一两种地质灾害，但是我们所有人都受惠于地球的地质资源。就是现在，你也正在穿戴着或使用着利用这些资源制成的产品：用石油制造各种各样的塑料；用铁、铜和铝矿制造的导线给你带来电力；手机、MP3播放器和计算机中的稀土金属必不可少。所以，因采矿、钻探和加工这些物质造成环境与社会的破坏，我们所有人都要分担责任。

幸而，现在有了许多有希望的解决方法，可以减少这些代价，包括回收利用和代用材料。但是为什么这些风险和资源像现在那样分布？要了解这些地质风险和资源如何产生和发生在哪里，我们必须了解地球的构造和形成这些构造的过程。

地球是一个有活力的行星

虽然我们感觉到脚下的土地是坚实稳固的，但是地球存在着活跃且不断变化的构造。地球内部巨大的力量使大陆分裂、分离，又以缓慢但不可阻挡的势头撞向对方。

地球是一个分层的球体，直径几千千米（图11.2）。**地心**（core），又称内核，由稠密炙热的金属（大部分是铁）组成，其中内核是固态的，但外核更液态化，这个巨大的核心产生了围绕着地球的磁场。

环绕这个熔融外核的是一层炙热柔韧的岩石，叫作**地幔**（mantle）。地球的最外层是质量较轻、温度较低而易碎的**地壳**（crust）。海洋下面地壳较薄（8～15千米）、较致密，而且因为不断的循环而较年轻（不足2亿年）。大陆下面的地壳较厚（25～75千米），较轻，年龄可达38亿年，不断有新物质加入。大陆下面主要为花岗岩，而洋壳则主要为致密的玄武岩。表11.1将整个地球（致密的地核居主导地位）和地壳的组成进行对比。

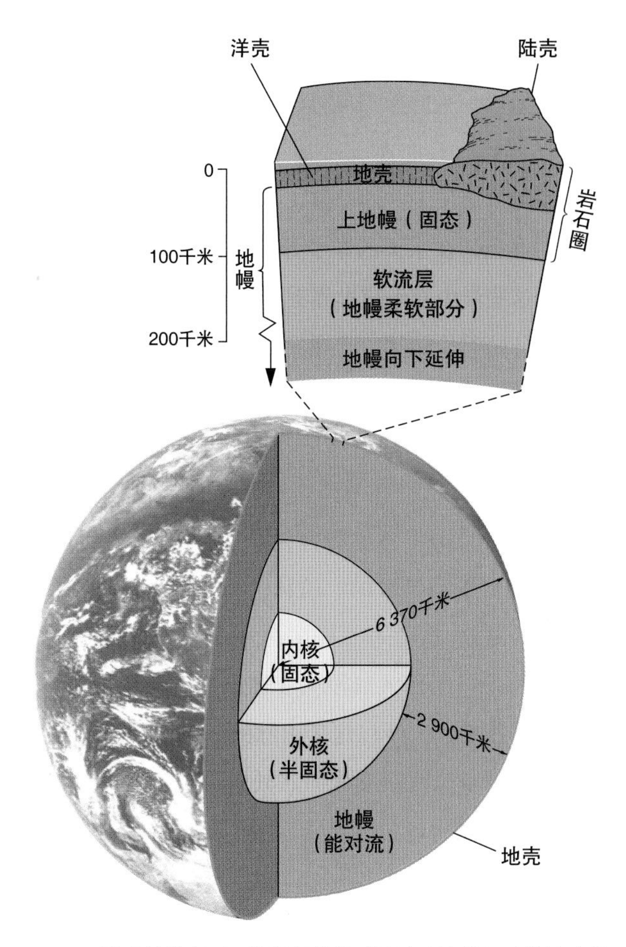

图11.2 地球的横断面。地幔缓慢的对流造成浅薄易碎的地壳的运动

表11.1 整个地球和地壳中8种最常见的化学元素占比

整个地球		地壳	
铁	33.3%	氧	45.2%
氧	29.8%	硅	27.2%
硅	15.6%	铝	8.2%
镁	13.9%	铁	5.8%
镍	2.0%	钙	5.1%
钙	1.8%	镁	2.8%
铝	1.5%	钠	2.3%
钠	0.2%	钾	1.7%

构造过程重塑大陆面貌并引发地震

学界认为大规模的地幔对流把覆盖在上面的地壳撕裂成巨大的地块马赛克，这些地块称为**构造板块**（tectonic plates）。这些板块就像漂在水上的冰被风吹动一样，在地球表面缓慢滑动。有些地方板块破裂为较

小的碎片，另一些地方板块则互相猛烈碰撞形成新的更大的地块。大陆破裂撕开的地方则形成洋盆。例如，大西洋就是欧洲和非洲缓缓移动离开美洲时形成的。经由裂隙被挤压上升的**岩浆**（magma，融化的岩石）形成新的洋壳，在水下的**洋中脊**（midocean ridges）堆积起来。这些洋中脊形成世界上最大的山脉，长达74 000千米，环绕整个地球。这条高低起伏的山脉上的高峰、深谷、陡崖虽然我们看不见，但使大陆上任何山脉都相形见绌。海洋板块从这些裂隙带缓缓扩张，推挤大陆板块。

例如，2010年海地和智利发生的地震，就是板块挤压时突然滑动导致的。山脉，例如北美洲和南美洲西海岸的山脉，是在相互碰撞的大陆板块边缘发生抬升而形成的。印度次大陆撞向亚洲形成喜马拉雅山，由于撞击仍在继续，所以这个山脉的海拔现在仍在升高。南加利福尼亚非常缓慢地向北驶向阿拉斯加。3 000万年后，洛杉矶将越过旧金山，假如那时这两个城市仍然存在的话。

海洋板块与大陆相撞时，大陆板块一般会爬升到上面，而海洋板块则**俯冲**（subducted）或被下推到地幔，在那里融化变成岩浆再上升到地表（图11.3）。深海沟就是这些俯冲带的标志，岩浆通过喷气孔或裂隙喷发到覆盖在上面的地壳中时就会形成火山。海沟和火山从印度尼西亚经日本到阿拉斯加，再沿美洲西海岸向下环绕太平洋，形成一个所谓的火圈，那就是海洋板块向大陆板块俯冲的地方。火圈是地球上地震和火山活动的最大策源地。

历经几百万年，大陆可能漂移很长的距离。例如，南极洲和澳大利亚曾经和非洲相连，位于赤道附近，生长着繁茂的森林。地质学家认为，历史上地球上的大陆曾经有几次大部分或全部聚合在一起，形成超级

图 11.4　2 亿年前的超级大陆，称作泛大陆。大陆不断重复分分合合的过程。

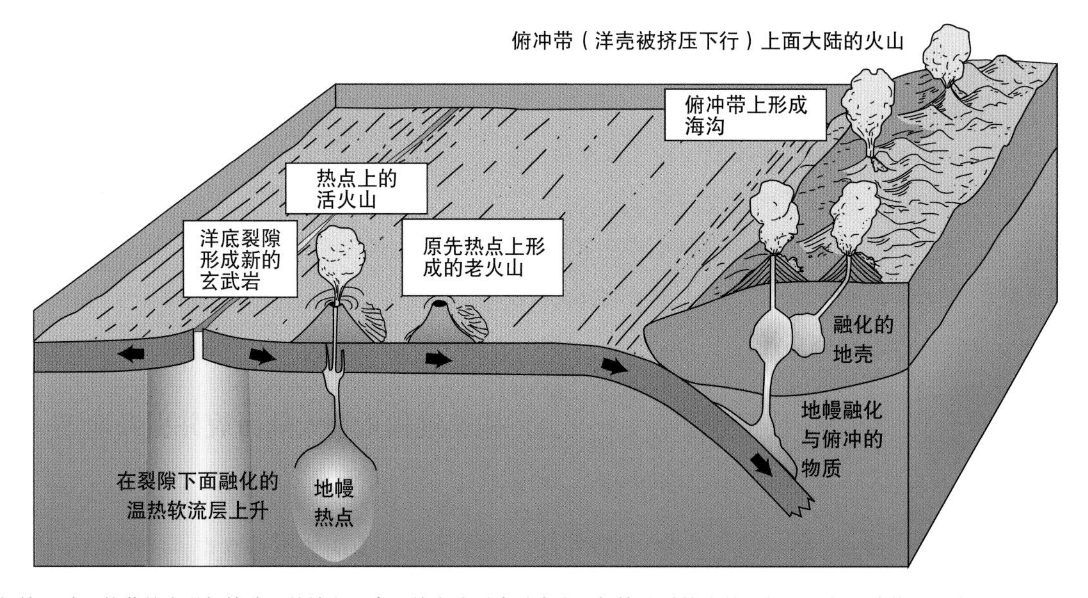

图 11.3　板块运动。较薄的海洋板块分开的地方，上涌的岩浆形成洋中脊。板块移过热点的时候，可能形成像夏威夷群岛那样的火山链。板块聚合的地方，岩石融化可能形成像卡斯卡特那样的火山。

大陆，在几亿年时间里分裂开又重新聚合（图11.4）。各大陆重新分布对地球气候产生深刻影响，这可能有助于解释作为划分许多主要地质时代的标志的生物周期性大规模灭绝事件（图11.5）。

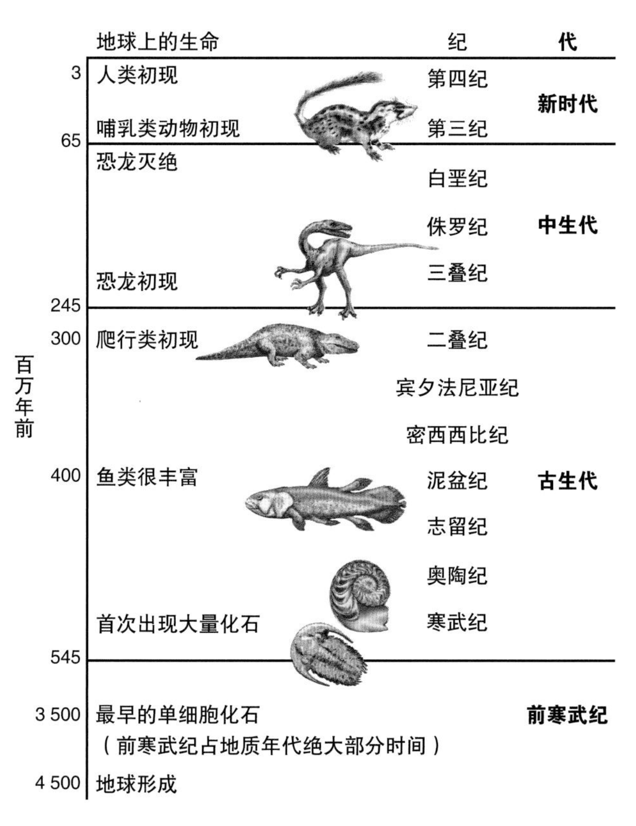

图11.5 地质年代中的“纪”和“世”，以及某些“纪”的主要生命形式。

11.2 矿物与岩石

矿物（mineral）是天然存在的固体无机物，具有一定的化学组成和特定的内部结晶构造。矿物是固态的，因此，冰也是一种矿物（具有特定的组成和结晶构造），但液态水不是矿物。同样，熔融的岩浆不是晶体，尽管它一般会变硬形成特定的矿物。从矿石中提炼的金属（例如铁、铜、铝或金），一旦提纯后就不再是晶体，因此也不是矿物。根据其形成时的条件不同，矿物结晶可能极其细小，用显微镜才能看得见，例如石棉纤维；也可能很大，例如最近在墨西哥奇瓦瓦州（Chihuahua）矿山发现的如同树木一样大的透石膏。

岩石（rock）是一种或几种矿物结合在一起的固体。岩石内单个矿物晶体（或颗粒）混合在一起牢固地结合成一个整体。颗粒或大或小，取决于岩石如何形成，但是每个颗粒保持其独特的矿物品质。每种岩石都有其特征性的矿物混合、颗粒大小和颗粒混合与结合的方式。例如，花岗岩是石英、长石和云母晶体的混合物。矿物成分与花岗岩相似但晶体颗粒小得多的岩石叫作流纹岩；化学成分相似但晶体很大的叫作伟晶花岗岩。

岩石循环既造就了岩石，又使岩石再参与循环

虽然岩石看似坚硬而永远不变但它们是无休止的生成与破坏周期中的一环。岩石被一些动态过程压碎、折叠、融化与重结晶，这些过程与重塑地壳大尺度外貌的那些过程有关。我们将这种建造、破坏与变形的循环过程称为**岩石循环**（rock cycle，图11.6）。理解这些过程如何运行有助于解释各种岩石的特性。

岩石可分为三大类：火成岩、变质岩和沉积岩。**火成岩**（igneous rock，igneous一词来自拉丁语igni，意思是火）是炙热熔融的岩浆或熔岩固化而形成的。地

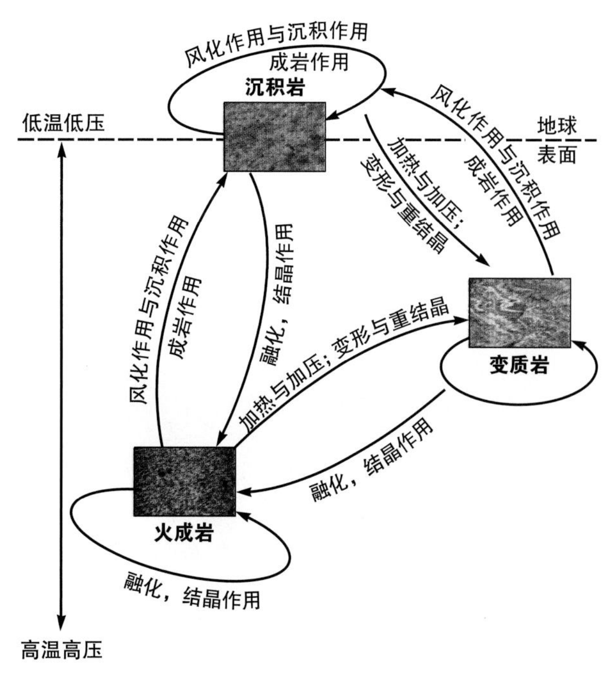

图11.6 岩石循环包括能够改变任何岩石的各种地质过程。

壳中大部分岩石是火成岩。从火山口侵入地表的岩浆会迅速冷却，形成细晶质的岩石，例如玄武岩、流纹岩或安山岩。地下空隙中的岩浆或侵入两个上覆岩层之间的岩浆会缓慢冷却，形成粗晶质岩石，例如辉长岩（富含铁和硅）或花岗岩（富含铝和硅），这取决于岩浆的化学成分。

变质岩（metamorphic rocks）是其他岩石融化、扭曲和重结晶形成的。地下深处的构造力对固体岩石挤压、褶曲、加热和重结晶。在这种情况下，化学反应能改变组成岩石的矿物成分和结构。变质岩可以根据其化学组成与重结晶的程度进行分类：有些矿物只有在极端的压力和温度下才能形成（例如钻石和翡翠）；有些则在较温和的条件下形成（如石墨）。常见的变质岩有大理石（来自石灰岩）、石英岩（来自砂岩）和板岩（来自泥岩和页岩）。变质岩常常具有美丽的颜色和纹理，这是其形成时因扭曲与褶皱而留下的。

沉积岩（sedimentary rocks）是其他岩石松散的颗粒经长时间受压固化而形成的。例如，砂岩就是砂层固化形成的，泥岩由高度硬化的泥和黏土组成。凝灰岩由火山灰形成，砾岩是沙子和砾石形成的。有些沉积岩由盐度极高的水结晶沉淀而成。由矿物石盐组成的岩盐磨细后制成餐桌上的食盐（氯化钠）。含盐水体干涸时留下的盐分结晶常常形成盐类沉积物。石灰岩是海洋生物遗体胶结形成的。石灰岩块中常常可以看见贝壳或珊瑚的形状。沉积地层中常有特有的岩层，能表明其沉积时的不同状况。侵蚀作用能暴露这些沉积层并告诉我们它们的历史（图11.7）。

风化作用与沉积作用

大多数结晶岩极其坚硬耐久，但是在空气和水、不断变化的温度以及化学营力的作用下，岩石会通过所谓**风化作用**（weathering）的过程慢慢破碎（图11.8）。机械风化是岩石在不改变其矿物化学成分的条件下破碎成较小的颗粒。你很可能在河边或海边看见过球形的岩石，这是机械风化的结果，是岩石被波浪或海流不断翻滚而磨圆的。在更大尺度上，山谷也是被河流或冰川雕刻而成的。

化学风化是有选择地去除或改变岩石中的某些矿物。这样的改变导致岩石变松和解体。较重要的化学风化过程是氧化作用（氧与元素结合生成氧化物或矿物的水化物）和还原作用（水分子中的氢原子与其他化学成分结合生成酸）。这些化学反应的产物更容易受机械风化影响，而且更易溶于水。例如，当碳酸（雨水吸收二氧化碳所形成）渗入地下多孔的石灰岩层时，会将岩石溶解并形成洞穴。

被风、水、冰和其他风化力弄松的岩石颗粒被带到坡下、下风向或河流下游，直至停留在新地点为止。这些物质的沉积过程称为**沉积作用**（sedimentation）。水、风和冰川把沙粒、黏粒和粉粒沉积在远离其原地的地方。例如，美国中西部大部分地方覆盖着由冰川（冰

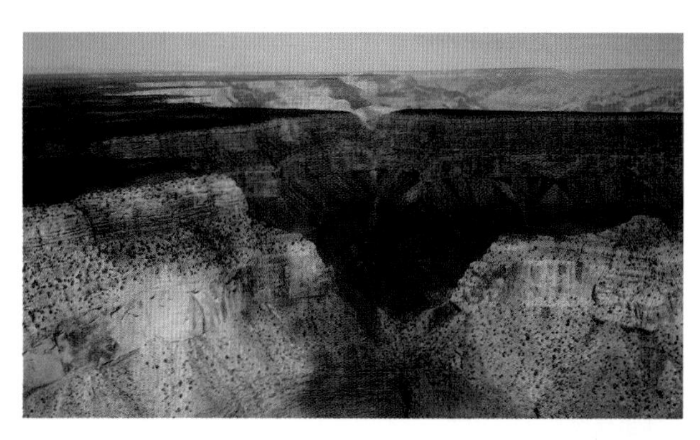

图 11.7 加利福尼亚大峡谷长年的侵蚀作用暴露出了很多沉积层和一些深处的变质岩。

图 11.8 风化作用缓慢地把花岗岩分解为疏松的沉积物。图中，岩石接触水分使其中的矿物膨胀，而结冰又可能将其剥离。

碛物，即冰川沉积的岩石碎屑）、风（黄土，即细粉尘）、河流带来的沙砾冲积物，以及海洋沉积下的沙粒、粉粒、黏粒、石灰岩。

11.3　经济地质学与矿物学

地球上矿物种类非常丰富。矿物学家已经鉴定出4 400种不同的矿物，我们相信这个数目要比我们相邻的任何行星都多得多。是什么原因造成这种差别？地球上板块构造和岩石循环逐渐把不常见的元素聚集在一起并使其结晶形成新的矿物。但是这只占我们地质遗产的1/3。最大的影响来自生命。绝大部分矿物是氧化物，但是大气圈中的氧气很少，直至光合生物释放出氧气才触发各种各样矿物的演化。

经济矿物学研究可用于制造业和贸易的资源。大部分经济矿物是金属矿石，即富集了非常高浓度金属的矿物。例如，铅一般来自方铅矿（PbS），铜则来自硫化矿，例如斑铜矿（Cu_5FeS_4）。非金属地质资源包括石墨、长石、石英晶体、钻石以及其他美丽外观而别具价值的晶体。金属对人类是如此重要，以至于通常用当时占主导地位的物料和使用那些物料的技术来划分人类历史的主要时代（石器时代、青铜时代、铁器时代等）。这些物料的开采、加工和分配对人类文化和环境都具有深刻的意义。有经济价值的地壳资源遍地都有但含量不多；重要的事情是找到富集的、在经济上有回收价值的资源。

1872年美国通过的采矿法鼓励在公有土地上采矿，以此作为提升经济与利用自然资源的方法。美国曾经一再做出努力修正这项法律，以便从公有资源中获取公共收入，但是国会中有权势代理人加上许多州支持采掘业的传统，不断对这些改革产生阻力。

金属对经济至关重要

金属是有延展性的物质，金属很有实用价值，因为它们强韧而且相对较轻，能够重塑成型以满足多方面的用途。金属的可获性及其提炼与使用方法决定了技术的发展，也决定了个人与国家的经济与政治力量。

全世界工业消费最大量的金属是铁（每年7.4亿吨）、铝（4 000万吨）、锰（2 240万吨）、铜和铬（800万吨）以及镍（70万吨）。这些金属的消费主要集中在美国、西欧、日本和中国。而生产主要在南美洲、南部非洲和俄罗斯（图11.9）。这些事实造就了世界矿产贸易网络，而这对所有相关国家的经济与政治稳定至关重要。表11.2表示这些金属的主要用途。

绿色技术的迅猛发展，例如可再生能源和电动汽车，使稀土族金属的重要性凸显。对这些矿物即将发生短缺的担忧使该领域的未来发展复杂化。

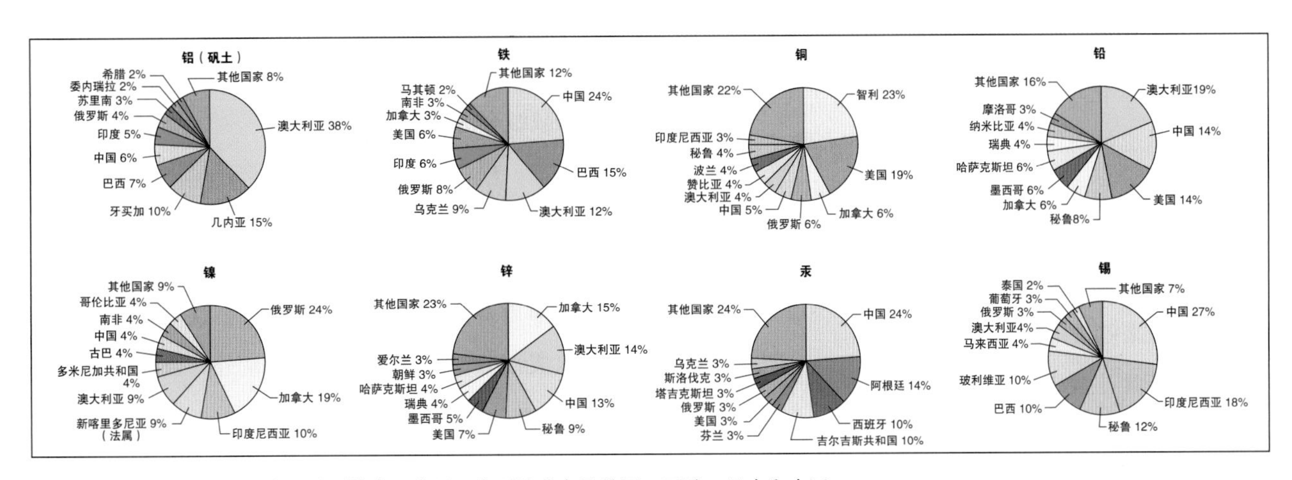

图 11.9　全世界对工业经济最重要的金属产量。主要消费者是美国、西欧、日本和中国。

表11.2　一些主要金属的用途

金属	用途
铝	食物和饮料包装（占比38%）、交通运输、电子工业
铬	高强度钢铁合金
铜	房屋建筑、电力与电子工业
铁	重型机械、钢铁生产
铅	加铅汽油、汽车电池、油漆、军火
锰	高强度耐热钢铁合金
镍	化学工业、钢铁合金
铂族	汽车催化转换器、电子工业、医疗
金	医疗、航空航天、电子、货币标准储备
银	摄影、电子、珠宝

砂砾石、黏土、玻璃和盐等非金属矿物

非金属矿物内容广泛，从宝石到砂砾、盐类、石灰岩和土壤都包括在内。为修路与建筑房屋生产的砂砾石，在用量上和价值上是所有非金属矿物中最大的，在用量上也远远超过所有金属矿。砂砾石主要用于制砖和混凝土、用作松软道路的填料和喷砂。高纯度的硅砂是玻璃的原料。这些矿物通常从露天矿坑或采石场中开采，那里就是这些矿物由冰川、风或古海洋沉积形成的地方。

石灰岩和砂砾石一样，也用于调制混凝土或压碎作铺路石。还可以切割成建筑石材，碾碎用作农田土壤添加剂以中和土壤酸性，在石灰窑和水泥厂中煅烧制造灰泥（熟石灰）和水泥。

人们开采蒸发岩（化学溶液蒸发后沉积的矿物）获取岩盐、石膏和钾，其纯度常常达到97%以上。岩盐可以用来软化水，在某些北方地区用于冬季道路融冰，精制后也可用作食盐。我们现在用石膏（硫酸钙）制造墙板，但是5 000多年前埃及人就用石膏抹平尼罗河畔坟墓中的墙壁以便绘制壁画了。钾碱是由各种各样氯化钾和硫酸钾组成的蒸发岩。这些高度可溶性的钾盐很早以来就被用作土壤的肥料。

开采硫矿主要是为了生产硫酸。美国平均每人每年使用硫酸超过90千克，绝大部分是用于工业、汽车电池和一些药品。

宝石与贵金属因其耐久、价值高和便于携带，早已成为储藏和运输财富的方法。不幸的是，这些宝物在许多国家里也被暴君、犯罪团伙和恐怖主义者利用。近年来，黄金、钻石、钽矿和其他高级商品常常激起非洲残忍的内战。这种非法贸易最终都进入全球每年1 000亿美元的珠宝贸易中，其中2/3在美国出售。许多将钻戒或黄金戒指视为爱情与忠贞象征的人，不知道这些珠宝可能来自奴隶劳工、酷刑和破坏环境的采矿与加工方法。民权组织正在发起运动，要求对宝石和贵金属的来源提供更好的证明文件，以免资助反人类的犯罪活动。

2004年，一众诺贝尔奖得主呼吁世界银行彻底检查其向资源开采行业放贷的政策。因帮助消除南部非洲的种族隔离政策而获得1984年诺贝尔和平奖的戴斯蒙图图（Desmond Tutu）写道："战争、贫困、气候变化和对人权不断的践踏——所有这些苦难的根源经常与石油业和采矿业联系在一起。"作为回应，世界银行委派印度尼西亚前环境部部长萨利姆（Emil Salim）为首组成采掘业审查委员会。该委员会的最终报告与许多环境组织和公益组织提出的关注点相一致。

目前地球几乎为我们提供全部燃料

当前，现代社会很大程度上依靠石油、煤炭和天然气等地质沉积物产生的能量运行。来自铀的核能提供电力的20%。但是，如第12章所言，太阳能、风能、水力、生物质能与地热能等可再生能源，能够取代我们目前所使用的所有化石燃料与核电，而且还能减轻污染和减缓全球气候变化。

石油、煤炭和天然气是有机物，是远古生物遗体在极端高温与高压下历经几百万年转化生成的。由于这些物质没有晶体结构，因此不是矿物，但是由于它们作为地质资源十分重要，因此也被认为是经济矿物学的组成部分。石油除了提供能量外，也是制造塑料的原料，而天然气则用以制造化肥。

稀土族金属：新的战略物资

一族鲜为人知矿物的短缺是否会制约替代能源的供应和绿色技术的发展?

稀土元素包括钇、钪和15种镧系元素（例如钕、镝和钆等），对现代电子工业至关重要。这些金属用于手机、高能效灯、混合动力汽车、超导体、强磁体、轻便电池、激光、节能灯和各种医疗器械中。由于稀土元素非凡的性能，少量此类金属就能使发动机重量减轻90%，灯光照明效率提高80%。如果没有这些矿物，MP3播放器、混合动力汽车、高功率风力涡轮机和许多高科技装备就不可能存在。例如，一台丰田普锐斯汽车，电动机中要使用约1千克钕和镝，电池组要用多达15千克的镧。

尽管名为稀土，但是这些元素广泛存在于地壳中，不过能达到商业上可开采的富集程度却非常罕见。中国生产的稀土从20年前占全球产量的30%增加到目前的95%。中国生产的稀土元素大约有一半产自内蒙古自治区包头的一个矿井，其余大部分来自中国南方的小矿井。

分离稀土元素和金银以及其他贵金属一样，常常是将含矿岩石碾碎然后用强酸淘洗。强酸将金属从矿粉中释放出来，但是当金属从酸性泥浆中分离出来后，就产生了大量有毒废水。通常把酸直接泵进地下钻孔中，将金属就地从矿石中溶出，然后把产生的泥浆抽出地面进行加工。酸性废水抽出后经常储存在土坝后，可能会渗漏到地表水和地下水中。加工过程中还会释放出经常和稀土元素伴生的硫和及具有放射性的铀和钍。

对中国而言，维持稀土元素有限度的供应，将能满足国内电子工业的需求。而在国外，则存在对战略需求（例如军事制导系统）、家用电子产品与替代能源供应方面的关切。这使中国成为技术革新的中心，许多企业直接迁入中国。例如，通用汽车公司进行小型化磁铁研究的分部2006年关闭了其美国的办公室，全部员工迁入中国。丹麦的风力涡轮机公司维斯塔斯（Vestas）也于2009年将其大部分生产迁入中国。

为了应对预期的短缺和涨价，几家公司正在重新开采北美和澳大利亚的矿山。莫利矿业公司（Molycorp Mineral）可望获得加利福尼亚芒廷帕斯（Mountain Pass）的矿山，2012年恢复生产，也许能满足全球需求的10%，而多伦多的阿瓦隆（Avalon）稀有金属公司正在致力于开发加拿大西北地区的矿山。格陵兰也一头扎进新一轮淘金热中，希望能从新近发现的矿体中生产高达全球25%的稀土。对于这些即将到来的生产扩张，新的环境控制能否到位尚有待分晓。

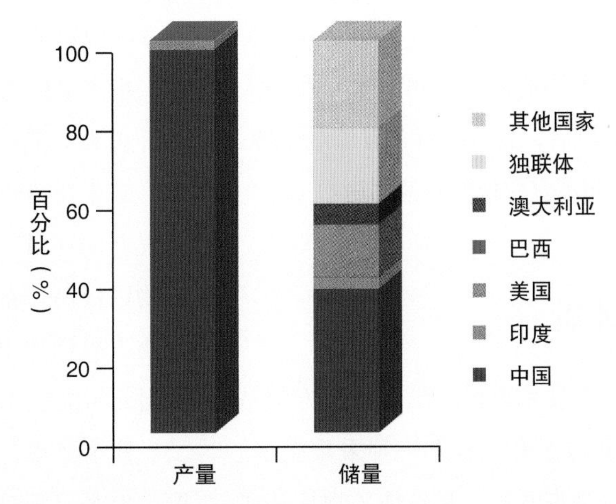

中国拥有已探明稀土金属总量的1/3，但是目前占生产量的97%。

资料来源：美国地质勘探局，2010。

11.4 资源开采的环境效应

我们每个人每天都要依赖从世界各地开采或汲取的地质资源。电灯、计算机、钟表、化肥和汽车都包含大量金属和矿物，其中很多我们也许从未听说过。开采与提纯这些资源有着严重的环境与社会后果。采矿和钻井最明显的影响常常是扰动或去除土地的表层。还有更长远的影响，包括空气污染和水污染。美国环保局列出了从美国矿山和钻井中每年释放出来的从丙酮到二甲苯等100多种有毒空气污染物。仅非金属开采业释放的颗粒物（灰尘）就达8万吨，还有二氧化硫1.1万吨。化学径流和沉积物径流成为许多当地流域中的主要问题。许多地方矿山的酸性流出物已经伤害或摧毁了水生生态系统。

主动学习

你现在正在使用什么地质资源?

列出你现在正在使用的一些地质材料。例如，用来写本章内容的计算机主要是用塑料（石油）、硅片（沙子）和铜线制造的，而它是依靠来自煤炭和以铀为动力的电站的电能运行的。

列出以下物件的地质资源清单：眼镜、椅子、桌子、铅笔、灯泡、窗户、房屋、腕表、咖啡杯、补牙材料。

金和其他金属常常以硫化矿床存在，暴露于空气和水中时会产生硫酸。此外，金属元素的浓度常常很低——对金、铂和其他一些金属而言，十亿分之十至二十在经济上已有可开采价值。结果，必须碾碎与淘洗大量矿石以提取金属。人们使用氰化物、汞和其他有毒物质对含有这些金属的矿石进行化学分离，而这些有毒物质很容易污染湖泊和河流。而且，淘洗这些含有氰化物与其他溶液的碎矿石时需要大量的水。美国地质勘探局估计，在干旱的内华达州，采矿业每天耗水23万立方米。选矿以后，这些水就含有硫酸、砷、重金属和其他污染物，而不宜作任何其他用途。

采矿与钻探会降低水质

提取地质资源有很多技术手段。最常见的方法是露天开采、条带开采和地下开采。有一种采集金子、钻石和煤炭的古老方法是淘洗法，是将纯矿物块从河流冲积物中淘洗出来。自1849年加利福尼亚淘金热以来，淘金者用高压水炮把山坡轰开。时至今日，阿拉斯加、加拿大和许多其他地区依然使用这种会让沉积物破坏河流生态系统的方法。另一种古老而且危险得多的方法是地下开采。在古代，矿工挖掘坑道深入锡矿、铜矿、煤矿和其他矿物的矿脉。矿坑偶尔会坍塌，煤矿中的天然气会爆炸。水分渗入矿井也会溶解有毒矿物。受污染的水渗入地下水，有时会抽出地面，从而进入河流和湖泊。

目前美国对从太深或太分散的煤层中开采甲烷气存在争议。落基山和阿巴拉契亚山下面都有广大的含煤页岩层。由于气体不易通过紧实的页岩，常常要打很多小间距探井抽取甲烷（图11.10）。例如，在怀俄明州保德河（Powder River）流域，计划钻14万口井以抽取甲烷。加上配套的公路、管线、泵站和服务设施网络，这个行业将给这些原来处于偏远地区的牧场、野生动物和休闲娱乐业带来严重影响。

图 11.10 北美可能拥有大量页岩层甲烷储量，但是抽取这种气体的成本可能难以接受。

也许更糟的是对供水的影响。每口探井每天产生7.5万升盐水。把这些有毒废水泵入河流会造成广泛的污染。矿业公司依靠液压击碎法（或“水力压裂法”）提高气井的产量。把水、沙和可能有毒的化学物质的混合物以极高压泵入地下和岩层中。这种高压液体将沉积物击碎释放出气体。然而，这种做法常常会破坏含水层并污染水井。

几十年来，抽取煤层甲烷只是美国西部各州的问题，但是目前这种备受争议的技术也传到了东海岸。马塞卢斯（Macellus）页岩和泥盆纪页岩在东部10个州地下延伸，从佐治亚州北部直到纽约州北部。人们早就认识到可以从这些地层抽取甲烷，但是估计可回收的数量相当小。目前水平钻井技术和水力压裂法的新发展连同日益增多的探井一起，使这个沉积层成为一个潜在的“超级大气田”。现在美国地质勘探局估计，马塞卢斯/泥盆纪地层可能含有130亿立方米甲烷。如果全部回收，按美国目前消费率可以供应100年。但是开采探井造成的水污染和对几百万人赖以为生的水的威胁也引起了棘手的问题。

人们用露天开采开掘金属矿和其他矿物的大型矿床。犹他州盐湖城附近宾厄姆峡谷矿山（Binghan Canyon mine）有800米深，顶部4 000米宽。自1906年以来已经从矿坑中挖出了50多亿吨铜矿和废岩。露天开采对环境的挑战主要是矿坑中积聚的地下水。在金属矿中这会形成有毒的水池。没有谁知道如何为这些危害野生动物和附近水域的废水湖解毒。

美国使用的煤炭有一半来自条带开采。由于煤炭常常形成广阔的水平矿床，因此能够以很低的成本快速把整个地面剥离暴露出煤层。上覆的表土，或表层物质可重新填回矿坑中，但是通常形成一条条长岗，叫作废石堤。废石堤极易遭受侵蚀和化学风化。由于废石堤没有表土（支持植被的复杂有机混合物——见第7章），所以植被恢复非常缓慢。

1977年联邦《地表采矿管理与复垦法》（*Surface Mining Control and Reclamation Act*，*SMCRA*）要求对条带开采的土地进行更好的恢复，尤其是在矿山占用基本农田的地方。此后，条带开采的复垦有了实质性的改善。完成矿山复垦耗资巨大，每公顷往往超过1万美元。复垦也困难重重，因为形成中的土壤通常是酸性的，而且被用以平整地面的重型机械所压实。

近来山顶移除式开采引起了激烈的争议，这种开采方式主要用于阿巴拉契亚地区的煤矿。用20层楼高的巨型铲车铲除蜿蜒的山脊以暴露水平煤层。高达215米的山顶被粉碎后倾倒入相邻的河谷中。碎石中可能充满硒、砷、煤和其他有毒物质。仅在西弗吉尼亚州一处就至少有900千米河流被掩埋。成千上万公顷阿巴拉契亚山脉被这种方法夷平。2010年美国环保局对河谷填埋发布新的限制，因为这违反《清洁水法》（第10章）。工业界代表断言这将意味着终结山顶移除开采法。产煤州的居民对这项裁决产生重大分歧，因为他们居住在受影响的河谷里，但又要依靠煤炭经济。

华盛顿特区的矿物政策中心估计，美国有1.9万千米河流被矿山排水污染。美国环保局估计，清理受损河流以及55万座废弃矿山，可能要耗资700亿美元。全世界范围内，关闭矿山与修复的费用估计达数万亿美元。由于金属和煤炭价格变化剧烈，许多矿业公司在把矿山恢复之前就已破产，把清理的责任留给公众。

2002年矿业500强的执行官及评论家在多伦多召开全球矿业创新会议，旨在提高采矿业的可持续性。执行官们承诺将来要增强对环境损害的恢复责任，他们表示要寻求改善工业界对社会与环境的影响。国际采矿与金属理事会秘书长杰伊·海尔（Jay Hair）指出，“环境保护与社会责任事关重大”，矿业公司有意参与可持续发展。矿业公司执行官们也日益认识到，大额清理账单会降低公司的价值和股票价格。因此，从一开始就找到保持矿山清洁的创造性方法会有良好的经济效益，虽然做到这一点很不容易。

加工过程污染空气、水和土壤

我们通过加热或者用化学溶剂从矿石中提取金属。两种过程都释放出大量有毒物质，可能比采矿对环境更有害。**冶炼**（smelting）（煅烧矿石以释放金属）是主要的空气污染源。冶炼造成生态破坏最声名狼藉的例子之一是田纳西州达克敦（Ducktown）附近的废墟。19世纪初，矿业公司开始挖掘当地的富铜矿。为了从矿石中提取铜，他们用附近森林的木材在露天点燃大火煅烧。从硫化矿中放出的二氧化硫浓雾毒死植被，并酸化了1 300平方千米土地。雨水把土壤从裸地上冲走，造成荒凉的月球般景观。

1907年佐治亚州因空气污染向田纳西州提出诉讼后，达克敦冶炼厂减少了硫的排放。20世纪30年代田纳西流域管理局开始处理土壤和重新植树以减少土壤侵蚀。近年来，每年花费在这项工作上的费用超过25万美元。尽管树木和其他植物仍然瘦弱，但是人们认为2/3以上的区域已经有植被“充分”覆盖。同样地，一个世纪前加拿大安大略省萨德伯里冶炼铜镍矿造成广泛的生态破坏，在采取污染控制措施后也逐渐得到修复。

人们用化学提取法溶解或活化粉状矿石，但是这种方法要使用并污染大量的水。广泛使用的是**堆淋提取法**（heap-leach extraction），即把矿石垒成大堆，用碱性氰化溶液喷淋。溶液渗滤过矿石堆把金溶解出来。

然后把含金溶液泵至加工厂，用电解法回收金子。矿石堆下面有厚层黏土和塑料衬垫，以免剧毒的氰化物溶液污染地表水和地下水，但是常有渗漏。

金子一旦回收后，矿主可能立即离开作业现场，在土坝后面留下大量有毒废水。突出的案例是科罗拉多州阿拉莫萨（Alamosa）附近的萨米特威利金矿（Summitville Mine）。榨取了9 800万美元以后，已经撤离现场的矿主于1992年宣布破产，抛下几百万吨矿山废物和不断渗漏的氰化物大水坑。环保局要收拾这个烂摊子、防止氰化物水坑泄漏到阿拉莫萨河，可能要花1亿多美元。

11.5 保护与节约地质资源

实施保护措施能够大大延长经济矿物的供应、减少采矿和加工的影响。保护地质资源的做法优势很明显：需要处置的废物较少；采矿损失的土地较少；节约金钱、能源和水资源。

回收利用能同时节约能源与物料

有些废品已经得到开发利用，尤其是稀有金属和贵金属。例如，铝必须通过电解铝土矿提取，这是一项昂贵而耗能的工艺流程。反之，回收饮料罐之类的废铝，所需能量只及提取新铝的1/20。今天美国全部铝制饮料罐将近2/3得到回收，而20年前只有15%。废铝的高价值（每吨650美元，相比之下钢铁为60美元、塑料200美元、玻璃50美元、纸板30美元）带给消费者足够的动力，以回收饮料罐。再循环如此迅速而高效，使得食品店货架上全部铝罐有一半在两个月内又变成新罐。表11.3表示提取其他物料的能量成本。

表11.3 从矿石和原材料中生产各种物料所需的能量

	所需能量（每千克兆焦耳）	
产品	新原料	废料
玻璃	25	25
钢铁	50	26
塑料	162	—
铝	250	8
钛	400	—
铜	60	7
纸张	24	15

资料来源：E. T. Hayes, *Implications of Materials Processing*, 1997.

汽车废气催化转化器中的铂价值很高，通常都从旧汽车中回收利用。回收的其他金属还有金、银、铜、铅、钢和铁。后四种很容易得到，品质纯正而且量大，包括铜管、铅电池和汽车的钢铁部件都是如此。金银的回收方法即使很困难，但其价值也足以保证其回收。现在美国报废汽车和汽车电池几乎全部都得到回收（图11.11）。

图11.11 我们拥有最丰富的金属资源——废汽车山，提供丰富、廉价和有益于生态的资源，从中可以“开采”许多金属。

虽然近几十年来美国钢铁总产量有所下降——主要是由于日本高效新钢铁厂廉价的供应，但是一种完全靠现成的废钢铁供应的新型工厂成为新兴行业。用废钢铁重新熔炼和再成型的**小钢铁厂**（minimills），比传统的综合性钢铁厂更小、成本更低。后者需要从准备原料矿石开始直到制成钢铁产品为止，完成每一项工艺流程。小钢铁厂生产每吨钢铁比综合性钢铁厂熔炉耗能少一半。目前小钢铁厂的产量占美国钢铁的一半左右。有些小钢铁厂使用回收钢铁多达90%。现在北美生产的钢铁至少含有28%的回收钢铁，2010年美国回收利用的钢铁已达83%。

新型材料能取代矿产资源

人们能够用新型材料或开发新技术代替矿物和金属的传统用途，减少消耗。这是一种早已存在的传统，例如青铜取代了石器，铁取代了青铜。近年来，塑料管的采用又减少了铜管、铅管和钢管的使用。同样，光纤技术的开发与卫星通信又减少了对铜电话线的需求。

钢铁曾经是工业的脊梁，但是我们今天正在转向其他材料。钢铁的主要用途之一是制造机器与汽车零部件。汽车生产中，钢铁正在被聚合物（类似塑料的长链有机分子）、铝、陶瓷和新的高科技合金所取代。这一切降低了汽车的重量和成本，而且提高了燃料效率。有些新合金把钢与钛、钒或其他金属结合，比传统钢铁耐久得多。发动机的陶瓷零部件为活塞、轴承和气缸周围提供隔热层，使发动机其他部分保持较低温度从而更高效地运行。车身部件和一些发动机部件使用塑料和玻璃纤维增强的聚合物。

电子与通信（电话）技术曾经是铜和铝的主要消耗者，目前人们使用超轻超纯的玻璃光缆传送光脉冲，而不是用金属线传送电脉冲。虽然这种技术仍然是因为更高效和成本更低才得到开发，但是也影响着大部分基础金属的消耗。

11.6 地质灾害

本章开篇案例中所描述的地震，以及火山、洪水和滑坡，都是正常的地球过程，是塑造了今天地球面貌的事件。然而，当这些事件影响人类时，其后果会是我们所遇到的最坏和最令人恐惧的灾难。

地震是频繁而致命的灾害

2010年海地地震远不是世界上最严重的地质灾害。2004年印度尼西亚班达亚齐市（Banda Aceh）外海发生的规模大得多的地震及随之而来的海啸致死人数超过23万，所造成的伤害更远及非洲。

地震（earthquake）是地壳沿断层（薄弱面）发生的突然运动，断层就是一个岩块滑过另一岩块的地方。当地壳沿断层缓慢而较平滑地运动时，称为蠕变或地震滑动，漫不经心的观察者可能无法察觉。当摩擦力使岩石不能轻易滑动时，应力就积聚起来，最后猛然晃动把能量释放出来。地震时断层上首先发生运动的地点叫作震中。

地震似乎永远是神秘和猛烈的，毫无征兆地到来，震后留下被毁坏的城镇和面目全非的景观（图11.12）。地震时水分饱和的土壤会液化。这种情况下有时房屋会沉入地下或像多米诺骨牌那样倒下。

图11.12 在建筑方法不能抗震的地方，地震最具毁灭性。据估计2010年海地地震致死20万人。倒塌的房屋、食物和饮水短缺、传染病和无家可归导致死亡人数攀升。

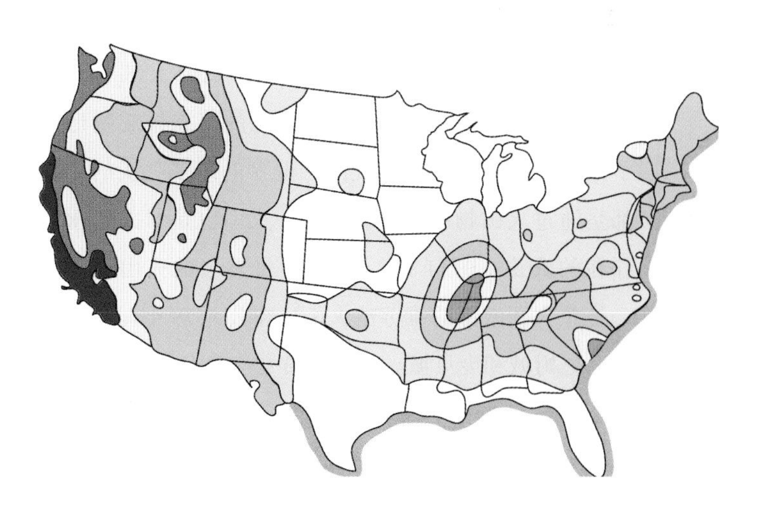

图11.13 美国本土48州地震图，表示地震的危险程度。太平洋沿岸危险最大，但是密西西比河沿岸和密苏里州新马德里周围也存在很高的风险。不同颜色表示地壳可能的运动，单位cm/s/s。红色代表大于200，黄色20，白色小于2。

资料来源：美国地质勘探局，2010年。

地震常沿板块边缘发生，尤其是在一个板块向另一个板块俯冲（或下推）的地方。不过大陆中心也会发生地震。事实上，北美洲有历史记录最大的地震是1812年发生在密苏里州新马德里周边地区的地震，估计为8.8级（图11.13）。幸而当时那里居民不多，损失极小。

现在地震地区的建筑法规试图通过修建抗震建筑物预防损害和伤亡。主要方法是大力强化房屋结构；有策略地在建筑物中设置一些柔性的部位使其吸收建筑物其他部位的震动；在建筑物下面安放一些衬垫或浮筒，使建筑物能随地面一起移动而不受损害。

地震最糟糕的后果之一是**海啸**（tsunami，来自日语，意为“海港浪”）。这些巨大的海洋涌浪，例如2004年起源于印度尼西亚班达亚齐市的那一次，以每小时1 000千米或更快的速度从震中向外传播。这些涌浪接近海岸时会产生高达65米的碎浪。海啸也可能因水下火山爆发或大规模海床滑塌而产生。

有证据表明人类活动能够引发地震。地震活动的增加常常和大型水坝后的水库水位的上升与下降有关。同样，把液体注入深井也可能与轻微地震增多有关。2009年分别位于瑞士和加利福尼亚的两个地热深井项目紧邻地区的地震突然增强了，这两个项目随即被紧急叫停。

火山喷射出致命的气体和灰尘

火山（volcanoes）和海底岩浆喷口是大部分地壳的来源。亿万年来，出自这些来源的气态排放物形成了地球最早的海洋和大气圈。世界上许多肥沃的土地都是通过火山物质风化而成的。火山也是对人口永远存在的威胁（图11.14）。历史上最著名的火山爆发之一是意大利南部的维苏威火山，在公元79年埋葬了赫库兰尼姆城和庞贝城。该火山喷发前曾有活动的迹象，但是很多人选择留下冒险求生。8月24日火山灰掩埋了这两座城市。几千人死于从火山上喷出的火山灰和随之而来的浓密、炙热、有毒的气体。该火山至今还不时喷发。

图11.14 1984年9月23日的这张照片中，岩浆和火山灰流溢出菲律宾马荣（Mayon）火山的山坡。由于7.3万多人撤离了危险地区，这次喷发未造成人员伤亡。

炽热火山云（Nuées ardentes，法语意炙热的云）是比空气重、能致人死命的热气和灰尘的混合物，就像掩盖了庞贝和赫库兰尼姆的那种。这些云的温度可能超过1 000℃，并能够以每小时100千米的速度移动。1902年5月8日，炽热火山云摧毁了加勒比海马提尼克岛的圣皮埃尔城（St. Pierre）。培雷火山（Mount Pelee）喷射出炙热的云席卷全城，几分钟内造成2.5万至4万人死亡。除了被监禁在地牢的一名囚徒得以生还外，全城居民无一幸免。

火山还伴随着灾难性的泥石流。1985年，哥伦比亚波哥大西北130千米处的内华达德鲁兹火山（Nevado del Ruíz）喷发，造成的泥石流掩埋了阿尔梅罗城（Armero）的大部分并摧毁了金鸡纳城（Chinchina），估计死亡2.5万人。1980年伴随着华盛顿州圣海伦火山的喷发，也引发了巨大的泥石流。泥沙夹杂着融雪毁坏了道路、桥梁和房屋，但是由于事前得到充分的预警，伤亡极少。地质学家担心雷尼尔火山（Mount Rainier）类似的泥石流会对更多人口造成威胁（图11.15）。

火山喷发往往将大量灰尘排入空气中。圣海伦火山排出3立方千米的灰尘，降落到北美洲大部分地区。这还只是一次小爆发。较高等级的是1815年印度尼西亚坦博拉火山的爆发，喷出175立方千米的灰尘，为圣海伦火山的58倍。这些尘云环绕地球，削弱阳光，气

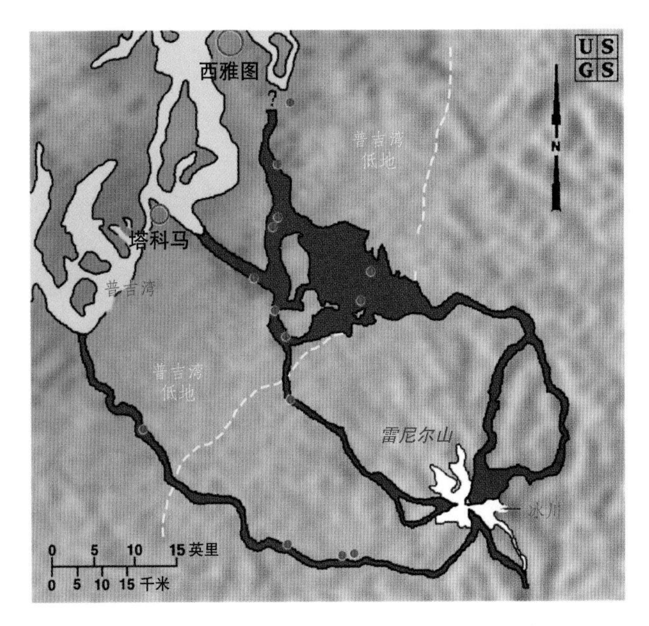

图 11.15 6 000 年来雷尼尔火山的活动造成至少 12 次大型泥石流（棕色区域）。未来的泥石流可能对该地区目前的人口造成更大的威胁。

资料来源：数据来自 T. W. Sisson, USGS Open File Report 95 642.

温急剧降低，以至于1815年被称为无夏之年。

火山灰不仅遮挡阳光，喷发排出的硫还能与雨水和空气中的水分结合生成硫酸（H_2SO_4）。硫酸液滴干扰太阳辐射，并能使全球气候明显变凉。1991年菲律宾皮纳图博火山排出2 000万吨二氧化硫气溶胶，在大气圈中停留两年。这层薄霾使全球气温在两年内降低1℃，平流层中的臭氧减少了10%～15%，使增强的紫外线直射地球表面。

洪水是河流重塑地形的过程

洪水（floods）和地震、火山一样，也是会对所过之处的人类造成伤害的正常事件。河流切割并塑造地形的时候，形成了宽阔的**泛滥平原**（floodplains），即周期性受淹的宽阔平地。像密西西比河那样的大河可能有广大的泛滥平原。许多城市修建在这些平坦肥沃的平原上，便于到达河边。洪水毫无规律，泛滥平原可能在很多年里都很安全，但最终大部分泛滥平原都会被淹。泛滥的严重程度可以用洪水高出正常河岸的高度来表示，也可以用某地区同类事件通常出现（按平均数）的频率来描述。例如，“十年一遇洪水”，“百年一遇洪水”，但是两个百年一遇洪水可能接连两年出现，甚至可能出现在同一年内。

所有直接自然灾害中，洪水对人类生命和财产造成的损失最大。2008年8月的大雨造成美国中西部广大地区洪水泛滥。艾奥瓦州、威斯康星州、伊利诺伊州和印第安纳州许多城市经历了一个多世纪以来最高的水位。例如，艾奥瓦州的锡达拉皮兹市（Cedar Rapids），整个市中心区几乎都被锡达河的溢流所淹没（图11.16）。

2008年密西西比河洪水造成数十亿美元的财产损失。洪水造成最大的经济损失通常不是将建筑物与财产冲走，而是洪水造成的污染。室内被洪水淹过的一切，地毯、家具、窗帘、电子产品乃至干板墙和隔热层，因受污水、有毒化学品、农牧场废物、死动物和洪水带来的污泥沾染而不得不清除或丢弃。有些情况下，洪水留下的泥沙会将整座城市完全掩埋。

2008年，美国玉米和大豆生产地区中心20 000多平方千米肥沃农田被淹没。据美国农业部估计，这一次造成约500万吨玉米和约184万吨大豆失收，那时这两种商品正处于破历史纪录的高价位。这些损失可能加剧了全世界的粮食短缺状况。

这些洪水是否和全球气候变化有关？许多气候学家预测，全球变暖将造成更多极端天气事件，包括一些地区严重干旱而另一些地区强烈降雨。此外，人类许多其他方面的活动也增加了洪水的严重程度和频率。

图 11.16 洪水淹没了人们的居住区。像这样严重的灾难是否应部分地归罪于人类造成的环境变化？

你的手机来自何处?

移动电话、计算机和其他电子小玩意儿改变了我们的生活，但是很少人想过制造这些设备的地质资源。在这些物件的使用寿命内我们享用它们，但又总想购买下一代新的更好的型号。虽然每个人的小玩意儿可能很小，只含有极少量贵金属、稀土金属、化石燃料和其他物料，但是集中起来就造成很大影响。

全世界至少有10亿台个人电脑和50亿部移动电话，而且数量仍在迅速增加。美国大多数人每隔18至24个月就更换手机。计算机只能维持两三年，每年都给美国带来堆积如山的电子垃圾。

下面是对手机做出许多贡献的若干资源产地例子。

我们日益依赖电子产品，但是这些产品来自何方？

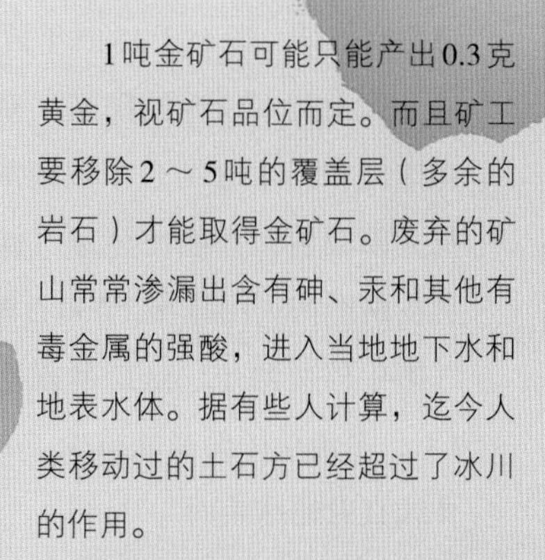

1吨金矿石可能只能产出0.3克黄金，视矿石品位而定。而且矿工要移除2～5吨的覆盖层（多余的岩石）才能取得金矿石。废弃的矿山常常渗漏出含有砷、汞和其他有毒金属的强酸，进入当地地下水和地表水体。据有些人计算，迄今人类移动过的土石方已经超过了冰川的作用。

手机虽然很小，但是包含数量多得惊人的可回收的金属，可是每年都有成千上万手机被抛弃或闲置在抽屉和柜子里。标准的手机含有金、银、铜、钯、铅、汞、铬、镉、铑、铍、锂及其他金属和化合物。

特殊的轻型金属往往产自偏远而难以监测的地点。其中有一种“钶钽铁矿”含有金属钶、钽和铌，这些金属对包括手机在内的许多电子产品至关重要。

露天铜矿

正如本章其他内容中提到的，铌、镝、镧和钇等稀土金属的供应对现代电子产品也是至关重要的。对这些物料资源的垄断，以及开采与提纯这些物料时对环境产生的有害影响，可能限制某些技术的应用。

炼油厂利用石油生产我们使用的塑料。

收集与监控电子垃圾日益重要。

全世界每年丢弃数十亿部手机和电脑，加上电冰箱、空调机、电视机和其他不需要的物件，使得电子垃圾的处置成为大问题。美国每年丢弃300万吨电子产品，垃圾填埋场中70%的重金属来自电子垃圾。这些电子垃圾越来越多运往发展中国家，那里的拾荒者在危险的条件下将其解体以回收贵金属。现代化回收设备能够更安全更有效地回收99%的此类金属。

近海油井提供能源和塑料

你的电话和计算机外壳通常是用石油制造的。我们使用的小玩意儿的制造和运输也耗用能量。开采、运输和提炼化石燃料是我们产生的最大的地质影响之一。获取全世界每年使用的200亿桶石油或70亿吨煤造成了无法估算的环境、社会与经济影响。

请解释：

1. 如果每部手机含有0.3克黄金，50亿部手机中有多少黄金？
2. 列出手机中的15种元素或稀土材料。
3. 对于垃圾丢弃后所发生的问题，我们是否负有伦理上的责任？

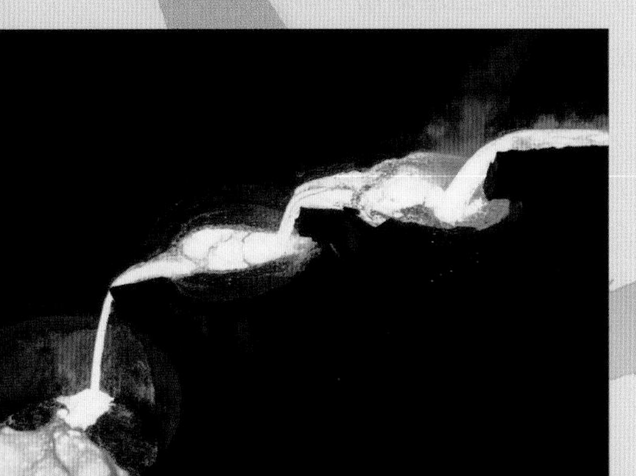

熔炼（烘焙矿石提取金属）消耗大量能源并常常释放大量空气污染物和水污染物，在环境法规不严的国家尤其如此。

用硬化材料覆盖地面，例如道路、停车场和屋顶，减少了雨水渗入土壤，加快了排入河流和湖泊的速度。为发展农业而砍伐森林和破坏湿地，也使暴雨后排水量增大、速度加快。例如，在艾奥瓦州，殖民之前存在的湿地至少99%已被填平用作农田和城镇开发。

虽然与房地产开发相比，人们修建了更多的防洪构筑物把泛滥平原与河流分隔开。人们修筑防洪堤和挡水墙把河水控制在河岸之内，并疏浚和挖深河道使水流下泄加快。然而，任何防洪构筑物只不过是将问题转嫁到下游。河水必须流向某处。如果不渗入上游的地面，就只能加剧下游某处的洪水，这导致修建更多的防洪堤，更多洪水流向下游，依此类推。

防洪 密西西比河及其支流上已经修建的防洪系统耗资250亿美元。这些系统在20世纪保护了许多社区。然而，在1993年，这个精心建造的系统把一场大洪水变成大灾难。由于剥夺了河流漫溢到泛滥平原的能力，只能将水流推向下游，造成流速更快水位更高，最终防洪堤在某处决口。据水文学家估算，在同样降水的前提下，1993年的洪水比1900年以前防洪结构就位前造成的水位高3米。

根据现行法规，政府有责任提供大部分防洪堤和洪水控制结构建设的资金。很多人认为，更好的做法是把这笔钱用于恢复湿地、移除河道上的地被植物、在小河上修建拦沙坝、拆除泛滥平原上的建筑物和采取其他非建筑的方式减少洪水的风险。根据这种观点，泛滥平原应该用作野生动物栖息地、公园、娱乐休闲场所和其他不受洪水损害影响的用途。

联邦紧急事务管理署（Federal Emergency Management Agency，FEMA）经管的全国洪水保险计划（National Flood Insurance Program）原打算援助无力按合理价格购买保险的人，但是该保险计划的实际效果却造成人们在泛滥平原上修建房屋，因为它使人相信，万一发生洪水，政府会照顾他们。在发生洪水后人们本想将住宅和商铺迁移新址远离损害，或改善建筑物使其少受洪水伤害。但是财产遭受损失的业主只有在原址按同样方式重建房屋才能收到保险金，这只能使问题长期存在而得不到解决。

崩坏作用包括滑坡和崩塌

重力不断地把地球各处的所有物质拉向下方。山坡、海滩甚至比较平坦的农田都可能因受侵蚀而失去物质。水分常常使松散物质活化，暴风雨来临时就会出现灾害性的崩塌、海滩侵蚀和冲沟发育。人们用“崩坏作用”泛指土壤向下的滑塌作用。

滑坡（landslides）就是山坡突然塌陷。仅在美国，滑坡及相关的崩坏作用每年造成的财产损失就超过10亿美元。山坡上松散的沉积物饱含雨水或因伐木、修路或建房而暴露在外时，山坡就特别容易突然发生滑坡（图11.17）。

图11.17 崩坏作用包括不稳定山坡的塌陷，如图所示的加利福尼亚拉古那海滩。清理整地和修建房屋会加速这种自然过程。

人们往往不会察觉到住在不稳定山坡上面或下面的风险。有时候他们对清晰明显的危险视而不见。南加利福尼亚地价很高，人们常常把房屋修建在陡坡上和狭窄的峡谷里。大多数时候，这里干燥的环境似乎很稳定，但事实上，陡坡频频滑动和崩塌。当土壤暴露在外或有强降雨时尤其如此，泥石流和碎屑流能摧毁整个社区。发展中国家里，泥石流曾在几分钟内掩埋整个村庄。另一方面，**土壤蠕动**（soil creep）以一种不易察觉的方式把物质不可阻挡地移向坡下。

土壤侵蚀毁坏农田、破坏房舍

沟蚀是较平坦地面上深沟的发育。尤其是在失去植物根系保护的农田上，那里有大量疏松的土壤，雨水顺坡下行，就能塑造出很深的冲沟。有时候沟蚀过于严重而侵蚀掉肥沃的表土，使农田变得无法耕种。农业土壤侵蚀被视为无形的危机。仅在美国，土壤侵蚀就使数千平方千米基本农田降低了肥力。

海滩侵蚀发生在所有沙质海岸线上，因为波浪会不断地重新分配沙子和其他沉积物。世界上最长最壮观的沙滩位于北美洲大西洋沿岸，从新英格兰直至佛罗里达并环绕墨西哥湾。海滩大部分位处大陆与外海之间350个狭长的**堰洲岛**（barrier islands）上。这些堰洲岛后面是周边为沼泽或湿地的浅水湾或微咸水潟湖。

早期居民认识到居住在这些无遮蔽的沙质海岸上有风险，他们定居在堰洲岛海湾的内侧，或尽可能在入海河流上游。然而，现代居民对有海景和临近海滩的住处给予高度评价。而且他们认为现代技术能使他们免受自然力之害。最有价值位置最优越的房地产离海滨最近。近50年来，4 000平方千米河口湾和沿海沼泽被堆填供房地产与娱乐休闲之用。

图 11.18 阿拉巴马州多芬岛（Dauphin Island）上卡特琳娜飓风造成的后果。1970年以来，莫比尔湾（Mobile Bay）河口处的堰洲岛被风暴冲走了1 500万立方米沙子。有些房屋在20年内重建了5次，大部分来自公共支出。在这样无遮蔽的地方反复进行重建有任何意义吗?

直接在海滩和堰洲岛上进行建设会对整个生态系统造成不可挽回的伤害。在正常情况下，脆弱的植被把流沙固定在原地。修建房屋、道路和让道路穿越沙丘破坏了这种植被，使堰洲岛变得不稳定，然后暴风雨会冲走海滩乃至整个岛屿。2005年的卡特琳娜飓风对美国墨西哥湾海岸造成了1 000亿美元的财产损失，主要是由于风暴席卷了堰洲岛和海岸线（图11.18）。联邦紧急事务管理署估计，到2060年，由于全球变暖使风暴加强和海平面上升，美国25%沿岸房屋的地基会被冲走，堰洲岛和低海拔地区将成为更加危险的居住地。

城市和私人房地产主常常花费几百万美元保护沙滩免受侵蚀，并在风暴之后进行维修。沙子是从海底挖取或用卡车运来的，结果在下次风暴时再次被冲走。修建人工屏障，例如丁字坝或防波堤，能够留住流沙并在一个地区建立海滩，但是这样做常常使下游海滩缺沙，使那里的侵蚀更加严重。

政府的政策也像对待内陆泛滥平原的情况一样，常常鼓励人们在不应该建设的地方修建房屋。资助房屋与桥梁的修建、支持上下水工程、为二套房免税、提供洪水保险以及救灾，所有这些措施都对房地产商和建筑商有好处，却把人引导到危险的地方建造房屋。洪水保险一般为每年保费400美元保额10万美元。2005年联邦紧急事务管理署为灾害索赔支付了170亿美元，其中80%和洪水有关。解决方法通常要求建筑物在原地完全按原样重建。对于能够得到多少赔付并无限制，不管有什么风险，保单很少被取消。有些海滩房屋在20年内重建了5次，花费都来自公共支出。总审计署报告称，联邦洪水保险2%的政策负责赔偿全部索赔的30%。

1982年《海滩资源法》禁止联邦政府支持（包括洪水保险）在敏感岛屿和海滩进行开发。但是，1992年美国最高法院裁决，禁止在泛滥平原开发等同于对私产的“夺取”或没收，这是违反宪法的。

总　结

包括地震、火山、海啸、洪水和滑坡在内的地质灾害是对人类的主要威胁。以往，毁灭性的事件多次改变人类历史，在全世界范围内造成地缘政治上、经济上、遗传上乃至艺术上的后果。但是对人类造成威胁的同一过程也创造了资源，例如化石燃料、金属和建筑材料。地质学研究使我们能够预测这些威胁和资源出现在什么地方。然而，地球资源的开采往往带来严重的环境代价，包括水污染、生境破坏和空气污染。

地球表面是被漂移的地壳板块塑造的，这些板块虽然缓慢但是不断地分分合合。地震、火山和山脉出现在板块边缘。岩石由矿物构成，可以按照其是源于熔融物质（火成岩）、受侵蚀或沉积的泥沙（沉积岩）还是在地球深处受热受压而变性（变质岩）来分类。

石油、天然气和煤炭等地球资源是经济的基础。金属开采虽然费用很高，但是由于其既柔韧又结实、还能导电（例如铜），因而极其珍贵。金属和其他地质资源的开采和冶炼可能造成严重的环境损害。有些情况下，虽然土地能够大体上恢复原状，但是如果在地面上挖掘深达几千米的深坑，或者把整个山顶砍掉把废石抛弃到邻近的河谷中，其伤害就未必能永远消除。

许多物料都能回收利用，既节约金钱、能量，又能保护环境质量。例如，回收铝的能耗只及提炼新铝的1/20，回收铜为1/8。我们还可以用更高效的新物料代替传统物料而节约能量和资源。光纤通信线路已经取代了大部分铜导线，在节约铜的同时又提高了传输速度和效率。

了解既造成地质灾害又造就了资源的营力和过程对人类的生存极其重要。正如著名地质学家阿加西（Louis Agassiz）所说：“要么学习地质学，要么死亡。”

12 能量

内华达州内利斯空军基地安装在导轨架上追踪太阳的光伏电池。如果我们致力于清洁能源技术，到 2030 年，风力、水力和太阳能可能为世界提供百分之百的能源，完全取代化石燃料。

问题与讨论

- 我们使用的能源的主要来源是什么？
- 什么叫石油生产峰值？为什么难以预测未来石油生产？
- 国内能源生产中煤炭的重要性如何？
- 燃煤的环境效应是什么？清净煤有可能吗？
- 核反应堆如何工作？它有何利弊？
- 可再生能源的主要形式是什么？
- 太阳能、风能、水能和其他可再生能源能否消除对化石燃料的需求？
- 什么是光伏电池？它是如何运作的？
- 什么是生物燃料？对其支持与反对的理由是什么？

我们不仅要为自己的所作所为负责，
还要为该做而不做的事情负责。

——莫里哀（Molière）
法国喜剧作家、演员、戏剧活动家

中国的可再生能源

从地面上看去，日照跟中国其他中等城市一样。它位于山东省，大致位于北京和上海之间，坐拥海岸平原背靠群山。一排排传统房屋交杂在高层公寓与写字楼之间。但从上往下看，则是另一番景象。一百多万台闪闪发光的太阳能收集器装点着这座拥有280万居民的城市的屋顶（图12.1）。99%以上的家庭依靠可再生能源提供热水和供暖。

2008年，日照成为碳平衡城市，是世界上率先达到这一里程碑的四个城市之一，这在发展中国家中是了不起的成就。与十年前相比，日照业已将其人均碳排放减半，人均能耗减少了1/3。对业主慷慨的补贴、低息贷款和对所有新建筑必须使用可再生能源的要求，形成了使设备成本降低的广阔市场，使空气清新、节约成本并创造了数千就业岗位。目前一台太阳能热水器成本约为230美元，大约相当于美国的1/10，而且只要几年就能收回成本。

中国正在成为全世界可再生能源的领导者。过去几十年间，中国已经控制了全世界太阳能电池板市场的一半以上。2009年，中国超越丹麦、德国和西班牙，成为全世界最大的风力发电机生产商。由于中国开发了自己的技术，加上广阔的市场，带来可再生能源价格急剧下降的前景，这对全球环境而言是好消息。

中国主导可再生能源技术的决心加强了这样的前景，即美国和欧洲可能要将对中东石油的依赖转向对中国制造的太阳能电池板、风力发电机和其他能源供应的依赖。中国在清洁能源技术职业方面业已雇用了50多万工人，而且该领域每年还会增加大约10万个新职位。

中国在可持续能源生产竞赛中拥有几方面的优势。1990年以来，大约有2.5亿人从农村移居城市，而且未来几十年内可望还有同样数量的农民进城，为新住宅、电力和新技术提供巨大的市场。为了满足未来十年内日益增长的能量需求，中国必须增加的发电量是美国的9倍。无论公用事业管理人员将新设备置于何处，都不难安装一些太阳能或风力发电设备。另一方面，美国和欧洲的公用事业可能必须摈弃某些现有技术才能以一种有意义的方式改用可再生能源。

中国还得益于其低廉的劳动力与原材料。中国公司生产世界上价格最低的太阳能电池板，2008年每千克400美元，目前降至每千克45美元，而且未来几年内可望进一步降低。在中国建设太阳能电站和风电场比较容易，遇到公众的反对极少，中国可以轻易让公用设施改用可再生能源。

中国迅速成为全世界绿色技术的领导者，无论对全球环境还是对世界经济都是头条新闻。许多人都想知道中国如何能为其庞大的人口提供工作、住宅和能源。可再生能源的发展及其提供的职位可能不仅为中国，也为其他发展中国家指出方向，减少它们对环境有害的化石燃料的依赖而迈向可持续发展。我们将在本章讨论全世界的能源问题、我们如何获取现在使用的能源，以及寻求以对环境和对社会可持续的方式满足我们对能源需求的选择。

图12.1 中国已在4 000多万家屋顶安装了太阳能集热器，正在稳步成为全世界可再生能源的领跑者。

12.1 能源及其使用

火很可能是人类使用的第一种外部能量。我们在100万年前先民居住过的地点发现了火燃烧留下的木炭。至少自1万年前新石器时代肇始之时，家畜提供的兽力就开始发挥重大作用。风力和水力的使用也有几乎同样悠久的历史。19世纪初，蒸汽机的发明伴随着工业化国家木材供应的日渐紧缺，煤炭成为主要能源。进而，到了20世纪，由于液态燃料易于运输和容易燃烧，石油又取代了煤炭。然而，随着容易开采的石油被采尽，我们需到越来越偏远的地方，例如深海地层和北极地区，寻找我们所依赖的石油。

目前**化石燃料**（fossil fuels，石油、天然气和煤炭）供应了全世界商业能源需求的88%（图12.2）。对化石燃料的依赖——有些人说是成瘾，产生了危险的地缘政治与经济问题。例如，美国每年花费大约4 000亿美元进口石油，这还不算供养武装部队确保那些资源的可获性的费用。为了支持社会发展而燃烧大量化石燃料造成了不可持续的环境影响，例如铲平山头开采煤矿、提取沥青砂而污染水体，或者因燃烧含碳燃料而污染空气并引起全球气候变化等，不一而足。

我们亟须打破对化石燃料的依赖。幸而，这样的情况似乎正在发生。正如本章开篇案例所述，在开发可再生能源方面，目前中国正在起着示范作用。这在许多方面都是好消息。作为世界上最大的二氧化碳排放国，几十年内中国所发生的一切对全球变化将有巨大影响。而且，中国的进步可能对其他发展中国家起示范作用，跨越欧洲和美国与工业化相伴随的错误与问题。

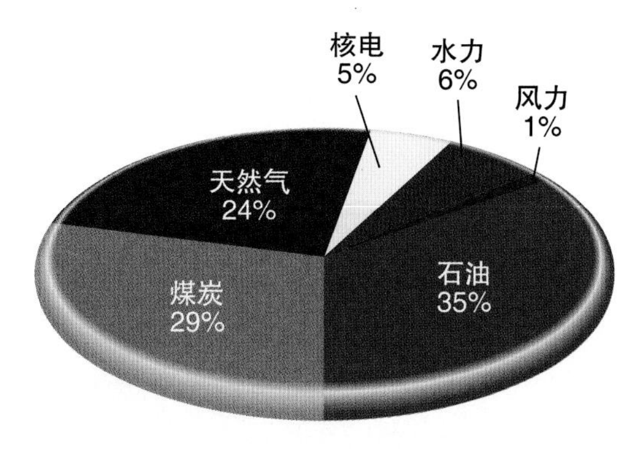

图12.2 全世界商业能源消费。图中不包括为个人使用而收集的或通过非正式市场贸易的能量源。

资料来源：数据来自British Petroleum, 2010.

怎样测量能量

要理解能量使用的多少，就要先了解用以测量能量的单位。**功**（work）就是使物体移动一段距离所用的力，我们用焦耳（joules）来衡量功（表12.1）。**能**（energy）是做功的本领。**功率**（power）是能量流的速率或做功的速率：例如，1瓦特（watt，W）就是每秒1焦耳。如果你使用一个100瓦的灯泡10小时，你就用了1 000瓦特小时，或者1千瓦·时（kW·h）。大部分美国家庭每年使用大约1.1万kW·h（表12.2）。

表12.1 能量单位

1焦耳（J）	把1千克物体以1米/秒^{2}加速1米（或以1安/秒通过1欧电阻）所需的功
1瓦（W）	每秒1焦耳
1兆兆瓦（TW）	1万亿瓦
1千瓦·时（kW·h）	1 000瓦运行1小时
1兆瓦（MW）	100万瓦
1千兆焦耳（GJ）	10亿焦
1标准桶石油（bbl）	42加仑（160升）

表12.2 能量使用

用途	千瓦时/年*
计算机	100
电视机	125
100瓦电灯泡	250
15瓦荧光灯	40
除湿机	400
洗碗机	600
电炉/电烤箱	650
电冰箱	1 100

*所示为平均值，实际变化很大。

资料来源：美国能源部。

化石燃料为我们供应大部分能量

美国和大部分工业化国家一样，从化石燃料中获取大部分能量。石油占总供给的37%，紧随其后的是天然气（24%）和煤炭（23%）（图12.3）。关于化石燃料使用最重要的事实是，20个最富裕的国家消费全世界每年生产的近80%的天然气、65%的石油和50%的煤炭。虽然这些国家只占世界人口的1/5，却控制了商业能源供应的一半以上。例如，美国人口只占世界的4.5%，但消费全部化石燃料的1/4。

可再生能源——太阳能、风能、地热能和水电，占美国商业电力的7%（但是几乎全部为水电和生物质能）。太阳能、风能和地热发电虽然增长迅速，但是占美国能量供应仍然不足1%。薪柴、木炭和其他生物质燃料是发展中国家10多亿人的主要能源。这对贫苦大众的生活非常重要，但也是毁林的主要原因（第六章）。

核电略微超过可再生能源（占美国全部能源约9%），但是供应了全部电力的20%。有足够的核燃料支撑长期发电，但是正如本章后面讨论的那样，对于安全的关切和核废料的储存问题使这种选择难以为大多数人接受。

你每年使用多少能量？我们大多数人都不会多想，但是要维持我们所享受的生活方式需要巨大的能量投入。美国和加拿大平均每人每年使用300千兆焦耳（约相当于60桶石油）。相反，有些最穷的国家，如埃塞俄比亚、尼泊尔和不丹，通常每人每年消费不足1千兆焦耳。这意味着我们平均每天所消费的能量相当于这些国家每人一年的消费量。

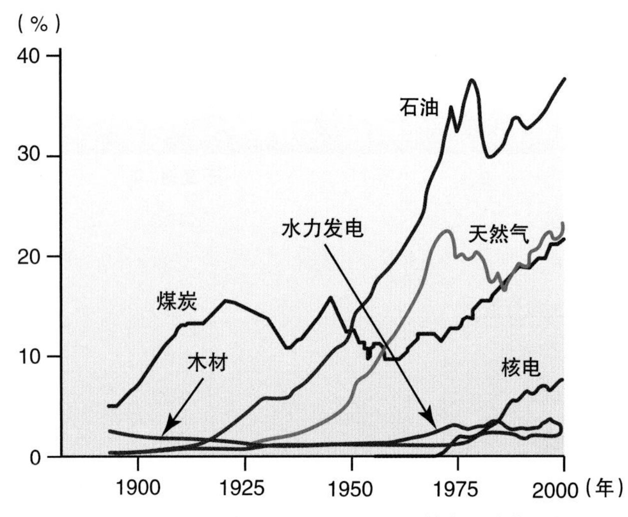

图 12.3　尽管20世纪各种燃料的相对重要性有了变化，但是目前化石燃料供应仍占美国全部能源的84%，其中石油又占最大的份额。此外，近50年来，除了薪柴和水电外，所有能源都飙升至很高的水平。

资料来源：美国环境部，2010。

显然，能量消费事关我们生活的舒适与方便。富裕国家的人享受着世界上大多数人所没有的便利。但是，能量消费与生活舒适的联系并不是绝对的。若干欧洲国家，包括瑞典、丹麦和芬兰，用任何尺度衡量其生活标准几乎都高于美国，但是所用的能量仅及美国一半。

我们如何使用能源

美国能源消费最大的部门是工业（图12.4）。采矿、碾磨、冶炼和原料金属锻造消费工业用能的1/4。化学工业是化石燃料位居第二的消费用户，但是只有一半燃料用以产生能量，另一半用以制造塑料、化肥、溶剂、润滑剂和千百种商用有机化学品。制造水泥、玻璃、砖瓦、纸张和食物加工也消费大量能量。虽然煤炭提供美国总能源的1/4，但是只提供了大约一半的电力。

美国居民和商业用户使用了大约41%的初级能源，大部分用于供暖、制冷、照明和热水。美国每年用于交通运输的能量占全部能源的28%。大约98%的能量来自提炼成汽油和柴油的石油产品，其余2%来自天然气和电力。

近3/4的交通用能被用于机动车辆。美国每年机动车辆的乘客周转量为3万亿乘客千米和货物6 000亿吨

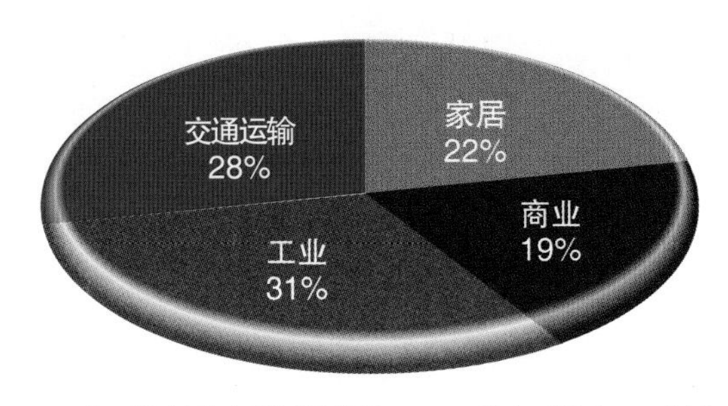

图 12.4　化石燃料供应美国能源的84%，其中石油（3/4靠进口）占最大份额。工业是用能最大的部门。然而，大约2/3的石油用于交通运输。

千米。美国大约75%的货运通过火车、驳船和管道，但是由于其效率很高，仅使用全部运输燃料的12%。

能量生产与传输同样消耗与浪费能量。初级燃料中全部能量大约有一半损失在转化为更有用形式时、损失在传输到最终使用地点和使用过程中。通常把电力誉为清洁高效的能源，这是因为当用电运行电热器或其他电器用品时，几乎百分之百的能量都转化为有用功而无污染排放。

但是，在电力传输到我们之前会发生什么情况？燃煤发电厂供应我们电能的一半，而采煤与燃煤过程中会释放出大量污染物。此外，煤炭中近2/3的能量损失于发电厂的热能转换过程中，另有10%损失于输电与逐步降压到家用电压的过程中。

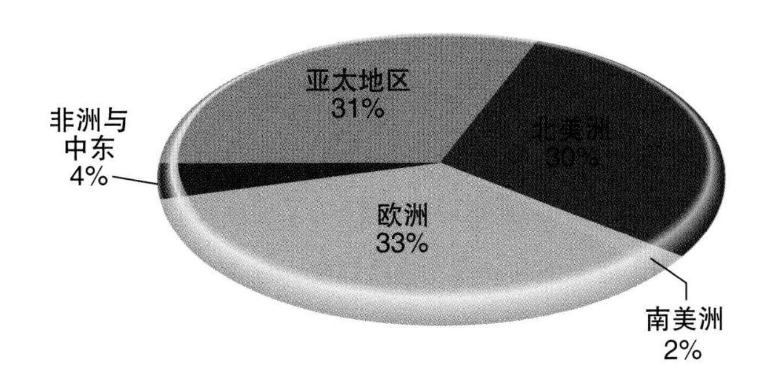

图 12.5　2008 年各地区已探明的煤矿储量。

资料来源：British Petroleum, 2010.

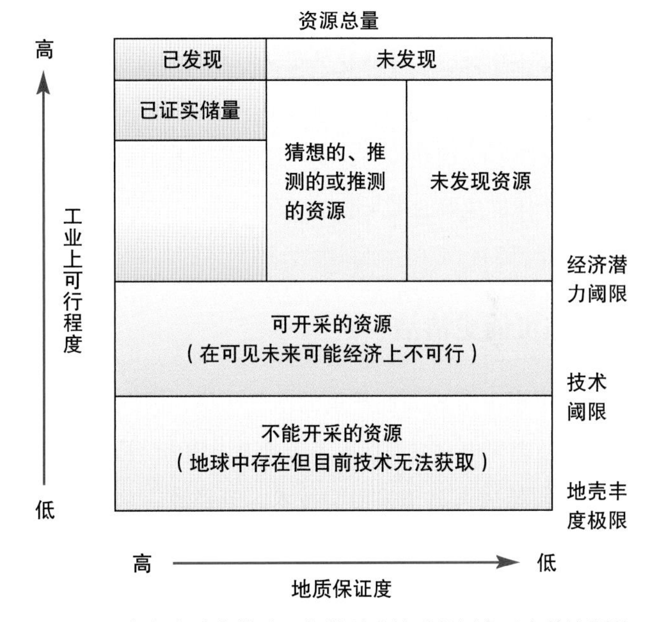

图 12.6　根据经济与技术可行性以及地质保证度对自然资源的分类。

12.2　化石燃料

化石燃料是几亿年前埋藏在岩层中已分解的植物、藻类和其他有机体形成的有机（碳基）化合物。最富的矿点大多是3.6亿年到2.86亿年前（密西西比系、宾夕法尼亚系和二叠系，见第11章）形成的，那时地球气候远比现在温暖和湿润。

煤矿资源储量浩大

世界上煤炭矿藏储量非常巨大，为传统的石油与天然气总和的10倍以上。几乎所有煤矿都在北美、欧洲和亚洲（图12.5），仅美、俄、中三国就占全部已探明储量的2/3。煤层可能厚达100米，绵延几万平方千米，史前时期那里是辽阔的沼泽森林。煤炭资源总量估计达10万亿吨。如果将其全部开采出来，而且我们能找到环境友好的使用方式，可供几千年之需。经济上可行储量一般只是总资源量的一小部分（图12.6）

但是我们确实想用光全部煤炭吗？采煤是一项肮脏而危险的活动。地下开采因塌方、爆炸和肺部疾病（如矿工罹患的黑肺病）而声名狼藉。露天采矿（用大型机械剥离上覆沉积物以暴露煤层）较便宜，而且比坑道开采对工人更安全，不过煤炭挖完后会留下巨坑和大堆废弃物。

阿巴拉契亚地区所采用的破坏性特别强的技术称为山顶移除法。通常的做法是将山脉的顶部全部剥离直至埋藏的煤炭。2010年，环保局宣布禁止“填埋山谷”（把废岩推入邻近的山谷），从而终结了山顶移除采矿法（见第11章关于采矿的讨论）。目前美国强制执行矿山复垦，但是这种努力只获得了部分成功。

燃煤会释放大量空气污染物。因二氧化碳排放造成的全球气候变化是与煤炭有关的最大问题。每年美国燃烧大约10亿吨煤（83%用于发电），释放出接近1万亿吨二氧化碳，占美国每年工业排放二氧化碳的一半。

煤还含有一些有毒杂质，例如汞、砷、铬和铅，在燃烧时释放到空气中。美国燃煤每年释放到空气中的二氧化硫为1 800万吨，氮氧化物500万吨，空中悬浮微粒400万吨，烃类60万吨和汞40吨。这相当于美国每年排放二氧化硫的3/4和氮氧化物的1/3。硫和氮的氧化物和水化合生成硫酸和硝酸，使燃煤成为许多地区酸雨最大的来源（第9章）。

现在能够用煤制造气态或液态燃料，但是制造的过程比直接燃煤更脏也更贵。煤变油或煤变气都是一种环境灾难。

2009年还揭示了燃煤的另一个问题，那时田纳西州东部一座土坝破裂，将38亿升煤灰泥冲入田纳西河的支流中。煤灰中含有达到危险程度的砷、汞和有毒烃类。事故发生后，美国环保局透露，这个煤灰堆只不过是全国几百个同样危险的煤灰堆之一。

新电站可能更清洁

由于燃煤造成如此严重的空气污染，因此我们在开发清洁燃煤电站方面投入了大量人力物力。虽然这些电站的初始成本高于采用旧技术，但是最后总能收回成本。其中一种系统叫作**综合气化复合循环**（integrated gasification combined cycle, IGCC），能用煤炭零排放发电。使用这种技术的发电站能够在发电的同时，捕获并永久性储存二氧化碳和其他污染物。紧邻佛罗里达州坦帕市的一座IGCC发电厂已经成功运行了10年。波尔克发电厂每天把1 400吨煤转化为250兆瓦电力，足以供10万家庭使用。IGCC不直接燃煤，这不同于传统燃煤火电站。它将煤炭转化为气体，然后在涡轮机中燃烧（图12.7）。要做到这一点，先将煤炭磨成细粒，与水混合成浆体。在高压下把煤浆泵进气化室，与96%的纯氧混合并加热至1 370℃。煤炭并不燃烧，而是与氧反应，分解为各种气体，大部分为氢气和二氧化碳。气体冷却、分离并转换为易于处理的形式。

合成氢气（或合成气）净化后泵入燃气轮机，使巨型磁铁旋转以产生电力。从涡轮机中出来的过热气体输入蒸汽发生器中，驱动另一涡轮机以产生更多电流。这两台涡轮机的结合使IGCC发电厂的效率比一般燃煤电厂提高15%。也许更胜一筹的是，如果经济上可行，氢气能够为燃料电池提供动力。

IGCC发电厂还将燃煤电厂烟囱里冒出的二氧化硫、灰分和汞等污染物捕获和出售，使IGCC发电厂更清洁也更经济。硫出售给化肥厂，灰渣售给水泥公司。去除汞有益于公共卫生。煤浆水全部回流至汽化器，没有废水，只有极少量固体废物。由于效率很高，波尔克电厂生产在整个坦帕市电力系统中是最廉价的电力。目前这个电站还没有进行二氧化碳俘获，因为还没有这方面的要求，但这很容易做到。如果对二氧化碳的排放有所限制，IGCC电厂可能将其泵入深井，或将其用以提高石油和天然气的回收。

尽管波尔克系统取得了成功，但是未来10年计划

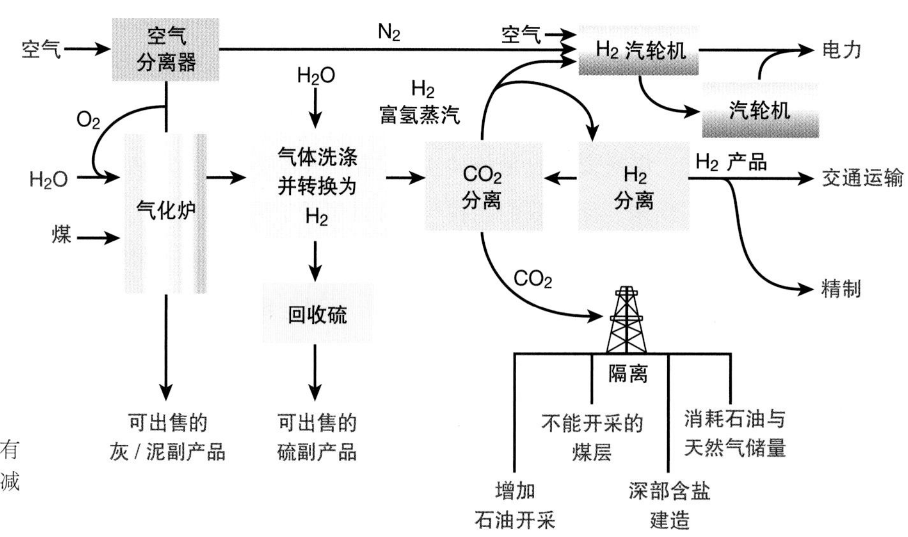

图12.7 清洁煤技术有助于能源自给，还能减少温室气体排放。

新建的80个左右燃煤电站中，只有不多几个被内定为IGCC系统，主要原因是建设成本问题。虽然IGCC的运行费用很经济，但是其建设成本比常规设计高15% ～ 20%。如果要求实业公司必须回收二氧化碳，否则要为此交税，那么清洁煤技术会更有吸引力，而我们对全球变暖的贡献就会低得多。虽然坦帕市发电厂在美国是唯一的，不过日本目前已有18座IGCC发电厂。

中国和印度两国都有非常巨大的煤炭资源，目前每年燃烧全世界所开采煤炭的一半。两国在近期内都在大幅度增加煤炭产量为其迅速增长的经济加油。继续这样做可能会使全球气候变化失控，因此，中国决心迅速转向可再生能源，无论如何这都是非常好的消息。

我们是否已经超过了石油峰值

20世纪40年代，壳牌石油公司的地球物理学家哈伯特（M. King Hubbert）博士预测，基于当时美国石油储量的估计值，美国石油生产将于20世纪70年代达到峰值。哈伯特的预测是正确的，随后估算出全球石油生产将在2005—2010年达到类似的峰值（图12.8）。尽管全球石油产量并未明显下降，但是许多石油专家预测我们将在近几年内越过峰值。

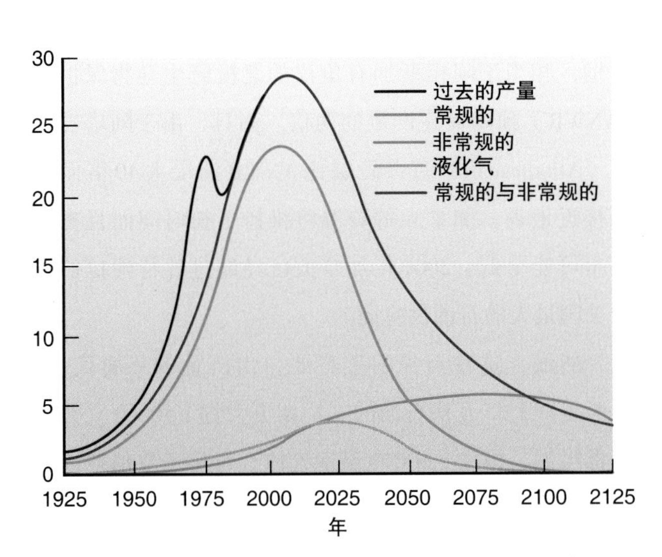

图 12.8 哈伯特预测的全世界原油产量。单位：GB（十亿桶）。

资料来源：Jean Laherrere, www. hubbertpeak.org.

据估计世界4万亿桶（6 000亿吨）液态石油中最终大约有一半可以开采（其余部分太分散、与岩石结构结合太牢固或太深而不能提取）。可回收的2万亿桶中，大约有1.26万亿桶为已探明储量（定义见图12.6）。我们业已使用了0.5万亿桶以上——接近已探明储量的一半，按目前每年消费300.7亿桶的速率，剩余部分可望维持41年。中东各国拥有世界石油供应量的一半以上（图12.9）。

然而，无论发达国家还是中国、印度和巴西等经济迅速增长的国家，消费率都在上升。近35年来，中国的能源需求增加了两倍（大部分能量用于生产供应欧美市场的商品），而且中国预期15年内能源需求翻一番。虽然可再生能源在中国能源供应份额中正在增长，但是对世界石油和天然气供应的竞争显然也在增长。近年来油价波动很大，从1993年的每桶15美元增加到2008年每桶150美元以上。

全球油价的不稳定性使得难以采取保护性措施和研发可再生能源的技术。油价高昂时，人们更愿意投资替代能源或改变其生活方式。然而，当油价下跌时，人们又回归浪费的方式。

美国国内石油供应有限

美国业已使用了技术上可采石油资源的一半以上。

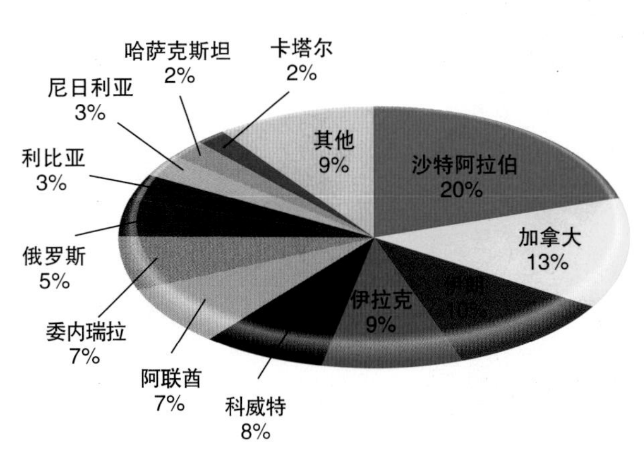

图 12.9 已探明石油储量。12国（其中8国在大中东地区）占经济上可采已知储量的91%

资料来源：美国能源部，2008。

已证实储量约为300.7亿桶。以美国2010年的消费率（每天2 000万桶）计，如果停止全部进口，仅能维持4.2年。其余大部分石油供应的潜力是在沿海水域、阿拉斯加遥远的北方，或是在野生动物栖息地、有价值的渔场和难以钻探或有危险的地方。

2010年墨西哥湾灾难性的爆炸和井喷提供了一个可怕的警告，提醒我们石油生产带来的风险。当该油井正钻至水下1 500米，达到海床下5 200米巨大的含油层时，一股爆炸性甲烷气沿钻杆涌出并爆炸成一个巨大的火球（图12.10）。11名工人死亡，17人受伤。钻探设备下沉，石油开始从破裂的油井中涌出。

官方估计每日溢油5 000桶（80万升），有些专家警告，实际溢油量可能比这大30倍。从另一个角度看，墨西哥湾的事故每两天的溢油量可能相当于1989年“瓦尔迪斯”号在阿拉斯加溢油的总量。

由于石油污染沿整个墨西哥湾东部蔓延到佛罗里达的珊瑚礁，它威胁着脆弱的沿海沼泽、宝贵的堰洲岛、鸟群、水生生物和一些世界上最丰富的渔场。这次可怕的灾难使该地区渔业和旅游业的几千个工作岗位和数十亿美元收入处于险境，这很可能是美国历史上最严重的环境灾难。

图12.10 2010年墨西哥湾“深水地平线”号钻机爆炸下沉造成溢油。一个月内破裂的管道每天喷涌出600万加仑（2 300万升）原油，污染墨西哥湾沿岸数百万平方千米的海滩和湿地，致无数鸟类、海龟、鱼类和其他水生生物死亡。

墨西哥湾的灾难重新唤起了摈弃海底钻探和转向可再生能源的强烈要求。在延长石油供应问题上，节能具有重大意义。交通运输占美国能源使用的40%以上，而石油（提炼为汽油或煤油）提供运输用能的90%以上。因此，机动车效率的高低在我们对海外石油的依赖方面具有重大影响。

油页岩和沥青砂含有大量石油

在估算可采石油供应时，通常忽略了非常规资源的巨大潜力。世界能源委员会估计，油页岩、沥青砂和其他非常规沉积物所含石油相当于液态石油储量的10倍。**沥青砂**（tar sands）由被沥青包裹的沙粒和页岩颗粒组成，沥青是一种黏稠的长链烃类混合物。浅层沥青砂采挖后和热水或水蒸气混合提取沥青，然后进行分馏提取有用的产品。对深层沉积物，则注入过热蒸汽以溶解沥青，然后泵出地面，有如液态原油。一旦把石油提取出来，还必须将其净化提炼才能使用。当每桶石油价格上涨到50美元以上时，这种费钱而且大量耗能的提取方法就有了经济上的可行性。

加拿大和委内瑞拉拥有世界上最大最容易开采的沥青砂资源。据估算，加拿大艾伯塔省北部的沥青砂沉积层含有相当于1.7万亿桶石油的储量，委内瑞拉的储量也不相伯仲。两者相加相当于全部常规液态石油储量的3倍。2010年，艾伯塔省每天生产大约200万桶，相当于阿拉斯加有争议的北极野生动物保护区（ANWR）预期最高产量的两倍。而且，由于阿塔巴斯坎（Athabascan）沥青砂层比ANWR油层大40倍而且更接近地表，加拿大的资源将维持更长时间而且提取成本可能更低。2000年加拿大已经超过沙特阿拉伯成为美国最大的石油供应商。

然而，这种石油的生产要付出沉重的环境代价。每天生产12.5万桶石油的工厂留下大约1 500万立方米有毒污泥，排放5 000吨温室气体，每年还要消耗或污染几十亿升水。加拿大的露天开采可能摧毁几万平方千米北方森林。克里人、契帕瓦人和梅提思人等原住民担心，如果森林被毁，野生动物和水被污染，他们

主动学习

降低油耗

大部分美国人以每加仑20英里[①]的油耗驾驶机动车每月至少行驶1 000英里。假设每加仑油价为4美元。

1. 按此比率，每年油耗价值多少？你可以按下面公式计算每年的油耗。在把数字相乘之前，先删除分数上下方的单位——如果删除了单位后给出的结果为美元/年，你就知道你的公式列对了。然后用纸和铅笔，将分子的数字相乘并除以分母的数字。你每年的费用是多少？

$$\frac{12\text{月}}{\text{年}} \times \frac{1\ 000\text{英里}}{\text{月}} \times \frac{1\text{加仑}}{20\text{英里}} \times \frac{4\text{美元}}{\text{加仑}} =$$

2. 高速驾驶降低里程25%。在每小时75英里的车速下，每加仑汽油只能得到每小时60英里车速时里程的3/4。这样做会使你每加仑行驶的里程数从20英里降低到15英里。重新计算上述公式，但将20 换为15。现在你每年的费用是多少？
3. 放肆的驾驶会使效率降低33%，因为急剧加速和刹车会消耗能量。这样放肆的驾驶会使每加仑行驶里程数从20英里降低至13.4英里。每加仑行驶13.4英里时每年的油费是多少？
4. 2007年下半年，国会通过了一项能源法案，自1975年以来首次修改了能量标准。到2020年，全部汽车的平均每加仑里程数必须达到35英里。在此标准下你每年的油费是多少？和每加仑20英里相差多少？

答案：1. 240 0美元/年 2. 3 200美元/年 3. 3 592美元/年 4. 1 371美元/年 或每加仑20英里时少1 029美元/年。

传统的生活方式会受到影响。许多加拿大人不喜欢成为美国的能源殖民地，环保人士认为投资几十亿美元开采这种能源只能使我们更加依赖化石燃料。

油页岩（oil shales）是富含油母质的固态有机物的细粒沉积岩。油母质和沥青砂一样，也能被加热、液化并像液态原油那样抽出。科罗拉多州、犹他州和怀俄明州大部分地区下面的油页岩层厚达600米。如果这些储量能以合理的价格和可接受的环境影响提取出来，其产量相当于几万亿桶石油。油页岩的开采和提炼——和沥青砂一样，需要使用大量的水（这在美国西部是稀缺的资源），比燃烧等量的煤炭排放多得多的二氧化碳，还产生巨量的废弃物。岩体加热时体积会膨胀两三倍。20世纪80年代生产页岩油的实验项目花费了几十亿美元。近年来随着原油价格上涨，人类重新点燃了对此类资源的兴趣。目前土地管理局有了几十项活跃的租约和油页岩开采实验项目。

天然气的重要性在提升

天然气是第三位的商业燃料，占全球能源消费的24%。由于每单位能量天然气所产生的二氧化碳仅及煤炭的一半，因此用天然气替代燃煤有助于减缓全球变暖（第9章）。

俄罗斯拥有已知天然气储量的近1/4（大部分在西伯利亚和几个中亚国家），占全球产量的35%。东欧和西欧都依靠这些气井。图12.11表示全世界已探明天然气储量的分布。

据估计可开采天然气最终储量为1万万亿立方英尺，相当于可开采原油所含能量的80%。全球已证实天然气储量为6 200万亿立方英尺（176万亿吨）。因为天然气的消费率仅为石油的一半，因此，以目前的使用率，其现有储量可维持60年的供应。美国已探明储量为185万亿立方英尺，占世界总量的3%。按目前消耗率可供10年之需。已知储量则两倍于此数。

煤矿中释放出大量甲烷。落基山脚的科罗拉多州、怀俄明州和蒙大拿州可能拥有全世界甲烷的10%。怀俄明州和犹他州几千口煤层气井因污染水体和损害土地而遭到抗议。其他各州也可能面临同样的问题。从纽约州到田纳西州，蜿蜒于阿巴拉契亚山下的马塞卢斯页岩和泥盆系页岩，可能含有和西部地质构造同样多的天然气。特别令人担忧的是岩石碎裂或破裂时释放气体的过程，这可能令有毒化学物质污染地下水的供应。

全世界天然气消费每年增长约2.2%，比煤炭和石

① 1加伦≈3.785升；1英里≈1.609千米。此处涉及精确计算，所以不作转换。——编者注

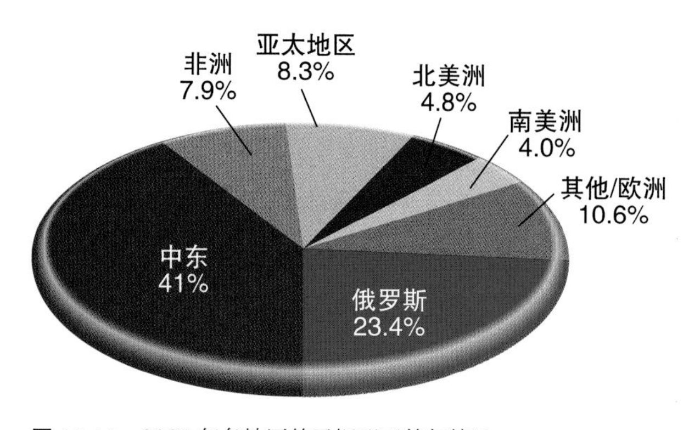

图 12.11 2008年各地区的已探明天然气储量。

资料来源：数据来自British Petroleum, 2010.

油两者都快。这种增长大部分在发展中国家，他们对城市空气污染的关切促使其转向清洁燃料。通过埋入地下的管道输送天然气既方便又便宜。美国有幸拥有丰富天然气资源，能用巨大的管网连接。但是，大陆之间天然气的运输和储存既困难又危险。为了使这种作业经济可行，要将天然气加压液化。在-160℃下，液体体积只有气体体积的六百分之一。用专门的冷藏船运输液化天然气（LNG，图12.12）。液化石油气的重量只及水的一半，因此船只很轻快。

要找到装卸这些船只的地点很困难。许多城市都不愿意接受挥发性货物爆炸的风险。一艘满载液化天然气的轮船所包含的能量相当于一枚中型原子弹。而且，还要用大量海水给液化天然气加温和重新气化。联邦政府为了平息地方的反对，接管了关于液化石油气装卸终端地点的司法管辖权。

12.3 核 能

1953年艾森豪威尔总统在联合国发表了“原子为和平”的演说。他宣布美国将建立核电站提供清洁而丰富的能源。他预言，核能将会弥补预料中石油和天然气的亏缺。这将为发达国家和发展中国家工业持续的爆炸性增长提供“便宜到无法计费”的电力。今天全世界拥有大约440座反应堆，其中104座在美国。美国核电站有一半（52座）已超过30岁，因此正接近其预期运行寿命的终点。核电站老化时，破裂的管道、

图 12.12 随着国内天然气供应减少，美国日益转向用特制轮船运输液化气，如图中在运输起点澳大利亚的这艘船。一艘这样的船一旦爆炸会释放出相当于一枚中型原子弹的能量。

漏水的阀门和其他部件不断需要修理或替换。目前核能占美国能量供应的9%（为世界平均值的近两倍）。全部核能均用于发电。

快速增长的建设费用、对安全的关切和寻找放射性废物永久储存地点的困难，使得核能不像20世纪50年代提倡者所预期的那样有吸引力。1975年订购的140座反应堆，后来有100座被取消。人们关注退役老反应堆的成本，因为拆除一座破旧核电站的成本可能十倍于其新建的成本。美国目前已关闭了10座核反应堆，其中大部分正在拆除。虽然这些电站一般较小，但是平均每座的拆除费用仍然高达几亿美元。

美国现存核反应堆有一半更新了许可证，在原先设计40年的期限上延长了20年，而且有若干座新电站正在设计。核电工业为获得更大程度的赞同进行宣传活动，宣称核反应堆不排放造成全球变暖的温室气体。在反应堆正常运行时确实是这样，但是核燃料的开采、加工和运输以及老反应堆的退役与核废物的永久性储存，会比等量风能的碳排放高25倍。

然而，许多著名环境学家支持核动力作为全球气候变化的解决方法。2010年奥巴马总统核准80亿美元贷款担保，由南方公司在佐治亚州建立两座新的核反应堆。这将是近30年来美国首批新核电厂。但是，对事故的担心以及可能吸引恐怖分子使很多人害怕这种解决方案。

核反应堆如何工作

核电站最常用的燃料是天然铀的放射性同位素铀^{235}。铀矿必须提纯至铀^{235}，浓度约为3%，才能维持大多数反应堆的链式反应。然后把铀制成略粗于铅笔、长约1.5厘米的圆柱形芯块。这些芯块虽然很小，却聚集着惊人的能量，每8.5克芯块相当于1吨煤炭或4桶原油。

把芯块放入长约4米的金属棒中。大约100根金属棒捆绑在一起构成一个**燃料棒**（fuel assembly）。装有约100吨铀的几千个燃料棒包裹在叫作反应堆芯的厚重钢铁容器内。放射性铀原子是不稳定的——就是说，当它被中子高能亚原子粒子击中时，就要发生**核裂变**（nuclear fission，分裂），释放出能量和更多的中子。当铀紧密地包裹在反应堆芯时，一个原子释放的中子会激发另一个铀原子的裂变并释放出更多中子（图12.13）。这样，就开启了一个自我维持的**链式反应**（chain reaction），释放出巨大的能量。

核电站中发生的链式反应被循环于燃料棒之间的吸收中子的冷却液减缓（变慢）。此外，用镉或硼等吸收中子材料制成的**控制棒**（control rods）被置于燃料组件之间以停止裂变反应，将其提起可使反应继续进行。用水或其他冷却剂循环于燃料棒之间以带走多余的热量。这些复杂机器最大的危险是冷却系统失效。如果运行期间水泵失效或管道破裂，核燃料很快就会过热，造成释放出致命放射性物质的“熔毁”。虽然核电站不会像原子弹那样爆炸，但是最严重的灾难，例如1986年乌克兰切尔诺贝利反应堆熔毁时，所造成放射性泄漏的破坏性就像原子弹一样。

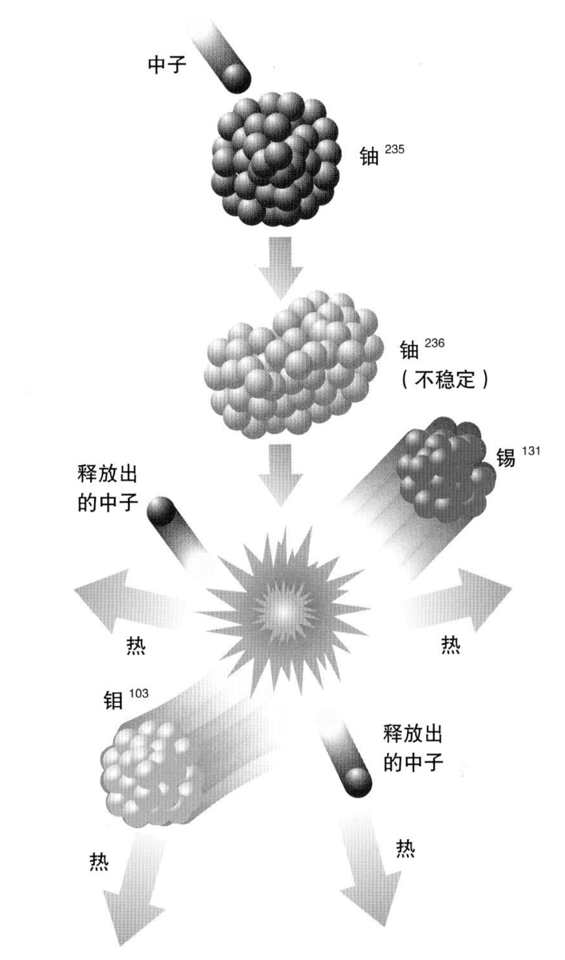

图12.13 核反应堆中心发生核裂变的过程。图示反应的顺序：不稳定的同位素铀^{235}吸收一个中子，分裂后形成锡^{131}和钼^{103}。每次裂变释放出两三个中子并继续发生链式反应。反应产物的总质量略小于其原材料。剩余的质量转化为能量（大部分为热）。

核反应堆的设计

世界上70%的核电站都属于压水反应堆（PWR）。水流过反应堆芯，吸收热量冷却燃料棒（图12.14）。初级冷却水加热至317℃并达到每平方厘米157千克的压力。然后泵到蒸汽发生器中，加热次级水冷回路。次级水冷回路的蒸汽驱动高速涡轮发电机发电。反应堆

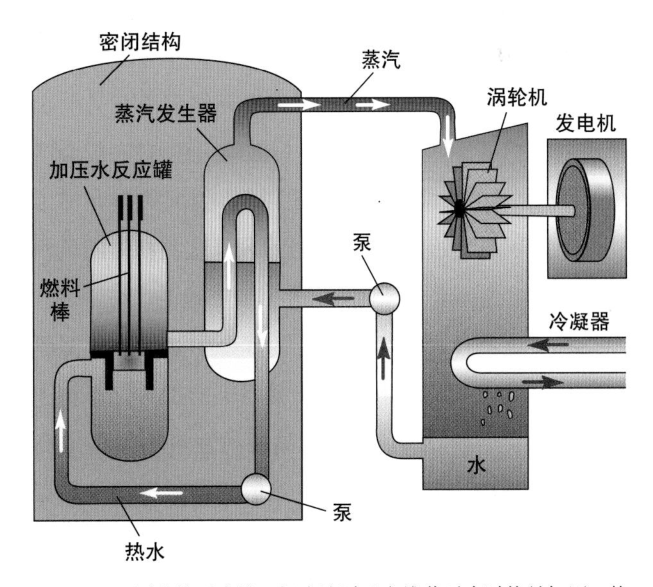

图12.14 压水核反应堆。把水流过反应堆芯时会过热并加压。热量在蒸汽发生器中转化为常压水。水蒸气驱动涡轮发电机发电。

资料来源：Courtesy of Northern States Power Company. Minneapolis, MN.

压力外壳和蒸汽发生器都封闭在厚壁的钢筋混凝土安全壳内，以防放射性泄漏，在设计上能耐受万一出事时的高压与高温。

人们设计了多重保险机构以防发生意外，但是这些故障控制措施使反应堆既费钱又复杂。一般核电站有4万个阀门，而同样规模的化石燃料电站只有4 000个。有些情况下，控制装置如此复杂，以至于使操作者在混乱之下造成事故，而不是预防事故。不过，在正常操作的情况下，压水反应堆释放出的放射性很小，对附近居民的风险可能小于燃煤电站。

1986年爆炸和燃烧的乌克兰切尔诺贝利电站所使用的是石墨冷却设计。石墨在捕获中子和散热两方面的能力都很高。设计师声称这些反应堆不可能失控；不幸，事实证明他们错了。冷却系统一旦失效，细小的冷却管很快就会被蒸汽阻塞，接触空气时石墨堆芯就会燃烧。切尔诺贝利核电站燃烧的石墨使该反应堆的灭火比另一种设计的反应堆困难得多。火被扑灭之前放射性颗粒已散播到北欧。幸而此类灾难极少发生。

放射性废物需安全储藏

与核电站有关的最困难的问题之一是在开采、燃料生产和反应堆运行时所产生废物的处置。如何管理这些废物最终可能成为在核电问题上高于一切的障碍。

产铀国巨大的矿山废物堆和废弃的矿渣是另一个严重的废物处置问题。每生产1 000吨铀燃料一般会产生10万吨尾矿和350万升废液。目前美国矿山和加工厂四周堆积着大约2亿吨放射性废物。这些物质随风飘扬或被冲淋到河流中，污染远离其原产地的区域。

除了这些核燃料生产产生的残余物之外，美国还有大约10万吨低放射性废物（受污染的工具、衣物和建筑材料等）和大约7.7万吨高放射性废物。构成高放射性废物的主要是商业核电站的乏燃料棒和核武器生产中的各种废物。虽然这些物料仍然具有很强的放射性，但是乏燃料棒仍旧储存在核电站深处的水池中。这些水池最初只打算作暂时储存，然后会将其运送到再处理中心或永久性处置地点。

1987年美国能源部宣布，计划在内华达荒芜沙漠的尤卡山下面建设第一个高放射性废物仓库。将废物深埋地下，预期几千年内不会接触地下水也不受地震影响，足够让放射性物质衰减到安全水平。但是在经过20年的研究、在勘探和开发上花费1万亿美元之后，对场地稳定性的持续不断的担心，导致2009年奥巴马政府还是削减了这个项目的经费。

在可预见的未来，拟运往尤卡山的高放射性废物将暂时保存在39个州131处地面临时储存设施中（图12.15）。但是这些地点附近的居民都害怕容器泄漏。大部分核电站修建在河流、湖泊或海岸附近。如果发生泄漏，放射性物质会迅速散布到大片区域。1997年威斯康星州湾头滩核电站一个干储存罐中氢气爆炸，强化了反对派对这种废物储藏方式的怀疑。

如果核设施拥有者必须为核燃料、核废物储存和灾难性事故保险支付全部费用，就没有谁会对这类能源感兴趣。费用不是微不足道，而是高昂得无法接受。

12.4 节　能

避免能量短缺和减轻现有能源技术对环境与健康影响最好的方法之一就是减少用能。我们所消费的能量中有许多是被浪费掉的。我们用能的方法非常低效，以至于燃料中大部分潜能都变成了废热（成为一种环

图 12.15　许多核电站的乏燃料临时储藏在地面的“干储存罐”中。

境污染）而遭损失。节能包括技术创新和行为的改变，但是过去我们就曾遇到过这些挑战。

20世纪70年代的油价冲击导致工业和家庭用能的迅速改善。虽然此后人口和GDP继续增长，但是由于价格急剧上涨，**能源强度**（energy intensity，即提供商品与服务所需的能量）还是下降了（图12.16）。作为对联邦政府管理条例和高油价的反应，汽车单位汽油的里程数翻番，从1975年的每升5.5千米增加到1988年的12千米。遗憾的是，20世纪90年代石油过剩、油价下降，使进一步节油失去动力。2004年平均每加仑里程数又下滑到20.4。不过，2010年奥巴马政府采取强制措施，计划在2016年之前小汽车和轻型卡车平均燃油效率必须达到每升15千米。

但是在2016年以前就已经有了高效能汽车，在高速公路上气电混合低排放车辆能达到每升汽油30.3千米。而步行、骑自行车或使用公共交通能够大大减少你个人的能量足迹。科罗拉多落基山研究所的洛文斯（Amory B. Lovins）估计，把全美国小汽车和轻型卡车每升的燃油效率提高0.4千米，每天就能节省石油消费29.5万桶，相当于美国内政部估计的从阿拉斯加北极国家野生动物保护区一年能抽取石油的总量。

近几十年来在改善家庭用能效率方面有了许多进步。今天新建房屋平均使用的燃料比1974年减少一半，但是仍有很大改进余地。减少房屋漏风通常是最便宜、最快和最有效的节能方法，因为漏风是一般房屋用能最大的损失。密封门窗、地基接缝、电源插座和其他漏气之处无须熟练的技巧也无须大量投资。为了防止密闭房屋过于潮湿，必须进行机械通风。通过使用更好的绝缘材料、安装两层或三层的窗户、购买厚实的帷幔或窗帘、填补裂缝和修理松动的接头，这些措施能使家庭用能减少一半至3/4。

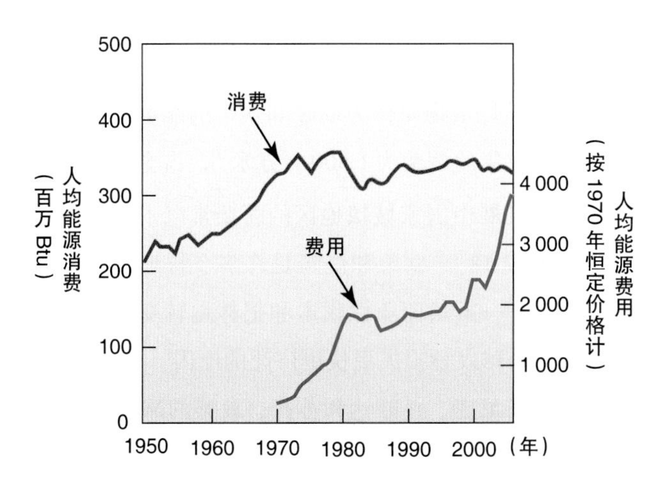

图 12.16 20世纪60年代美国人均能耗急剧上升。70年代油价冲击促进了节能。虽然80年代和90年代GDP持续增长，但较高能效使人均能耗相对稳定。不过人均支出急剧上升。

资料来源：美国农业部，2010。

绿色建筑能够减少一半能源成本

“绿色”建筑的创新激起了商用与家庭建筑两方面的兴趣。这种创新大都出现在大型商业建筑中，其预算（通过提高效率节省更多）高于大部分私有房主。虽然绿色建筑的一些要素演变很快，但是主要包括墙壁和屋顶额外的隔热层和镀膜的窗户，做到冬季保暖夏季防热，还可以使用再生材料以节省生产这些材料的能量。朝阳的窗户设有挑檐遮阴也很重要，使你既舒适又省钱。

许多家用电器，例如洗碗机和咖啡壶，已经有定时器使其能在设定的时间运行。设想一下整所房子或公寓里都有同样的功能，有些公用设施正在试验**智能电表**（smart metering），你不仅可以从中得知某种设备

你能做些什么?

节约能源和省钱的步骤

- 住处靠近工作地点和学校或交通线附近，把驾车降至最低限度。
- 骑自行车、步行、走楼梯而不用电梯。
- 夏季将你的调温器调高、冬季调低。用风扇比用空调便宜。
- 少买一次性物品：这些物品的生产和运输要耗能。
- 不需要时关灯、关闭电视机、计算机和其他电器。
- 衣物洗涤后晾干。
- 回收利用。
- 减少肉类消费：如果每个美国人少吃20%的肉类，所节省的能量就等于每人都使用混合动力汽车。
- 购买一些当地食物以减少运输用能。

在某一时间使用时耗能多少，而且还知道所用能量的来源和应付的费用。使用这种系统，你就可能在午夜后开动热水器，因为那时电力最便宜或者有过剩的风电可用。这些系统能够遥控，你可以在回家途中用电话打开暖气或空调，也可以暂时关闭这些系统以免使用高价的峰值功率。

新房屋可以建造加厚的超级绝热墙壁和屋顶。窗户可以朝阳，用屋檐遮阴。具有内反射镀膜、中间充满惰性气体（氩或氙）的双层窗的绝热系数达R11，相当于4英寸厚的绝热墙、10倍于单层平面玻璃窗（图12.17）。目前瑞典修建的超级绝热房屋所需取暖和制冷的能量比美国一般房屋少90%。奥巴马总统的“给捻缝工付款”法案希望改装1亿户美国人的住宅，并提供100万个绿色工作岗位，同时在20年内削减5%的温室气体。

改进工业设计也能削减全国能量预算。更高效的电动机和水泵、新传感器与控制装置、先进的热量回收系统和物料回收利用显著减少了工业用能的需求。20世纪80年代初期，美国工商企业通过节能每年节约1 600亿美元。但是，当油价崩盘时，许多工商企业又恢复浪费的方式。

城镇在节能方面也能做出惊人的贡献。纽约市成为这方面的领跑者，用更高效的LED（发光二极管）取代了11 000盏交通信号灯，18万台冰箱采用了节能模式。密歇根州安阿伯市用LED取代了1 000盏街灯。这些街灯第一年就为该市节约了8万美元，只要两年就能收回成本。

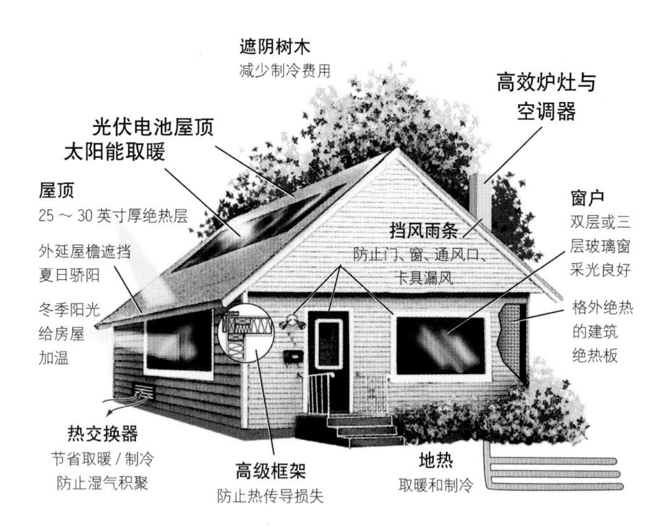

图 12.17　高能效住宅能显著降低能源成本。老旧建筑物也能加入许多功能。从设计就开始采用节能构件（例如建筑隔热板和先进框架）的建筑物能节省更多的钱。

热电联产能用废热发电

一种发展最迅速的能源是**热电联产**（cogeneration），即在同一家工厂里同时发电和生产蒸汽或热水。通过在同一套设施里生产两种有用的能量，从初级燃料中产出的净能量从30%～35%提高到80%～90%。1900年美国一半电力来自同时供应工业蒸汽或区域供暖的工厂。随着这些工厂变大、变脏而令邻近居民难以忍受，不得不迁徙到远离其用户的地方。涡轮发电机产生的废热变成了一种多余的污染物被弃置到环境中。此外，还必须有不仅难看而且会损失20%电力的长距离输电线路。

到20世纪70年代，热电联产下降到电力供应的5%以下，但是对这种技术的兴趣在增长。区域供暖系统正在恢复活力，环保局估计，热电联产可能生产美国用电的近20%，相当于400座燃煤电站。

12.5　生物质能

植物吸收大量太阳能将其储存在植物细胞的化学键中。薪柴很可能是人类最初的燃料来源。直至1850年，木材还提供美国所使用热量的90%。发展中国家10多亿人依然燃烧生物质作为取暖和炊事的能源。估计全世界每年收集的薪柴为1 500立方米[①]，占全部伐木量的一半。发展中国家城镇地区的薪柴常以木炭的形式出售（图12.18）。砍柴和烧炭是许多乡村地区毁林的重要原因——虽然商业性伐木和把林地转变为农场和种植园是全球森林损失更快更广泛的原因。有些国家，例如毛里塔尼亚、卢旺达和苏丹，薪柴的需求10倍于其可持续的产量。

在依靠化石燃料为大部分能源的发达国家，薪柴

① 原文如此，疑数据有误。——编者注

图 12.18 加纳的一处木炭市场。薪柴和木炭为全世界几十亿人提供主要燃料。毁林导致野生动物灭绝和水土流失。

图 12.19 密歇根州的这座电站用木屑作为锅炉的燃料。木料来自附近地区，这在经济上和环境上都是上佳的选择。

只是次要的热源。炉灶与壁炉中薪柴不充分燃烧是一些地区重要的空气污染源，尤其是烟灰和烃类的来源。然而，燃烧生物质是许多中等电站重要的燃料来源，这些电站同时生产热量和电力。电站燃烧城镇修剪树木产生的大量废弃物，使之成为有效的当地碳中性能源（图 12.19）。

乙醇与生物柴油有助于燃料供应

生物燃料（biofuel），即乙醇和生物柴油，是迄今生物质能源方面最大的新闻。世界范围内，从巴西（用甘蔗）到东南亚（用油棕果）到欧美各国（用玉米、大豆和油菜籽），这两种燃料的生产繁荣兴旺。2007 年美国国会通过的能源法案要求增加乙醇产量，仅仅 13 年内，年产量就从 900 万加仑增加到 3 600 万加仑（340 亿升到 1 360 亿升）。这样的增长为中西部玉米种植户提供了巨大的利益，那里玉米价格下跌业已困扰农民几十年。

仅在 2007 年，美国乙醇工业就增长了 40%，玉米产量增长了 25%，而且玉米价格上升达到每蒲式耳 5 美元的历史新高。尤为重要的是，该法案要求用不能食用的整株植物木质部分（纤维素），而不是目前美国使用的玉米粒生产生物燃料。这一改变很重要，因为玉米是生物质中较低效的能源（图 12.20），但是迄今的研发大多集中在玉米粒本身。

多年来人们已将少量乙醇添加到汽油中，因为富氧的乙醇分子使汽油燃烧（氧化）更完全。乙醇有助于将一氧化碳转化为二氧化碳，从而减少一氧化碳的排放。制造乙醇的方法是将酵母添加到水和研细的玉米的混合液中，然后发酵产生乙醇。

用生物质生产乙醇的缺点是每生产 1 升燃料就要用

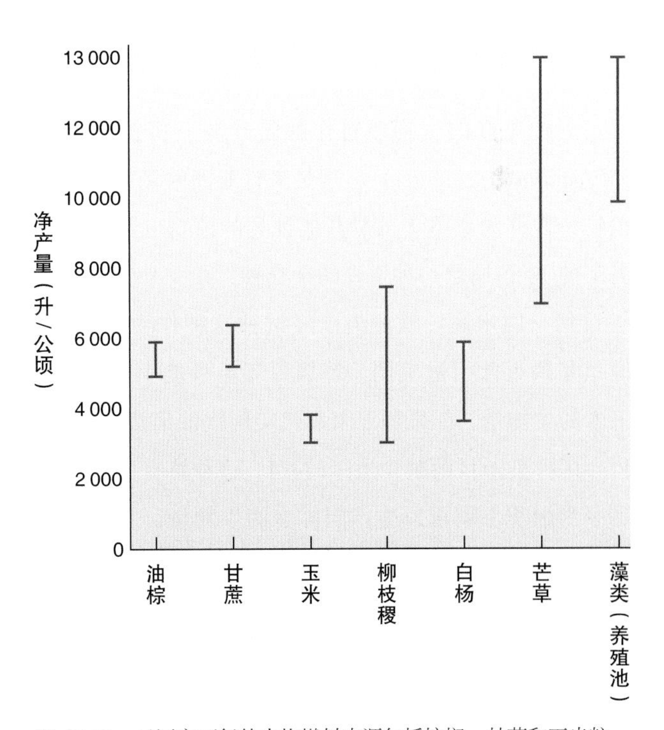

图 12.20 已证实可行的生物燃料来源包括棕榈、甘蔗和玉米粒。但是其他试验性来源可能产量更高。

资料来源：数据来自 E. Marris, 2006. *Nature* 444: 670–678.

3 ～ 5升水。如果能源作物需要灌溉，每生产1升乙醇就要用600升水。在干旱区，本来就没有足够的水生产粮食和开发能源。根据有些研究的计算，由于电动车辆自身的效率高于内燃机，通过燃烧生物质发电所得的车辆里程数为生物乙醇的两倍。

用有机油生产的生物柴油可在普通柴油机中燃烧，比生产乙醇便宜得多，因为前者不需要发酵。几乎任何有机物，从火鸡的内脏到牛粪和大豆，都可以用作原料。目前大部分生物柴油用大豆或油菜籽制造，这就和粮食生产构成竞争，或者用生长在热带的棕榈油制造，那里新开垦的棕榈种植园会造成大面积毁林。

禾草类与藻类能产生燃料

乙醇市场的扩大刺激了对燃料新来源的研究。北美大平原中一种本土高草柳枝稷（Panicum virgatum）成为关注的焦点。柳枝稷是多年生物种，具有能储存碳的深根（因此能吸收大气中的温室气体）。多年生植物还能保持水土，不像一年生的玉米那样，一年中大部分时间田地上没有植被。草地上也无须拖拉机或播种机频繁行驶，既节省了燃料也提高了净能产出（图12.20）。

一种更好的生物燃料作物是异源三倍芒草奇岗（*Miscanthus x giganteus*），这是来自亚洲的多年生草本植物，常称为象草（虽然其他种类的植物也有叫这个名字的）。芒属是一种不育的杂交种，在一个生长季里能长到三四米高。欧洲人已经试种这种作物几十年，但只是最近才引进美国。芒属每年至少能生产5倍于玉米的生物量。如果用玉米取代美国汽油消费的20%，将会用掉美国目前粮食生产的1/4。这种草有可能在不足一半面积上就可以生产同样多的生物量，并且无须最好的农田。它能够生长在边际土地上，所需肥料远小于玉米。芒属秋季将养分转移到地下根茎中。这意味着地上部分的茎秆几乎完全是纤维素，翌年这种作物只需要极少量肥料。

有些研究表明，各种多年生本土草类混杂的田野可以同时提供生物燃料和野生动物的栖息地。虽然柳枝稷是一种本土植物，但是单一栽种这种植物对野生动物而言与单一栽种其他植物无甚区别。来自明尼苏达州的一项研究发现，混合生长的北美大草原草本植物所提供的生物量及潜在的乙醇产量虽然和柳枝稷差不多，但是在各种植物混合生长的田野里，不同物种会适应不同气候条件，因而更加耐旱。

藻类可能是一种极其高效的油类或生物柴油来源，不过仍有待试验。研究人员发现有些藻类品系在炎热和含盐条件下生长迅速，产生丰富的脂肪（油类），能够转化为生物柴油。藻类可以在污水池或建在不能耕种的土地上的建筑物室内用再生水培养。美国能源部建议将藻池修建在现有电站附近。让烟道废气通过这些藻池，能够提供藻类生长所需的二氧化碳，而避免其逸入大气圈。这样，藻类就成为一种非常廉价的碳捕获的方式。虽然这项技术尚未大规模开发，但是大有前途。

还有很多潜在的生物质能源，包括城市污水、肉类加工厂的废物、佛罗里达柑橘种植户的橙皮和锯木厂的木屑等。目前正在开发的100多个电站中有一些就是为这些资源修建的。

对粮食生产与环境的影响尚难确定

生物燃料生产会影响粮食成本吗？会，但是问题的严重性取决于怎么看。因为一个3美元的谷类食品盒里面只不过是价值1美分的玉米，玉米价格翻番对玉米片价格不应该有很大影响。然而，饲料玉米和大豆的成本可能占到肉类价格的40% ～ 50%。许多低收入的美国人很难承受飞涨的高粮价，但是富裕国家大多数人花费在粮食上的费用仅占其收入的10%。因此大多数人能够在一定程度上承受较高的粮价。

发展中国家中家庭收入的50%以上可能用在粮食上。食用油和谷物较高的成本可能会导致人们完全花光全家的经费预算。依靠粮食援助的地区已经出现供应减少和价格上涨（然而，对发展中国家中与美国进口的廉价玉米竞争的一些农民而言，谷物价格上涨可能是一种福音）。据诺贝尔经济学获奖者加里·贝克尔

生物燃料可持续吗？

生物燃料（从植物材料中提炼的乙醇或从植物油或动物脂肪中制造的柴油）可能是回应农业危机和燃料需求的答案。但是这些农作物是能源的纯收入吗？还是栽种、收割和加工这些基于农作物的生物燃料时所用的化石燃料多于最终产品所得的燃料？答案有赖于在计算净能量产出时你所做的假设。栽种农作物时需要多少能量，你期望的收成是多少？你认为发酵带给你多少回报，你对回收的热量或有用的副产品作何估价？

来自康奈尔大学的皮门特尔（David Pimental）多年来发表的计算表明了生物燃料的净能量损失。2005年加州大学伯克利分校的帕泽克（Tad Patzek）加入该项研究，宣称从玉米中提炼乙醇所需的能量超过其产生能量的29%。这两位作者认为，基于大豆的柴油同样低效，而基于纤维素的生物燃料更差。根据他们的计算，用柳枝稷和木屑制造乙醇至少要多使用50%的能量。

对立的观点来自密歇根州立大学的戴尔（Bruce Dale）和美国可再生能源实验室的希恩（John Sheehan），他们认为用现代技术生产的生物燃料是一种正能量回报。他们认为皮门特尔和帕泽克在估算时使用了过期的数据和不合理的悲观假设。农业生产力引人注目的提高，加上乙醇发酵效率大幅度提高，使得目前用玉米生产乙醇的产量超过其种植和收割时所用能量的35%。两种结果的主要差别是你将成本划定到什么程度。是否要包括制造农场设备所用的能量，或者只计算发酵和提纯所需的能量？皮门特尔和帕泽克假定这种能量来自化石燃料，但是戴尔和希恩认为发酵产生的废物能用来燃烧，以提高生产的效率，巴西正是这样做的。

明尼苏达州雪松溪自然历史区的生态学家蒂尔曼（David Tilman）及其同事对这项辩论作了有价值的补充。该团体研究了生物多样性对生态系统复原能力的影响。他们的研究表明，物种多样性高的实验地块的净生产力高于单一栽培的物种。蒂尔曼提出，多物种混杂的本土多年生植物能够生长在边际土地上，所需水分和养分投入很低，而且在种植、培养和除草方面所需化石燃料远低于大豆和玉米等谷物。蒂尔曼及其同事计算出基于玉米的乙醇的净能比为1.2，而从草原植物的纤维素中所得的乙醇能产生5.4倍于种植、收割和加工农作物所需的能量。

2009年，蒂尔曼与经济学家波拉斯基（Stephen Polasky）等人将各种生物燃料在环境与健康方面的考虑进行多方面的比较。他们计算了各种农作物对气候变化和健康的成本。这些研究的重要假设是，如果将大豆和玉米等粮食作物改变为生物燃料，当粮食短缺、价格上升，迫使发展中国家人民寻找新的农耕地时，就会导致草原和森林的破坏。这种土地转化造成了使一些国家需要平衡这种高效生物燃料的碳债务。

根据这些作者的研究，最大的债务来自热带泥炭土上生产的棕榈油，需要423年才能补偿。在这些计算中，如果把草原转化为玉米地，玉米乙醇需要93年才能补偿。根据这些计算结果，生长在边际土地上的北美草原草类仅需极小的投入就能补偿碳债务。当蒂尔曼及其同事将健康成本（来自加工过程的细颗粒物）和气候成本（来自温室气体排放）加入时，燃料消费中增加100万加仑（约相当于2006年至2007年之间美国的增长数）汽油的成本为4.89亿美元，而玉米乙醇在4.72亿美元至9.52亿美元之间（取决于生物提炼技术和热源），但是纤维素乙醇仅为2.08亿美元。这些结果受到内布拉斯加大学里斯卡（Adam Liska）及其同事的直接挑战，他们认为蒂尔曼及其同事在净能量产出中同样使用了过期的数据。里斯卡小组声称，现代炼油厂生产玉米乙醇的能量相当于投入的1.8倍。不过，他们并不考虑健康与环境效应。

显然，所有这些研究都有很多假设。如果要你计算各种生物燃料的产量和效应，你会从何处入手？

生物燃料的功效率

燃料	产出（千兆焦耳公顷）	投入（千兆焦耳/公顷）	净能比
玉米乙醇	75.0	93.8	1.2
大豆乙醇	15.0	28.9	1.9
纤维素电力	4.0	22.0	5.5
纤维素乙醇	4.0	21.8	5.4
纤维素合成燃料	4.0	32.0	8.1

资料来源：Tilman, et al. 2006. *Science* 314:1598.

（Gary Becker）计算，粮食价格上涨30%会使富裕国家的生活标准降低3%；而发展中国家会下降20%。

虽然乙醇和生物柴油属于可再生燃料，但是不一定对环境友好。这取决于用哪种植物和种植在什么地方。藻类和混生的草类能为野生动物提供友好可持续的饲料来源，而几乎没有水土流失或水污染，但是这些燃料资源仍然处在假想与试验阶段。许多地区的生物燃料生产业已导致人们在易受侵蚀的土壤上进行集约化种植，以及为了开垦农田而迅速清除草原与森林。于是就造成土壤侵蚀加速和生物多样性直线下降。在印度尼西亚，林地转化为油棕种植园成为对雨林生境最大的威胁。包括玉米和甘蔗在内需要大量施肥的农作物，也增加了径流中的营养元素。水量短缺也是人们关注的问题。应用当前的技术，生产1升乙醇需要3～6升水。美国许多农业州没有足够的水供农业和粮食生产使用。由于水源不足，有些新加工设施的计划已经按比例压缩。

来自生物质的甲烷既高效又清洁

虽然污水与粪便和其他有机废物差别不大，但是这两者特别适合用以产生甲烷。甲烷是天然气的主要成分，是在嫌气细菌（生活在无氧环境下的细菌）消化有机物时产生的（图12.21）。这种消化作用的副产物甲烷没有氧原子，因为消化时无氧可用。但是甲烷分子氧化或燃烧时很容易生成二氧化碳和水蒸气。因此，甲烷是清洁高效的燃料。今天，当很多城市为管理城市污水与饲养场粪便而头疼时，甲烷可能是一种丰富的能源。中国除了太阳能和风能以外，有600多万家庭使用甲烷（又称沼气）做饭和照明。河南省南阳市的两个大型市政沼气厂为2万多个家庭提供燃料。

甲烷是一种有希望的能源，但是尚未得到本应更广泛的认可。气体的储存比乙醇等液体燃料困难，而且天然气和其他燃料的低价降低了修建甲烷生产系统的动力。不过，对温室气体的关切可能导致进一步的发展，因为甲烷是大气圈变暖强大的动力（第9章），尤其是畜禽养殖场四周的液态厩肥池会不断将甲烷释

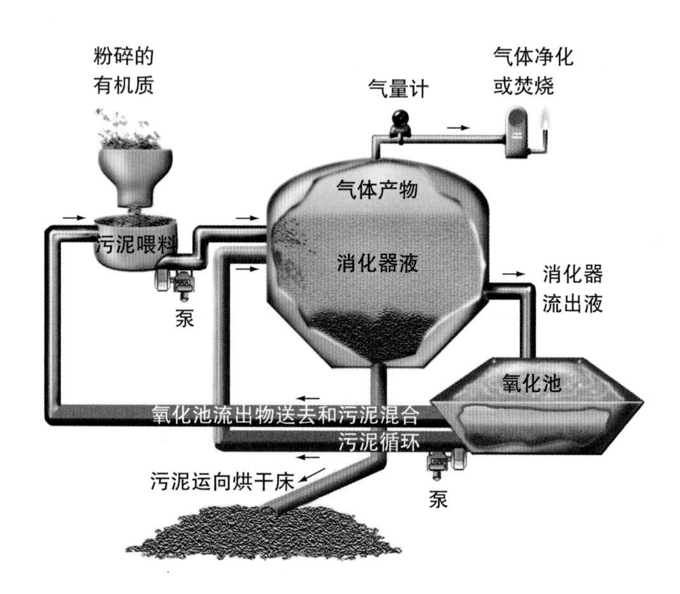

图 12.21 通过嫌气发酵将有机物转化为甲烷的连续装置。1千克干有机物可产生1～1.5立方米甲烷，或每吨15亿～36亿卡路里。

放到大气圈。这些厩肥池也是对水体的威胁，因为不时会发生溢流。但是捕获这些甲烷就能提供能源，既省钱又可以减少对大气圈的影响。城市污水处理厂和垃圾填埋场也为沼气发电提供了丰富的开发潜力。

12.6 风能和太阳能

可再生能源能够供应我们所需的全部能量。中国在减少对化石燃料依赖的过程中（本章开篇案例），曾主要集中于风能，继而开发太阳热能系统。相对于其他替代能源，风能既廉价又几乎随处可得。虽然风力涡轮机有碍观瞻，但是其生态足迹很小，无碍于农业与其他土地利用。人们对风电场的外观做何感想，取决于他们对替代能源是否热情，风电是否为他们的社区赚钱，还有风力涡轮机是否遮挡了某处特殊的风景。

太阳能可以转化为热（热能），也能转化为电力。太阳是丰富得超乎想象的能量源。到达地球表面的太阳能的平均值比每年使用的商业能源高1万倍。但是，这种能量是分散的，强度很低。近年来的创新为使太阳能集中用于更多方面而提出了新的策略。

风能是发展最快的能源

虽然2009年中国新安装了最大容量（1万兆瓦）的风力发电机组，但是美国仍以3.5万兆瓦领先于全世界。得克萨斯州以9 400兆瓦的风电场领先，其后为艾奥瓦州、加利福尼亚州和明尼苏达州。丹麦从风能中所得电力的份额（22%）超过任何国家。风力是美国发展最快的能源。2009年，风力和天然气一起占全部新发电量的80%以上。

风电具有巨大的发展潜力。据世界气象组织估计，风力能产生目前全部运营中核电站总容量的50倍。20世纪80年代加利福尼亚州是全世界风电最大的生产者，拥有当时全部风力发电机的90%。大约17 000座风车遍及阿尔塔蒙特、特哈查比和圣戈尔戈尼奥山口多风的山脊。然而，管理不善、技术缺陷和过分依靠补贴，导致几家大公司破产，包括曾经是美国涡轮机最大厂商的“Kenetech”公司。

目前中国风力发电机夺得了迅速增长的世界市场。2010年得克萨斯州投资15亿美元的项目是全世界在建的最大风电场，中国第一能源集团公司使用中国风力涡轮机并由中国银行融资，修建这个600兆瓦的风电场，为得克萨斯州18万家庭提供电力。

目前已装机运行的15.8万兆瓦风电向世界展示了风力涡轮机的经济性。风车理论上的效率高达60%，在野外条件下一般平均为35%。在条件有利的情况下，风电比任何其他新能源更便宜，在稳定风速平均为24千米/小时的条件下，电价低至每千瓦时4美分。北美西部广大地区符合这种要求（图12.22）。有些能源专家把北美大平原称为“风力沙特阿拉伯”。到2020年，风能的成本有望降至化石燃料或核电的一半。

世界能源理事会预测，2020年风力有可能发电40万兆瓦，这取决于政治家把全球变暖看得多么严重以及有多少老旧化石燃料电站和核反应堆关闭。1 000兆瓦电力能满足5万美国普通家庭的需求，这相当于600万桶石油。壳牌石油公司认为到21世纪中叶，全世界有一半能量可能是风能和太阳能。

风电场（wind farms）就是生产商品电力的密集风力发电机阵列（图12.23）。风力涡轮机有负面影响吗？风电场常常修建在多风和不良天气导致对住宅或其他开发项目缺乏吸引力的地方。但是风车群阻断远方的风景，破坏了荒野的感觉和自然美。有些地方报道过鸟类和蝙蝠被撞死。不过，小心把风电场安置在动物迁徙廊道以外，加上警告设备就能大大减轻野生动物的问题。随着风力涡轮机数量激增，附近的邻居经常投诉噪声和风车叶片闪烁的影子。可能需要制定一些土地利用条例，规定涡轮机与住宅的最短距离。

如果我们依靠风力供应大部分能源，风电场是否会占用庞大的陆地面积？如表12.3所示，风电场中风电塔、道路和其他结构实际占用的空间，在30年内只及同等发电量的燃煤火电站或太阳热能系统的1/3。而

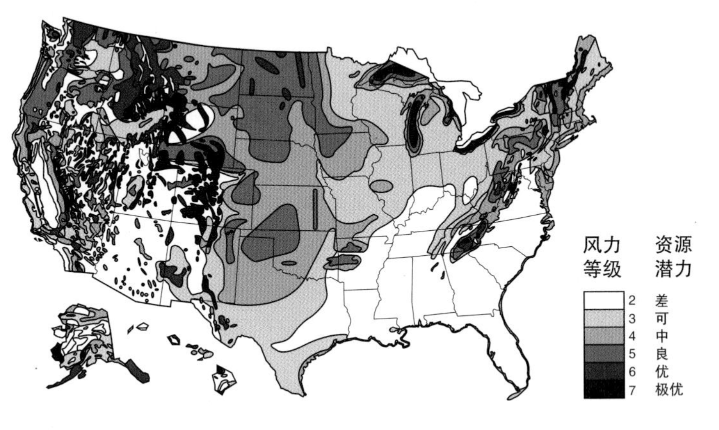

图12.22 美国风力资源图。山脉和高原地区风能潜力最高，但大部分乡村风力供应属于一般和良好。

图12.23 如果我们迅速行动，选择诸如风力、太阳能、地热能和生物质作物这样的可再生能源，就能够消除我们对化石燃料的依赖，防止全球变暖。

替代能源的现实性如何？

据斯坦福大学和加州大学戴维斯分校*的研究，替代能源非常现实。利用现有技术，可再生能源可以提供我们所需的一切能量，包括目前使用的化石燃料，同时还能节省资金。基于陆地的风力、水力和太阳能的潜力超过全球能量消费。海洋上可再生能源的供应甚至更大，因为海洋覆盖地区表面的2/3。多项研究表明，可再生能源能够比基于化石燃料的能源计划更经济更安全地满足未来的需要。这些能源的前景如何？

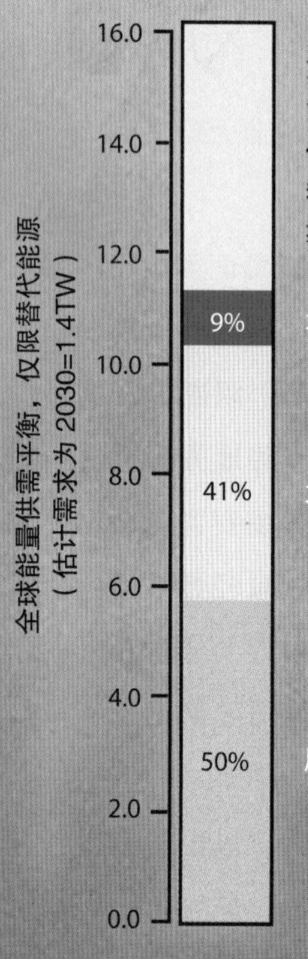

如果我们依赖燃料 / 核能所需的额外能量。因为燃料的生产和运输导致整体效率较低，所以比起可再生能源，我们需要从煤、油、天然气、核能中获得的能量要高出 25% ～ 30%。

水能、潮汐能、地热能、波浪能

太阳能

风能

2030 年全球太阳能需求（兆瓦）
（1 兆瓦 = 1 000 000 000 000 瓦）

1. **风能** 根据这项计划，风能可以为我们供应50%的能量。需要380万大型风力涡轮机供应全世界所需的电力。这是不是一项不可能的工作？未必：全世界每年就制造了这么多的汽车和卡车。
2. **太阳能** 可以提供我们全部能量供应的41%。这需要7亿套屋顶光伏系统和将近10万座聚光太阳能热发电站提供4.6兆兆瓦电力。屋顶收集器可以安装在需要用能的地方，因此不因传输而损失能量，也不与其他用地竞争。
3. **水力**（水坝、潮汐、地热、海浪能）可以为我们提供9%的能量。许多大河已经筑坝，但是河流和潮汐地区的水下涡轮机可能也很有效。深井可以取得地热能，但是存在触发地震和污染含水层的担忧。

◀ 太阳能集热器的价格已经可以和化石燃料竞争，但一般不能安装在消费者附近，而且在阳光充足的干旱区又几乎没有其所需的珍贵的冷却水。

地热发电站 ▼

* 更多信息请参阅 Jacobson, M. Z., and M. A. Delucchi. 2009. A path to sustainable energy. Scientific American 301(5) 58－65.

供应不可靠，储能又很费钱，会不会成为问题？

幸而，晚上多风弥补了白天的阳光，通过平衡可再生能源，就有可能做到像目前使用化石燃料那样可靠的能源供应。可再生能源还有良好的服务记录。燃煤电站每年要有46天停产维修。太阳能电池板和风力涡轮机每年维修的时间仅为7天。

太阳能、风能和水电还解决了全世界两个最紧迫的问题：①气候变化问题造成的水源短缺、作物歉收以及发展中地区动乱引起的难民迁徙，也许是我们当前所面临最严重和代价最高的问题；②燃料供应造成的政治冲突，例如伊拉克、尼日利亚和厄瓜多尔等国的油田和伊朗核燃料加工引发的政治冲突。

可再生能源成本有多高？

到2020年，风电和水电成本应为化石燃料电站或核电站的一半，而且由于可再生能源本来就比化石燃料更高效，用太阳能、风能和水能提供同样的服务比传统能源节省1/3。

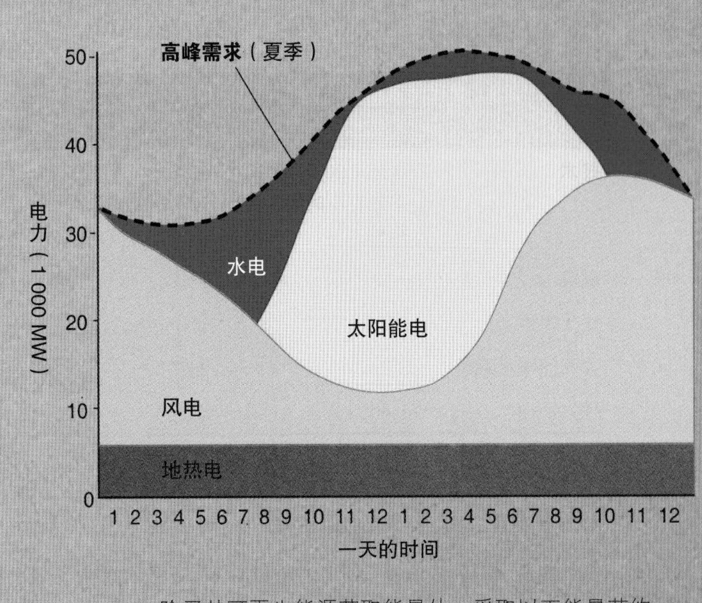

除了从可再生能源获取能量外，采取以下能量节约措施也能节省目前使用的能量的一半。可用的策略包括公共交通、挖掘城内的用地潜力和使用高效的家用电器等，这样无论短期内还是长此以往都能省钱。

轻轨 ▼

请解释：

1. 改用可再生能源的最大效益是什么？
2. 这些能源中预计哪一种能产生最多能量？
3. 这些规划中我们需要多少风车？
4. 从未来可再生能源中获益最多的是谁？为什么？

表12.3 替代能源所需的职位与土地替代能源所需的工作岗位与土地		
技术	占地（30年内每千兆瓦小时的平方米数）	工作岗位（每万兆瓦小时每年）
燃煤	3 642	116
光伏电池	3 237	175
太阳能集热系统	3 561	248
风力	1 335	542

且风电塔周围的土地比露天煤田或太阳能电池板下面的土地更容易用于放牧和耕种。农民发现风能是一种有利可图的“作物”。占地1 000平方米土地的一个风电塔每年要向业主支付10万美元。

如果一个房主或社区自己修建风力涡轮机，他们如何处理多余的电力？把电能储存在蓄电池中代价很高。许多专家认为，多余电力最后的用途是售给公用电网。在要求公用事业单位提供固定价格或净能价格的各州，你可以将风电或太阳能系统多余的电力以固定价格出售给当地公用事业单位。

1978年的《公用事业监管政策法》要求公用事业部门以合理价格购买小水电、小风电、太阳能电站、电热联产和其他私人拥有的技术发出的电。并非所有公用事业部门都遵守这项法令，但是有些州——尤其是加利福尼亚州、俄勒冈州、缅因州和佛蒙特州——正在购买相当大量的私有能源。

风力不是间歇性的吗？无风时如何发电？的确，任何地方都不会总是不断地刮风，但是研究表明，几百千米内相互连接的风电场就能消除供电的波动性。而且风力发电机停电维修的时间远短于燃煤电站。后者每年平均要停电46天进行维修，而风力发电机平均只需7天。此外，大部分地方最强的风力出现在夜间，而太阳能则显然只有白天可用。这样，太阳能、风能、水能和地热能相结合就能完全取代化石燃料。

还有一些储能的方法用到了泵。例如，当电力过剩时把水从低处的水库抽送到高处。随后，当用电量上升时，把水放回坡下，涡轮机倒转发电。同样，可以把空气抽送到洞穴或废弃矿坑中作为储能的方法。有些抽水储能设备已使用几十年，充分证明其行之有效。更大胆的建议是用多余电力电解水（分解为氢分子与氧分子）。这些气体比电力更容易储存和运输，可以在需要的时间和地点利用燃料电池转变回有用的能量。

太阳能虽然分散但很丰富

太阳是太空中一个巨大的核熔炉，永恒地用免费的能量滋养我们的地球。太阳的热力驱动风和水循环。一切生物质以及化石燃料和我们的粮食（两者都来源于生物质），都是通过光合细菌、藻类和植物将光能（光子）转化为化学键能。

但是，这种巨大无比的能量输入由于太分散、强度太低，除了给环境加温和进行光合作用外，其他方面用处不大。幸而，现在我们找到了更有效的利用方法。图12.24表示全美典型的夏日和冬日太阳能的水平。

被动式太阳能与主动式太阳能

本章开篇案例表明了太阳能对水和空间供热的价

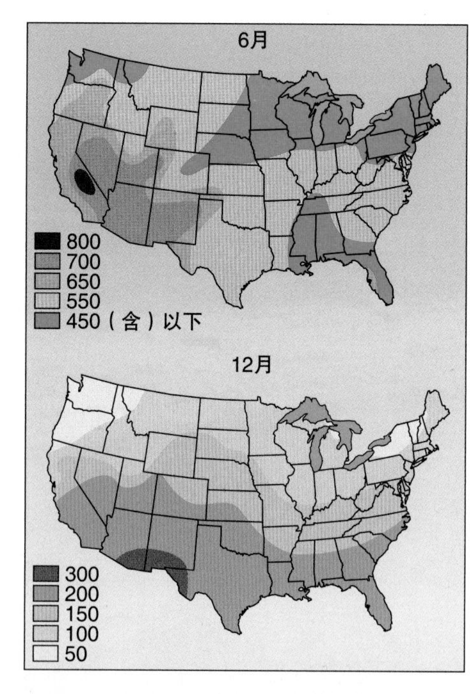

图12.24 美国6月和12月日平均太阳辐射量。太阳辐射单位1兰利等于地表面1卡/平方厘米。

资料来源：美国商务部国家气象局。

值。在日照和其他中国城市，太阳能集热器已经为家庭提供大部分热水。同样，在希腊、意大利、澳大利亚和其他阳光普照、能源昂贵的地方，高达70%的家用热水来自太阳能集热器。

几千年来人们一直使用大量储热器具捕获太阳能。厚重的砖坯或石墙白天吸热然后夜间缓缓释放。这种**被动式太阳能吸收**（passive solar absorption）方法被现代家庭更新，使用大量吸热地板和吸热墙或在建筑物南面安装玻璃幕墙的"阳光间"。

主动式太阳能系统（active solar systems），就像日照的那些设备，一般将能吸热的流体介质（空气、水或防冻液）流过相对较小的集热器，而不是用砖石一类固定介质被动地收集热量。主动式集热器可以安装在建筑物附近或屋顶上，而不是建造在房屋结构里面。

一块用双重玻璃密封的黑色平板就可以制成一个良好的太阳能集热器。风扇使通过热表面的空气经标准风暖系统的管道进入室内。或者，把集热器中的水通过深色管道泵入室内，获取热量作供暖之用或提供热水。

当然，并非每时每刻都阳光普照。如何把太阳能储存起来以备不时之需？有许多方案可供户主选择。在经常有日照而且季节变化不大的气候下，一个小型绝热水槽就是良好的太阳能储存系统。在乌云蔽日数天或必须为冬季使用而储能的地区，就要用装有石块、水或黏土之类储热体的大型绝热箱储存太阳能。夏天用风扇把热空气从集热器吹进储存介质中。冬季用同样的风扇从箱子另一端把暖空气吹进室内。

夏季储存介质温度低于室外空气，这有助于其通过吸热降低室内温度。冬季储热介质温度较高，通过辐射放热起到热源的作用。在许多地区，相当于六七个月的热能可以储存在1万加仑水或40吨砾石中，这相当于一个小型游泳池的水或两辆中型自卸卡车的砾石。

聚焦式太阳能发电

太阳热能可以用来发电。通过一行行的抛物面反射镜聚焦将载热剂加热到400摄氏度。热液被泵至中心工厂，把热水转化为蒸汽驱动涡轮机发电。加利福尼亚莫哈韦沙漠（Mojave Desert）的太阳能热力设施已经修建了几十年，目前装机容量超过300兆瓦。西班牙的阿文戈亚太阳能公司（Abengoa Solar）正在凤凰城附近修建一座造价15亿美元的太阳能电站，其抛物面阵列覆盖7.7平方千米沙漠，产生289兆瓦电力。

另一种聚焦式太阳能发电用几千面定日镜——能跟踪太阳的反射镜，将阳光聚焦到塔顶的锅炉中。锅炉输出的蒸汽和其他热力系统一样驱动涡轮机。*BrightSource*公司曾和南加州爱迪生电力公司签约，要在10年内在莫哈韦沙漠修建一座容量超过1 300兆瓦的太阳能电站。尽管有些人把荒漠看作无用的废地，但很多生态学家认为荒漠就像森林或草原那样独特，具有生物学意义。他们愿意看到大片荒漠得到保护而免受任何开发——包括太阳能在内。

中国也在向聚焦式太阳能发电投资。2010年有几家美国公司签约在中国修建太阳能发电塔。第一座是内蒙古的92兆瓦电站。非洲正在讨论更加雄心勃勃的项目。几家德国公司正在集资进行设计、提供经费和制造设备，筹建荒漠科技公司（Desertech），以及价值4 000亿美元的发电塔网络和向欧洲供电的高压输电线路。据他们计算，只需要射向撒哈拉和中东荒漠地面太阳光的0.3%，就足以供应目前欧洲所用的全部电力。

光伏电池直接发电

光伏电池（photovoltaic cells）捕获太阳能，把电子从其母原子中分离出来，并将其加速穿过单向的静电势垒直接将其转变为电流。静电势垒是因两种不同类型半导体物质之间的连接而形成的（图12.25）。第一个光伏电池是用巨大硅晶体切下的极其纯净的薄片制成的。

过去25年来，光伏电池捕获入射光的能效从野外条件下的不足1%增加到10%，在实验室中超过75%。目前正在进行大有前景的独特金属合金的实验，例如砷化镓和半导性的聚乙烯醇导电聚合物，其能量转化

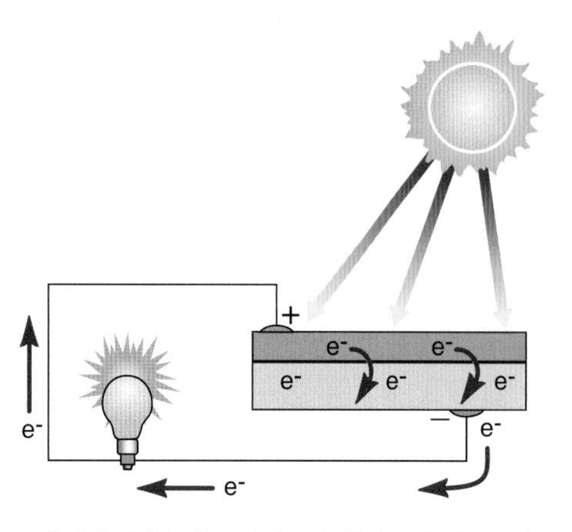

图 12.25 光伏电池的运行。当太阳辐射击打电池时，上面硅晶体层内的杂质溴使电子（e⁻）释放出来。被释放的电子进入电池下层，因此造成上层缺少电子，即形成正电荷，而在下层有多余的电子，即负电荷。电荷的差异在连接两层的导线中形成电流。

图 12.26 太阳能屋瓦（有光泽部分）产生的电力足以供应住宅全部电器之用。白天这个电池组可以将多余电力返售给公用事业公司，使其成本更加合算。

效率高于硅晶体。

近年来光伏电池技术最有前途的进展是**非晶硅集电极**（amorphous silicon collectors）的发明。1968年奥弗辛基（Stanford Ovshinky）首次描述了这项发明，这些非晶硅半导体被制成重量很轻其薄如纸的薄片，比传统的晶体硅电池所需材料少很多。同时其制造成本也低很多，而且可以制成各种形状和尺寸，可用于各种新颖的用途。目前我们已经能把非晶体集电极覆盖在屋瓦上面，甚至可以把柔性薄膜镀在这些物料表面。光伏电池已经为无传统电力可用的地方，例如灯塔、山顶微波中继站、偏远小岛和澳大利亚腹地的牧场提供电力。

2010年，薄膜光伏电池终于突破每瓦1美元的底线，这是令它能与许多地方火电和核电竞争的价格。随着提高其效率和寿命的进一步研究，业界专家相信，2020年能够达到每千瓦小时10美分以下。

虽然目前收集太阳能最便宜的形式还是聚焦热力系统，但是这些系统一般处在远离人类居住的荒漠地区。这要大范围重建配电网络，将风电或聚焦太阳能电力传输到市场。相反，离终端用户近的发电系统具有很大优点。把光伏系统安装在你的院子里或屋顶上，就不会有长距离配电固有的损失。

一个三四十平方米的光伏阵列就足够一所节能住宅之需（图12.26）。屋顶太阳能具有巨大潜力。据一项研究估计，美国有1 000平方英里（约2 590平方千米）适合安装光伏系统的屋顶，能够产生目前电力消费的3/4。2010年，南加州爱迪生公司开始在仓库和大型仓储型超市屋顶修建光伏阵列。未来5年内，公用事业部门预期要有总容量250兆瓦的光伏发电进行装机。总体上，100万个太阳能屋顶项目的目标是在2016年之前，在加利福尼亚州的住宅和公寓楼安装3 000兆瓦的光伏能源。已经有28亿美元的奖励用以补贴屋主的费用。

有几项创新融资计划助力此梦想变成现实。加利福尼亚州伯克利市房屋清洁能源计划（PACE）首次推出使用市政债券支付可再生能源和节约能源的费用。市政债券将用20年估价的不动产税偿还。逐渐下降的物业账单抵消了税款的增加，因此改用可再生能源可减轻业主经济负担。

另有一些安排，帮助对可再生能源的高额预付成本融资，例如购电合约和太阳能租赁计划。这两种安排都是投资者出资修建一定量的太阳能或风力发电，作为对合约的回报，投资者可以在一定时间内以特定费率购买可再生能源。这样做使业主不必负担巨额集资费用，又给予投资方的投资以安全的回报。要求公用事业部门以公平价格购买业主多余电力的上网电价补贴，也有助于使太阳能光伏发电具有经济上的可行性。

储存电力的一个有吸引力的方案是使用插入式混合动力车，这会提供一个巨大的分散式蓄电池阵列。你可以在夜间当发电站发电能力过剩时给汽车的电池充电。白天可以把汽车电池插入智能电表中，如果价格上升，就可以把电力返售给公用事业设施。几百万个机动的电池阵列就能在很大程度上帮助拉平电力高峰和低谷。

12.7 水　力

向下倾泻的流水是最古老的能源。早期美洲殖民地水力磨坊和锯木厂至关重要，早年大部分城镇也是修建在有流水驱动磨坊的地方。19世纪水轮机的发明大大提高了水坝水力发电的效率（图12.27）。到1925年，流水产生世界电力的40%。此后，水力发电量增长了15倍，但是化石燃料使用增长得如此迅速，使目前水电只占全部发电量的1/4。不过，许多国家仍然依靠流水产生大部分电力。例如，挪威的电力99%为水电；巴西、新西兰和瑞士至少有3/4的电力来自水电。加拿大是全世界水力发电的领跑者，运行着400座水电站，总容量超过6万兆瓦。但是，为了发电他们的河流被改向，导致土地受淹，而大部分电力却出售给美国，由此加拿大原住民提出抗议。

全世界水电潜能估计高达300万兆瓦。如果全部投入使用，可以提供8兆瓦时至10兆瓦时的电能。目前我们仅仅使用了水电潜力的10%。1994年从水电产生的能量相当于5亿吨石油，或占世界全部商业能源消费的8%。

图12.27　水坝产生清洁的可再生能源，但可能对社会和生态起破坏作用。

大部分水电来自大型水坝

20世纪30年代以来，大部分水电开发集中于巨型水坝。规模巨大的水坝具有一定的规模效益，而且为修建的国家带来自豪感与声望，但也可能带来有害的社会与环境问题，在许多国家引发抗议。

在温暖干旱的气候下，大型水库常常受损于大量水分蒸发。埃及阿斯旺大坝后的纳赛尔湖，每年因蒸发和渗漏损失150亿立方米水。无防渗层的水渠又损失15亿立方米水。两者合计折合尼罗河流量的一半，足以灌溉20 000平方千米农田。阿斯旺大坝截获的泥沙，原先在泛滥季节使农田变得肥沃，并为三角洲地区丰饶的渔业提供养料。而现在农民必须购买昂贵的化肥，渔业则下降到几乎为零。繁衍在水库中的钉螺使血吸虫蔓延，成为日益严重的问题。

大型水坝还破坏生物多样性。2010年巴西宣布批准在帕拉州辛古河（亚马孙河的主要支流）上修建一座有争议的贝罗蒙特水坝（Belo Monte Dam）。造价170亿美元的这座大坝将位列世界第三。大坝将加速这个偏远地区的发展，并淹没250平方千米的热带雨林。原住民卡亚波人抗议传统狩猎地的丧失。

水坝倡导者声称，水库淹没面积小于原先计划的5 000平方千米，相当于每年雨季时森林被自然淹没的面积。相反，水坝反对者指出，季节性淹没的森林是一种独特的生态系统，其中的动植物能精巧地适应水位变化。大坝形成的水库会使当地生态系统发生不可逆的变化，消灭许多地方物种。此外，受淹森林中腐烂的草木会放出甲烷，比燃烧等量煤炭更能引起全球气候变化。

来自潮汐和海浪的非传统水电

海洋潮汐和波浪也蕴含巨大能量，能够加以利用。潮汐电站的运作有如水电大坝，当潮水流过时推动涡轮机旋转。要使涡轮机旋转需要有几米的潮差（高潮与低潮的水位差）。遗憾的是多变的潮汐周期常常使这种能源在并入公用事业电网时存在问题。尽管如此，这些电站有的已经运行了几十年。

任何地方的海边都很容易看到和感觉到波浪能。波浪涌起几百万吨海水，又猛击陆地，反反复复，日复一日，所消耗的能量远远超过当地入射的太阳能和风能之和。将其捕获并转化为有用形式，将对满足当地能量需求做出实质性贡献。

荷兰研究人员估计，有20 000千米海岸适合开发海浪能。世界上海浪发电最好的地点是苏格兰、加拿大、美国（包括夏威夷）、南非和澳大利亚的西海岸。海浪能专家将这些地区的海岸分为40兆瓦～70兆瓦的不同等级。根据计算结果，如果正在研发的技术得到广泛应用，全部海浪能相当于全世界目前电力输出的16%。

正在开发的一些设计包括用摆动的水柱将空气推拉通过涡轮机，以及各种在海浪通过时上下浮动的浮标、驳船和圆筒，用发电机将机械运动转化为电力。然而，难以设计出一种能经受最猛烈风暴破坏的机械。

本领域一项有趣的进展是一家苏格兰公司研发的名叫海洋能专递（Ocean Power Delivery）的海蛇波浪发电机。这项技术首次运行于葡萄牙海岸外5千米的地方，拥有3个2.25兆瓦的电力单元，足以供应1 500户葡萄牙家庭用电。另有28个单元目前正在安装。每个单元由4个圆柱形型钢筒组成，用铰缝连接在一起。蛇头锚定在海底，这个蛇状机器指向海浪，当涌浪进入其125米长的躯体内运动时，这个装置上下左右随波逐流。这种运动把液体泵入液压马达驱动发电机发电，通过水下电缆传输到岸上。葡萄牙把海浪能看作最有前途的可再生能源之一。

海蛇装置的发明者耶姆（Richard Yemm）说，耐受力是海浪动力发电机最重要的特征。海蛇安装在近海海域，不受毁坏许多岸基装置的破碎浪的冲击。如果海浪太高，海蛇就潜入水下，像冲浪者潜入破碎浪下面一样。这些浪能变换器平卧在水面上，离岸较远，因此不大会像高耸的风电塔那样遭受激烈冲击。

地热、潮汐和海浪能够供应可观的能量

地球内部的温度能为一些地方提供有用的能源。地下存在着高压高温的蒸汽田。大陆板块边缘或者地壳下面是接近地表的岩浆（融化的岩石）的地方，**地热能**（geothermal energy）表现为热泉、间歇泉和喷气孔的形式。黄石国家公园是美国最大的地热区。冰岛、日本和新西兰也集中了大量地热泉和喷气口。

这些能源产生湿蒸汽、干蒸汽或热水，这取决于其形态、热量和接近地下水的程度。位于洋中脊（第1章）的冰岛拥有丰富的地热能。冰岛雄心勃勃要成为第一个无碳国，这在很大程度上是由于地热提供取暖和发电的蒸汽。即使在没有天然间歇泉或温泉的地方，也可能拥有接近地表的热点，可以通过深井获得。然而，2010年瑞士和加州突然关闭了两眼大型深井，当时有证据显示这些深井可能引发地震。

虽然很少地方拥有地热蒸汽，但是几乎所有地方的地热都能降低能源的成本。把水泵入深埋地下的管道能够提取足够的热量，热泵就能更高效地运行。同样，地下相对恒定的温度能用以提高夏季空调的效率（图12.28）。

12.8 燃料电池

另一种方法不是蓄电和输电，而是当需要用电时就地发电。**燃料电池**（fuel cells）就是用正在进行的电化学反应发电的设备。燃料电池与蓄电池十分相像，但不必用电流反复充电，只要添加燃料进行化学反应。视其所投入燃料的环境成本，燃料电池可能是一种应用于写字楼、医院乃至家庭的清洁能源。

所有燃料电池都有被电解质分隔开的一个正电极（阳极）和一个负电极（阴极），加上一种能让带电原子（即离子）通过而电子不能透过的物质组成（图12.29）。大多数最常见的系统里，氢气或含氢燃料通过

图 12.28 许多地方地热能可以降低取暖和制冷成本的一半。夏季（图中所示）把温水泵入深埋的管道（地下回路），被地下恒定的温度冷却。冬季系统反向运行，较暖的土壤帮助房屋取暖。如果空间有限，地下回路可直立设置。如果有更多空间，管道可以铺设在较浅的水平壕沟中，如图所示。

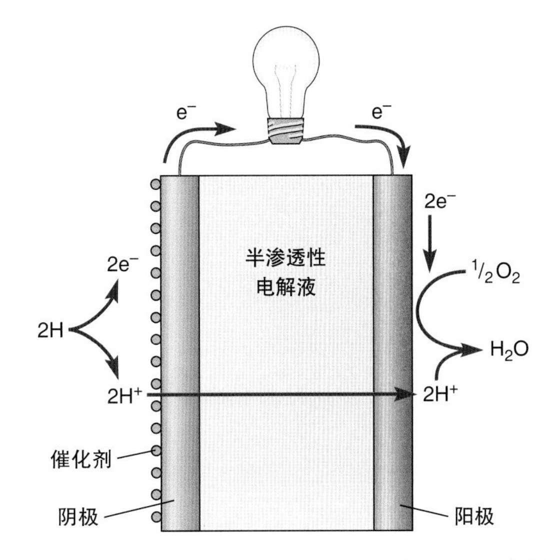

图 12.29 燃料电池的运行。阴极的氢原子除去一个电子成为氢离子（质子），通过半透性电解质移向阳极，在那里和来自外电路的电子重新结合，和氧原子一起生成水。电子流过连接两个电极的回路产生有用的电流。

阳极，而氧气通过阴极。阳极上有一种活泼的催化剂（例如铂），夺取每个氢原子中的电子形成带正电的氢离子（质子）。氢离子能通过电解质移向阴极，但是电子不能通过。电子通过外电路流动，其通过时产生的电流就能用以做有用的功。在阴极上，电子和质子重新结合并与氧结合生成水。

燃料电池只要有氢和氧的供应就能提供直流电。在大多数情况下，氧取自四周的空气。氢则用纯氢气供应，但是由于其易爆的特性，储存氢气既困难又危险，另一种替代的装置叫作**裂化炉**（reformer）或转化器，从天然气、甲醇、氨水、汽油乙醇乃至植物油中夺取氢。甚至来自填埋场和废水处理厂的甲烷也能作为燃料来源。或者，可以借助太阳能、风能或地热能设备的电力电解水提供氢气。

用纯氧和氢气驱动的燃料电池，除了产生可饮用的水和辐射热之外，不产生任何废物。其他燃料电池会产生一些污染物（最常见的是二氧化碳），但水平一般远低于发电厂或汽车发动机所用传统的化石燃料。虽然理论上燃料电池的发电效率最高可达70%，但是实际产出为40%～45%。燃料电池安静清洁的运行以及可变的大小令其在某些地方非常有用，例如在余热可以用来加热水或取暖的建筑物中。时代广场的一座45层的写字楼，就有两套200兆瓦的燃料电池为其供电和供暖。该大楼正面还有光伏电池板、自然采光、减少空调的新鲜空气入口等许多节能特色。

公用事业部门鼓励使用可再生能源

美国目前正在计划改组的公用事业部门可能采取一些鼓励节能和使用替代能源的政策。拟议中的政策有：①“分配附加费”，是对所有电力客户每千瓦时电量征收的小数额的电费，以资助可再生能源的研究和开发；②“可再生能源投资组合”将对电力供应商的要求标准化，规定其所用能源中利用可持续来源生产能量的百分比不得低于某一数值；③**绿色电价**（green pricing），允许公用事业部门从一些节约项目中获利，并且对来自可再生能源的电给予较高的价格。

有些州已经执行了这些政策。例如，艾奥瓦州有一项循环贷款基金，基金来自向投资者拥有的用油用电的设备收取的附加费。这项基金向可再生能源和节能提供低息贷款。有几个州制定了绿色电价计划，作为对转向可持续能源的鼓励。第一批实行绿色电价的科罗拉多州，有1 000家用户同意在其常规电价上每月支付2.5美元，以资助位于科罗拉多州和怀俄明州交界处的10兆瓦风电场。购买一“块”100兆瓦的风电所贡献的环境效益，相当于植树2 000多平方米或每年少开车4 000千米。

12.9 能源前景如何

2008年，美国前副总统阿尔·戈尔（Al Gore）向美国提出一个勇敢而鼓舞人心的挑战。他敦促美国在十年内用100%无碳电力重新为自己提供动力。他提议，如能做到这一点，将一举解决美国所面临的三种最大危机——环境、经济与安全危机。这些雄心勃勃的计划能创造几百万个工作岗位、刺激经济发展，并消除对进口化石燃料的依赖。

但是我们是否能够在如此短期内从对环境友好的可再生能源中获得电力？斯坦福大学的雅各布森（Mark Jacobson）和加州大学戴维斯分校的德鲁奇（Mark Delucchi）声称能够做到。而且，据他们计算，到2030年可用的风力、水力和太阳能技术能够百分之百满足全世界的能量需求，完全消灭一切化石燃料的使用。据他们计算，在世界范围内需要建立380万座大型风力涡轮机、17亿个屋顶光伏系统、72万套海浪能转换装置、50万套潮汐涡轮机、8.9万座聚光太阳能发电厂与工业规模的光伏电池板阵列、5 350座地热电站和900座水电站。

要修建和安装所有这一切，难道不是一项难以应付的任务吗？这当然需要做出巨大的努力，但也不是无法完成。雅各布森和德鲁奇指出，我们社会此前已经完成了重大的改革。1956年美国开始修筑州际高速公路系统，现在延伸到7.56万千米，改变了商业、景观和社会。而且全世界高速公路上每年增加大约6 000万辆新轿车和卡车。

是否有足够清洁能源满足我们的需求？是的，我们有。我们已经看到，现成的风力、太阳能和水力资源比目前的动力消费至少大100倍。即使提高发展中国家居民其生活水平，为每个人提供环境友好能源仍然绰绰有余。

有趣的是，利用太阳能、风能和水能满足我们的需求比继续使用化石燃料所需的全部能量少30%。这是因为电力比燃烧动植物遗骸的用能方式更高效。例如，汽油中只有20%的能量用于驱动汽车（其余为废热）。相反，一辆电动车3/4的电能用于驱动。此外，来自可再生能源的能量常常产自用能地点，因此传输与处理的损失较少。

投产如此之多的新技术不会太昂贵吧？虽然昂贵，但是继续依赖化石燃料的成本可能更高。据估计，目前在清洁能源方面每年投资7 000亿美元，可以避免几十年内气候变化造成20倍的损失。

转向清洁能源最大的挑战之一是某个地点的风并非时刻都在吹，太阳也并非总是在照耀。但是巧妙地平衡各种能源就能弥补亏缺。我们需要对输电网进行大量投资——包括一些高压变电线路——将太阳能与风能丰富的地区和人口众多的城市连接起来。无论如何，更有效更安全地传输能量的智能电网是一项有利的投资。

你在本章开篇案例中已经学到，中国正在采取大胆的步骤开发和使用风能、水能和太阳能。我们期望其他发展中国家也能跟上。一些较富裕的国家也能看到这种选择的效益。十年以前人们尚不清楚清洁能源在技术上和经济上的可行性，现在看到了，所有人都必须努力，使之在政治上也可行。我们现在对能源所做出的选择，将对未来的生活与环境产生深远的影响。

总　结

传统能源，尤其是石油、煤炭和天然气，目前仍旧是占优势的能源。煤炭极其丰富，美国尤其如此，但是其开采与燃烧是损害环境与污染空气的主要原因。使用集成气化复合循环技术的清洁燃煤发电厂加上碳捕获与储存，可能有助于使全球气候变化最小化，但是只有转向可再生能源效果才会更好。石油目前提供大部分交通运输用能。美国已经消费了其可采石油资源的一半以上，如果停止所有进口，剩余的供应（包括有争议的北极资源）只能维持三年左右。

天然气比石油更丰富，比煤炭更干净，因此其重要性与日俱增。天然气的主要缺点是这种高度可燃物运输与储存的危险性。而且，尽管它产生的二氧化碳比煤炭和石油少，但仍然对气候变化有影响。有些国家电力供应中核电占相当大的比例。核电运行时不产生二氧化碳，但是核燃料开采、加工和运输以及核废料永久性储存时所产生的温室气体比风能高25倍。而且，在铀矿开采、加工与反应堆运行中产生的高度危险废物的储存，依然是既昂贵又未能解决的问题。

节能是可持续能源未来的关键因素。房屋、写字楼、工业生产和交通运输的新设计都能节约大量的能量。交通运输消耗美国能量预算的40%以上，因此更高效的车辆对我们的能量冲击有着重大影响。

生物燃料包括乙醇和油类（生物柴油），其净能量产额与环境效益方面变化很大。纤维素乙醇能为某些地区提供有用的能量。目前水电是主要的可再生能源。水电清洁可靠，但是把重点放在大型水坝上会导致许多环境与社会问题。在太阳能、风电和海浪发电以及其他可再生能源方面迅猛的创新，使我们有可能从清洁技术中获得所需的全部能量。我们对能源和用能所做出的选择将对环境与社会产生深远影响。

13 固体垃圾与危险废物

纽约斯塔顿岛上的弗莱雪吉尔斯是世界最大的垃圾填埋场，2001年关闭。

问题与讨论

- 废物流的主要成分是什么？
- 卫生填埋如何操作？为什么我们要寻求填埋的替代方法？
- 为什么海洋倾倒是一个问题？
- 废物减量的“3R”是什么？其中哪一项最重要？
- 如何将生物质废物转化为天然气？
- 什么是危险废物？如何处置？
- 什么是生态修复？
- 什么是超级基金？是否有进展？

我们生活在虚假的经济中，
其中商品和服务的价格不包括废物
和污染的成本。

——林恩·兰德斯（Lynn Landes），
零废物美国（Zero Waste America）
创始人和经理

新点金术：垃圾里淘金

大多数人一想起回收利用就是指报纸、塑料瓶和其他家庭用品。虽然日常用品的回收是再利用项目的基石，但是回收利用另一个日益增长和令人兴奋的领域正在以商业和工业规模推进。美国每年产生的2.3亿吨垃圾存在一些难以解决的问题：老旧家具和地毯、各种电器和计算机、油漆木器和厨房垃圾。这也难怪，只要还有余地，我们就将垃圾全部倾倒入填埋场。但是填埋场正变得越来越少，而且越来越难以设置（图13.1）。

焚化炉是一种常见的替代方法，但是建设与运营费用很高，而且会产生危险的空气污染物，包括燃烧塑料时产生的二噁英，还有重金属。

废弃物最大来源之一是建筑垃圾和拆迁废物——楼宇拆除、改造或新建时留下的瓦砾。这两种垃圾共计每年有1.4亿吨，相当于每人每天1.5千克，位居每年2.3亿吨城市垃圾之首。所有这类混合垃圾一般都用卡车运到填埋场，但是近年来有了替代的方法。

逐渐地，有些城市和公司把包括建筑垃圾在内的各种废物送往商业化回收公司。其中一家是总部设在纽约蒙哥马利的泰勒回收公司（Taylor Recycling）。泰勒公司从树木清除起家，扩展到建筑垃圾与拆迁废物，目前在4个州运营。该公司回收并出售所接收混合垃圾的97%，远高于该行业平均水平的30%～50%。树桩带来的泥土过筛后出售作清洁的园圃土壤。混合垃圾分拣为可回收的玻璃、金属和塑料。建筑垃圾进行分类和碾碎：纸面石膏板碾碎成生石膏，出售给石膏板厂商；木料用以堆肥或燃烧；砖块碾碎后用作填料或建筑材料。被食物浸透的纸张之类的有机废物无法分离，就送往气化炉。气化炉就像一个隔绝氧气的密封高压锅，把生物质转化为天然气。天然气驱动工厂的发电机，多余部分可供出售。余热给回收设备加温。来料中不能回收利用的3%主要是混杂的塑料，目前被填埋。

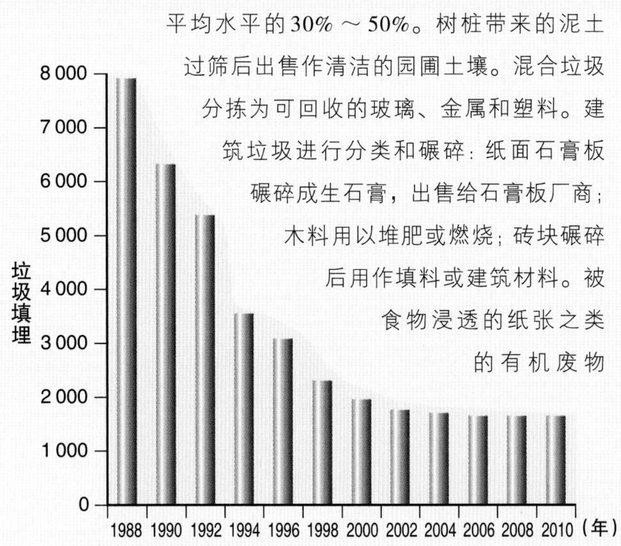

图13.1 近20年来美国垃圾填埋场数量已减少近80%，但是由于目前填埋场比过去大很多，因此其总容量依然相对恒定。

资料来源：美国环境保护局，2010。

从其基地设在纽约城外这一点看，回收利用是好主意。纽约已经用尽大部分垃圾填埋场，现在把垃圾运往弗吉尼亚州、俄亥俄州、宾夕法尼亚州和南卡罗来纳州。仅燃油和汽车装运费就抬高了处置成本，而随着填埋容量缩减，倾倒费用也在爬升。纽约市每天运出大约1 000车垃圾，运往其他州。往返大约483千米，每2.5千米耗油超过1升。

世界各地垃圾的故事正在发生变化

西欧和日本将城市垃圾用作堆肥的产业迅速发展。该行业的领军者瑞士康珀格斯公司（Kompogas）用巨型嫌氧（无氧气）罐堆制有机废物。所产生的甲烷用于驱动轿车、卡车和发电。出售这些气体增加了公司的利润。无菌的堆肥是园艺师和农民理想的肥料。

欧洲的这种产业得益于新的法律，规定在垃圾填埋场处置有机废物为非法行为。那些法律保护了日益减少的开放空间，也保护了全球气候，因为填埋场中垃圾的分解会产生大量甲烷，这是最重要的温室气体之一。

中国也曾有过回收利用的革命。中国亟需各种工业材料，厂商从欧美的废纸和其他废物中找到丰富的资源。废弃物一直是美国最大宗的出口物品之一。现在越来越大量的回收物资运往中国，卸载后运回各种商品和电子产品。

物资回收是一种发展迅速的产业，因为往返都能赚钱。从业者因运走废弃物而得到报酬，废弃物又变成可出售的产品。

你往往想不到，经营废弃物确实是一项激动人心而且有创意的产业。像泰勒回收和康珀格斯等公司在赚钱的同时，也产生巨大的社会效益与经济效益。每当我们谈论环境问题时，工商界似乎就是问题的一部分。但是这些实例表明，许多工商业业主也可能像任何人一样正关心环境质量。

这些故事所代表的废弃物处理所起的作用有多大？本章将讨论这个问题。我们还要考察废物处理的其他方法、废物的组成，以及固体垃圾和有害废物之间的差别。

13.1 我们制造了什么样的废弃物

人人都丢弃垃圾，即使你并非每天都会想到它。我们做任何事情的时候几乎都会产生一些不需要的副产物。据美国环境保护局估算，美国每年产生110亿吨固体垃圾，大约每人3.6吨。其中将近一半是农业废弃物，例如作物残茬和牲畜粪便，一般返还其所产生的农庄土壤中。农业废弃物用作地被物，减少水土流失，为新作物提供养分，但也构成乡村最大的非点源空气和水污染源。固体垃圾中另外1/3是尾矿、露天矿的覆盖层、炉渣和采矿与金属加工工业的废弃物。此类物料大多储存在其产地之内或附近。然而，不恰当的处理措施会造成大面积的严重污染。

美国的工业垃圾——采矿与金属加工之外的产物，每年有大约4亿吨，大部分被回收利用、转化为其他形式或弃置于私有填埋场或注入深井。大约有6 000万吨工业垃圾被列入有毒有害废物类别，我们将在下文讨论。

城市固体垃圾（municipal solid waste），即住宅、办公室和城市里产生的垃圾，其重量所占百分比不大，却是垃圾处理最具挑战性的问题之一。城市固体垃圾含有多种物质，难以回收利用，而且美国每年产生约2.5亿吨（图13.2）。每人每日正好超过2千克，为欧洲与日本的两倍，大多数发展中国家的5倍至10倍。

尽管近20年来取得了可观的进步，但是我们只回收了约30%的玻璃瓶罐、不足50%的铝制饮料罐和不到7%的食品和饮料的塑料包装。如果我们提高回收率，就能省钱、节能、节省土地和其他资源。

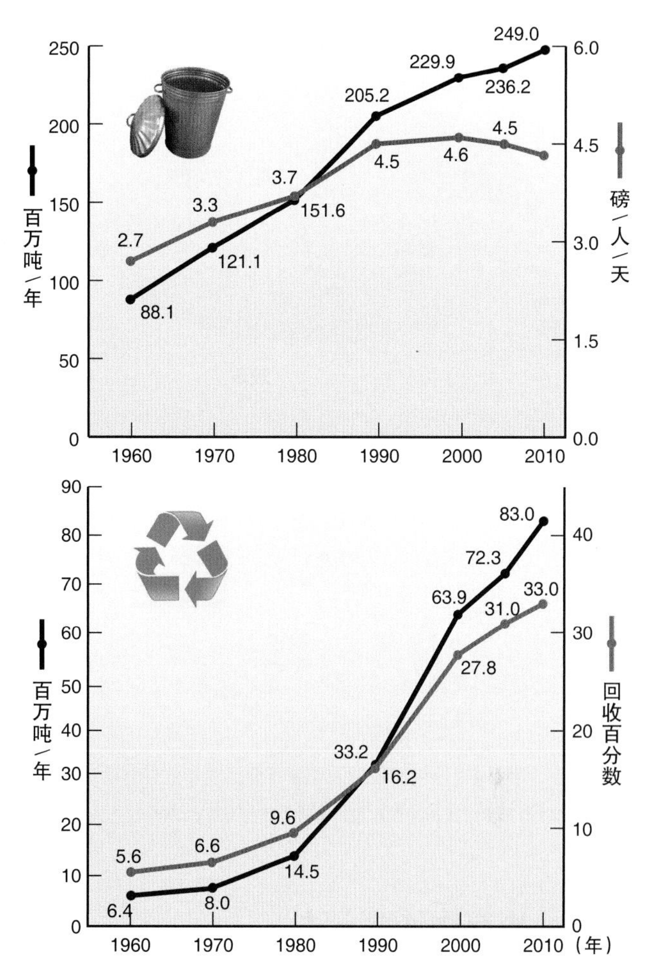

图 13.2 关于固体垃圾的坏消息和好消息。人均废物量稳定上升到每天2千克以上。不过回收利用率也提高了。回收数据中包括堆肥。

资料来源：美国环境保护局，2010。

废物流就是我们所抛弃的每一件东西

垃圾中都有哪些物料？有来自庭院和花园、厨余垃圾、污水处理厂污泥的有机物；报废汽车；废旧家具和各种消费品。报纸、杂志、包装箱和办公室垃圾使纸张成为主要垃圾之一（图13.3）。

废物流（waste stream）指我们产生各种垃圾的稳定物流，从家庭垃圾和庭院废弃物到工商业垃圾和建筑垃圾。如果垃圾中有些物料不掺杂其他垃圾，则废物流中许多物料都可能是宝贵的资源。可惜，在收集与倾倒过程中将所有物料混合在一起碾碎，使分拣成为费钱甚至不可能完成的任务。许多可回收物料的价值都丧失在垃圾场或焚化炉中。

当危险物品混入废物流的时候，就分散到几千吨各种各样的垃圾之中。这样的混合使本来比较无害物料的处置与焚烧变成既困难、费钱又危险的问题。如喷漆罐、杀虫剂、电池（锌、铅或汞）、清洗剂、含有放射性物质的烟雾探测器，以及燃烧时产生二噁英和PCBs（多氯联苯）的塑料，它们都和纸张、残羹剩饭及其他无毒物质混在一起。处理家用有毒有害物质最好的方法是将其分离，予以安全处置或回收利用，下文将予讲述。

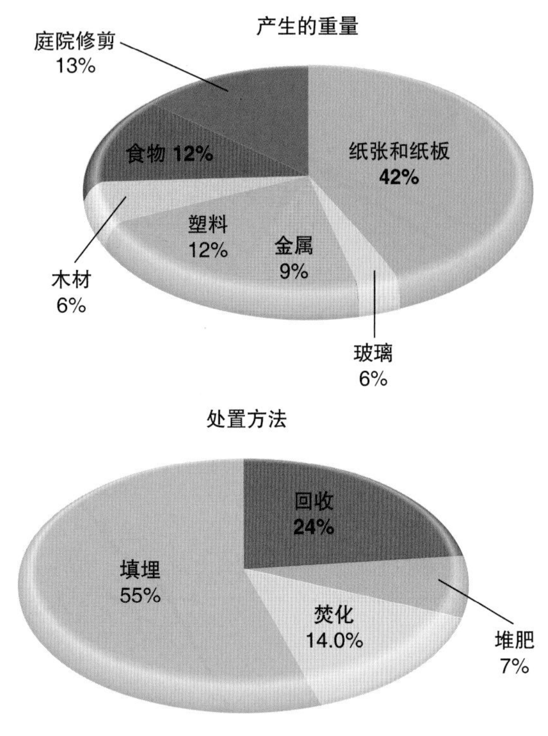

图 13.3 美国城市垃圾回收前的重量百分组成和处置方法。

资料来源：数据来自美国环保局固体废物管理办公司，2009。

图 13.4 垃圾处置业已成为发展中国家的危机，人们采用便宜的塑料商品和包装，但是没有良好的回收利用或处置方法。

13.2 废弃物处置方法

目前废弃物去往何处？本节将考察历史上废弃物处置的某些方法以及未来的一些选择。我们从最不可取但最常用的方法开始，一直讲到最重要的“3R”策略，即减量（Reduction）、再利用（Reuse）和再循环（Recycling）。

露天垃圾场把有害物质释放到空气和水中

人们对废物的处置往往是将其直接抛弃于某处。不加管理的露天垃圾场仍然是大多数发展中国家垃圾处置的主要方法，这些国家政府的基础设施（包括垃圾收集）难以满足不断增长的人口。发展中国家的超级特大城市都有极大的垃圾处理问题（图13.4）。世界最大城市之一的墨西哥城每天产生大约1万吨垃圾。这股垃圾洪流迄今还被遗弃在巨大的垃圾堆中，听任风雨、老鼠、蚊蝇和其他害虫的侵袭。菲律宾的马尼拉至少有10个巨型垃圾场。最为声名狼藉的叫作“烟雾山”，因为它总有阴燃的火。几千人居住和生活在这个30米高的垃圾山上。他们整天在垃圾中翻拣可以食用或可回收的东西。这些人的健康堪忧，但是他们别无出路，而目前城市对垃圾处理也别无他途。

大多数发达国家禁止露天垃圾场，至少在城市地区是如此。但是非法倾倒依然是一个问题。毫无疑问，你看见过堆积在路边或杂草丛生空地上的垃圾。这仅仅是美观问题吗？不，这些垃圾大部分会被冲到下水道中然后流入海洋（见下节）。常见的非法垃圾倾倒包括废油和溶剂。据估计，美国每年有2亿升车用废机油倒入下水道，或者被允许渗入土地中。这个数量相当于1989年阿拉斯加的埃克森石油公司的“瓦尔迪斯”号油轮溢油量的5倍！无人知晓用同样方法处置的各种溶剂和其他化学品的数量。

这些有毒化学品越来越多地出现在地下水中，而美国几乎有一半人口饮用地下水（见第10章）。极其少量的油或其他溶剂就能污染大量饮用水或灌溉用水。例如，1升汽油就能使100万升水不能饮用。

海洋倾倒行为大多不受控

海洋虽然辽阔，但不足以受纳我们的废弃物。每年大约有2.5万吨包装材料被倾倒进海洋中，包括成百万个瓶瓶罐罐和塑料包装。即使在遥远的地区，海滩上也堆满了不能降解的废料和船只残骸（图13.5a）。

每年有大约15万吨渔具——包括1 000千米长的渔网，遗落或被丢弃到海洋里。仅北太平洋海域，估计每年有5万头北海狗被缠绕在这种垃圾中溺毙或饿死。

直至最近，美国许多城市仍然把城市垃圾、工业垃圾和下水道污泥倾倒进海洋中。现在联邦立法禁止这种倾倒。1992年，最后一个停止近海污泥处置的纽约市终止了这种做法。

世界海洋中塑料垃圾是日益增长的问题。几百万吨塑料饮料瓶、瓶盖、塑料购物袋和其他垃圾，最终都汇集到海洋上。其中大部分很可能是无心丢弃的废弃物和零散的垃圾，但是也有人故意把垃圾抛弃到海洋中，游艇和集装箱船尤其如此。所有这些漂浮在水面的垃圾，集聚在洋流缓慢旋转的广大海域中。

这些塑料残骸海区中最有名的是帆船船长查尔斯·摩尔（Charles Moore）1997年发现的**太平洋垃圾带**（Great Pacific Garbage Patch）。全世界大洋都有由地球自转驱动的所谓环流的巨大涡流。这些洋流收集漂浮的垃圾，大部分为小碎片，覆盖数千千米宽。北太平洋涡流捕获的塑料垃圾至少有1亿吨。估计这类垃圾80%来自陆地上对塑料不恰当的处置，其余20%是海上船只的倾倒或遗撒。

所有这些塑料漂流物的重量超过太平洋和大西洋大部分海域的活生物量。已发现有些鱼的胃里充满了塑料碎片。海鸟吞吃塑料垃圾，然后反刍喂养其幼雏。幼雏的胃里塞满了不能消化的瓶盖、一次性打火机和其他碎片，逐渐饿死。对黑背信天翁的一项研究中，90%信天翁幼雏尸体里面有塑料（图13.5b）。

漂浮垃圾使海洋生态系统缓慢饿死，海洋学家正在试图找到收集和控制它们的方法。2010年，他们用丢弃塑料饮料瓶建造的双体船“普拉斯提基”号（Plastiki）做了一次环球航行，以提倡海洋保护，宣传塑料垃圾失控的问题。大部分垃圾颗粒太小，不易用网捕捞，而且遍布全球海洋中。但是，日益增强的意识乃是解决问题的第一步。你可以在线搜索有关“普拉斯提基”号或太平洋涡流的信息。

（a）

（b）

图13.5　（a）倾倒在陆地和海洋上的垃圾最终漂流到遥远的海滩上。（b）进入年幼海鸟的腹部。图中为黑背信天翁剖开的腹部，可见其父母不慎吞食然后反刍喂给雏鸟的塑料。

资料来源：美国国家海洋和大气管理局。

垃圾填埋场接收了大部分垃圾

目前美国城市固体垃圾的54%被填埋场接收，33%被回收利用，13%被焚化。虽然在废弃物控制方面仍然任重道远，但是1960年以来已发生了巨大的变化，那时94%的垃圾倾倒在填埋场，只有6%被回收利用。

近年来设计了现代的**卫生填埋场**（sanitary landfill）来受纳垃圾。要求运营商将垃圾压缩，每天用一层泥土覆盖，以减少臭味和散落，抑制昆虫和老鼠滋生。这种方法有助于控制污染，但是覆盖用土也要占用填埋场20%的空间。1994年以来，美国所有在运营的填埋场必须控制油类、化合物和有毒金属之类随雨水渗出垃圾堆的有害物料。为了防止流出物渗漏到地下水和河流中，要求填埋场铺设不透水的黏土和/或塑料衬垫。衬垫层内部和周围设置排水系统以检测化学品的泄漏。下文还要讲述有害废弃物仓储防护的许多措施。

卫生填埋也必定产生甲烷，就是垃圾场深处有机物在嫌气状况下分解时产生的温室气体。垃圾场是美国甲烷最大的单项人为源。估计全球垃圾场每年产生的甲烷超过7亿吨。由于甲烷吸热的能力为二氧化碳的20倍，这个数量就相当于全部温室气体的12%。迄今为止，几乎全部垃圾场甲烷都直接排放到空气中。目前美国大约一半的垃圾场或则将其就地爆燃（燃烧），或则将其收集用作发电厂燃料。美国的甲烷回收每年产生440万亿英热单位，相当于公路上减少2 500万辆汽车。有些垃圾场经营商主动向垃圾中注水，以加速这种宝贵燃料的产生。

历史上垃圾填埋方便而价廉。这是由于我们所处理的废弃物少得多——1960年只及现在的1/3，也由于那时对处理场地的地点和方法几乎没有管控。1984年以来，对垃圾场有了严格的财政与环境保护要求，美国关闭了大约90%的垃圾填埋场。这些填埋场大多缺少防止有毒物质渗入地下水和地表水的环境管控。现在许多地区深受几十年来缺乏管控的垃圾倾倒场对地下水和河流污染之害。

随着保护公共卫生新规则的实施，垃圾场越来越少、越大、越昂贵（见图13.1）。本章开篇案例提到，各城市常常把垃圾用卡车运往几百千米以外处置。美国目前每年花费大约100亿美元处理垃圾。今后10年内，每年可能要花费1 000亿美元处理垃圾和废物。另一方面，日益上涨的垃圾填埋费用使替代策略——包括废物减量和回收利用更加经济可行。

主动学习

生命周期分析

看看你所购买物件的生命周期就是向了解你在废物流中的位置迈出了一步。这里是一个近似的过程。你选择经常使用的一件东西，把你对下列问题最好的猜测写在纸上：（1）物件里面主要材料的清单；（2）那些材料的最初来源（地理位置和原料）；（3）提取/转变这些材料所需的能量；（4）材料运输的距离；（5）使物件到你手中涉及的商户数；（6）你弃置该物件时去向何处；（7）这些物件能制造何种再生/回收利用的产品。

我们常常把垃圾出口到处理设备不良的国家

1989年大多数工业化国家同意停止向欠发达国家运送有害有毒废物，但是这种做法依然持续进行。例如，2006年有400吨有毒垃圾被非法倾倒在科特迪瓦首都阿比让的14个露天垃圾场。黑淤泥——含有硫化氢和挥发性碳氢化合物的石油废液，毒死10人并使多人受伤。至少有10万居民因呕吐、胃痛、恶心、呼吸困难、鼻出血和头痛而就医。这些污泥——已被欧洲港口拒收，被在巴拿马注册、总部在阿姆斯特丹的一家跨国公司转手给一家科特迪瓦公司（被认为与腐败的政府官员有联系），倾倒在科特迪瓦。荷兰公司统一清理了这些废物并支付相当于1.98亿美元的赔偿。

全世界大部分废旧船只目前在穷国中拆卸和回收利用。这些工作很危险，旧船常常充满石油、柴油燃料、石棉和重金属等有毒有害物质。例如，在印度的亚兰海滩（Alang Beach），4万多工人用撬棍、焊枪甚至赤手空拳拆卸旧船。金属被拖走出售，供回收利用，有机废物往往直接在海滩上焚烧，灰烬和含油的残余物被冲洗回海水中。

被丢弃的电子设备，或称**电子垃圾**（e-waste），是目前进入发展中国家的有毒物质的最大来源。全世界现在至少有20亿台电视机和个人电脑在使用。电视机一般使用5年后就被丢弃，而计算机、游戏机、移动电话和其他电子设备的淘汰甚至更快。据估计，全世界每年丢弃的电子垃圾有5 000万吨，其中只有大约20%的零部件得到回收利用，其余部分通常弃置于露天垃圾场或被填埋。这条废物流含有至少25亿千克铅，以及汞、镓、钯、铍、硒、砷和金、银、铜等贵金属，还有钢铁。

以前此类电子垃圾大部分被运往中国，包括幼儿在内的村民拆卸这些器件回收贵金属。这种废品回收拆除在原始的状况下进行，工人只有极少或没有保护装置。此类工作的健康风险极为严重，尤其是对成长中的儿童。工作地点的土壤、地下水和地表水均被污染。受污染土壤上生长的粮食常常含有中毒水平的铅和其他金属。

目前中国已正式禁止洋垃圾入境。随着中国更严格的管控，非正式的电子垃圾回收转向印度、刚果和其他环境管控较弱的地区。令这个问题更加困难的是，这些发展中地区自身很快就将比管控较好的富裕国家产生更多电子垃圾（图13.6）。随着废物量的增加，那些发展中地区是否能够保护公众的健康?

巴塞尔行动网络（The Basel Action Network）是一个由寻求加强对有毒物质全球贸易进行管控的积极分子们组成的国际网络。这个小组以达成一项国际协议的城市巴塞尔命名，该协议旨在禁止有毒垃圾贸易，并追踪国际电子垃圾的装运和工作条件。在许多国家内部也存在向贫穷社区输出垃圾的情况。

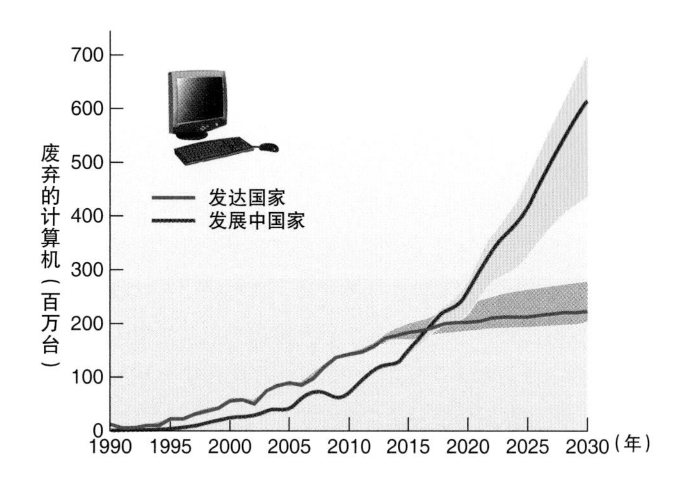

图13.6 图表示预期的趋势与估计可能增长的幅度。

资料来源：Modified from Yu, et al. 2010. Environmental Science and Technology.

垃圾焚化产生能量

面临着日益增长的垃圾堆和无论价格如何都日趋缺乏的垃圾场，许多城市修建了垃圾焚化炉以焚烧城市垃圾。这种技术的另一个常用称呼是**能量回收**（energy recovery），或者叫作废物变能源，因为燃烧垃圾能产生蒸汽，可直接用于建筑物取暖或用以发电。在国际上，巴西、日本和西欧共有远超1 000座废物变能源的工厂，生产迫切需要的能源，同时又减少了需要修建的垃圾填埋场的数量。美国有110多座垃圾焚化炉，每天燃烧4.5万吨垃圾。其中有些是单纯的焚化炉；另有一些生产蒸汽和/或电力。

城市垃圾焚化炉是专门设计能每天焚烧几千吨垃圾的工厂。有些工厂在垃圾进来后先进行分拣，除去不可燃物或可回收的物料。分拣后的垃圾被称为**垃圾衍生燃料**（refuse-derived fuel），因为经浓缩的可燃部分含有高于原生垃圾的能量。另一种叫作**全量燃烧**（mass burn）的方法，是将比沙发和电冰箱小的所有垃圾投入巨型焚化炉中尽量将其烧尽（图13.7）。这种方法避免了成本高而令人生厌的分拣工作，但是会产生较多未烧透的灰烬，而且塑料、电池和其他杂物燃烧时常常产生更多的空气污染。

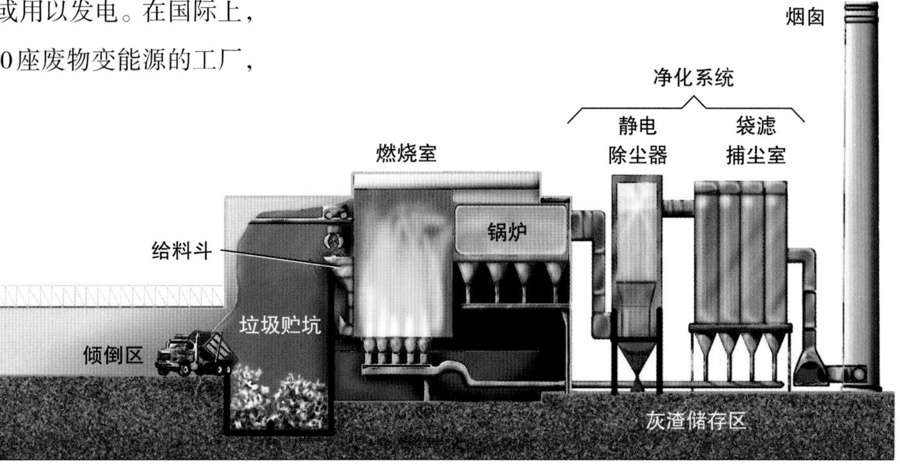

图13.7 城市“全量焚烧”垃圾焚化炉图解。锅炉内产生的水蒸气能用以发电或为附近建筑物供暖。

你怎么看？

环境公正

当一处新的垃圾填埋场、石油化工厂或其他不受欢迎的工业设施拟建在一个少数族群社区附近时，反对选址的人往往提出环境种族主义的指责。日常经验告诉我们，少数族群社区与中产阶级和上层社会白种人社区相比，极可能存在你不会愿意与之为邻的高水平的污染与高污染的设施。这会是因为受污染地方地价较低和公众对于把有污染的设施设置在业已受污染的地方的抗拒心理小于将其安置到较干净的环境吗？或者是两者的差别有那么重要？也许表明有不成比例的少数族裔居住在较肮脏的地方就足以成为种族主义的证据。你会做出何种判断？

1978年美国罗伯特·布拉德（Robert D. Bullard）指导的一项首次系统性的研究，表明了基于种族方面的环境危害的不平等分布。休斯敦一处以黑人为主的社区因规划修建垃圾焚化厂而求助，布拉德发现该市现有的全部5个垃圾填埋场和8座焚化厂中的6座位于非洲裔美国人的社区。布拉德的《南方垃圾场》一书表明，少数族裔社区承担风险的这种模式遍及全美国。他的研究结果包括：

处置全美国危险垃圾40%的5个最大的商业性垃圾填埋场位于非洲裔或西班牙裔美国人为主的社区。

60%的非洲裔美国人、拉美裔和近一半亚裔、太平洋岛屿裔和原住民的社区附近有不受控的有毒垃圾场。

没有危险废物的少数族裔社区平均百分比为12%。相反，有一处危险废物处理设施的少数族裔人口平均高2倍（24%），而有2至3处此类设施的为那些没有此类设施的3倍（38%）。

但是这就能证明是种族而不是阶级或收入才是谁会接触环境公害的最强有力的决定因素吗？为了找出这种差别的原因，你还需要哪些额外的信息？布拉德博士提出的证据链之一是这样的事实，即中产阶级黑人和中产阶级白人接触污染的差别甚至大于贫穷白种人和贫穷黑人之间的差别。布拉德认为，上层社会的白人可以“用脚投票”离开受污染和危险的社区，而少数族裔则因肤色藩篱和种族偏见把他们禁锢在不太令人满意的地点。

该项研究所揭露的一些额外证据是不同社区清理有毒废物场以及对污染者如何惩处方法的差别。和黑人社区相比，白种人社区一旦发现有毒垃圾得到的反应更迅速，而且得到的结果也较好。例如，美国环保局把少数族裔社区有毒废物列入超级基金国家优先目录所花的时间比白种人社区长20%。对白人社区污染者的惩处平均6倍于少数族裔社区。白人社区的清理也较彻底。白人社区大部分有毒垃圾得到处理——被移除或被破坏。相反，少数族裔社区的垃圾场一般只是被加盖“封存”，污染物留在原地，日后可能重见天日或渗入地下水中。

你对这些调查结果作何评价？是否使你确信种族主义在起作用？或者你认为还有其他可能的解释？这些论据中你认为哪项最具说服力？要决定谁接触了污染和谁享受清洁舒心的环境时，环境种族主义是否是一个因素，你还需要哪方面其他证据？

垃圾焚化炉的成本－效益是热烈争论的话题。初期建设成本很高——一般城市焚化炉为1亿～3亿美元。焚化炉的垃圾倾卸费（倾卸每吨垃圾付给搬运工的费用）往往远高于倾倒于垃圾填埋场。更具讽刺意味的是，人们担心是否有足够多的垃圾供其焚化。焚化炉还要与回收具有高能量的纸张和塑料的回收站竞争。有些城市通常订有保证每天产生一定数量垃圾的合约。有些在回收利用方面确实取得成功的社区不得不向相邻社区购买垃圾以遵守垃圾变能量设施的合同义务。

焚化炉能造成健康风险　焚化炉产生相当大量的灰烬并向空气中排放难以监测的废弃物。残留的占原生垃圾体积10%～20%的灰烬和不可燃的残余物通常运往填埋场处理。由于被燃烧垃圾的体积减少了80%～90%，因此处置工作量较小。不过，残余的灰烬中通常含有各种有毒成分。环保局发现焚化炉灰烬中二噁英、呋喃、铅和镉的含量高得惊人。飞灰（能穿透肺部深处的悬浮颗粒）中这些有毒物质的浓度更高。环保局一项研究发现，所有焚化炉的镉都超标，80%焚化炉的铅超标。焚化炉支持者认为，只要正确运作，并装配适当的污染控制装置，焚化炉对公众是安全的。反对者反驳称，无论是政府官员还是污染控制装置都无法确保空气的清洁。他们主张回收利用和源头减量才是解决废物问题更好的方法。

总体上支持垃圾焚化的环保局承认，焚化炉排放物对人体健康有威胁，但危险性很轻微。环保局估计，一般焚化炉运行70年排放的二噁英可能造成的死亡率为百万分之一。对垃圾焚化持批评态度的人断言，更准确的估计数为70年百万分之二百五十。

减少这种危险排放物的方法是焚烧前清除垃圾中含有重金属的电池和含有氯化物的塑料。欧洲越来越多的城市禁止焚烧垃圾中的塑料，并要求各家庭将塑料与其他垃圾分开。这种做法有望消除几乎所有二噁英和其他燃烧副产物。垃圾分类还可以减少安装昂贵的污染控制设备，否则燃烧器要想运行就必须加以安装。要减少焚化炉中汞和其他金属的排放，也必须从垃圾中除去电池和荧光灯管之类的物件。

13.3 缩减垃圾流

与填埋和焚烧相比，回收利用省钱、节能、节省原料和土地空间，还减少了污染。**回收利用**（recycling）一词，对固体垃圾管理而言，就是将废弃物料重新加工为新产品（图13.8）。有时是将同一种产品重新制造，通常将废旧铝罐和玻璃瓶融化重铸成新罐和新瓶，汽车电池的铅能制造新的电池。有时候制造全新的产品。例如，把旧轮胎切碎变成游乐场或路面涂胶的材料。

图13.8 有些制度规定居民将可回收物分类，然后用多舱室的卡车运走。另有一些制度是将所有垃圾混合在一起，然后在回收中心由工人或精细的机器将其分类。

报纸变成纤维素保温材料，而铁罐能变成新汽车和建筑材料。

近年来垃圾回收利用取得了引人注目的成就。美国全国城市废弃物的1/3得到回收利用或用于堆肥。明尼阿波利斯和西雅图声称回收利用率为60%，这在十年前被认为是不可企及的。旧金山市的目标是百分百回收利用。为了帮助达到这个目标，目前要求居民分离可回收的、可堆肥的物件和废物。所有这种回收利用不仅具有重要环境意义，而且节省了旧金山垃圾处理的费用。

回收利用仍旧面临挑战 铝可能是最容易和最有回收价值的物料。重量轻而价值高的碎片可用于千百种用途。但是，美国只回收了一半的铝罐。虽然相对于20年前的仅仅15%的回收率，现在回收率上升了，但是美国每年抛弃的铝罐仍将近35万吨，足以制造3 800架波音747飞机。这是令人遗憾的，因为生产新的铝会消耗特别多的能量，而回收利用比较容易。

商品价格猛烈波动对发展中的回收市场是一种挑战。例如，1995年新闻纸价格为每吨160美元；到1999年下跌为每吨42美元，然后到2009年又猛涨到每吨650美元（图13.9）。

新物料的低价格也是一种障碍。用石油制造的塑料，通常低于收集与运输旧塑料（在不考虑处置费用

图13.9 物资回收的成功，必须创造一个稳定的经济上可行的再生商品市场。

和其他费用的情况下）的成本。结果，美国每年3 000万吨塑料垃圾只有不足7%得到回收利用。大部分软饮料塑料瓶是用聚对苯二甲酸二酯（PET）制造的，回收后可用于制造地毯、羊绒服装、塑料捆扎带和非食品包装。但是，只要有微量的乙烯基——比如一卡车中有一只聚氯乙烯瓶子，就会使PET毫无用处。由于一次性饮料罐的回收代价很高，因此丹麦和芬兰宣布生产这种罐子为非法行为。

日益普及的瓶装水产生严重的废物处置问题。全球每年消费3 000亿瓶水，回收的瓶子不足20%。制造和装运这些瓶子需要大约550亿升（5亿桶）石油。美国大部分城市自来水是安全的，比瓶装水受到更严格的检验。解决这个问题最好的方法是收取瓶子的押金。有押金法律规定的州饮料瓶回收达78%，而不收押金的州则不足20%。

回收利用节省金钱、能量和空间 路边捡拾可回收物的成本约为每吨35美元，相比之下，在城市垃圾填埋场处理平均每吨80美元。许多回收计划通过物料销售就解决了本身的成本，甚至可能为社区带来收益。回收利用还提高了个人的垃圾的处理意识和责任感（图13.10）。

回收利用大大减少了对垃圾填埋场和焚化炉的压力。费城寄希望于社区垃圾收集中心，这些中心每天回收600吨垃圾，足以取消原先计划修建的高价焚化炉。

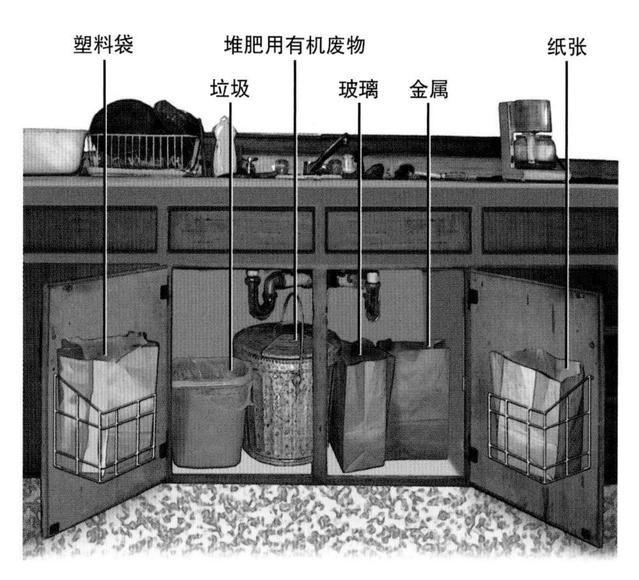

图13.10 厨房里的源头分类——强有力的回收程序的第一步。

纽约市减少到只剩一处垃圾填埋场，但是每天仍然产生2.7万吨垃圾，于是设立一个目标，通过回收办公用纸和家庭与商业废物，减少50%废弃物的产生。2002年迈克尔·布隆伯格（Michael Bloomberg）市长停止了大部分垃圾回收，认为回收程序花费太大。但是该市很快就发现垃圾处理费用远高于回收利用，于是恢复了大部分回收程序。

日本很可能是世界上回收利用最成功的国家，所有家庭和商业废弃物有一半得到回收利用，其余部分大约一半被焚化一半被填埋。日本开始推动提高回收利用，因为焚化的费用几乎等同于回收的费用。有些社区把回收率提高到80%，还有些社区计划到2020年减少所有废弃物。这样高的回收水平需要很高的参与度和献身精神。人口350万的横滨市，现在有10类可回收物，包括旧衣服和经分拣的塑料。有些社区把可回收物分成三四十类。

回收利用减少了对原料资源的需求（图13.11）。美国生产报纸和纸制品每天要砍伐200万棵树，大大消耗森林。单单回收《纽约时报》周日版就能节约7.5万棵树。每生产一片塑料都减少石油储备，使国家更加依赖外国石油。回收1吨铝就节省4吨矾土（铝矿）和700千克石油焦和沥青，还从空气中去除35千克氟化铝。

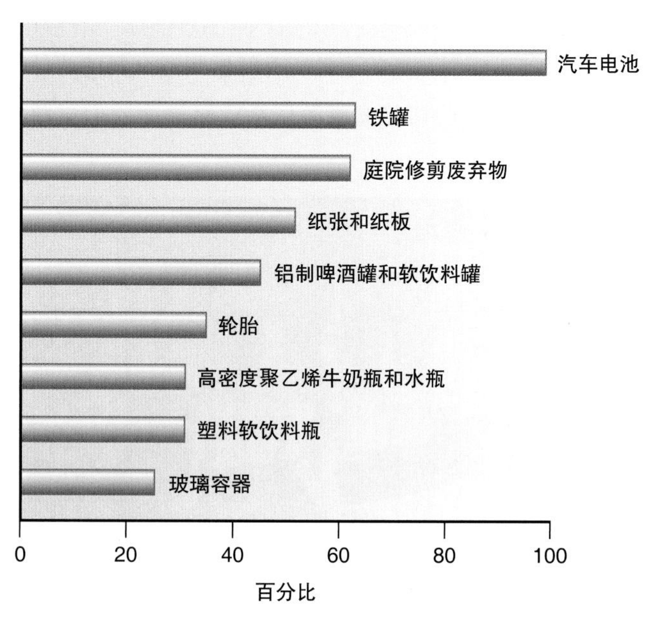

图13.11 美国几种物料的回收率。按照法律规定，电池回收很成功。其他物料，即使有回收利用价值，也未能完全成功。

资料来源：美国环保局，2007。

废物回收还能减少能量消耗和空气污染。塑料瓶回收能节省制造新品50%～60%的能量。从废钢铁冶炼新钢铁节能75%。虽然从废铝而不是从矾土矿生产铝节能95%，但是美国仍旧每年抛弃100多万吨铝。如果全世界对铝的回收加倍，每年将减少100万吨空气污染物。

减少乱扔大大有利于回收利用。自从使用一次性的纸质、玻璃、金属、海绵和塑料来包装我们所购买的物品，这些被丢弃的包装就聚集在路边、湖泊、河流和海洋中。这些垃圾处理起来既很费钱又不雅观。国道边上捡拾垃圾的工人每捡拾一片垃圾，美国人就要为此支付大约32美分，总计每年5亿美元。“空瓶回收法案”要求收取瓶罐押金，减少了许多州乱扔垃圾的现象。

有机废物用作堆肥

由于垃圾填埋场空间不足的压力，许多城市禁止收纳生活垃圾中的庭院废物。他们不是将这种有价值物料填埋，而是通过**堆肥**（composting）——在好气（富氧）条件下使有机物生物学降解或分解，将其转化为有用的产物。这个过程产生的有机肥料是一种营养丰富的土壤改良剂，有助于保留水分、减缓土壤侵蚀、提高农作物产量。

有些城市和国家提供集中堆肥的场所，帮助居民将可堆肥的物料从城市垃圾流中清除出去。你也可以自己将有机废物堆肥。要做的不过是把草坪剪下的草、废弃的蔬菜、落叶、木屑和其他有机物堆放在庭院偏僻处，保持湿润，大约每周翻动一次（图13.12）。几周之内，自然出现的微生物就会把有机物分解为养分丰富、气味不错的堆肥，可以施用于你的庭院或花园。

本章开篇案例中提到，有些堆肥系统产生甲烷燃料。全世界至少有1/5的城市垃圾是餐厨垃圾和花园废物。发展中国家的垃圾流中，高达85%的废物是食物、纺织品、蔬菜和其他可生物降解的物料。

从许多垃圾填埋场中能收集甲烷，但是更有效的方法是在厌氧消解器中把有机垃圾转化为甲烷。德国

图13.12 堆肥是一种好方法，能把庭院垃圾、残余蔬菜和其他有机物转化为有用的花园护土。

和瑞士目前至少有30家市级规模的把垃圾转化为甲烷的工厂。厌氧消解也可以小规模地进行。中国和印度有几百万座家用甲烷发生器，提供燃料供家庭烹饪和照明（第12章）。美国有些农户从动物粪便中生产甲烷，以提供其农场所需的全部燃料——既可以为住宅供暖，又可用作卡车和拖拉机的燃料。

再利用比再循环更胜一筹

比物料再生或堆肥更好的方法是将物料清洗，按原样再利用，这样做比重新将其改造为其他物件更节省成本和能量。废车场一般都将汽车零部件出售，尤其是老式汽车的零部件。有些地区从废旧房屋里抢救出来的有色玻璃窗、黄铜配件、细木作和砖块能都卖出高价。有些社区从垃圾中分拣出各种物料回收利用（图13.13）。

很多城市里玻璃瓶和塑料瓶通常会由饮料厂商回收洗涤和重新灌装。可重复使用重复灌装的瓶子是最高效的饮料容器。这样做比重新熔制对环境更加友好，对当地社区也更有利可图。可重新利用的玻璃容器在因刮伤与破损而必须循环再造之前，可以在工厂与消费者之间往返15次。可重复使用的容器也有利于灌装公司，有助于保护地区的商业。

由于出现了便宜、重量轻的一次性食品和饮料容器，许多当地小型啤酒厂、罐头厂和灌装公司被庞大的全国性大企业排挤出局。这些大公司有能力从

图 13.13 再利用被丢弃的商品是减少垃圾的富有创造性而且有效的途径。图中加利福尼亚州伯克利的废料再生中心是一处宝贵的旧建筑材料来源，也为全社区省钱。

图 13.14 你还需要多少东西？我们将已经拥有的物件置于何处？

资料来源：JIM BORGMAN © Cincinnati Enquirer. 获得UNIVERSAL UCLICK许可使用，版权所有。

数千里外运送食品和饮料。全国性大公司更愿意使用再生的新容器而不是回收的容器，因为这些公司集中运营几家非常大型的工厂，而不负责收集和重新使用旧容器。

许多不甚富裕的国家中，重复使用制成品是一贯的传统。如果制成品很昂贵而劳动力便宜，就值得抢救、清洗和修理这些成品。开罗、马尼拉、墨西哥城和其他许多城市都有大量以捡拾和清洗废弃物为生的穷人。整个少数族裔人口都有可能依靠捡拾、清理、分拣和回收废弃物生存。这是废弃物处理最好的方法吗？发展中国家还可能有什么可选方案？

垃圾减量常常是最便宜的选项

垃圾管理大部分注意力集中于物料再循环，但是减少一次性产品的生产是节省能量、物料和金钱最有效的途径。在“3R”——减量（reduce）、再利用（reuse）、再循环（recycling）中，最重要的策略是第一个R。工业界日益发现减量能省钱。软饮料厂商每个铝罐用料少于20年前，塑料瓶所用塑料也较少。3M公司通过减少原料使用、重复使用废品和提高效率，30年来节省了5亿美元。个人的行为也至关重要。

近几十年来，垃圾产量有增无减。随着消费品数量和全球经济的增长，我们都通过消费和抛弃更多的物件对经济起了自己的一份作用（图13.14）。此外，随着发展中国家变得较富裕，这些国家对富裕国家废物产生的高水平亦步亦趋。我们显然应该对垃圾减量采取更好的策略。

食品和消费品的过度包装是不必要垃圾的最大来源之一。纸张、塑料、玻璃和金属包装材料占家庭垃圾总量的50%。大部分包装主要是为了营销，与产品保护毫不相干。如果消费者要求较少包装的产品，厂家和零售商就会减少这些做法。加拿大全国包装业协议（Canada's National Packaging Protocol, NPP）建议，在包装物制造过程中，尽可能减少原始资源的消耗和毒物的产生。优先顺序是：①无包装；②最少包装；

你能做些什么？

减少废弃物

1. 购买简单包装的食品；在菜市场或商场里用自己的容器购物。
2. 参加聚会时或到便利店时带自己可洗涤可重复灌装的饮料瓶。
3. 到食品杂货店购物时，如果同一种食品有塑料、玻璃或金属容器可供选择，就购买可重复使用或容易再生的玻璃或金属容器。
4. 把罐头、瓶子、纸张和塑料分开以便回收利用。
5. 将供自己使用的瓶子、铝箔和塑料等洗净再用。
6. 将庭院和花园废弃物、落叶和剪下的草用作堆肥。
7. 帮助学校建立对电子垃圾和其他废物负责任的制度。

③可重复使用的包装；④可再生包装。这项计划设立了一个减少过度包装50%的雄心勃勃的目标。

2008年中国禁用超薄（厚度小于0.025毫米）塑料袋，并号召使用可重复使用的布袋购物。这项措施可能使中国每天减少多达30亿个塑料袋。日本、以色列和南非等也通过税收或禁令阻止使用一次性塑料袋。旧金山成为美国第一个把使用基于石油的塑料食品杂货袋列为非法的城市。

在必须用一次性包装的地方，也可以用可降解的材料来减少垃圾填埋场中的废物。**光降解塑料**（photodegradable plastics）接触紫外线就能分解。**生物降解塑料**（biodegradable plastics）由微生物能分解的玉米淀粉之类的原料组成。有几个州立法规定，必须使用可生物降解或可光解的6罐装饮料架、快餐盒和一次性尿片。不过，这些可降解的塑料常常并不能完全分解；有许多只能破碎成细粒滞留在环境中。

13.4 有害有毒废物

垃圾流中最危险问题的是常常含有剧毒和有害的物质，既伤害人类健康又损害环境质量（图13.15）。我们现在为了工农业与日常生活之需，生产各种易燃、易爆、有腐蚀性、酸性和剧毒的化学物质。据美国环保局估计，工业方面每年产生大约9亿吨官方归类为有害的废弃物，全国每人约3吨。此外，工业界和加工过程还产生相当多不受环保局管控的有害废物。令人震惊的是，美国每年至少有4 000万吨有毒有害废物排放到空气中、水中和土地上。这些毒物最大的来源是化工和石油行业（图13.16）。

图 13.15　即使少量接触有害废物也是危险的。图中为一位工人在检测土壤的放射性。

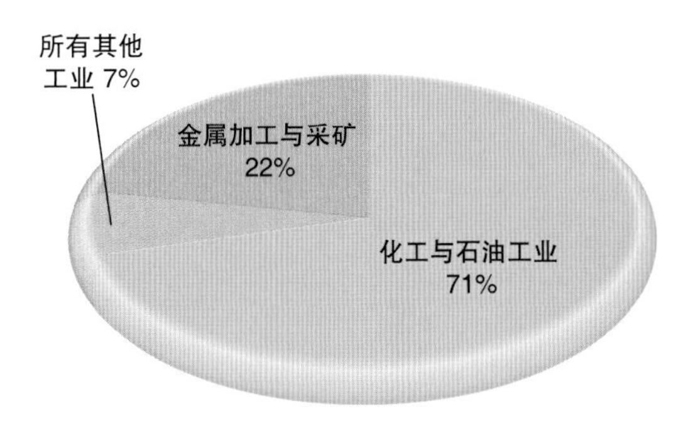

图 13.16　美国有害废物的生产者。

资料来源：美国环保局，2006。

有害废物中有很多危险物质

在法律上，**危险废物**（hazardous waste）是指所丢弃的任何物料，无论是液态还是固体，含有下列性质者均属此类：①已知在低剂量下对人类或对实验动物致命者；②对人类或其他生命形式有毒、致癌、致突变或致畸者；③可燃物燃点低于60℃者；④有腐蚀性者；⑤易爆或高活性者（自身或与其他物质混合时发生猛烈化学反应）。请注意该定义包括了有毒和有害两种物质，第8章已有提及。如果某些商业化学品积累的量不足1千克，或者在被污染的土壤、水或垃圾中积累的量少于100千克，则这些化合物从有害废物管制中除名。即使数量较大（高达1 000千克），只要是为了将来进行有益

主动学习

个人有害废物清单

清查你家或所住公寓，看看你能鉴别出多少有毒物质。如果住在宿舍里，你可能要清查你父母的房子。如果你上美术课，考虑一下颜料和溶剂。阅读警示标签，你认为哪些产物是有害的？你看见这些产物时，是否总是遵守所建议的所有安全规程？处置你不需要的产品时，最近的有害废物收集点在哪里？

垃圾：是累赘还是资源？

城市垃圾包含一切混杂的废弃物。大多数人不会费神去想我们的垃圾最终去向何方，但是你从物质守恒原理（第2章）得知，物质不生不灭，只不过从一种形式转变为另一种形式。垃圾中的各种元素像铝、铅、碳或氮都不会消失。它们可能停留在垃圾场数百年，或被焚烧排放入大气圈，或再循环转变为另一种有用的物件。问题是这些物料中哪些是在我们的资源和环境中得到最高效利用的？

城市垃圾流中的物料一贯难以提取和再利用，因为这些物料全部混杂在一起，尽管垃圾分类与物料再生制度能将垃圾分拣。垃圾可能是一个累赘，也可能是一种资源，这取决于它如何产生，我们将其焚烧和填埋多少，以及有多少进入循环利用。

我们产生的垃圾有几大类？有多少进入回收利用？

我们产生的垃圾大大超过我们的祖辈

美国环保局追踪了1960年以来美国城市垃圾的总产量。50年来一次性纸张和塑料产品增长最为迅速。回收率最差的是塑料（由于混杂的垃圾污染了塑料，而新塑料又很便宜）和食品（由于艰难储存又难以运往回收中心）。金属、玻璃和庭院堆肥回收利用率较高。▶

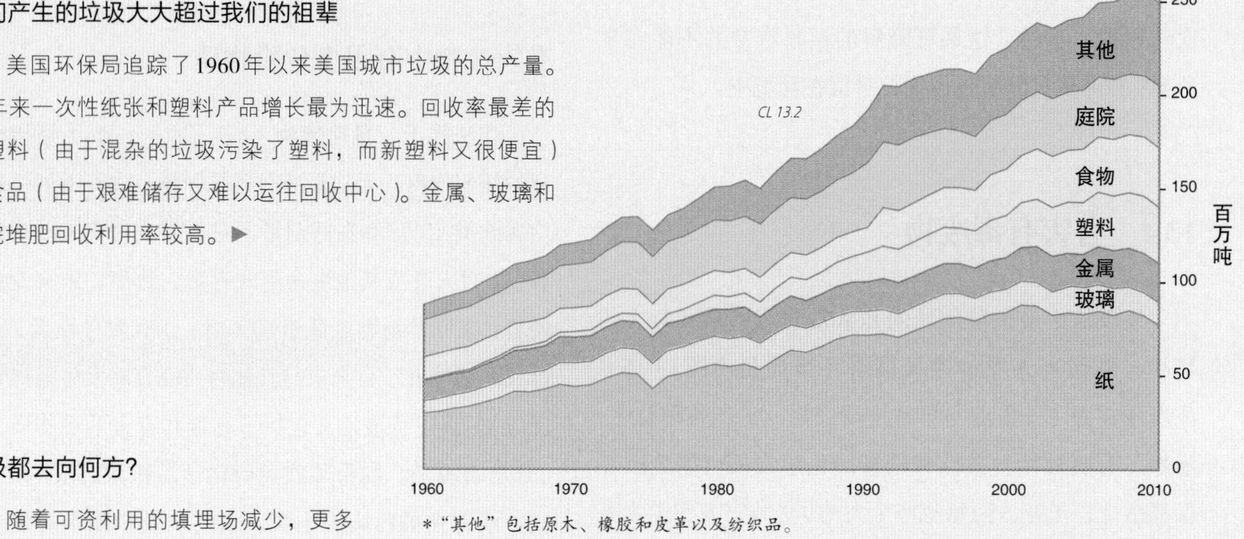

*“其他”包括原木、橡胶和皮革以及纺织品。

垃圾都去向何方？

随着可资利用的填埋场减少，更多城市垃圾被回收利用和焚化。

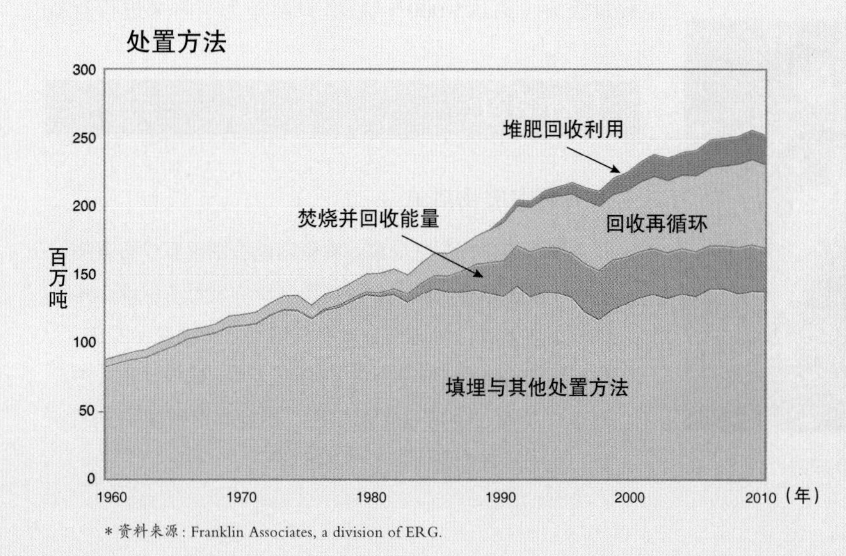

*资料来源：Franklin Associates, a division of ERG.

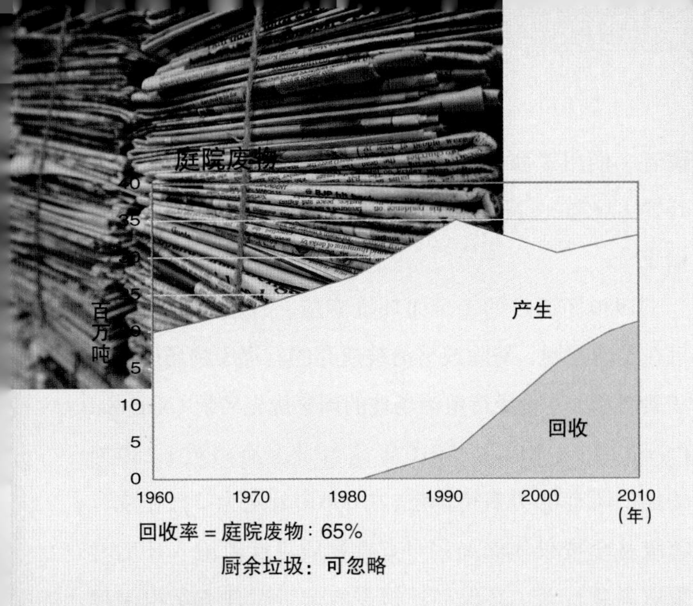

回收率 = 庭院废物：65%

厨余垃圾：可忽略

塑料

百万吨

产生

回收

（年）

回收率 = 可忽略（全部塑料）

PET 瓶：27%

HDPE 瓶：29%

金属

百万吨

产生

回收

（年）

回收率 = 35%

（铝：21%

铁 / 钢：34%

其他金属：69%）

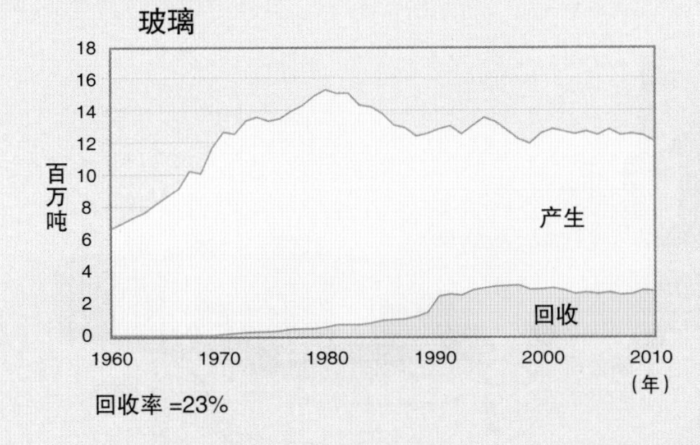

回收率 =23%

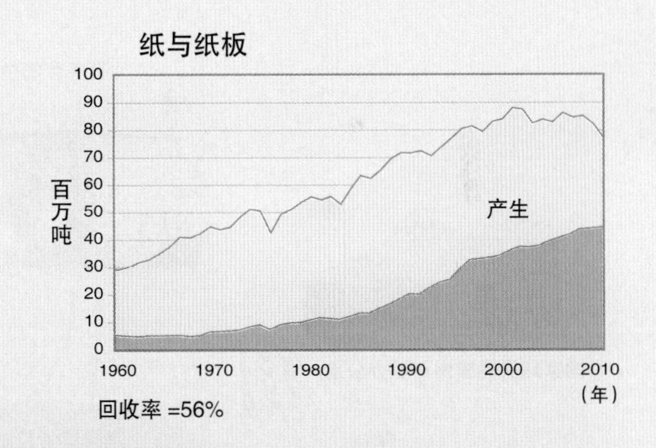

回收率 =56%

请解释：

1. 这些物料中哪些回收率最高？哪些最低？
2. 大概从哪一年开始回收与循环利用开始增加？
3. 为什么塑料的回收不如金属那么普遍？
4. 在垃圾产生的环节中，从1960年至2008年哪种因素增长最快？2008年垃圾总产量和1960年总产量之比是多少？

的用途、回收、再生、去毒或销毁而储存在经批准的废物处理设施中，也不算在危险废物之列。

大部分有害废物被回收、转化为无害的形式或被生产者（化学公司、炼油厂和其他大型设施）就地处置，使其不至于成为公共问题。尽管如此，进入了垃圾流或进入环境的有害废物仍是严重的环境问题。被弃置的工厂遗留的无主废物对环境质量和人类健康都是严重威胁。多年来政府对此类物质基本未予重视。储存在私人产业、被填埋或任其渗入地下水的废弃物很少受到公众的关注。1950年至1975年，在法规控制更加严格之前，美国大约有50亿吨剧毒化学品未得到恰当的处置。

联邦立法管控有害废物

美国有两项重要的联邦法律管控着有害废物的管理和处置。1976年的《资源保护与恢复法》（*The Resource Conservation and Recovery Act, RCRA*，读作"rickra"）是一个全面的计划，要求对有毒有害物质进行严格的测试和管理。其中的每一步，即这些物质的生产者、运输者、使用者和处置者以及从其产生（摇篮）到最终处置（坟墓）过程中发生了什么，都必须逐一入账（图13.17）。

1980年通过的《全面环境响应、补偿和责任法》，旨在迅速控制、清除或整治被遗弃的有毒废物场地。该法案制定了一份亟待整治场地的国家优先名录（National Priority List, NPL）。2010年该名录上有将近1 280处场地，还有60处有待确定，1 000多处定为"已完成"。超级基金授权环保局，当有毒物质可能泄漏入环境时采取紧急行动。环保局还被授权起诉责任方承担治理措施的费用。

优先名录中约有30%属于"无主"场所，即其所有者业已找不到或已退出商业界。为此，CERCLA设立了"超级基金"，即在找到责任方之前负担整治费用的资金来源。

政府不必证实何人违法或者其在超级基金地点所起的作用。更确切地说，CERCLA所认定的责任是"严格的、共同的与各自的"，即是说，与该地点有关的任何人，无论他们对该地点起多大作用，都要承担全部清理费用的责任。有些情况下业主被摊派几百万美元

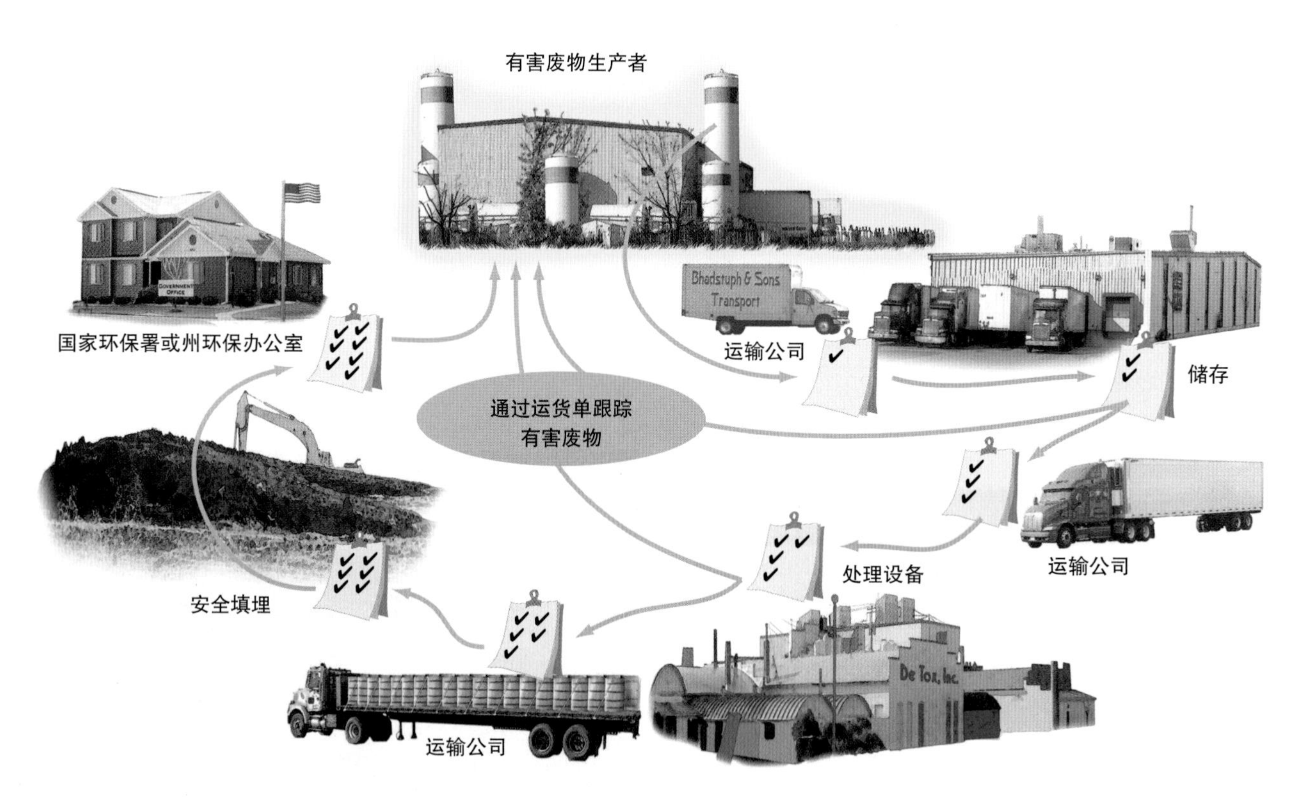

图 13.17　有毒有害废物从"摇篮到坟墓"必须用货运清单跟踪。

清理多年前原先业主留下的垃圾。这项严格的赔偿责任对房地产商和保险业是一桩麻烦事。

1995年对CERCLA作了修正，降低了一些条款的执行力度。在难以处理或费用太高的地方，以及在合理的时间内有费用较低的补救方法的情况下，目前允许采取临时控制措施。现在环保局还拥有对特定地点清理水平的裁决权，而不必坚持严格的国家标准。

1984年《超级基金修正案和重新授权法》(*Superfund Amendments and Reauthorization Act*，简称*SARA*）对CERCLA作了修改。SARA还建立了一个"知情权"团体，即公众有权知晓他们住地附近有毒物质的生产、使用和运输的情况。公众信息与应急计划的关键部分是**有毒物质排放清单**（Toxic Release Inventory），即受控物处理场地的地址。这份清单要求2万家生产设施每年报告所排放的300多种有毒物质。环保局出版了这份清单，居民们可以从中找到所在社区的专门信息。

超级基金列出地点供联邦政府清除垃圾

据环保局估计，美国至少有3.6万处严重污染的地点。总审计署（GAO）给出的数字要高得多，如果全部得到证实，也许超过40万处。原先列在国家优先清单中从超级基金筹资清除的有1 671处。**超级基金**（Superfund）是一个周转池，旨在：①为即将发生的紧急情况提供直接响应；②清理或修复被遗弃或闲置的场地。没有这些基金，那些地点会在等待法院判决谁为清除付费时继续维持原状数年或数十年（图13.18）。原先16亿美元的周转池，目前基金已高达36亿美元。自从其启动至今，该基金是由有毒有害废物生产者提供的。工业界反对这项"污染者付费"的税金，因为目前的厂商往往不是原来污染的始作俑者。1995年国会同意终止该项税款。从那时起超级基金减少了，而公众承担的份额日益增长。20世纪80年代公众支付超级基金的20%。但是，2004年以来，该项计划遭到大幅度削减，政府用一般收入（公众交的税）支付了全部费用，而工业界承担的份额为零。奥巴马总统提议通过恢复"污染者付费"以减轻公众的税负。

图 13.18 现代社会产生大量有毒有害废物。

美国清除有害废物的总费用估计在3 700亿～17 000万亿美元，取决于那些场地必须清洁到什么程度和采用什么方法。多年来，超级基金的钱大部分被用于律师和顾问身上，而清除工作常常陷入关于责任与清除方法辩论的泥潭中。然而，20世纪90年代随着规则的调整结合管理方面对清除的承诺，问题得到了实质性的改善。到2004年，原先列入NPL名录一多半（1 000多处）的地点被列为已完成清除或得到控制。

什么条件使一处场地符合NPL名录的要求？这些场地被认为对人类健康和环境质量特别有害，因为已知这些场地正在渗漏或者有渗出剧毒、致癌、致畸或致突变的物质（第8章）。超级基金地点中最受关切或最常检出的10种物质是铅、三氯乙烯、甲苯、苯、多氯联苯、氯仿、苯酚、砷、镉和铬。现在已经知道，这些和其他有害有毒物质已经污染了NPL名录上75%地点的地下水。此外，这些地点中的56%已污染地表水，而且20%的地点发现了空气传播的污染物。7 000万美国人，包括1 000万儿童，住在距超级基金所列的地点6千米的范围内。

这几千个有害废物地点分布在哪里，又如何被污染？老旧工业设施，例如冶炼厂、磨坊、炼油厂和化工厂，极可能是有毒废物的来源。老旧工厂群集的区域，例如五大湖周围的"铁锈地带"和墨西哥湾海岸地区的石油化工中心，就有大量超级基金地点（图13.19）。采矿区也是有毒有害废物的主要来源。城市内各类工厂和铁路编组场、汽车修理厂和加油站，这些地方有

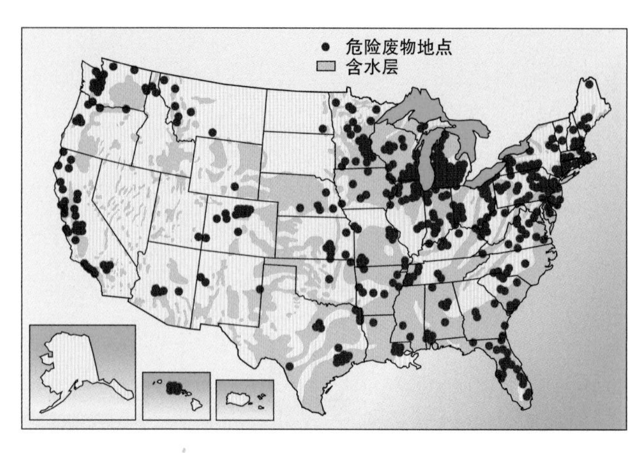

图 13.19　名列环保局优先清理名录中的一部分有害垃圾场。位处含水层补给区上的垃圾场是特别严重的威胁。地下水一旦遭到污染，其清除既困难又费钱，有些情况下无法清除。

各种溶剂、汽油、机油和其他石油化工产品溢出或倾倒在地面，也造成严重污染。

最臭名昭著的一些有毒废物地点是一些旧垃圾场，各类物质任意混杂在一起。例如，纽约州尼亚加拉大瀑布的拉夫运河（Love Canal），曾经是一个露天垃圾场，城市垃圾和附近化工厂都将其用作处置垃圾的场所。2万多吨有毒化学垃圾被填埋在后来作为房地产开发的地点下面。另一处声名狼藉的例子出现在田纳西州哈德曼县（Hardeman County），大约25万桶化学废物被埋入浅坑，随后毒物渗入地下水中。

棕地既是责任也是机遇

清理有害废物场地中最大的问题之一是法律责任和清除到什么程度。许多城市中，这些问题造成了大面积受污染房地产的问题，这些被污染的房地产被称为**棕地**（brownfield），即由于确实或怀疑受到污染而被废弃或未能物尽其用。许多大城市核心区高达1/3的工商业用地属于这个类别。重工业走廊中百分比一般更高。

多年来由于有法律责任的风险，无人对棕地的二次开发感兴趣。明知可能不得不花费几年时间进行诉讼与谈判，并支付几百万美元清除不是自己造成的污染，谁还会仍然愿意购买一处产业？即使该场地已经清理到符合当前的标准，也还会担心将来可能发现其他方面的污染，或者会适用更严格的标准。

在许多情况下，业主抱怨整治项目清理的标准高得不合情理。密西西比州哥伦比亚市有这样的案例：某场地多年来一直用以制造松节油和松焦油，测试表明其酚类与其他有机毒物的浓度超过联邦安全标准。该地点被列入超级基金的优先清理名录并奉命整治。有些专家推荐最好的解决方法是简单地用干净的土壤覆盖并用围栏围封以防别人进入。总成本约为100万美元。相反，环保局命令已知最后的业主雷可德化工厂（Reichhold Chemincal）以大约400万美元的代价，挖掘12.5万吨泥土运送到路易斯安那州的商业有害废物场。其目的是使该地安全到足以用于任何目的，包括修建住宅——即使没有谁建议在那里建造任何房屋。根据环保局的要求，当地泥土必须清洁到足以让儿童在上面玩耍，甚至要达到进入嘴里也没有风险。

同样地，在污染物渗入地下水的地方，环保局一般要求清除时执行饮用水标准。许多评论家认为这些古板的标准不合情理。《超级基金法》主要起草者前议员吉姆·弗洛里奥（Jim Florio）说："把纽瓦克市中心的铁路编组站清理到能用作饮用水库的水平是毫无意义的。"根据场地位处何方、四周是什么情况和预期的用途，也许完全可以接受远非那么严格的标准。

棕地的重建日益被视为一种机遇，有利于城市重建、创造就业机会、增加计税基数和防止城市边缘开放空间不必要的破坏。2002年环保局设立了一项新的棕地复兴基金，鼓励棕地以及各种场地的恢复。有些社区原先的棕地正在变成"生态工业园"，以经营环境友好型产业和引进市中心社区急需的工作岗业为特色（第14章）。

有害废物必须进行处理或永久储存

如何对待有毒有害废物？在家里可以减少废物的产生并选择毒性小的物料。只购买你手头工作所需的物件。物尽其用或者与朋友或邻居分享多余的食品。你可能已经拥有的许多普通物件完全可以取代一些工业品。

生物修复

清理位于工厂、农场和加油站的几千处有害废物场地是一项耗资不菲的工程。仅就美国而言，废物清理费用预计至少需要7 000亿美元。有害废物修复(清理)通常要挖出土壤将其焚烧，这有可能把毒素散发到空气中；或者将其运送到安全的填埋场。受污染的地下水常常要抽出地面以期同时回收污染物。

各种植物、细菌和真菌如何能做到这一点？虽然人们对许多生物物理学细节尚知之不多，但是总体上，植物根生来就能够有效地从土壤和地下水中吸取养分、水分和微量矿物质。其中的机理可能有助于吸收金属和有机污染物。有些植物还利用有毒元素来防御食草动物：例如，疯草就选择性地吸收硒，在叶子中将其富集到有毒的水平。生长在佛罗里达沼泽的欧洲蕨，其含砷浓度比下面的土壤高200倍。

人们还开发了转基因植物用以处理毒素。通过借用能将有毒的汞化合物转化为安全形式的细菌基因，开发了能处理毒素的杨树。在另一项实验中，将一种能产生专门分解有毒有机化合物的哺乳类肝酶植入烟叶中。这种植物顺利地产生肝酶，分解其根部所吸收的毒素。

这些修复方法并非没有风险。昆虫可能会吃掉含有浓缩物质的叶子，使污染物进入食物链。有些被吸收的污染物有挥发性，或者通过植物叶子的气孔以气态释放出来。污染物一旦被植物吸收，植物自身通常也会变得有毒，必须将其填埋。但是植物修复的成本可能比填埋或处理有毒土壤的成本低一半以上，而需要安全储存的植物的量也只及受污染泥土量的一小部分。

在可以预见的未来，在世界各地，清理有害有毒废物将是一项大产业。像生物修复这样的创新，为这种产业的发展以及为环境健康与节省纳税人的金钱提供了光明的前景。

对这些方法的一个大有希望的替代方案是**生物修复**(bioremediation)，即废物的生物处理。微小的细菌和真菌能吸收、积累和去除各种各样的有毒化合物，还能积聚重金属，人们还培育了一些能代谢(分解)多氯联苯的微生物。凤眼蓝和香蒲等水生植物也能用以净化污水。

近来，越来越多种植物被用于植物修复(用植物进行废物清理)。有几种芥菜能从受污染的土壤中吸收铅、砷、锌和其他金属。曾经用普通向日葵从切尔诺贝利核电站附近的土壤中吸取锶和铯。杨树能吸收并分解有毒有机化合物。地下水中的天然细菌在氧气充分的条件下，能中和含水层中的污染物。实验表明，把空气泵进地下水中可能是比将地下水抽出更有效的清理方法。

少产生废物 有害废物和其他废物一样，最安全最经济的方法就是在源头避免其产生。可以修改工艺流程以减少或消灭废物的产生。在明尼苏达州，3M公司重新组织和重新设计工艺流程，每年减少14万多吨固体垃圾和有害废物、40亿升废水和8万吨空气污染物。人们经常发现，这些新工艺不仅保护了环境，而且通过降低能耗和少用原料而节省了成本。

物料回收利用还能消除有害废物和污染。许多对于某一个工艺流程或工厂而言的废物是其他工厂宝贵的材料。美国已经有10%以上的废物被送往剩余材料交易所，作为原料出售给其他行业，否则这些废物就会进入垃圾流。如果加强废物管理，这个数字很可能大幅度上升。欧洲所有工业废物中至少有1/3通过物资交换中心进行交换，从而找到有益的用途。这是一种双赢的做法：废物产生方不必支付处理费，而接受方如果要为这些原料付费，也只需支付很少费用。

转化为危害较小的物质 现在已经有若干种工艺可以降低有害物质的毒性。物理处置是将物料包裹或隔离，用活性炭或树脂过滤或吸附毒物，用蒸馏法从水溶液中分离有害组分。在陶瓷、玻璃或金属容器中沉淀和固定毒素将其与环境隔离，使之基本上无害。处理金属和放射性物质的少数几种方法之一是在高温下将其与硅融合，变成稳定的不能渗透的玻璃，适合于长期储存。有些植物、细菌和真菌也能将污染物富集或解毒。

焚化可用于处理混合废物。要一劳永逸地解决许多问题，这是快速和比较容易的方法，但是不一定省钱，也不总是清洁的，除非做法得当。废物必须在1 000℃以上长时间加热使其完全破坏。完全焚化后的灰烬体积减小90%，储存在填埋场或其他处理场往往比原来的垃圾安全。

化学处理能将物质转化为无毒。中和、去除金属或卤素（氯化物和溴化物等）与氧化均属此类。例如，俄亥俄州坎顿市Sunohio公司开发了一种叫作PCBx的工艺，让多氯联苯分子中的氯被其他离子取代，使该化合物毒性降低。有一种便携装置可以运到废物所在地，而不必去运送有害废物。

永久性封存 不可避免地，有些物料无法销毁、将其变为他物或以其他方式消灭之，只得将其以无害的方式封存（图13.20）。

永久性可回收储藏（permanent retrievable storage）是将废物储罐放置在安全的地方，例如岩盐坑或岩洞中，能够定期检查，必要时可以将其回收。如果将其埋入填埋场，我们就完全失去控制，剧毒物质最终有可能渗入地下水。因此，虽然这种做法需要进行监测，因而耗资巨大，但是其优点是可以避免失控。如果某一天我们知道废物处置方法失当，就可以将其回收进行更有效的处理。从矿坑中回收废物比从垃圾填埋场中挖掘并整治被填埋的污染物更省钱更高效。

无论如何，**安全填埋**（secure landfills）仍是最流行的有害废物处置解决方法。虽然许多填埋场曾经造成环境灾难，但是新技术有可能创建可靠、安全的现代化填埋场，能够容纳许多有害废物。对现代化固体废物填埋场而言，第一道防线是环绕浴缸式垃圾坑底部结实的黏土（图13.21）。如果地面有微小的变动，潮湿的黏土可塑性强，能抵抗断裂。而且黏土不透水，能安全地容纳废物。黏土衬层上面铺设一层砾石，格栅状排列的多孔排水管收集所储存物料产生并渗漏出来的渗漏液。砾石层上面是厚层聚乙烯衬层，有柔软的塑料填充料保护，以免被刺穿。上面是一层土壤或有吸收性的沙子作为内衬层的衬垫，将废物装在桶中安放在坑底，用厚层的土堤或填充材料将废物分隔为小单元。

图13.20 不能清除污染的有害物料必须编目、包装并永久性封存。图中工人从汉福德核设施地点回收被埋藏的废物。

填埋场达到其最大容量时，用一层像底部一样的黏土、塑料和土壤（按此顺序）夹层封闭该场地。上面的植被起到固定表层和美化的作用。坑底水泵收集来自雨水或桶中渗出的所有液体。这些沥出液在排放前均经处理和净化。监测井检查垃圾场四周的地下水以保证没有毒物泄漏。

大部分填埋场在地下，并不引人注目；但是，在地下水接近地表的地方，建立地上储藏所较为安全，采用与填埋坑相同的保护性建筑施工方法。此类设施的优点是易于监测，因为其底部与地面齐平。

把有害废物运输到处置地点的过程受到关注，因为存在着发生意外事故的风险。负责应急响应的官员认为，大多数城市地区最大的危险不是核战争或自然灾害，而是装载着有害化学物质的卡车或火车穿过密集的城市时发生车祸。另一种担心是谁为废弃的垃圾

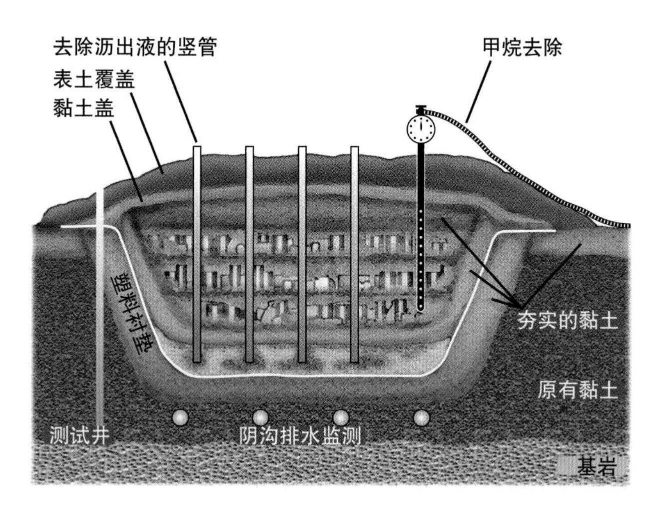

图13.21 有毒废物安全填埋场。厚实的塑料衬层和两三层不透水压实的黏土包围着填埋场。黏土层之间的砾石层收集所有沥出液，随后将其抽出处理。通过监测井样品可以测试溢出的污染物，而甲烷被收集用作燃料。

场承担经济责任。有害废物在制造它的企业消失后很久依然有毒。就像核废物的情况一样（第12章），我们可能需要建立永久性照看这些废物的新机构。

总　结

许多传统社会里，人们几乎重新使用任何物件，因为他们不能承受丢弃有用的资源的代价。然而，现代社会产生数量惊人的废物。政府政策和经济规模使得用新原料制造新消费品比重新使用有效期内的物品更便宜更方便。现在我们开始认识到这种浪费的生活方式带来的影响，看到了有关废物处置的问题和开采能源与材料资源的问题，现代产品中日益增多的毒性使垃圾减量问题日形紧迫。人们更普遍地接受减量、再利用和再循环的准则。

减少废物的第一步是了解我们产生了多少垃圾，另一个关键步骤是使废物处置进入人们的视野。更多地关注有害废物的再循环、再利用和减量，极大地提高我们对环境负责的意识。

现在与他人交换物料的机会越来越多，他们能使用这些物料或将其再生为其他产品。旧建筑物资或多余化学品的大市场抢救了本来会被抛弃到垃圾填埋场的物件。拆卸车辆、电子产品和其他复杂的产品可以回收宝贵的金属。油漆、旧地毯、食物和饮料容器以及许多不需要的消费品可以被改制成新商品。有机物可用于堆肥成为有益的土壤改良剂。有些致力于可持续发展的先锋发现，如果他们忠实地实行减量、再利用和再循环，就能够在完全不产生废物的同时过着舒适的生活。

14 经济与城镇化

德国沃邦的无车道路为居民提供更干净、更安全、更健康的环境。

问题与讨论

- 20世纪世界最大城市的规模与位置发生了怎样的变化？
- 定义贫民窟与棚户区，并描述那里的状况。
- 什么叫城市扩张？汽车对城市扩张有何贡献？
- 理性增长与新都市主义的若干理念是什么？
- 描述可持续发展，为什么它至关重要？
- 我们从免费生态服务中获得多少价值？
- GNP与GPI有什么差别？
- 内化外部成本的含义是什么？

你想生活在什么样的世界上？
这需要老师教导你为了构筑
这样的世界所必需的知识。

——彼得·克鲁泡特金
（Peter Kropotkin）
俄国科学家、地理学家、哲学家

沃邦：无车郊区

住在一处没有汽车的郊区是什么样的感受？德国沃邦市的居民正在打造一种新的生活方式，可以作为其他地区的范式。尽管这个地处德国和瑞士边界的弗莱堡的富裕郊区（图14.1）并不严格禁止汽车通行，但是人们大都依靠步行、骑自行车或利用公共交通工具出行。

住在沃邦不使用汽车又能够方便地生活，城市设计使用了“理性增长”的概念，把商店、银行、学校、旅店和民宅结合在一起，使各种事项都能在便于步行的距离内就能办理。沃邦本地有各种工作机会和办公地点，有一路电车频繁来往于弗莱堡与本地的大街和四周。住宅区街道较窄不通汽车，让出宽阔的空间供自行车通行和供儿童玩耍。允许拥有私家车，但是必须停在城市边缘的坡道上，而且要购买4万美元的车位。因此，将近3/4的沃邦家庭没有汽车，而且迁入那里的人多半卖掉自己的汽车。

汽车越少意味着空气污染越少，步行者越安全。不过移居沃邦的大多数家庭并非出自环境的原因，而是由于他们认为无车生活方式对儿童更健康。不甚宽大的联排房屋把所有的东西都集中起来，儿童可以在室外玩耍，步行上学而不必穿越车水马龙的街道。露天咖啡馆也不必担心过路车辆的噪声和废气。家庭外出度假或搬运家具可以享用市镇车库的共享服务或租车出行。

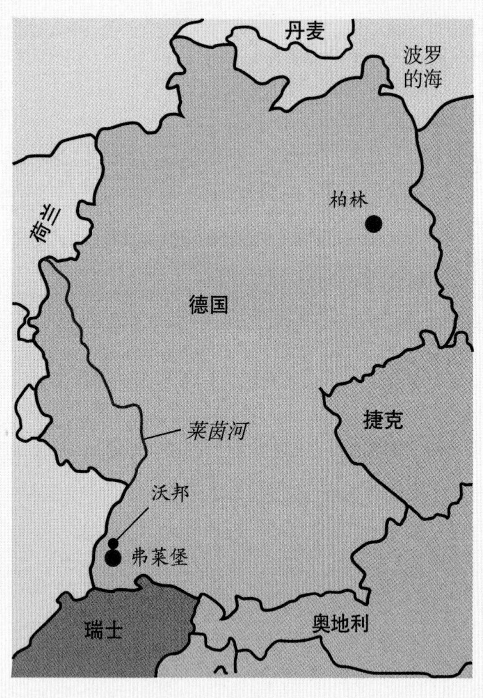

图 14.1 沃邦是德国弗莱堡的郊区。

社区活动和共享空间促进人性化、健康的生活方式和社会联系。社区设计时就规划了托儿所、娱乐与运动设施。美国大部分城市里，停车场和交通运输设施占用了全部土地的1/3。想一想如果我们不热衷于使用汽车，这么大的空间能起多大作用。

沃邦禁止建造独立住宅。相反，这里提供时髦的联排住宅，既节能又最大限度地提高生活质量。巧妙的空间使用、大量嵌入式的漂亮木制品、大阳台、超级绝热的大窗户，使住宅既宽敞而生态足迹又小。仅共用墙壁一项就使能量损失降至最小。许多住宅的保温非常高效，以至于根本无须供暖系统。德国买车和用车都相当昂贵，因此无车生活方式节约大量金钱，可以将其移作别用。

目前在欧洲甚至在中国等发展中国家，也在建设类似的项目。中国政府在上海附近长江口崇明岛东滩规划一座5万人的生态城市，有望做到能源、水和食物自给。美国环保局鼓励“少车”社区。例如，加利福尼亚州的开发商正在规划一个沃邦式社区，位于奥克兰附近，叫作卡里村（Quarry Village），有公共交通可抵达旧金山海湾区和海沃市（Hayward）的加州大学校园。

经过几十年的广告宣传和政府政策的鼓励，大多数人认为梦想中的家园是郊区宽敞地面上的独栋住宅。但是住在那样的地方，无论出行路程远近，也无论能量费用、保险费、事故处理费和占地多少，都必须使用汽车。我们能否打破那些格局尚未可知。

沃邦的例子表明，我们有许多方法可以做到和环境及邻居一起过上可持续的生活。我们将在本章考察城市规划与城市环境的其他问题，以及生态经济的一些原理，这些都有助于了解资源的性质和我们作为个人和社区所面临的选择。

14.1 城市是危机与机会并存的地方

目前全世界超过一半人口住在城市里，而25年后这个数目将接近3/4。在整个人类历史中，这是巨大的变化，历史上大多数人以猎采、耕种和捕捞为生。大约300年前工业革命开始以来，城市在其规模与力量两方面迅速增长（图14.2）。1950年，世界上38%的人口居住在城市里；到2030年，这个数字将几乎翻一番（表14.1）。

城市的扩展主要发生在欠发达国家（图14.3）。这些城市的人口增长远远超过基础设施的发展，包括道路和交通、住宅、供水、污水处理和学校等。贫穷国家新建基础设施特别困难，那里的收入低、征税不充分，无法支持公共设施的建设。尽管存在这些挑战，但城市也是创造发明的地方，这里有各种思想的交汇和各种试验，还有多样化的就业机会与新经济的增长，同时也是贫困聚集的地方。世界各国都形成了**特大城市群**（urban agglomerations，多个城市区的融合），有些形成了**特大城市**（megacities，人口超过1 000万）。虽然这些城市覆盖了广阔的地域并消耗数量多得难以置信的资源，但是其资源利用效率也较高。如果大量人口向郊区蔓延，环境退化很可能十分严重。具有种种弊病的城市，是我们能够学习可持续生存新途径的地方之一。世界最大城市之一的纽约市，在水源保护与回收利用方面，已经树立了“绿色”建筑的新典范。使用公共交通工具或步行上班的纽约人比美国其他大城市都多。

图 14.2 中国上海在不到20年时间内，在黄浦江对岸的沼泽农田上建成了浦东新区，截至2016年底，常住人口达550万。许多发展中国家也出现此类高速的城市发展。

表 14.1 城市人口占总人口百分比

	1950	2000	2030*
非洲	18.4	40.6	57.0
亚洲	19.3	43.8	59.3
欧洲	56.0	75.0	81.5
拉丁美洲	40.0	70.3	79.7
北美洲	63.9	77.4	84.5
大洋洲	32.0	49.5	60.7
全世界	38.3	59.4	70.5

*预测值

资料来源：数据来自联合国人口司，2003。

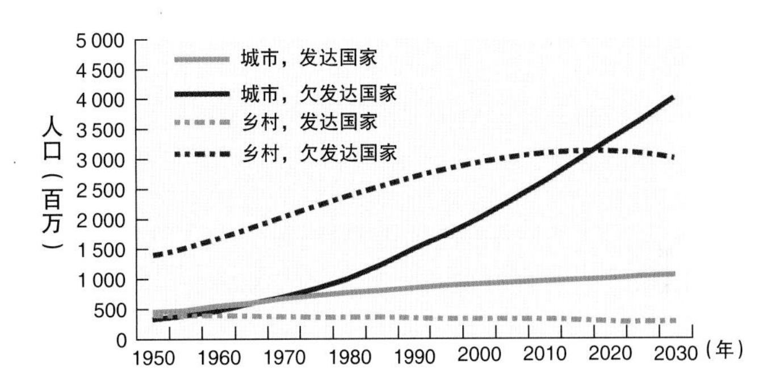

图 14.3 发达地区与欠发达地区城市与城市人口的增长及预测。

资料来源：United Nations Population Division. World Urbanization Prospects, 2004.

城市能够成为经济发展与社会改革的火车头。有些最大的革新希望来自像沃邦那样的城市，那里创新的精英能对具有共性的问题倾注其知识与精力。城市是生活效率高的地方，公共交通利于出行，货物和服务也比乡村方便得多。人们集中到城市地区会为农耕与生物多样性留下开放空间。但是城市也可能是充斥贫困、污染与不受社会欢迎的人的垃圾场。为涌入城市中——尤其是发展中国家城市中——的二三十亿新居民提供住宅、交通、工作岗位、清洁用水和卫生设施，可能是21世纪最突出的挑战之一。

正如沃邦所表明的，我们能够做很多事情使城市更适于居住。但是发展中国家又当如何？它们有什么希望？发展中国家的城市规划是我们面临的最重要问题之一。

大城市扩展迅速

你们可以看见大城市规模与位置的急剧变化。1900年全世界人口超百万的城市只有13座（表14.2）。这些城市中除了东京和北京，都在欧洲和北美。伦敦是世界上唯一的居民超过500万的城市。到2007年，至少有300座城市——其中中国就有100座，人口超过百万。最大的13座都市中没有一座是在欧洲。只有纽约市和洛杉矶是在发达国家。到2025年，至少有93座城市人口可望超过500万，其中3/4在发展中国家。未来25年内，印度的孟买和新德里、巴基斯坦的卡拉奇、菲律宾的马尼拉和印度尼西亚的雅加达，人口预计至少增加50%。

中国是人类历史上最大规模人口转型的代表。从1986年以来，大约2.5亿农民从农村地区移入城市。预计未来25年内还有同样数量的农民加入这个移民大军。中国除了扩建现有城市以外，还计划在20年内新建400个人口50万以上的城市。中国的建设每年至少消费世界水泥产量的一半和钢铁的1/3。

例如，1985年上海人口约为1 000万，现在约为1 900万——包括至少400万外来务工者。[①]近十年来，上海修建了4 000座摩天大楼（超过25层的建筑物），其高层建筑为曼哈顿的两倍。

中国其他城市也有类似的大规模建设项目，以使衰老市区重获活力。例如，人口约900万的黑龙江省会哈尔滨最近公布了几项计划，要把人口重新安置在松花江两岸740平方千米（大体相当于纽约市的大小）的农田上。居民希望这些新城镇比旧城更加宜居，在生态上更可持续。2005年中国政府与英国工程公司签订了一项长期合约，建设至少5座“生态城市”，每一座的规模都相当于西方的首都。方案要求这些城市在能源、水和大部分食物上做到自给，并以交通运输的温室气体零排放为目标。

① 2018年数据显示，上海市人口已达2 424万人，包括外来人口976万人。——编者注

表14.2 世界最大的城市（人口/百万）

1900		2015*	
英国伦敦	6.6	日本东京	31.0
美国纽约	4.2	美国纽约	29.9
法国巴黎	3.3	墨西哥墨西哥城	21.0
德国柏林	2.4	韩国首尔	19.8
美国芝加哥	1.7	巴西圣保罗	18.5
奥地利维也纳	1.6	日本大阪	17.6
日本东京	1.5	印度尼西亚雅加达	17.4
俄罗斯圣彼得堡	1.4	美国洛杉矶	16.6
英国曼彻斯特	1.3	中国北京	16.0
英国伯明翰	1.2	埃及开罗	15.5
俄罗斯莫斯科	1.1	菲律宾马尼拉	13.5
中国北京	1.1	阿根廷布宜诺斯艾利斯	12.9

*预测（本书出版年份是2011年，是当时对2015年人口的预测数据。）

资料来源：T. Chandler, *Three Thousand Years of Urban Growth*, 1974, Academic Press; and World Gazetter, 2003.

移民既被推向城市也被拉向城市

人们因种种原因移居城市。在少数富有的地主拥有土地的地方，例如许多发展中国家，当出现新的经济作物或放牧无利可图时，自耕农就常常被迫离开土地。许多人移居城市，因为那里有较好的机会，能够自己做主。城市提供工作岗位、较好的住房条件、文化娱乐和在乡村得不到的自由。城市里存在着改变自己社会地位、威望和权力的机会，而这些在乡村一般是不容易得到的。城市支持艺术、工艺与职业的专业化，而城市之外其他地方并不存在这些专业化的市场。

政府的各种政策一般向城市而不是向农村倾斜，又推又拉使人们移向城市。发展中国家通常将大部分预算用于改善城市地区（尤其是领导人居住的首都和省会周围）。这种做法使大城市实质上垄断了各种新职业、住宅、教育与金融，这一切都吸引着农村人对更美好生活的追求。例如利马，只占秘鲁人口的20%，却拥有全国财富的50%、制造业的60%、零售业的65%、工薪的73%和银行业的90%。类似的统计数字也适用于许多其他国家的首都。

拥堵、污染和水资源短缺困扰许多城市

第一次到特大城市，尤其是发展中国家的观光客，常常会因人行道的拥挤和街道上各种车辆见缝插针地穿梭而不知所措。噪声、拥堵和交通混乱使得街道上的冒险形同自杀。例如，印度尼西亚的雅加达就是世界上人口最密集的城市（图14.4）。那里的交通总是一团乱麻。从郊区到城里上下班花费三四个小时是家常便饭。

许多城市地区增长迅速的交通与管理不善的工厂带来的污染降低了空气质量。

发展中国家中没有几座城市有能力为其迅速增长的人口建造现代化的垃圾处理系统。世界银行估计，发展中国家中只有1/3的城市居民拥有满意的卫生设施。2010年海地的地震提醒我们，太子港是世界上最大的没有下水道系统的城市。埃及开罗的下水道系统建造于50年前，仅能服务200万人口，目前5倍于此的居民使其不堪重负。印度50万城镇和乡村中拥有哪怕是部分下水道系统或垃圾处理设施的不足1%。

城市地区常常不易找到清洁饮用水。根据联合国资料，全世界至少有11亿人缺乏安全直接饮用水，而两倍于此的人没有充分的卫生设备。如果你住在人口稀少的乡村，拥有简单的卫生设备可能并不太难，但是请设想一下，如果你住在像雅加达那样1 000多万人口密集在一起的特大城市里，享有城市卫生系统服务的人口不足一半，情况会是怎样。

然而，污染并非仅限发展中国家，发达国家的许多城市也存在污染遗存和废弃的工厂，但是社区组织会起很大作用。

许多城市缺少足够的住宅

据联合国估计，至少有10亿人居住在中心城区里的那些拥挤且不卫生的贫民区，或发展中国家大多数大城市郊区都有的巨型棚户区及违章建筑群里。大约1亿人根本没有住宅。例如，据估计印度孟买就有50万人无家可归而露宿街头（图14.5）。

图14.4 雅加达拥挤的街道上机动三轮车、摩托车、自行车、摊贩和行人各不相让。高温、噪声、臭味和各种不良习惯压倒一切。尽管此地谋生困难，但是人们工作努力并满怀希望。

图14.5 印度孟买多达50万人无家可归而睡在街上。更有10倍于此的人住在遍布城市的拥挤而危险的贫民区和棚户区里。

贫民区（slums）一般是合法的，但都是居住条件不充分的多家庭住户或合租房屋，常常是其他用途房屋改造而成。各家拥挤在通风与卫生条件不良的房子里。这些建筑物往往东倒西歪不安全。例如，1999年土耳其东部7.4级的地震使建筑不良的劣质公寓倒塌，导致1.4万余人死亡。

发展中国家许多城市的郊区滋生了用波纹金属板、废弃包装箱、树枝、塑料板和其他废料建造的**棚户区**（shantytowns）。那里居住着成百万居民，但是缺乏清洁用水、卫生设施或安全电力。棚户区通常是非法的，

你怎么看?

社区恢复人士

芝加哥最南端的卡柳梅特湖工业区（Lake Calumet Industrial District）是一处环境灾难区，这是一个由钢铁厂、炼油厂、铁路编组场、炼焦厂、各类工厂和废旧设备处置场构成的高度工业化的中心，目前大部分场地是沼泽化的垃圾填埋场、有毒废物的池塘与废渣堆，周围是一圈人工航道。

这个退化地区的东南角是奥尔特盖尔德花园（Altgeld Gardens），是20世纪40年代末期芝加哥房管局营建的低收入公共住宅项目。该“花园”或“项目”（当地大部分居民对此地的称谓）的2 000个单元，是低楼层的联排房舍，很多单元已无人居住或有待修缮。但是奥尔特盖尔德花园的居民正在为社区做一些事情。“社区恢复人士”（People for Community Recovery, PCR）是卡柳梅特湖社区为了清理环境、建立较好的学校、体面的住宅和创造就业机会而组建的一个草根市民小组。

PCR是海兹尔·约翰逊（Hazel Johnson）于1982年创建的，她是奥尔特盖尔德的居民，丈夫死于可能与污染有关的癌症。PCR已经清理了紧邻该小区的二三十处垃圾场和受污染的房地产。这样做往往意味着向墨守成规和推行现有规章的当局挑战。公众抗议、派发传单和社区集会是对公众进行有毒废物危险性教育的有效途径，并且有助于获得公众对清理项目的支持。PCR的工作成功地阻止了在卡柳梅特湖地区修建新垃圾场以及有害废物填埋场、换乘站和垃圾焚化炉。对仍在运营的工厂建立了污染防治制度。PCR还帮助建立了社区监测制度，以制止非法倾倒垃圾，并审查当地公司毒物库存量的数据。

教育是PCR的优先事项。社区成员管理的环境教育中心为居民和当地企业组织研讨会、专题讨论会、发放情况说明书和宣传卡。建立了公众健康教育与筛查程序以改善社区的健康状况。还与附近的芝加哥大学建立了伙伴关系，由大学提供环境方面的技术支持与培训。

芝加哥南部的卡柳梅特工业区

PCR还在经济发展方面进行工作。目前居民可以使用对环境负责的产品与服务。随着绿色商业引进社区，带来了新的工作机会。尽可能雇用当地人和少数民族承包商清理垃圾场和修复被废弃的房舍。为青年和成年人进行职业培训以及为失业工人进行再培训处于高度优先地位。

20世纪80年代，一位名叫巴拉克·奥巴马的年轻社区组织者在PCR从事创造就业机会、住房事务和教育方面的工作。他把日后在政治上的大部分成就归功于他在那里所学到的知识。奥巴马在他畅销的回忆录《我父亲的梦想》里，以一百多页的篇幅描述他在奥尔特盖尔德与附近社区得到的经验。

PCR和约翰逊夫人为反对环境种族主义与绝望而战，为此获得了许多奖项。1992年PCR获得总统环境与保护挑战奖。PCR是获得此项殊荣的唯一非洲裔美国人草根组织。

虽然奥尔特盖尔德远未清理干净，但是已有了很大的进展。也许最重要的成就是社区教育和获得了授权。居民学会了为何与如何需要协同工作以改善他们的生活条件。同样的经验教训对你的城市或社区有用吗？你为了帮助改善你所在城市的环境能够做些什么？

但是在那些违建者能在靠近其工作地点修建栖身之处的地方，棚户会迅速充满城市的空间。棚户区只有极少或完全没有公共设施，到处都是垃圾和杂物。许多政府都想通过放火或推倒那些小屋并派防暴警察驱散居民以清除这些非法聚落，但是那里的人不是回归原地就是迁移到别的棚户区。2005年，津巴布韦政府摧毁了首都哈拉雷周围居住着70万人的棚户区，在一年中天气最寒冷时候的午夜把所有家庭驱逐出去，只有极少数人带上了财物。罗伯特·穆加贝总统认为，为了防止犯罪，这种突然袭击是必要的，但是批评者断言，这种行动主要是为了去除政敌。

据估计，加尔各答2/3的人口住在未经规划的违章建筑区，墨西哥城2 500万居民中将近一半居住在城市四周非法的殖民社区（colonias）中。棚户区往往是城市中污染最严重最危险的地方，没有谁愿意住在那里。例如，印度博帕尔市和墨西哥墨西哥城的违章建筑区建在致命的工业用地上。巴西贫民窟（favelas）的棚户区位于无人想要的陡峭山坡上（图14.6）。这些贫民区和棚户区条件如此令人绝望和惨不忍睹，许多人只能在那里苟延残喘。他们努力工作、养家糊口、教育儿童，只能在赚到钱时一点一点地提高自己的生活水平。

许多国家认识到，安置其市民的唯一方法是与棚户区居民合作。承认土地权、为改善住房筹措资金、支持为社区提供上下水和电力的努力，这些都能提高许多穷人的生活水平。

14.2 城市规划

我们如何以环境健康、社会正义和经济可持续的方式共同生活在城市里？从几千年前古希腊的城市开始，规划师就对人类自我安置的最好方式进行辩论。

城市发展中交通运输至关重要

世界上大多数大城市是在港口、河流交汇处、铁路枢纽或其他交通枢纽逐渐成长起来的。城市布局的那些最初的原因今天往往不再适用，对偏远小社区有意义的位置也不适用于大都会中心。

如何把人们安置在大城市中成为许多城市官员面临的最大难题。一个世纪前，美国大部分城市沿交通线排布。首先是马车，然后是电车为人们提供上下班、上学和购物的出行方式。人们无论贫富，都愿意尽可能居住在市中心以及离电车线路不远的地方。当亨利·福特引进第一部负担得起的、大量生产的汽车时，人们就可以在只有街道连接的较大片土地上修建住宅。

图14.6 巴西贫民窟的棚户区位于里约热内卢的山坡上。

20世纪50年代美国开始修筑高速公路，使人能走进更远的乡间。曾经紧凑的城市开始向外扩展，消耗空间并浪费资源。这种发展模式叫作**蔓延**（sprawl）。虽然对此还没有世界公认的定义，但是蔓延一般包括表14.3所列的特征。

表14.3 城市蔓延的特征
1. 无限制的向外扩展
2. 低密度住宅与商业性开发
3. 消耗农田和自然区域的蛙跳式开发
4. 政府小单位之间的权力碎裂化
5. 高速公路与汽车主导
6. 没有统一规划，对土地利用缺乏控制
7. 零售商场与大型购物中心遍地开花
8. 各地区间地方财政收入差异巨大
9. 低收入住房的来源依赖日渐恶化的老社区
10. 随着原先乡村地区新中心的发展原有市中心衰落

资料来源：数据来自PlannersWeb, Burlington, Vermont, 2001.

美国大部分大都市地区，大多数新住宅建在大片开发区内，这些开发区越过城市边缘，追求对土地利用或建筑方法限制很小的廉价农村土地（图14.7）。美国住房开发与城市发展部估计，城市蔓延每年消耗大约2 000平方千米农田和开放空间。虽然批量化住宅价格低于同类城市房产，但是还有低密度开发所需的各种外部成本，包括新道路、下水道、自来水总管道、电力线、学校、购物中心和其他基础设施。具有讽刺意味的是，移居乡间以逃避交通拥堵、犯罪与污染等城市问题的人常常发现，到头来他们还是把问题带在身边。

由于许多美国人住在远离其工作、购物或娱乐地点的地方，他们觉得必须拥有私家车。普通美国人每年坐在汽车方向盘后面443小时，相当于每周一个8小时的工作日。设计高速公路系统的目的是为了让司机在出发地与目的地之间能高速行驶而不必停车（图14.8）。然而，随着越来越多汽车充塞高速路，事实却大相径庭。例如，在美国交通拥堵最严重的洛杉矶，1982年的平均车速是每小时93千米，普通司机每年花费在堵车上的时间为4小时。到2004年，平均车速为每小时57.3千米，一般司机在拥堵不堪的交通上要花费97小时。

总之，据估算，美国交通拥堵对燃油与时间的浪费每年高达7 800万美元。有些人认为城市交通拥堵的存在表明需要更多的高速公路。然而，建造更多交通线只会鼓励更多人出行更远，使路上的车更多。何况，大约1/3的美国人由于太老、太年轻或太穷而不能驾车。对他们来说，汽车导向的发展造成隔阂，使到杂货店购物之类的活动成为难事，父母们要花费很长时间开车送孩子，青少年和年迈的老人也不得不开车，这往往成为公路上的危险因素。

本章开篇案例表明，有可能建筑没有汽车的城市。大部分欧洲城市拥有良好的公共交通系统，使他们能够保存有历史意义的市中心，城市依然比较紧凑，而避免了美国式高速公路系统造成的城市蔓延。现在美国许多城市重建了20世纪50年代被废弃的公共交通系统（图14.9）。设想一下，如果你住在没有小汽车而公共交通良好的城市里，生活会多么不同。

然而，许多发展中国家的车辆总数迅速增长，交通事故成为全世界生命损失原因的第三位。例如，1980—2000年，尼日利亚汽车增长了8倍，巴基斯坦增长了6倍，与此同时，那些国家的公路网仅增长10%～20%。印度近年推出的塔塔纳诺小汽车，加剧了城市规划师和能源专家的噩梦。这款不到2 000美元崭新的微型汽车使原先绝对买不起汽车的上百万人轻松地成为有车一族。但是这很可能会增大燃油消耗，

图 14.8 虽然高速公路给我们带来速度与私密性的幻觉，但是高速公路耗费土地、促使城市蔓延，由于想远离交通而移居城外却不得不开车出行，造成交通拥堵。

图 14.7 在蔓延的地块上修建的大宅耗费土地、疏远邻居，还使我们更加依赖汽车。

图 14.9 美国许多城市目前正在重建20世纪50年代修建高速公路时弃置的轻轨系统。虽然轻轨系统能效高、大众化，但是每英里造价高达1亿美元（每千米6 000万美元）。

而且大批新手上路无疑会造成极大的交通拥堵。

公共交通成功的一个例子见于巴西的库里奇巴（Kulitiba）。每辆承载270名乘客的高速双铰链客车行驶在紧邻其他车辆的专用道路上。这些“巴士列车”与遍布全市的340条支线相连。城市里每个人都能在步行距离内到达公共汽车站，得到频繁、方便、价格实惠的服务。库里奇巴公共汽车每天搭乘约190万旅客，约合市内出行人数的3/4。该市利用现有大部分道路，就能够以建设轻轨或高速路系统1/10的费用、地下铁路1%的费用建成这个系统。

我们能够使城市更加宜居

对无计划的蔓延与资源使用的浪费有什么可选方案？许多城市规划师建议的一种方案是**理性增长**（smart growth），即通过鼓励充填式开发，避免重复建设服务项目和低效率土地利用，有效利用土地资源和现有基础设施（表14.4）。理性增长的目标是混合利用土地，以创造各种平价住房选择、提供工作机会。理性增长还试图提供各种交通选择，包括建设对步行者友好的社区。这种规划方法还力图通过尊重当地文化与自然面貌，维持独有的地方特色。

理性增长通过土地利用规划的公开化与民主化，使城市的扩展公平、可预测而且成本效益好。鼓励所有涉益方参与城市形象的创建，同舟共济而不是相互对抗。在城市的过渡地区，以紧凑开发的模式确立阶段式可控增长的目标。这种方法并非与增长相悖。理性增长认识到所设定的目标不是要阻止增长，而是把增长引导到，可长远持续发展的方向。理性增长努力增加每个人公平地得到公共与私有资源的机会，促进现有城市与乡村社区的安全、宜居与复苏。

理性增长保护了环境质量，努力减少交通，保护农田、湿地和开放空间。当城市增长而交通与通信使得人们可以进行更多的社区间交流的时候，对区域区划的需求就变得更迫切。社区和商业领导人必须清楚了解区域的需求以及如何更有效地进行基础设施建设、使人们的福利最大化，在此基础上再做出决策。

表14.4　理性增长的目标
1. 为社区树立正面的自我形象
2. 使市中心充满活力而且宜居
3. 缓解居住条件差的问题
4. 解决空气、水、垃圾与噪声污染
5. 改善交通
6. 改善社区成员参与文化艺术活动的条件

资料来源：数据来自Vision 2000, Chattanooga, Tennessee.

美国俄勒冈州波特兰市是城市土地利用规划取得成功最好的实例之一，该市严格执行城市外扩的红线，要求着眼于城市范围内未利用的空间见缝插针。波特兰市因其种种方便设施，被认为是美国最好的城市之一。1970—1990年，波特兰人口增加了50%，但是土地面积仅增加2%。因此，同期波特兰的房地产税减少了29%，汽车行驶里程仅增加2%。相反，人口增长与之相近的亚特兰大市，经历了城市蔓延，土地面积增加了三倍，房地产税抬高了22%，汽车行驶里程增加了17%。交通扩展与拥堵的结果使亚特兰大的空气污染增加了5%，而全国公共交通系统最好的城市之一的波特兰市，空气污染减少了86%。

新都市主义与理性增长相结合

有一批建筑师和城市规划师不是摈弃文化历史与基本设施的研究，而是试图把大都市地区设计得更加引人入胜、高效与宜居。本章开篇案例的德国沃邦就遵循许多绿色设计与理性增长的原理。其他欧洲城市，如瑞典的斯德哥尔摩、芬兰的赫尔辛基、英国的莱斯特和荷兰的尼尔兰兹等，都有着创新城市规划的悠久历史。在美国，安德烈斯·杜安尼（Andres Duany）、伊丽莎白·普拉特姬布（Elizabeth Plater-Zyberk）、彼得·卡尔索尔普（Peter Calthorpe）和西姆·范德莱恩（Sym Van Der Ryn）等人领导这项运动。这些设计师使用或可称之为新传统主义的方法，试图恢复过去小城市和宜居城市某些最好的特质。他们设计融住宅、写字楼、商店和民用建筑于一体的城市街区。理论上从所有住宅到拥有便利店、咖啡馆、公共汽车站和其他设施的街区中心都不应超过5分钟行程。公寓楼、市政厅和各种价位的独立式住宅混编在一起，确保这些街区能容纳各种年龄和收入水平的住户。这项运动的几项原则是：

- 限制城市的规模，或者将其安排为三五万人的单元——大到足以成为一个完整的城市，又小到足以使其成为一个社区。
- 在市内和四周设置绿色隔离带，用以提供娱乐空间，并促进土地有效利用，还有助于减轻空气污染与水污染。
- 在将要开发的地方提前决策。这样做能够保护地产的价值并防止无序开发。开发规划还要保护名胜古迹、保护农业资源和湿地的生态服务、保护清洁的河流与地下水补给。
- 布设日常购物与服务的地点，使居民能满足日常的需要，更加方便、减少压力、减少对汽车的依赖，而且省时省力（图14.10）。通过鼓励在居住区内或附近开办小型商店就有可能做到这一点。
- 鼓励短途出行时步行或使用小型、低速、高能效的车辆（微型汽车、机动三轮车、自行车等），而不使用大型汽车。创建专用交通线、减少大型停车场的数目、禁止大型车辆进入购物街，就有可能支持这样的选择。
- 鼓励更多样更灵活的住宅以替代传统的单个家庭独立住宅。在现有房屋之间插入建筑物，可以节能、降低地价，并有助于提供多样的生活安排。允许多个单亲家庭或几个互不相干的成年人分享住房，共用生活设施，也为那些不住在传统核心家庭的人提供选择。
- 通过利用本地生产的粮食、回收利用废物和水、使用可再生能源、减少噪声和污染、创建干净安全的环境，使城市更能自我维持。鼓励社区园艺（图14.11）。改造市中心的空间或城市四周的农业绿化带，以提供粮食与开放空间，这也有助于提供宝贵的生态服务，例如净化空气、提供清洁用水和保护野生动物栖息地和娱乐用地。
- 楼宇上装配“绿色屋顶”或屋顶花园，以改善空气质量、节能、减少暴雨径流、降低噪声，并有助于降低城市热岛效应。集约型花园可以包含大树、灌木、花卉，并可能需要定期维护。粗放型花园所需土壤较少，对建筑物的负荷较轻，通常种植一些简单的草本植物或耐旱物种，例如只需最简单管理的景天类植物。这样的屋顶寿命为传统屋顶的两倍。欧洲每年修建100万平方米绿色屋顶。城市屋顶也是收集太阳能和安装风力发电机的良好场所。
- 进行住宅群规划或开敞式空间分区，至少能保留

图 14.10 新西兰皇后镇的步行街在令人愉快的户外环境中提供购物、就餐和交往的机会。

图 14.11 许多城市中都有大量未使用的开放空间可以用来种植食物。居民们通常需要帮助净化受污染的土壤并获得取得土地的机会。

一半的小块土地用作自然区域、农田或其他形式的开放空间。研究表明，移居乡村的人不一定想离最近的邻居几千米远；他们最渴望的是能有远眺有趣的景观和看见野生动物的机会。通过在较小的地段细心搭配住宅集群，一个受保护的地块就能提供与传统地块上同样数量的可建筑场地，而仍能保留50% ～ 70%的土地用作开放空间（图14.12）。这样做不仅降低开发费用（修建道路、铺设电话线、下水道、电缆等的距离都较短），而且还有助于培养新居民更强烈的社区意识。

- 保护城市栖息地。这样做能够对保存生物多样性、改善心理健康和使我们亲近自然做出重大贡献。

这些规划原则不仅仅与美学有关，位于亚特兰大的国家环境健康中心前主任理查德·杰克森（Richard Jackson）博士指出，城市设计与我们的身心健康密切相关。随着城市日益向外扩展和非人性化，我们进行有益健康的运动与交往的机会越来越少。心血管病、哮喘病、糖尿病、肥胖和忧郁症等慢性病成为美国主要的健康问题。

杰克森博士说，“尽管体育锻炼有益于健康是常识，但是经常锻炼的成年人不足40%，而25%的人根本不进行体育锻炼。我们设计社区的方式使我们日益依赖汽车，哪怕是最短距离的出行也要开车，而文化娱乐活动也无须体力而只是观赏”。长途通勤和缺乏可靠的公共交通与适于步行的社区，意味着紧张的交通拥堵会耗费越来越多的时间。“路怒症”绝非妄言。每个通勤者都会描述与无礼司机的不愉快邂逅。有利于步行、社交的城市设计以及有水和植物的环境，能够提供有利健康的体育活动空间并带来心灵的慰藉。

图 14.12 保护性住宅小区群只占用1/3的地，其余部分保留用作天然草地和橡树林地。房屋紧靠在一起，邻居养成社区意识，而每人仍然有宽广的视野并可进入开放空间。

14.3 经济状况与可持续发展

改善城市状况像许多其他环境问题一样，最终取决于经济与决策。我们将在第15章讨论政策。本章后半部分将评述一些环境经济学的原理。

经济发展能够持续吗

迄今为止已经很清楚，世界上穷人的安全和生活水平与环境保护密切相关。环境科学中最重要的问题之一，是我们如何在地球自然资源的限制范围内不断改善人类的福祉。发展意味着改善人们的生活。可持续意味着以地球的可再生资源为生而不损害支持着我们所有人的生态过程。**可持续发展**（sustainable development）就是努力把两者结合起来。描述这个目标的流行定义是“满足现代人的需要而不危及后代人满足其需要”。

但是这有可能吗？正如你在本书各处看到的那样，许多人认为目前的人口与经济水平正在耗尽地球资源。他们坚信，无法做到让更多人享受高生活水平的同时又不会不可逆转地损害环境。另一些人则宣称，只要我们公平分享并勤俭生活，每个人就能丰衣足食。下文将对此重要辩论稍加探讨。

对资源的定义决定了我们如何利用资源

要了解可持续性的问题和希望，必须了解所用资源的各种类型。我们对待资源的方法很大程度上取决

什么能使城市变得绿色环保

效率。目前超过一半的人类住在城市里。环境学家常常批评城市侵占农田（►）、大量耗费能量、水、食物、混凝土和土地。但是城市生活的人均环境成本通常低于农村，富有国家尤其如此。城市因其紧凑，所需道路里程、上下水道、供暖和每户私家车拥有量都较少。由于距离较短，可以分享道路与公用基本设施、公寓与联排住宅分享供暖，而且公共交通减少了开车上班的需要。

虽然被污染的城市不利于健康，但是组织有序的城市能以种种有益方式提供文化资源并能保护环境资源。

以下是城市有利于人与环境健康的10种方式。

1. 公共交通

◄ 高密度建筑区域有能力支持可靠、高效的运输系统，许多车友分享出行的费用，如左图所示巴西库里奇巴的高速巴士系统。公共交通使用的空间、能量和物料远少于私家车。

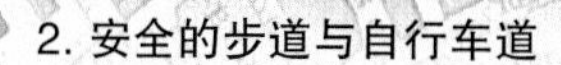

2. 安全的步道与自行车道

摆脱对汽车的依赖增加了无车年轻人、老年人和其他人士的机动性。拥有分离的步道和自行车道的城市是对儿童与家庭友好的城市；不仅锻炼了身体而且省钱。►

3. 紧凑的房屋

紧凑的城市设计因其共享墙壁，大大增加土地利用效率、减少交通距离、提高供暖或制冷的效率。减少对汽车的依赖和拼车有助于解决停车场不足的难题。

◄ 阿姆斯特丹的联排房屋赋予城市以历史感和效率。

4. 混合功能规划

整合住宅、商店、娱乐设施和办公地点为当地居民提供工作和服务。由于这些街区使居民减少上下班与购物的出行时间，有助于步行并促进社区建设。

◄ 挪威特隆赫姆古城中心的旧书店、咖啡馆和住宅分享空间。

10. 农田保护

向外蔓延的郊区鲸吞农田、林地和湿地。这是大多数发展中国家土地利用变化中最快的方式。紧凑型城市对农田、栖息地、娱乐空间和流域的破坏降至最小。▼

9. 当地食品

如果农民能够直接向消费者销售，农场经济就更有活力——在同一地点有许多买主的地方事情就好办得多。城市变成许多农户重要的财源。

佛蒙特州圣约翰斯堡的农民市场为城市居民提供当地生产的新鲜食物。▲

8. 能源效率

替代能源比较容易就地使用。屋顶太阳能、区域供暖和其他策略能提高效率。

◀ 哥本哈根和其他类似地方的生物质燃料电站为丹麦的各大城市提供几乎全部暖气。

7. 绿色基础设施

新技术减轻了不透水地表的影响，包括透水铺装、绿色屋顶和较好的建筑设计等。

中国成都的“绿色”停车场让降雨渗入地下，既能支持交通又能让植物生长。▶

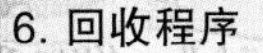

6. 回收程序

交通不便和可回收物料丰富的地方，垃圾回收利用简便易行。

马来西亚吉隆坡的垃圾箱收纳各种可回收利用的东西。▶

5. 绿色空间

娱乐空间对城市居民的身体和精神都有利。活的植物和土壤调节当地的微气候、储存养分和水分，并为鸟类和其他野生动物提供栖息地。

◀ 图中为纽约市中央公园的游客观看滑冰。

请解释：

1. 城市地区有什么因素能降低人均能耗？
2. 所列出的绿色因素中哪些最容易用于你所居住的地方？为什么？
3. 你最感兴趣和最不感兴趣的是哪一种因素？为什么？

于对资源的看法和定义。18世纪亚当·斯密（1723—1790）和马尔萨斯（1766—1834）等哲学家倡导的**古典经济学**（classical economics）认为，自然资源是有限的，因为铁、金、水和土地等资源的数量是固定的。根据这种观点，随着人口增长，这些资源的紧缺降低了生活质量，增加竞争，并最终造成人口再次减少。在完全知情的买家与卖家独立自主地决定买卖的自由市场里，一磅黄油的价格取决于黄油的供给（黄油供给充足时就便宜）和对黄油的需求（买家不得不竞争这种资源时就要多付费，图14.13）。

这种价格机制被**边际成本**（marginal costs）的概念所修正。买卖双方估算购买（或制造与销售）边际产品的附加报酬或边际成本。如果回报大于边际成本，就销售成功。

19世纪经济学家约翰·穆勒（John Stuart Mill）虽然认为大多数资源是无限的，但是他提出了**稳态经济**（steady-state economy）的概念。穆勒认为，经济能够在资源使用与生产之间取得平衡，而不是马尔萨斯所预期的人口与资源使用的繁荣加萧条的循环。他认为，知识与道德的发展在延续，一旦达到稳定，就能进入安全状态。

19世纪发展起来的**新古典主义**（neoclassical economics）拓宽了资源的概念，把劳动力、知识和资本包括在内。因为生产商品和提供服务必须有劳动力与知识，因此两者也是资源，而且这两者不是有限的，因为每个新人都能够向一个经济体贡献更多劳动力与能量。**资本**（capital）指任何能生产更多财富的财富。货币能够用以投资产生更多货币。矿物资源能够得到开发并加工成商品，赚取更多货币。经济学家把资本分为若干类型：

1. 自然资本：自然界提供的商品与服务。
2. 人力资本：知识、经验与企业家精神。
3. 制造（建造）资本：工具、建筑物、道路与技术。

有些社会理论家可能要加入社会资本，即共享的价值观、信任、合作与组织，这些能够存在于群体之中，但是不能存在于个体之中。

因为资本的意义在于产生更多资本（即财富），所以新古典主义经济学重视增长的概念。资源流动、商品与服务带来增长（图14.14）。根据这种观点，为了持续的繁荣就永远需要增长。自然资源有助于生产与增长，但并非限制增长的关键因素，因为人们认为自然资源可互相取代或被替代。新古典经济学家预言，当一种资源不足时，就会找到代用品。

财富的生产是新古典经济学的核心，增长与财富重要的衡量标准是消费。如果社会消费更多燃油、更多矿物和更多食物，就可能更加富裕。这种概念延伸出生产量的概念，即社会使用与丢弃的资源数量。根据这种观点，生产量越大就是消费与财富越多。生产量一般用**国民生产总值**（gross national product，GNP）来衡量，即一个经济体购买与销售所有商品与服务的

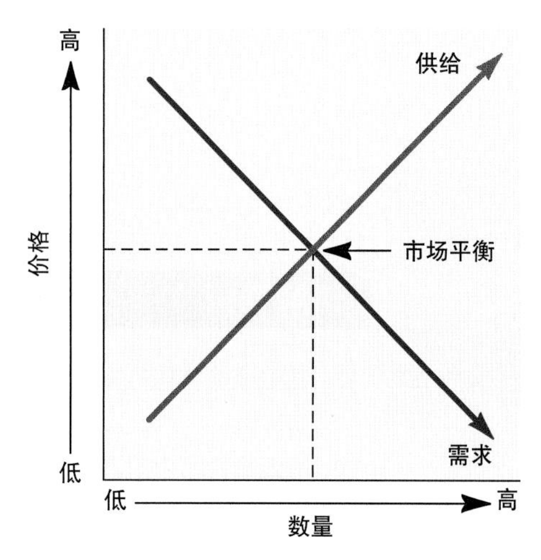

图14.13 经典供求曲线。价格低迷时供给少需求高。随着价格上升，供给增加但需求下降。供需相等时市场平衡。

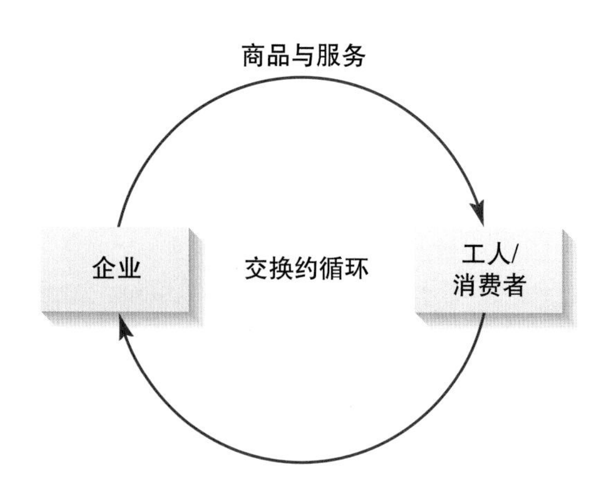

图14.14 新古典经济学模型集中表现企业与每个工人/消费者之间的商品、服务和生产要素（土地、劳动力和资本）的流动。本图中这些关系的社会后果与环境后果无关。

总和。由于GNP包括了离岸公司的活动，因此经济学家有时更偏爱**国内生产总值**（gross domestic product, GDP），它仅计算本地购买和销售的那些商品与服务，能更精确反映本地的经济。

自然资源经济学（natural resource economics）将新古典主义观点加以扩展，把自然资源看作重要的废物站（吸收器），也是原材料的源泉。他们认为自然资本（资源）比建造的或人造的资本更丰富，因此也更便宜。

生态经济学体现生态学原理

生态经济学（ecological economics）是把生态学中系统功能与循环再用的概念应用到资源的定义中。该学派还认识到自然界的功能，而且承认生态系统功能对人类经济与文化的重要性。自然界中一个物种的废弃物是另一个物种的食物，因此不会浪费任何物质。我们需要一种能将物质回收利用且有效利用能源的经济，这非常像生物群落的行为。生态经济学还把自然环境看作经济的一部分，因此自然资本就变成经济核算中一项需重点考虑的内容。生态功能，例如吸收与净化污水、处理空气污染、提供清洁用水、完成光合作用和生成土壤等，就是所谓的**生态服务**（ecological services，表14.5）。这些服务是免费的：我们并不直接为此付费（虽然当我们遭受缺乏这些功能之苦时，常常要间接付费）。因此，生态服务常常排除在常规经济核算之外，这是生态经济学家试图加以纠正的情况（图14.15）。

许多生态经济学家还倡导稳态经济思想。如同约翰·穆勒提出的稳态概念一样，这些经济学家认为，无须消费与生产量的不断增长也能维持经济的健康。相反，资源的使用效率与回收利用就能使人口增长极慢或不增长的地方保持稳定的繁荣。低出生率和低死亡率（就像K策略物种那样，见第3章）、政治与社会稳定和依靠可再生能源将是这种稳态经济的特征。这些经济学家像穆勒一样认为，人与社会资本——知识、幸福、艺术、预期寿命和合作——即使没有不断扩大的资源使用也能持续增长。

生态经济学家和新古典主义经济学家都把资源区分为可再生资源与不可再生资源。**不可再生资源**（nonrenewable resources）存量有限，或则补给缓慢或则固定不变，至少在人类寿命的时间尺度上是如此，包括矿物和化石燃料，也包括地下水。**可再生资源**（renewable resources）在自然界能以较稳定的速率补充与再生。淡水、生物、空气和食物资源都可再生（图14.16）。

表14.5　重要的生态服务

我们依靠环境为我们持续提供：

1. 受控的全球能量平衡与气候；稳定的大气圈与海洋的化学成分；受控的集水区与地下水补给；受控的有机物和无机物生产与回收利用；维护生物多样性
2. 人居、作物栽培、能量转换、娱乐和自然保护所需的空间与合适的基底
3. 氧气、淡水、食物、药物、燃料、饲料、肥料、建筑材料和各种工业投入品
4. 美学的、精神的、历史的、文化的、艺术的与教育的机会和信息
5. 改善社区成员参与文化艺术活动的条件

资料来源：数据来自R. S. de Groot, *Investing in Natural Capital*, 1994.

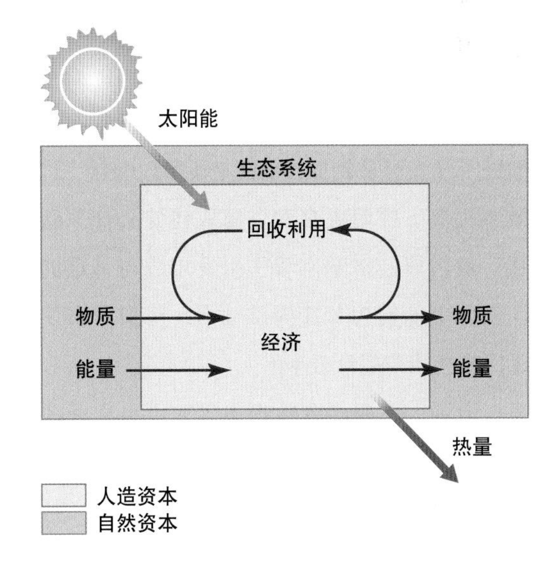

图14.15　生态经济学观点认为自然资本和回收利用与经济密不可分。人造资本是用有限的自然资源创造的。

资料来源：Herman Daly in A. M. Jansson et al., *Investing in Natural Capital*, ISEE.

图 14.16 生物资源通过繁殖自我取代可以再生，但是如果利用过度或滥用，种群就会死亡。一个物种一旦丧失就无法再造，作为其生态系统的一个组分和作为人类的资源就永远丧失。

虽然这些资源很重要，但也不是你所想象的那样不可取代。像铁和金等不可再生资源，就可以通过更有效地利用而得以延续：现在汽车所用的钢铁就比较少，而金则混合在合金中以延长其使用范围。代用品也减少了对这些资源的需求：过去用钢铁制造的汽车零部件现在使用塑料和陶瓷；过去囤积起来用作电话线的铜线，现在被用硅（沙子）制造的更便宜更轻的光学纤维取代。回收利用也延长了不可再生资源的供应。铝、铂、金、银和许多贵金属的回收利用已成常规，进一步减少了开采新资源的要求。回收利用的唯一障碍是开采新资源与收集旧料的相对费用。可开采的不可再生资源的范围还因技术的改进得到扩大。例如，新方法有可能开采品位很低的金属矿。品位极低的金矿现在也形成了经济可采储量，也就是说可以赚钱，即使因使用效率提高、探明更多和资源取代使金价下跌也还能赚钱。被古典经济学家看作引发矛盾与苦难的资源紧缺，实际上能够为革新提供动力，革新带来使用代用品、回收利用与提高效率。

另一方面，如果经营管理不善，可再生资源也可能被耗竭，生物资源尤为明显，例如旅鸽、美洲野牛和大西洋鳕鱼。这些物种曾经拥有极其巨大的数量，但是仅在几年内，这几个物种都因过度猎捕而陷于灭绝（即被全部消灭）的边缘。

资源紧缺导致革新

我们是否正在耗尽重要的自然资源？显然，如果以恒定的速率消耗存量有限的不可再生资源，我们最终会耗尽经济上可开采的储量。环境学文献里有许多这样的警告，对不可再生资源的过度消耗迟早会造成灾难、穷困和社会溃败。不可再生资源开发速率模型以其提出者斯坦利·哈伯特（Stanley Hubbert）命名的“哈伯特曲线”，常常与历史上自然资源消耗的经历高度拟合（图14.17）。

然而，许多经济学家认为，人的创造力与事业心常常以推迟或减轻资源使用的不良效应的方式应对资源的紧缺性。这种观点是否正确，与所谓**增长的极限**（limits to growth）这一重要问题有关。

20世纪70年代初期，由麻省理工学院以梅多斯（Donnela Meadows）为首的科学家完成了一项关于资源有限性的有影响的研究。研究结果于1972年出版，书名为《增长的极限》。该研究用关于世界经济的复杂的计算机模型测算各种资源消耗速率、人口增长、污染与工业产值的各种情景。考虑到建模时植入了马尔萨斯的假说，灾难性的社会与环境崩溃似乎不可避免。

图14.18表示该世界模型的一个例子，这是模型运行一次的输出结果。随着人口增长与资源消费，粮食供应与工业产量增加。然而，一旦超过环境承载力，

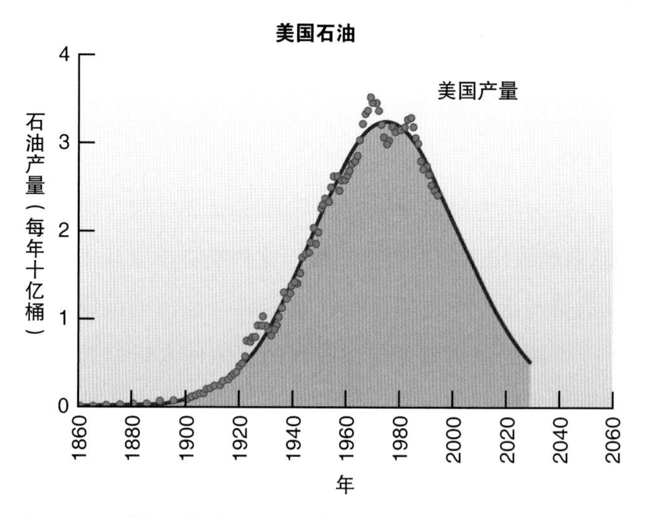

图 14.17 美国石油产量。圆点表示实际产量。钟形曲线是理论上描述不可再生资源的哈伯特曲线。曲线下面的阴影部分代表 2 200 亿桶（42 加仑的标准桶），是对经济上可采资源的估计储量。

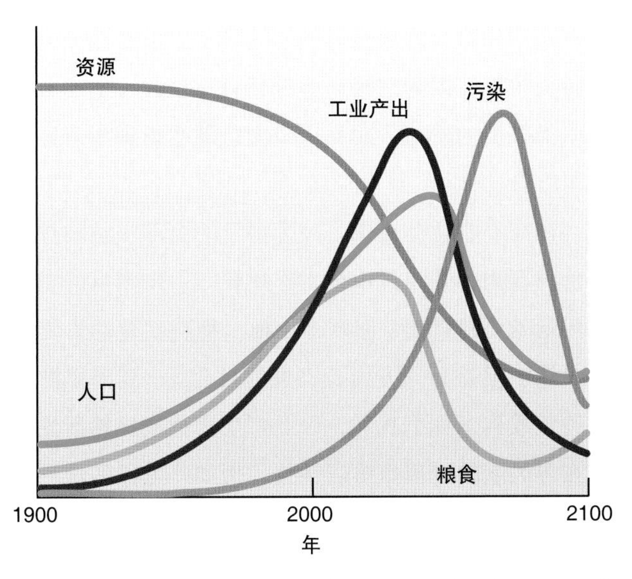

图 14.18 《增长的极限》一书中世界模型的一次运行结果。该模型假定，直到马尔萨斯极限造成工业社会崩溃之前，一切都尽可能长久一如既往地进行。请注意在工业产量、粮食供应和人口都骤然下跌后，污染仍然在增长。

随着人口、粮食产量和工业产量都急剧下降，崩溃出现。由于社会衰退和人的死亡，污染继续增长，但最终污染也随之下降。请注意这套曲线与第3章所述的“繁荣与萧条”人口周期之间的相似性。

很多经济学家批判这个模型，因为它过低估计了技术进步和缓解紧缺性影响的因素。1992年米都斯研究组出版了《超越极限》一书，更新了计算机模型，把技术进步、污染减轻、人口稳定和公共政策等可持续发展的因素纳入考虑。如果我们及早而不是事后才采取这些改变，该模型就出现图14.19所示的结果，其中所有因素都会在21世纪内达到稳定，人人的生活标准都会有所提高。当然，没有任何计算机模型能预言将会发生什么，只是说明可能出现的某些结果，这取决于我们做出怎样的选择。

公共财产资源是经济学的经典问题

经济学与资源管理的难题之一是有许多资源为所有人所共享而不归某人单独拥有。清新的空气、海洋鱼类、干净的水、野生动物和开放空间都是自然所赐，人人均可利用而无人掌控。

1968年生物学家加勒特·哈丁（Garret Hardin）写了一篇论文《**公地的悲剧**》（*The Tragedy of the Commons*），描述公有资源如何因利己主义而退化与破坏。他用新英格兰殖民地村庄的一块“公地”，即社区的草地做比喻，通过每个村民都理所当然地认为要在草地上放牧更多的牛来建立他的理论。每头牛给个别农户带来更多财富，但是过度放牧的成本由所有农户分担。这样，个别农户仅承担成本的一部分，但是他能得到多放牧到草地的牛的全部利润。结果，公地因过度放牧、资源耗竭而被废弃。这种困境被称为“搭便车问题”。哈丁认为，最好的解决方法或是将强制权交给政府，或是将资源私有化，使单个业主控制资源的使用。

这个比喻被应用到许多资源问题上，尤其是人口增长。根据这种观点，贫穷村民再多生几个孩子能带来好处，但是这些孩子加起来会耗尽所有可用的资源，最终使大家都更加贫穷。同样的观点也适用于资源过度使用问题，例如海洋鱼类耗竭、污染、非洲饥馑和城市犯罪等问题。

现代评论家指出，哈丁所真正描述的不是一处公产，也不是一项集体所有并经营管理的资源，而是一个**开放取用系统**（open access system），对资源使用的管理不存在任何规则。诺贝尔奖获得者奥斯特罗姆

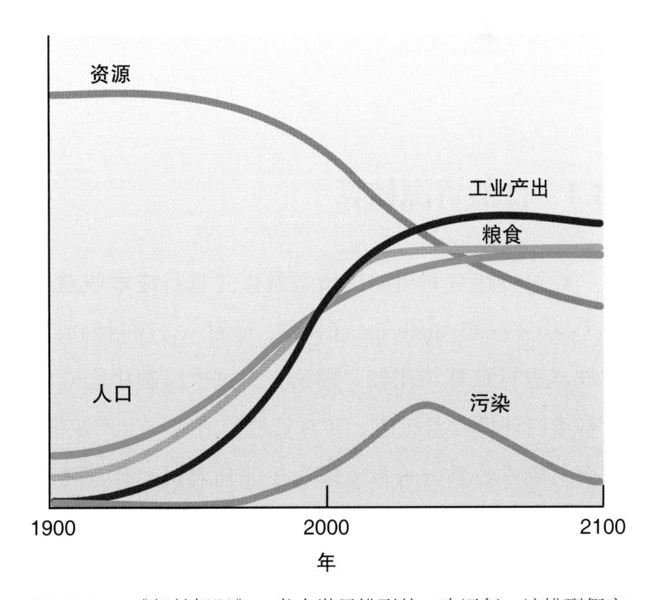

图 14.19 《超越极限》一书中世界模型的一次运行。该模型假定人口与消费受到约束、引进了新技术，不是在资源耗竭之后而是立即采取可持续的环境政策。

（Elinor Ostrom）等人的著述表明，许多公共资源在使用者的合作协议下成功地管理了几个世纪。美洲原住民管理的野生水稻田、瑞士山民所有的山林和草场、缅因州的龙虾渔场和西班牙、巴厘岛、老挝及其他许多国家和地区的公共灌溉系统，在共同管理下历经几个世纪依然生机勃勃。

这种“公产”或**公共资源管理体系**（communal resource management systems）的每一种，都有许多共同点：①社区成员长期生活在该地或使用这种资源，可以预见其后代依然如此，因此他们强烈希望维持这种资源、维护与其邻里的关系；②这种资源有明显的边界；③社区团体人数已知而且是固定的；④这种资源较稀有而且变化很大，因此社区不得不相互依靠；⑤长期以来形成了适合于当地情况的管理策略；⑥资源及其使用受到积极的监督，使任何人不得有欺骗或攫取过多行为；⑦冲突消解机制减少矛盾；⑧奖励守法、惩罚违规的奖惩机制使社区成员受到管束。

对于公共资源问题，私有化和加强外部控制不仅不是唯一可行的方法，而且常常带来灾难性的结果。在小村庄拥有和经营当地世代共有的森林或渔场的地方，资源的国有化与商品化普遍造成社会系统与生态系统的迅速破坏。在公共系统曾经实行控制采伐的地方，私有化鼓励狭隘的利己主义，并听任外来者攫取社区中最弱者的利益。

14.4 自然资源核算

关于可持续利用的决策常常需要进行**成本收益分析**（cost-benefit analysis，CBA），即对一个项目的成本与收益进行核算与比较。理论上，这个过程中会对某项事业的环境收益赋值，并对资源的消费与生产赋值。然而，成本收益分析常常取决于起初对资源作何考虑和作何估量。成本收益分析是资源经济学的主要概念框架之一，是全世界决策者用以判断是否该修建水坝、公路与机场的一种方法，并用以考虑如何应对生物多样性损失、空气污染和全球气候变化。成本收益分析是对这些项目合理决策时的有用方法。但是这种方法也备受争议，因为它趋向于低估自然资源、生态服务和人类社会的价值，而且用以支持那些损害所有这些资源的项目。

在成本收益分析中，一个项目的全部收益均按货币价值算出，并与货币成本作比较。一个项目的直接费用通常不难确定：你要为土地、物料和劳动力支付多少钱？但是另一方面，丧失的机会——到河里游泳和钓鱼或到森林里观鸟，以及野生物种或自然河流的存在等天赋的价值则难以估价。例如，怎样估价一只小虫或一只鸟，或者独处与获得灵感的机会？最后，决策者比较全部成本与收益，看看该项目是否合理，或者是否有以最小代价带来最大利益的可供选择的行动。

成本收益方法的批评者指出，这种方法缺少标准、对各种选择未予足够的重视、把货币的价值置于难以确定的弥散或遥远的成本与收益之上。谁能判断成本与收益应如何估算？我们怎样比较一些迥然不同的事物，例如将廉价电力的经济所得与生物多样性的损失或自由奔腾的河流之美相比较？评论家认为，把货币价值置于任何事物之上可能导致一种信仰，认为只有金钱和收益最重要，只要你能付钱，任何行为都可以接受。在成本收益分析中，有时一些推测的乃至假想的结果也被赋予明确的数值，然后将其作为铁的事实看待。

图14.20是波兰减少颗粒物污染（煤烟）项目成本收益分析的例子。如你所见，最多去除40%颗粒物的成本收益最高。然而，去除70%颗粒物的成本可能超过收益。像这样的数据对决策者可能有用。另一方面，同一研究表明，控制硫的排放成本很高而收益甚微。从评估“收益”的方法中有可能得出这样的结论吗？

野生生物、非人类生态系统和生态服务之类的价值能够结合到自然资源核算中。理论上这种核算有助于可持续性资源的利用，因为对长远的或无形的利益赋予价值是必要的，但在经济决策时往往被忽略。自然资源核算的重要部分是给生态服务赋值（表14.6）。自然服务的总价值是每年33.3万亿美元，约合当前世

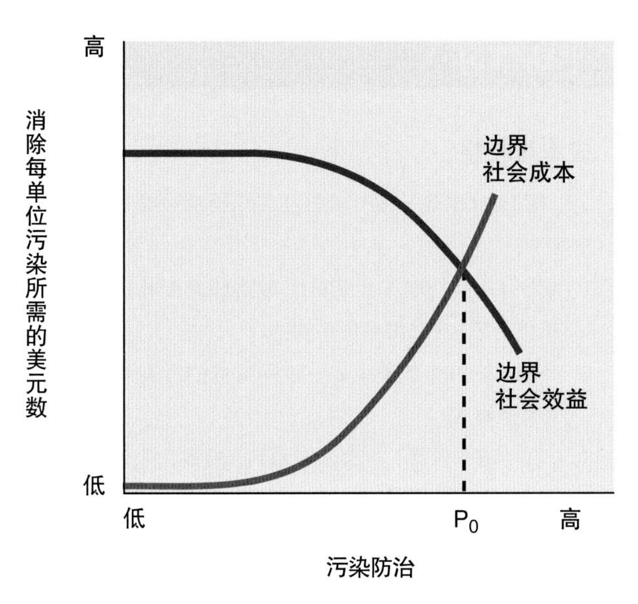

图 14.20 要想得到最大化的经济效率，管理办法应该规定污染预防达到最佳点（P_0），这时消除污染的成本正好等于社会收益。

界一年GDP的一半。另外一种是财富与发展的替代计算方法。上文已提及，GDP是基于消费率与生产量来衡量财富广泛使用的方法，但是不把自然资源的消耗或生态系统的伤害纳入预算。

例如，世界资源研究所估计，印度尼西亚的水土流失每年使农作物减少40%的产值。如果考虑到自然资本，印度尼西亚的GDP每年至少减少20%。同样，

表 14.6 生态服务年产值估算

生态服务	价值（万亿美元）
土壤形成	17.1
休闲娱乐	3.0
养分循环	2.3
调节水量与供水	2.3
调节气候（温度与降水）	1.8
栖息地	1.4
防洪与防暴风雨	1.1
粮食与原料生产	0.8
遗传资源	0.8
大气圈气体平衡	0.7
授粉	0.4
其他服务	1.6
生态系统服务总值	33.3

资料来源：修改自R. Costanza, et al., "The Value of the World's Ecosystem Services and Natural Capital," in *Nature*, vol. 387, 1997.

1970年至1990年之间，哥斯达黎加在木材、牛肉和香蕉生产上取得了令人印象深刻的增长。但是以水土流失、森林破坏、生物多样性损失和径流加速为代表的自然资本损失，合计至少40亿美元，相当于其GDP的25%。包括加拿大和中国在内的许多国家，目前都使用"绿色GDP"，把环境成本作为生态经济核算的一部分。

衡量真实增长的新途径

学者们提出了若干系统，用以替代GNP反映真实增长与社会福利。戴利（Herman Daly）和柯布（John Cobb）在他们1989年出版的书中提出**真实增长指数**（genuine progress index，GPI），把真实人均收入、生活质量、分配公平、自然资源损耗、环境伤害和无报酬劳动考虑在内。他们指出，虽然1970—2000年美国人均GDP增加近一倍，但是人均GPI仅增加4%（图14.21）。有些服务机构会把社会崩溃和犯罪加入这个指数中，使这个时段的真实增长进一步降低。不丹用国民幸福总值（Gross Domestic Happiness）作为衡量其增长的指标。

联合国开发计划署用称为**人类发展指数**（human development index，HDI）的基准来反映社会进步的动态。HDI把预期寿命、受教育水平和生活水平作为衡量发展的关键性尺度。性别问题用性别发展指数（gender

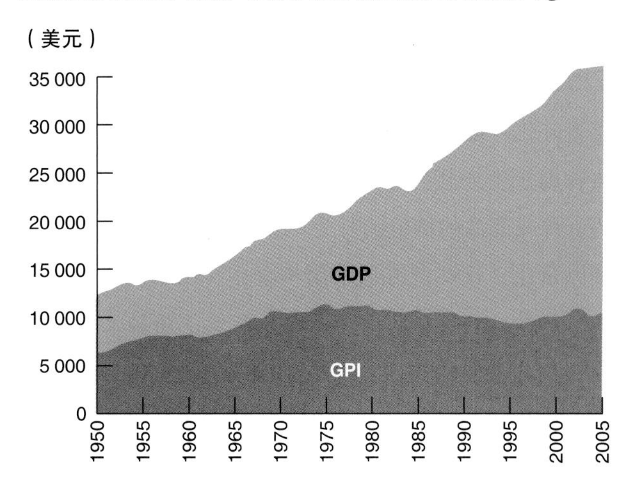

图 14.21 虽然1970—2000年间美国人均GDP按经通胀调整的美元计翻了一番，但是考虑到自然资源损耗、环境伤害和子孙后代的选择，则几乎毫无真实的增长

development index，HDI）衡量，该指数用男女之间的不平等或男女平权的程度对HDI进行调整或折损。

联合国开发计划署的年度人类发展报告对各国的发展进行比较。如所预料，最高水平的发展一般是在北美、欧洲和日本。2009年挪威在HDI和GDI两项均高居榜首。加拿大名列第四位，但是从GDI中剔除HDI并进行公平性调整后位居世界第一。美国的环境保护与管理落在第62位，但HDI名列13位。2009年HDI最低的25国全部在非洲。西半球中，海地名次最低。

尽管贫困仍然四处蔓延，但是在发展统计数据中心也可以找到好消息。联合国开发计划署报告称，近50年来，贫困比过去500年减轻了很多。发展中国家儿童死亡率总体上下降了一半以上。平均预期寿命增加了30%，营养不良的比例下降了近1/3。未受小学教育儿童的比例从一半以上降低到1/4以下。乡村家庭缺乏安全饮水的比例从9/10减少到1/4。

亚洲在某些方面取得了最大的进展。中国和其他十几个国家人口合计超过16亿，它们贫困线以下人口减少了一半。不过20世纪90年代每日收入不足1美元的人数仍然从1亿增加到1.3亿——而且除了东南亚和太平洋地区外，其他地区的这个数字似乎都在增加。即使是工业化国家，也有1亿人生活在贫困线以下，3 700万人长期失业。

外部成本内部化

使资源开发企业看好成本收益分析的因素之一是成本外化。**成本外化**（externalizing costs）是忽略或低估有助于生产某些物品而生产者实际上并不为此付费的资源或商品的价值的行为。外部成本往往是分散的，难以量化。这些资源通常属于全社会而不属于单个用户。例如，农民秋收时，种子、肥料的价值和农作物的销售均在价格表中，而水土流失、非点源污染造成的水质恶化和鱼类种群的减少等项均未计算在内。很多时候这些成本都不是由资源使用者而是由全社会分担。这些都在会计系统之外，一般被成本收益分析，或者在农民估算当年是否获利时所忽略。较大的企业，例如修筑大坝、伐木与修路的公司，一般都将与工程有关的生态服务损失成本外部化。

> **主动学习**
>
> **成本与收益**
>
> 图14.21是表示波兰减轻空气污染相对成本与收益的实例。
>
> 1. 减少第一个30%（在x轴），收益快速上升。这段上升曲线可能代表哪些经济收益？
> 2. 在第一个30%的减少中，近乎免费的污染减轻步骤可能是哪些？
> 3. 如果你在作预算，你会希望做到利益最大化而成本最小化。你心目中减轻污染的百分数是多少？在哪一点上你会重新安排预算的优先顺序？
>
> 答案：1. 收益包括健康改善，对建筑物、农作物和森林的损害较少，生活质量提高。2. 节约，改善规划和提高交通运输、建筑物与能量生产的效率，取代陈旧低效率的工厂和汽车。3. 在削减达到70%及以下的时候，收益超过成本。

利用市场系统使资源使用最佳的方法是让资源使用获益者一定要承担全部外部成本。这叫作成本内化（internalizing costs）。计算生态服务或污染扩散的价值绝非易事，但这是可持续资源核算的重要步骤。

14.5 贸易、发展与工作机会

可持续社会需要在一定程度上公平分配资源：如果大部分财富为少数人拥有而大多数人陷于贫困，这种状况最终会导致社会动乱和资源供应的不稳定。因此，近几十年来富裕的工业化国家努力帮助贫困国家发展经济。

国际贸易能促进增长但使成本外化

日益扩大的贸易关系被推崇为在全世界范围内分配财富与刺激经济、同时又能满足富裕国家消费者欲望的方法。根据比较优势理论，每个地方都能提供某种比其他地方价格更便宜或质量更好的商品或服务。国际贸易使我们能够享用世界各地各种最好和最便宜的产品。如果埃及能够生产价格低于得克萨斯的棉花，我们就应该购买埃及的棉花。如果马来西亚能够用几美分的劳动力制造运动鞋，那么我们就会从马来西亚购买。即使马来西亚的工人只能赚取富裕国家工资的一小部分，在那里建厂也能促进马来西亚的经济发展。

国际贸易的一个问题是在极大程度上造成成本外部化。热带硬木产品——如木材、夹板和运货托盘等，在美国极其便宜。那些硬木产品的环境成本距离购买一小块廉价巴西夹板的消费者非常遥远。更糟的是夹板的环境成本常常转移到污染与资源开发几乎不受控制的地方。例如，美国的工厂就要受到使空气污染与水污染最小化的约束。

污染防治代价高昂，将其内化使工厂利润减少。墨西哥工厂防治污染的责任远小于美国同类工厂，所生产的商品便宜得多，至少短期内是如此。美国和世界各地不断举行的抗议活动反对世贸组织（WTO）和其他全球化势力，大部分是针对将生产的环境成本和社会成本出口与外化。

对国际贸易的另一些批评认为，向此类企业融资的国际银行系统是富裕国家设立的，也是为富裕国家服务的。例如，WTO和关税贸易总协定（GATT）管控着全部国际贸易的90%。这两个组织都是根据少数几个最富裕国家公司之间的关系和协议组成的。较弱小国家的代表常常指责这些协议使贫穷地区陷于自然资源（木材、矿石、水果和廉价劳动力）供应者的地位。这些国家被迫开发其自然资本而仅获得少许财富回报。

社会负责任的发展能帮助民众并保护环境

世界银行比其他任何机构对发展中国家的财政与政策更具影响力。多国开发银行每年向第三世界项目提供的约250亿美元贷款中，大约有2/3来自世界银行。该银行创建于1945年，为遭受战争破坏的欧洲和日本提供援助。20世纪50年代其重点转向帮助第三世界国家的发展。这种援助符合人道主义的立场，但是也可以方便地为发展中的拉丁美洲和欧洲的跨国公司提供市场和政治支持。

世界银行许多项目因在环境方面具有破坏性而饱受争议。例如，在博茨瓦纳，尽管脆弱的草原已经严重

你能做些什么?

人人有责的消费主义

每个人都能做很多事情减少我们对生态的影响，并通过负责任的消费主义和生态经济学支持“绿色”商业。

- 简朴生活。扪心自问是否真正需要更多商品才能使生活幸福和充实。
- 只要有可能就租用、借用或交换使用。你能否通过租用而不是购买你很少使用的机械和装备，以减少所消费物件的数量?
- 回收利用建筑材料:门窗、橱柜、家用电器。到废旧料场、二手店、庭院销售点或其他地点购买旧衣物、碗盘和家用电器等。
- 查阅环境友好的企业名单。写信给为你提供商品或服务的公司，询问他们对保护环境与人权的作为。
- 购买“绿色”产品。寻找经久耐用和以对环境最友好方式生产的高效高质量物品。
- 如果你所在地区有清洁能源项目，就予以订购。联系你所在的公共事业单位，如果目前没有这种项目，就要求提供此种选择。
- 购买当地栽培的农牧产品或由得到公平工资的工人在人道主义条件下制造的物品。
- 考虑有关你所购买物品的整个寿命周期成本，尤其是汽车等大型商品。设法说明其环境影响、能源使用、处置成本以及最初购买的价格。
- 杜绝垃圾邮件。将你的姓名从群发邮件名录中删除。
- 如果有钱投资，就投向对社会与环境负责的互惠基金或“绿色”企业。

你怎么看？

贷款改变生活

妮·玛德（Ni Made）是印度尼西亚小村子里两个孩子的年轻母亲。她的丈夫是一个短工，能找到工作的时候，每日只能挣几美元。每天早晨她到农村市场上出售一种自制的饮料，用露兜树叶、椰子汁和粉红色的木薯粉制成。一笔小贷款使她在雨季能租用一间带篷的货摊，还能出售其他食物。多挣一点钱就有可能改变她的生活，但是传统的银行认为贷款给她风险太大，而且她所需要的款项太小也不值得他们费心。

世界各地几亿贫民发现自己也处在和玛德一样的境况；他们渴望工作使自己和家庭过上更好的生活，但是缺乏取得成功的资源。幸而，目前一种金融革命席卷全球。小额贷款可供穷人中最贫困者所用。这种新做法是孟加拉国吉大港大学农村经济学教授穆罕默德·尤努斯（Muhammad Yunus）博士发明的。他在和大学附近村子里一位编织竹席妇女的谈话中得知，她每天需要借几塔卡购买竹子和麻线。村子里放债者的利息几乎耗尽她所获的利润。这位妇女以及许多像她一样的妇女总是生活在边缘状态，不能爬出穷困的深渊。

为了打破这种弱肉强食的循环，尤纳斯博士向这名妇女和几名邻居发放小额贷款，总数约1 000塔卡（约20美元）。令他惊奇的是，这些贷款被迅速全额还清。因此他就向其他村民提供同等数额的贷款，得到同样的结果。1983年，尤努斯博士开办了格莱珉（乡村）银行（Grameen Bank），它向人们展示，“提供金融资本的支持，无论数额多么小，穷人也完全有能力改善他们的生活”。他的实验取得了巨大的成功。2006年，尤努斯博士因他的工作获得了诺贝尔和平奖。到2010年年底，格莱珉银行有800多万客户，其中97%是妇女。银行放贷超过87亿美元，98%已偿还，为孟加拉商业银行回收率的近两倍。

格莱珉银行向孟加拉村民提供信贷无须抵押。相反，它依靠借款人的相互信任、责任感、参与和创造性。目前已有其他43个国家（包括美国）的数百个组织提供微贷。从世界银行到各种宗教慈善机构都向有价值的创业者提供小额贷款。你是否也想参与这项运动？那么，现在就能参与。你不必拥有一家银行才能帮助需要帮助的人。

以旧金山为基地的技术创业机构基瓦（Kiva）提供了使发展中国家创业者与富裕国家放款人取得联系的好方法。基瓦在斯瓦希里语中是团结或合作之意，这个概念来自马特（Matt）和杰西卡·弗兰纳里（Jessica Flannery）。杰西卡在东非的乡村企业基金会工作，这是加利福尼亚的非盈利组织，向发展中国家小企业提供训练、资金和指导。杰西卡和马特想要帮助他们遇到的一些人，但是他们并非富有到能凭一己之力就能投入微贷。他们联合了4位有技术经验的年轻人创建了基瓦，利用互联网的力量帮助穷人。

基瓦使大约50个发展中国家的非营利组织与发展中国家工作人员结成合作伙伴。这些合作伙伴鉴别值得帮助的埋头苦干的创业者。然后在基瓦的网页上张贴每个创业者的照片和简介。你可以浏览网页找到谁的故事使你感动。最小额的贷款一般是25美元。你的贷款和其他人的贷款合在一起，直至达到借贷方所需的数额。你用信用卡放贷（通过支付宝放贷既安全又方便）。贷款一般在12～18个月内偿还（虽然没有利息）。这时你可以支取现金，也可以用作另一次放贷。

所在国的工作人员与你帮助的人保持联系，并监督其进展，使你对贷款的合理使用抱有信心。贷款请求常常是在他们的网页上进行，只需几分钟就能填写完毕。仅仅4年之内，基瓦从67.7万名放贷者中募集到1.22亿美元，帮助世界各地30.5万个创业者圆了梦。你是否愿意参加这项有创意的人与人之间的人类发展项目？

小额种子基金使这位年轻母亲能发展其买卖，并补贴她的家庭。

过度放牧，但是仍然提供1 800万美元资助牛肉生产，其中20%供出口。该项目正如此前该地区的其他两个牛肉生产项目一样失败了。在埃塞俄比亚，肥沃的阿瓦什河谷平原被淹没，以提供电力、促进经济作物的出口。15万靠种地糊口的农民无家可归，粮食生产严重下降。

最近，世界银行开始尝试对其贷款的环境影响和社会影响进行审查。这种转变部分来自美国国会对这些项目要对环境与社会有利的要求。这样做是否能改善世界银行的业绩记录尚有待观察。

世界银行经管着重大工程的巨额贷款。这些项目给投资者和借款国家以深刻印象。这些项目也是一笔巨大的赌注，就平均而言，巨额贷款的归还率很低。

最近发展了一种为较小规模地方性项目提供的微型贷款（microlending）。这些贷款是针对分布广泛的小型发展项目，前景非常光明。最初的微贷出现在孟加拉的格拉珉（农村）银行网络。这些银行受理小额贷款，通常只有几美元，用以帮助贫民购买缝纫机、自行车、织布机、一头牛或其他商品，以帮助他们开始或改善其家庭商业活动。90%的顾客是妇女，一般没有抵押物或稳定收入。但是，贷款的偿还率为98%，相形之下发展中国家传统银行的偿还率仅为30%。这种项目提高了村社的尊严、尊重和合作精神，使人们懂得个人的责任与事业心。

目前世界各地蓬勃兴起类似的项目。美国有100多家组织开始为职业培训提供微贷和小额资助。例如，芝加哥有一个妇女个体经营项目，为单亲母亲传授住宅工程职业技术。在美洲原住民保留地上，“部落圈”银行同样成功地为微型经济发展项目提供资助。

14.6 绿色商务与绿色设计

商人和消费者都日益意识到生产我们每日使用商品的不可持续性。近来许多实业界的创新者试图开发绿色商务，生产有益于环境与社会健康的产品。有环境意识的商人或“绿色”公司业已表明，根据可持续发展与环境保护的原则运营，无论对公共关系还是员工士气和销售都有好处（表14.7）。

表14.7 高效生态经济的目标
· 不向空气、水和土壤中排入有害物质
· 用我们能够以有效的方式获得多少自然资产来衡量繁荣
· 用多少人能得到有报酬和有意义的就业来衡量生产力
· 用有多少无烟囱或无危险废水的建筑物来衡量进步
· 制定千万条复杂的政府法规管控非必要的有毒有害物质
· 不生产后代需要永远为之而担心的物品
· 欣赏丰富的生物多样性与文化多样性
· 依靠可再生的太阳能而不是化石燃料为生

绿色商务之所以起作用，是因为消费者意识到他们购物的生态后果。对环境与社会可持续性日益增长的兴趣造成了绿色产品的爆炸性增长。美国合作社出版的《全国绿页》（*National Green Pages*）目前罗列了2 000多家公司。你可以从中找到生态旅游旅行社、向环境小组捐赠红利的电话公司、出售有机食物的创业者、阴地咖啡、草砖住宅、用橘皮制造的油漆稀料、用再生汽车轮胎制造的凉鞋，以及大量麻类植物产品，包括汉堡包、麦芽酒、服装、鞋子、地毯和香波等。虽然这些生态创业者仅是美国每年7万亿美元经济中的皮毛，但是他们往往是开发新技术和提供创新性服务的先锋。市场也与时俱进，有机食品的营销从几个时髦的地方合作社发展到70亿美元的市场份额。大部分连锁超市目前都备有一些有机食物供选购。同样地，1999年在330亿美元的工业产品中，天然保健品和美容产品销售额也达到了28亿美元。通过支持这些产品，你就可以确信仍然能够得到这些产品，甚至能帮助这些产品打入市场。

投身生态效益与清洁生产的公司包括一些大品牌，例如孟山都、3M、杜邦和金霸王电池。这些企业通过3R既省钱又得到好评。节约是实质性的。例如，3M公司的污染防治项目在过去25年间节省了8.57亿美元。杜邦公司的一项公共关系业绩，是自1987年以来削减了空气致癌化学品近75%。有些小规模运作也能获益。美属维尔京群岛3家生态度假村的业主塞林格特（Stanley Selengut）捐出价值500万美元的财产用来对度假村绿色建筑特色与可持续运营状况进行免费新闻报道。

绿色设计既有利于商务也有利于环境

建筑师也开始加入绿色时尚中。他们认识到建筑物的取暖、制冷、照明和运营是能源和资源使用最多的几个方面，威廉·麦克唐纳（William McDonough）等建筑师正在从事“绿色办公楼”项目设计。麦克唐纳的项目中有纽约市环境保护基金会（Environmental Defense Fund）的总部、俄亥俄州欧柏林学院的环境研究中心、荷兰希尔弗瑟姆的耐克欧洲总部、加利福尼亚圣布鲁诺的盖普公司办公楼。每项工程都结合了节能设计和技术，包括日光照明和节水系统。

例如，盖普办公楼的意图是提高雇员的福利、生产力和效率。办公楼的天花板很高，阳光充足、窗户能打开、全方位健身房（包括游泳池）、每间办公室都能借景的景观中庭。屋顶覆盖着当地草本植物，室内的暖色调和木面板（楼内所用所有木材都有可持续采伐证书）给人以友好感。涂料、黏合剂和地板都是低毒的，大楼的能效比加利福尼亚州严格的法律规定高出1/3以上。愉悦的环境有助于提高雇员的工作效率，并使他们流连忘返。盖普股份有限公司估计，能效与功效的提高将在4～8年内收回投资（表14.8）。

表14.8　麦克唐纳设计原则

麦克唐纳受生命系统实际运作的启发，提出工艺与产品重新设计的三项简要原则：

- 废物等同于粮食。这项原则鼓励消灭工业设计中废物的概念。任何工艺都应进行这样的设计，使产品本身以及剩余的化学品、物料与流出物，都变成其他工艺过程的“粮食”。
- 依靠当前的太阳能。这项原则有两个好处：第一，减少乃至最终消灭我们对碳氢化合物燃料的依赖。第二，意味着设计系统啜饮而不是鲸吞能量。
- 尊重多样性。评估每一项设计对动植物和人类生活的影响。各种产品和加工过程对人类和自然过程的特性与独立性有何影响？每个项目均应尊重当地区域、文化与物质的独特性。

环境保护创造就业机会

多年来商界和政治领导人将环境保护描绘得与就业机会相互排斥。他们声称污染防治、自然区域和野生动物的保护，以及不可更新资源使用的限制，将绞杀经济并造成失业。但是，生态经济学家不同意这种论调。他们的研究表明，近年来美国大规模裁员只有0.1%是政府管控造成的（图14.22）。他们认为，环境保护不仅是健康经济制度的必由之路，而且确实创造了就业机会并能刺激商业发展。

绿色商务常常远比破坏环境的商业创造更多的工作岗位，更能刺激地方经济的增长。例如，每千瓦小时的风力发电比燃煤电站提供约5倍的工作岗位（第12章）。

第12章提到，中国在可持续能源方面处于世界领先的地位。中国认识到绿色商务具有几十亿美元的经济潜力，每年至少投资80亿美元进行研发，现在每年向世界各国出售大约价值120亿美元的装备和服务。日

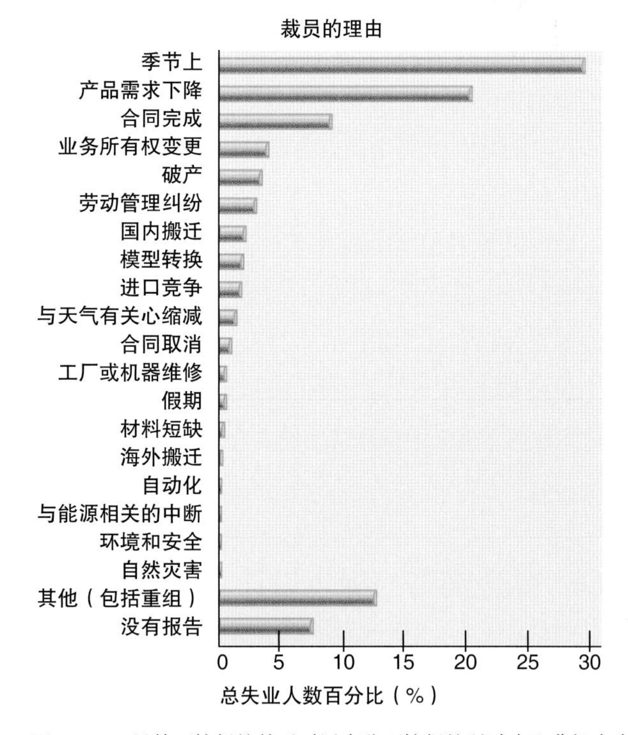

图14.22　虽然环境保护的反对派声称环境保护以减少职业机会为代价，但是经济学家古德斯坦（E.S.Goodstein）的研究表明，美国所有大规模失业中只有0.1%是因环境法造成的。

资料来源：数据来自E. S. Goodstein, Economic Policy Institute, Washington, D.C.

本也出售先进的垃圾焚化炉、污染防治设备、替代能源和水处理系统，超高效的油电混合汽车帮助日本汽车制造业繁荣兴旺，而曾经雄踞全球的美国公司则濒临破产。不幸的是，美国一直反对国际污染防治协定，而没有认识到绿色商务领域对经济增长与环境保护的潜力。

总　结

目前世界上有一半人居住在城市里，而且在一代人的时间内人类的3/4将是城市居民。这种增长大部分出现在资源业已经很紧张的发展中国家大城市中。城市通过提高就业机会、社会流动性、教育，以及农村所不具备的其他机会，把移民从农村吸引进来。疲软的农村经济和无地可耕也把农村人推向城市。发展中国家迅速发展的城市中，水和住宅的短缺是特别紧迫的问题。随着人们寻找住处，非法棚户区就常常在城市郊区发展起来。犯罪和污染成为这些地方的瘟疫，那里的人往往走投无路。

城市规划力图减小城市化的压力。为向外扩展的郊区提供道路和服务十分昂贵，因此，合理的规划能节省金钱。对经济至关重要的交通运输是规划的关键部分，因为它决定了城市发展向外延伸的程度。城市规划中理性增长、集群发展和改进具有环境意识的建筑标准也很重要。

经济政策往往是城市成败的关键。这些政策建立在有关自然资源的某些假设的基础之上。古典经济学假定资源有限，因此我们争相掌控这些资源。新古典主义经济学假定资源的基础是资本，包括知识和社会资本也是资源，因而不断增长既是可能的也是必需的。自然资源经济学在经济核算中把新古典主义思想延伸到内化生态服务的价值。

“公地的悲剧”是对我们利用公共资源的经典描述。后来的解释指出，要使共享资源得以存续，所有权的共同规则至关重要。我们对这些规则取得一致的能力似乎取决于许多因素，包括资源的稀缺性和我们监督其使用的能力。

由于古典生产力指数把许多社会与环境弊端作为正增长，因此人们提出了一些替代指数，包括真实增长指数。像GPI之类的指标可用以帮助确保发展中地区公平与负责任的增长。微型贷款是促进经济增长公平的另一种创新策略。绿色商务和绿色设计是许多经济体中迅速增长的部门。这些方法通过消费与废物最小化而节省金钱。

15 环境政策与可持续性

凯霍加河上的油污和工业垃圾正在燃烧。此类事件促使1972年的《清洁水法》出台。

问题与讨论

- 什么是环境政策？如何制定？
- 什么是NEPA？它起什么作用？
- 试述美国几项重要的环境政策。
- 试述几项国际环境法和环境会议。
- 什么是公民科学？它提供哪些机会？
- 个人如何为环境保护做贡献？
- 国际上可持续发展的目标有哪些？

绝不要怀疑，

一群高度负责的人士能够改变世界；

其实，事情从来就是这样发生的。

——玛格丽特·米德（Margaret Mead）

美国 人类学家

《清洁水法》

大河啊，你在燃烧，燃烧
现在上帝能让你翻腾
上帝能让你转弯
上帝能让你泛滥
但是上帝不能让你燃烧

——兰迪·纽曼（Randy Newman）

1969年在河流屡次发生这种传奇式的火灾之后，歌手兼作曲家兰迪·纽曼为凯霍加河写下这首诗歌《燃烧》。可能难以想象河流能够燃烧，但是这条河——就像1969年的许多其他河流一样——被油污、废旧轮胎和其他工业废物阻塞得如此严重，以至于反复起火，不止一次烧坏克利夫兰桥。凯霍加河在克利夫兰排入伊利湖，1969年该湖含氧水平极低，生态系统近乎崩溃，实质上成了"死湖"。克利夫兰人一定不会为这份历史遗产感到骄傲，但是我们大家应该感谢他们在1969年大显身手，引起全国对失控的水源污染问题的注意。

今天美国许多城市有了世界上最清洁的自来水。尽管许多人持怀疑态度，但是事实上自来水都按照国家安全标准进行了小心的监测，这就是尽管城市人口密集而与水相关的疫情极其罕见的原因。要领会这一点的重要性，只要想一想河流一直为我们提供大部分用水，而半个世纪之前对工业流出物、城市废水和污水的主要处理方法是将其排入最近的河流里。

1969年另一起吸引公众眼球的灾难是加利福尼亚州圣巴巴拉海岸附近的油井喷发，黏稠的黑油掩盖了公共海滩。电视连续播放志愿者团体为清洁海滩而奋战的情景，激发了公众舆论。从翌年开始，理查德·尼克松总统签署了若干项环境保护的基石性法律——今天我们对其依赖如此之深，以至于许多人甚至不知道有这些法律。

《清洁水法》于1969年被提交美国国会，该提案在众议院与参议院之间不断修正、征求公众意见、游说，上下反复达3年之久，最后提交总统签署。虽然这不是美国首项针对工业排放的法律，但它首次确立了与健康有关的目标。《清洁水法》还制定了控制城市与工业污染物排放到公共水体的条例。今天有很多废水排放到公共水体中，但是都被认为在环保局的允许范围内，而严重有毒的排放是违法的。

目前环保局根据《清洁水法》监测美国所有城市的水质。虽然并不尽人意，但是水质远胜于二三十年前。现在凯霍加河是风景优美的国家公园的一部分，而且环保局的评估发现了北美鳟鱼、白斑狗鱼和其他清水河流的鱼类（图15.1）。由于改善了废水处理，伊利湖也在很大程度上得到恢复，目前有了蓬勃发展的娱乐性渔业。

现在环境质量调控与检测的重要性怎么强调也不为过。其他许多国家至今仍然将未经管控的工农业或生活污水径流排入公共水体中，几十亿人尚未能安全地饮用自来水。我们可以随意饮用自来水，但那是因为成百万的活动家、成千的当选官员和管理人员的努力，才使我们能够保持健康而不必考虑水的问题。

图 15.1 克利夫兰附近的凯霍加河。该河流的改善主要得益于《清洁水法》。

我们将在本章研究若干项重要的环境法，以及健康和环境质量赖以保证的立法所取得的进步。

15.1 环境政策与环境法

政策是如何行动和如何处理问题的规则或决定。在个人的非正式层面上，你可以有一项使你的工作总能及时完成的“政策”。在国家层面上，有保护财产、个人权利、公共卫生和其他公认为重要事务的各项政策。政策和法律还确定由谁来实施这些规则，一旦违法违规要进行何种罚款或刑罚。还有用以管理跨境活动或资源利用的国家政策和惯例。例如管理危险化学品贸易的规则，或限制濒危物种贸易的协议。**环境政策**（environmental policy）包括旨在保护环境与公共卫生的各项规则与条例。

决策的驱动力是什么

国家力量无疑会控制大多数决策。经济利益集团、行业协会、工会或有钱有势的人往往更容易接近立法者。公共利益团体通过日益增长的广泛支持和把公民带到首都会见立法者以获得同样的机会。由于这些团体缺乏金钱去影响政策，因此常常组织一些群体事件和抗议活动。

民众的公民权也是强大的力量。虽然也不免有为一己之私的行动，但是自私的动机不能说明现有的许多政策。许多最强有力的环境保护与社会保护是个别公民为其社区所采取行动的结果:《清洁水法》《选举权法》和其他许多法律就是这样。

世界上有关环境质量的公民运动常常发挥重要作用。不时发生的有关环境问题的抗议加速了1991年苏联的解体。

全世界范围内公众对环境保护的态度有了戏剧性的转变。2007年英国广播公司就环境保护的态度对21国2.2万人进行民意调查，其中70%称个人愿意为保护环境做出某些牺牲（图15.2），83%称个人肯定或很可能改变生活方式以减少他们产生的造成气候变化的气体。不过，对环境质量的关切各国有所不同：俄罗斯只有40%多的人投票赞成改变生活方式以防止全球变暖，相比之下加拿大有将近90%的人愿意改变。中国最为

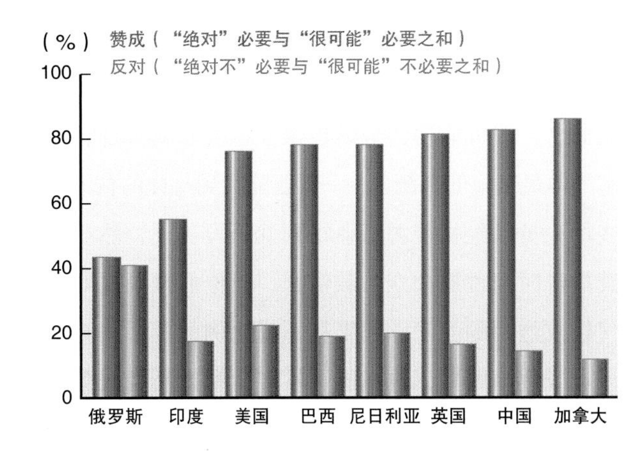

图 15.2 2007年BBC对21国2.2万人进行民意调查，70%的受访者同意这样的陈述：“我准备为帮助防止全球变暖或气候变化而对生活方式作重大改变。”

热心，提出要开征能源税以防止气候变化。85%的人对该税项的必要性投赞成票。

政策的产生遵循一个循环

政策议题与方案如何进入公众辩论的舞台？我们常常把政策的提出描述为一种循环（图15.3）：问题的识别。通过讨论提出解决问题的计划，并提出新的规则。争取公众的支持以征集支持新规则的选票。如果新规则获得通过，就付诸实施。随后的评估导致发现规则中的瑕疵，于是循环重新开始。

问题的识别可能是由个人、团体或当选官员做出的。例如，街坊四邻可能提出反对发电厂的污染，居民可能和议员接触要求进行污染控制。或者，狩猎和垂钓团体可能关心湿地生境的丧失，他们可能通过集会来完善他们的想法，并要求改变土地利用政策以保护野鸭和鱼类的种群。工业团体常常提出或草拟能降低商业费用的新规则。

发现问题时掌握主动权使团体能定义术语、设定议程、组织涉益方和争取合法化（或取消合法地位）。设定辩论的方式和选择辩论地点可能使你拥有很大优势。

获取支持是制定政策的核心。建议方常常要进行媒体活动、公众教育并亲自向决策者游说。这些小组往往雇用说客，他可能花几周、几个月乃至几年来取

得立法者的支持。而工业团体也谋求公众的支持，例如，煤炭产业每年花费几百万美元广告费，推销“清洁煤炭”的概念，即可能清洁地燃烧煤炭（引起气候变化的温室气体最重要的来源）——只要能找到这样的技术。有些评论员已经从能源行业得到几百万美元，然后利用其播音时间说服公众与政治家，让他们投票反对有关气候或能源的立法。如果有不成比例的资金来自某种产业或政治团体，你就能够发现为私人利益服务的消息来源。花费巨额资金于传媒与广告，表明争取公众支持以使新政策获得通过（或受阻）是何等重要。

政策的下一步是实施，即执行新规则。在理想情况下，政府部门在提供服务和实施规则与条例时要忠实地执行政策。公众还要继续关注政策，以确保政府能将相关政策落实。例如，如果我们更有效地推行现有的空气质量法规，就有可能控制最严重的空气污染以及与呼吸道有关的疾病。

规则一旦颁布，几乎一定需要重新评估并不时修正。有些法律在设定的若干年后就终止执行，因此必须“重新批准”或再次投票继续执行该项法律。

成本收益分析有助于设定优先顺序

公共决策的另一因素是合理选择和基于科学的管理。这方面的基本规则是**成本收益分析**（cost-benefit analysis），即将成本与收益的大小进行比较。理论上，累计的收益应该超过成本。这种方法还假定我们能够对成本与收益进行有效而公正的识别与计量，还能够公正地评估其相对重要性。你自己进行决策时很可能做过成本收益分析，但是在进行公共决策时衡量成本与收益可能非常复杂：

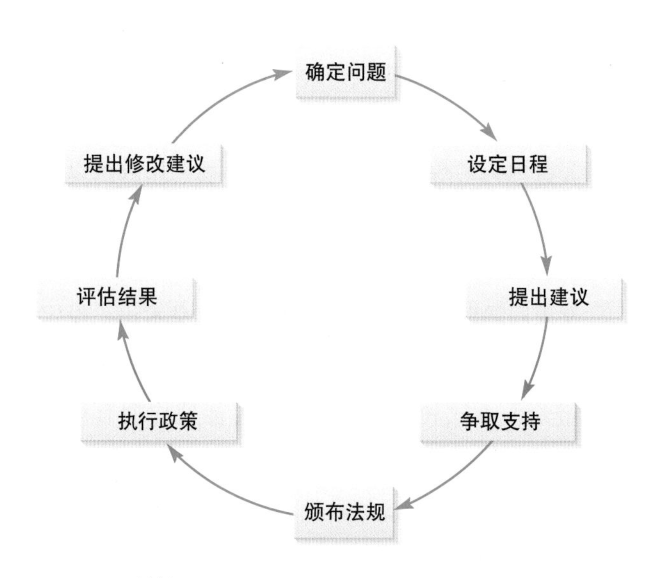

图 15.3 政策循环。

- 由于价值观与需求的差异很大，或者由于信息不足，相互矛盾的价值观与需求往往难以进行比较。
- 对重大社会目标而言，几乎没有普遍一致的看法。集团和个人的利益常常冲突。
- 决策者常常有意做出使其回报（权力、地位、金钱或重新当选）最大化的决定，而不是出自社会的目的。
- 过去对现有项目的投资和政策造成路径依赖，可能妨碍决策者做出其他选择。
- 各种不同政策方案的不确定性迫使决策者尽可能地贴近原先的政策，以减少不利的、灾难性的、不能预见的结果出现的可能。
- 在大量不同的政治价值、社会价值与文化价值进行博弈的时候，即使善意的决策者也没有充分的知识、数据或模型来精确计算成本与收益。
- 大型机构各自为政的性质使决策难以协调。

于是，成本收益分析就成了一种必要的工具，但是它必须透明、用证据说话并容许有关各方都参与，而不是简单地用以证明事先确立的计划是正当的。

15.2 主要的环境法

我们依靠多种多样的法律来保护饮水、呼吸的空气、所吃的食物和周围的生物多样性。这些法律大多数是在不同人群的不同利益与需求之间，或者在私人利益与公共利益之间经协商取得的平衡。本节将研究美国一些最重要的环境政策。

《国家环境政策法》(1969)确立了公众监督

美国环境政策的基石是《国家环境政策法》(*National Environmental Policy Act*, *NEPA*)。1970年尼克松总统将其签署为法律，NEPA成了许多其他国家的样板。

NEPA做了三件重要的事情:①建立了环境质量委员会CEQ，它是总体环境状况的监督机构;②指导联邦各部门在决策时考虑环境后果;③可能影响环境质量的每个联邦重大工程项目都需要提交**环境影响报告书**(environmental impact statement, EIS)。NEPA并不禁止一些破坏环境的活动，只要这些活动遵守其他方面相关的法律，并且公开承认他们的计划要做些什么。如果有令人尴尬的情况公之于众，这些部门就难以无视公众舆论。环境影响报告书能够向公众利益团体提供通过其他方式难以获得的有关政府行动的有价值信息。

什么项目需要EIS？该项活动必须是全国性的而且必须是对环境有重大影响的大型项目。某项活动是否符合这些特征常常依靠主观断定。每个案例都是独特的，取决于其由来、地理条件以及利害权衡、会不会影响到文化上、科学上或历史上具有特殊性重要性的地区。一份完善的环境影响报告书通常既费时又费钱。其定稿文件往往长达几百页，花费6到9个月才能完成。有时只是对足以令其知难而退的问题工程才要求提供环境影响报告书。有些情况下，环境影响报告书编写的过程给反对方留下时间，以重整公众的反对意见与信息，据此非难所提出的项目。如果有关部门不同意主动提供环境影响报告书，公民可以请求法院强令这些部门提供。

每份环境影响报告书必须包含下述内容:①项目的目的与必要性;②所提出行动的替代方案(包括不采取行动);③所提出行动对环境的正面和负面影响。此外，报告书还应阐明该项目对资源造成的短期影响与长远生产力之间的关系，以及对资源造成的任何不可预见的影响。

近来有些立法者试图在某些领域无视或限制NEPA的实施，包括在森林政策、能源开发与海洋生物保护等方面。例如，“健康森林倡议”提倡绕开环评报告对伐木与疏伐的复核，并禁止公民对森林经营管理计划的上诉。同样地，当土地管理局拟在怀俄明州和蒙大拿州开发7.7万个煤田甲烷气井时，支持者声称，与此项技术有关的水污染与水分消耗无须环境复核(第12章)。

《清洁空气法》(1970)管控空气污染排放物

遵循《国家环境政策法》的第一项重要立法是1970年的《清洁空气法》(*The Clean Air Act*, *CAA*)。自工业革命以来，全世界城市与工业区空气中普遍存在煤烟、硫酸和汞等金属，引起公众对空气质量的关切(图15.4)。有时这些情况会产生公共卫生危机：一个臭名昭著的事件是1952年的伦敦大烟雾，当时稳定的气候条件使得城市中的煤烟难以扩散，几天内感染与窒息使约4 000人死亡。随后几个月又因呼吸道疾病死亡8 000人。

虽然这种规模的危机不多，但是长期接触不良空气一直是许多地区诱发疾病的重要原因。美国的《清洁空气法》提供了确定、监测与降低空气污染的首项国家标准条例。这项法令的核心是监控被称为“常规污染物”的七种主要“标准污染物”,包括二氧化硫、铅、一氧化碳、氮氧化物、颗粒物(灰尘)、挥发性有机化合物和金属卤化物(如汞和溴的化合物)。

1970年以来，这些污染物大多已明显减少。例外的是我们的汽车内燃机产生的氮氧化物。第9章已详述了这些污染物。

《清洁水法》(1972)保护地表水

水源保护是公众广泛支持的目标，部分原因是洁净的水既有利于健康又赏心悦目。《清洁水法》旨在使国家的水体“既可垂钓又能游泳”，即卫生状况足以支持可能被人类食用的鱼类的繁殖，其污染物又低到能维持游泳与水上娱乐的安全。

《清洁水法》的首要目标是鉴定与控制点源污染物，即工厂排污管、城市污水处理厂排放口和其他污染源管

图 15.4　严重污染的空气曾经是城市的常态。《清洁空气法》大大降低了因空气污染造成的健康与经济损失。

口的终端。这并非消除排放，而是排水管口必须经过测试，可对适度排放营养物质或盐类等低危险性污染物发放许可。各种金属、溶剂、油类、高计数粪便细菌和其他较严重污染物从处理厂排出前必须照章去除。

到了20世纪80年代末期，点污染源日益受到管控，《清洁水法》就更多地用以处理非点源污染，例如城市雨水管道径流。该项法律也用以鼓励流域规划，各社区与政府部门合作减少其地表水体的污染物。《清洁水法》同《清洁空气法》一样，也对有关项目的污染控制提供资助。不过，近年来那些资金业已减少，使得许多市政当局要为改造日益老化和损坏的污水处理设施努力筹措费用。

《濒危物种法》（1973）保护生物

这项法律提供确定渐危物种、近危物种和濒危物种的方法，并制定相应的清单。某个物种一旦被列为濒危物种，《濒危物种法》（*Endangered Species Act*，*ESA*）就提供保护其生境的条例，借以使其有可能得到恢复（图15.5）。把某个物种列入清单成了一个备受争议的过程，因为生境保护常常会妨碍土地开发。例如，当开发商想在尚存有某濒危保护物种的风景区开发房地产的时候，就引起对ESA的许多争议。为了减少纷争，ESA提供生境与土地利用规划的帮助与津贴，并在制定有效生境保护规划时保障土地所有者的权益。土地所有者还可获得减税，作为生境保护的交换条件。这些政策越来越多地考虑到开发与物种保护两个方面。

*ESA*有一份全世界濒危物种的清单。2010年该清单列入1969个受胁物种和濒危物种，其中753种为植物。研究与尝试恢复受胁与濒危物种的工作主要由鱼类及野生动植物管理局和国家海洋与大气管理局负责。在第5章已经谈到有关濒危物种、生物多样性和*ESA*的更多内容。

《超级基金法》（1980）列出了有毒场所

大多数人都将该法称为《超级基金法》，因为它筹集了巨额资金以帮助修复被废弃的有毒场所。不过，其专有名称的内容更加翔实：《综合环境反应、赔偿与责任法》（*Comprehensive Environmental Response*，*Compensation*，*and Liability Act*，*CERCLA*）。该项法律全面针对无主场地、紧急排放或不受控的污染，法律允许环保局设法确认责任者，污染者要为清除污染买单。由于产生有毒废物远比将其清除成本低廉，因为进行适度清除成本太高，于是就有几千家被弃置的化工厂、气体站和其他场所。环保局负责遴选一个私人团队进行清除工作，然后设立超级基金支付可能高达几亿美元的费用。

直至最近，该项基金主要由产生有毒废物的工业厂商提供。但是，1995年投票终结了该项来源，于是超级基金被允许减少到微不足道的水平。此后，普通纳税人要为污染清除付费。据环保局资料显示，每4个

图 15.5　《濒危物种法》承担着保护物种及其生境的任务。由于该法的保护，灰狼在其大部分活动范围内得到恢复。

美国人中就有1人居住在距离有毒场地5千米之内。超级基金项目认定了4.7万多处可能需要清除的地点。其中最严重的（或反对者足够强有力地认为最严重）已被列入国家优先名录。现已有1 600处场地被列入名录，1 000多处已被完全清除。据信，此项补救的总费用在3 700亿至17 000万亿美元之间。

15.3 政策如何制定

上文所讨论的各项法律属于最重要的环境法（表15.1）。其中每项法律都是许多地方性和全国性行动的结果。公民个人向议员游说寻求改变，各州和国会议员对政策进行谈判，法院验证法律的合法性，地方、州和联邦机构负责法律的实施。

在地方、国家与国际层面上都有各种环境法。就美国而言，下述三个政府部门中每一个都能制定或修改环境法：立法部门、法院和执行部门。各州这些部门的职能和结构都与联邦的相应部门类似。本节将概述国家层面上如何制定这些法律。

立法机关制定法令（法律）

联邦法律（法令）（Federal laws/statutes）由国会通过并经总统签署。每年有数千份法案或议案提交国会，其中有些涉及面很窄，例如修建一小段专用的道路以帮助某个人。另一些则内容广泛，例如彻底修改社会保障制度，或者改变税法。如果兹事体大，属于全国性重要问题，有时会由100多人联名提出。

公民可以通过写信或致电民意代表，或参加公众听证会参与这一过程。个人信件或声明比在请愿书上签名更具说服力。尽管如此，上万人签名的请愿书很可能引起立法者的注意——如果这些签名者都是其潜在选民的时候尤其如此。

参加当地竞选活动可能大大增加你接近立法者的机会。写信或打电话也是让你的信息上达非常有效的

表15.1　美国主要环境法

法律名称	条款规定
《旷野保护法案》，1964	建立全国旷野保护系统
《国家环境政策法》，1969	宣布国家环境政策，要求提供环境影响报告书，创建环境质量委员会
《清洁空气法》，1970	创立国家主要与次要空气质量标准。要求各州制定执行计划。1977年和1990年作了重大修正
《清洁水法》，1972	设立国家水质目标并建立污染物排放许可证制度。1977年和1996年作了重大修正
《联邦农药管理法》，1972	美国所有农药贸易必须登记。1996年作了重大修正
《海洋保护法》，1972	控制向海洋和沿岸水体倾倒废物
《濒危物种法》，1973	保护濒危与受胁物种。指导野生动物管理局制定恢复计划
《安全饮水法》，1974	设立公共饮用水与保护地下水的安全标准。1986年和1996年作了重大修正
《有毒物质管理条例》，1976	授权环保局取缔或控制被认为对健康或对环境有危险的化学品
《联邦土地政策与管理法》，1976	指令土地管理局承担公有土地的长期管理责任。终止宅地与大部分公有土地的销售
《资源保护与恢复法》，1976	管理有毒废物的储存、处理、运输和处置。1984年作了重大修正
《国家森林管理法》，1976	赋予国有森林永久性法律地位。指导美国林业局对森林进行"多用途"管理
《露天采矿管理与复垦法》，1977	限制在农田与陡坡上进行露天采矿。必须将土地恢复原状
《阿拉斯加国家利益土地法》，1980	保护40万平方千米公园、旷野和野生动物保护区
《综合环境反应、补偿与责任法》，1980	设立160亿美元"超级基金"用以应对有毒废物的紧急响应、防止溢出和场地修复。确定清除费用的责任
《超级基金修正案与再授权法》，1994	超级基金增加到850亿美元。由可能的责任方分担清除责任。强调修复与公众"知情权"

《清洁水法》如何对你有利？

环境政策是我们为保护公共卫生与资源而制定的规则。1972年的《清洁水法》是美国最重要最有效的环境法之一。由于国家与私人投资几十亿美元控制污染，水质已得到引人注目的改善。虽然仍未能达到这项重大法律的全部目标，但是你所在街区的用水几乎可以肯定确实比40年前更清洁。

《清洁水法》有什么作用？

- 建立污染物排入水体的管理条例；
- 责成环保局建立与管控水质标准；
- 使未经批准就从点源（如排放管）污染通航水体为非法。

◀ 清理地表水的第一步是停止未经处理污水和工业废水的排放。过去40年来，美国花费了至少2万亿国家与私人资金用于点源污染控制。

◀ 虽然非点源污染（如城市街道径流与垃圾倾倒）较难控制，但在这方面已取得引人注目的改善。

◀《清洁水法》的主要目标之一是使美国所有地表水“能垂钓和游泳”。这一目标部分成功、部分失败。据环保局报告，所有被监测河流里程中的90%和所评估湖泊面积中的87%达到了这一目标。然而，许多水体仍然处于受损状态。不是所有捕到的鱼都能吃，不要喝你游泳地方的水。

常规监测是保护与改善水质的重要内容。环保局监测4 000个流域的细菌、营养物质、金属和其他标准指标。法律要求各州对每种预期的污染物和每个在册水体制定每日的最大总负荷。生物有机体常常是水质的良好指示器。

农业污染依然是一个严重问题。据认为美国其他方面的水污染主要来自土壤侵蚀、农田养分径流、饲养场和其他农业作业。几亿吨化肥、农药和粪便冲入河流湖泊中。过度施用的肥料造成大河河口大面积的死水区域，或者造成有害藻类的爆发性生长。**异常污染物**——环保局尚未进行检测的化学品——也受到日益增长的关注。

我们可能永远不能回到那样的日子，那时你几乎可以安全地饮用全国各地任何地方的地表水。但是《清洁水法》已在许多地方恢复水质方面取得非凡的进展。▶

《清洁水法》和其他环境法一样，也是不完美不完善的，但是即使你不知道其存在，它还是提供了我们所依赖的安全保护。

请解释：

1. 询问你的长辈，你所在地区40年前的水质是怎么样的。业已取得哪些进步?
2. 你认为最麻烦的水质问题是什么?
3. 你认为《清洁水法》中最有价值的条款是什么?

方式。所有立法者现在都有电子邮件地址，但是信件和电话通常更为严肃。吸引媒体注意能够影响决策者的观点。组织抗议、游行、示威或其他形式的公共事件能唤起对你所提出问题的注意。单独的个人乃至一个小群体很难有多大影响，但是如果参加一个团体，就可能十分有效地影响公共政策（图15.6）。

司法部门解决法律争端 政府司法部门决定：①一项法律的精确含义是什么；②是否违法；③一项法律是否违反宪法。大量积累的法庭判例中的法律意见称为**判例法**（case law）。判例法包含对一项法律真正含义的解释。这种解释之所以需要，是因为法律常常是用模糊的泛化词汇书写，这是为了让法律被广泛接受而得以通过。法庭试图解释一项法律时，要依靠听证会的立法记录，例如谁说了什么，以便确定国会的意向。

如果有人可能违反某项法律，就变成一个**刑法**（criminal law）问题。如谋杀或盗窃等严重犯罪，以及对环境法的严重违反，均属刑法问题。这种罪名一般不是由个人而是由州提出，而且刑事定罪通常需要有犯罪意图的证据或玩忽职守的故意。另一方面，**民法**（civil law）旨在解决个人之间或企业之间的纠纷。民事纠纷可能包括产权、伤害或个人自由等问题，不一定需要犯罪意图的证据。民事纠纷或刑事诉讼都可能造成罚款，只有刑事案件才能产生刑罚。民事诉讼只能用以制止一些活动，诸如危及水源、濒危物种或公共卫生等。

一个事件既可能出现刑事诉讼也可能出现民事诉讼。例如，1989年埃克森·瓦尔迪斯溢油事件和2010年英国石油公司深水地平线溢油事件，法院可以判处公司负刑事责任，并证实其具有故意或鲁莽行为。同时，渔民或社区的生计受到损害也能引起民事诉讼，要求企业赔偿损失而不管是否涉及故意。不过强制执行罚款可能很困难。在埃克森·瓦尔迪斯案件中，埃克森美孚国际公司在刑事处罚中被判罚1.5亿美元，民事惩罚性赔偿50亿美元。这些刑事罚款减少到2 500万美元，而且在将近25年的上诉之后，民事罚款变成5亿美元。埃克森美孚国际公司同意缴纳罚款的75%，仅及最初罚款的1/10。

图15.6 公共事件，尤其是有趣的活动，能提升人们对目标的认知。

如果一项诉讼案件质疑一项法律的合理性，则案件可能由最高法院裁决。联邦最高法院9名法官判定该项法律是否符合美国宪法。各州也有最高法院，判定一项法律是否符合该州的宪法。

由于法院的法官有权解释宪法及其含义，因此他们对我们的法律、政策和实践具有深远影响。例如，在2007年的马萨诸塞州诉环保局的案件中，法院判定环保局对有关温室气体政策的制定负有责任。不到两年的时间内，2009年12月，环保局发布政策，指出温室气体有可能“危及公众健康和危及公共福利”。结果，联邦对二氧化碳以及其他气体管控的诉讼规则必须从严。

另一起里程碑式案件是2010年公民联盟诉联邦选举委员会，该委员会决定政府可以不禁止法人的政治支出。这项与原先法院裁决相悖的决定，可望使很多选举的天平摆向法人的利益，现在这些法人可以花费无限的金钱支持他们偏爱的候选人。现在工业界会不会收买赞成减少溢油管理的候选人？这种规章有望形成国家对可以预见未来的决策。

行政部门指导行政法 100多个联邦机构和州与地方的几千个董事会和委员会监督着各种环境法规。这些单位制定规章、裁决争端并调查不当行为。这些部门还制定能够带来长远环境后果的行政法规。行政法规可以很快落实，而且几乎不受国会干涉。布什政府通过制定不受制于公开辩论或公众监督的法规，深刻改变了美国的环境政策。这些法规也可能被下届政府推翻：奥巴马任职不久，就制定了新规则，推翻了布什总统的许多规则，例如对伐木公司开放无路荒野地区等。

行政部门还包括一些机构，如监督与实施公共法律的环境保护局（EPA，简称环保局）。环保局是美国负责保护环境质量的主要机构。1970年与《国家环境政策法》（*NEPA*）同时创建的环保局拥有1.8万余名雇员和10个地区办公室。

环保局和其他机构一样，由总统任命领导人。因此这些机构的领导人对总统的政治利益负责，为本机构的法律责任负责。对环境具有深刻影响力的其他机构包括监管公地和国家公园的内政部、监管国家森林和草原以及农业事务的农业部（图15.7）。美国鱼类及野生动植物管理局归内政部管辖，管理着500处国家野生动物保护区并掌管濒危物种的保护。农业部是美国林业局的上级机构，管理大约175处国有树林和草原，总面积约78万平方千米。林业局有雇员3.9万人，为环保局的近两倍。

图15.7 护林熊有助于争取公众对管理公有土地的林业局的支持

15.4 国际政策

随着对全球环境相互联系认识的增长，各国对签订环境保护国际条约与公约的兴趣也与日俱增（表15.2）。“公约”是条约的另一个称呼。推动这些公约的主要动机是人们认识到各国不再能单独保护自己的资源与利益。水资源、大气圈、濒危物种贸易和其他关注点已经超越国界。随着时间推移，参与协商的团体数目日益增多，执行公约的速度也在加快（图15.8）。例如，濒危物种国际贸易公约（CITES）于1973年正式批准后14年才能执行，而生物多样性公约（1991）仅一年就能实施，四年后就有了160个签署国。

过去25年间，为了保护全球环境，人们协商订立了170多项条约与公约，目的在于管控从危险废物的洲际运输、荒漠化、过度捕捞、濒危物种贸易、全球变暖到湿地保护的各种活动，这些协议理论上几乎全方位地涵盖了人类对环境的影响。

这些政策中有许多出自重要的国际会议。其中第

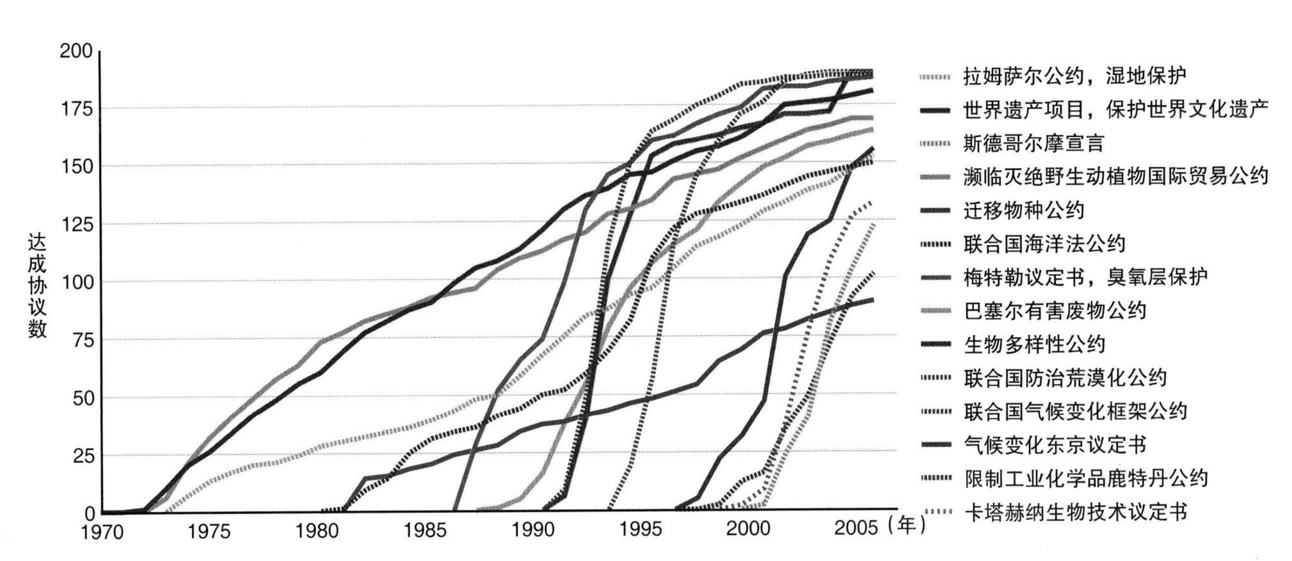

图15.8 主要的环境协议，按正式批准日期排列。

资料来源：UNEP Global Environmental Outlook 4, 2007.

表 15.2 主要的国际条约与公约

年份	名称	内容
1971	国际重要湿地公约	保护湿地，尤其是水禽栖息地
1972	保护世界文化与自然遗产公约	保护文化遗迹与自然资源
1972	斯德哥尔摩宣言	为健康与安全的环境确定基本权利
1973	濒危物种国际贸易公约（CITES）	限制濒危动植物的贸易
1979	迁徙物种公约（CMS）	保护迁徙物种，尤其是鸟类
1982	联合国海洋法（UNNCLOS）	宣布海洋为国际公海
1985	臭氧层耗损物质协议（Ozone）	启动逐步停止生产与使用氯氟化碳
1989	危险废物跨界运输公约（Basel）	禁止有害垃圾装运
1992	生物多样性公约（CDB）	保护作为国家资源的生物多样性
1992	联合国气候变化框架公约（UNFCCC）	工业化国家减少二氧化碳的产生
1994	防治荒漠化公约（CCD）	为防治荒漠化（尤其是非洲）提供帮助
1997	京都气候变化议定书	设定到2012年温室气体排放低于1990年水平的约束性目标
2000	卡塔赫纳议定书	建立报告与监测生物技术与生物安全的协议

一个是1972年在斯德哥尔摩召开的联合国人与环境大会，会上提出了后续会议的议事日程。大会汇集了113个国家的代表以及几十个非政府组织。20年后举行了一次更大的集会，正式名称是联合国环境与发展大会（UNCED），1992年在里约热内卢召开。这次有110个国家与会，还有2 400个非政府组织。里约会议产生的21世纪议程制定了可持续与公平的原则，为1992年以后的许多决策提供了指南。

主要的国际协议

各种会议缓慢但相当稳定地形成了一些像斯德哥尔摩和里约热内卢一类的国际协议与公约。下面讨论几份重要的基准协议（表15.2）。

濒危物种国际贸易公约（Convention on International Trade in Endangered Species，CITES，1973）宣布，野生动植物种群是宝贵和不可替代的，而且受到人类活动的威胁。为了保护正在消失的物种，CITES制定了可能受贸易影响的近危物种和濒危物种名录。这项公约和大多数国际协议一样，对国境之内物种的迁移或损失不持立场，但是建立了限制跨国未授权或非法贸易的规则。尤其是必须有出口许可证，由国家级专家声明出口合法，即此出口不残忍、对野生种群不构成威胁。

蒙特利尔议定书（Montreal Protocol，1987）保护平流层臭氧。该项条约使签署国承担义务，逐渐停止生产和使用会分解大气圈中臭氧的若干种化学品。南极上空臭氧分子浓度下降形成的臭氧“洞”会对生物构成威胁：大气圈高处的臭氧拦截致癌的紫外线，使其不能直达地面。对减少臭氧负有责任的含氯与含氟的稳定化学品主要用于冰箱制冷。由于人们后来研发了替代的制冷剂，氯氟烃与有关分子的使用已急剧减少。虽然臭氧“洞”并未消失，但是自从逐步淘汰氯氟烃以来，这个“洞”已如气象学家所预期那样缩小了。蒙特利尔议定书常常作为十分成功而有效的国际环境协议的例证。

蒙特利尔议定书之所以有效，是因为它约束签署国不得购买氯氟烃，也不得购买拒绝批准该条约而使用此类化学品的国家的产品。这种贸易限制对生产国施加很大的压力。起初该协议书只要求减少氯氟烃生产的50%，随后的研究表明，臭氧损耗比原先所想的更快（第9章）。协议书随后被加强到完全禁止氯氟烃的生产，尽管有几个国家反对。

巴塞尔公约（Basel Convention，1992）限制跨境装运有害垃圾。这项有172个签署国的公约，目的是保护健康与环境，特别是发展中地区。此公约指出，有害物质应该在其产生的国家内处置。要求签署国禁止出口有害垃圾，除非接收方以书面形式表示事先知情，同意装运。公约还要求缔约各方尽量减少有害物料的产生，并保证在自己境内有安全的处置设备。公约确定各国有责任确保其法人遵守国际法。鹿特丹公约（1997）对工业化学品与农药的未授权装运予以类似限制，加强了巴塞尔公约。

联合国气候变化框架公约（UN Framework Convention on Climate Change，1994）指导各国政府分享气候变化数据、制定控制温室气体的国家计划并在制定应对气候变化的规划时进行合作。在公约鼓励减少温室气体（GHG）排放方面，**京都议定书**（Kyoto Protocol，1997）为签约国设定了约束性目标，即到2020年把温室气体降低到1990年的水平以下。虽然约束性目标的想法很坚定，而且有些国家（如瑞典）可能达到，但是大多数国家仍然达不到他们的目标。该公约备受争议，因为它对目前排放温室气体负90%责任的工业化国家设置了比发展中国家更严格的限制。当198国和欧盟签署协议后，公约于2005年生效。这些签约国对全球温室气体排放的贡献率将近64%。排放量最大的国家美国为了自身经济增长而没有签署京都议定书。

国际协议的执行有赖于国家荣誉感

国际协议的执行通常有赖于各国对其国际声誉的关心。除了种族灭绝那样极端的情况之外，国际社会不会向某个国家派出国际警察，因为各国对干涉他国主权都非常谨慎。然而，大多数国家都不愿意被国际社会视为不负责任或不道德的，因此道义劝说和在公众面前的难堪可能是有效的执行策略。对爽约的曝光常常会迫使某国遵守国际协议。

国际谈判代表常常想达成一致同意的协议，以保证对国际政策坚定的赞同。尽管这种方法达成过强有力的协议，但是一个强烈反对的国家就可能一票否决大多数国家的愿望。例如，1992年在里约热内卢召开的联合国环发大会上，100多个国家同意限制温室气体排放。但是，在美国谈判代表的坚持下，气候公约还是被改写为只是敦促而不是要求各国限制其排放。同样地，2010年对濒危物种国际贸易公约的谈判时，日本几乎是独力反对全球对蓝鳍金枪鱼的保护，这种大型长寿鱼的种群业已减少到其历史水平的15%以下。

不能达成一致意见时，谈判代表就寻找一项大多数国家可以接受的协议。有关气候变化的京都议定书谈判就是使用了这种方法，该议定书寻求并最后达成了大多数国家同意的协议。只有签署国才受该条约的约束，但是非签署国也有可能加以遵守以免在国际上陷于难堪。

在2009年的哥本哈根气候峰会上，寻求一项为各国所接受的限制温室气体排放的强制性策略的折中方案遭到失败。不过，这次会议还是产生了一些非约束性原则，包括这样的陈述："气候变化是我们时代最大的挑战之一"，"为了使全球温度上升保持在2摄氏度以下……必须大力削减全球的排放量。"

这项非约束性声明迅速被110多个国家接受。虽然这些声明并不要求各国采取有意义的行动——这是哥本哈根大会的主要目的——但是使各国承认其原则。尽管对相关理念取得的一致或许可以接受而且也取得了一些进展，但有关惩罚措施方面的争吵仍然远未停息。

在对有意义的惩罚不能取得完全一致意见时，有时通过揭露污染源造成世界舆论的压力可能十分有效。活动家可以利用这种信息使违反者曝光。例如，环境保护组织绿色和平组织找到1990年的监测数据表明，英国曾把煤灰倾倒入北海。尽管奥斯陆公约未明确禁止向海洋倾倒煤灰，但是结果令人尴尬，英国这种做法不得不停止。

贸易制裁可以成为强迫各国遵守国际条约的有效工具。蒙特利尔议定书利用贸易制裁的威胁非常有效地大大削减了氯氟烃的生产（图9.22）。另一方面，贸易协议也可能不利于环境保护。WTO的建立是为了促进国际自由贸易、刺激经济增长。然而，WTO对自由贸易的强调却导致地方环境法规的削弱。1990年美国禁止进口使用每年杀害成千海豚的方法捕捞的金枪鱼，还禁止进口用杀死濒危海龟的网捕捞的虾。墨西哥向

WTO呈交诉状抗辩称，“海豚安全金枪鱼法”反映了不合法的贸易壁垒。泰国、马来西亚、印度和巴基斯坦也呈交了类似的“反对海龟-友好捕虾法”的诉状。WTO命令美国批准从可能杀死海豚和海龟的渔业公司进口金枪鱼和虾。环保人士指出，WTO从未否决过任何一家公司，因为该组织是由行业领袖组成的。同样地，WTO主要保卫工商界而不是广大公众的利益。

15.5 个人能做些什么

全世界、联邦和州的立法对环境政策而言显然十分重要，但是这些实体均由决心将自己的能力、教育或职业生涯奉献给他们认为更重要的事业的人士组成。无论你的技能和兴趣如何，都能够参与政策的制定并帮助保护我们共同的环境。如果你喜爱自然科学，有许多对环境科学有帮助的学科。现在如你所知，生物学、化学、地质学、生态学、气候学、地理学、水文学和其他学科，都为环境科学提供重要理念与数据。

其他学科的技艺，例如艺术、写作、交流、从事儿童工作、历史、政治、经济和其他许多领域的技艺，对拓展思路与公众参与同样至关重要。环境科学方面的思想交流需要教师、决策者、艺术家和作家。要有律师和其他专家制定与完善环境法规。需要工程师开发清除污染、并在其源头防止其产生的技术与产品。需要经济学家和社会科学家评估污染与资源消耗的代价，并为世界各地制定公平合理的解决方案。此外，工商企业会寻找精通环境科学技术的新阶层与有责任心的领导者，帮助改善产品与服务，使其更加绿色环保。

也许几年后国家最需要的是环境教育家，需要他们帮助培养具有环境素质的公众。我们亟需更多受过环境教育训练的各级教师。

你甚至只要欣赏你周围的事物就能提高环境意识（图15.9）。正如作家爱德华·艾比所说：

“为了土地，只进行斗争是不够的，更重要的是欣赏她。尽管她静默无语。和朋友们成群结伙走出去，四处漫游、探险林莽、邂逅灰熊、攀登高山、泛舟河上、呼吸甜美清新的空气、静静地小坐片刻、在难得的寂静中神游太虚，那是多么令人愉快的神秘仙境。”

图 15.9 在自然环境中享受和学习，是个提升环境素养的重要手段之一。

环境教育对社会的帮助

1990年美国国会通过的《环境教育法》把环境教育确定为国家的优先事项。该项法律确立两大目标：①提高公众对环境的认识；②鼓励高校学生从事与环境有关的职业。学习的目标（表15.3）包括对环境的认识与鉴赏、具备基本生态学概念的知识、了解目前各种环境问题、在解决环境问题时具有使用研究式的批判性思考的经验，以及解决环境问题的技能。**环境素养**（environmental literacy）是用来描述对环境及其系统运

表 15.3 环境教育的成果

自然方面	了解环境问题背后的科学概念与事实，以及塑造自然界的相互关系。
社会方面	了解人类社会如何影响环境，而且了解为解决各种问题、应付各种情况提供手段的经济、法律与政治机制。
评价方面	探索和他或她有关的环境问题的价值，在了解自然与社会背景的基础上，此人决定会是保持还是改变那些价值。
行动方面	参与为所有的人改善、维护或修复自然资源与环境质量的行动。

资料来源：数据来自A Greenprint for Minnesota, Minnesota Office of Environmental Education, 19933

行知识的术语。美国环保局原行政长官赖利（William K. Reilly）说，环境素养无论对地球事务的管理人员还是公众参与都至关重要。赖利认为每人都需要具备一点环境素养。他说“只有少数专家知道是怎么回事而我们其他人一无所知”，那是不够的。通过阅读本书并选修一门环境科学课程，你就对环境的了解迈出一大步。幸运的是，对环境素养的追求不仅重要，而且令人愉快。有千百本出色的书籍供你阅读，其中有些书长期以来被许多读者所推崇（表15.4）。

公民科学让人人可以参与

很多学生发现，他们通过主动学习和参加本科生研究项目，能够对科学知识做出实质性贡献。到政府部门和环保组织实习就是实现这一点的途径。另一途径是参与组织**公民科学**（citizen science）项目，这些项目中普通人和知名科学家一起回答现实的科学问题。

表15.4 有关环境方面最具影响力的书籍

为环境科学家提供信息的最具影响力的读物有哪些？环境领军人物接受调查[1]时往往会推荐同样的一些图书。下面是投票选出的前十名。

奥尔多·利奥波德：《沙乡的沉思》（*A Sand County Almanac*）（100）[2]

蕾切尔·卡森：《寂静的春天》（*Silent Spring*）（81）

莱斯特·布朗和世界观察研究所：《世界现状》（*State of the World*）（31）

保罗·埃尔利希：《人口炸弹》（*The Population Bomb*）（28）

亨利·大卫·梭罗：《瓦尔登湖》（*Walden*）（28）

罗德里克·纳什：《荒野与美国思想》（*Wilderness and the American Mind*）（21）

E. F. 舒马赫：《小的是美好的》（*Small Is Beautiful: Economics as If People Mattered*）（21）

爱德华·艾比：《荒漠独居者》（*Desert Solitaire: A Season in the Wilderness*）（21）

巴里·康芒纳：《封闭循环：自然、人类与技术》（*The Closing Circle: Nature, Man, and Technology*）（18）

唐奈拉·H. 梅多斯等：《增长的极限》（*The Limits to Growth: A Report for the Club of Rome's Project on the Predicament of Mankind*）（17）

1. Robert Merideth, 1992, G. K. Hall/Macmillan, Inc.
2. 每本书的得票数。由于大多数受访者来自美国（82%），因此估计数可能过高。

荷兰是基于社区进行研究的先锋，那里几十个研究中心正在研究各种环境问题，从莱茵河水质、各地理区域的癌症发生率到有害有机溶剂的代用品。在每个项目中，学生、社区小组、科学家与大学人员一起收集资料。他们的研究成果被官方政策采纳。

美国和加拿大也有类似的研究机会。“奥杜邦圣诞节鸟类计数”就是一个极好的例子。守望地球组织（Worldwatch）为学生参与研究提供小而精的机会。该组织每年有数百个项目，每个项目派出由十几个志愿者组成的团队，用一两周时间研究从潜鸟的筑巢行为到考古发掘的各种问题。美国河流监测（American River Watch）组织一些学生团队检测水质。在这些研究项目中，学生们既得到学分，又得到有益的实际经验。

做多少才够

我们对资源的消费和废物的处置往往给地球带来破坏性影响。科技使世界上富裕国家消费者能够得到价廉而便捷的各种商品与服务。如你所知，身处工业化世界的我们，所使用的资源超过人口的百分比。如果世界上每个人都以我们的生活水平消费，以目前的方法生产，其后果必定是灾难性的。本节将讲述减少消费和减少对环境影响的一些选择。本书中也许比“负责任的消费主义”更明确的伦理问题了。

一个世纪前，经济学家兼社会评论家托斯丹·范伯伦（Thorstein Veblen）在其《有闲阶层论》一书中创造了**炫耀性消费**（conspicuous consumption）一词，用以描述只是为了向别人炫耀不是因为真正想要或缺乏而购买的物件。如果他能看见当前的消费趋势他会大为震惊。现在普通美国人所消费的商品和服务为1950年的两倍。即使现在一般家庭的人口仅及50年前的一半，但房屋的平均面积比50年前大一倍以上。我们需要更大的空间收藏所购买的物品。购物变成许多人作茧自缚的方式。但是无价值与无意义的消费主义给大多数美国人留下了心理上的空虚。我们一旦拥有了某些东西，就发现这些东西并不会使我们年轻、漂亮、聪明，也不能像所预期那样有趣。我们花那么多时间去赚钱和花钱，就没有时间交真正的朋友、烹制真正的菜肴、培养有创意的兴趣爱好，也不能完成让我们感到不负此生的工作。有些社会批评家把这种对财物的占有欲称为“**富贵流感**”(affluenza)。

越来越多人感到自己陷入了恶性循环：他们疯狂地投身于不称心的职业，购买自己并不需要的物件，以便省下时间做更多工作(图15.10)。有些人正在寻找平衡自己生活的方法，决定退出这种无意义的竞争，采用较简单、少消费的生活方式。如同梭罗在《瓦尔登湖》一书所写的那样：“我们的生活被琐事消耗殆尽……简单些，再简单些。”

选择绿色消费的正确策略可能很复杂。另一方面，选择减少消费可能是降低你的全球环境足迹，而且是省钱的最容易的方法。有时你可以做出既拯救环境同时又省钱的选择：和朋友们烹制简单的菜肴而不外出就餐；在花园里种植蔬果；缩短购物时间而多花些时间陪伴家人。尽管我们个人的选择可能对环境影响不大，但是众人的选择就很重要。

15.6 同心协力

虽然少数杰出人士能够单独进行有效的工作带来变革，但是大多数人认为和其他人一起工作更有成效更令人满足。集体行动使个人力量倍增。你从与共享兴趣的他人一起奋斗中会得到鼓励和有用的信息。本节将讲述一些环保组织以及可参与的选项。

学生运动具有长远效应

中学生和大学生的组织往往是对环境变化问题最活跃和最起作用的团体。北美最大的学生环境团体是**学生环境行动联盟**(Student Environmental Action Coalition, SEAC)。1988年该组织创建于北卡罗来纳州教堂山的北卡罗来纳大学，迅速发展到约500所校园的3万多成员。SEAC既是一个庞大的组织，也是一个草根网络，起着信息库与学生领袖培训中心的作用。成员小组承担范围广泛的各种活动，从政治上中立的鼓励回收利用到向政府或工业项目发起对抗性的抗议活动。全国性会议汇聚了数千积极分子，他们共享各种策略，相互鼓励，同时也不忘享受乐趣。参加这些小组不仅有趣、增进交往，而且深受教育。

另一个重要学生组织的团体是活跃在美国大部分校园的**公共利益研究小组**(Public Interest Research Groups, PIRGs)。这些小组尽管并非仅仅关注环境，但是他们研究的优先项目常常包括环境问题。如果你所在的小组并未研究你感到重要的环境问题，你可以通过积极参与，向小组介绍这些环境方面的关注点。在这样的小组里工作，能够让你明白群体工作的力量。正如玛格丽特·米德说过的那样：“绝不要怀疑意志坚定的一小群人能够改变世界，事实上，除此以外别无他途。”

学校能够成为可持续生活的信息源与试验田。学校是拥有知识和经验的地方，能够判断如何对待新生事物，而学生们有能力有热情做大部分研究，对他们

现代人

图15.10 购物是我们的最高目标吗？

圣诞节鸟类计数

自1900年以来，热心的志愿者在他们团队指定的研究场地上计算并记录能看到的所有野鸟（图Ⅰ）。后来这项活动变成全世界规模最大、持续时间最长的全民科学项目。在第100次计数的时候，大约有1 800个团队近5万人观察到属于2 309个种的5 800万只野鸟。虽然2 000年的这次计数有70%来自美国或加拿大，但加勒比地区、太平洋各岛屿和中美洲与南美洲国家的650个团队也参加了活动。参与者将野鸟计数填入标准化的数据表格，或者将观察结果上传到互联网。几乎在上传数据的同时，你就可以在线查阅和研究这些数据。

《鸟类知识》（*Bird-Lore*）杂志主编兼奥杜邦协会官员弗兰克·查普曼（Frank Chapman）于1900年启动了圣诞节鸟类调查。多年来，猎人们在圣诞节那天集结进行狩猎竞赛，各团队在互相争雄时常常杀死成百上千只野鸟和哺乳动物。查普曼提议进行另一种竞赛：看看哪个团队在一天中观察到和鉴定出最多的野鸟和最多的种类。此项竞赛逐渐成长壮大，到第100次野鸟计数的时候，获胜团队是在哥斯达黎加的蒙特沃德（Monte Verde），一天之中获得343个鸟种的计数，令人叹为观止。

成千上万个野鸟观察者参与野鸟计数所收集的有关野鸟丰度和分布的海量信息远非生物学家所能及。这些数据为科学研究提供了有关野鸟迁徙、种群和生境变化的重要信息。现在长达一个世纪有关野鸟数据的完整记录可在野鸟原始资料（BirdSource）网站（www.birdsource.org）上查阅，无论是专业鸟类学家还是业余观鸟者都可以研究单个鸟种不同时间的地理分布，也可以研究某个地点多年来所有鸟种如何变化。关心气候变化的人可以追寻鸟种分布的长期变化。气候学家可以分析厄尔尼诺或拉尼娜之类的天气格局对有野鸟地方的影响。这种洲际数据收集所揭示的最引人入胜的现象之一是爆发性行为，即某个鸟种一年内在某个地区的出现，然后翌年就受天气格局、食物来源与其他因素影响而迁往他乡。

2005年第105次野鸟计数时，2 019个志愿者小组收集了近7 000万只野鸟的数据。这种公民科学的成就所产生广阔地理区域的数据集之丰富，任何专业学者都不能望其项背（图Ⅱ）。追随圣诞节鸟类计数的成就，人们又创建了其他公民科学项目。20世纪70年代开始的喂鸟观察项目（Project Feeder Watch）有1.5万余人参加，成员包括从学生到后院观鸟者到专门的养鸟人。2005年后院鸟类计数项目（Great Backyard Bird Count）记录了600多个鸟种和600多万羽个体。在其他地区，征募农民监测草原与河流的健康；志愿者监测当地河流的水质；自然保护区征集志愿者帮助收集生态学数据。你可以通过参加公民科学项目学习更多当地环境的知识，并为科学研究做贡献。

鸟类计数如何为可持续性做贡献？公民科学项目是途径之一，公民可以更多地学习科研方法，熟悉当地环境，对社区事务更有兴趣。本章中你将看到个人和团体能够帮助保护自然与走向可持续社会的其他途径。

图Ⅰ 参加公民科学项目是学习科学与当地环境的好方法。

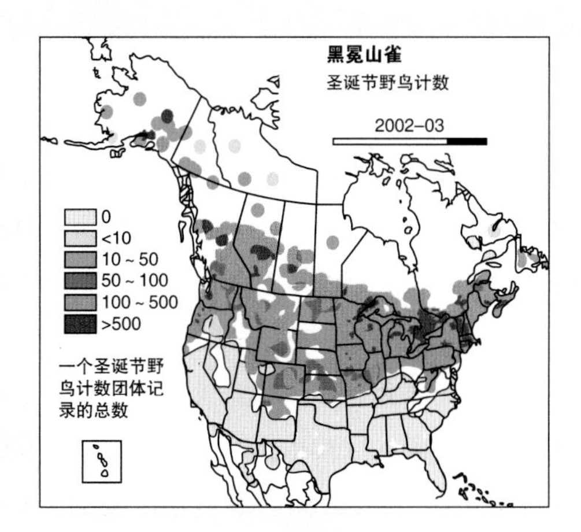

图Ⅱ 志愿者收集的数据能产生海量的有价值的数据集。图中所示的圣诞节鸟类计数数据可在线查阅。

资料来源：奥杜邦协会。

你能做些什么？

减少你的影响

别买那么多

- 扪心自问你是否真的需要更多物件。
- 别购买你不需要或不使用的东西。
- 物尽其用（不要因为有新产品可用就取代旧物）。
- 利用图书馆而不必购买你要读的书。
- 用手边的材料制作礼物，或者赠送非实物礼物。

减少过度包装

- 购物时自带可重复使用的购物袋，买少量商品时不用购物袋。
- 购买散装商品或选最小包装；不用独立包装的食品。
- 选用可再生或重复使用的包装。

不用一次性物件

- 使用布质餐巾、手帕和毛巾。
- 参加会议时自带可清洗的杯子；使用可清洗的盘子和餐具而不用一次性物件。
- 购买有可替换备件的钢笔、剃须刀、手电筒和照相机。
- 选用可长久使用且可维修的物件；这样在提供工作岗位的同时节省物料和能量。

节能

- 非必要时不要浇灌草坪和花园。
- 使用节水器具，减少冲洗厕所的次数。

资料来源：基于Karen Oberhauser, Bell Museum Imprint, University of Minnesota, 1992 .已获使用许可。

中心，其特色是屋顶上有370平方米的光伏板、一口地热井为大楼供暖和制冷、宽大的朝南窗户获取被动式太阳能，还有一座水处理的“活机器”，包括室内温室中栽满植物的水槽和建在室外的人工湿地（图15.11）。

近日有一个非营利团体联盟发起的“校园气候挑战”（Campus Climate Challenge）运动，力图争取美国和加拿大500所高校校园的学生和教职员参加一项长期活动，清除使全球变暖的污染。许多校园已投资于清洁能源和减少温室气体排放。其中位于得克萨斯来说，研究中的新发现是非常有价值的学习经验。许多学院和大学里，学生进行校园审计工作，如检查水电的使用、废物的产生与处理、纸张的消耗与回收利用、购买当地生产的食物，以及其他许多与可持续资源消费有关的例子。美国有100多所大学和学院的应届毕业生做出如下的誓言：

> 我保证探索和重视我想从事任何职业的社会后果与环境影响，并设法改善我供职的任何单位的这些方面。

你会在生活中采取类似的行动吗？

校园中常常会有一些土建工程，可以作为可持续性研究与发展的模式。在斯坦福大学、俄亥俄州的奥柏林学院和加州大学圣巴巴拉分校都有一些可持续设计获奖的例子。斯坦福大学的碧玉岭楼（Jasper Ridge building）将为其生物学研究站提供教室、实验室和办公室。斯坦福的学生与管理部门一起工作，编写《可持续建筑物指南》，这是一本包罗万象的小册子，从高能效照明到本地景观设计无不涉及。该大楼铺设了275块光伏板捕获阳光，无须购买电力。事实上，还有多余电能可反售给当地公共事业公司，补贴大楼的运营。

建筑师比尔·麦克唐纳设计的奥柏林大学环境研究

图 15.11 奥柏林大学亚当·约瑟夫·刘易斯环境研究中心是在俄亥俄州北方凉爽多云气候下实行自持的设计。朝南的宽大窗户让阳光入射，而屋顶上370平方米的太阳能板产生电力。包括人工湿地在内的自然废水处理设备净化废水。

州奥斯汀的康考迪亚大学，这是美国第一所全部能源都来自可再生资源的高校。该校每年使用550万千瓦小时的“绿色电力”将减少大约800万磅二氧化碳排放，相当于种植10平方千米树木，或减少700辆汽车上路。佐治亚州亚特兰大的埃默里大学在绿色建筑标准方面领先，11座建筑物已获得或能够获得能源与环境设计领先（LEED）认证。埃默里大学的怀特海德生物研究大楼是美国东南部获得LEED认证的首个设施。明尼苏达州诺斯菲尔德的卡尔顿学院和许多高校一样，建造了自己的风力发电机，预期能提供该校所需电力的40%。风力涡轮机180万美元的费用可望在10年内全部付清。

许多学校的学生说服行政管理部门购买当地生产的食物，向校园自助餐厅提供有机的、素食的和公平贸易的选择。这样做不仅对健康和环境有利，也能成为一种强大的技术工具，每天提醒人们，个人也能起作用。你能在自己的校园里做类似的事情吗？

全国性组织独具影响力

美国最古老、最大和最具影响力的环境团体有国家野生动物协会、世界野生动物基金会、奥杜邦协会、塞拉俱乐部、沃尔顿联盟、地球之友、绿色和平组织、野鸭基金会、自然资源保护委员会和旷野协会。这些组织有时被称为“十集团”，偶尔因其与当权派妥协和合作的倾向而受到批评。虽然这些团体创始之初都是些激进派，但是如今他们趋向于较谨慎和保守。组织成员大多较消极，相信组织会执行他们所关心的政策，而不是自己身体力行。

尽管如此，这些团体在环境保护中仍然是强有力的重要力量。众多的成员、职业性员工及其知名度赋予他们一定程度的社会地位与影响力，这是新成立的小团体所不及的。例如塞拉俱乐部就有近50万会员，几乎每个州都有分会，全国有400名职工，年预算超过2 000万美元，在华盛顿特区有20个全职说客。这些全国性团体是国会中一股强劲的力量，尤其是他们联合起来通过某项法案——例如《阿拉斯加国家利益土地法》或《清洁空气法》的时候。这些团体越来越多地把教育、社会根源与环境公正纳入日程。

虽然大多数大的环境组织的重点在华盛顿，但是奥杜邦、塞拉俱乐部和沃尔顿联盟都有地方分会，有短途旅游与自然保护项目。这是介入当地事务、会见有趣人物和娱乐的好方法。自然保护协会寻找志愿者帮助进行保护区管理；奥杜邦协会有观鸟活动；塞拉俱乐部举办野营和徒步旅行。

有些环境组织除了出版物外很少与普通会员接触，例如环境保护基金会（EDF）、自然保护协会（TNC）、全国资源保护委员会（NRDC）和旷野协会（WS）。虽然这些团体并不经常引起公众的注意，但是由于其独特的关注点，效率很高。TNC购买了生物学价值很高而受开发威胁的土地。TNC拥有3 200雇员和30亿美元资产，管理着70 000平方千米被认为是世界上最大的私有保护区系统。

新成员为环境政策带来新能量

现在环境团体有了新能量。2004年环境赠款基金会顾问迈克尔·谢伦伯格（Michael Shellenberger）和泰德·诺德豪斯（Ted Nordhaus）宣布“环保主义死亡”。他们断言，主要的环境组织介入华盛顿政治如此之深，又如此关心自己的地位，以至于这些团体和环境保护毫不相干。他们指控称，这些团体软弱无力的最大证据，就是经过多年的工作和花费数亿美元，还是未能影响全球气候变化的政策。即使是约翰·克里（John Kerry）和阿尔·戈尔这样的政治候选人，在国会具有环境保护声望的明星，在竞选时也极少提及此类问题。

但是就在环境保护的前景看似无望之时，我们似乎达到了一个起爆点。全球气候变化的证据变得不能否认。但是几位新出现的领袖人物应该受到赞誉和感谢。因最高法院一票之差而落选美国总统的阿尔·戈尔把自己彻底改造为一位环保领军人物。他的畅销书在一年之内获得了格莱美奖、艾米奖和奥斯卡奖，并和IPCC分享诺贝尔和平奖。曾经饱受辱骂和冷眼的他，变成一位全球环保英雄。

目前一项更广泛、多样、机智、富有激情的运动正在兴起。作家和教师比尔·麦吉本（Bill Mckibben）和米德尔伯里学院（Middlebury College）的几名学生一起创建了“加快脚步”（Step It Up）网，2007年在美国激励几万市民参加了超过1 500次有关气候变化的抗议活动（图15.12）。一年之后，电力转变会议（The Power Shift conference）把5 500多名青年积极分子聚在一起致力于解决气候与能源问题。马乔拉·卡特（Majora Carter）和范琼斯（Van Jones）等新领袖人物把有关贫穷、失业与公正的团体引进对话中，商界与宗教界领袖接着跟进。450多个学院承诺采用可再生能源和其他方法以维持气候的平衡。组织了一个叫作气候行动网的新联盟，进行国会气候政策的游说，一个叫作“1Sky”的团体力图使普通美国人为绿色工作岗位、能源转变政策和冻结气候污染水平效力。这些团体共同希望引起人类历史的大变化。任何人，包括你在内，都可以参与此项活动。

图15.12 个人的声音能够影响国家政策，尤其是当他们联合发声的时候。

国际非政府组织

在保护生物多样性丰富地区的斗争中，国际非**政府组织**（nongovernmental organizations，NGOs）的作用至关重要。如果没有这方面的帮助，当地环保团体就绝不能调动公众对某些项目的兴趣或获得财政支持。

近年来国际非政府组织的兴起令人惊叹。1972年的斯德哥尔摩大会，只有少量环保组织参加，它们几乎全部来自发达国家。20年后，在里约地球峰会上，有代表几千个环保团体的3万环保人士出席，很多人来自发展中国家，他们举办全球生态论坛辩论环境问题并为创造更美好的世界而结成联盟。

有些非政府组织主要设在较发达的北方国家，主要致力于地方性问题。另有一些总部虽然设在北方，但重点研究南方发展中国家的问题。还有一些是真正全球性的，在各国都拥有活跃的机构。有几个组织高度专业化，通过准政府部门或具有相当权力的常务委员会将私人与政府机构的代表相结合。

有些组织与这些频频曝光的团体不同，宁愿待在幕后，但是他们的影响可能同样重要。保护国际就是这样的组织，它曾经是以保护生物多样性特别丰富的地区而向大自然还债的领导者。该组织在经济发展方面还有一些有意义的创意，寻找当地人制造的既能增加收入又能保护环境的一些产品（图15.13）。

图15.13 国际自然保育团体常常启动一些经济发展的项目，为减少自然资源的破坏提供一些地方性解决方法。

15.7 全球发展的目标

全球环境保护的目标通常是公共卫生、人类福祉和资源。公共卫生方面的重点是《清洁水法》(本章开篇案例)、《清洁空气法》和本章所讨论的大部分环境立法。我们在保护环境与人类健康双重目标上取得多大的成功有赖于我们对创造性解决方法重视的程度。

自1972年以来，一系列的国际政策与协议业已认识到环境质量与人类健康的不可分割性。但是我们大多数人用以表达这一思想的**“可持续发展”**(sustainable development)一词，直到1987年由当时挪威总理布伦特兰(Gro Harlem Brundtland)任主席的世界环境与发展委员会的报告《我们的共同未来》发表之后才广为人知。该报告中称，可持续发展就是“既能满足当前的需要又无碍于子孙满足其需求的能力的发展”。这些思想在1992年里约地球峰会的文件《21世纪议程》里得到进一步的提升。

可持续发展理论认为，我们有赖自然界提供食物、水、纤维、废物处理以及其他方面的维持生命的服务。如果我们希望天长地久，就不能以超过自然界自我循环的速度消耗各种资源和产生废物。发展意味着改善人们的生活。那么，可持续发展就意味着人类福祉的进展应该能够扩展与延伸到许多世代而不只是几年。要做到经久不衰，可持续发展的利益就必须惠及全人类，而不只是特权集团的成员(图15.14)。

图15.14 中国等发展中国家生活水准的提高，意味着较好的生活方式和较多消费。规划未来最好的方法是什么?

可持续性需要平等

1987年布伦特兰委员会还指出，未来要保证穷人得到公平分配的利益，必须有政治稳定、民主和人权。2008年耶鲁大学和哥伦比亚大学研究人员发现，环境的稳定、公开的政治制度和健全的政府机构之间存在显著相关。所研究的133个国家中，新西兰、瑞典、芬兰、捷克共和国和英国依次位列前五名。美国名列28位，落后于日本和大多数西欧国家。公众能够做些什么以改善公开、平等与可持续性?

全球性平等对环境可持续性也很重要。许多学者和社会活动家认为，贫困是全世界人类所面临的最严重问题——饥饿、儿童死亡、移民、暴乱和环境退化——的核心。试图减少这些问题是我们全部利益所在。除了道德与人文关怀外，使穷人脱贫意味着全球经济有更多高效率的工人和更多消费者。

按照欧洲和美国的标准，世界上大部分国家物质消费的水平很低。尽管中国经济增长很快，但是普通中国人的能量消费只是普通美国人的1/10，南亚和大多数非洲国家的消费水平甚至更低。我们在第4章讨论过，对环境影响作比较的方法之一是我们的环境足迹。目前需要用大约9.7全球性公顷(global hectares)土地支持一个普通美国人，相形之下，全球的平均数仅为2公顷。现在许多发展中国家的经济增长缓解了很多苦难。世界上其他国家能否找到可持续发展的方法，在很大程度上取决于今天和不久的未来所能找到的解决方案。

千年评估设定发展目标

自2000年开始，被称为《千年发展报告》的文件确定了全球环境与人类发展目标。这份报告始自2000年，当时联合国秘书长科菲·安南要求就生态系统变化对人类福祉的影响，以及对增进这些系统的保护与可持续利用采取行动的科学基础进行**千年评估**(millennium assessment)。

千年发展目标的主要目的，是到2015年在健康、教育与福利方面得到适度的改善。8个特别关注点是终止饥饿与贫困、改善受教育的机会、妇女（对儿童负有主要责任）平等、改善婴幼儿与孕妇保健、防治主要疾病和维持环境的可持续性（表15.5）。

这些目标中有许多是你在本书中读过的专题中所讨论的：水资源、粮食与可耕地、可持续能源和其他专题。控制气候变化是这些报告中着墨越来越多的问题，因为世界上最穷的人最容易受到干旱和海平面上升一类问题的伤害。

健康、教育、粮食与其他资源的量化指标体系是发展目标的核心。通过这些重要因素的量化，就能评估他们是否有所变化，什么地方需要改进。还能够衡量距离2015年减少贫困与饥饿的目标还有多远。

显然，许多目标难以达到，而且有些目标更多地显示恶化而不是改善。环境保护方面侧重的目标有：把可持续发展原理与国家政策和项目相结合，并逆转环境资源的损失；到2020年减少生态多样性的损失，并使无法得到清洁饮用水和卫生设施的人口比例减少一半。总之，我们落后于2000年所设定的乐观目标。不过，许多地方得到了改善。虽然种种挑战并未减少，但是我们可能变得更有能力处理这些问题。

表15.5 千年发展目标

目标（和特定目标）
1. 根除极度贫困与饥饿
a. 依靠每天不足1美元为生的人数减半
b. 饥饿人口减半
2. 普及初级教育
保证所有孩子完成小学教育
3. 促进两性平等和妇女权益
2015年前消灭中小学的两性差距
4. 降低儿童死亡率
使5岁以下儿童死亡率减少2/3
5. 改善孕妇健康
孕妇死亡率减少3/4
6. 防治艾滋病、疟疾和其他疾病
a. 停止艾滋病的传播并开始逆转
b. 停止疟疾和其他大病的传播并开始逆转
7. 保证环境的可持续性
a. 把可持续发展的原则结合到政策与项目中；逆转环境资源的损失
b. 使无法得到安全饮用水人口的比例减少一半
c. 2020年前改善1亿棚户区居民的生活
8. 发展全球合作伙伴关系
a. 进一步发展基于规则的、可预测的、一视同仁的开放性贸易与财政制度，包括良好的管理、发展与脱贫
b. 针对最不发达国家的特殊需要，为其贸易开发免税和免配额的途径；对债务沉重的穷国加大债务减免

总　结

通观全书，我们看到了环境退化与资源耗竭的证据，但是也有许多案例，述及有些个人与组织正在寻找停止污染的途径、使用可再生而不是无可取代的资源，进而修复生物多样性与生境。有时候所需要做的只是起催化作用的样板工程，向人们展示如何另辟蹊径来改变态度与习惯。本章中你们已经学到个人如何在世界上生活得更愉快，以及同心协力创建一个更美好的世界的一些实际方法。

千年评估的研究结果可以作为你学习本书的良好总结。其中关键的结论是：

- 我们所有人都依靠自然界与生态系统服务维持正常、健康与安全的生活。
- 近几十年来，为了满足我们对粮食、淡水、纤维和能量日益增长的需求，已经造成了生态系统史无前例的改变。
- 这些改变，帮助数亿人改善了生活，但同时也削弱了自然界提供其他关键性服务的能力，例如净化空气与水源、防御天灾与提供药物等。
- 我们所面临的突出问题包括全世界许多鱼类存量面临的严峻状况、生活在干旱区的20亿人非常不安全的状态，以及气候变化与污染对生态系统造成的日益严重的威胁。
- 生态系统服务的损失是减轻贫困、饥饿与疾病的重大障碍。
- 除非人类的态度与行动有所改变，否则对全球生态系统的压力将会增加。
- 如果将自然资源的所有权赋予当地社区，让社区分享利益并参与决策，保护自然资源的措施很有可能获得成功。

- 即使是目前的技术与知识，也能够在很大程度上减少人类对生态系统的冲击。然而，只要人们仍然把生态系统服务看作是免费与无限的，就不可能充分发挥这些技术与知识的作用。
- 良好的自然资产保护需要政府各部门、企业与国际组织的通力合作。

词汇表[1]

A

abundance 多度 一地区一个物种的个体数。

acid precipitation 酸沉降/酸雨 因人为源或自然源排放的酸类从空气中沉降的酸性雨水、雪或干颗粒物。

acids 酸 在水中释放氢原子的物质。

active solar systems 主动式太阳能系统 利用移动物体收集和转化太阳能的系统。

acute effects 急性反应 接触某些要素突发某些症状或效应。

acute poverty 赤贫 收入过低或无法得到生活必需品的资源，例如粮食、住所、卫生设备、清洁饮用水、医疗和教育等。

adaptation 适应 让生物体在某种环境下存活的自然变化。

adaptive management 适应性管理 从“边干边学”开始制订、能主动检验一些假设条件、当有新信息可用时又能调整措施的管理计划。

administrative law 行政法 由行政机关和专门的行政法院实施的行政命令、行政法规和强制执行的决定。

aerosols 气溶胶 悬浮在空气中的微小固体颗粒或液滴。

affluenza 富贵病 沉溺于超出个人需要的消费。

albedo 反照率 对表面反射特性的描述。

allergens 变应原 激活免疫系统并造成过敏反应的物质；可能本身并不是抗原，但可能使其他物质成为抗原。

allopatric speciation 异域物种 由于地理上的隔离或某种繁殖障碍，从同一共同祖先中产生的物种。

ambient air 环境空气，周围空气 我们身边的空气。

amorphous silicon collectors 非晶硅集电极 由随机组合的硅分子而不是硅晶体制造的光伏电池。非晶体集电极效率较低，但远较晶体集电极便宜。

analytical thinking 分析性思维 一种系统分析方法，询问：“如何把这个问题分解为它的组成部分？”

anemia 贫血症 因缺铁或缺少红细胞造成的血红素水平过低。

anthropocentric 人类中心说 坚信人类居于自然界的特殊地位；根本上以人和人类事物为中心。

antigens 抗原 刺激产生特异抗体或与其反应的物质。

aquifers 含水层 地表以下含水的多孔沙砾石和岩层；地下水储藏库。

arithmetic scale 算术级数 单位时间内等量增长的模式，例如1，2，3，4或1，3，5，7。

atmospheric deposition 大气沉降 固态、液态或气态物质从空气中降落。

atom 原子 呈现一种元素特性最小的粒子。

atomic number 原子序数 元素中每个原子特有的质子数。

autotroph 自养生物 利用外部能源把无机分子合成养料分子的生物。

---

① 本词汇表一般采用下定义的方式释义，但有些词的释义中，有定义项与被定义项不相称的情况，译者不予改动。读者如有疑义，请参考原文。有些英语词汇对应不止一个中文词汇，则同时列出，中间用斜线隔开。——译者注

B

barrier island 沙坝岛 海岸线近海处低矮狭窄的沙质小岛。

bases 碱 水溶液中容易与氢离子结合的物质。

Batesian mimicry 巴特森拟态 一个物种模拟另一个物种的进化，被模拟的那个物种通过毒刺、恶臭或其他自卫性适应防御捕食者。

benthic 水底/底栖的 海底或湖底。

binomials 双名法 把属名和种名结合起来的学名或拉丁名，例如*Zea Mays*。

bioaccumulation 生物积累作用 细胞对某些分子的选择性吸收与浓缩。

biocentrism 生物中心论 所有生物均有其权利和价值的信念；以自然而不是以人类为中心。

biochemical oxygen demand (BOD) 生物化学需氧量 为测量被水生生物利用的溶解氧水平的标准测试。

biodegradable plastics 可生物降解的塑料 能被微生物分解的塑料。

biodiversity 生物多样性 某个地区基因、物种和生态系统的多样化程度。

biofuel 生物燃料 从生物质制取的燃料。

biogeochemical cycles 生物地球化学循环 生态系统内部或之间由活生物、地质作用力或化学反应所造成物质的运动。例如氮、碳、硫、氧、磷和水的循环。

biological community 生物群落 某地区某时间段动植物和微生物生存与相互作用的群体。

biological controls 生物防治 利用天然捕食者、病原体或竞争者控制害虫种群。

biomagnifications 生物放大作用 某些稳定化学品（例如重金属或脂溶性农药）浓度在食物链或食物网中向高营养级依次增加的现象。

biomass 生物量/生物质 由生物体生产并积累的生物物质。

biomass fuel 生物质燃料 动植物或微生物生产的能直接燃烧作为热源或转化为气态或液态燃料的生物物质。

biomass pyramid 生物量金字塔 解释不同营养级生物量关系的比喻或图解。

biomes 生物群区 生态系统辽阔的区域类型，其特征是有独特的气候与土壤条件和适应那些条件的生物群落。

bioremediation 生物修复 利用生物有机体去除污染物或恢复环境质量。

biosphere 生物圈 地球表面被生物占据的空气、土地和水的地带。

biosphere reserves 生物圈保护区 因具有高度生物多样性或独特生物学特色而被国际自然保护联盟认定应列为国家公园或野生动物保护区的世界遗产地。

biotic potential 生物潜能 在资源无限和理想环境条件下生物最大的繁殖率。

birth control 节育 用以减少出生人数的任何方法，包括独身、推迟结婚、避孕；防止受精卵子着床的器件或药物和堕胎。

blind experiments 盲法试验 一种实验设计，研究者在获得数据和进行分析之前不知道实验处理的对象是什么。

bogs 沼泽 趋向于有泥炭的渍水土壤；主要靠降水补给；有些沼泽是酸性的。

boreal forest 北方森林 绵延于北美洲（和欧洲、亚洲）北部针叶树和阔叶树混交的宽广地带；其最北面边缘的泰加林逐渐与北极冻原合为一体。

brown fields 棕色地带 被弃置或未充分利用的城市地区，其重建因与毒物污染有关的债务或财政问题而受阻。

C

cancer 癌症 细胞侵略性的、失控的、造成恶性肿瘤的增长。

cap-and-trade agreement 限额贸易协定 一项设定污染限额的政策，设定后允许各公司买卖其分得的污染物排放权。

capital 资本 用以产生更多财富的任何形式的财产、资源或知识。

carbohydrate 碳水化合物 由环状或链状碳原子和链接的氢原子及氧原子构成的有机化合物；例如糖类、淀粉、纤维素和糖原（动物淀粉）。

carbon cycle 碳循环 碳原子的流通与再利用，尤其是通过光合作用和呼吸作用。

carbon management 碳管理 减少化石燃料排放二氧化碳或减轻其影响的计划。

carbon monoxide 一氧化碳 因燃料燃烧、生物质或固体废物焚化或有机物嫌气分解所产生的无色无味无刺激性的剧毒气体。

carbon neutral 碳中和/碳平衡 生产中无二氧化碳净排放。

carbon sink 碳汇 二氧化碳积聚之处，如大片森林（有机化合物）或海洋沉积物（碳酸钙）。

carcinogens 致癌物 引发癌症的物质。

carnivores 食肉动物 主要捕食动物的生物。

carrying capacity 承载力 某个特定生态系统能长期支持任何物种个体的最大数量。

case law 判例法 来自民法和刑法的判例。

cell 细胞 被半透膜包围的微小基本单元，其中进行着所有生物的生命过程。

cellular respiration 细胞呼吸作用 细胞分解糖和用于细胞工作的其他有机化合物的过程；可能是好气或嫌气过程，取决于氧气的有无。

chain reaction 链式反应 一种自我维持的反应，原子核裂变为亚原子颗粒，又造成其他原子核的裂变。

chaparral 沙巴拉群落 地中海气候下典型的浓密生长的多刺常绿灌木群落。

chemical bond 化学键 把分子固定在一起的力。

chemical energy 化学能 储存在分子化学键中的势能。

chemosynthesis 化学合成作用 从无机化学材料（如硫化氢）中而不是通过光合作用撷取生命所需的能量。

chlorinated hydrocarbons 氯化烃 连结着氯原子的烃分子。常用作杀虫剂，毒性很强而且在环境中持续时间很长。

chloroflurocarbons 氯氟碳 碳原子骨架上结合着一个或多个氯原子和氟原子的化合物。常用作制冷剂、溶剂、阻燃剂和发泡剂。

chloroplasts 叶绿体 真核生物中含叶绿素的细胞器官；光合作用的部位。

chronic effects 慢性危害/慢性反应 接触毒物的长期效果；可能是一次急性接触或者是连续性低水平接触造成的永久性变化。

citizen science 大众科学/公民科学 训练志愿者与科研人员共事回答现实生活问题的项目。

civil law 民法 调控个人之间或个人与企业之间有关财产权、个人尊严与自由以及人身伤害的法典。

classical economics 古典经济学 关于资源稀缺性的影响、货币政策和市场中货物与服务供求竞争的现代西方经济学。这是资本主义市场制度的基础。

clear-cutting 皆伐 砍伐某地的每一棵树而不管其种类和大小；对某些树种合适的采伐方法；如不小心控制可能造成破坏。

climate 气候 对特定地区长期天气格局的描述。

climax community 顶极群落 因生态演替而形成持久的自我维持的抗干扰的群落。

closed-canopy 郁闭林冠 森林树冠延展覆盖20%以上的地面；具有商业采伐的潜力。

closed system 封闭系统 与其环境无能量或物质交换的系统。

cloud forests 云雾林 高山上长年低温云雾缭绕使植被保持湿润的森林。

coevolution 协同进化 一些物种互相施加选择性的压力，结果逐渐进化出一些新特征或新行为。

cogeneration 电热联产 一个电厂里同时发电和生产蒸汽或热水。

coliform bacteria 大肠杆菌 寄居在人类和其他动物肠（包括结肠）内的细菌；用以估量水土中的排泄物。

commensalism 共栖/共生 在共生/共栖关系中，其中一方获益另一方既无害也不获益。

communal resource management system 公共资源管理系统 为了长期可持续性由社区进行的资源管理。

community (ecological) structure 群落（生态）结构 个体、物种和群落的空间格局。

competitive exclusion 竞争性排斥 没有两个不同物种的群落能够在同一生境长期占据同一生态位并竞争

同一种资源的一种理论。

complexity 复杂性 一个营养级上的物种数和群落中营养级的数目。

composting 堆肥 在嫌气条件下有机物质生物降解产生富营养的混合土壤。

compound 化合物 不同原子组成的物质。

confidence limits 置信范围 真值（比如平均值）有可能落入的上下限值。

confined animal-feeding operation 牲畜圈养业 在围栏或牲口棚内高密度喂养大量牲畜。

conifer 针叶树 在球果中结籽有针状叶的树木。

conservation medicine 环境保护医学 企图了解我们对环境的改变如何威胁着我们的健康以及威胁我们所赖的自然群落的学科。

conservation of matter 物质守恒 任何化学反应中物质的形式发生改变；物质不生不灭。

conspicuous consumption 炫耀性消费/摆阔 经济学家和社会评论家索尔斯坦·凡勃伦（Thorstein Veblen）创造的术语，描绘购买我们并不想要或并不需要的东西以给别人留下深刻印象。

constructed wetlands 人工湿地 人工构筑的湿地。

consumers 消费者 以其他生物或其尸体为食以获得能量的生物。也称异养生物。

consumption 消耗 所抽取的水因人类使用在输送过程中损失或因蒸发、吸收、化学变化等原因使其不能利用的那部分。

contour plowing 等高耕作 沿着山丘的等高线耕作，减少侵蚀。

controlled studies 对照研究 对除了所研究的要素以外其他所有要素（尽可能）完全相同的两个群体进行对比。

control rods 控制棒 插入核反应堆燃料组件之间吸收中子以控制裂变反应的物料。

convection currents 对流 扰动大气圈并从一个区域向另一区域传输热量的上升或下降气流。水中也有对流。

conventional (criteria) pollutants 传统（标准）污染物 空气污染法所确定所有污染物中对人类健康和福祉影响最严重的七种物质（二氧化硫、一氧化碳、颗粒物、烃类、氮氧化物、光化学氧化物和铅）。

convergent evolution 趋同进化 不同起源但在相同环境条件下具有相同特性的物种进化。

coral bleaching 珊瑚褪色 在高温之类的胁迫因素影响下，使珊瑚虫排出被称为黄藻的有色单细胞，或者因黄藻死亡而使珊瑚褪色。珊瑚礁死亡可能造成珊瑚褪色。

coral reefs 珊瑚礁 由珊瑚动物产生的坚硬石灰质骨骼组成著名的海洋景观；通常沿浅水海岸边缘或沿热带温暖海洋大陆架形成。

core 地核 地心直径数千千米由高密度极高温的熔融金属（主要为由铁和镍）组成的部分。

core habitat 核心生境 一个面积足够大、其生态特质适于支持构成某种群落物种临界量的生境斑块。

Coriolis effect 科里奥利效应 由于地球转动，地球上方空气流动时偏向右边（北半球）或左边（南半球）的倾向。

corridors 廊道 连接两个相邻自然保护区使生物能互相迁移的自然生境条带。

cost-benefit analysis (CBA) 成本效益分析 通过对成本及其产生效益的对比对大型公共事业工程项目进行评估。

cover crops 覆盖作物 作物收割后立即种植以保持和保护土壤的黑麦、苜蓿或三叶草之类的植物。

creative thinking 创造性思维 自问“我如何能以新的独出心裁的方法处理这个问题”的原创性独立思维。

criminal law 刑法 基于对不利于个人或社会所作坏事的联邦和州议会立法进行的法庭判决。

criteria pollutants 标准污染物 见传统污染物。

critical factor 临界因素 某一时刻最接近某物种耐受限度的单个环境因素。

critical thinking 批判性思维 以一种系统性、有目的、有效率的方法评估信息与意见的能力。

crude birth rate 出生率/毛出生率/粗出生率 某一年每千人（以年中人口计算）出生的人数。

crude death rate 死亡率/毛死亡率/粗死亡率 某一年每

千人死亡的人数。

crust 地壳 浮在下面柔软地层上面地球表面寒凉轻质的最外层；就像一碗热布丁的“表皮”。

cultural eutrophication 人为富营养化 因人类活动造成生物活动和生态系统演化增强。

D

debt-for-nature swaps 债务–自然互换 发展中国家以自然保护换取国际债务的豁免。

deciduous 落叶植物 生长季结束时叶子脱落的乔木和灌木。

decomposer 分解者 把复杂有机物分解为较小分子的真菌或细菌。

deductive reasoning 演绎推理/演绎法 自上而下的推理，即从一般原理开始，推导出某个特例的可测试的预测。

deforestation 采伐森林 从森林中砍伐树木。

demographic transition 人口转型 因生活条件改善导致死亡率和出生率下降的模式；一般导致人口快速增长然后趋于稳定。

demography 人口学/人口统计学 与人口增长率、年龄结构、地理分布等以及其对社会、经济和环境条件影响有关的统计学研究。

density-dependent factors 密度制约因素 群落内取决于生物体密度的影响群落增长的内部或外部因素。

dependency ratio 抚养比 一个人口中不工作人数与工作人数之比。

dependent variable 因变量 亦称为应变量；即受其他变量影响的量。

desalinization (or desalination) 脱盐 用蒸馏、冷冻或超滤等方法去除水中的盐分。

desertification 荒漠化 沃土流失和退化，开启一个自反馈的荒漠形成的循环，导致一地区土壤、气候和生物区系的长期改变。

deserts 荒漠 以降水量低、降水罕见且不可预期为特征的生物群区。温度日变化和年变化都很大。

detritivore 食腐者 以有机残落物、碎屑和粪便为食的生物。

dieback 顶（梢枯）死 群体突然衰落；又称群落殒灭。

disability-adjusted life years (DALYs) 受疾患影响的生命年数 一种健康尺度，把疾病或伤残导致的早逝和健康生活结合起来估算伤病的总负荷。

discharge 排放量 一定时间通过某个固定地点的水量；通常以每秒若干升或立方英尺表示。

discount rate 贴现率 未来支付贴现或减少的数量。当你以**10%**的年利率从银行借款时，事实上你现在得到的钱的价值比你一年后得到同样数量的钱高**10%**。

disease 疾病 因营养、化学物质或生物制剂等不安的因素导致身体的有害变化。

dissolved oxygen (DO) content 溶解氧含量 一定温度和大气压下水中溶解氧气的量；通常以百万分数（**ppm**）表示。

disturbance 干扰 任何破坏物种多样性和丰度、群落结构、群落性质或物种关系之类的格局和过程的力量。

disturbance-adapted species 干扰适应物种 依靠反复干扰得以生存和繁殖的物种。

diversity 多样性 存在于一个群落中物种的数量（物种丰富度）以及每个物种的相对多度。

DNA 脱氧核糖核酸；细胞核内包含遗传密码和管理所有细胞发育和起作用的双链长分子。

double-blind experiment 双盲实验 主体（参试者）或实验师在取得数据并进行分析之前都不知道哪个参与者接受的是试样或是对照处理。

dust domes 尘穹 城市上空高浓度的灰尘和气溶胶。

E

earthquakes 地震 地壳突然猛烈的运动。

ecological diseases 生态疾病 家畜和野生物种爆发广泛的流行病。

ecological economics 生态经济学 把生态视角应用于经济分析；生态原理和优先权与经济会计制度的结合。

ecological footprint 生态足迹 我们个人与集体对环境影响的估算。通常按为支持某种生活方式所必须的有生物生产力的土地面积计算和表述。

功能的化学品。

ecological niche 生态位 一物种在其生态系统中的功能性角色和位置，包括其所利用的资源，如何和何时利用这些资源，以及其如何与其他物种相互作用。

ecological services 生态服务 生态系统所提供的过程或物质，例如清洁的水、能量、气候调节和营养循环等。

ecological succession 生态演替 生物逐渐占据一处场所，改变其环境条件，并最终被其他生物替换的过程。

ecosystem 生态系统 某个生物群落和与其进行物质和能量相互作用的自然环境。

ecosystem management 生态系统管理 综合生态、经济与社会的目标，以统一的系统方法对资源进行管理。

ecosystem restoration 生态系统修复 以尽可能接近其自然状况的方式恢复整个生物群落。

ecotones 生态过渡带 两个生态群落的交界处。

ecotourism 生态旅游 在野生环境中进行探险、文化考察与欣赏大自然。

edge effects 边缘效应 两个生态系统交界处物种组成、自然条件和其他生态因素的改变。

electron 电子 原子中围绕原子核轨道带负电荷的粒子。

element 元素 用化学方法不能将其破裂为更简单单元的物质。

El Niño 厄尔尼诺 以大量温暖海水从西太平洋东移为标志的气候变化。太平洋地区甚至世界各地的风向与降水格局发生改变。

emergent disease 突发性疾病 一种新疾病或至少20年内未见的疾病。

emergent properties 突显特性 使一个系统大于其组分之和的特性。

emigration 出境移民 一个人口的成员向外转移。

emission standards 排放标准 限制某点源向外排放空气污染物数量的条例。

endangered species 濒危物种 被认为濒临灭绝危险的物种。

endemic species 特有种 仅限于一个地区、国家或气态区域的物种。

endocrine hormone disrupters 内分泌激素干扰剂 像雌性激素、睾酮、甲状腺素或可的松之类干扰内分泌功能的化学品。

energy 能量 做功的本领，例如把物体移动一段距离。

energy intensity 能量强度/能量密度 一个经济体中提供所消费货物和服务所需的能量。

energy recovery 能量回收 焚化固体废物以产生有用的能量。

entropy 熵 一系统内能量无序性与有效性的量度。

environment 环境 一个生物体或一群生物体周围的情况或条件，以及影响个人或社区的社会条件或文化条件的综合。

environmental health 环境健康学/环境卫生 研究致病外部因素（包括我们生活在其中的自然界、社会、文化与技术）的学科。

environmental impact statement (EIS) 环境影响报告/环评报告 对联邦政府机构计划的大项目或工程影响的分析；1970年国家环境政策法条款规定为必须。

environmental law 环境法 有关环境质量、自然资源和生态可持续性的法律规定、决定和行动。

environmental literacy 环境素养 对生态原理的基本理解和社会对环境状况影响或应对的方法。

environmental policy 环境政策 一下政府行政部门所采取、实施和执行的有关环境的官方规则或条例。

environmental science 环境科学 对环境以及我们在其中所起的作用进行系统的科学研究。

epigenetics 表观遗传性 既非细胞核突变亦非常规孟德尔遗传学经遗传而得到的表现在后代中的（正面和负面）影响。

epigenome 表观基因组 DNA及其相关蛋白质以及以能够影响几个世代的方式调控基因功能的其他小分子。

epiphyte 附生植物 能够在土壤以外的基质（例如另一种生物的表面）上生长的植物。

estuaries 河口 河流入海处的海湾或溺谷。

eutrophic 富营养化 富含有机质的河流和湖泊。（*eu* = 良好；*trophic* = 营养）

evolution 进化论 解释遗传物质的随机变化和对稀少资源的竞争如何造成物种逐渐变化的理论。

evolutionary species concept 进化种概念 取决于进化

关系的物种的定义。

e-waste 电子垃圾 丢弃的电视机、手机和计算机等电子设备。

exotic organisms 外来生物 人为引进到生态群落中原本不存在的外来物种。

exponential growth 指数增长 单位时间内等速率的增长；能用恒定分数或指数表示。又见几何增长。

externalizing costs 外化成本 转移到使用资源的个人或团体以外某人的货币或其他成本。

extinction 灭绝 物种无可挽回地被消灭；可能是在自然界物种竞争中排挤或消灭其他物种，也可能是因环境条件变化引起的自然过程。

F

family planning 计划生育/家庭计划 控制生育；选定生育的时间并只生育所想要和抚养得起数量的孩子。

famines 饥荒 以大范围内生命损失、社会动乱和经济混乱为特征的粮食严重短缺。

fauna 动物区系 某地区存在的全部动物。

fecundity 繁殖力 生殖的自然能力。

federal laws (statutes) 联邦法律（法规） 联邦立法机关通过并由行政长官签署的法律。

fens 沼泽 主要由地下水补给的湿地。

feral 野性 生性狂暴的家畜。

fetal alcohol syndrome 胎儿酒精综合征 母亲怀孕期间饮酒造成婴儿永久性的身体、智力与行为等方面的出生缺陷。

first law of thermodynamics 热力学第一定律 能量转化的状态；在正常情况下能量既不能创生也不能被消灭。

floodplains 泛滥平原/河漫滩 沿河、湖和海岸不时被淹没的低地。

food security 粮食安全 个人获得足够日常所需食物的能力。

food web 食物网 生态系统中多个食物链交织的复杂系列。

fosil fuels 化石燃料 因地质营力从过去生物有机体形成的石油、天然气和煤炭。

fragmentation 碎裂化 生境破裂为孤立的小碎片。

fuel assembly 燃料组件 包含氧化铀小球的一束有洞金属棒；用于为核反应堆加燃料。

fuel cells 燃料电池 利用氢或甲烷之类的含氢燃料产生电流的机械装置。燃料电池是清洁、无噪声而且高效的电源。

fugitive emissions 分散性排放 不通过烟囱将物质排入空气中，例如因土壤侵蚀、露天采矿、岩石破碎、建筑和拆迁造成的灰尘。

fungi 真菌 有细胞壁、身体呈丝状、可吸收养分、无光合作用的真核生物。

fungicide 杀真菌剂 杀真菌的化学品。

G

gap analysis 空缺分析 编制生物多样性与特有种地图的植物地理学技术，用以发现两个保护区之间留下的易遭破坏的濒危生境。

gene 基因 遗传的单位；细胞核去氧核糖核酸的片段，含有合成特殊蛋白质（如酶）的信息。

genetically modified organisms（GMOs）转基因生物 用分子生物学技术把天然的或人工合成的基因相结合创造的生物。

genetic engineering 基因工程 应用分子生物学对遗传物质进行实验室改造。

genuine progress index (GPI) 真实进步指数 替代经济核算的GNP和GDP用以衡量生活质量和可持续性的指数。

geographical isolation 地理隔离 在足够长的时间内，使一个物种的种群孤立并防止繁殖或基因改变的地理变化，以至基因漂变使种群改变成独特的物种。

geometric growth 几何增长 按几何模式的增长，如2，4，8，16等。又见指数增长。

geothermal energy 地热能 从地球内部热源取得的能量，可通过间歇泉、喷气孔、温泉或其他天然地热形态获取，也可以通过深井抽取地下热水获取。

GIS 地理信息系统 用计算机集成与分析地理数据的系统。

global environmentalism 全球环境保护主义 现代对

环境的关切推广到全球事务。

grasslands 草原/草地 禾本科和其他草本植物占优势的生物群区。

Great Pacific Garbage Patch 太平洋大垃圾池 太平洋中被洋流汇集大量塑料垃圾的浩瀚海区。几个海洋垃圾漩涡之一。

greenhouse effect 温室效应 地球大气圈俘获热量的效应，大气圈让入射的可见光穿透而吸收外逸的长波红外线辐射。

greenhouse gas 温室气体 大气圈中俘获热量的气体。

green pricing 绿色价格 消费者自愿为可再生资源支付高价的计划。

green revolution 绿色革命 谷物的"魔术"品系带来农业生产的戏剧性增长；通常需要水、植物养分和农药的高投入。

gross domestic product (GDP) 国内生产总值 国家境内经济活动的总量。

gross national product (GNP) 国民生产总值 国民经济生产所有商品和服务的总量。国内生产总值是用以把国内和离岸公司的生产活动区分开来。

gully erosion 冲沟侵蚀/沟蚀 表土受侵蚀形成的槽沟或雏谷很大以至于不能通过正常犁耕作业将其消除。

H

habitat 生境/栖息地 某种生物生活的地方或全部环境条件。

half-life 半衰期 试样的一半衰减或转变为其他形式所需的时间。

hazardous waste 危险废弃物 被丢弃的任何已知有毒、致突变、致癌、对人或其他生物致畸形的物质；可燃的、爆炸性的、本身具高度活性的或与其他物质强烈反应的物质。

health 健康 身体和精神康乐的状态；没有大小疾病。

heap-leach extraction 堆滤提取法 分离极低品位金矿的技术。把粉碎的矿石堆成大堆，喷淋氰化碱稀溶液，淋滤矿石堆以提取金子。

heat 热 物体中与其整体运动无关的原子或分子的全部动能。

heat islands 热岛 环绕城市的高温区域。

herbicide 除草剂 杀灭植物的化学品。

herbivores 食草动物 只吃植物的动物。

heterotrophy 异养生物 不能自己合成食物而必须以其他生物生产的有机化合物为食的生物。

high-level waste repository 高放射性废物处置库 能够埋藏强放射性废物的地方，几万年内仍不能接触地下水和经受地震。

high-quality energy 优质能源 高度浓缩的高温能源，所谓优质是因为其做功的有效性。

HIPPO 导致灭绝的生境破坏（Habitat destruction）、入侵物种（Invasive species）、污染（Pollution）、人口（Population）和滥伐（Overhavesting）几个英语词汇的首字母缩写。

holistic science 整体科学 对系统完整综合的而不是其单独部分的研究。通常采取描述性或解释的方法。

homeostasis 内稳态/体内平衡 通过对立的补偿调整维持生命系统动力学的稳定状态。

hormesis 毒物刺激效应 有毒物质的非线性效应。

human development index (HDI) 人文发展指数 用预期寿命、儿童成活率、成人读写能力、教育、性别平等、清洁用水与卫生设备以及收入等数据对生活质量的衡量。

hydrologic cycle 水文循环 通过蒸发与降水使水分净化和淡化的自然过程。这个过程提供生物所需的全部淡水。

hypothesis 假说 能被观察或实验验证或证伪的条件性解释。

I

igneous rocks 火成岩 地球深处熔融岩浆固化形成的结晶矿物集合体；例如玄武岩、流纹岩、安山岩和花岗岩等。

independent variable 自变量 在特殊检验中不响应其他变量的变量。

indicators 指示物种 对环境有非常特殊要求和耐受水平

的物种，可作为污染或其他环境条件的良好指示者。

indigenous people 原住民/土著 某地区的本地人或最初的居民，在特别的地方居住了很长时间的人。

inductive reasoning 归纳法 当我们研究一些特例并试图发现一些模式并从所收集的观察数据中导出一般性解释时所用的“自下而上”的推理。

insolation 日射量 所进入的太阳辐射。

integrated gasification combined cycle (IGCC) 集成气化联合循环(IGCC) 燃料（煤或生物质）在高含氧水平下加热产生多种气体的过程，产生的气体主要是氢气和二氧化碳。其中的杂质，包括二氧化碳，很容易去除，而合成的氢气，也叫做合成气，在涡轮机中燃烧发电。涡轮机中的过热气体用以产生水蒸气，可发更多的电，从而提高系统的效率。

integrated pest management (IPM) 病虫害综合防治(IPM) 基于生态学的病虫害控制策略，依靠自然致死因子进行防治，例如天敌、气候、农业防治法和小心使用小剂量农药等。

Intergovernmental Panel on Climate Change (IPCC) 政府间气候变化专门委员会(IPCC) 联合国环境规划署和世界气候组织共同组建的多国多领域大型科学家组织机构，对目前关于气候变化的知识水平进行评估。

internalizing costs 内化成本 让使用资源获利者承担一切外部费用的计划。

international treaties and conventions 国际条约与国际惯例 国家之间对重大事务的协议。

interspecific competition 种间竞争 群落中不同物种成员之间对资源的竞争。

intraspecific competition 种内竞争 群落中同一物种成员之间对资源的竞争。

invasive species 侵入种 在新地区生长兴旺的生物，那里没有捕食者、疾病或可能控制器种群的资源限制，其原来的生境中有这样的限制。

ionosphere 电离层 大气圈热成层的下部。

ions 离子 获得或失去电子的荷电原子。

island biogeography 岛屿生物地理学 基于其面积、形状、和其他居住区的距离，对岛屿或其他孤立地区物种定居和灭绝速度的研究。

isotopes 同位素 因原子核内中子数目不同而原子量不同的同一元素的不同形式。

J

J curve J形曲线 描述指数增长的曲线；因其形状像J而得名。

joule 焦耳 能量的单位。1焦耳就是每1秒1安培电流通过1欧姆电阻所消耗的能量。

K

K-selected species K选择型物种 其种群生长受内部（固有的）也受外部因素调控的生物。像鲸和象这些大型动物和顶级捕食者一般都归入此类。这些生物产子较少并常常将其种群大小稳定到接近于环境的承载力。

keystone species 关键种 对群落或生态系统的影响远大于仅就其多度所预期的大得多、深远得多的物种。关键种可能是一种顶级捕食者，也可能是一种庇护其他生物或为其提供食料的植物，或一种起决定性生态作用的生物。

kinetic energy 动能 运动物体所含的能量，例如滚下坡的岩石、吹过树木的风，或从水坝流下的水。

Kyoto Protocal 京都议定书 1977年在日本京都通过的国际条约，160国同意减少二氧化碳、甲烷和含氮氧化物的排放以降低全球气候变化的威胁。

L

landscape ecology 景观生态学 生态过程空间格局相互作用效应的研究。

landslides 滑塌/滑坡 岩石或土壤向坡下进行的物质坡移或块体运动。常因地震或暴雨所引起。

La Niña 拉尼娜 和El Niño相反的事件。

latent heat 潜热 以不可见形式储存的能量。

LD50 半致死剂量 令试验种群50%死亡的化学品剂量。

life expectancy 预期寿命/平均寿命 某地某时新生儿预

期的平均寿命。

limiting factors 限制因素 限制一种生物存活、生长、丰度或分布的化学或物理因素。

limits to growth 增长的极限 认为世界对人口承载力有固定限度的一种看法。

Living Machine “生态机器/活机器” 由储水池或土床或人工湿地组成的废水处理系统，利用其中的生物去除水中的污染物、营养物和病原体。

logarithmic scale 对数尺度 在一个序列中用对数作为递进的单位的尺度，即每一步都是以10为因子。

logical thinking 逻辑思维 一种合理的思想方式，探究“有序演绎如何能帮助我清晰思考”的问题。

logistic growth 逻辑斯蒂增长 增长率受制于内部和外部因素，达到与环境资源的平衡。

LULUs 不受当地欢迎的土地利用 英语**Locally Unwanted Land Uses**的缩写词，例如有毒废物堆放场、焚化炉、熔炉、飞机场、高速公路等恶化环境、经济或社会的污染源。

M

magma 岩浆 地球内部深处熔融的岩石；从火山口喷出时称为熔岩。

malnourishment 营养不良 因某些饮食组分不足或者不能吸收或利用基本养分造成的营养失调。

Malthusian growth 马尔萨斯式增长 紧跟着人口骤减的人口激增；亦称爆发式增长。

Man and Biosphere (MAB) program 人与生物圈计划 一项自然保护计划，该计划把保护区按照不同目的划分为几个地带。中心是严格保护的核心区，周围是缓冲区，往外是外围地区，那里允许采收多样用途的资源。

mangrove forests 红树林 生长在热带海岸潮间带的耐盐树木和其他植物多样的组合。

manipulative experiment 控制性试验 在试验或实验中改变某个因素而其他因素（尽可能）保持不变。

mantle 地幔 冷却的地壳之下环绕地核的柔性热岩层。

marasmus 消瘦症 因膳食中低卡路里和低蛋白或重要氨基酸不平衡造成普遍的人体缺乏蛋白质的疾病。

marginal costs 边际成本 产生一附加单位商品或服务的成本。

marshes 沼泽 无树湿地；北美洲此类湿地的特征是香蒲和灯芯草属植物。

mass burn 全量焚烧 未分类垃圾的焚化。

matter 物质 占据空间并具有质量的任何事物。

megacities 大都市 见megalopolis。

megalopolis 大都市 亦称特大城市，是指市区人口超过1000万的城市。

mesosphere 中间层 大气圈平流层以上热成层以下的圈层；亦称中层；通常温度非常低。

metamorphic rocks 变质岩 火成岩和沉积岩受热、受压和发生化学反应而改造的岩石。

methane hydrate 甲烷水合物 封闭在冻水晶格中的甲烷小气泡或单个分子。

microlending 微贷 借给除此以外无法获得资金的穷人的少量贷款。

midocean ridges 洋中脊 洋底上面的山脉，此处岩浆通过裂隙涌出形成新地壳。

Milankovitch cycles 米兰科维奇旋回/米兰科维奇周期 地球轨道在偏斜、偏心率和摇摆方面的周期性变化；米卢廷·米兰科维奇认为这些变化是周期性气候变化的原因。

millennium assessment 千年评估/千年生态系统评估 2000年联合国制定的一套有关环境和人类发展的远大目标。

mineral 矿物 天然存在的有固定化学成分、特殊内部结晶构造和特定物理性质的无机结晶固体。

miniimills 小钢铁厂 利用非金属为原材料的工厂。

minimum viable population 最小存活种群 稀有和濒危物种长期存活所需个体的数目。

modern environmentalism 现代环境保护主义 自然资源保护与关注污染、环境健康和社会正义的自然保育相融合。

molecules 分子 两个和更多原子的组合。

monoculture forestry 单种人工林 单一树种集约种植；

一种高效木材生产法，但易受病虫害侵扰，而且不利于动植物生境或休闲使用。

morbidity 病态/发病率 疾患或疾病。

motality 死亡率 种群死亡的比率，例如每年每千人死亡的数目。

Müllerian (or Muellerian) mimicry 缪勒拟态 不适口和有毒刺或其他防卫机制的两个物种相互模仿的进化。

municipal solid waste 城市固体废弃物 家庭和商业部门产生的混合垃圾。

mutagens 诱变剂/突变剂 损害或改变遗传物质（DNA）之类的化学品或放射物。

mutation 突变 细胞内遗传物质自发的或因外部因素引发的变化；配子（性细胞）中的突变可能遗传给生物的下一代。

mutualism 互惠共生 两个不同物种个体之间从合作中获得利益的共生关系。

N

National Environmental Policy Act (NEPA) 国家环境政策法 议会关于环境质量以及对全国重大环境影响项目要求进行环境影响评价的立法。

natural experiment 自然实验 观察自然事件推断其因果关系。

natural increase 自然增长 总出生率减去总死亡率。

natural resource economics 自然资源经济学 把自然资源作为有价值资产纳入考虑的经济学。

natural resources 自然资源 环境所提供的商品和服务。

natural selection 自然选择 环境压力使种群中某些基因组合变得更丰富的进化改变机制；基因组合最能适应环境现状者有占优势的趋势。

negative feedbacks 负反馈 一种过程形成的因素反过来减弱此过程。

neoclassical economics 新古典经济学 试图应用现代科学原理，以一种精确的、严密的、非语境性的、抽象的、预测性的方式进行经济分析的经济学分支。

net primary productivity 净初级生产力 一个群落经光合作用生产和储存的生物质总量减去呼吸作用、外迁和其他因素减少的生物量。

neurotoxins 神经毒素 铅或汞一类专门毒害神经细胞的有毒物质。

neutron 中子 原子核中不带电荷的亚原子粒子。

new source review 新污染源复查 清洁空气法1977修正案所规定的工业扩张或设备改造时必须的核准程序。该项规定因法律用词含糊使企业能逃避监督而引起争议。

NIMBY 别在我后院（英语Not-In-My-Back-Yard的首字母缩写词）反对“不受当地欢迎的土地利用（LULUs）”的立场。

nitrogen cycle 氮循环 有机态与无机态氮的循环和再利用。

nitrogen-fixing bacteria 固氮细菌 从大气圈或土壤溶液中把氮转化为氨的细菌，随后硝化细菌或亚硝化细菌将其转化为植物营养。

nitrogen oxides 氮氧化物 氮在有氧条件下在燃料或助燃空气中加热到650℃以上或被土壤或水中的细菌氧化含氮化合物时形成的高活性气体。

noncriteria pollutants 非标准污染物 参见*unconventional pollutants.*

nongovernmental organizations (NGOs) 非政府组织 关心环境质量、资源利用和其他种种事务的压力集团和研究团体、咨询机构、政党、专业协会和其他团体。

nonpoint sources 非点污染源 零星分散的污染源，例如来自农田、高尔夫球场和建筑工地的径流。

nonrenewable resources 非再生资源 我们环境中数量（在人类时间尺度上）基本固定的矿物、化石燃料和其他物质。

neuclear fission 核裂变 放射性衰变的过程，同位素分裂为两个较小的原子。

neuclear fusion 核聚变 两个较小原子融合为一个较大原子并放出能量的过程；核弹力量的来源。

newcleic acids 核酸 由核苷酸组成的有机大分子，起着遗传特征传递、蛋白质合成和控制细胞活性的作用。

nucleus 核 原子的中心；为质子与中子所占据。细胞中为包含染色体（DNA）的细胞器。

O

obese 肥胖 病理性超重，身体质量超过30kg/m^2，或超过普通人体重13.5千克左右。

oil shales 油页岩 富含固体有机物油母质的细粒沉积岩。

old-growth forests 老龄林 林木不受干扰时间足够长（一般150至200年），具有成熟树木、长势良好、物种多样和均衡生态系统的其他特征。

oligotrophic 贫营养/寡营养 河流湖泊水质清澈生物生产力低下的状况；通常是清洁、寒凉、贫瘠的湖泊和河流的源头。

omnivores 杂食者 既吃植物也吃动物的生物。

open access system 开放取用制 没有管理法规共同拥有的资源。

open canopy 稀疏林冠 林冠覆盖地面20%以下的森林；又称林地。

open system 开放系统 与环境进行能量与物质交换的系统。

organic compounds 有机化合物 由碳原子按环状或链状排列的骨架组成的复杂分子；包括生物分子、生物体合成的分子。

organophosphates 有机磷 附有磷酸基的有机分子。主要是神经毒素的一类高毒农药。

overgrazing 过度放牧 家畜采食过多植物体以至生物群落退化。

overharvesting 过度采收 对一种资源采收过度以至于威胁其存在。

oxygen sag 氧下垂/氧垂 污染源引入高生化需氧量的物质使下游氧含量下降。

ozone 臭氧 含有三个氧原子的高度活性分子；周围环境空气中的危险污染物。不过，大气圈中臭氧形成吸收紫外线的保护伞，使我们免受致突变的辐射。

P

paradigms 范例 塑造我们世界观和指导我们解释事物究竟的世界总模式．

parasite 寄生虫 寄居在另一生物体内或依赖另一生物为生的生物，在损害寄主的情况下取得营养，通常不致死寄主。

parasitism 寄生现象 一生物以另一生物为食而不直接杀死该生物的一种关系。

particulate material 颗粒物 大气圈的气溶胶，例如尘土、灰烬、煤烟、棉绒、烟气、花粉、孢子、藻类细胞以及其他悬浮物质；原先仅限于固体颗粒，现在扩展到小液滴。

passive solar absorption 被动式太阳能吸收 利用没有移动部件的天然材料或吸收性构造收集和保存热量；最简单最古老的太阳能利用方式。

pastoralists 牧民 以放牧家畜为生的人。

pathogens 病原体 使寄主生物致病的生物，因此类生物存在而使一种或多种代谢功能发生改变。

peat 泥炭 潮湿、酸性、半分解有机质的堆积。

pelagic 深海/远洋/浮游的 水体中垂直水柱的地带①。

permafrost 多年冻土/永久冻土 北极冻原下面长期冰冻的土层。

permanent retrievable storage 可回收的永久性储藏 把废弃物储罐放在安全的地方，能定期检查，如果开发了更好的处置或再利用的方法，必要时可以回收重新包装或转移。

persistent organic pollutants (PSPs) 持久性有机污染物(PSPs) 长期存在于环境中并保持生物活性的化合物。

pest 害虫 降低有用资源可利用性、品质或价值的任何生物。

pesticide 农药/杀虫剂 杀灭、控制、驱赶害虫或改变其行为的化学品。

pH pH值 基于H$^+$离子所占比例按1至14的尺度表示溶液酸性或碱性的数值。

phosphorus cycle 磷循环 磷原子从岩石圈通过生物圈

① 原文的释义与该名词不甚相符。据《海洋科技名词》(科学出版社，2007)，pelagic deposit为远洋沉积[物]；pelagic egg为浮性卵；pelagic organism为大洋生物，远海生物。——译者注

与水圈并回归岩石的运动。

photochemical oxidants 光化学氧化剂 次生大气化学反应产物。又见烟雾smog。

photodegradable plastics 光降解塑料 暴露于阳光或一定波段光线下可分解的塑料。

photosynthesis 光合作用 绿色植物和某些细菌捕获光能并用以产生化学键的生物化学过程。消耗二氧化碳和水产生氧和单糖。

photovoltaic cell 光伏电池 捕获太阳能并将其直接转化为电流的能量转换装置。

phylogenetic species concept 系统发育种概念 取决于基因相似性（或差异性）的物种定义。

phytoplankton 浮游植物 在水生生态系统中起生产者作用自由飘浮的微小自养生物。

pioneer species 先锋种 陆地上原生演替中首先定居的植物、地衣和微生物。

plankton 浮游生物 占据上层淡水和海洋生态系统上层的微型生物。

point sources 点（污染）源 高浓度污染物排放的特定地点，例如工厂、发电厂、污水处理厂、地下煤矿和油井。

policy 政策 旨在完成某种社会或经济目标的社会计划或意向之陈述。

policy cycle 政策周期/政策循环 问题识别并在社会大众中起作用的过程。

pollution 污染 造成污秽、不洁、肮脏；对健康、生存或生物活动有负面影响或以不良方式改变环境的任何物理、化学或生物学变化。

pollution charges 排污收费 根据“污染者付费”原则按每单位估价的费用。

population 种群 一个物种同时生存在同一地区全体成员的数目。

population crash 种群崩溃 因捕食、废物堆积或资源耗竭造成种群突然衰退；亦称顶（梢枯）死。

population explosion 人口爆炸/人口激增 人口以指数速率增长到超过环境容量的情况；接踵而来的通常是人口崩溃。

population momentum 人口惯性 因达到生育年龄年轻人造成人口增长的可能性。

positive feedbacks 正反馈 由一种过程造成的因素反过来又增强了同一过程。

potential energy 势能/位能 潜在但能被利用的储存能量。安卧在山顶的岩石和水坝后面的水都是势能的例子。

power 功率 能量释放的速率；以马力或瓦特衡量。

precautionary principle 预防原则 我们应该留下安全范围以避免意料之外的情况的规则。这项原则意味着我们应该努力避免伤害人的健康和伤害环境，即使我们尚未完全明白危险之所在。

predator 捕食者 为自己的生存直接以其他生物为食的生物；像食草动物和食肉动物这样的采食者。

predator-mediated competition 捕食者介导[①]的竞争 一种捕食者的作用主导种群动态的情况。

preservation 保育 强调生物生存与追求自己目标的基本权利的理念。

primary pollutants 原生污染物 以有害方式直接排入空气中的化学品。

primary producers 初级生产者 进行光合作用的生物。

primary productivity 初级生产力 绿色植物利用光合作用获取的能量合成的有机物质（生物质）。

primary standards 基本标准 1970年清洁空气法的条例；旨在保护人的健康。

primary succession 原生演替 在原先没有生物群落存在的区域中开始的生态演替。

primary treatment 初级处理 污水排放或进一步处理之前去除固体的过程。

principle of competitive exclusion 竞争性排除原理 自然选择的结果，据此，群落中两个相似物质占据不同生境，减少对食物的竞争。

probability 概率 一种情况、一种条件或一个事件出现的可能性。

producer 生产者 利用外部能源从无机化合物合成食物

---

① 介导指的是以一个中间步骤来传递或起媒介的作用。——译者注

分子的生物；大多数生产者是光合作用者。

productivity 生产力 一定时段内一地区生产的生物质总量。

prokaryotic 原核生物 细胞没有包膜的细胞核或包膜细胞器的生物。

pronatalist pressures 多生主义压力 鼓励人们多生孩子的影响。

prospective study 前瞻性研究/预研究 在接触某些因素之前对试验组和对照组鉴定的研究；随后经过一定时间接触后对两组进行检测和对比以确定该因素有什么影响。

proteins 蛋白质 被肽键连接的氨基酸链。

proton 质子 原子核中荷正电的亚原子粒子。

R

r-selected species *r*选择物种 种群增长主要受外部因素影响的生物。它们趋向于快速繁殖且后代死亡率高。在最适宜环境条件下，种群能呈指数增长。很多“杂草”或先锋物种属于此类。

radioactive decay 放射性衰变 放射性同位素原子核自发地放射高能电磁波和/或亚原子粒子逐渐变成另一种同位素或另一种元素的变化过程。

random sample 随机样本 随机收集的项目或随机选择的观察结果的子集。

rational choice 理性选择 基于合理的、合乎逻辑的并基于科学管理的公共决策。

recharge zones 补给区 水分渗入含水层的地区。

reclamation 复垦 严重污染或退化的场地用化学的、生物的或物理的方法清理和重建，使其恢复到近似于原来的地形和植被。

recycling 回收利用/再循环 废弃物再处理为新的有用的产物；此词汇不同于把物质按其原来目的的再利用，但二者常常可交替使用。

reduced tillage systems 少耕法 通过减少耕作以保持水土并节约能量和节水的耕作法；包括最低限度的犁耕、保护性犁耕和免耕。

reflective thinking 反思性思维 一种深思熟虑的分析，提出这样的问题：“这一切意味着什么？”。

reformer 重整装置 一种设备把氢从天然气、甲烷、氨、汽油或植物油中剥离，使之能用于燃料电池。

refuse-derived fuel 垃圾衍生燃料 把固体垃圾进行处理，去除金属。玻璃和其他不可燃物；把有机残余物切碎加工成小球，干燥后用作发电厂的燃料。

regenerative farming 再生性耕作 一套耕作技术，通过轮作、种植地被物、用作物残茬保护表土和减少合成化学品投入、减少机械压实来恢复土壤的健康与生产能力。

relative humidity 相对湿度 在任何温度下空气中水汽含量与饱和时可能保有的水量之比。

remediation 修复/整治 受污染地区化学污染物的清理。

renewable resources 可再生资源/可更新资源 一般能通过自然过程更新或补偿的资源；适度使用不致耗竭的资源；例如太阳能、森林和渔业等生物资源、生物有机体和某些生物地球化学循环等。

renewable water supplies 可更新供水 地表淡水年径流量加上每年入渗到地下淡水含水层而能够被人类利用的水。

replacement rate 替代率/替换率 为稳定人口所需的每对夫妇生育的孩子数目。由于夭折、不孕和不想生育，该数字通常为每对夫妇2.1个孩子。

replication 重复 重复进行的研究或实验。

reproducibility 再现性 使一种观察结果或得到一个特别的结果始终如一。

residence time 居停时间 一种组分，比如一个水分子，在通过一种过程或循环时，停留在某段空间或地点的时间长度。

resilience 恢复力 一个群落或生态系统从干扰中恢复的能力。

resource partitioning 资源分配 一个生物群落中各种群通过特化分享环境资源，从而减少直接竞争。

resources 资源 经济学中对创造财富有使用潜力或带来满足感的任何事物。

restoration ecology 恢复生态学 力图修复或重建被人类行为破坏的生态系统。

retrospective study 回顾性研究 对历史上遭受某些环境条件折磨的一群人（或其他生物）的回顾研究，以图确定他们过去生活中整个人群共有的某些东西，而在不具有这种共性的差不多的对照组，历史上却不遭受这些环境条件的折磨。

riders 附加条款 会议委员会议案中附加的修正案，常常与其所附加的议案毫不相干。

rill erosion 细沟侵蚀 流水集中在小凹槽中并在土壤中切出小沟，从而蚀去薄层土壤。

risk 风险 由于面对危险而会发生某些意外的可能性。

risk assessment 风险评估 对某项活动或冒险有关的短期和长期风险的评估；通常与成本效益分析中的效益作对比。

rock 岩石 一种或多种结晶矿物牢固的固体聚合体。

rock cycle 岩石循环 岩石因化学和物理作用力破碎；沉积物被风、水和重力移动；沉积下来并改造成岩石；然后被压碎、褶皱、融化和重结晶成新形态的过程。

rotation grazing 轮牧 短期内把食草动物限制在小区域内迫使它们啃吃杂草和更适口的禾本科与非禾本科草类。

runoff 径流 降水大于蒸发的超额部分；广义言之，是地表水和可供人类用水的主要来源。

S

salinity 盐度 一定体积水中所溶解的盐(特别是氯化钠)的量。

salinization 盐渍化 矿物质盐类积累在土壤中杀死植物的过程；出现在干旱气候下大量灌溉的土壤中。

salt marsh 盐沼 有咸水和耐盐植物的湿地，常见于海岸地带。

saltwater intrusion 咸水入侵 沿岸地区地下水抽取快于其补给时，咸水进入淡水含水层的运动。

sample 样品/样本 分析种群有代表性的小部分以判断整个门类的特征。

sanitary landfills 卫生填埋 废物和城市垃圾每日填埋在足量的土壤或填料之下以消除臭味、寄生虫和垃圾。

savannas 萨瓦纳 开阔的大草原或草地散布一些小树丛。

scavengers 食腐动物 在生物学上消费不是其杀死的动物腐尸或生物体的生物。

science 科学 为了回答问题，依靠检验假说的观察对知识有序的求索。

scientific consensus 科学共识 知情学者一致的看法。

scientific method 科学方法 对问题进行系统的、精确的、客观的研究。一般需要观测、提出和检验假设、收集数据和作出解释。

scientific theory 科学理论 被相当多科学家接受的解释或概念。

S curve S形曲线 描述逻辑斯蒂增长的曲线；因其形状而被称为S形曲线。

sea-grass beds 大叶藻（海石竹）海床 大范围生长有根的、潜水的或挺水的水生植物如大叶藻或盐草等。

secondary pollutants 次生污染物 化学品进入空气后转变为有害的形式，或与空气组分混合、相互作用发生化学反应生成有害的形式。

secondary succession 次生演替 一个现存群落遭到破坏的地点上的演替。

secondary treatment 二级处理 污水一级处理后细菌分解悬浮颗粒物和溶解的有机化合物。

second law of thermodynamics 热力学第二定律 阐明系统中每一次连续的能量传递或转化后用以做功的能量递减。

secure landfills 安全填埋 固体垃圾处置地点用不透水层在下面加衬和在上面覆盖以防止渗漏和淋滤。

sedimentary rocks 沉积岩 由砂和黏土等矿物碎屑堆积压紧形成的岩石；包括页岩、砂岩、角砾岩和砾岩等。

sedimentation 沉积作用 有机质或矿物质经化学、物理或生物作用的沉积。

selection pressure 选择压力 有限的资源或不利的环境条件往往有利于群落中的某些适应性。经过若干世代，可能导致遗传变化或进化。

selective cutting 择伐 只砍伐某些树种或大小成材的树；通常比皆伐费用高但对野生生物破坏较小，而且有利于森林更新。

shade-grown coffee and cocoa 遮阴种植咖啡和可可 植

物在较高树木树冠下生长，可为鸟类和其他野生动物提供栖息地。

sheet erosion 片蚀 从地面剥蚀薄层土壤；主要由风和水完成。

shelterwood harvesting 渐伐 在一连串的两次或多次砍伐中砍去成材树，留下幼树和一些用作后代种源的成熟的树。

sick building syndrome 病态建筑综合征 对被困在通风不良建筑中的霉菌、合成化学品或其他有害化合物敏感而引起的过敏症和其他疾病的症候群。

sinkholes 落水洞 因地下河或岩洞崩塌造成的大型地表坑洞；常因抽取地下水而触发。

sludge 污泥 污水处理厂沉淀下来的有机和无机物的半固体混合物。

smart growth 理性增长 鼓励填充式开发对土地资源和现有城市基础设施的有效利用，提供多样的经济适用房和交通选择，并力图在地方文化与自然特色方面保持一种独特的地方意识。

smart metering 智能电表 一种仪表系统，能给出单个电气用具所使用电源与电价的信息，并能定时使用以利用最低价电力。

smelting 冶炼 煅烧矿石从矿物混合物中释放金属。

smog 烟雾 伦敦不流动空气中烟和雾相结合；现在多用以指光化学污染。

social justice 社会正义 人们公平地得到源自他们的资源和福利；承认不可剥夺的权利并坚持公正、诚实与道德的一种制度。

soil creep 土体蠕动 因受侵蚀使土壤向坡下缓慢移动。

Southern Oscillation 南方涛动 厄尔尼诺和拉尼娜的组合。

speciation 物种形成 新物种的进化。

species 物种 在遗传方面有足够相似性并能在自然界繁殖与产生活的、能生育后代的所有生物。

species diversity 物种多样性 群落中物种出现的数目和相对丰度。

specific heat 比热 改变一个物体的温度所需的热量。水的比热为1，高于大多数物质。

sprawl 蔓延 城市地区无限制、无规划的增长消耗休憩用地和浪费资源。

stability 稳定性 在生态学术语中，指生态系统或群落中自然条件与生物因素之间的动态平衡；相对内稳态。

state shift 状态转换 系统对造成持久变化的扰动的急剧反应，形成一套新的状况与相互关系。

statutory law 成文法 州或国家立法机关通过的条例。

steady-state economy 稳态经济 以低出生率和低死亡率、使用可再生能源、物质回收利用并强调耐久性、效率与稳定性为特征的经济。

stratosphere 平流层 大气圈中对流层向上延伸到地表以上约50km高度的圈层；温度稳定或随高度略有升高；水蒸气极少但臭氧丰富。

stress 压力/胁迫 使动物紧张的物理、化学或情绪的因素。在不利环境条件下，植物也受到生理上的胁迫。

strip-cutting 带状砍伐 条带状伐木，条带不宽足以最小化边缘效应并使森林能自然更新。

strip-farming 带状耕种 沿等高线相间种植不同作物；收割一种作物后，留下其他作物保护土壤，防止雨水直接流到坡下。

strip-mining 露天开采 用巨型运土设备挖去表层开采浅层矿藏（特别是煤）；形成巨大的露天矿坑；深井开采或深坑露天开采的供替代选择。

Student Environment Action Coalition (SEAC) 学生环境行动联盟 学生和青年环境小组的草根联盟，同心协力保护我们的星球和未来。

subduction (subducted) 俯冲 一个版块的边缘冲入另一版块边缘下面。

subsidence 沉降 因大量抽取地下水、石油或气态地下矿物导致多孔地层塌陷使地面沉陷。

subsoil 底土 表土以下的土层，有机质含量低矿物质细颗粒浓度高；常常含有渗漏水带来的可溶性化合物和黏土颗粒。

sulfur cycle 硫循环 硫进出其储库和进入环境的化学反应与物理反应。

sulfur dioxide 二氧化硫 直接伤害动植物的无色腐蚀性气体。

Superfund 超级基金 国会设立为封闭、清理或整治弃置有毒废弃物场地而支付的基金。基金由有毒废弃物产生者和清理工程的成本回收提供资金。

surface mining 露天开采/地表采矿 有些矿物也从地表矿坑开采。

surface soil 表土 土壤剖面的A层；紧接枯枝落叶层下面的土壤。

surface tension 表面张力 表面水分子团在一起形成抗破裂表面的趋向。

sustainability 可持续性 能长期持续的生态系统、社会制度与经济制度。

sustainable agriculture (regenerative farming) 可持续农业（再生式农业） 生态健康、经济可行、社会公平的农业制度。

sustainable development 可持续发展 在不使环境退化或不损害后代满足其需求能力的条件下普通人长期维持福利和生活标准的真正增长。

sustained yield 可持续产量 可更新资源的利用率在长期内不降低或损害其充分更新能力。

swamps 沼泽 有树的湿地，如美国南部广阔的沼泽林。

symbiosis 共生 两个物种亲密地生活在一起；包括互利共生、共栖（偏利共生）和某些分类中的寄生。

sympatric speciation 同域物种形成 生活在同一地方的物种通过渐变（一般通过基因漂变）致其后代在基因方面有别于其祖先。

synergism 协同作用 因接触两种环境因素造成的伤害大于单独接触每一种因素之和。

synergistic effects 协同效应 若干种过程或因素相结合超过个别效应之和。

systems 系统 若干部分相互联系相互作用，形成有某些能的整体。

T

taiga 泰加林/北方针叶林 北方森林的最北部边缘，包括种类贫乏的林地和泥炭堆积；逐渐过渡到北极冻原。

tailings 尾矿 从压碎的矿石中用机械法或化学法将矿物分离后留下的采矿废弃物。

taking 充公/没收 私产违宪没收。

tar sands 沥青砂/含油沙 由长链烃类混合物沥青包裹的砂页岩颗粒组成的地质沉积。

tectonic plates 构造板块 缓慢地四处滑动的地壳巨大块体，撕扯分开形成新海洋或相互缓慢撞击合并成新的巨大陆块。

telemetry 遥测 用无线电信号或其他电子媒体从远处对动物进行定位和研究。

temperate rain forest 温带雨林 北太平洋沿岸凉爽茂密的雨林；大部分时间被浓雾笼罩；主要为高大针叶树。

temperature 温度 物体中某原子或分子运动速度的量度。

temperature inversions 逆温 一层暖空气覆盖在冷空气上方妨碍正常对流的大气圈状况。这种状况能够封堵住污染物降低空气质量。

teratogens 致畸剂 胚胎生长发育时造成畸形的化学品或其他因素。

terracing 修梯田 把土地修整成水平土床以保持水土；需要大量人力或昂贵的机械，但使农民能够在很陡的山坡上耕种。

tertiary treatment 三级处理 污水经一级和二级处理后去除无机矿物质和植物营养素。

thermal pollution 热污染 人为地以对生物或水质产生不良影响的方式提高或降低水温。

thermocline 温跃层 水中独特的温度过渡区，将被风搅匀的上层（表水层）和不混合的深层冷水（深水层）分开。

thermodoynamics 热力学 涉及能量传输与转换的物理性分支。

thermohaline circulation 热盐循环 大规模海洋循环系统，其中温暖海水从赤道流向高纬度，在那里变凉、蒸发、密度增高，使之下沉并以深层洋流的形式流回赤道地区。

threatened species 受胁种 在其领域内有些部分仍较丰富，但总数明显下降并可能在某些区域或地点处于灭绝边缘的物种。

thresholds 阈限 系统中可能突然出现变化的条件。

throughput 吞吐量 系统中能量和/或物流的进出。

tide pools 潮池 退潮时潮水留下的小池。

tolerance limits 耐受极限 参看限制因素。

total fertility rate 总和生育率 人口中平均每个妇女育龄期间生产孩子的数目。

total growth rate 总增长率 由出生、死亡、嵌入和迁出形成的人口增长净速率。

total maximum daily loads 每日最大总负荷 水体从点污染源和非点污染源接受某种污染物而仍能符合水质标准的数量。

Toxic Release Inventory 毒物释放清单 1984年超级基金与重新授权法创建的项目，要求生产设施和废物处理与弃置地点每年报告300多种毒物释放的情况。你能从环保署查到你家附近有无此类地点和释放何种毒物。

toxins 毒物 能与特殊细胞成分起反应杀死细胞或改变其生长或以不良方式发育的有毒化学品；即使在稀浓度下也有害。

tradable permits 可交易许可证 可以买卖的污染份额或差价。

"Tragedy of the Commons" 公产悲剧 由于免费使用者自私的利己主义对公产超过其公平分享或破坏造成公共资源无法改变的退化过程。参见*开放取用制*。

transpiration 蒸腾 水分从叶面主要通过气孔蒸发。

trophic level 营养级 能量通过生态系统运动的等级；生态系统中生物摄取食物的地位。

tropical rain forests 热带雨林 赤道附近雨量充沛——每年超过200cm——和全年温暖或炎热地方的森林。

tropical seasonal forests 热带季雨林 通向开阔林地和散布耐旱乔木多草萨瓦纳的半常绿或部分落叶的森林。

tropopause 对流层顶 对流层和平流层的分界线。

troposphere 对流层 最接近地面的大气圈层；温度和气压一般均随高度减小。

tsunami 海啸 地震或海底滑塌引起延伸到远方的波浪。

tundra 冻原/苔原 以寒冷黑暗冬季为特征的无树极地或高山生物群区；短生长季；可能一年中任何月份都有冰冻；植被包括低矮的植物、藓类和地衣。

U

unconventional pollutants 非常规污染物 石棉、苯、铍、汞、多氯联苯和氯乙烯之类因其排放数量不大而不在最初清洁空气法之列的有毒有害物质；亦称为非标准污染物。

urban agglomerations 城市群 若干城镇合并在一起的城市地区。

utilitarian conservation 功利主义保护 各种资源应该为最长期最大量最大利益而使用的理念。

V

vertical stratification 垂直分层/垂直成层结构 群落内部某些亚群落的垂直分布。

vertical zonation 垂直带性 因高度变化导致气候变化形成的植被带。

volatile organic compounds 挥发性有机化合物 容易蒸发而以气态存在于空气中的有机化合物。

volcanoes 火山 熔岩、气体和灰尘的出口在地面形成的山。

vulnerable species 濒危种 天然稀少的生物，或因人类活动使其数量减少将其推向受胁或濒危状态的生物。

W

warm front 暖锋 暖空气推进滑向冷气团上方形成长的楔状边界。

waste stream 废物流 从家庭垃圾和庭院废物到工商业与建筑垃圾的稳定流。

waterlogging 渍水/水涝 充满土壤所有通气空隙的水分饱和并造成植物根因缺氧而死亡；灌溉过度的结果。

water scarcity 缺水 每人年平均使用淡水少于1 000m^3。

watershed 流域 某水系排出地表水和地下水的土地。

water stress 水分胁迫 消耗可更新供水10%以上的国家。

water table 地下水位 地下水饱和带的顶层；随地表地形和地下岩石结构而起伏。

watt 瓦特/瓦 每秒1焦耳。

weather 气候 大气圈的自然状况（湿度、温度、压力和风）。

weathering 风化（作用）岩石暴露于空气、水、温度变化和活性化学营力引起的变化。

wetlands 湿地 包括几种生态系统，其中一年之中部分时间植物被静水包围。又见*沼泽*。

withdrawal 抽取/提水量 从河、湖或含水层取水总量的描述。

work 功 通过一定距离施加的力；需要能量输入。

world conservation strategy 世界自然保护大纲 为维持重要生态过程、保护遗传多样性和确保物种和生态系统可持续利用的建议。

Z

Zero Population Growth (ZPG) 人口零增长 人口出生和迁入恰好与死亡与迁出相抵的状况。

zone of aeration 包气带 包含空气和水分二者的上部土层。

zone of saturation 饱和带 所有空隙都充满水的下部土层。

译后记

2011年由著名出版商麦格劳希尔（McGraw-Hill）出版的坎宁安父女合著的《环境的科学》第六版，是流行于英语世界的一本环境科学教材。后浪出版公司独具慧眼，引进这本教材，对我国环境科学的教育和普及，定能起到积极的作用。

译者从20世纪70年代起，一直投身于环境科学的教育与研究，在翻译本书的过程中也学习了很多，从中获益良多。

纵观全书，有如下几个鲜明的特点。

第一，作者具有深厚的环境科学、地理科学、生物科学和社会科学的基础，使之能够全方位地从自然科学和社会科学两方面论述环境问题。

第二，在教材组织方面，每一章都从一个具体案例入手，然后引入该领域的科学问题。第一章作为全书的引子，所用的案例是挽救菲律宾阿坡岛珊瑚礁以保护近海渔业的行动。通过这个案例，阐明了人口、资源、环境与可持续发展的关系。译者认为，人口-资源-环境-发展（Population-Resources-Environment-Development，缩写为PRED）是环境科学的根本原理，环境问题必须从这几方面全盘考虑，才能真正得到解决。译者尤感意外的是有关能源的第12章，开篇的案例竟然是我国日照市的太阳能利用，以此作为一个成功的典型，让译者大开眼界！此外，在讨论固体垃圾问题的第13章中，讲述了发达国家把电子垃圾运送到发展中国家的情况。从这两个案例，不仅看到作者对我国环境保护事业的关切，而且相当精准地掌握了相关资料，也肯定了我们的进步。

第三，作为一本成功的教材，作者在教学组织方面动用了各种教学手段。每一章的开篇，就开宗明义地列出该章预期的学习成果，即学习了本章后读者应能解决的问题。然后用一个典型案例引领全章。在阐述该章涉及的主要内容和原理之后，列出了课堂小测验、批判性思考与问题讨论等内容，还提供相关数据供学生分析。最后还列出了相关的网站供学生参考。这些方面，都值得我们借鉴。

第四，各章正文中穿插有："主动学习""科学探索"和"你知道吗？"等专栏，既可以提高学习的兴趣、补充相关知识，又锻炼了学生的思维。

译者相信，本书的出版，对我国环境科学的教学和环境保护将会产生积极的影响。

本书作者之一威廉·坎宁安是《美国环境百科全书》（*Environmental Encyclopedia*，1998）的主编，译者有幸参与了该书中文译本的翻译，与作者可谓有"书缘"。

有些英文术语，中文未有定译，在这些术语后面用括号引注了原文；另有一些译者认为读者可能有需要了解的背景，用脚注的方式加了一些译注，以方便读者理解相关的内容。

译者首先感谢后浪为我国读者引进这本优秀的环境科学教材，还要感谢编辑们的付出，使其得以早日和读者见面。

本书第8章和第9章由孙颖翻译，其他各章均由黄润华翻译，译文互相校对。

译者虽然多年来从事环境科学的教学与研究，但是环境科学所涉及的学科非常广泛，译者对本书内容的理解不一定准确，难免有讹误之处，欢迎读者不吝指正。

译者 黄润华
2017年9月
于燕北园甲希庐

出版后记

科技飞速发展给人们带来日益便捷的生活，蓬勃发展的经济，而附加带来的环境问题也越来越严重。气候变化、生物多样性丧失、淡水资源紧缺以及化学污染等都在警告人类，这些环境破坏的深度与广度，都已接近甚至超过地球所能承受的负荷。

可能很多人都觉得地球毁灭或者不适合人类生存的那一天离我们还非常遥远，但事实是如果不努力改善现状的话，将有更多人死于空气污染引发的疾病，我们可能再也看不到美丽的珊瑚礁，甚至连享用一道健康无毒的菜肴都会成为一种奢望。尽管需要面对无穷无尽的环境危机，但仍有希望改变现状。当前，越来越多人开始关注环境议题，并以实际行动改善破坏状况。有了解决问题的愿景，还需要有理性的解决方式，而充分了解和有效改善这些问题的科学办法，你都可以在本书中找到。

本书的章节可以归为四个部分：第1章让我们了解了地球环境，认识环境科学；第2章至第6章从生物群落、人口和自然方面描述了地球的生态系统与问题；第7章至第14章主要讲述了人类活动与生产需要对环境资源的影响；最后的第15章则介绍了现有的环境政策，并提出可持续发展目标和可行的实施方案。全书涵盖生态学、地质学、气候学和经济学等课题，并融合了大量实际案例，辅以精确数据，对全球化下的环境科学进行了清晰全面的讨论。此外，本书还特设提出解决措施的专栏，让读者深切感受到环境危机的紧迫性。本版最新融入引人注目的当代设计，每章还添加突出关键概念的双页面专栏，将环境问题与我们的生活紧密联系在一起，鼓励读者对所述问题与原理进行更深入的独立思考。

环境是自然系统和人文系统的交汇，两者的相互作用便反映其中。希望读者可以通过本书熟悉并进一步了解环境科学，多一份为可持续发展的思考与努力。“种一棵树最好的时间是十年前，其次是现在。”或许我们已经错过了改善环境的最佳时机，但是，从现在开始仍为时不晚。

服务热线：133-6631-2326　188-1142-1266

服务信箱：reader@hinabook.com

后浪出版公司

2019年5月

图书在版编目（CIP）数据

环境的科学：全彩插图第6版 / (美) 威廉·坎宁安，(美) 玛丽·安·坎宁安著；黄润华，孙颖译. -- 杭州：浙江教育出版社，2020.9

ISBN 978-7-5536-9952-3

Ⅰ.①环… Ⅱ.①威… ②玛… ③黄… ④孙… Ⅲ.①环境科学 Ⅳ.①X

中国版本图书馆CIP数据核字(2020)第029891号

William Cunningham, Mary Ann Cunningham
Principles of Environmental Science, Six Edition
ISBN 0073383244

著作权合同登记号：11-2018-122

审图号：GS（2018）4120号

环境的科学：全彩插图第6版

［美］威廉·坎宁安 ［美］玛丽·安·坎宁安 著 黄润华 孙 颖 译 谢承劼 校译

选题策划：后浪出版公司　出版统筹：吴兴元
责任编辑：沈久凌 江 雷　特约编辑：崔 星
美术编辑：韩 波　责任校对：余理阳
责任印务：曹雨辰　装帧制作：墨白空间·张静涵
营销推广：ONEBOOK
出版发行：浙江教育出版社（杭州市天目山路40号 联系电话：0571-85170300-80928）
印刷装订：北京盛通印刷股份有限公司
开 本：889mm × 1194mm 1/16　印 张：28　插页：8　字数：760 000
版 次：2020年9月第1版　印 次：2020年9月第1次印刷
标准书号：ISBN 978-7-5536-9952-3
定 价：198.00元

读者服务：reader@hinabook.com 188-1142-1266
投稿服务：onebook@hinabook.com 133-6631-2326
购书服务：buy@hinabook.com 133-6657-3072
网上订购：http://hinabook.tmall.com/（天猫官方直营店）

后浪出版咨询(北京)有限责任公司常年法律顾问：北京大成律师事务所 周天晖 copyright@hinabook.com